图书在版编目（CIP）数据

航天器相对运动轨道动力学/袁建平等著. --北京：中国宇航出版社，2013.3

ISBN 978-7-5159-0395-8

Ⅰ.①航…　Ⅱ.①袁…　Ⅲ.①航天器一轨道力学一动力学一研究　Ⅳ.①V448.2

中国版本图书馆 CIP 数据核字（2013）第 045071 号

责任编辑　刘亚静　　　**封面设计**　文道思

出版发行	中国宇航出版社		
社　址	北京市阜成路 8 号	**邮　编**	100830
	(010)68768548		
网　址	www.caphbook.com		
经　销	新华书店		
发行部	(010)68371900		(010)88530478(传真)
	(010)68768541		(010)68767294(传真)
零售店	读者服务部		北京宇航文苑
	(010)68371105		(010)62529336
承　印	北京画中画印刷有限公司		
版　次	2013 年 3 月第 1 版		2013 年 3 月第 1 次印刷
规　格	880×1230	**开　本**	1/32
印　张	18	**字　数**	501 千字
书　号	ISBN 978-7-5159-0395-8		
定　价	150.00 元		

本书如有印装质量问题，可与发行部联系调换

航天科技图书出版基金资助出版

航天器相对运动轨道动力学

袁建平　李俊峰　和兴锁　冯维明　等　著

中国宇航出版社

·北　京·

序

运动是指“宇宙中发生的一切变化和过程”，它是“物质的固有属性”和“存在的方式”。而相对运动只是考察、度量、研究运动时带有参照性的表述。

在哲学范畴内所述的“物质的运动”，其形态是多样的，例如，星体的运行、万物的生长、山石的风化、分子的迁移和裂变，甚至人类的进化和社会的发展，从广袤的宇宙到基本粒子，而本书只限于讨论物体的运动之航天器的运动。

运动没有相对性则无以表达、无从认识、无法研究。当运动从哲学的、抽象的领域进入到物理的、数学的领域被人认识和研究时，本书所指的“相对运动”出现了：一个飞行器相对于另一指定系统（物体、飞行器）的运动。显然，一个飞行器的运动可以被表述为不同的相对运动，因为可以指定不同的系统为参照系。

相对性原理是力学的基本原理。一个物体到另外一些物体的距离随时间发生变化。当这些“另外的”物体依然是所论物体的不可分割的背景的时候，我们就无法用数列对应于该物体的位置和位置的改变，也就是不能对物体的位置和速度施行参数化。给定一个物体，它相对于一些物体运动，标志出这些物体，然后用数列与这些距离相对应，于是这些物体就成为参照物，而给定物体到这些物体的距离之全体就成为参照空间，对应于距离的数之全体组成为一有序系统。这样同参照物联系在一起的坐标系，也就被引进来了。牛顿在《自然哲学的数学原理》一书中，在其根据运动三定律得到的第五个结论里面清楚地陈述了相对性原理。但是，牛顿力学没有绝对运动的概念是不行的：绝对运动概念是同力和加速度联系在一起的。从运动学来看，力的作用不是单值的。比如在一个计算系统中力引起某个加速度，那么在另一个相对于前者是以加速运动的系统中它却可以引起另一种加速度，当然也包括加速度为零的情况。因此只有根据动力学的效应，根据引起绝对加速度的系统中的力才能把绝对运动加以标志。

不仅所有运动的描述是相对的，参照系也是可以运动的，因而出现了所谓的“多级相对运动”和“牵连运动”。相对运动具有特定的运动学特征和动力学特征，并且也有不同的表述和研究方法。这些都是本书的研究内容。相对运动有多种分类方法，在物理学范畴对相对运动的考察及其描述方法都可以产生出不同的分类。对航天器的相对运动更有意义的是按照其相关应用的分类。本书研究了多级相对运动如多自由度机械臂操作过程，卫星群的编队等；拦截、交会及其逆过程；并行相对运动——分布式卫星系统；串行相对运动——多关节机械臂；复杂相对运动等。

本书第1～4章继相对运动概念和应用的论述之后，综合介绍了相对运动的动力学和运动学基础和研究现状，接着是四元数和K-S变换用于航天器相对运动的运动学和动力学及其统一性的研究成果；第5章是关于相对运动轨道的一种新的设计方法——基于形状的逆向法，接着两章分别是基于相对轨道要素和基于参照轨道要素的卫星编队设计方法；第8章是典型的串行相对运动——多臂机器人相对运动研究，第9章是典型的并行相对运动——星座构型与巡游运动研究。最后两章介绍了更为复杂的航天器相对运动——协同交会和悬浮轨道。本书参考了本研究团队近几年的研究报告和所培养博士的论文（附于书后），每章署有著者姓名和参考文献。

作　者

2012年11月

目 录

第 1 章　相对运动的概念和应用

袁建平　李俊峰

1.1　相对运动的哲学范畴

所谓运动，如恩格斯所说，就其最一般的意义而言，即被理解为“物质的固有属性”和“存在的方式”，“它包括宇宙中发生的一切变化和过程”（《马克思恩格斯选集》第 3 卷，第 491 页）；而相对应地，所谓静止，则是对物质运动的特殊形式或一时状态的表称。

运动的最基本属性是时间和空间属性。论及运动的绝对性时必然要先说明时间和空间的绝对性，它是指时间和空间作为运动着的物质的存在方式是客观实在的，不以人的意志为转移。列宁说：“唯物主义既然承认客观实在即运动着的物质不依赖于我们的意识而存在，也就必然要承认时间和空间的客观实在性。”（《列宁选集》第 2 卷，第 176 页）这种客观实在性是不变的、无条件的，因而是绝对的。所谓时间和空间的相对性，是指时间和空间作为运动着的物质的存在方式又是客观具体的，它因物质具体形态和运动速度的不同而不同，因而是相对的。

以上关于时间和空间的绝对性定义又是相对的：超越了牛顿力学范畴就有了新的解释。爱因斯坦广义相对论认为，重力场的时间和空间特性是依赖于物质的质量分布的，物质的质量愈大、分布愈密、重力场愈强，则空间的“曲率”就愈大、时间的流逝就愈慢。这说明空间特性是依赖于物质状态的，具体的空间特性是可变的。其次，时间和空间随着物质运动速度的变化而变化。爱因斯坦的狭义相对论证明，时间和空间特性会随物体运动速度的变化而变化。

当物质运动速度接近光速时，物质内部变化过程的时间就会延长，沿着物体运动方向的长度就会缩短。时间的无限性是指整个物质世界在持续性方面是无始无终的；时间的有限性是指每一个具体事物的发展过程则是有始有终的。空间的无限性是指整个物质世界在广延性方面是无边无际的；空间的有限性是指每一个具体事物的广延性则是有边有际的。

唯物辩证法既然肯定运动为物质本体所固有，世界上的一切事物（现象或过程等）都包含同一和差异于自身，并由此构成统一体运动、变化和发展的机制和原因，于是也就不言自明地承认了：物质运动的每一既成形态或具体事物，都处于生成和灭亡的不断变化之中，而世界不过是“过程的集合体”（《马克思恩格斯选集》第 1 卷，第 8 页）。依此，就物质本体及其“一般的变化”意义上的运动来说，是无始无终、无边无际的，所以说是无条件、永恒和绝对的；而从物质运动的特殊形式或静止来看，则是有始有终、有边有际的，所以说是有条件、暂时和相对的。自然科学发展史告诉我们：运动表现在静止之中，静非不动，而是运动的现实表现或形式；绝对寓于相对之中，相对并不排斥绝对，而是绝对的必然体现或环节。总之，一句话：运动是绝对的，不运动是相对的；运动和静止、绝对和相对是统一的。这就是哲学范畴中关于运动和静止、绝对和相对的基本观点。

马克思、恩格斯在着重论证运动的客观实在性的基础上，揭示了“运动和物质本身一样，是既不能创造也不能消灭的”的真理（《马克思恩格斯选集》第 3 卷，第 99 页）。与此同时，还阐明了物质、运动、矛盾三者的同一关系，即：物质是世界的本原和“一切变化的主体”（《马克思恩格斯选集》第 2 卷，第 164 页）；矛盾（同一和差异、吸引和排斥或结合和分离的矛盾）是物质固有的本性和运动的机制；而运动即是物质的本性的必然体现，或物质世界客观存在着的矛盾本身。物质运动是绝对的，而它的种种既成形态（事物、现象或过程等）则是相对的；正是物质运动的永恒性和绝对性，决定了每一事物或过程的暂时性和相对性，而有生有灭、因而是有条件的具体事物，则不过是不生不灭的、因而是无条件的物质运动的表现与实例或环节等观点，那末，由此它也无疑包含了运动的绝对性和静止的相对性是互为逻辑补充的道理。运动应当从它的反面即从静止中找到它的量度，获得自身的规律性，因为："从辩证的观点看来，运动表现于它的反面，即表现在静止中，这根本不是什么困难"；运动和静止的对立，正如我们已经看到的，"都只是相对的；绝对的静止、无条件的平衡是不存在的"（《马克思恩格斯选集》第 3 卷，第 101 页）。静止和平衡只是有限运动的结果，而任何有限的运动，都不过是无限的物质运动的一个环节与表现。

运动源于力。在笛卡儿的力学中，所谓物体的运动是指从物理学上区别于周围的物体运动。当笛卡儿把物体对与其相接触的空间的运动归为空间，他这种做法则是力求把物体从环绕它的空间划分出来，又要把二者视为同一。牛顿认为运动的物体有不变的惯性质量，因此他能够不考虑物体的长、宽、高而把物体看成是质点——具有一定质量的、不计尺寸大小的粒子。拉格朗日和哈密顿方程可以描述很复杂的客体的运动，它的自身同一性和个体性是以复杂的解析表示的不变性所保证。在相对论力学中所表现的是视为同一质点的属性的极为复杂的关系。但是所有情况，无论是具有静止质量的粒子还是用能量作为视为同一根据的光子，在较为广阔的、普遍的意义上来看力学所研究的还是粒子和系统的相对运动。从这种意义说，每一个相对论的坐标表象其意义就是"力学的"表象。在研究相对论原理之具体的可以互相替代、相互补充的变更和力学的具体形式的时候，我们就能对爱因斯坦相对论是所谓"力学论"还是"物理论"的问题作出回答了。这个理论是力学的理论；然而这里所谓的力学就是物理概念本身长时间影响的结果。它所研究的决非具体的、狭隘意义的机械运动，而是无比复杂的物理客体的运动。

当运动从哲学的、抽象的领域进入到物理的、数学的领域被人认识和研究时，本书所指"相对运动"出现了。"运动"没有"相对”性则无以表达、无从认识、无法研究。

1.2 相对运动的表达和研究方法

在哲学范畴内所述的“物质的运动”并不只是我们关心的物体的运动。其形态是多样的，例如，星体的运行、万物的生长、山石的风化、分子的迁移和裂变，甚至人类的进化和社会的发展，从广袤的宇宙到基本粒子，“世界是物质组成的，物质是运动的”。

本书由此开始，只限于讨论物体的运动之航天器的运动。

运动是绝对的，运动的表达或描述是相对的。因而，相对运动只是考察、度量、研究运动时带有参照性的表述，并不是在已定义的“运动”之外又产生的事件。我们在描述相对运动时会说“甲物体相对于乙的运动”，而描述绝对运动时是指“相对于惯性空间的运动”。（按照牛顿的解释，所谓绝对运动并不是相对于一些个别的物体，而是相对于空间。他所主张的这种绝对静止的空的空间可以看成充满整个宇宙的、数目不定的、离散存在的物质和“宇宙气”的总代表。）因而，所有运动的描述都是相对的，区别只是相对于某具体物体（或参照系）还是相对于惯性空间。

相对性原理是力学的基本原理。一个物体到另外一些物体的距离随时间发生变化。当这些“另外的”物体依然是所论物体的不可分割开来的背景的时候，我们就无法用数列对应于该物体的位置和位置的改变，也就是不能对物体的位置和速度施行参数化。给定一个物体，它相对于一些物体运动，标志出这些物体，然后用数列与这些距离相对应，于是这些物体就成为参照物，而给定物体到这些物体的距离的全体就成为参照空间。对应于距离的数之全体组成为一有序系统。这样同参照物联系在一起的坐标系，也就被引进来了。牛顿在《自然哲学的数学原理》一书中，在其根据运动三定律得到的第五个结论里面清楚地陈述了相对性原理。但是，牛顿力学没有绝对运动的概念是不行的。绝对运动概念是同力和加速度联系在一起的。从运动学来看，力的作用不是单值的。比如在一个计算系统中力引起某个加速度，那么在另一个相对于前者是以加速运动的系统中它却可以引起另一种加速度，当然也包括加速度为零的情况。因此只有根据动力学效应，根据引起绝对加速度的系统中的力才能把绝对运动加以标志。

以上关于相对运动的经典理论启发我们研究航天器相对运动应遵循的基本原则和研究方法如下。

1）所有运动的描述都是相对的，相对于某参照系建立运动方程，即是把一个物理问题转化为数学问题。不同的参照系有不同的描述结果，不同的描述参数亦有不同的描述结果。所谓绝对运动只是选择惯性系统作为参照系。

2）参照系也是可以运动的。甲相对于乙运动，乙相对于丙运动，丙相对于丁运动……，由此出现了甲相对于乙运动，甲相对于丙运动，甲相对于丁运动……。如果直接考虑甲相对于不同物体的运动，情况与上述第一条相同；如果甲相对于丙的运动是通过乙的运动来描述的，相对于丁的运动是通过丙进而通过乙来描述的，就出现了所谓的“多级相对运动”和“牵连运动”。

3）牵连运动可以是惯性的或非惯性的。在上述多级运动中出现了多级相对运动和多级牵连运动。在牛顿力学里定义匀速直线运动（或加速度为零）为惯性运动，加速度不为零的情况为非惯性运动。物体的非惯性牵连运动可以产生运动学与动力学的耦合，直线的非惯性牵连运动产生相反方向的惯性力，转动的非惯性运动会产生离心的惯性力，特别是，转动的牵连运动还会产生交叉方向的惯性力（科氏力或陀螺力）。这些情况将在后面的章节研究。

4）相对运动的运动学特征和动力学特征。如果甲物体相对于乙物体有一个运动，那么乙物体相对于甲物体有一个相反的运动，而且实际上我们分不清究竟是哪个物体在运动，这就是相对运动的运动学特征——相互参照性。

牛顿第三定律说，如果甲物体对乙物体施加了一个力，那么乙物体同时就对甲物体施加了一个大小相等、方向相反的力。但是力所产生的效果（运动）却不是“大小相等、方向相反”。牛顿曾用把水盛在旋转着的桶中的著名的实验作为证明存在着绝对运动和绝对空间的判定实验。实验时水将沿着水桶的边缘升高；倘若水桶不动，而其周围的空间绕着水桶旋转的话，这种现象不会发生。这个实验同时也说明了相对运动在动力学范畴不具有前述的“相互参照性”。

1.3 相对运动的分类和应用

相对运动有多种分类方法，在物理学范畴对相对运动的考察及其描述方法都可以产生出不同的分类。对航天器的相对运动更有意义的是按照其相关应用分类。

1.3.1 多级相对运动

多级相对运动有很多实例，陀螺在动基座（航天器）上的运动、多自由度机械臂操作过程、卫星群的编队等。陆元九先生[2]研究过此种情况。安装于空间平台（V）上的机械臂（R）相对于地球固连系（E）运动，后者又相对于惯性空间（I）运动。那么就 R 相对于 I 的运动，V 和 E 是两个牵连坐标系，既可以有平移运动又可以有转动运动，属于两级相对运动及牵连运动问题。可以推广到更一般的情况，即 n 个中间动坐标系。R 相对于 I 的运动速度仍然由相对速度、牵连平移速度、牵连切线速度 3 项组成，而加速度由相对加速度、牵连平移加速度、牵连切线加速度、牵连向心加速度、科氏加速度 5 项组成。

1.3.2 拦截、交会及其逆过程

空间交会对接是指两个航天器在空间轨道上会合并在结构上连成一个整体的过程。交会，即相互接近，它是一个航天器与另一个航天器相对距离减小的过程。两个航天器交会后要调整各自的相对

位置和相对姿态，使两个航天器之间逐渐达到相对距离和相对速度均为零，最终启动对接机构实现对接，在机械上连成一体。如果在交会过程中相对速度未减到零，两航天器即发生碰撞，此即拦截。拦截可以以不同的相对角度进行。

与以上过程相逆的是航天器释放、分离、发射另一个航天器。即钱学森先生所说的“从卫星上发射卫星”（take - off from orbit）。

1.3.3　并行相对运动——分布式卫星系统

并行相对运动之例不胜枚举。一个人分别相对于一群人中的每一个人的运动即是。在航天器研究中典型的例子是分布式卫星系统，它是由物理上互不相连的、共同实现同一空间任务的多颗卫星构成的空间系统。从概念上讲，分布式卫星可以包括所有把系统功能分散到不同卫星上的卫星系统，如卫星星座、卫星编队等。卫星星座的多颗卫星轨道形成稳定的空间几何构型，卫星之间保持固定的时空关系，用于完成特定的航天任务。图 1 - 1 所示 GPS 卫星星座由 24 颗卫星构成，是最典型也是目前应用最成功的卫星星座。卫星编

图 1 - 1　GPS 卫星星座分布图

队要求卫星为完成某项任务而保持特定飞行队形，各卫星间满足一定的相对运动条件从而形成一定的相对轨道构型。

1.3.4 串行相对运动——多关节机械臂

串行相对运动之例亦比比皆是。多体运动的典型例子为如图1-2所示的双臂多关节机器人，其中 L_0 表示其躯体，可以与基座固连或有任意运动，两边各串联着 n 个关节的机械手。如果只考虑相邻关节的转动自由度并设为刚体，机械手相对于躯体具有 $2n$ 个自由度，这里出现了多级相对运动和牵连运动。在后面的章节里将较为详细地描述多关节机器人的运动。

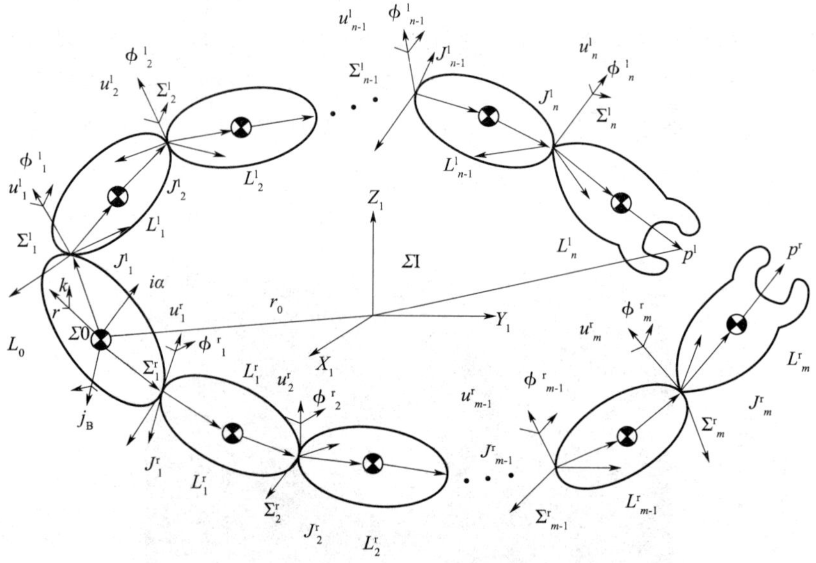

图 1-2 多关节机械臂模型

1.3.5 复杂相对运动

在实际系统中可能出现复杂的相对运动组合、多级串/并联关系、串/并联交错，并随时间变化的各种组合关系。可以针对具体对象或系统建立模型，其数学过程并不甚复杂。

1.4　相对运动的案例

1.4.1　变长度 2 级数学摆——物理现象之例

假定，质量为 m_1 的质点 M_1 以长 l_1 的无质量绳子悬于 O 点，绳的长度 l_1 按线性规律 $l_1=l_0+vt$ 而变化（见图 1－3）。另一质量为 m_2 的质点 M_2 以长 l_2＝常数的无质量绳子悬于点 M_1 上；点 M_1 与 M_2 在重力作用下在一个固定铅垂面内运动。点 M_1 与 M_2 对定系 Oxy（x 轴方向沿铅垂线而朝下，y 轴在点的运动平面内沿着水平方向）的位置由二角度 φ_1 和 φ_2 所确定，如图 1－3 所示。这是一个 2 质点组成的系统，坐标系 Oxy 可以有转动/平动。我们可以考察质点 M_2 对系统 O 的运动，也可以考察它相对于质点 M_1 的运动。将点 M_1（x_1，y_1）与 M_2（x_2，y_2）的直角坐标用角度 φ_1 和 φ_2 来表示

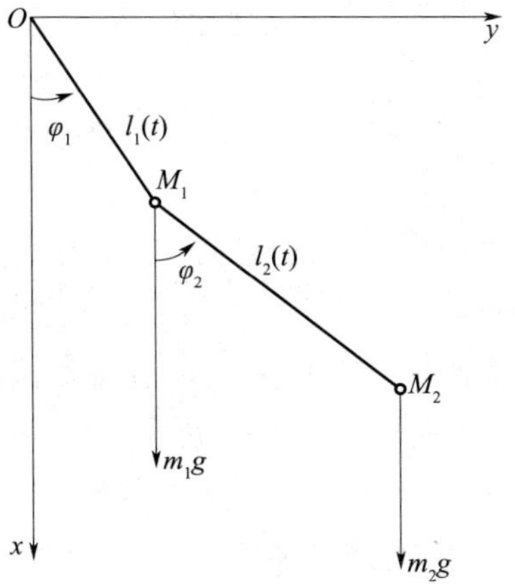

图 1－3　变长度 2 级数学摆

$$\begin{cases} x_1 = l_1\cos\varphi_1 \\ y_1 = l_1\sin\varphi_1 \\ x_2 = l_1\cos\varphi_1 + l_2\cos\varphi_2 \\ y_2 = l_1\sin\varphi_1 + l_2\sin\varphi_2 \end{cases}$$

注意到 l_1 是时间的线性函数，而 l_2 是常数

$$\begin{cases} \dot{x}_1 = -l_1\dot{\varphi}_1\sin\varphi_1 + v\cos\varphi_1 \\ \dot{y}_1 = l_1\dot{\varphi}_1\cos\varphi_1 + v\sin\varphi_1 \\ \dot{x}_2 = -l_1\dot{\varphi}_1\sin\varphi_1 + v\cos\varphi_1 - l_2\dot{\varphi}_2\sin\varphi_2 \\ \dot{y}_2 = l_1\dot{\varphi}_1\cos\varphi_1 + v\sin\varphi_1 + l_2\dot{\varphi}_2\cos\varphi_2 \end{cases}$$

如此不难写出系统的动能和势能，进而建立起系统的动力学方程。

1.4.2 深度撞击——远程拦截交会之例

“深度撞击”是一个典型的远程拦截式交会（见图 1-4）。它是在距地球 1 亿多 km 外，以 10.2 km/s 的速度准确命中直径不到 6 km 的坦普尔 1 号彗星内核。能够在如此远距离和地球实现流畅的通信，并能对飞行器进行实时的精确控制，按照预定轨道完成交会飞行，体现了在空间导航技术、远程通信和控制技术，以及多种技术相互协调上的强大实力。

远距离交会时采用自主导航技术，飞越器确定自己与彗星的相对运动的轨道。经过 6 个月的飞行，飞越器在预计撞击前 24 h 释放出撞击器，然后飞越器进行一次减速，使探测器在撞击发生后有足够的时间进行拍摄，同时将探测器与彗星的最小距离控制在（500±50）km。在经过最小相对距离时，探测器要调整自身姿态偏转一定的角度，以保护精密的成像探测仪器。

远距离拦截时，顺轨拦截方式相对于逆轨拦截方式具有一定的优势。由于采用顺轨拦截时撞击器和目标的相对速度较小，从而使寻的制导时间增长，在使用相同燃料的情况下，顺轨拦截可以纠正

的零控脱靶量要大于逆轨拦截的情况，可以节省一定的燃料。

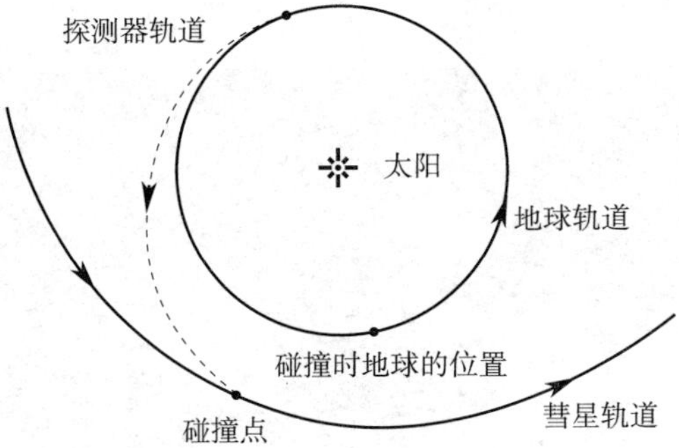

图 1-4　“深度撞击”探测器飞行轨道

1.4.3　轨道快车——精准交会对接之例

美国 2007 年发射验证的轨道快车项目是交会对接技术的最新成果（见图 1-5）。为了提高卫星的空间机动能力进而增强其应急响应能力和在轨对抗能力，延长卫星寿命，需要掌握卫星的在轨加注技术和在轨模块更换技术，首先要完成高精度的全维自主交会对接，即从物理上完成两个航天器的双边动态相对接近、对接并连为一体，完成组合飞行和加注、更换等操作。在物理学上，要求两个动体相对位置、相对速度为零，姿态保持一致。

轨道快车演示系统演示了低成本在轨服务途径与自主在轨服务技术的可行性，具体内容包括：

1）自主制导、导航与控制系统；

2）自主交会，接近与捕获；

3）在轨的燃料传送；

4）在轨的组件传输与组件核实操作；

5）无产权的卫星服务接口规范；

6）支持在轨操作的复杂地面支持基础设施。

可以看出，第 1）项和第 2）项属于基础支撑技术，第 3）项和第 4）项属于应用技术，第 5）项和第 6）项属于规范与基础设施验证。

图 1-5　“轨道快车”在轨接近示意图

参 考 文 献

[1] 张育林，等．分布式卫星系统理论与应用．北京：科学出版社，2008.

[2] 陆元九．陀螺及惯性导航系统．北京：科学出版社，1964.

[3] 麦尔金．陀螺系统．郑元熙，译．北京：国防工业出版社，1959.

[4] 王兆耀，等．中国军事百科全书-军事航天技术．北京：中国大百科全书出版社，2009.

第 2 章　航天器相对运动的动力学方法

和兴锁　王萍　党露

2.1　相对运动坐标系的描述与定义[1]

航天器的相对运动是指一个或一组航天器（通常称为追踪航天器或主动航天器）相对于另一个或另一组航天器（通常称为目标航天器）的运动。与航天器的绝对运动相比，航天器相对运动的变化形式更多样，影响因素更复杂。研究航天器的相对运动首先要建立坐标系，本章所用到的相关坐标系的描述和定义如下。

2.1.1　地心赤道惯性坐标系

地心赤道惯性坐标系 $O_ix_iy_iz_i(S_i)$，原点在地心 O_i，x_i 轴在赤道面内指向春分点，y_i 轴在赤道平面内与 x_i 轴垂直指向东，z_i 轴与 x_i 轴、y_i 轴构成右手正交坐标系。

2.1.2　目标航天器轨道坐标系

目标航天器轨道坐标系 $Oxyz(S_o)$，简称轨道坐标系：原点在目标航天器质心 O 上，x 轴沿地心指向目标航天器方向，定义为 R－bar 方向；y 轴在轨道平面上与 x 轴垂直，指向航天器的速度方向，定义为 V－bar 方向；z 轴和 x 轴、y 轴组成右手正交坐标系，与轨道平面的法线平行。

地心赤道惯性坐标系与目标航天器轨道坐标系的定义及关系如图 2－1 所示。图中 Ω、ω、θ 分别为航天器的升交点赤经、近地点幅角和真近点角。

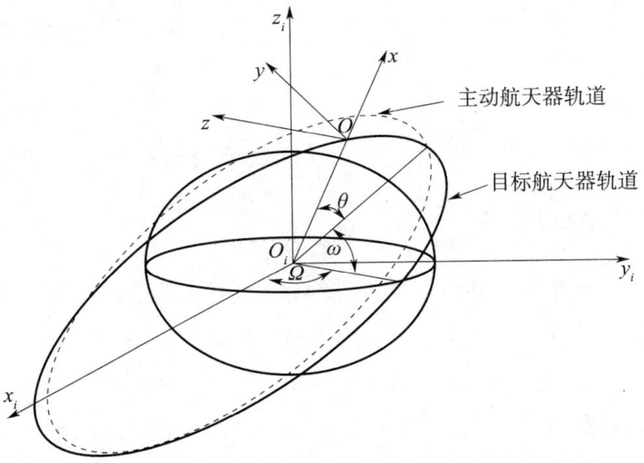

图 2-1　地心赤道惯性坐标系与目标航天器轨道坐标系的定义及关系

2.1.3　目标航天器曲线坐标系

目标航天器曲线坐标系如图 2-2 所示，曲线坐标系 $Ox'y'z'$ 的原点 O 在目标航天器质心，z' 轴指向地心，x' 轴和 y' 轴为曲线轴，

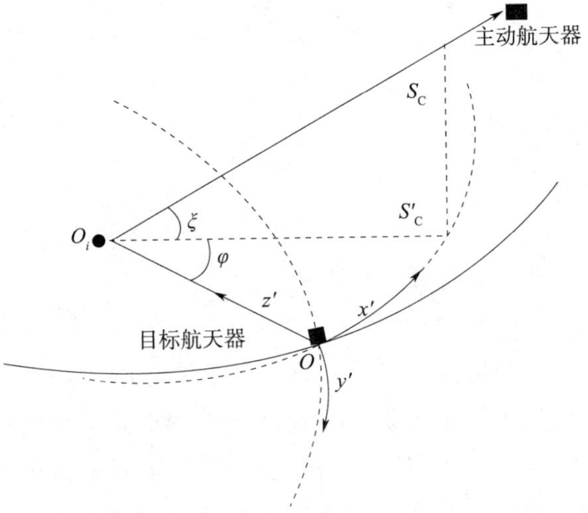

图 2-2　目标航天器曲线坐标系定义

共同位于一个虚拟球面上，在点 O 处与目标航天器轨道坐标系的 xy 平面相切。x' 轴沿过点 O 处的球面纬线指向速度方向，y' 轴沿过点 O 处的球面经线与 x' 轴、z' 轴构成右手坐标系。图 2-2 中 S_C 为主动航天器的星下点，S'_C 为星下点在目标航天器轨道平面内的投影。

2.1.4 球坐标系

惯性直角坐标系（x，y，z）与球坐标系（r，θ，φ）的定义及关系如图 2-3 所示，其中 $\boldsymbol{e}_i$ 为 i 方向上的单位矢量（$i=x$，y，z，r，θ，φ）。球坐标系中的 θ 是通过绕惯性坐标系的 z 轴旋转 θ 角，方向从 z 轴逆方向看，由 x 轴出发至径向 r 在 xy 面的投影，逆时针为正；球坐标系中的 φ 为径向 r 与其在 xy 面的投影的夹角，方向以图 2-3 所示为正。

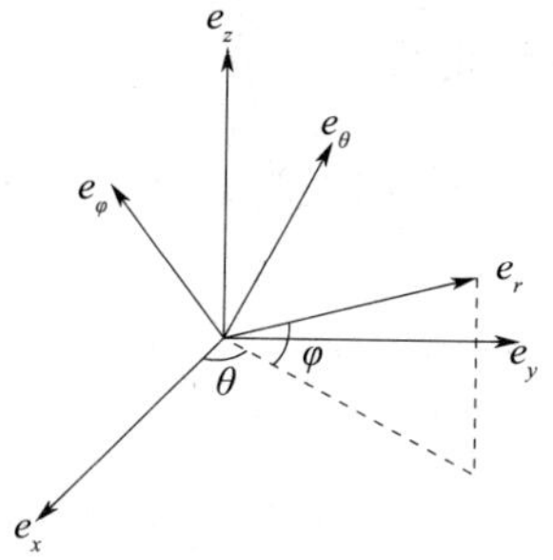

图 2-3 球坐标系定义[2]

2.2 相对运动的动力学建模方法

目前，航天器近距离相对运动的主要建模方法大体上分为两类：一是从航天器位置矢量出发，通过两航天器位置矢量的计算以及相应的动力学分析得到相对运动模型，称之为动力学方法或代数法（本章所述方法）；二是从轨道要素出发，通过空间几何关系得到相对运动模型，称之为运动学方法或几何法（第 3 章所述方法）。这两种方法可用于不同场合下的相对运动分析。通常，代数法多用于相对运动制导与控制；几何法多用于轨道设计与摄动分析。

本章内容属于航天器相对运动的动力学范畴，故主要研究并讨论基于动力学方法建立航天器的相对运动模型。

2.2.1　牛顿动力学方法

根据牛顿第二定律，在惯性坐标系中，追踪航天器和目标航天器的轨道动力学方程为[3]

$$\begin{cases}\dfrac{\mathrm{d}^2\boldsymbol{r}_\mathrm{C}}{\mathrm{d}t^2}=-\dfrac{\mu\boldsymbol{r}_\mathrm{C}}{r_\mathrm{C}^3}+\boldsymbol{f}_\mathrm{C}\\[2ex]\dfrac{\mathrm{d}^2\boldsymbol{r}_\mathrm{T}}{\mathrm{d}t^2}=-\dfrac{\mu\boldsymbol{r}_\mathrm{T}}{r_\mathrm{T}^3}+\boldsymbol{f}_\mathrm{T}\end{cases}\tag{2-1}$$

式中　$\boldsymbol{r}_\mathrm{C}$，$\boldsymbol{r}_\mathrm{T}$——分别为惯性坐标系中追踪航天器和目标航天器的位置矢量，r_C 和 r_T 为对应的标量；

$\boldsymbol{f}_\mathrm{C}$，$\boldsymbol{f}_\mathrm{T}$——分别为追踪航天器和目标航天器除地球中心引力以外的其他作用力的合力的加速度矢量，即推力和摄动力（包括地球形状摄动、大气阻力摄动和光压摄动等）的加速度矢量。

假设追踪航天器相对于目标航天器的相对位置矢量为 $\boldsymbol{\rho}$，式(2-1)两式相减可得在惯性坐标系下追踪航天器相对于目标航天器的相对运动动力学方程为

$$\frac{\mathrm{d}^2\boldsymbol{\rho}}{\mathrm{d}t^2}=-\frac{\mu}{r_\mathrm{T}^3}\left(\frac{r_\mathrm{T}^3}{r_\mathrm{C}^3}\boldsymbol{r}_\mathrm{C}-\boldsymbol{r}_\mathrm{T}\right)+\boldsymbol{f}_\mathrm{C}-\boldsymbol{f}_\mathrm{T}\tag{2-2}$$

根据惯性坐标系与动坐标系的导数关系，有

$$\frac{\delta^2\boldsymbol{\rho}}{\delta t^2}+2\boldsymbol{\omega}\times\frac{\delta\boldsymbol{\rho}}{\delta t}+\boldsymbol{\omega}\times(\boldsymbol{\omega}\times\rho)+\frac{\delta\boldsymbol{\omega}}{\delta t}\times\boldsymbol{\rho}=-\frac{\mu}{r_\mathrm{T}^3}\left(\frac{r_\mathrm{T}^3}{r_\mathrm{C}^3}\boldsymbol{r}_\mathrm{C}-\boldsymbol{r}_\mathrm{T}\right)+\boldsymbol{f}_\mathrm{C}-\boldsymbol{f}_\mathrm{T}\tag{2-3}$$

从式（2-3）可以看出，对于圆轨道或椭圆轨道，目标航天器轨道角速度 $\boldsymbol{\omega}$ 会有所不同；等式右边第 1 项引力势函数可以在不同的坐标系中线性展开，对不同的相对参数展开，或保留不同的阶数；

也可以不以时间 t 而以目标航天器真近点角 θ 作为独立变量。上述各种处理方法决定了由式（2－3）可以得到不同的相对运动模型。

在目标航天器轨道坐标系中

$$\begin{cases}\boldsymbol{\rho}=[x\quad y\quad z]^{\mathrm{T}}\\ \boldsymbol{\omega}=[0\quad 0\quad \omega]^{\mathrm{T}}\\ \boldsymbol{r}_{\mathrm{C}}=[x+r\quad y\quad z]^{\mathrm{T}}\\ \boldsymbol{r}_{\mathrm{T}}=[r_{\mathrm{T}}\quad 0\quad 0]^{\mathrm{T}}\\ \dot{\boldsymbol{\omega}}=[0\quad 0\quad \dot{\omega}]^{\mathrm{T}}\end{cases}\tag{2-4}$$

其中 $\boldsymbol{\omega}$ 和 $\dot{\boldsymbol{\omega}}$ 为目标航天器轨道角速度和角加速度。对运行在椭圆轨道上的目标航天器

$$\omega=\sqrt{\frac{\mu}{a^3}}\frac{(1+e\cos\theta)^2}{(1-e^2)^{3/2}}$$

$$\dot{\omega}=-\frac{\mu}{a^3}\frac{2e\sin\theta\,(1+e\cos\theta)^3}{(1-e^2)^3}$$

将式（2－4）代入式（2－3）有

$$\begin{bmatrix}\ddot{x}\\ \ddot{y}\\ \ddot{z}\end{bmatrix}+2\begin{bmatrix}-\omega\dot{y}\\ \omega\dot{x}\\ 0\end{bmatrix}+\begin{bmatrix}-\omega^2x\\ \omega^2y\\ 0\end{bmatrix}+\begin{bmatrix}-\dot{\omega}y\\ \dot{\omega}x\\ 0\end{bmatrix}=$$

$$-\frac{\mu}{r_{\mathrm{T}}^3}f(x,y,z)\begin{bmatrix}x+r_{\mathrm{T}}\\ y\\ z\end{bmatrix}-\frac{\mu}{r_{\mathrm{T}}^3}\begin{bmatrix}r_{\mathrm{T}}\\ 0\\ 0\end{bmatrix}+\begin{bmatrix}f_x\\ f_y\\ f_z\end{bmatrix}\tag{2-5}$$

其中

$$f(x,y,z)=\left[\left(\frac{x}{r_{\mathrm{T}}}+1\right)^2+\frac{y^2}{r_{\mathrm{T}}^2}+\frac{z^2}{r_{\mathrm{T}}^2}\right]^{-\frac{3}{2}}$$

$[f_x\quad f_y\quad f_z]^{\mathrm{T}}$ 为两航天器外力加速度差在目标航天器轨道坐标系上的分量。式（2－5）没有经过任何简化，是在目标航天器轨道坐标系中描述相对运动关系的精确相对运动方程。

式（2－5）所示的模型虽然精确但较为复杂，有必要对其进行简化，得到简化的同时精度足够描述长期相对运动的数学模型。

对 $f(x,y,z)$ 进行泰勒展开，保留 2 阶项，可以得到

$$f(x,y,z)=1-\frac{3x}{r_{\mathrm{T}}}+6\frac{x^2}{r_{\mathrm{T}}^2}-\frac{3}{2}\frac{y^2}{r_{\mathrm{T}}^2}-\frac{3}{2}\frac{z^2}{r_{\mathrm{T}}^2}+o(x^2,y^2,z^2) \tag{2-6}$$

式中 $o(x^2,y^2,z^2)$ 为 x^2,y^2,z^2 的高阶无穷小。

将式（2－6）代入式（2－5），并略去 3 阶及 3 阶以上的项，有

$$\begin{cases}\ddot{x}+2\omega\dot{y}-\omega^2x-\dot{\omega}y+\dfrac{\mu}{r_{\mathrm{T}}^3}\left(-2x+3\dfrac{x^2}{r_{\mathrm{T}}}-\dfrac{3}{2}\dfrac{x^2}{r_{\mathrm{T}}}-\dfrac{3}{2}\dfrac{y^2}{r_{\mathrm{T}}}\right)=f_x\\ \ddot{y}+2\omega\dot{x}+\omega^2y+\dot{\omega}x+\dfrac{\mu}{r_{\mathrm{T}}^3}\left(1-\dfrac{3x}{r_{\mathrm{T}}}\right)y=f_y\\ \ddot{z}+\dfrac{\mu}{r_{\mathrm{T}}^3}y\left(1-\dfrac{3x}{r_{\mathrm{T}}}\right)z=f_z\end{cases} \tag{2-7}$$

式（2－7）是以时间为自变量的 2 阶相对运动动力学方程。对于目标航天器为圆轨道的情况，由于其轨道半径恒定，设为 a，即 $r_{\mathrm{T}}=a$。其角速度 $\boldsymbol{\omega}$ 恒定，因而 $\dot{\omega}$ 为 0，代入上式，得到目标航天器为圆轨道时的相对运动动力学方程为

$$\begin{cases}\ddot{x}-2\omega\dot{y}-3\omega^2x=f_x\\ \ddot{y}+2\omega\dot{x}=f_y\\ \ddot{z}+\omega^2z=f_z\end{cases} \tag{2-8}$$

式（2－8）即为著名的 C－W 方程（也称 Hill 方程）。

2.2.2　拉格朗日动力学方法

航天器的在轨运行，除大气这种耗散因素影响外，对应的是一个拉格朗日力学系统，因此可以采用拉格朗日力学中的变换方法来建立相应的相对运动方程。

参考坐标系中主动航天器的速度可以表示为

$$\boldsymbol{v}=\boldsymbol{\omega}\times\boldsymbol{r}_{\mathrm{T}}+\frac{\mathrm{d}\boldsymbol{\rho}}{\mathrm{d}t}+\boldsymbol{\omega}\times\boldsymbol{\rho}$$

将式（2－4）代入，得

$$v=\begin{bmatrix}\dot{x}-\dfrac{\bar{n}(1+e\cos\theta)^2}{(1-e^2)^{\frac{3}{2}}}\cdot\dot{y}\\ \dot{y}+\dfrac{\bar{n}(1+e\cos\theta)^2}{(1-e^2)^{3/2}}\cdot x+\dfrac{\bar{n}(1+e\cos\theta)^2}{(1-e^2)^{3/2}}\cdot r_T\\ \dot{z}\end{bmatrix}=\begin{bmatrix}\dot{x}-\omega y\\ \dot{y}+\omega x+\omega r_T\\ \dot{z}\end{bmatrix} \tag{2-9}$$

单位质量的动能为

$$T=\frac{1}{2}\|\boldsymbol{v}\|^2 \tag{2-10}$$

航天器的势能为

$$V=u_0+U=-\frac{\mu}{r_C}+U=-\frac{\mu}{\|\boldsymbol{r}_T+\boldsymbol{\rho}\|}+U \tag{2-11}$$

式中 u_0 ——球状的地球引力势函数；

U ——地球非球形而引起的摄动函数。

$$u_0=-\frac{\mu}{|{r_T}^2+\rho^2+2\boldsymbol{r}_T\cdot\boldsymbol{\rho}|} \tag{2-12}$$

上式展开成勒让德级数，为

$$u_0=-\frac{\mu}{r_T}\sum_{k=0}^{\infty}P_k(\cos\alpha)\left(\frac{\rho}{r_T}\right)^k \tag{2-13}$$

式中 $P_k(\cos\alpha)$ 为 Legendre 多项式的系数，$\cos\alpha=\dfrac{\boldsymbol{\rho}\cdot\boldsymbol{r}_T}{\rho\cdot r_T}=\dfrac{-x}{\sqrt{x^2+y^2+z^2}}$。

在只考虑勒让德级数前 3 项的情况下，可以得到引力势函数

$$V^{(0)}=-\frac{\mu}{r_T}+\frac{\mu}{r_T^2}x-\frac{\mu}{r_T^3}x^2+\frac{\mu}{2r_T^3}y^2+\frac{\mu}{2r_T^3}z^2 \tag{2-14}$$

取广义坐标为 $\boldsymbol{q}=[x\quad y\quad z]$，则由拉格朗日方程

$$\frac{\mathrm{d}}{\mathrm{d}x}\frac{\partial T}{\partial\dot{q}_k}-\frac{\partial T}{\partial q_k}=-\frac{\partial V}{\partial q_k}+Q'_k$$

可以得到该系统的相对运动动力学方程

$$\begin{cases} \ddot{x}-\dot{\omega}y-2\omega\dot{y}-\left(\omega^2+\dfrac{2\mu}{r_{\mathrm{T}}^3}\right)x-\omega^2 r_{\mathrm{T}}+\dfrac{\mu}{r_{\mathrm{T}}^2}=-\dfrac{\partial U}{\partial x}+Q'_x \\ \ddot{y}+\omega(2\dot{x}+\dot{r}_{\mathrm{T}})+\dot{\omega}(x+r_{\mathrm{T}})-y\left(\omega^2-\dfrac{\mu}{r_{\mathrm{T}}{}^3}\right)=-\dfrac{\partial U}{\partial y}+Q'_y \\ \ddot{z}+\dfrac{\mu}{r_{\mathrm{T}}^3}z=-\dfrac{\partial U}{\partial z}+Q'_z \end{cases} \tag{2-15}$$

式中，Q'_k 为非有势力，即大气阻力、控制力等外力。也可以取更高阶的勒让德级数，从而可以得到更加精确的相对运动动力学方程。

令 $f_x=-\dfrac{\partial U}{\partial x}+Q'_x$；　$f_y=-\dfrac{\partial U}{\partial y}+Q'_y$；　$f_z=-\dfrac{\partial U}{\partial z}+Q'_z$

则式（2－15）可写为

$$\begin{cases} \ddot{x}-\dot{\omega}y-2\omega\dot{y}-\left(\omega^2+\dfrac{2\mu}{r_{\mathrm{T}}^3}\right)x-\omega^2 r_{\mathrm{T}}+\dfrac{\mu}{r_{\mathrm{T}}^2}=f_x \\ \ddot{y}+\omega(2\dot{x}+\dot{r}_{\mathrm{T}})+\dot{\omega}(x+r_{\mathrm{T}})-y\left(\omega^2-\dfrac{\mu}{r_{\mathrm{T}}^3}\right)=f_y \\ \ddot{z}+\dfrac{\mu}{r_{\mathrm{T}}^3}z=f_z \end{cases} \tag{2-16}$$

式（2－16）即为由拉格朗日方法求得的相对运动动力学方程。

对于目标航天器为圆轨道的情况，轨道半径恒定，角速度 $\boldsymbol{\omega}$ 恒定，因而 $\dot{\omega}$ 为 0，代入式（2－16），得到与式（2－8）完全相同的相对运动方程，即 C－W 方程

$$\begin{cases} \ddot{x}-2\omega\dot{y}-3\omega^2 x=f_x \\ \ddot{y}+2\omega\dot{x}=f_y \\ \ddot{z}+\omega^2 z=f_z \end{cases}$$

2.2.3　哈密顿动力学方法

类似于拉格朗日动力学方法，系统的动能和势能分别由式（2－10）和式（2－11）给出。则该系统的拉格朗日函数

$$L=\frac{1}{2}[(\dot{x}-\omega y)^2+(\dot{y}+\omega x+\omega r_{\mathrm{T}})^2+\dot{z}^2]+$$

$$\frac{\mu}{r_T}\sum_{k=0}^{\infty}P_k(\cos\alpha)\left(\frac{\rho}{r_T}\right)^k+U$$

同样在只取前 3 阶勒让德级数的情况下，可以得到

$$L^{(0)}=\frac{1}{2}[(\dot{x}-\omega y)^2+(\dot{y}+\omega x+\omega r_T)^2+\dot{z}^2]+\frac{\mu}{r_T}-\frac{\mu}{r_T^2}x+\frac{\mu}{r_T^3}x^2-\frac{\mu}{2r_T^3}y^2-\frac{\mu}{2r_T^3}z^2-U$$

引入广义坐标

$$\boldsymbol{q}=[x\quad y\quad z]^T \tag{2-17}$$

则相应的广义动量为

$$\boldsymbol{p}=\frac{\partial L^{(0)}}{\partial\ \dot{\boldsymbol{q}}_k}=[\dot{x}-\omega y\quad \dot{y}+\omega x+\omega r_T\quad \dot{z}]^T \tag{2-18}$$

系统的哈密顿函数为

$$H=\boldsymbol{p}^T\boldsymbol{q}-L=H(\boldsymbol{q},\boldsymbol{p},t) \tag{2-19}$$

哈密顿正则运动方程

$$\begin{cases}\dot{\boldsymbol{q}}=\dfrac{\partial H}{\partial \boldsymbol{p}}\\[2ex]\dot{\boldsymbol{p}}=-\dfrac{\partial H}{\partial \boldsymbol{q}}+\boldsymbol{Q}'\end{cases} \tag{2-20}$$

式中　$\boldsymbol{Q}'$ ——非有势力。

将式（2－17）、式（2－18）和式（2－19）代入正则方程式（2－20），就可以得到式（2－16）

$$\begin{cases}\ddot{x}-\dot{\omega}y-2\omega\dot{y}-\left(\omega^2+\dfrac{2\mu}{r_T^3}\right)x-\omega^2r_T+\dfrac{\mu}{r_T^2}=f_x\\[2ex]\ddot{y}+\omega(2\dot{x}+\dot{r}_T)+\dot{\omega}(x+r_T)-y\left(\omega^2-\dfrac{\mu}{r_T^3}\right)=f_y\\[2ex]\ddot{z}+\dfrac{\mu}{r_T^3}z=f_z\end{cases}$$

对于目标航天器为圆轨道的情况，化简后也可以得到 C－W 方程。同样，也可以通过取更高阶的勒让德级数，继而得到更加精确的相对运动动力学方程。

2.2.4　复合运动动力学方法

2.2.4.1　基本原理

如图 2-4 所示，取惯性坐标系中 $OXYZ$ 的单位矢量为 $\boldsymbol{I}$ 、$\boldsymbol{J}$ 、$\boldsymbol{K}$ ，运动坐标系（非惯性坐标系）$oxyz$ 的单位矢量为 $\boldsymbol{i}$ 、$\boldsymbol{j}$ 、$\boldsymbol{k}$ ，设其绝对角速度为 $\boldsymbol{\Omega}$ 。

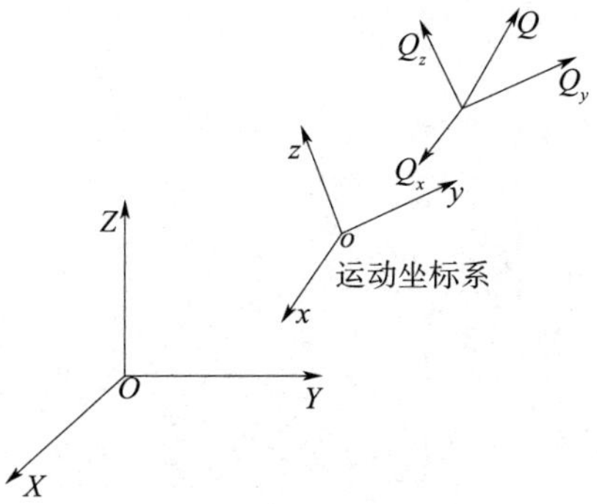

图 2-4　各种坐标系示意图

设 $\boldsymbol{Q}$ 为任一时变矢量，将其在惯性坐标系中分解，可解析表达为

$$\boldsymbol{Q} = Q_X\boldsymbol{I} + Q_Y\boldsymbol{J} + Q_Z\boldsymbol{K} \tag{2-21}$$

$$\frac{\mathrm{d}\boldsymbol{Q}}{\mathrm{d}t} = \frac{\mathrm{d}Q_X}{\mathrm{d}t}\boldsymbol{I} + \frac{\mathrm{d}Q_Y}{\mathrm{d}t}\boldsymbol{J} + \frac{\mathrm{d}Q_Z}{\mathrm{d}t}\boldsymbol{K} \tag{2-22}$$

$\boldsymbol{Q}$ 也可以在运动坐标系中分解，在任一时刻

$$\boldsymbol{Q} = Q_x\boldsymbol{i} + Q_y\boldsymbol{j} + Q_z\boldsymbol{k} \tag{2-23}$$

$$\frac{\mathrm{d}\boldsymbol{Q}}{\mathrm{d}t} = \frac{\mathrm{d}Q_x}{\mathrm{d}t}\boldsymbol{i} + \frac{\mathrm{d}Q_y}{\mathrm{d}t}\boldsymbol{j} + \frac{\mathrm{d}Q_z}{\mathrm{d}t}\boldsymbol{k} + Q_x\frac{\mathrm{d}\boldsymbol{i}}{\mathrm{d}t} + Q_y\frac{\mathrm{d}\boldsymbol{j}}{\mathrm{d}t} + Q_z\frac{\mathrm{d}\boldsymbol{k}}{\mathrm{d}t} \tag{2-24}$$

由泊松定理知

$$\frac{\mathrm{d}\boldsymbol{i}}{\mathrm{d}t} = \boldsymbol{\Omega}\times\boldsymbol{i},\quad \frac{\mathrm{d}\boldsymbol{j}}{\mathrm{d}t} = \boldsymbol{\Omega}\times\boldsymbol{j},\quad \frac{\mathrm{d}\boldsymbol{k}}{\mathrm{d}t} = \boldsymbol{\Omega}\times\boldsymbol{k} \tag{2-25}$$

把式（2-25）代入式（2-24）右边，得

$$\begin{aligned}\frac{\mathrm{d}\boldsymbol{Q}}{\mathrm{d}t} &= \frac{\mathrm{d}Q_x}{\mathrm{d}t}\boldsymbol{i} + \frac{\mathrm{d}Q_y}{\mathrm{d}t}\boldsymbol{j} + \frac{\mathrm{d}Q_z}{\mathrm{d}t}\boldsymbol{k} + Q_x(\boldsymbol{\Omega}\times\boldsymbol{i}) + Q_y(\boldsymbol{\Omega}\times\boldsymbol{j}) + Q_z(\boldsymbol{\Omega}\times\boldsymbol{k}) \\ &= \frac{\mathrm{d}Q_x}{\mathrm{d}t}\boldsymbol{i} + \frac{\mathrm{d}Q_y}{\mathrm{d}t}\boldsymbol{j} + \frac{\mathrm{d}Q_z}{\mathrm{d}t}\boldsymbol{k} + (\boldsymbol{\Omega}\times Q_x\boldsymbol{i}) + (\boldsymbol{\Omega}\times Q_y\boldsymbol{j}) + (\boldsymbol{\Omega}\times Q_z\boldsymbol{k}) \\ &= \frac{\mathrm{d}Q_x}{\mathrm{d}t}\boldsymbol{i} + \frac{\mathrm{d}Q_y}{\mathrm{d}t}\boldsymbol{j} + \frac{\mathrm{d}Q_z}{\mathrm{d}t}\boldsymbol{k} + \boldsymbol{\Omega}\times(Q_x\boldsymbol{i} + Q_y\boldsymbol{j} + Q_z\boldsymbol{k})\end{aligned} \tag{2-26}$$

根据式（2-22）和式（2-23），式（2-26）可写为

$$\frac{\mathrm{d}\boldsymbol{Q}}{\mathrm{d}t} = \frac{\delta\boldsymbol{Q}}{\delta t} + \boldsymbol{\Omega}\times\boldsymbol{Q} \tag{2-27}$$

这就得到相对时间导数与绝对时间导数的关系。

$\boldsymbol{Q}$ 在运动坐标系中的相对速度为

$$\frac{\delta\boldsymbol{Q}}{\delta t} = \frac{\mathrm{d}Q_x}{\mathrm{d}t}\boldsymbol{i} + \frac{\mathrm{d}Q_y}{\mathrm{d}t}\boldsymbol{j} + \frac{\mathrm{d}Q_z}{\mathrm{d}t}\boldsymbol{k} \tag{2-28}$$

所以

$$\frac{\mathrm{d}^2\boldsymbol{Q}}{\mathrm{d}t^2} = \frac{\mathrm{d}}{\mathrm{d}t}\left(\frac{\delta\boldsymbol{Q}}{\delta t}\right) + \frac{\mathrm{d}\boldsymbol{\Omega}}{\mathrm{d}t}\times\boldsymbol{Q} + \boldsymbol{\Omega}\times\frac{\mathrm{d}\boldsymbol{Q}}{\mathrm{d}t} \tag{2-29}$$

将式（2-27）和式（2-28）代入式（2-29），得

$$\frac{\mathrm{d}^2\boldsymbol{Q}}{\mathrm{d}t^2} = \frac{\mathrm{d}}{\mathrm{d}t}\left(\frac{\delta\boldsymbol{Q}}{\delta t}\right) + \frac{\mathrm{d}\boldsymbol{\Omega}}{\mathrm{d}t}\times\boldsymbol{Q} + \boldsymbol{\Omega}\times\left(\frac{\delta\boldsymbol{Q}}{\delta t} + \boldsymbol{\Omega}\times\boldsymbol{Q}\right) \tag{2-30}$$

由式（2-27）亦可得到

$$\frac{\mathrm{d}}{\mathrm{d}t}\left(\frac{\delta\boldsymbol{Q}}{\delta t}\right) = \frac{\delta^2\boldsymbol{Q}}{\delta t^2} + \boldsymbol{\Omega}\times\frac{\delta\boldsymbol{Q}}{\delta t} \tag{2-31}$$

将式（2-31）代入式（2-30）得

$$\frac{\mathrm{d}^2\boldsymbol{Q}}{\mathrm{d}t^2} = \left(\frac{\delta^2\boldsymbol{Q}}{\delta t^2} + \boldsymbol{\Omega}\times\frac{\delta\boldsymbol{Q}}{\delta t}\right) + \frac{\mathrm{d}\boldsymbol{\Omega}}{\mathrm{d}t}\times\boldsymbol{Q} + \boldsymbol{\Omega}\times\left(\frac{\delta\boldsymbol{Q}}{\delta t} + \boldsymbol{\Omega}\times\boldsymbol{Q}\right) \tag{2-32}$$

合并同类项后，有

$$\frac{\mathrm{d}^2\boldsymbol{Q}}{\mathrm{d}t^2} = \frac{\delta^2\boldsymbol{Q}}{\delta t^2} + \dot{\boldsymbol{\Omega}}\times\boldsymbol{Q} + \boldsymbol{\Omega}\times(\boldsymbol{\Omega}\times\boldsymbol{Q}) + 2\boldsymbol{\Omega}\times\frac{\delta\boldsymbol{Q}}{\delta t} \tag{2-33}$$

2.2.4.2　非惯性坐标系中航天器的相对运动动力学模型

(1) 连体坐标系下相对运动的动力学模型

设点 O 为目标航天器，点 P 为追踪航天器（如图 2-5 所示）。x 轴与 $\boldsymbol{R}_{\mathrm{T}}$ 方向相同，y 轴在目标航天器的轨道面内垂直于 x 轴，并指向运动方向，z 轴由右手规则确定。在 $Oxyz$ 中，记 $\boldsymbol{\Omega}=[0\quad 0\quad \omega]^{\mathrm{T}}$

$$\boldsymbol{\rho}=x\boldsymbol{i}+y\boldsymbol{j}+z\boldsymbol{k}$$

$$\boldsymbol{R}_{\mathrm{C}}=\boldsymbol{R}_{\mathrm{T}}+\rho$$

P 点的绝对速度 $\boldsymbol{v}_{\mathrm{C}}$ 为

$$\boldsymbol{v}_{\mathrm{C}}=\boldsymbol{v}_{\mathrm{T}}+\frac{\mathrm{d}\rho}{\mathrm{d}t}$$

式中　$\boldsymbol{v}_{\mathrm{T}}$ ——O 点的绝对速度。

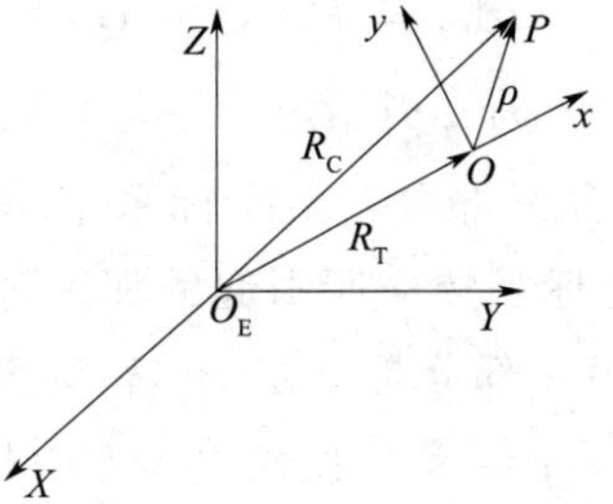

图 2-5　目标航天器和追踪航天器示意图

又因为

$$\frac{\delta\boldsymbol{\rho}}{\delta t}=\frac{\mathrm{d}x}{\mathrm{d}t}\boldsymbol{i}+\frac{\mathrm{d}y}{\mathrm{d}t}\boldsymbol{j}+\frac{\mathrm{d}z}{\mathrm{d}t}\boldsymbol{k}$$

$$\frac{\mathrm{d}\boldsymbol{\rho}}{\mathrm{d}t}=\frac{\delta\boldsymbol{\rho}}{\delta t}+\boldsymbol{\Omega}\times\boldsymbol{\rho}$$

所以

$$\boldsymbol{v}_{\mathrm{C}}=\boldsymbol{v}_{\mathrm{T}}+\boldsymbol{\Omega}\times\boldsymbol{\rho}+\frac{\delta\boldsymbol{\rho}}{\delta t}\tag{2-34}$$

P 点的绝对加速度

$$\boldsymbol{a}_{\mathrm{C}}=\boldsymbol{a}_{\mathrm{T}}+\frac{\mathrm{d}^2\boldsymbol{\rho}}{\mathrm{d}t^2}\tag{2-35}$$

式中　$\boldsymbol{a}_T$ ——O 点的绝对加速度。

由式（2-33）知

$$\frac{d^2\boldsymbol{\rho}}{dt^2}=\frac{\delta^2\boldsymbol{\rho}}{\delta t^2}+\dot{\boldsymbol{\Omega}}\times\boldsymbol{\rho}+\boldsymbol{\Omega}\times(\boldsymbol{\Omega}\times\boldsymbol{\rho})+2\boldsymbol{\Omega}\times\frac{\delta\boldsymbol{\rho}}{\delta t}\tag{2-36}$$

将式（2-36）代入式（2-35）得

$$\boldsymbol{a}_C=\boldsymbol{a}_T+\frac{\delta^2\boldsymbol{\rho}}{\delta t^2}+\dot{\boldsymbol{\Omega}}\times\boldsymbol{\rho}+\boldsymbol{\Omega}\times(\boldsymbol{\Omega}\times\boldsymbol{\rho})+2\boldsymbol{\Omega}\times\frac{\delta\boldsymbol{\rho}}{\delta t}\tag{2-37}$$

有

$$m\frac{\delta^2\boldsymbol{\rho}}{\delta t^2}=m\boldsymbol{a}_C+[-m\boldsymbol{a}_T-m\dot{\boldsymbol{\Omega}}\times\boldsymbol{\rho}-m\boldsymbol{\Omega}\times(\boldsymbol{\Omega}\times\boldsymbol{\rho})]+\left[-2m\boldsymbol{\Omega}\times\frac{\delta\boldsymbol{\rho}}{\delta t}\right]\tag{2-38}$$

所以得

$$m\boldsymbol{a}_r=\boldsymbol{F}+\boldsymbol{Q}_e+\boldsymbol{Q}_k\tag{2-39}$$

式中 $\boldsymbol{F}=m\boldsymbol{a}_C$ 为真实力的合力。$\boldsymbol{Q}_e=-m\boldsymbol{a}_T-m\boldsymbol{\Omega}\times(\boldsymbol{\Omega}\times\boldsymbol{\rho})-m\dot{\boldsymbol{\Omega}}\times\boldsymbol{\rho}$ 为牵连惯性力，包含三部分：由坐标系平动所引起的为平动惯性力，即 $-m\boldsymbol{a}_T$；由坐标系转动所引起的那一部分为惯性离心力，即 $-m\boldsymbol{\Omega}\times(\boldsymbol{\Omega}\times\boldsymbol{\rho})$；另一部分是只在变速转动系统中才出现的力为切向惯性力，即 $-m\dot{\boldsymbol{\Omega}}\times\boldsymbol{\rho}$。牵连惯性力的方向与牵连加速度的方向相反。$\boldsymbol{Q}_k=-2m\boldsymbol{\Omega}\times\dfrac{\delta\boldsymbol{\rho}}{\delta \boldsymbol{t}}$ 为科氏惯性力，方向与科氏加速度相反。它的产生是由于牵连运动和相对运动相互影响的结果。

写成在坐标系 $Oxyz$ 中的矩阵形式有

$$m\{a_r\}=\{F\}+\{Q_e\}+\{Q_k\}\tag{2-40}$$

式中

$$\{a_r\}=\begin{bmatrix}\ddot{x}\\\ddot{y}\\\ddot{z}\end{bmatrix}$$

真实的合力为

$$\boldsymbol{F}=-\frac{GMm}{R_C^2}\cdot\frac{\boldsymbol{R}_C}{R_C}+\boldsymbol{F}^*=-\frac{\mu m}{R_C^3}\boldsymbol{R}_C+\boldsymbol{F}^*$$

式中　$\boldsymbol{F}^*$ ——除引力外的所有力的合力。

其中

$$\boldsymbol{R}_{\mathrm{C}} = \boldsymbol{R}_{\mathrm{T}} + \boldsymbol{\rho} = \begin{bmatrix} R_{\mathrm{T}} + x \\ y \\ z \end{bmatrix}$$

$$\{F\} = -\frac{\mu m}{R_{\mathrm{C}}^3}\begin{bmatrix} R_{\mathrm{T}} + x \\ y \\ z \end{bmatrix}$$

$$\boldsymbol{R}_{\mathrm{C}} = X\boldsymbol{I} + Y\boldsymbol{J} + Z\boldsymbol{K}$$

又因为

$$\boldsymbol{Q}_{\mathrm{e}} = -m\boldsymbol{a}_{\mathrm{T}} - m\boldsymbol{\Omega} \times (\boldsymbol{\Omega} \times \boldsymbol{\rho}) - m\dot{\boldsymbol{\Omega}} \times \boldsymbol{\rho}$$

其中

$$-m\boldsymbol{a}_{\mathrm{T}} = \frac{\mu m}{R_{\mathrm{T}}^2} \cdot \frac{\boldsymbol{R}_{\mathrm{T}}}{R_{\mathrm{T}}} = \frac{\mu m}{R_{\mathrm{T}}^3}\begin{bmatrix} R_{\mathrm{T}} \\ 0 \\ 0 \end{bmatrix}$$

$$\begin{aligned} -m\boldsymbol{\Omega} \times (\boldsymbol{\Omega} \times \boldsymbol{\rho}) &= -m[(\boldsymbol{\Omega} \cdot \boldsymbol{\rho})\boldsymbol{\Omega} - (\boldsymbol{\Omega} \cdot \boldsymbol{\Omega})\boldsymbol{\rho}] \\ &= -m[\omega z\boldsymbol{\Omega} - \omega^2\boldsymbol{\rho}] \\ &= m\omega^2\begin{bmatrix} x \\ y \\ 0 \end{bmatrix} \end{aligned}$$

$$-m\dot{\boldsymbol{\Omega}} \times \boldsymbol{\rho} = -m\begin{bmatrix} 0 \\ 0 \\ \dot{\omega} \end{bmatrix} \times \begin{bmatrix} x \\ y \\ z \end{bmatrix} = m\dot{\omega}\begin{bmatrix} y \\ -x \\ 0 \end{bmatrix}$$

$$\boldsymbol{Q}_{\mathrm{k}} = -2m\boldsymbol{\Omega} \times \frac{\delta\boldsymbol{\rho}}{\delta t}$$

$$\{Q_{\mathrm{k}}\} = -2m[\widetilde{\boldsymbol{\Omega}}]\begin{bmatrix} \dot{x} \\ \dot{y} \\ \dot{z} \end{bmatrix} = 2m\omega\begin{bmatrix} \dot{y} \\ -\dot{x} \\ 0 \end{bmatrix}$$

由式（2－40）

$$m\{a_r\} = \{F\} + \{Q_e\} + \{Q_k\}$$

可得

$$m\begin{bmatrix}\ddot{x}\\ \ddot{y}\\ \ddot{z}\end{bmatrix} = -\frac{\mu m}{[(R_s+x)^2+y^2+z^2]^{\frac{3}{2}}}\begin{bmatrix}R_T+x\\ y\\ z\end{bmatrix} + \frac{\mu m}{R_s{}^3}\begin{bmatrix}R_T\\ 0\\ 0\end{bmatrix} +$$

$$m\omega^2\begin{bmatrix}x\\ y\\ 0\end{bmatrix} + m\dot{\omega}\begin{bmatrix}y\\ -x\\ 0\end{bmatrix} + 2m\omega\begin{bmatrix}\dot{y}\\ -\dot{x}\\ 0\end{bmatrix} + \begin{bmatrix}f_x\\ f_y\\ f_z\end{bmatrix} \tag{2-41}$$

即航天器相对运动的精确动力学方程为

$$\begin{cases}\ddot{x} - 2\omega\dot{y} - \dot{\omega}y - \omega^2 x = -\dfrac{\mu(R_T+x)}{[(R_T+x)^2+y^2+z^2]^{\frac{3}{2}}} + \dfrac{\mu}{R_T^2} + f_x\\ \ddot{y} + 2\omega\dot{x} + \dot{\omega}x - \omega^2 y = -\dfrac{\mu y}{[(R_T+x)^2+y^2+z^2]^{\frac{3}{2}}} + f_y\\ \ddot{z} = -\dfrac{\mu z}{[(R_T+x)^2+y^2+z^2]^{\frac{3}{2}}} + f_z\end{cases} \tag{2-42}$$

例如，假设目标航天器的轨道为圆形，且半径为 a ，那么有 $R_T = a$ ，$\frac{\mu}{a^3} = \omega^2$ ，目标航天器角加速度 $\dot{\omega} = 0$ ，所以上式变为

$$\begin{bmatrix}\ddot{x}\\ \ddot{y}\\ \ddot{z}\end{bmatrix} = -\frac{\mu}{[(a+x)^2+y^2+z^2]^{\frac{3}{2}}}\begin{bmatrix}a+x\\ y\\ z\end{bmatrix} +$$

$$\omega^2\begin{bmatrix}x+a\\ y\\ 0\end{bmatrix} + 2\omega\begin{bmatrix}\dot{y}\\ -\dot{x}\\ 0\end{bmatrix} + \begin{bmatrix}f_x\\ f_y\\ f_z\end{bmatrix} \tag{2-43}$$

即

$$
\begin{cases}
\ddot{x} - 2\omega\dot{y} - \omega^2(x+a) = -\dfrac{\mu(x+a)}{R_C^3} + f_x \\
\ddot{y} + 2\omega\dot{x} - \omega^2 y = -\dfrac{\mu y}{R_C^3} + f_y \\
\ddot{z} = -\dfrac{\mu z}{R_C^3} + f_z
\end{cases}
\tag{2-44}
$$

式（2－44）是以相对坐标 x、y 和 z 表示的相对运动动力学方程，其为一组非线性微分方程。对于目标航天器和追踪航天器的近距离的相对运动情况，航天器间距 $\boldsymbol{\rho}$ 是小量，可以通过取一次近似（即线性化）进行化简，最终可得一组常系数线性微分方程

$$
\begin{cases}
\ddot{x} - 2\omega\dot{y} - 3\omega^2 x = f_x \\
\ddot{y} + 2\omega\dot{x} = f_y \\
\ddot{z} + \omega^2 z = f_z
\end{cases}
\tag{2-45}
$$

此方程与式（2－8）完全相同，即为 C－W 方程。

（2）平动坐标系下相对运动的动力学模型

记目标航天器为 T，追踪航天器为 C。取参考坐标系各坐标轴与地心赤道惯性坐标系各轴平行，即为目标航天器质心平动坐标系 $Txyz$ 。如图 2－6 所示。

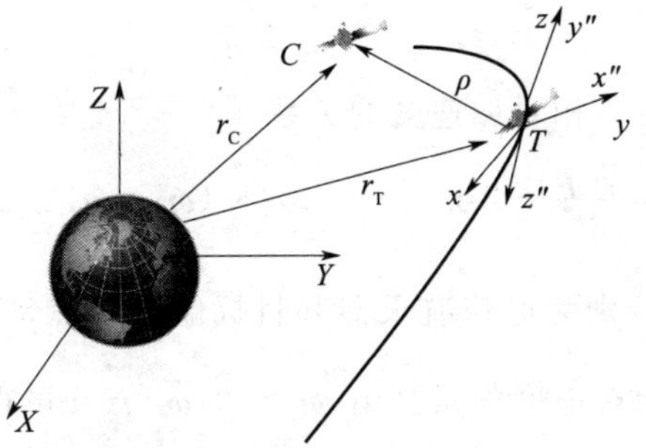

图 2－6　地心赤道惯性坐标系与目标航天器质心平动坐标系示意图

设追踪航天器的地心位置矢量为 $\boldsymbol{r}_C$ ，目标航天器的地心位置矢量为 $\boldsymbol{r}_T$ 。在地心赤道惯性坐标系中，追踪航天器和目标航天器的动

力学方程分别为

$$\begin{cases}\dfrac{d^2\boldsymbol{r}_C}{dt^2}=-\dfrac{\mu}{r_C^3}\boldsymbol{r}_C+\boldsymbol{f}_C\\\dfrac{d^2\boldsymbol{r}_T}{dt^2}=-\dfrac{\mu}{r_T^3}\boldsymbol{r}_T+\boldsymbol{f}_T\end{cases}\tag{2-46}$$

式中 μ ——地球引力常数；

$\boldsymbol{f}_C$，$\boldsymbol{f}_T$ ——分别为作用在追踪航天器、目标航天器上除地球引力以外的所有摄动力、发动机推力、控制力等的合力所带来的加速度。

由牛顿第二定律及加速度合成定理

$$\begin{cases}\boldsymbol{F}=m\boldsymbol{a}\\\boldsymbol{a}_a=\boldsymbol{a}_e+\boldsymbol{a}_r+\boldsymbol{a}_c\end{cases}\tag{2-47}$$

可得

$$\boldsymbol{a}_r=\boldsymbol{a}_a-\boldsymbol{a}_e-\boldsymbol{a}_c\tag{2-48}$$

由于参考坐标系相对于地心赤道惯性坐标系作平动，那么动坐标系相对于地心赤道惯性坐标系的牵连角速度 $\boldsymbol{\omega}_e$ 和牵连角加速的 $\dot{\boldsymbol{\omega}}_e$ 均为零，故有

$$\boldsymbol{a}_c=2\boldsymbol{\omega}_e\times\boldsymbol{v}_r=0$$

继而

$$\boldsymbol{a}_r=\boldsymbol{a}_a-\boldsymbol{a}_e\tag{2-49}$$

绝对加速度与相对加速度的关系

$$\frac{d^2\boldsymbol{\rho}}{dt^2}=\frac{\delta^2\boldsymbol{\rho}}{\delta t^2}+2\boldsymbol{\omega}_e\times\boldsymbol{v}_r+\boldsymbol{\omega}_e\times(\boldsymbol{\omega}_e\times\boldsymbol{\rho})+\dot{\boldsymbol{\omega}}_e\times\boldsymbol{\rho}\tag{2-50}$$

式中 $\dfrac{\delta^2\boldsymbol{\rho}}{\delta t^2}$ 和 $\boldsymbol{v}_r$ 分别为追踪航天器和目标航天器在动坐标系中的相对加速度矢量和相对速度矢量。由 $\boldsymbol{\omega}_e=0$，$\dot{\boldsymbol{\omega}}_e=0$ 可得

$$\frac{d^2\boldsymbol{\rho}}{dt^2}=\frac{\delta^2\boldsymbol{\rho}}{\delta t^2}\tag{2-51}$$

将 $\boldsymbol{a}_a=\dfrac{d^2\boldsymbol{r}_C}{dt^2}$、$\boldsymbol{a}_e=\dfrac{d^2\boldsymbol{r}_T}{dt^2}$、式（2-50）和式（2-51）代入式（2-49），可得

$$\frac{\delta^2 \boldsymbol{\rho}}{\delta t^2} = -\left(\frac{\mu}{r_C^3}\boldsymbol{r}_C - \frac{\mu}{r_T^3}\boldsymbol{r}_T\right) + \boldsymbol{f}$$

$$= \frac{\mu}{r_T^3}\left(\boldsymbol{r}_T - \frac{r_T}{r_C}\boldsymbol{r}_C\right) + \boldsymbol{f} \tag{2-52}$$

式中 $\boldsymbol{f} = \boldsymbol{f}_C - \boldsymbol{f}_T$ 。由于未作任何化简，式（2-52）即为平动坐标系下两航天器间的相对运动方程。

对于目标航天器 T，其在自身的近焦点坐标系中的坐标为

$$\begin{bmatrix} x'' \\ y'' \\ z'' \end{bmatrix} = \begin{bmatrix} r_T\cos\theta \\ r_T\sin\theta \\ 0 \end{bmatrix} \tag{2-53}$$

式中 θ 为目标航天器的真近点角。根据惯性坐标系与近焦点坐标系的转换关系

$$\begin{bmatrix} X \\ Y \\ Z \end{bmatrix} = R_3(-\Omega)R_1(-i)R_2(-\omega)\begin{bmatrix} x'' \\ y'' \\ z'' \end{bmatrix}$$

$$= \begin{bmatrix} \cos\omega\cos\Omega - \sin\omega\sin\Omega\cos i & -\sin\omega\cos\Omega - \cos\omega\sin\Omega\cos i & \sin\Omega\sin i \\ \cos\omega\sin\Omega + \sin\omega\cos\Omega\cos i & -\sin\omega\sin\Omega + \cos\omega\cos\Omega\cos i & -\cos\Omega\sin i \\ \sin\omega\sin i & \cos\omega\cos i & \cos i \end{bmatrix} \cdot \begin{bmatrix} x'' \\ y'' \\ z'' \end{bmatrix} \tag{2-54}$$

将式（2-53）代入式（2-54），可得

$$\boldsymbol{r}_t = \begin{bmatrix} X_t \\ Y_t \\ Z_t \end{bmatrix}$$

$$= \begin{bmatrix} \cos\omega\cos\Omega - \sin\omega\sin\Omega\cos i & -\sin\omega\cos\Omega - \cos\omega\sin\Omega\cos i & \sin\Omega\sin i \\ \cos\omega\sin\Omega + \sin\omega\cos\Omega\cos i & -\sin\omega\sin\Omega + \cos\omega\cos\Omega\cos i & -\cos\Omega\sin i \\ \sin\omega\sin i & \cos\omega\cos i & \cos i \end{bmatrix} \cdot$$

$$\begin{bmatrix} r_t\cos\theta \\ r_t\sin\theta \\ 0 \end{bmatrix} \tag{2-55}$$

因为

$$\boldsymbol{r}_C = \boldsymbol{r}_T + \boldsymbol{\rho} \tag{2-56}$$

从而

$$\left(\frac{r_T}{r_C}\right)^3 = \left[\frac{X_T^2 + Y_T^2 + Z_T^2}{(X_T + x)^2 + (Y_T + y)^2 + (Z_T + z)^2}\right]^{3/2}$$

将上式展开，考虑到 ρ 为小量，省略含 x^2, y^2, z^2 以及更高次项，得到

$$\left(\frac{r_T}{r_C}\right)^3 \approx 1 - \frac{3X_T \cdot x + 3Y_T \cdot y + 3Z_T \cdot z}{r_T^2} \tag{2-57}$$

如果忽略摄动力和控制力，则相对运动方程为

$$\frac{\delta^2 \boldsymbol{\rho}}{\delta t^2} = \frac{\mu}{r_T^3}\left[\boldsymbol{r}_T - \left(\frac{r_T}{r_C}\right)^3 \boldsymbol{r}_C\right] \tag{2-58}$$

将式（2-55）～式（2-57）代入式（2-58），得到两航天器的相对运动方程

$$\begin{bmatrix} \ddot{x} \\ \ddot{y} \\ \ddot{z} \end{bmatrix} = \frac{\mu}{r_T^5}\begin{bmatrix} 2X_T^2 - Y_T^2 - Z_T^2 & 3X_TY_T & 3X_TZ_T \\ 3X_TY_T & 2Y_T^2 - X_T^2 - Z_T^2 & 3Y_TZ_T \\ 3X_TZ_T & 3Y_TZ_T & 2Z_T^2 - X_T^2 - Y_T^2 \end{bmatrix}\begin{bmatrix} x \\ y \\ z \end{bmatrix} +$$

$$\frac{\mu}{r_T^5}\begin{bmatrix} x & y & z \end{bmatrix}\begin{bmatrix} 3X_T \\ 3Y_T \\ 3Z_T \end{bmatrix}\begin{bmatrix} x \\ y \\ z \end{bmatrix} \tag{2-59}$$

由于目标航天器的真近点角 θ 与时间 t 有关，对于无摄动和无控制力的航天器，其轨道不发生变化，因而其轨道根数 a, e, i, Ω, ω 均保持不变，所以 X_T, Y_T, Z_T 是时间的函数，注意到上式不可能有解析解，因而只能通过数值积分得到式（2-59）的数值解。

虽然采用平动坐标系建立相对运动动力学模型所得到的初始方

程（2－52）相对简单，但由于其坐标表示的复杂性，使得动力学方程的推导和化简比经典的动力学方法复杂繁琐得多，并且只能通过数值计算，不便于进行理论分析。

通过上述的建模过程可以看到：当目标航天器的轨道为圆形时，连体坐标系下的相对运动方程与 C－W 方程完全一致。这证明了通过加牵连惯性力和科氏惯性力的方法对于圆形轨道是适用的，至于目标航天器轨道为椭圆的情况，还有待于进一步的研究；对于平动坐标系下的相对运动方程，由于其形式的复杂性，故不可能存在解析解，只能通过数值的方法来求解方程，同时由于该方程为非线性方程，其编程计算存在很大的困难。

2.3　相对运动的动力学模型

2.3.1　相对于圆参考轨道的动力学模型

2.3.1.1　C－W 方程（Hill 方程或 H－C－W 方程）

对于目标航天器运行在圆轨道上，式（2－8）给出了追踪航天器相对于目标航天器的相对运动方程

$$\begin{cases} \ddot{x} - 2\omega\dot{y} - 3\omega^2 x = f_x \\ \ddot{y} + 2\omega\dot{x} = f_y \\ \ddot{z} + \omega^2 z = f_z \end{cases}$$

式（2－8）就是 C－W 方程（也称为 Hill 方程或 H－C－W 方程）。设相对位置和相对速度矢量为

$$\boldsymbol{r}(t) = [x(t) \quad y(t) \quad y(t)]^{\mathrm{T}}, \boldsymbol{v}(t) = [\dot{x}(t) \quad \dot{y}(t) \quad \dot{z}(t)]^{\mathrm{T}}$$

则 C－W 方程可以写为如下形式

$$\begin{bmatrix} \boldsymbol{r}(t) \\ \boldsymbol{v}(t) \end{bmatrix} = \begin{bmatrix} \boldsymbol{\phi}_{rr}(t) & \boldsymbol{\phi}_{rv}(t) \\ \boldsymbol{\phi}_{vr}(t) & \boldsymbol{\phi}_{vv}(t) \end{bmatrix} \begin{bmatrix} \boldsymbol{r}(0) \\ \boldsymbol{v}(0) \end{bmatrix} \tag{2-60}$$

状态转移矩阵

$$\boldsymbol{\phi}(t) = \begin{bmatrix} \boldsymbol{\phi}_{rr}(t) & \boldsymbol{\phi}_{rv}(t) \\ \boldsymbol{\phi}_{vr}(t) & \boldsymbol{\phi}_{vv}(t) \end{bmatrix}$$

其中

$$\boldsymbol{\phi}_{rr}(t) = \begin{bmatrix} 4-3\cos\omega t & 0 & 0 \\ 6(\omega t - \sin\omega t) & 1 & 0 \\ 0 & 0 & \cos\omega t \end{bmatrix}$$

$$\boldsymbol{\phi}_{rv}(t) = \begin{bmatrix} (\sin\omega t)/\omega & 2(1-\cos\omega t)/\omega & 0 \\ 2(\cos\omega t - 1)/\omega & 4(\sin\omega t)/\omega - 3t & 0 \\ 0 & 0 & (\sin\omega t)/\omega \end{bmatrix}$$

$$\boldsymbol{\phi}_{vr}(t) = \begin{bmatrix} 3\omega\sin\omega t & 0 & 0 \\ 6\omega(\cos\omega t - 1) & 0 & 0 \\ 0 & 0 & -\omega\sin\omega t \end{bmatrix}$$

$$\boldsymbol{\phi}_{vv}(t) = \begin{bmatrix} \cos\omega t & 2\sin\omega t & 0 \\ -2\sin\omega t & -3+4\cos\omega t & 0 \\ 0 & 0 & \cos\omega t \end{bmatrix}$$

2.3.1.2 Karlgaard 模型

Karlgaard[2]在球坐标系 (r,θ,φ) 中保留泰勒展开式的 2 阶非线性项，建立了适用于圆轨道目标航天器的相对运动模型，所得到的解消除了伪长期项的影响，精度高于 C－W 方程。

下面给出在球坐标系中的 2 阶偏微分方程式，式中 A,B,C,D 和相对应的复数共轭 $\bar{A},\bar{B},\bar{C},\bar{D}$，时间标度 T_k 等的概念和表达式以及具体的方程式推导过程和各个系数参量，可参见参考文献［2］。

$$\frac{\partial^2 \Delta\hat{r}_2}{\partial T_0^2} - 3\Delta\hat{r}_2 - 2\frac{\partial^2 \Delta\hat{\theta}_2}{\partial T_0} = \gamma_{r_2} e^{iT_0} + \bar{\gamma}_{r_2} e^{-iT_0} + \eta_{r_2} e^{2iT_0} + \bar{\eta}_{r_2} e^{-2iT_0} + \chi_{r_2} e^{3iT_0} + \bar{\chi}_{r_2} e^{-3iT_0} + \sigma_{r_2} + \lambda_{r_2} T_0 \tag{2-61}$$

$$\frac{\partial^2 \Delta\hat{\theta}_2}{\partial T_0^2} + 2\frac{\partial \Delta\hat{r}_2}{\partial T_0} = \gamma_{\theta_2} e^{iT_0} + \bar{\gamma}_{\theta_2} e^{-iT_0} + \eta_{\theta_2} e^{2iT_0} + \bar{\eta}_{\theta_2} e^{-2iT_0} + \chi_{\theta_2} e^{3iT_0} + \bar{\chi}_{\theta_2} e^{-3iT_0} + \sigma_{\theta_2} \tag{2-62}$$

$$\frac{\partial^2 \Delta\hat{\varphi}_2}{\partial T_0^2} + \Delta\hat{\varphi}_2 = \gamma_{\varphi_2} e^{iT_0} + \bar{\gamma}_{\varphi_2} e^{-iT_0} + \eta_{\varphi_2} e^{2iT_0} + \bar{\eta}_{\varphi_2} e^{-2iT_0} + \chi_{\varphi_2} e^{3iT_0} + \bar{\chi}_{\varphi_2} e^{-3iT_0} + \sigma_{\varphi_2} \tag{2-63}$$

在所得到的 2 阶偏微分方程中式（2－61）、式（2－62）、式(2－63)分别为径向、横向、切向 3 个方向的分式。

2.3.2　相对于小偏心率椭圆参考轨道的相对运动模型

2.3.2.1　Melton 模型

Melton[4]在笛卡儿坐标系及柱坐标系下建立了以时间为独立变量的相对运动模型，没有考虑摄动因素，他将 T－H 方程对偏心率以级数的形式展开，得到了时间显式解，其精度取决于级数展开的项数，由于忽略了 3 阶以上的高阶项，因此仅适用于目标轨道偏心率在 0～0.3 的范围。以时间为独立变量可以避免求解开普勒方程。

这里规定 x 轴是由目标航天器质心指向地心的坐标轴；z 轴指向航天器的角动量矢量方向；y 轴和 x 轴、z 轴组成右手正交坐标系。建立的运动方程为

$$\begin{cases} \ddot{x} = \dfrac{2\mu}{r_{\mathrm{T}}^3(t)} x + 2\omega(t)\dot{y} + \dot{\omega}(t) y + \omega^2(t) x + f_x(t) \\ \ddot{y} = \dfrac{-\mu}{r_{\mathrm{T}}^3(t)} y - 2\omega(t)\dot{x} - \dot{\omega}(t) x + \omega^2(t) y + f_y(t) \\ \ddot{z} = \dfrac{-\mu}{r_{\mathrm{T}}^3(t)} z + f_z(t) \end{cases} \tag{2-64}$$

式中　μ ——万有引力常数；

ω —— x，y，z 坐标系的旋转速度；

f_x, f_y, f_z ——追踪航天器可能存在的附加扰动加速度。

定义状态矢量 $\boldsymbol{\Psi} = [\boldsymbol{r} \quad \boldsymbol{v}]^{\mathrm{T}}$，其中 $\boldsymbol{r} = \boldsymbol{r}_{\mathrm{C}} - \boldsymbol{r}_{\mathrm{T}}$，为追踪航天器的相对位移；$\boldsymbol{v}$ 为追踪航天器的相对速度。下面得到运动方程的矩阵形式

$$\dot{\boldsymbol{\Psi}} = \boldsymbol{A}(t)\boldsymbol{\Psi} + \boldsymbol{F}(t) \tag{2-65}$$

其中

$$
{}^{\mathrm{R}}\boldsymbol{A}(t)=\begin{bmatrix}
0 & 0 & 0 & 1 & 0 & 0\\
0 & 0 & 0 & 0 & 1 & 0\\
0 & 0 & 0 & 0 & 0 & 1\\
\dfrac{2\mu}{r_{\mathrm{T}}^{3}}+\omega^{2} & \dot{\omega} & 0 & 0 & 2\omega & 0\\
-\dot{\omega} & -\dfrac{\mu}{r_{\mathrm{T}}^{3}}+\omega^{2} & 0 & -2\omega & 0 & 0\\
0 & 0 & -\dfrac{\mu}{r_{\mathrm{T}}^{3}} & 0 & 0 & 0
\end{bmatrix} \tag{2-66}
$$

$$
{}^{\mathrm{R}}\boldsymbol{F}(t)=\begin{bmatrix}0 & 0 & 0 & f_x & f_y & f_z\end{bmatrix}^{\mathrm{T}} \tag{2-67}
$$

这里有上标 R 的量均表示在笛卡儿坐标系下。改变坐标系，建立在柱坐标系中以上公式的表达方式，对航天器之间的较大角间距有更好的精确度。在柱坐标系中有 $\rho=x$ ，$\theta=y/r_{\mathrm{T}}$ ，$z=z$ 。在圆参考轨道的情况下，r_{T} 为定常量，仅仅需要将式（2－64）的第 1 和第 2 行以及矩阵 **A** 中的相关项做适当改变即可；而在椭圆参考轨道的情况下，式（2－64）和式（2－66）改写为

$$
\begin{cases}
\ddot{\rho}=\dfrac{2\mu}{r_{\mathrm{T}}^{3}(t)}\rho+2\omega\, r_{\mathrm{T}}^{3}\dot{\theta}+2\omega\,\dot{r}_{\mathrm{T}}\theta+\dot{\omega}r_{\mathrm{T}}\,y+\omega^{2}\rho+f_{\rho}\\
\ddot{\theta}=\left(\dfrac{1}{r_{\mathrm{T}}}\right)\left(\dfrac{-\mu}{r_{\mathrm{T}}^{2}}\theta-2\omega\dot{\rho}-\dot{\omega}\rho+\omega^{2}r_{\mathrm{T}}\theta-\ddot{r}_{\mathrm{T}}\theta-2\dot{r}_{\mathrm{T}}\theta+f_{\theta}\right)\\
\ddot{z}=\dfrac{-\mu}{r_{\mathrm{T}}^{3}(t)}z+f_{z}(t)
\end{cases} \tag{2-68}
$$

$$
{}^{\mathrm{C}}\boldsymbol{A}(t)=\begin{bmatrix}
0 & 0 & 0 & 1 & 0 & 0\\
0 & 0 & 0 & 0 & 1 & 0\\
0 & 0 & 0 & 0 & 0 & 1\\
\dfrac{2\mu}{r_{\mathrm{T}}^{3}}+\omega^{2} & \dot{\omega}r_{\mathrm{T}}+2\omega\,\dot{r}_{\mathrm{T}} & 0 & 0 & 2\omega\, r_{\mathrm{T}} & 0\\
-\dfrac{\dot{\omega}}{r_{\mathrm{T}}} & \left(\dfrac{1}{r_{\mathrm{T}}}\right)\left(\dfrac{-\mu}{r_{\mathrm{T}}^{2}}+\omega^{2}r_{\mathrm{T}}-\ddot{r}_{\mathrm{T}}\right) & 0 & -\dfrac{2\omega}{r_{\mathrm{T}}} & -\dfrac{2\dot{r}_{\mathrm{T}}}{r_{\mathrm{T}}} & 0\\
0 & 0 & -\dfrac{\mu}{r_{\mathrm{T}}^{3}} & 0 & 0 & 0
\end{bmatrix} \tag{2-69}
$$

这里有上标 C 的量均表示在柱坐标系下。在柱坐标系下的状态矢量为

$$\boldsymbol{\Psi} = \begin{bmatrix} \rho & \theta & z & \dot{\rho} & \dot{\theta} & \dot{z} \end{bmatrix}^{\mathrm{T}}$$

运用拉格朗日的广义扩展理论，可以得出矩阵 $\boldsymbol{A}$ 中随时间变化的被删近似值（保留到 e^2 ）

$$r_{\mathrm{T}}/a_{\mathrm{T}} = 1 + e^2/2 - e\cos M_{\mathrm{T}} - (e^2/2)\cos 2M_{\mathrm{T}} + O(e^3) \tag{2-70}$$

$$\omega = h_{\mathrm{T}}/r_{\mathrm{T}}^2 = (h_{\mathrm{T}}/a_{\mathrm{T}}^2)\{1 + 2e\cos M_{\mathrm{T}} + (e^2/2)[5\cos 2M_{\mathrm{T}} + 1] + O(e^3)\} \tag{2-71}$$

$$\begin{aligned}\dot{\omega} = (-2h_{\mathrm{T}}/r_{\mathrm{T}}^3)\dot{r}_{\mathrm{T}} = (-2h_{\mathrm{T}}/a_{\mathrm{T}}^2)[&e n_{\mathrm{T}}\sin M_{\mathrm{T}} + e^2 n_{\mathrm{T}}\sin 2M_{\mathrm{T}} + \\ &3e^2 n_{\mathrm{T}}\sin M_{\mathrm{T}}\cos M_{\mathrm{T}} + O(e^3)]\end{aligned} \tag{2-72}$$

$$\omega^2 = h_{\mathrm{T}}^2/r_{\mathrm{T}}^4 = (h_{\mathrm{T}}^2/a_{\mathrm{T}}^4)[1 + 4e\cos M_{\mathrm{T}} + e^2(3 + 7\cos 2M_{\mathrm{T}}) + O(e^3)] \tag{2-73}$$

$$n_{\mathrm{T}} = \sqrt{\mu/a_{\mathrm{T}}^3} \tag{2-74}$$

其中 $M_{\mathrm{T}} = n_{\mathrm{T}}(t - t_{\mathrm{p}})$ ，t_{p} 为目标航天器通过近拱点的时间。

形式上，解决齐次集合的方法为

$$\boldsymbol{\Psi}(t) = \boldsymbol{\Phi}(t,0)\boldsymbol{\Psi}(0) = \exp\left[\int \boldsymbol{A}(t)\mathrm{d}t\right]\boldsymbol{\Psi}(0) \tag{2-75}$$

但是由于矩阵 $\boldsymbol{A}$ 与时间相关，矩阵的指数函数在封闭形式下无法定义；无论如何，$\boldsymbol{A}(t)$ 是周期性的，并且可以对偏心率 e 以级数的形式展开

$$\boldsymbol{A}(t) = \boldsymbol{A}_0 + e\boldsymbol{A}_1(t) + e^2\boldsymbol{A}_2(t) + \cdots \tag{2-76}$$

其中 $\boldsymbol{A}_0$ 是 $\boldsymbol{A}(t)$ 中的一个定常量。因此，根据庞加莱原理[5]，状态转移矩阵可以扩展为

$$\boldsymbol{\Phi}(t,0) = \boldsymbol{\Phi}_0 + e\boldsymbol{\Phi}_1(t) + e^2\boldsymbol{\Phi}_2(t) + \cdots \tag{2-77}$$

其中

$$\boldsymbol{\Phi}_0 = \exp[\boldsymbol{A}_0(t)] \tag{2-78}$$

对式（2－77）进行微分得到

$$\frac{\mathrm{d}}{\mathrm{d}t}\boldsymbol{\Phi}(t)=\boldsymbol{A}_0 e^{A_0 t}+e\frac{\mathrm{d}\boldsymbol{\Phi}_1}{\mathrm{d}t}+e^2\frac{\mathrm{d}\boldsymbol{\Phi}_2}{\mathrm{d}t^2}+\cdots \tag{2-79}$$

由于状态转移矩阵同时满足式（2-65）的齐次形式，则有

$$\frac{\mathrm{d}}{\mathrm{d}t}\boldsymbol{\Phi}(t)=\boldsymbol{A}(t)\boldsymbol{\Phi}(t)=[\boldsymbol{A}_0+e\boldsymbol{A}_1(t)+e^2\boldsymbol{A}_2(t)+\cdots]\times [e^{\boldsymbol{A}_0 t}+e\boldsymbol{\Phi}_1(t)+\cdots] \tag{2-80}$$

同符号表示 e 的同类权函数系数的关系如下

$$\begin{cases}\dfrac{\mathrm{d}\boldsymbol{\Phi}_1}{\mathrm{d}t}=\boldsymbol{A}_0\boldsymbol{\Phi}_1(t)+\boldsymbol{A}_1(t)e^{\boldsymbol{A}_0 t}\\ \dfrac{\mathrm{d}\boldsymbol{\Phi}_2}{\mathrm{d}t}=\boldsymbol{A}_0\boldsymbol{\Phi}_2(t)+\boldsymbol{A}_1(t)\boldsymbol{\Phi}_1(t)+\boldsymbol{A}_2(t)e^{\boldsymbol{A}_0 t}\\ \vdots\\ \dfrac{\mathrm{d}\boldsymbol{\Phi}_n}{\mathrm{d}t}=\boldsymbol{A}_0\boldsymbol{\Phi}_n(t)+\boldsymbol{A}_1(t)\boldsymbol{\Phi}_{n-1}(t)+\cdots+\boldsymbol{A}_{n-1}(t)\boldsymbol{\Phi}_1(t)+\boldsymbol{A}_n(t)e^{\boldsymbol{A}_0 t}\end{cases} \tag{2-81}$$

由于 $\boldsymbol{\Phi}(0)=\boldsymbol{I}$ 及 $\boldsymbol{\Phi}_0(0)=\boldsymbol{I}$，于是就出现了当 $n\geqslant 1$ 时，$\boldsymbol{\Phi}_n(0)=0$ 的情况。因此，$\boldsymbol{\Phi}(t)$ 的扩展可以递归地定义为

$$\begin{cases}\boldsymbol{\Phi}_1(t)=\displaystyle\int_0^t e^{\boldsymbol{A}_0(t-s)}\boldsymbol{A}_1(s)e^{\boldsymbol{A}_0 s}\mathrm{d}s\\ \boldsymbol{\Phi}_2(t)=\displaystyle\int_0^t e^{\boldsymbol{A}_0(t-s)}[\boldsymbol{A}_1(s)\boldsymbol{\Phi}_1(s)+\boldsymbol{A}_2(s)e^{\boldsymbol{A}_0 s}]\mathrm{d}s\\ \vdots\\ \boldsymbol{\Phi}_n(t)=\displaystyle\int_0^t e^{\boldsymbol{A}_0(t-s)}[\boldsymbol{A}_1(s)\boldsymbol{\Phi}_{n-1}(s)+\cdots+\boldsymbol{A}_n(s)e^{\boldsymbol{A}_0 s}]\mathrm{d}s\end{cases} \tag{2-82}$$

将式（2-70）～式（2-74）代入式（2-66）中，并估算式(2-78)及式（2-82）得出

$$^{\mathrm{R}}\boldsymbol{\Phi}_0=\begin{bmatrix}4-3\cos nt & 0 & 0 & (\sin nt)/n & (2/n)(1-\cos nt) & 0\\ 6(\sin nt-nt) & 1 & 0 & -(2/n)(1-\cos nt) & (4\sin nt-3nt)/n & 0\\ 0 & 0 & \cos nt & 0 & 0 & (\sin nt)/n\\ 3n\sin nt & 0 & 0 & \cos nt & 2\sin nt & 0\\ -6n(1-\cos nt) & 0 & 0 & -2\sin nt & 4\cos nt-3 & 0\\ 0 & 0 & -n\sin nt & 0 & 0 & \cos nt\end{bmatrix} \tag{2-83}$$

这里为简化的状态转移矩阵，适用于圆参考轨道；状态转移矩阵的高阶项同样适用于椭圆形参考轨道，这类矩阵称为 Melton 模型的状态转移矩阵。

推导这些高阶项是一项复杂繁重的任务，就像符号处理辅助软件一样，它在对式（2-82）中的复数函数积分时，无法自动地解决语意模糊。因此，${}^{\mathrm{R}}\boldsymbol{\Phi}_1$ 和 ${}^{\mathrm{R}}\boldsymbol{\Phi}_2$ 中的元素可以详见参考文献［12］中的附录。通过式（2-69）并将 $O(e^2)$ 的项代入状态转移矩阵，重复以上步骤，在柱坐标系中可以得到矩阵 ${}^{\mathrm{C}}\boldsymbol{\Phi}(t)$，它的展开元素详见参考文献［4］中的附录。

附加的扰动函数 $\boldsymbol{F}(t)$，可以包括在一个卷积项中

$$\boldsymbol{\Psi} = \boldsymbol{\Phi}(t)\boldsymbol{\Psi}(0) + \int_0^t \boldsymbol{\Phi}(t-\tau)\boldsymbol{F}(\tau)\mathrm{d}\tau \tag{2-84}$$

在 $\boldsymbol{F}$ 为航天器的推力加速度的情况下，时间相关的显解式不难得到；而如果 $\boldsymbol{F}$ 中包含了其他天体或物质的引力摄动，那么就需要这类摄动的一些先验估计的时间相关形式。

2.3.2.2 Yamanaka 相对运动状态转移矩阵

Yamanaka[5-7]不考虑摄动因素，推导了以目标航天器真近点角 θ 为自变量，适用于偏心率 $e \in [0,1)$，且对于所有的 θ 都不存在奇异性的相对运动状态转移矩阵，其形式简单且具有较高的精度[5]。用新的参考坐标系来建立航天器的相对运动方程，原点在目标航天器质心 O 上，x 轴在轨道平面上指向航天器的速度方向，z 轴由质心指向地心；y 轴和 x 、z 轴组成右手正交坐标系。继而运用牛顿动力学方法建立初始的相对运动方程。在忽略 2 阶项及外力加速度后得到如下方程

$$\begin{cases} \ddot{x} - 2\omega\dot{z} - \omega^2 x - \dot{\omega}z + \dfrac{\mu}{r_{\mathrm{T}}^3}x = 0 \\ \ddot{y} + \dfrac{\mu}{r_{\mathrm{T}}^3}y = 0 \\ \ddot{z} + 2\omega\dot{x} - \omega^2 z + \dot{\omega}x - \dfrac{2\mu z}{r_{\mathrm{T}}^3} = 0 \end{cases} \tag{2-85}$$

对上式进行如下变换

$$\begin{bmatrix}\tilde{x}\\ \tilde{y}\\ \tilde{z}\end{bmatrix}=(1+e\cos\theta)\begin{bmatrix}x\\ y\\ z\end{bmatrix} \tag{2-86}$$

并将对时间的导数转化为对目标航天器真近点角 θ 的导数，可以得到形式简洁的相对运动方程

$$\begin{cases}\tilde{x}''=2\tilde{z}'\\ \tilde{y}''=-\tilde{y}\\ \tilde{z}''=3z/\rho-2\tilde{x}'\end{cases} \tag{2-87}$$

其中 $\rho=1+e\cos\theta$，$()'=\mathrm{d}()/\mathrm{d}\theta$，$()''=\mathrm{d}^2()/\mathrm{d}\theta^2$。

对上式求解，可以得出 $x-z$ 面内的状态转移矩阵为

$$\boldsymbol{\Phi}_{\theta_0}^{\theta}=\boldsymbol{\Phi}_{\theta}\boldsymbol{\Phi}_{\theta_0}^{-1}$$

式中

$$\boldsymbol{\Phi}_{\theta}=\begin{bmatrix}1 & -c(1+1/\rho) & s(1+1/\rho) & 3\rho^2 J\\ 0 & s & c & (2-3esJ)\\ 0 & 2s & 2c-e & 3(1-2esJ)\\ 0 & s' & c' & -3e(s'J+s/\rho^2)\end{bmatrix} \tag{2-88}$$

$$\boldsymbol{\Phi}_{\theta_0}^{-1}=\frac{1}{1-e^2}\times\begin{bmatrix}1-e^2 & 3e(s/\rho)(1+1/\rho) & -es(1+1/\rho) & -ec+2\\ 0 & -3(s/\rho)(1+e^2/\rho) & s(1+1/\rho) & c-2e\\ 0 & -3(c/\rho+e) & c(1+1/\rho)+e & -s\\ 0 & 3\rho+e^2-1 & -\rho^2 & es\end{bmatrix} \tag{2-89}$$

位移与速度的具体运算过程为

$$\begin{bmatrix}\bar{r}_0\\ \bar{v}_0\end{bmatrix}=\boldsymbol{\Phi}_{\theta_0}^{-1}\begin{bmatrix}\tilde{r}_0\\ \tilde{v}_0\end{bmatrix},\quad \begin{bmatrix}\tilde{r}_t\\ \tilde{v}_t\end{bmatrix}=\boldsymbol{\Phi}_{\theta}\begin{bmatrix}\bar{r}_0\\ \bar{v}_0\end{bmatrix} \tag{2-90}$$

在 y 方向上有

$$\begin{bmatrix}\tilde{y}_t \\ \tilde{v}_{y_t}\end{bmatrix} = \frac{1}{\rho_{\theta-\theta_0}}\begin{bmatrix} c & s \\ -s & c\end{bmatrix}_{\theta-\theta_0}\begin{bmatrix}\tilde{y}_0 \\ \tilde{v}_{y_0}\end{bmatrix} \tag{2-91}$$

其中 $s=\rho\sin\theta$，$c=\rho\cos\theta$，$s'=\cos\theta+e\cos2\theta$，$c'=-(\sin\theta+e\sin2\theta)$，$J=k^2(t-t_0)$，$p=a(1-e^2)$。矩阵中的下标代表角度 θ 的取值。

为了表述方便，将式（2-88）和式（2-89）综合，并写成如下形式

$$\boldsymbol{\Phi} = \begin{bmatrix}\boldsymbol{\Phi}_{rr} & \boldsymbol{\Phi}_{r\dot{r}} \\ \boldsymbol{\Phi}_{\dot{r}r} & \boldsymbol{\Phi}_{\dot{r}\dot{r}}\end{bmatrix} \tag{2-92}$$

矩阵中的元素是式（2-88）和式（2-89）中元素的组合。式（2-92）所表示的状态转移矩阵适用于目标航天器运行在圆轨道或椭圆轨道的情况，且不存在奇异性[5]。

在使用上述相对状态转移矩阵时，需要对相对位置 $\boldsymbol{r}$ 和相对速度 $\boldsymbol{v}$ 进行如下变换

$$\tilde{\boldsymbol{r}} = \rho\boldsymbol{r},\quad \tilde{\boldsymbol{v}} = -e\sin\theta\boldsymbol{r} + p^2\boldsymbol{v}/r_{\mathrm{T}}^2\omega\rho \tag{2-93}$$

和反变换

$$\boldsymbol{r} = \tilde{\boldsymbol{r}}/\rho,\quad \boldsymbol{v} = r_{\mathrm{T}}^2\omega(e\sin\theta\tilde{\boldsymbol{r}} + \rho\tilde{\boldsymbol{v}})/p^2 \tag{2-94}$$

下面推导其 1 阶偏微分方程式的解，可设初始条件为 $t_0, x_0, y_0, z_0, \dot{x}_0, \dot{y}_0, \dot{z}_0$，通过变量变换为 $\theta_0, \tilde{x}_0, \tilde{y}_0, \tilde{z}_0, \tilde{v}_{x0}, \tilde{v}_{y0}, \tilde{v}_{z0}$，再由式（2-88）至式（2-91）可以得到以 θ 为自变量的解

$$\begin{cases}\tilde{x}_t = \bar{x}_0 - c(1+1/\rho)\bar{z}_0 + s(1+1/\rho)\bar{v}_{x_0} + 3\rho^2 J\bar{v}_{z_0} \\ \tilde{y}_t = \dfrac{1}{\rho_{\theta-\theta_0}}(c\tilde{y}_0 + s\tilde{v}_{y_0})_{\theta-\theta_0} \\ \tilde{z}_t = s\bar{z}_0 + c\bar{v}_{x_0} + (2-3esJ)\bar{v}_{z_0} \\ \tilde{v}_{xt} = 2s\bar{z}_0 + (2c-e)\bar{v}_{x_0} + 3(1-2esJ)\bar{v}_{z_0} \\ \tilde{v}_{yt} = \dfrac{1}{\rho_{\theta-\theta_0}}(c\tilde{v}_{y_0} + s\tilde{y}_0)_{\theta-\theta_0} \\ \tilde{v}_{zt} = s'\bar{z}_0 + c'\bar{v}_{x_0} - 3e(s'J + s/\rho^2)\bar{v}_{z_0}\end{cases} \tag{2-95}$$

其中，$\bar{x}_0, \bar{z}_0, \bar{v}_{x_0}, \bar{v}_{z_0}$ 为在 $\theta=\theta_0$ 时的值。

进一步，通过由 θ 到 t 的反变量变换，在 $\theta=\theta_0=0$ 时，有

$$\boldsymbol{v}_0=k^2(e\sin\theta\tilde{\boldsymbol{r}}+\rho\tilde{\boldsymbol{v}})=k^2\rho\tilde{\boldsymbol{v}}_0$$

再由式

$$\omega=(h/R^2)=(h/p^2)(1+e\cos\theta)^2=k^2\rho^2$$

可得

$$\frac{1}{\rho}\tilde{\boldsymbol{v}}_0=\frac{1}{k^2\rho^2}\times\frac{k^2\rho^2}{\rho}\tilde{\boldsymbol{v}}_0=\frac{1}{\omega}k^2\rho\tilde{\boldsymbol{v}}_0=\frac{1}{\omega}\boldsymbol{v}_0$$

则最终得出方程（2-85）的求解式

$$\begin{cases}x_t=\dfrac{\rho_{t_0}}{\rho_t}\left\{x_0+\dfrac{v_{z_0}}{\omega_{t_0}}Q+\dfrac{s(1+1/\rho_t)}{1-e}\left(\dfrac{2v_{x_0}}{\omega_{t_0}}-3z_0\right)+\dfrac{3\omega_t}{1-e}\cdot\right.\\\qquad\left.\dfrac{1}{\omega_{t_0}}[\omega_{t_0}(2+e)z_0-(1+e)v_{x_0}]\Delta t\right\}\\y_t=\dfrac{\rho_{t0}}{\rho_t\rho_{t-t_0}}-\left(cy_0+\dfrac{s}{\omega_{t_0}}v_{y_0}\right)_{t-t_0}\\z_t=\dfrac{\rho_{t_0}}{\rho_t}\left\{\dfrac{v_{z_0}}{\omega_{t_0}}\cdot\dfrac{s}{1+e}+\dfrac{c}{1-e}\left(\dfrac{2v_{x_0}}{\omega_{t_0}}-3z_0\right)+\dfrac{2/\Delta t-3esk^2}{1-e}\cdot\right.\\\qquad\left.\dfrac{1}{\omega_{t_0}}[\omega_{t_0}(2+e)z_0-(1+e)v_{x_0}]\Delta t\right\}\\v_{x_t}=\dfrac{\omega_t\rho_{t_0}}{\rho_t}\left\{\dfrac{2v_{z_0}}{\omega_{t_0}}\cdot\dfrac{s}{1+e}+\dfrac{2c-e}{1-e}\left(\dfrac{2v_{x_0}}{\omega_{t_0}}-3z_0\right)+\dfrac{3(1/\Delta t-2esk^2)}{1-e}\cdot\right.\\\qquad\left.\dfrac{1}{\omega_{t_0}}[\omega_{t_0}(2+e)z_0-(1+e)v_{x_0}]\Delta t\right\}+esk^2x_t\\v_{y_t}=\dfrac{\rho_{t_0}}{\rho_t\rho_{t-t_0}}\left[\omega_t\left(\dfrac{c}{\omega_{t_0}}v_{y_0}-sy_0\right)_{t-t_0}+esk^2\left(cy_0+\dfrac{s}{\omega_{t_0}}v_{y_0}\right)_{t-t_0}\right]\\v_{z_t}=\dfrac{\omega_t\rho_{t_0}}{\rho_t}\left\{\dfrac{v_{z_0}}{\omega_{t_0}}\cdot\dfrac{s'}{1+e}+\dfrac{c'}{1-e}\left(\dfrac{2v_{x_0}}{\omega_{t_0}}-3z_0\right)-\dfrac{3ek^2[s'+s/(\omega_t\Delta t)]}{1-e}\cdot\right.\\\qquad\left.\dfrac{1}{\omega_{t_0}}[\omega_{t_0}(2+e)z_0-(1+e)v_{x_0}]\Delta t\right\}+esk^2z_t\end{cases}\tag{2-96}$$

其中

$$Q = [2 + e - c_t(1 + 1/\rho_t)]/(1 + e)$$

记

$$P = \omega_{t_0}(2 + e)z_0 - (1 + e)v_{x_0}$$

式（2 - 96）即为在 Yamanaka 相对运动状态转移矩阵的基础上得到的模型解析解。

2.3.3 相对于较大偏心率的椭圆参考轨道的相对运动模型

2.3.3.1 Lawden 方程（T - H 方程）

Lawden[8,12-13]方程（也称为 T - H 方程[8-10]）是一组在旋转正交坐标系中描述相对于任意椭圆轨道目标航天器运动的线性化方程，解决了 C - W 方程只适用于圆参考轨道这一局限性。Lawden 方程以真近点角 θ 作为自变量。由于包含轨道倾角的项存在于解的分母中，因此 Lawden 方程有奇异性。Brumberg - Kelley 方程[11]对 Lawden 方程进行了改进，以时间作为独立变量且在非正交坐标系进行线性化。Brumberg - Kelley 方程避免了 Lawden 方程存在的奇异性问题。

假设目标航天器在椭圆轨道上运行，并考虑目标航天器和追踪航天器近距离相对运动的情况，即 $\frac{\Delta r}{r_C} \ll 1$ 。式（2 - 7）中的导数是对时间的导数，可以通过如下的数学变换将其变换为对目标航天器真近点角的导数

$$\frac{\mathrm{d}x}{\mathrm{d}t} = \frac{\mathrm{d}x}{\mathrm{d}\theta}\frac{\mathrm{d}\theta}{\mathrm{d}t}, \qquad \frac{\mathrm{d}^2x}{\mathrm{d}t^2} = \frac{\mathrm{d}^2x}{\mathrm{d}\theta^2}\left(\frac{\mathrm{d}\theta}{\mathrm{d}t}\right)^2 + \frac{\mathrm{d}x}{\mathrm{d}\theta}\frac{d}{\mathrm{d}\theta}\left(\frac{\mathrm{d}\theta}{\mathrm{d}t}\right)\frac{\mathrm{d}\theta}{\mathrm{d}t} \quad (2-97)$$

不考虑任何摄动和控制力，通过上式可将相对运动方程（2 - 7）改写为如下的形式

$$\begin{bmatrix} x' \\ y' \\ z' \\ x'' \\ y'' \\ z'' \end{bmatrix} = \begin{bmatrix} 0 & 0 & 0 & 1 & 0 & 0 \\ 0 & 0 & 0 & 0 & 1 & 0 \\ 0 & 0 & 0 & 0 & 0 & 1 \\ \frac{e\cos\theta}{1+e\cos\theta} & 0 & \frac{-2e\sin\theta}{1+e\cos\theta} & \frac{2e\sin\theta}{1+e\cos\theta} & 0 & 2 \\ 0 & \frac{-1}{1+e\cos\theta} & 0 & 0 & \frac{2e\sin\theta}{1+e\cos\theta} & 0 \\ \frac{2e\sin\theta}{1+e\cos\theta} & 0 & \frac{3+e\cos\theta}{1+e\cos\theta} & -2 & 0 & \frac{2e\sin\theta}{1+e\cos\theta} \end{bmatrix} \begin{bmatrix} x \\ y \\ z \\ x' \\ y' \\ z' \end{bmatrix} \tag{2-98}$$

式（2－98）就是描述两个航天器之间相对运动的 Lawden 方程。该式根据偏心率 e 的不同可用于目标航天器运行在圆轨道或椭圆轨道两种情况。另外，式（2－98）以目标航天器的真近点角 θ 作为自变量。

式（2－98）是线性时变微分方程，对其求解可以得到如下的解析解

$$\left\{\begin{aligned} x(\theta) &= \left[d_{1j} + \frac{d_{2j}}{1+e\cos\theta} + 2d_{3j}eH(\theta)\right] + \sin\theta\left(\frac{d_{4j}}{1+e\cos\theta} + d_{4j}\right) + \\ &\quad \cos\theta\left[d_{1j}e + 2d_{3j}e^2H(\theta)\right] \\ y(\theta) &= \sin\theta\frac{d_{5j}}{1+e\cos\theta} + \cos\theta\frac{d_{6j}}{1+e\cos\theta} \\ z(\theta) &= -\sin\theta\left[d_{1j}e + 2d_{3j}e^2H(\theta)\right] + \cos\theta\left[\frac{d_{3j}e}{(1+e\cos\theta)^2} + d_{4j}\right] \\ x'(\theta) &= \left[\frac{d_{2j}e\sin\theta}{(1+e\cos\theta)^2} + 2d_{3j}eH'(\theta)\right] + \cos\theta\left[\frac{d_{4j}}{1+e\cos\theta} + d_{4j}\right] + \\ &\quad \sin\theta\left[\frac{d_{4j}e\sin\theta}{(1+e\cos\theta)^2}\right] - \sin\theta\left[d_{1j}e + 2d_{3j}e^2H(\theta)\right] + \\ &\quad \cos\theta\left[2d_{3j}e^2H'(\theta)\right] \\ y'(\theta) &= \cos\theta\frac{d_{5j}}{1+e\cos\theta} + \sin\theta\frac{d_{5j}e\sin\theta}{(1+e\cos\theta)^2} - \sin\theta\frac{d_{6j}}{1+e\cos\theta} + \\ &\quad \cos\theta\frac{d_{6j}e\sin\theta}{(1+e\cos\theta)^2} \\ z'(\theta) &= -\cos\theta\left[d_{1j}e + 2d_{3j}e^2H(\theta)\right] - \sin\theta\left[2d_{3j}e^2H'(\theta)\right] - \\ &\quad \sin\theta\left[\frac{d_{3j}e}{(1+e\cos\theta)^2} + d_{4j}\right] + \cos\theta\left[\frac{2d_{3j}e^2\sin\theta}{(1+e\cos\theta)^3}\right] \end{aligned}\right. \tag{2-99}$$

式中 d_{ij} 是积分常数，与初始条件有关，单位与长度单位一致。

$$\begin{cases} d_{1j} = -\dfrac{\sin\theta_0}{e}z(\theta_0) - \dfrac{\cos\theta_0}{e}z'(\theta_0) \\ d_{2j} = [(1+e\cos\theta_0)\cos^2\theta_0 - \sin^2\theta_0]x(\theta_0) - \\ \qquad \dfrac{(1+e\cos\theta_0)(3+e\cos\theta_0)\sin\theta_0}{e}z(\theta_0) + \\ \qquad \dfrac{(1+e\cos\theta_0)(2+e\cos\theta_0)\sin\theta_0}{e}x'(\theta_0) + \\ \qquad \dfrac{\cos\theta_0\,(1+e\cos\theta_0)^2}{e}z'(\theta_0) \\ d_{3j} = -\dfrac{\sin\theta_0\,(1+e\cos\theta_0)^2}{e}x(\theta_0) - \dfrac{(1+e\cos\theta_0)^2(2+e\cos\theta_0)}{e^2}z(\theta_0) + \\ \qquad \dfrac{(1+e\cos\theta_0)^3}{e^2}x'(\theta_0) - \dfrac{\sin\theta_0\,(1+e\cos\theta_0)^2}{e}z'(\theta_0) \\ d_{4j} = \sin\theta_0 x(\theta_0) - \dfrac{(1+e\cos\theta_0)}{e}x'(\theta_0) + \dfrac{2(1+e\cos\theta_0)}{e}z(\theta_0) \\ d_{5j} = -\sin\theta_0 y(\theta_0) - (1+e\cos\theta_0)\cos\theta_0 y'(\theta_0) \\ d_{6j} = -(e+\cos\theta_0)y(\theta_0) + (1+e\cos\theta_0)\sin\theta_0 y'(\theta_0) \end{cases} \tag{2-100}$$

$H(\theta)$ 为无量纲积分函数，表达式如下

$$\begin{cases} H(\theta) = \displaystyle\int_{\theta_0}^{\theta} \dfrac{\cos\theta}{(1+e\cos\theta)^3}\mathrm{d}\theta \\ \qquad = -(1-e^2)^{-5/2}\left[\dfrac{3eE}{2} - (1+e^2)\sin E + \dfrac{e}{2}\sin E\cos E + d_H\right] \\ \cos E = \dfrac{e+\cos\theta}{1+e\cos\theta} \end{cases} \tag{2-101}$$

式（2-101）中 E 为目标航天器的偏近点角，d_H 是由 $H(\theta_0)=0$ 计算所得的无量纲积分常数，对于变量 θ 的任一初值 θ_0，都有 $H(\theta_0)=0$ 成立。特别地，当 $\theta_0=0$，$d_H=0$。

由式（2-101）还可得

$$H'(\theta) = \frac{\cos\theta}{(1+e\cos\theta)^3} \tag{2-102}$$

特别地，若真近点角从零开始积分，则式（2-99）～式（2-101）中各个积分常数分别为

$$\begin{cases} d_{1j} = -\dfrac{1}{e}z'(0) \\ d_{2j} = (1+e)x(0) + \dfrac{(1+e)^2}{e}z'(0) \\ d_{3j} = -\dfrac{(2+e)(1+e)^2}{e^2}z(0) + \dfrac{(1+e)^3}{e^2}x'(0) \\ d_{4j} = -\dfrac{(1+e)}{e}x'(0) + \dfrac{2(1+e)}{e}z(0) \\ d_{5j} = -(1+e)y'(0) \\ d_{6j} = -(1+e)y(0) \end{cases} \tag{2-103}$$

2.3.3.2 Lane 模型

Lane 建立的线性相对运动模型[10,14]，采用几何方法给出了在曲线坐标系下相对位置、相对速度的表达式，并引入相对位置、速度与轨道要素间的灵敏度矩阵概念，推导了相对运动模型，适用于目标航天器运行在椭圆轨道上的编队飞行轨道设计问题。

若追踪航天器与目标航天器的距离 $\boldsymbol{\rho} \leqslant \boldsymbol{r}_{\mathrm{T}}$，则由几何方法得到的一阶近似表达式为

$$\begin{cases} x \approx r_{\mathrm{T}}(\delta u + \cos i_{\mathrm{T}}\delta\Omega) \\ y \approx r_{\mathrm{T}}(\sin u_{\mathrm{T}}\delta i - \cos u_{\mathrm{T}}\sin i_{\mathrm{T}}\delta\Omega) \\ z \approx \delta r_{\mathrm{T}} \end{cases} \tag{2-104}$$

式中

$$\delta r_{\mathrm{T}} = (r_{\mathrm{T}}/a_{\mathrm{T}})\delta a + (v_{\mathrm{r}}/v_{\mathrm{r}})r_{\mathrm{T}}\delta u - (r_{\mathrm{T}}/p_{\mathrm{T}})(2a_{\mathrm{T}}q_{1\mathrm{T}} + r_{\mathrm{T}}\cos u_{\mathrm{T}})\delta q_1 - (r_{\mathrm{T}}/p_{\mathrm{T}})(2a_{\mathrm{T}}q_{2\mathrm{T}} + r_{\mathrm{T}}\sin u_{\mathrm{T}})\delta q_2$$

$$p_{\mathrm{T}} = a_{\mathrm{T}}(1 - q_{1\mathrm{T}}^2 - q_{2\mathrm{T}}^2)$$

$$h_{\mathrm{T}} = \sqrt{\mu p_{\mathrm{T}}}$$

$$v_{\mathrm{r}} = \dot{r}_{\mathrm{T}} = (h_{\mathrm{T}}/p_{\mathrm{T}})e_{\mathrm{T}}\sin f_{\mathrm{T}} = (h_{\mathrm{T}}/p_{\mathrm{T}})(q_{1\mathrm{T}}\sin u_{\mathrm{T}} - q_{2\mathrm{T}}\cos u_{\mathrm{T}})$$

$$v_v = r_{\mathrm{T}}\dot{u}_{\mathrm{T}} = (h_{\mathrm{T}}/p_{\mathrm{T}})(1 + e_{\mathrm{T}}\cos f_{\mathrm{T}}) = (h_{\mathrm{T}}/p_{\mathrm{T}})(1 + q_{1\mathrm{T}}\cos u_{\mathrm{T}} + q_{2\mathrm{T}}\sin u_{\mathrm{T}})$$

同理，可以推导出相对速度矢量 1 阶近似表达式

$$\begin{cases}\dot{x}\approx -\dfrac{3v_v}{2a_T}\delta a - v_r\delta u + (3v_r a_T q_u + 2h_T\cos u_T)\dfrac{\delta q_1}{p_T} + \\ \qquad (3v_v a_T q_{2T} + 2h_T\sin u_T)\dfrac{\delta q_2}{p_T} + v_r\cos i_T\delta\Omega \\ \dot{y}\approx (v_v\cos u_T + v_r\sin u_T)\delta i + (v_v\sin u_T - v_r\cos u_T)\sin i_T\delta\Omega \\ \dot{z}\approx -\dfrac{v_r}{2a_T}\delta a + \left(\dfrac{1}{r_T}-\dfrac{1}{p_T}\right)h_T\delta u + (v_r a_T q_u + h_T\sin u_T)\dfrac{\delta q_T}{p_T} + \\ \qquad (v_r a_T q_{2T} - h_T\cos u_T)\dfrac{\delta q_2}{p_T}\end{cases} \tag{2-105}$$

事实上，之所以引入无奇点轨道要素，是因为在圆参考轨道情况下，ω 、θ 无定义。然而，利用经典轨道要素差值描述相对运动方程简单直观，便于分析。若 $e=0$ 时，任意给定 ω ，则仍可采用经典轨道要素描述相对运动，下面利用一阶变分进行推导。

平近点角 M 、偏近点角 E 和真近点角 θ 之间的关系如下

$$\begin{cases}M = E - e\sin E \\ \tan(\theta/2) = \sqrt{(1+e)/(1-e)}\tan(E/2)\end{cases} \tag{2-106}$$

对式（2-106）一阶变分，可得

$$\delta\theta = \frac{(1+e\cos\theta)^2}{(1-e^2)^{3/2}}\delta M + \frac{\sin\theta(2+e\cos\theta)}{(1-e^2)}\delta e \tag{2-107}$$

记经典相对轨道要素矢量为

$$\delta\boldsymbol{\sigma} = [\delta a \quad \delta e \quad \delta i \quad \delta\omega \quad \delta\Omega \quad \delta M]^T \tag{2-108}$$

由 $u=\omega+\theta$, $q_1 = e\cos\omega$, $q_2 = e\sin\omega$ 可得

$$\begin{cases}\delta u = \delta\omega + \delta\theta \\ \delta q_1 = \cos\omega\delta e - e\sin\omega\delta\omega \\ \delta q_2 = \sin\omega\delta e + e\cos\omega\delta\omega\end{cases} \tag{2-109}$$

将式（2-107）、式（2-109）代入式（2-104）、式（2-105），可得

$$\begin{cases} x = \dfrac{2+e\cos\theta}{1+e\cos\theta}a\sin\theta\delta e + r\delta\omega + r\cos i\delta\Omega + \dfrac{a^2}{r}\sqrt{1-e^2}\delta M \\ y = r\sin u\delta i - r\sin i\cos u\delta\Omega \\ z = \dfrac{r}{a}\delta a - a\cos\theta\delta e + \dfrac{ae\sin\theta}{\sqrt{1-e^2}}\delta M \end{cases} \tag{2-110}$$

$$\begin{cases} \dot{x} = -\dfrac{3a\omega}{2r}\sqrt{1-e^2}\delta a + \begin{bmatrix} \dfrac{a^3\omega}{r^2}\dfrac{2+e\cos\theta}{1+e\cos\theta}\sqrt{1-e^2}\cos\theta + \\ \dfrac{a\omega e\sin^2\theta}{(1-e^2)^{3/2}} \end{bmatrix}\delta e + \\ \qquad \dfrac{a\omega e\sin\theta}{\sqrt{1-e^2}}\delta\omega + \dfrac{a\omega e\cos i\sin\theta}{\sqrt{1-e^2}}\delta\Omega - \dfrac{a^3}{r^2}\omega e\sin\theta\delta M \\ \dot{y} = \dfrac{a\omega}{\sqrt{1-e^2}}(\cos u + e\cos\omega)\delta i + \dfrac{a\omega\sin i}{\sqrt{1-e^2}}(\sin u + e\sin\omega)\delta\Omega \\ \dot{z} = -\dfrac{\omega e\sin\theta}{2\sqrt{1-e^2}}\delta a + \dfrac{a^3}{r^2}\omega\sin\theta\sqrt{1-e^2}\delta e + \dfrac{a^3}{r^2}\omega e\cos\theta\delta M \end{cases} \tag{2-111}$$

式（2-110）和式（2-111）即为建立的与轨道要素相关的相对运动模型。若不施加控制且忽略摄动影响，则除平近点角 M 外，其他 5 个轨道要素和相对轨道要素均为常值。因此，只要计算出任意 t 时刻目标航天器的真近点角 θ 和相对平近点角 δM，就可以得到 t 时刻的相对状态。

给定 t_0 时刻目标航天器的平近点角 M_0，则 t 时刻的平近点角为

$$M(t) = M_0 + \omega(t-t_0) = M_0 + \sqrt{\mu/a^3}(t-t_0) \tag{2-112}$$

对上式求导，可得

$$\dot{M} = \mathrm{d}M/\mathrm{d}t = \sqrt{\mu/a^3} \tag{2-113}$$

对式（2-113）作 1 阶变分，可得相对平近点角的漂移率

$$\delta\dot{M} = \frac{\mathrm{d}(\delta M)}{\mathrm{d}t} = -\frac{3}{2}\sqrt{\frac{\mu}{a^5}}\delta a = -\frac{3}{2}\omega\frac{\delta a}{a} \tag{2-114}$$

从而可得 t 时刻的相对平近点角

$$\delta M(t)=\delta M_0+\delta\dot{M}(t-t_0)=\delta M_0-\frac{3}{2}\omega\frac{\delta a}{a}(t-t_0)$$

通过解开普勒方程，可以由平近点角 M 得到真近点角 θ 。

下面给出相对轨道根数与相对状态的转换关系式

$$\boldsymbol{X}=\boldsymbol{A}(\varepsilon_t)\delta\boldsymbol{\varepsilon}$$

式中 $\boldsymbol{A}(\varepsilon_t)$ 称为无奇点相对轨道根数 $\delta\boldsymbol{\varepsilon}$ 到相对状态 $\boldsymbol{X}$ 的转换矩阵。

在任何情况下，$\boldsymbol{A}(\varepsilon_t)$ 均为可逆矩阵，$\boldsymbol{A}(\varepsilon_t)$ 的逆即为 $\boldsymbol{X}$ 到 $\delta\boldsymbol{\varepsilon}$ 的转换矩阵。

联立式（2－110）和式（2－111）可得

$$\boldsymbol{X}=\boldsymbol{A}(\sigma_t)\delta\boldsymbol{\sigma}$$

式中 $\boldsymbol{A}(\sigma_t)$ 称为经典相对轨道根数 $\delta\boldsymbol{\sigma}$ 到相对状态 $\boldsymbol{X}$ 的转换矩阵。

若 $e\neq 0$ ，则 $\boldsymbol{A}(\sigma_t)$ 可逆，$\boldsymbol{A}(\sigma_t)$ 的逆即为 $\boldsymbol{X}$ 到 $\delta\boldsymbol{\sigma}$ 的转换矩阵；若 $e=0$ ，则 $\boldsymbol{A}(\sigma_t)$ 不可逆，但仍可以由 $\delta\boldsymbol{\sigma}$ 计算 $\boldsymbol{X}$ 。

2.3.3.3　Carter 模型

Carter[15-16] 以 T－H 方程为基础建立了以真近点角为自变量的相对运动模型，在针对用来求解零推力时航天器初始矢量的积分表达式时，通过优化消除了此求解过程中在真近点角 θ 是 π 的整数倍时存在奇异点的问题，并避免了计算的不稳定性和复杂性。

考虑一个以某航天器为中心的旋转坐标系，航天器围绕一个中心引力体运行在开普勒轨道上。自变量为真近点角 θ ，范围在 $\theta_0\leqslant\theta\leqslant\theta_f$ 的闭区间 θ 中 。这里假定所有的矢量均为三维欧氏空间的元素。

首先给出 T－H 方程中的用来求解零推力时航天器初始矢量的积分表达式

$$\tilde{I}=\int_{\theta_0}^{\theta}\frac{d\zeta}{(1+e\cos\zeta)^2\sin^2\zeta}\qquad(2-115)$$

式中变量上有符号“～”均表示为以 θ 为自变量的量，以后不再说明。

通过位置矢量的变量变换式

$$\begin{bmatrix}\tilde{x}\\ \tilde{y}\\ \tilde{z}\end{bmatrix}=(1+e\cos\theta)\begin{bmatrix}x\\ y\\ z\end{bmatrix}$$

可以得到如下的航天器线性方程

$$\begin{cases}\tilde{x}''=2\tilde{z}'+\tilde{a}_x\\ \tilde{y}''=-\tilde{y}+\tilde{a}_y\\ \tilde{z}''=3z/\rho-2\tilde{x}'+a_z\end{cases}\tag{2-116}$$

其中 $\rho=1+e\cos\theta$，$()'=\mathrm{d}()/\mathrm{d}\theta$，$()''=\mathrm{d}^2()/\mathrm{d}\theta^2$；$\tilde{\boldsymbol{a}}=[\tilde{a}_x\quad \tilde{a}_y\quad \tilde{a}_z]$，其具体推导过程及相关表达式详见参考文献［15］。

再根据 $\tilde{a}$ 和 $\tilde{I}$，可以得到式（2－116）的通解

$$\begin{cases}\tilde{x}''=-b_1\rho^2-b_2[\rho^2\tilde{I}+\cot\theta]-\dfrac{\rho^2}{e}\displaystyle\int_{\theta_0}^{\theta}\dfrac{\tilde{L}(\zeta)}{\rho(\zeta)^2\sin^2\zeta}\mathrm{d}\zeta+\\ \qquad\displaystyle\int_{\theta_0}^{\theta}\left[\dfrac{\tilde{L}(\zeta)}{e\sin^2\zeta}+\rho_1(\zeta)\right]\mathrm{d}\zeta+b_4\\ \tilde{y}''=[b_5+\tilde{L}_1]\cos\theta+[b_6+\tilde{L}_2]\sin\theta\\ \tilde{z}''=\rho\sin\theta\left[b_1e+b_2e\tilde{I}+\displaystyle\int_{\theta_0}^{\theta}\dfrac{\tilde{L}(\zeta)}{\rho(\zeta)^2\sin^2\zeta}\mathrm{d}\zeta\right]\end{cases}\tag{2-117}$$

$$\rho_1=\int_{\theta_0}^{\theta}\tilde{a}_1(\zeta)\mathrm{d}\zeta+b_3e\tag{2-118}$$

$$\tilde{L}=\int_{\theta_0}^{\theta}[\tilde{a}_2(\zeta)-2\rho_1(\zeta)]\rho(\zeta)\sin\zeta\mathrm{d}\zeta\tag{2-119}$$

$$\tilde{L}_1=-\int_{\theta_0}^{\theta}\tilde{a}_3(\zeta)\sin\zeta\mathrm{d}\zeta\tag{2-120}$$

$$\tilde{L}_2=\int_{\theta_0}^{\theta}\tilde{a}_3(\zeta)\cos\zeta\mathrm{d}\zeta\tag{2-121}$$

其中 b_1，b_2，b_3，b_4，b_5 和 b_6 为任意常数。

由 Cater 的推导过程知道最优解必须满足最大推力以及边界的有

限多个区间。当位于无机动动力区间范围时，式（2－117）可以简化为

$$\begin{cases} \tilde{x}'' = -b_1\rho^2 - b_2(\rho^2\tilde{I} + \cot\theta) - b_3\sin\theta(1+\rho) + b_4 \\ \tilde{y}'' = b_5\cos\theta + b_6\sin\theta \\ \tilde{z}'' = e\rho\sin\theta(b_1 + b_2\tilde{I}) - b_3\rho\cos\theta \end{cases} \tag{2-122}$$

式（2－122）可以通过式（2－86）的变量反变换，来描述位于非圆形（椭圆、双曲线、抛物线）开普勒轨道上，相邻两个航天器的相对运动。

通过以上过程知道，式（2－117）和式（2－122）存在着在真近点角 θ 是 π 的整数倍 $n\pi$ 时可以消除的奇异点，这些奇异点出现在 $\tilde{I}$，$\cot\theta$ 以及式（2－77）的积分表达式中。当 θ 是或者接近这些奇异点值时，计算是相当复杂的。

如果对式（2－115）进行部分积分，可得

$$\tilde{I} = 2e\tilde{J} - \frac{\cot\theta}{\rho^2} + c \tag{2-123}$$

该式去除了奇异点，其中 c 为积分常数

$$\tilde{J} = \int_{\theta_0}^{\theta} \frac{\cos\zeta}{\rho(\zeta)^3}\mathrm{d}\zeta \tag{2-124}$$

可以看出积分 $\tilde{J}$ 不存在奇异点。由 $\tilde{J}$ 的连续性可以得到

$$2e\tilde{J}(n\pi) + c = \lim_{\theta \to n\pi}\left[\tilde{I} + \frac{\cot\theta}{\rho}\right] \tag{2-125}$$

因此去掉了在式（2－117）和式（2－122）中包含的 $\tilde{I}$ 项，通过这些替换，式（2－117）变为

$$\begin{cases} \tilde{x}'' = -\rho^2[b_1 + 2b_2e\tilde{J} + \tilde{J}_1/e] + \tilde{J}_2 + b_4 \\ \tilde{y}'' = (b_5 + \tilde{L}_1)\cos\theta + (b_6 + \tilde{L}_2)\sin\theta \\ \tilde{z}'' = \rho\sin\theta(b_1e + 2b_2e^2\tilde{J} + \tilde{J}_1) - (\cos\theta/\rho)(b_2e + \tilde{L}) \end{cases} \tag{2-126}$$

其中

$$\tilde{J}_1 = \int_{\theta_0}^{\theta} \left[\frac{\tilde{a}_2(\zeta) - 2\rho_1(\zeta)\rho(\zeta)^2 + 2e\tilde{L}(\zeta)}{\rho(\zeta)^3} \right] \cos\zeta \mathrm{d}\zeta \tag{2-127}$$

$$\tilde{J}_2 = \int_{\theta_0}^{\theta} \left[\frac{1}{e} [\tilde{a}_2(\zeta) - 2\rho_1(\zeta)] \rho(\zeta) \cos\zeta + \rho_1(\zeta) \right] \mathrm{d}\zeta \tag{2-128}$$

$\tilde{J}_1$，$\tilde{J}_2$ 与 $\tilde{J}$，除了均不存在奇异点之外，没有其他关系；式(2-126)优于式（2-117），积分式 $\tilde{J}_1$，$\tilde{J}_2$，$\tilde{L}$，$\tilde{L}_1$ 及 $\tilde{L}_2$ 在机动动力的封闭形式下无法进行估值，所以在无机动动力区间范围时，式(2-118)～式（2-121）中的 $\tilde{a}$ 恒为零。

简化式（2-127）和式（2-118），式（2-126）变为

$$\begin{cases} \tilde{x}'' = -\rho^2(b_1 + 2b_2 e\tilde{J}) - b_3(1+\rho)\sin\theta + b_4 \\ \tilde{y}'' = b_5\cos\theta + b_6\sin\theta \\ \tilde{z}'' = \rho\sin\theta(b_1 e + 2b_2 e^2\tilde{J}) - \cos\theta\left(\dfrac{b_2 e}{\rho} + b_3\rho\right) \end{cases} \tag{2-129}$$

方程式（2-129）没有考虑摄动因素的影响，并且消除了奇异点，称之为 Carter 模型。它适用于所有的非圆形（椭圆、双曲线、抛物线）开普勒轨道。积分式 $\tilde{J}$ 可以在封闭形式下进行估值，其中 $\tilde{J}$ 在椭圆轨道中的估值方法详见参考文献［15］。同样地，式（2-129）比式（2-122）更加实用。

2.3.4 考虑 J_2 项摄动的精确相对运动方程

2.3.4.1 地球非球形引力摄动简介

太阳系中各大行星、小行星以及月球，它们的质量分布都是不均匀的，形状也并非球形。对于这样的天体，其引力位函数与球形引力位（即质点引力位）有差别。

地球引力位函数的一般表达式如下

$$U=\frac{\mu}{r}\left\{1-\sum_{n=2}^{\infty}\left(\frac{R_e}{r}\right)^2\left[J_n P_n \sin\delta-\sum_{m=1}^{n} J_{nm} P_{nm}\sin\delta\cos m(\lambda-\lambda_{nm})\right]\right\}$$

式中　μ——地球引力常数；

R_e——地球平均半径；

r——地心距；

λ，δ——分别是地心经度和地心纬度；

P_n，P_{nm}——勒让德多项式；

J_n——带谐项系数，$J_2=o(10^{-3})$ 相应的项又称为扁率项；

J_{nm}——田谐项系数。

2.3.4.2　相对于圆参考轨道的考虑 J_2 项摄动的运动动力学模型

（1）Pluym - Damarent 模型

研究两航天器在地球低轨道的相对运动，主要考虑的是空气阻力和引力影响[18]。一般空气阻力可以忽略；简单的相对运动模型是 C - W 方程[19-20]，目标航天器运行在圆轨道上，未包含摄动力的影响，在编队飞行、空间交会等方面有广泛应用。

Carter 和 Humi 等[21]在假设大气密度与卫星速度平方成正比、与卫星轨道半径成反比的前提下，给出了一组含大气摄动的改进形式 Hill 方程，但这两种改进形式的 Hill 方程仅适用于近圆参考轨道编队。S. A. Schweighart 等人[22]提出了一种 J_2 摄动下圆轨道航天器编队运动常系数线性解析模型，模型的解析方程与 Hill 方程非常相似，并具有高精度。参考文献［23］基于 Hill 方程分析了相对轨道构型的几何形状。当主星轨道为圆轨道时，相对轨道由主星质心轨道坐标系下的椭圆柱和平面的交线所决定。参考文献［24］在圆轨道基础上研究了考虑 J_2 项和大气阻力摄动影响下的编队设计。Ross 等[25]提出了一个线性时变，考虑 J_2 的 1 阶模型。更高阶的引力与 J_2 项由 Vaddi，Vadali，Alfriend[26]（2 阶）和 Mitchell[27]（3 阶）提出。

Pluym[20]等研究建立在这些模型基础上，放宽圆形轨道假设条件，考虑 J_2 项的 2 阶模型。主动航天器或者追踪航天器的运动参数

用下标 c 表示，被动航天器或者目标航天器的运动参数用下标 d 表示。在目标航天器轨道坐标系中，相对运动方程为

$$\begin{cases}\ddot{x}_{\mathrm{d}}-2\omega\dot{y}_{\mathrm{d}}-\omega^{2}(x_{\mathrm{d}}+R_{o})=F'_{g,ox}+F_{J_2,ox}\\ \ddot{y}_{\mathrm{d}}+2\omega\dot{x}_{\mathrm{d}}-\omega^{2}y_{\mathrm{d}}=F_{g,oy}+F_{J_2,oy}\\ \ddot{z}_{\mathrm{d}}=F_{g,oz}+F_{J_2,oz}\end{cases}\tag{2-130}$$

式中 $\omega=\sqrt{\mu/R_o{}^{3}}$；

$F_{g,ox},F_{g,oy},F_{g,oz}$ ——中心天体的质点引力加速度在各轴上的分量；

$F_{J_2,ox},F_{J_2,oy},F_{J_2,oz}$ —— J_2 摄动加速度在各轴上的分量。

在圆参考轨道下

$$\boldsymbol{F}_{g,o}=\begin{bmatrix}x_{\mathrm{d}}+R_{o}\\ y_{\mathrm{d}}\\ z_{\mathrm{d}}\end{bmatrix}\frac{\mu}{[(x_{\mathrm{d}}+R_{o})^{2}+y_{\mathrm{d}}^{2}+z_{\mathrm{d}}^{2}]^{(3/2)}}\tag{2-131}$$

将 $\boldsymbol{F}_{g,o}$ 展开到 3 阶，带入式（2－130）后

$$\ddot{\boldsymbol{r}}_{\mathrm{d}}+\boldsymbol{G}\dot{\boldsymbol{r}}_{\mathrm{d}}+\boldsymbol{K}\boldsymbol{r}_{\mathrm{d}}=\boldsymbol{a}_{\boldsymbol{g}}(\boldsymbol{r}_{\mathrm{d}})+\boldsymbol{F}_{J_2,o}\tag{2-132}$$

其中

$$\boldsymbol{G}=2\omega\begin{pmatrix}0&-1&0\\1&0&0\\0&0&0\end{pmatrix},\quad \boldsymbol{K}=\omega^{2}\begin{pmatrix}-3&0&0\\0&0&0\\0&0&1\end{pmatrix},\quad \boldsymbol{F}_{J_2,o}=C_{oi}\boldsymbol{F}_{J_2,i}$$

$$\ddot{\boldsymbol{r}}_{\mathrm{d}}+\boldsymbol{G}\dot{\boldsymbol{r}}_{\mathrm{d}}+[\boldsymbol{K}+\boldsymbol{p}(t)]\boldsymbol{r}_{\mathrm{d}}+\boldsymbol{q}(t)=\boldsymbol{a}_{g}(\boldsymbol{r}_{\mathrm{d}})+\boldsymbol{a}_{J_2}(\boldsymbol{r}_{\mathrm{d}},t)\tag{2-133}$$

式中

$$\boldsymbol{q}(t)=\omega^{2}J_{R}R_{o}\begin{bmatrix}1-3s^{2}(\omega t)c\\ s(\omega t)s^{2}(i)\\ s(\omega t)s(2i)\end{bmatrix}$$

$$J_{R}=\frac{3J_{2}R_{\mathrm{e}}^{2}}{2R_{0}^{2}}$$

$$\boldsymbol{p}(t)=$$

$$\omega^2 J_R\begin{bmatrix}12s^2(\omega t)s^2(i)-4 & -4s(2\omega t)s^2(i) & -4s(\omega t)s(2i)\\ -4s(2\omega t)s^2(i) & 1+s^2(i)[2-7s^2(\omega t)] & c(\omega t)s(2i)\\ -4s(\omega t)s(2i) & c(\omega t)s(2i) & 3-s^2(i)[2+5s^2(\omega t)]\end{bmatrix}$$

$$\boldsymbol{a}_{J_2}(r_{\mathrm{d}},t)=\frac{\omega^2 J_R}{R_o}\begin{bmatrix}\boldsymbol{r}_{\mathrm{d}}^{\mathrm{T}}\boldsymbol{Q}_x\boldsymbol{r}_{\mathrm{d}}\\ \boldsymbol{r}_{\mathrm{d}}^{\mathrm{T}}\boldsymbol{Q}_y\boldsymbol{r}_{\mathrm{d}}\\ \boldsymbol{r}_{\mathrm{d}}^{\mathrm{T}}\boldsymbol{Q}_z\boldsymbol{r}_{\mathrm{d}}\end{bmatrix}$$

$$\boldsymbol{Q}_x=\begin{bmatrix}30s^2(\omega t)s^2(i)-10 & -10s(2\omega t)s^2(i) & -10s(\omega t)s(2i)\\ -10s(2\omega t)s^2(i) & 2.5[5c^2(i)+7c^2(\omega t)s^2(i)-4] & 2.5c(\omega t)s(2i)\\ -10s(\omega t)s(2i) & 2.5c(\omega t)s(2i) & 2.5[7c^2(i)+5c^2(\omega t)s^2(i)-4]\end{bmatrix}$$

其中，三角函数的表达式 $s(\ )=\sin(\ ),c(\ )=\cos(\ )$。

引入 J_2 摄动的 2 阶项、引力的 3 阶项的相对运动模型，仿真结果表明比线性方程精度高。

（2）Schweighart 模型

若考虑 J_2 项摄动的影响，则可以选择 Schweighart 模型[22]，该模型建立了适用于圆轨道目标航天器的常系数线性相对运动方程，形式与 C－W 方程类似。参考文献［28］对参考文献［22］中垂直于目标轨道平面方向的相对运动解析解进行了改进。Schweighart 在参考文献［29］中从 Hill 方程出发，引入 J_2 摄动，建立了常系数线性方程。传统的 Hill 方程，相对参考卫星的线性化方程为[4]

$$\ddot{\boldsymbol{r}}=\boldsymbol{g}(\boldsymbol{r})+\nabla\boldsymbol{g}(\boldsymbol{r}^*)\cdot\boldsymbol{\rho}\qquad(2-134)$$

引入摄动后

$$\ddot{\boldsymbol{r}}=\boldsymbol{g}(\boldsymbol{r})+\nabla\boldsymbol{g}(\boldsymbol{r}^*)\cdot\boldsymbol{\rho}+\boldsymbol{J}_2(\boldsymbol{r})+\nabla\boldsymbol{J}_2(\boldsymbol{r}^*)\cdot\rho$$

坐标系的旋转角速度 ω 满足

$$\ddot{\boldsymbol{\rho}}+2\boldsymbol{\omega}\times\dot{\boldsymbol{\rho}}+\dot{\boldsymbol{\omega}}\times\boldsymbol{\rho}+\boldsymbol{\omega}\times(\boldsymbol{\omega}\times\boldsymbol{\rho})=$$

$$\nabla\boldsymbol{g}(\boldsymbol{r}^*)\cdot\boldsymbol{\rho}+\boldsymbol{J}_2(\boldsymbol{r})+\nabla\boldsymbol{J}_2(\boldsymbol{r}^*)\cdot\boldsymbol{\rho}\qquad(2-135)$$

参考文献［30］只研究包含 $\boldsymbol{J}_2(\boldsymbol{r}^*)$ 的部分，假设所有的航天器在参考轨道上受到相同的的摄动力作用。但是，卫星群作为一个整体对参考轨道还存在相对运动，因而若分析 J_2 项摄动的影响，还要

考虑 $\boldsymbol{J}_2(\boldsymbol{r}^*)\cdot\rho$ 部分。增加的 $\nabla\boldsymbol{J}_2(\boldsymbol{r}^*)$ 项是关于时间的变量，不能直接分析得到解。由于 $\nabla\boldsymbol{J}_2(\boldsymbol{r}^*)$ 项的周期性，式（2－135）变为

$$\ddot{\boldsymbol{\rho}}+2\boldsymbol{\omega}\times\dot{\boldsymbol{\rho}}+\dot{\boldsymbol{\omega}}\times\boldsymbol{\rho}+\boldsymbol{\omega}\times(\boldsymbol{\omega}\times\boldsymbol{\rho})=$$
$$\nabla\boldsymbol{g}(\boldsymbol{r}^*)\cdot\boldsymbol{\rho}+\boldsymbol{J}_2(\boldsymbol{r})+\frac{1}{2\pi}\int_0^{2\pi}\nabla\boldsymbol{J}_2(\boldsymbol{r}^*)\mathrm{d}\boldsymbol{\theta}\cdot\boldsymbol{\rho} \tag{2-136}$$

考虑 J_2 摄动力，使得卫星相对参考卫星的轨道周期不相同。为了让两卫星周期一致，加入一个摄动力，式（2－136）为

$$\ddot{\boldsymbol{\rho}}+2\boldsymbol{\omega}\times\dot{\boldsymbol{\rho}}+\dot{\boldsymbol{\omega}}\times\boldsymbol{\rho}+\boldsymbol{\omega}\times(\boldsymbol{\omega}\times\boldsymbol{\rho})=\nabla\boldsymbol{g}(\boldsymbol{r}^*)\cdot\boldsymbol{\rho}+\boldsymbol{J}_2(\boldsymbol{r})+$$
$$\frac{1}{2\pi}\int_0^{2\pi}\nabla\boldsymbol{J}_2(\boldsymbol{r}^*)\mathrm{d}\boldsymbol{\theta}\cdot\boldsymbol{\rho}-\frac{1}{2\pi}\int_0^{2\pi}\boldsymbol{J}_2(\boldsymbol{r}^*)\mathrm{d}\boldsymbol{\theta}$$

这也是常系数线性方程，可以得到解析解。若方程（2－135）只有 $\boldsymbol{J}_2(\boldsymbol{r}^*)$ 项，即

$$\ddot{\boldsymbol{\rho}}+2\boldsymbol{\omega}\times\dot{\boldsymbol{\rho}}+\dot{\boldsymbol{\omega}}\times\boldsymbol{\rho}+\boldsymbol{\omega}\times(\boldsymbol{\omega}\times\boldsymbol{\rho})=\nabla\boldsymbol{g}(\boldsymbol{r}^*)\cdot\boldsymbol{\rho}+\boldsymbol{J}_2(\boldsymbol{r}) \tag{2-137}$$

得到解析解

$$\begin{cases}\ddot{x}-3n^2x-2n\dot{y}=-k_0(1-3\sin^2 i\sin^2\theta)\\ \ddot{y}+2n\dot{x}=-2k_0\sin^2 i\sin\theta\cos\theta\\ \ddot{z}+n^2z=-2k_0\sin i\cos i\sin\theta\end{cases}$$

式中 $k_0=3J_2R_e^2/(2r^4)$；

$n=\sqrt{\mu/R_0^3}$。

Schweighart 模型[22]对垂直的相对运动改进后的方程为

$$\ddot{\boldsymbol{\rho}}+2\boldsymbol{\omega}\times\dot{\boldsymbol{\rho}}+\dot{\boldsymbol{\omega}}\times\boldsymbol{\rho}+\boldsymbol{\omega}\times(\boldsymbol{\omega}\times\boldsymbol{\rho})=\nabla\boldsymbol{g}(\boldsymbol{r}^*)\cdot\boldsymbol{\rho}+\boldsymbol{J}_2(\boldsymbol{r})+$$
$$\frac{1}{2\pi}\int_0^{2\pi}\nabla\boldsymbol{J}_2(\boldsymbol{r}^*)\mathrm{d}\boldsymbol{\theta}\cdot\boldsymbol{\rho}-\frac{1}{2\pi}\int_0^{2\pi}\boldsymbol{J}_2(\boldsymbol{r}^*)\mathrm{d}\boldsymbol{\theta}-[\boldsymbol{J}_2(\boldsymbol{r}^*)\cdot\boldsymbol{z}]\boldsymbol{z} \tag{2-138}$$

最后方程式（2－138）化简得到解

$$
\begin{cases}
\ddot{x}-2(nc)\dot{y}-(5c^2-2)n^2x=-3n^2J_2(R_e^2/R_0)\{1/2-\\
\qquad[3\sin^2 i_0\sin^2(kt)/2]-[(1+3\cos2i_0)/8]\}\\
\ddot{y}+2(nc)\dot{x}=-3n^2J_2(R_e^2/R_0)\sin^2 i_0\sin(kt)\cos(kt)\\
\ddot{z}+q^2z=2lq\cos(qt+\varphi)
\end{cases}
\tag{2-139}
$$

解微分方程，可设初始条件 $\dot{x}_0,\dot{y}_0,\dot{z}_0$ ，则

$$
\begin{cases}
x=(x_0-\alpha)\cos(nt\sqrt{1-s})+\dfrac{\sqrt{1-s}}{2\sqrt{1+s}}y_0\sin(nt\sqrt{1-s})+\alpha\cos(2kt)\\
y=-\dfrac{2\sqrt{1+s}}{\sqrt{1-s}}(x_0-\alpha)\sin(nt\sqrt{1-s})+y_0\cos(nt\sqrt{1-s})+\beta\sin(2kt)\\
z=(lt+m)\sin(qt+\phi)
\end{cases}
\tag{2-140}
$$

(3) Yamamoto 模型

Yamamoto[31]考虑目标航天器轨道偏心率，J_2 项摄动以及大气阻力摄动的影响，推导了相对运动模型，但只适用于圆或目标航天器偏心率较小的近圆参考轨道情况。

在轨道坐标系下，参考轨道的轨道要素为

$$\boldsymbol{e}=[a\quad\theta\quad i\quad q_1\quad q_2\quad\Omega]^{\mathrm{T}}$$

相对状态矢量为

$$\boldsymbol{X}=[x\quad\dot{x}\quad y\quad\dot{y}\quad z\quad\dot{z}]^{\mathrm{T}}$$

相对轨道要素

$$\delta\boldsymbol{e}=\boldsymbol{e}_{\mathrm{d}}-\boldsymbol{e}_{\mathrm{c}}$$

假设大气密度为常量，近圆轨道（$e\approx0$），只考虑摄动的 2 阶项 J_2 。在 $t=t_0$ 时，参考轨道要素

$$\boldsymbol{e}_0=[a_0\quad\theta_0\quad i_0\quad q_{10}\quad q_{20}\quad\Omega_0\quad(1/B_{\mathrm{c}})]^{\mathrm{T}}$$

式中　B_{c}——弹道系数。

相应的有

$$\delta\boldsymbol{e}_m(t)=\varphi(t,t_0)\delta\boldsymbol{e}_m(t_0)+\varphi(t,t_0)\delta(1/B_{\mathrm{c}})$$

引用 Gim - Alfriend 模型[32]中的传递矩阵 $\boldsymbol{D}$ 、$\boldsymbol{\Sigma}$，则

$$\begin{cases}\delta \boldsymbol{e}_0 = \boldsymbol{D}(t)\delta \boldsymbol{e}_m \\ \boldsymbol{X} = \boldsymbol{\Sigma}(t)\delta\, \boldsymbol{e}_0\end{cases} \tag{2-141}$$

初始相对状态矢量为 $\boldsymbol{X}(t_0)$

$$\begin{cases}\delta \boldsymbol{e}_{m_0} = [\boldsymbol{D}(t_0)]^{-1}[\boldsymbol{\Sigma}(t_0)]^{-1}\boldsymbol{X}(t_0) \\ \boldsymbol{X}(t) = \boldsymbol{\Sigma}(t)\boldsymbol{D}(t)[\phi(t,t_0)\delta \boldsymbol{e}_{m_0} + \varphi(t,t_0)\delta(1/B_c)]\end{cases} \tag{2-142}$$

用几何方法，相对运动的状态转移矩阵代入式（2－142），得

$$\begin{cases}\boldsymbol{X}^*(t) = [\boldsymbol{\Sigma}^*(t)\boldsymbol{D}^*(t)\boldsymbol{\varphi}^*(t,t_0)\boldsymbol{D}^*(t_0)^{-1}\boldsymbol{\Sigma}^*(t_0)^{-1}]\,\boldsymbol{X}^*(t_0) \\ \qquad\quad = \boldsymbol{M}^*(t,t_0)\boldsymbol{X}^*(t_0) \\ \boldsymbol{X}^* = \begin{bmatrix}\boldsymbol{X} \\ \delta(1/B_c)\end{bmatrix} \\ \boldsymbol{\varphi}^* = \begin{pmatrix}\phi & \varphi \\ \boldsymbol{0}(1\times 6) & 1\end{pmatrix} \\ \boldsymbol{D}* = \begin{pmatrix}\boldsymbol{D} & \boldsymbol{0}(6\times 1) \\ \boldsymbol{0}(1\times 6) & 1\end{pmatrix} \\ \boldsymbol{\Sigma}^* = \begin{pmatrix}\boldsymbol{\Sigma} & \boldsymbol{0}(6\times 1) \\ \boldsymbol{0}(1\times 6) & 1\end{pmatrix}\end{cases} \tag{2-143}$$

2.3.4.3 相对于椭圆参考轨道的考虑 J_2 项摄动的运动动力学模型

（1）小偏心率椭圆轨道考虑 J_2 及 J_3 项摄动的 Kechichian 相对运动模型

Kechichian 建立的考虑 J_2 及 J_3 项等高阶地球引力场非球形摄动的相对运动模型[33]。

类似 Hill 方程，在方程右边加上 J_2 项，相对运动方程为

$$\begin{cases}\ddot{x} - 2\omega\dot{y} - 3\omega^2 x = f_r \\ \ddot{y} + 2\omega\dot{x} = f_\theta \\ \ddot{z} + \omega^2 z = f_h\end{cases} \tag{2-144}$$

J_2 摄动加速度在 3 个方向的分量分别为

$$\begin{cases} f_r = -\dfrac{3\mu J_2 R^2}{2r^4}[1 - 3s^2(i)s^2(\theta)] \\ f_\theta = -\dfrac{3\mu J_2 R^2}{r^4}s^2(i)s(\theta)c(\theta) \\ f_h = -\dfrac{3\mu J_2 R^2}{r^4}s(i)s(\theta)c(i) \end{cases}$$

相对位置和速度

$$\begin{aligned} x = {} & \frac{\dot{x}_0}{\omega}s(\omega t) + x_0 c(\omega t) + \frac{1}{\omega^2}(c_0 + 2\omega K)[1 - c(\omega t)] + \\ & \frac{2b_0}{\omega^2}[\omega t - s(\omega t)] + \frac{1}{2\omega^2}(2b'_1 + c_1)s(\omega t) - \\ & \frac{1}{2\omega}(2b'_1 + c_1)tc(\omega t) - \frac{1}{2\omega}(2b_1 - c'_1)ts(\omega t) + \\ & \sum_{j=2}^{4}\left(\frac{2b'_j}{j} + c_j\right)\frac{js(\omega t) - s(j\omega t)}{\omega^2(j^2 - 1)} - \\ & \sum_{j=2}^{4}\left(\frac{2b_j}{j} - c'_j\right)\frac{c(\omega t) - c(j\omega t)}{\omega^2(j^2 - 1)} \end{aligned}$$

$$\begin{aligned} y = {} & 2\,\frac{\dot{x}_0}{\omega}c(\omega t) - 2x_0 s(\omega t) - \frac{2}{\omega^2}(c_0 + 2\omega K)[\omega t - s(\omega t)] - \\ & \frac{3b_0}{2}t^2 - \frac{4b_0}{\omega^2}c(\omega t) - \sum_{j=1}^{4}\frac{b_j}{j^2\omega^2}s(j\omega t) + \\ & \frac{1}{2\omega^2}(2b'_1 + c_1)c(\omega t) + \frac{1}{\omega}(2b'_1 + c_1)ts(\omega t) + \\ & \frac{1}{2\omega^2}(2b_1 - c'_1)[s(\omega t) - \omega tc(\omega t)] + Kt + K_1 + \\ & \sum_{j=2}^{4}2\left(\frac{2b'_j}{j} + c_j\right)\frac{jc(\omega t) - \dfrac{c(j\omega t)}{j}}{\omega^2(j^2 - 1)} + \\ & \sum_{j=2}^{4}2\left(\frac{2b_j}{j} - c'_j\right)\frac{s(\omega t) - \dfrac{s(j\omega t)}{j}}{\omega^2(j^2 - 1)} - \sum_{j=1}^{4}\frac{b'_j}{j^2\omega^2}c(j\omega t) \end{aligned}$$

$$z = \frac{\dot{z}_0}{\omega}s(\omega t) + z_0 c(\omega t) + \frac{d_1}{2\omega^2}[s(\omega t) - \omega t c(\omega t)] +$$

$$\frac{d'_1}{2\omega}ts(\omega t) + \sum_{j=2}^{4}\frac{d_j[js(\omega t) - s(j\omega t)]}{\omega^2(j^2-1)} + \sum_{j=2}^{4}\frac{d'_j[c(\omega t) - c(j\omega t)]}{\omega^2(j^2-1)}$$

$$\dot{x} = \dot{x}_0 c(\omega t) - x_0\omega s(\omega t) + \frac{1}{\omega}(c_0 + 2\omega K)s(\omega t) +$$

$$\frac{2b_0}{\omega}[1 - c(\omega t)] + \frac{1}{2}(2b'_1 + c_1)ts(\omega t) - \frac{1}{2\omega}(2b_1 -$$

$$c'_1)s(\omega t) - \frac{1}{2}t(2b_1 - c'_1)tc(\omega t) + \sum_{j=2}^{4}\left(\frac{2b'_j}{j} +\right.$$

$$\left. c_j\right)\frac{jc(\omega t) - jc(j\omega t)}{\omega(j^2-1)} + \sum_{j=2}^{4}\left(\frac{2b_j}{j} - c'_j\right)\frac{s(\omega t) - js(j\omega t)}{\omega(j^2-1)}$$

$$\dot{y} = -2\dot{x}_0 s(\omega t) - 2\omega x_0 c(\omega t) - \frac{2}{\omega}(c_0 + 2\omega K)[1 - c(\omega t)] -$$

$$\frac{4b_0}{\omega}[\omega t - s(\omega t)] - \sum_{j=1}^{4}\frac{b_j}{j\omega}c(j\omega t) - \frac{1}{\omega}(2b'_1 + c_1)s(\omega t) +$$

$$(2b'_1 + c_1)tc(\omega t) + (2b_1 - c'_1)ts(\omega t) + K + b_0 t -$$

$$\sum_{j=2}^{4}2\left(\frac{2b'_j}{j} + c_j\right)\frac{js(\omega t) - s(j\omega t)}{\omega(j^2-1)} + \sum_{j=2}^{4}2\left(\frac{2b_j}{j} -\right.$$

$$\left. c'_j\right)\frac{c(\omega t) - c(j\omega t)}{\omega(j^2-1)} + \sum_{j=1}^{4}\frac{b'_j}{j\omega}s(j\omega t)$$

$$\dot{z} = \dot{z}_0 c(\omega t) - \omega z_0 s(\omega t) + \frac{d_1}{2}ts(\omega t) + \frac{d'_1}{2\omega}[s(\omega t) + \omega t c(\omega t)] +$$

$$\sum_{j=2}^{4}\frac{d_j[jc(\omega t) - jc(j\omega t)]}{\omega(j^2-1)} + \sum_{j=2}^{4}\frac{d'_j[s(\omega t) + js(j\omega t)]}{\omega(j^2-1)}$$

Kechichian 还建立了考虑 J_3 及 J_4 项摄动的相对运动模型，研究小偏心率椭圆轨道航天器的相对运动问题。

（2）偏心率较大的椭圆轨道的考虑摄动的相对运动模型

Vadali[34] 采用单位球理论推导了以两航天器轨道要素及其差值表示的相对运动模型，可以用于考虑 J_2 项摄动影响的任意偏心率椭圆参考轨道的相对运动分析。

目标航天器轨道坐标系中的相对位置可以表示为

$$\begin{bmatrix}\Delta x\\ \Delta y\\ \Delta z\end{bmatrix}=[\boldsymbol{C}_0\boldsymbol{C}_1{}^{\mathrm{T}}-\boldsymbol{I}]\begin{bmatrix}1\\ 0\\ 0\end{bmatrix} \tag{2-145}$$

式中　Δx，Δy，Δz——分别为单位球上沿径向、速度方向及垂直轨道平面方向的相对位置；

$\boldsymbol{I}$——3×3 的单位矩阵；

$\boldsymbol{C}_0$，$\boldsymbol{C}_1$——分别为轨道坐标系相对惯性坐标系的方向余弦矩阵。

$$\Delta x=-1+c^2(i_0/2)c^2(i_1/2)c(\Delta\theta+\Delta\Omega)+s^2(i_0/2)s^2(i_1/2)c(\Delta\theta-\Delta\Omega)+s^2(i_0/2)c^2(i_1/2)c(2\theta_0+\Delta\theta+\Delta\Omega)+c^2(i_0/2)s^2(i_1/2)c(2\theta_0+\Delta\theta-\Delta\Omega)+(1/2)s(i_0)s(i_1)[c(\Delta\theta)-c(2\theta_0+\Delta\theta)]$$

$$\Delta y=c^2(i_0/2)c^2(i_1/2)s(\Delta\theta+\Delta\Omega)+s^2(i_0/2)s^2(i_1/2)s(\Delta\theta-\Delta\Omega)-s^2(i_0/2)c^2(i_1/2)s(2\theta_0+\Delta\theta+\Delta\Omega)-c^2(i_0/2)s^2(i_1/2)s(2\theta_0+\Delta\theta-\Delta\Omega)+(1/2)s(i_0)s(i_1)[s(\Delta\theta)+s(2\theta_0+\Delta\theta)]$$

$$\Delta z=-s(i_0)s(\Delta\Omega)c(\theta_1)-[s(i_0)c(i_1)c(\Delta\Omega)-c(i_0)s(i_1)]s(\theta_1)$$

其中 $s(\ )=\sin(\ )$，$c(\ )=\cos(\ )$，$\theta_0=\omega_0+f_0$。

两卫星实际相对运动可以通过单位球进行缩放，如

$$\begin{cases}\delta x=r_1(1+\Delta x)-r_0\\ \delta y=\Delta y r_1\\ \delta z=\Delta z r_1\end{cases}$$

式中　δx，δy，δz——分别为单位球上沿径向、速度方向及垂直轨道平面方向的相对位置。

Sedwick，Kong 和 Miller[35] 用 C－W 方程作为初始模型来寻找航天器的相对轨道，文献中假设参考轨道为圆形，无 J_2 摄动。另一航天器的运动方程是线性，基于这些线性方程建立一系列的相对轨道。在地球轨道约 800 km 的高度，J_2 项摄动效果比其他扰动例如空气阻力、太阳辐射压力和电磁效应更大。考虑非线性和 J_2 项摄动效果，Shaub

和 Alfriend[36] 在 Brouwer[37] 研究基础上，发现相对轨道的 J_2 不变量。

参考文献［38］中，Marsden 等用物理空间取代一般的轨道要素，结合物理要求使该方法更加直观。文章运用劳斯递减法完整地还原动力学方程的全部体系，可进一步分析卫星在平面上的动力学特性。球坐标系下（ρ,φ,θ）包含 J_2 地球引力位函数的表达式如下

$$U=-\frac{\mu}{\rho}+\frac{\mu J_2 R_e^2}{\rho^3}\left(\frac{3}{2}\cos^2\theta-\frac{1}{2}\right) \tag{2-146}$$

由于沿 z 轴对称，φ 可忽略，根据劳斯准则和角动量守恒进行 2 阶展开，得到

$$R=\frac{1}{2}(\dot{\rho}^2+\rho^2\dot{\theta}^2)-\frac{H_z^2}{2\rho^2\sin^2\theta}-U \tag{2-147}$$

H_z 为 z 向的角动量。在平面直角坐标系下

$$R=\frac{1}{2}(\dot{r}^2+\dot{z}^2)-\frac{H_z^2}{2r^2}-U(r,z) \tag{2-148}$$

其中 $\rho^2=r^2+z^2,\cos\theta=z/\rho$，式（2-147）的解

$$\begin{aligned}
\ddot{r}&=H_z^2\frac{1}{r^3}-\mu\frac{r}{(r^2+z^2)^{3/2}}-\frac{3\mu J_2R_e^2}{2}\frac{r}{(r^2+z^2)^{5/2}}+\frac{15\mu J_2R_e^2}{2}\frac{rz^2}{(r^2+z^2)^{7/2}}\\
\ddot{z}&=-\mu\frac{z}{(r^2+z^2)^{3/2}}-\frac{3\mu J_2R_e^2}{2}\frac{z}{(r^2+z^2)^{5/2}}+\frac{3\mu J_2R_e^2}{2}\frac{z(3z^2-2r^2)}{(r^2+z^2)^{7/2}}
\end{aligned} \tag{2-149}$$

动力学方程可以简化为

$$\ddot{r}=f(r,z),\quad \ddot{z}=g(r,z),\quad \dot{\varphi}=\frac{H_z}{r^2}$$

2.4 各种相对运动模型的适用性分析

2.4.1 航天器相对运动适用模型的选取

2.4.1.1 研究圆轨道目标航天器的相对运动问题

如果不考虑摄动因素，可以选择 C-W 方程或者 Karlgarrd 模

型；若考虑 J_2 项摄动，则可以选择 Schweighart 模型；同时考虑 J_2 项摄动和大气阻力摄动的影响，可以选择 Yamamoto 模型或者 Carter在 C－W 方程的基础上建立的考虑大气阻力摄动的相对运动模型。

2.4.1.2　研究小偏心率椭圆轨道目标航天器的相对运动问题

如果不考虑摄动因素，可以选择 Melton 模型或者 Yamanaka 相对运动状态转移矩阵；如果考虑地球形状摄动的影响，则可以选择 Kechichian 建立的考虑 J_2 及 J_3 项摄动的相对运动模型。

2.4.1.3　研究偏心率较大的椭圆轨道目标航天器的相对运动问题

如果不考虑摄动因素，可以选择 T－H 方程、Lane 建立的线性相对运动模型或者 Carter 在参考文献［15］中建立的相对运动模型；如果考虑主要摄动因素的影响，可以选择 Gim－Alfriend 模型、Alfriend－Yan 模型、Vadali 模型或者更加全面的 Kechichian 模型。

值得说明的是，适用于小偏心率椭圆参考轨道的相对运动模型同样适用于圆参考轨道的情况，适用于大偏心率椭圆参考轨道的相对运动模型适用于前两者；考虑摄动因素的模型同样适用于分析不考虑摄动因素的相对运动问题。

2.4.2　航天器相对运动模型的主要影响因素

在相对运动模型中是否考虑目标航天器轨道偏心率 e 、J_2 项摄动、非线性项、相对轨道尺寸等因素是影响相对运动模型精度和复杂程度的主要因素。通过分析这些因素对相对运动模型的影响，确定在建立相对运动模型时相关因素的取舍，从而得到合适的相对运动模型。

这里的分析所选择的相对运动模型包括 C－W 方程[6-7]、Gim－Alfriend 模型、在 Gim－Alfriend 模型基础上得到的小偏心率模型[17]、通过单位球（Unit Sphere）方法得到的 Vadali 模型[34]、不

考虑 J_2 项摄动的适用于任意参考轨道的 Lawden 方程和 T - H 方程[8-10]、Alfriend - Yan 模型[26]等。这几种模型交叉考虑了上述 3 种因素，对于不同的目标航天器轨道偏心率和相对轨道尺寸等仿真条件，通过模型的两两对比可以分析出某种因素对相对运动模型的影响程度。

2.4.2.1 目标航天器轨道偏心率的影响

C - W 方程与不考虑 J_2 项摄动模型比较可以确定不考虑目标航天器轨道偏心率对相对运动模型精度的影响。当 $e=0.001$ 时后者的精度明显高于前者，因此当目标航天器轨道偏心率较大时，不合适选择 C - W 方程作为相对运动模型。

2.4.2.2 J_2 项摄动的影响

不考虑 J_2 项摄动模型与 Gim - Alfriend 模型比较确定不考虑 J_2 项摄动对相对运动模型精度的影响。是否考虑 J_2 项摄动对相对运动模型影响的程度，取决于主动航天器和目标航天器的轨道要素。两航天器的轨道要素只有升交点赤经不同时，在同样的初始条件下采用两种模型计算的相对轨道几乎没有什么不同；两航天器的偏心率不同时，在同样的初始条件下采用 Gim - Alfriend 模型计算的相对轨道构型会产生转动；两航天器的轨道倾角、近地点幅角和真近点角都不相同时，在同样的初始条件下采用 Gim - Alfriend 模型计算的相对轨道构形会产生偏移。

2.4.2.3 非线性项的影响

对于某个 e 值，小偏心率模型的精度与不考虑 J_2 项摄动模型的精度相当，这是因为此时忽略 2 阶非线性偏心率影响与忽略 J_2 项摄动影响带来的影响相同。当 $e<0.01$ 时，小偏心率模型可以提供足够的精度。

相对轨道尺寸的影响：Gim - Alfriend 模型没有对偏心率作任何近似，因此它不受 e 的影响，但要受到相对轨道尺寸的影响，当相对轨道的尺寸达到 20 km 时在一天时间内相对轨道的偏差可以达到 80 m。Alfriend - Yan 模型和 Vadali 模型精度相当且要高于其他模型，适用于任意的 e 值且相对轨道的尺寸可以大到 160 km。产生这种情况的主要原因是，Gim - Alfriend 的几何方法在线性化过程中保留 1 阶项，产生了非线性误差；Alfriend - Yan 方法将主动航天器平均轨道要素相对目标航天器进行 Taylor 展开并保留 2 阶项，这样就适合于相对轨道尺寸较大的情况。

参考文献

［1］ 和兴锁．理论力学．北京：科学出版社，2005.

［2］ KARLGAARD C D，LUTZE F H. Second－Order Relative Motion Equations. Journal of Guidance，Control and Dynamics，2003，26（1）：1－127.

［3］ 周文勇．在轨服务航天器伴飞轨道设计与控制．西安：西北工业大学，2007.

［4］ MELTON R G. Time－Explicit Representation of Relative Motion Between Elliptical Orbits. Journal of Guidance，Control and Dynamics，2000，23（4）：604－610.

［5］ YAMANAKA K，ANKERSON F. New State Transition Matrix for Relative Motion on an Arbitrary Elliptical Orbit. Journal of Guidance，Control and Dynamics，2002，25（1）：60－66.

［6］ 陈小前，袁建平，姚雯．航天器在轨服务技术．北京：中国宇航出版社，2009.

［7］ 袁建平，和兴锁．航天器轨道机动动力学．北京：中国宇航出版社，2010.

［8］ LAWDEN D F. Optimal Trajectories for Space Navigation. Butterworths，London，1963.

［9］ TSCHAUNER J，HEMPEL P. Optimal Beschleunigeungs－programme fur das Rendezvous Manover. Astronautica Acta，1964，10：296－307.

［10］ 朱彦伟．航天器近距离相对运动轨迹规划与控制研究．长沙：国防科学技术大学，2009.

［11］ KELLY T J. An Analytical Approach to the Two－Impulse Optimal Rendezvous Problem. AAS/AIAA Spaceflight Mechanics Meeting，AAS Paper 94－156，Cocoa Beach，1994.

［12］ 涂良辉．空间飞行器机动轨道设计与优化．西安：西北工业大

学，2009.

[13] LANE C，AXELRAD P. Formation Design in Eccentric Orbits Using Linearized Equations of Relative Motion. Journal of Guidance，Control and Dynamics，2006，29（1）：146－160.

[14] CARTER T E. New Form for the Optimal Rendezvous Equations Near a Keplerian Orbit. Journal of Guidance，Control and Dynamics，1990，13（1）：183－186.

[15] CARTER T E，HUMI M. Clohessy－Wiltshire Equations Modified to Include Quadratic Drag. Journal of Guidance，Control and Dynamics，2002，25（6）：1058－1063.

[16] GIM D W，ALFRIEND K T. State Transition Matrix of Relative Motion for the Perturbed Non－Circular Reference Orbit. Journal of Guidance，Control and Dynamics，2003，26（6）：956－971.

[17] YAN H，SENGUPTA P，VADALI S R，ALFRIEND K T. Development of a State Transition Matrix for Relative Motion using the Unit Sphere Approach. Paper AAS 04－163，14th AAS/AIAA Space Flight Mechanics Meeting，Hawaii，2004.

[18] CAMPBELL M E，SCHETTER T. Formation Flying Mission for the UN Dawgstar Satellite. Aerospace Conference Proceedings. IEEE，2000：117－125.

[19] PLUYM J P，DAMARENT C J. Second Order Relative Motion Model for Spacecraft Under J2 Perturbations. AIAA，2006－6759.

[20] CARTER T，HUMI M. Clohessy－Wilt shire equations artificial satellite theory without drag. Journal of Guidance，Control and Dynamics，2002，25（6）：1058－1063.

[21] SCHWEIGHART S A，SEDWICK R J. High－Fidelity Linearized J_2 Model for Satellite Formation Flight. Journal of Guidance，Control and Dynamics，2002，25（6）：1073－1080.

[22] YEH H，SPARKS A. Geometry and control of satellite formations. Proceedings of the American Control Conference，Chicago，IL，June 2000.

[23] 韦娟，袁建平．小卫星编队飞行的相对运动学方程研究．飞行力学，2002，20（1）：29－32.

[24] ROSS I M. Linearized Dynamic Equations for Spacecraft Subject to J2 Perturbations. J. Guidance, Control, and Dynamics, 2003, 26 (4): 657 - 659.

[25] VADDI, S S, VADALI S R, ALFRIEND K T. Formation Flying: Accommodating Nonlinearity and Eccentricity Perturbations. J. Guidance, Control, and Dynamics, 2003, 26 (2): 214 - 223.

[26] RICHARDSON D L, MITCHELL J W. A Third - Order Analytical Solution for Relative Motion with a Circular Reference Orbit. J. Astronautical Sciences, 2003, 51 (1): 1 - 12.

[27] SCHWEIGHART S A, SEDWICK R J. Cross - Track Motion of Satellite Formations in the Presence of J2 Disturbances. Journal of Guidance, Control and Dynamics, 2005, 28 (6): 824 - 826.

[28] SAMUEL SCHWEIGHART, RAYMOND SEDWICK. A Perturbative Analysis of Geopotential Disturbances for Satellite Cluster Formation Flying. Cambridge, MA 02139.

[29] SEDWICK R J, MILLER D W, KONG E M C. Mitigation of Differential Perturbations in Clusters of Formation Flting Satellites. Proceedings of the AAS/AIAA Space Flight Mechanics Meeting, American Astronautical Society, 1999, 99 - 124.

[30] YAMAMOTO T. Practical Analytical Solution of Relative Motion Between Formation Flying Satellites with Different Ballistic Coefficients in the Near - Circular Reference Orbit. Proceedings of the 6th International ESA Conference on Guidance and Control Systems, Greece, 2005.

[31] DONG - WOO GIM, ALFRIEND K T. State Transition Matrix of Relative Motion for the Perturbed Noncircular Reference Orbit. Texas A&M University, College Station, Texas, 77843 - 3141.

[32] KECHICHIAN J, KELLY T. Analytical Solution of Perturbed Motion in Near - Circular Orbit Due to J_2, J_3 Earth Zonal Harmonics in Rotating and Inertial Cartesian Reference Frames. AIAA Paper 89 - 0352, Jan, 1989.

[33] VADALI S R. An Analytical Solution for Relative Motion of Satellites. Conference on Dynamics and Control of Space Systems, Cranfield Univer-

sity, Cranfield UK, July 2002.

[34] SEDWICK R J , KONG E M C, MILLER D W. Exploring orbital dynamics and micropropulsion for aperture synthesis using distributed satellite systems: applications to techsat21, AIAA - 98 - 5289, 1998.

[35] SHAUB H, ALFRIEND K T. J2 invariant reference orbits for spacecraft formations. Flightb Mechanics Symposium, Goddard Space Flight Center, May 18 - 20, 1999.

[36] BROUWER D. Solution of the problem of artificial satellite theory without drag. The Astronautical Journal, 1959, 64 (1274): 478 - 397.

[37] WANG SANG KOON, MARSDEN J E, MYRRAY R M. J2 Dynamics and Formation Flight. AIAA, 2001 - 4090.

第3章　航天器相对运动的运动学方法

和兴锁　王萍

3.1　概述

航天器相对运动的运动学方法是从轨道要素出发，通过空间几何关系得到相对运动模型，因而运动学方法也称为几何法。运动学方法和动力学方法可用于不同场合下的相对运动分析。如前所述，动力学方法多用于相对运动制导与控制，运动学方法多用于轨道设计与摄动分析。本章主要研究并讨论基于平均轨道要素[1-2]、相对轨道要素[3-6]和参照轨道要素[7-10]建立航天器的相对运动模型。

3.2　基于平均轨道要素的相对运动描述方法[1]

3.2.1　平均轨道要素的描述方法

在中心引力场中运动的航天器的轨道是开普勒轨道，其轨道要素 $\boldsymbol{\sigma}=[a \quad e \quad i \quad \Omega \quad \omega \quad t_p]$ 是恒定不变的。但实际上，航天器在绕地球运动过程中会受到很多摄动因素的影响，其中主要包括地球非球形摄动，大气阻力摄动，日、月引力摄动，太阳光压摄动等。所以航天器实际上是沿着一条复杂的曲线运动的，这条曲线既不在一个平面内，也不是封闭的。为了研究方便，将航天器实际轨道上的每一点看成是某相应的椭圆轨道上的点，这种椭圆轨道称为密切椭圆轨道，而相应的轨道要素称为密切轨道要素。如果从该点起所有摄动因素都突然消失，则航天器将沿着密切轨道运动。密切轨道要素是随时间变化的，用密切轨道要素描述航天器的受摄运动，其优点是几何意义明晰而简单。

在航天器摄动理论中，通常将密切轨道要素 $\sigma(t)$ 的摄动变化分为三类。第一类是与半长轴 a，偏心率 e，轨道倾角 i 有关的长期项，记作 $\Delta_1\sigma_{sec}$，$\Delta_2\sigma_{sec}$，…，$\Delta_n\sigma_{sec}$，分别表示 1 阶长期项，2 阶长期项，…，n 阶长期项；第二类是与近地点幅角 ω 有关的长周期项，记作 $\Delta_1\sigma_1$，$\Delta_2\sigma_1$，…，$\Delta_n\sigma_1$，分别表示 1 阶长周期项，2 阶长周期项，…，n 阶长周期项；第三类是与真近点角 f、偏近点角 E 和平近点角 M 有关的短周期项，记作 $\Delta_1\sigma_s$，$\Delta_2\sigma_s$，…，$\Delta_n\sigma_s$，分别表示 1 阶短周期项，2 阶短周期项，…，n 阶短周期项。因此，密切轨道要素可表达成以下形式

$$\begin{aligned}\sigma(t) = \bar{\sigma}_0 + \Delta_1\sigma_{sec} + \Delta_2\sigma_{sec} + \cdots + \Delta_n\sigma_{sec} + \Delta_1\sigma_1 + \Delta_2\sigma_1 + \cdots + \\ \Delta_n\sigma_1 + \Delta_1\sigma_s + \Delta_2\sigma_s + \cdots + \Delta_n\sigma_s\end{aligned} \tag{3-1}$$

其中 $\bar{\sigma}_0 = \bar{\sigma}(t_0)$，称为初始时刻 t_0 的平均轨道要素。而 t 时刻的平均轨道要素 $\bar{\sigma}(t)$ 就是从密切轨道要素 $\sigma(t)$ 中除去长、短周期项，即

$$\begin{aligned}\bar{\sigma}(t) &= \sigma(t) - (\Delta_1\sigma_1 + \Delta_2\sigma_1 + \cdots + \Delta_n\sigma_1 + \Delta_1\sigma_s + \Delta_2\sigma_s + \cdots + \Delta_n\sigma_s) \\ &= \bar{\sigma}_0 + \Delta_1\sigma_{sec} + \Delta_2\sigma_{sec} + \cdots + \Delta_n\sigma_{sec}\end{aligned} \tag{3-2}$$

相应的初始平均轨道要素 $\bar{\sigma}_0$ 为

$$\bar{\sigma}_0 = \sigma_0 - \begin{pmatrix}\Delta_1\sigma_1(t_0) + \Delta_2\sigma_1(t_0) + \cdots + \Delta_n\sigma_1(t_0) + \\ \Delta_1\sigma_s(t_0) + \Delta_2\sigma_s(t_0) + \cdots + \Delta_n\sigma_s(t_0)\end{pmatrix} \tag{3-3}$$

其中 $\sigma_0 = \sigma(t_0)$ 为初始密切轨道要素。

由于平均轨道要素考虑了摄动因素引起的轨道要素长期项的变化，所以用这组轨道要素描述航天器的长期受摄运动是一种更精确的描述。

只考虑 J_2 项摄动，密切轨道要素与平均轨道要素之间的关系可以表示为

$$\sigma(t) = \bar{\sigma}(t) - J_2R_e^2\{\sigma_1 + \sigma_{s1} + \sigma_{s2}\} \tag{3-4}$$

式中　R_e——地球半径；

σ_1——J_2项摄动引起的密切轨道要素长周期变化项；

σ_{s1}，σ_{s2}——J_2项摄动引起的短周期变化项。

3.2.2　相对运动坐标系定义

航天器在轨相对运动是指在参考航天器上（称之为主星），建立一个与其轨道运动相固连的非惯性参考系，来考察另一个或若干个航天器（称之为从星）的轨道运动。主、从星均受中心引力场及其他外部摄动力作用。它们之间的相互引力与它们受到的中心引力相比非常小，其作用忽略不计。即使在不考虑摄动影响、航天器的绝对运动为开普勒运动的情况下，航天器间的相对运动对理论研究仍具有一定的复杂性。

3.2.3　相对运动状态转移矩阵

对于线性动力系统，即微分方程关于状态变量线性，通常存在一个体现初态与末态之间映射关系的矩阵，它与初始状态矢量作乘积后可得末端状态矢量，此矩阵即叫状态转移矩阵。虽然描述相对运动的方程并不是线性的，但是研究近距离编队飞行时，通常可以对其进行线性化处理，从而可以求解相对运动状态转移矩阵。以此矩阵来描述相对运动将极为方便，因为根据它可直接由初始相对状态得到任意时刻的相对状态。对于不考虑摄动影响的圆参考轨道下的相对运动，其状态转移矩阵相对简单，椭圆参考轨道情况稍显复杂。考虑地球非球形J_2项摄动影响时，状态转移矩阵更为复杂。

3.2.4　基于平均轨道要素的相对运动状态转移矩阵

定义目标航天器的轨道要素 $\boldsymbol{e}=[a\quad u\quad i\quad q_1\quad q_2\quad \Omega]$，其中 $q_1=e\cos\omega$，$q_2=e\sin\omega$，之所以没有采用常用的轨道要素形式是由于对圆轨道来说近地点幅角 ω 和真近点角 f 没有定义。

定义两航天器之间的相对位置、相对速度矢量

$$\boldsymbol{X}=[x\quad y\quad z\quad \dot{x}\quad \dot{y}\quad \dot{z}]^{\mathrm{T}} \tag{3-5}$$

两航天器之间的轨道要素差为

$$\delta \boldsymbol{e} = \boldsymbol{e}_{\mathrm{C}} - \boldsymbol{e}_{\mathrm{T}} \tag{3-6}$$

相对位置、速度矢量 $\boldsymbol{X}$ 和轨道要素差 $\delta\boldsymbol{e}$ 之间存在如下的几何转换关系

$$\boldsymbol{X}(t) = [\boldsymbol{A}(t) + \alpha \boldsymbol{B}(t)]\delta \boldsymbol{e}(t) \tag{3-7}$$

其中 $\alpha = 3J_2R_{\mathrm{e}}^2$ 。

对两航天器之间的密切轨道要素差，存在如下的状态传递关系

$$\delta \boldsymbol{e}_{\mathrm{osc}}(t) = \boldsymbol{\Phi}_e(t,t_0)\delta \boldsymbol{e}_{\mathrm{osc}}(t_0) \tag{3-8}$$

定义两航天器之间基于密切轨道要素的相对运动状态转移矩阵为 $\boldsymbol{\Phi}_{J_2}(t,t_0)$ ，即

$$\boldsymbol{X}(t) = \boldsymbol{\Phi}_{J_2}(t,t_0)\boldsymbol{X}(t_0) \tag{3-9}$$

可得

$$\boldsymbol{\Phi}_{J_2}(t,t_0) = [\boldsymbol{A}(t) + \alpha \boldsymbol{B}(t)]\boldsymbol{\Phi}_e(t,t_0)[\boldsymbol{A}(t_0) + \alpha \boldsymbol{B}(t_0)]^{-1} \tag{3-10}$$

平均轨道要素差到密切轨道要素差的转换矩阵为 $\boldsymbol{D}(t)$ ，即

$$\delta \boldsymbol{e}_{\mathrm{osc}}(t) = \boldsymbol{D}(t)\delta \boldsymbol{e}_{\mathrm{mean}}(t) \tag{3-11}$$

平均轨道要素差的状态传递关系为

$$\delta \boldsymbol{e}_{\mathrm{mean}}(t) = \overline{\boldsymbol{\Phi}}_{\bar{e}}(t,t_0)\delta \boldsymbol{e}_{\mathrm{mean}}(t_0) \tag{3-12}$$

根据式（3-11）及式（3-12）可得

$$\delta \boldsymbol{e}_{\mathrm{osc}}(t) = \boldsymbol{D}(t)\overline{\boldsymbol{\Phi}}_{\bar{e}}(t,t_0)\boldsymbol{D}^{-1}(t_0)\delta \boldsymbol{e}_{\mathrm{osc}}(t_0) \tag{3-13}$$

由上式可得

$$\boldsymbol{\Phi}_e(t,t_0) = \boldsymbol{D}(t)\overline{\boldsymbol{\Phi}}_{\bar{e}}(t,t_0)\boldsymbol{D}^{-1}(t_0) \tag{3-14}$$

将式（3-14）代入式（3-10）可得

$$\boldsymbol{\Phi}_{J_2}(t,t_0) = [\boldsymbol{A}(t) + \alpha \boldsymbol{B}(t)]\boldsymbol{D}(t)\overline{\boldsymbol{\Phi}}_{\bar{e}}(t,t_0)\boldsymbol{D}^{-1}(t_0)[\boldsymbol{A}(t_0) + \alpha \boldsymbol{B}(t_0)]^{-1} \tag{3-15}$$

根据上述过程，同样可以推导基于平均轨道要素的相对运动状态转移矩阵 $\overline{\boldsymbol{\Phi}}_{J_2}(t,t_0)$，即

$$\boldsymbol{X}(t) = \overline{\boldsymbol{\Phi}}_{J_2}(t,t_0)\boldsymbol{X}(t_0) \tag{3-16}$$

$$\overline{\boldsymbol{\Phi}}_{J_2}(t,t_0)=[\bar{\boldsymbol{A}}(t)+\alpha\bar{\boldsymbol{B}}(t)]\overline{\boldsymbol{\Phi}}_{\bar{e}}(t,t_0)[\bar{\boldsymbol{A}}(t_0)+\alpha\bar{\boldsymbol{B}}(t_0)]^{-1} \tag{3-17}$$

基于平均轨道要素的相对运动状态转移矩阵可以表示为

$$\overline{\boldsymbol{\Phi}}_{J_2}(t,t_0)=[\bar{\boldsymbol{A}}(t)+\alpha\bar{\boldsymbol{B}}(t)]\overline{\boldsymbol{\Phi}}_{\bar{e}}(t,t_0)[\bar{\boldsymbol{A}}(t_0)+\alpha\bar{\boldsymbol{B}}(t_0)]^{-1}$$

具体的计算相对运动状态转移矩阵 $\boldsymbol{\Phi}_{J_2}(t,t_0)$ 和 $\overline{\boldsymbol{\Phi}}_{J_2}(t,t_0)$ 见参考文献［1］。

3.2.5 平均轨道要素的计算

根据拉格朗日行星方程[11]（Lagrange Planetary Equation, LPE）可以得到 J_2 项摄动引起的平均轨道要素长期变化率为

$$\begin{cases}\dot{a}_{\mathrm{sec}}=\dot{e}_{\mathrm{sec}}=\dot{i}_{\mathrm{sec}}=0\\ \dot{\omega}_{\mathrm{sec}}=\dfrac{3}{4}J_2n_0\left(\dfrac{R_{\mathrm{e}}}{p_0}\right)^2(5\cos^2 i_0-1)\\ \dot{\Omega}_{\mathrm{sec}}=-\dfrac{3}{2}J_2n_0\left(\dfrac{R_{\mathrm{e}}}{p_0}\right)^2\cos i_0\\ \dot{M}_{\mathrm{sec}}=n_0+\dfrac{3}{4}J_2n_0\left(\dfrac{R_{\mathrm{e}}}{p_0}\right)^2\eta_0(5\cos^2 i_0-1)\end{cases} \tag{3-18}$$

式中 R_{e} ——地球赤道半径；

$\eta_0=\sqrt{1-q_{10}^2-q_{20}^2}$ ；

$n_0=\sqrt{\mu/a_0^3}$ ；

$p_0=a_0\eta_0^2$ 。

其中 a_0 ，i_0 ，q_{10} ，q_{20} 为初始时刻 t_0 的平均轨道要素。这里若不加特殊说明，所出现的轨道要素均为平均轨道要素。

根据式（3－18）可以求得任意时刻 t 的平均轨道要素

$$\begin{cases}a=a_0\\ i=i_0\\ \lambda=\lambda_0+(\dot{\omega}_{\mathrm{sec}}+\dot{M}_{\mathrm{sec}})(t-t_0)\\ q_1=q_{10}\cos[\dot{\omega}_{\mathrm{sec}}(t-t_0)]-q_{20}\sin[\dot{\omega}_{\mathrm{sec}}(t-t_0)]\\ q_2=q_{10}\sin[\dot{\omega}_{\mathrm{sec}}(t-t_0)]+q_{20}\cos[\dot{\omega}_{\mathrm{sec}}(t-t_0)]\\ \Omega=\Omega_0+\dot{\Omega}_{\mathrm{sec}}(t-t_0)\end{cases} \tag{3-19}$$

其中 $\lambda = M + \omega$ 为平纬度幅角，λ_0 为其初值。定义偏纬度幅角 $F = E + \omega$，E 为偏近点角。根据开普勒方程

$$M = E - e\sin E \tag{3-20}$$

式（3－20）两端同时加 ω 可得

$$\lambda = (E + \omega) - e\sin(F - \omega) = F - q_1\sin F + q_2\cos F \tag{3-21}$$

偏近点角和真近点角之间存在如下关系

$$\sin E = \frac{\sqrt{1 - e^2}\sin f}{1 + e\cos f} \tag{3-22}$$

把上式代入式（3－20）可得

$$\lambda = F - \frac{\sqrt{1 - q_1^2 - q_2^2}(q_1\sin u - q_2\cos u)}{1 + q_1\cos u + q_2\sin u} \tag{3-23}$$

则已知 t 时刻的 λ 值，可由式（3－21）、式（3－23）计算 t 时刻的 u 值。这样根据式（3－19）、式（3－22）和式（3－23）就可以计算任意时刻的平均轨道要素值。

3.3　基于相对轨道要素的相对运动描述方法

3.3.1　引言

随着人们对空间的认识和航天技术水平的不断提升，单一卫星显然不能满足人们对完成多种空间任务的需求，多个卫星的“群体效应”引发了卫星星座和编队飞行的研究热潮[11-14]。卫星编队飞行是指多个卫星以某一点为基准，由若干个小卫星在空间构成特定形状，协同完成空间任务，相互之间可以通信协作，整体上可以看成是一颗大的“虚拟卫星”[15-17]。编队飞行能够使原先不太好实现的空间探测任务变得简单，可以在较大的离散空间同时对任务目标进行观测，这对于近地观测而言是非常重要的。由于编队飞行系统一般由许多小卫星组成，即使系统中有一颗小卫星损坏，只会引起与之相关的几条链路受到影响，不会造成整个系统的瘫痪。鉴于编队飞

行的诸多优点，为更好利用编队飞行，研究卫星间的相对运动规律成为关键。

3.3.2 参考坐标系

为了方便研究编队飞行卫星间的相对运动，一般采用地心赤道惯性坐标系、主星质心轨道坐标系、从星质心轨道坐标系。

（1）地心赤道惯性坐标系 $OXYZ$

地心赤道惯性坐标系的原点在地心 O，OX 轴指向春分点，OZ 轴指向地球自转方向，即指向北极，根据右手定则可确定 OY 轴指向。

（2）主星质心轨道坐标系 $S_1X_1Y_1Z_1$

轨道坐标系的坐标原点 S_1 建立在主星的质心上，S_1X_1 方向为由地心指向主星的质心，S_1Y_1 轴在轨道平面内与 S_1X_1 轴垂直并指向速度方向。S_1Z_1 轴与其他两个坐标轴构成右手系。

（3）从星质心轨道坐标系 $S_2X_2Y_2Z_2$

轨道坐标系的坐标原点 S_2 建立在从星的质心上，S_2X_2 方向为由地心指向从星的质心，S_2Y_2 轴在轨道平面内与 S_2X_2 轴垂直并指向速度方向。S_2Z_2 轴与其他两个坐标轴构成右手系。

坐标系定义及其关系如图 3－1 所示。

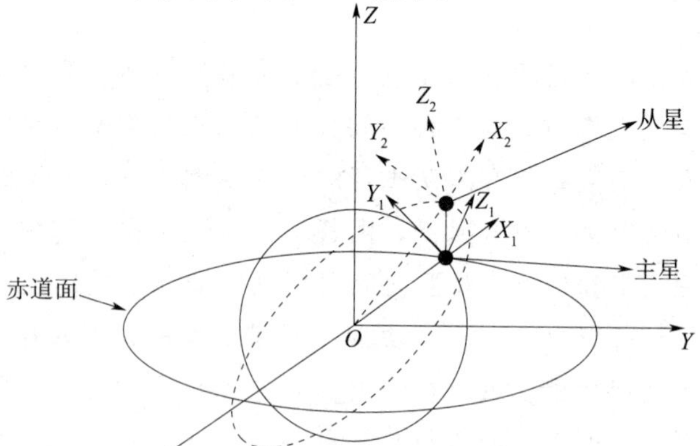

图 3－1　坐标系定义及其关系

3.3.3　相对轨道要素

在单颗卫星的经典轨道 6 要素的启发下，类似定义一组参数反映相对轨道的方位、形状以及从星在相对轨道上的相位，这些与经典轨道要素很相似，称为相对轨道要素。相对轨道要素是一组用来描述编队卫星之间相对运动的参数，利用它可以方便地分析摄动对相对轨道构型的影响以及卫星编队队形的几何特点[4-6]。

关于相对轨道要素建立的方法有多种，高云峰等人[18]以卫星轨道根数为基础，提出了卫星编队飞行中的相对轨道根数法。在编队飞行中，主从星保持近距离，由此可知主从星的轨道根数也很接近，可以假设 $\Delta\Omega=\Omega_2-\Omega_1$，$\Delta i=i_2-i_1$ 均为小量，在此基础上可以得到主从星轨道周期（半长轴）相等是卫星编队飞行的一个重要条件。在主从星均为小偏心率的情况下，进一步简化，根据真近点角 f 与平近点角 M 的关系，保留偏心率的一次项，得到了简化的相对运动方程

$$\begin{Bmatrix} x \\ y \\ z \end{Bmatrix}=\begin{bmatrix} -\Delta e\cos M_1 \\ \Delta\omega-2\pi\dfrac{\Delta t_p}{T}+\Delta\Omega\cos i_1+2\Delta e\sin M_1 \\ -\Delta\Omega\sin i_1\cos(\omega_2+M_2)+\Delta i\sin(\omega_2+M_2) \end{bmatrix}a$$

类似地，安雪滢等人[19-21]考虑到主星运行于椭圆参考轨道，为满足主从星长期近距离编队飞行，需要主从星的半长轴相同，并且主从星的轨道根数之差均为小量，把轨道根数之差作为相对轨道根数，推导出 1 阶相对运动模型为

$$\begin{cases} x=-a\cos f_1\cdot\Delta e+\dfrac{ae_1\sin f_1}{\sqrt{1-e_1^2}}\cdot\Delta M \\ y=r_1\left(\sin f_1\dfrac{2+e_1\cos f_1}{1-e_1^2}\cdot\Delta e+\cos i_1\cdot\Delta\Omega+\Delta\omega+\dfrac{a^2\sqrt{1-e_1^2}}{r_1^2}\cdot\Delta M\right) \\ z=r_2[\sin(\omega_2+f_2)\cdot\Delta i-\sin i_1\cos(\omega_2+f_2)\cdot\Delta\Omega] \end{cases}$$

$$\begin{cases}\dot{x}=\sqrt{\dfrac{\mu}{a}}\dfrac{a^2}{{r_1}^2}(\sqrt{1-{e_1}^2}\sin f_1\cdot\Delta e+e_1\cos f_1\cdot\Delta M)\\ \dot{y}=\{v_{u1}[2\cos f_1(1+e_1\cos f_1)-e_1]+v_{r2}\sin f_1(2+e_1\cos f_1)\}\cdot\\ \quad\dfrac{\Delta e}{1-{e_1}^2}+v_{r2}(\cos i_1\cdot\Delta\Omega+\Delta\omega)+\dfrac{a\sqrt{1-{e_1}^2}}{r_1}\left(v_{r2}\dfrac{a}{r_1}-\right.\\ \quad\left.2v_{u1}e_1\dfrac{\sin f_1}{1-{e_1}^2}\right)\cdot\Delta M\\ \dot{z}=(v_{r2}\sin u_2+v_{u2}\cos u_2)\cdot\Delta i+\sin i_1(-v_{r2}\cos u_2+v_{u2}\sin u_2)\cdot\Delta\Omega\end{cases}$$

这其中，$[x\ y\ z]^{\mathrm{T}}$ 和 $[\dot{x}\ \dot{y}\ \dot{z}]^{\mathrm{T}}$ 分别为相对位置和相对速度在主星质心轨道坐标系中的分量列阵，$\sigma(a,e,i,\Omega,\omega,f)$ 表示半长轴、偏心率、倾角、升交点赤经、近地点幅角和真近点角，M 表示平近点角，$u=\omega+f$，r 为地心距，$[v_r\ v_u\ 0]^{\mathrm{T}}$ 为绝对速度在轨道坐标系中的分量列阵。$\Delta\sigma$ 为相对轨道要素。

王功波等人[5]考虑为了实现航天器长期近距离相对运动，主从星的长半轴必须相等，即

$$a_1=a_2=a$$

可以得到以相对轨道要素为变量的相对运动学方程

$$\begin{cases}x=\dfrac{a}{(1+e_1\cos f_1)^2}\{e_1(1-e_1^2)\sin f_1\cdot\Delta f-[2e_1+(1+e_1^2)\cos f_1]\}\\ y=\dfrac{a(1-{e_1}^2)}{1+e_1\cos f_1}(\Delta\omega+\Delta f+\cos i_1\cdot\Delta\Omega)\\ z=\dfrac{a(1-{e_1}^2)}{1+e_1\cos f_1}(\sin u_1\cdot\Delta i-\cos u_1\sin i_1\cdot\Delta\Omega)\end{cases}$$

x,y,z 为从星在主星坐标系的位置坐标，e_1,f_1,i_1,ω_1 分别为主星的偏心率、真近点角、倾角以及近地点幅角，$u_1=f_1+\omega_1$，带有“Δ”符号的变量为相对轨道根数。上述变量中，只有 $u_1,f_1,\Delta f_1$ 是随时间变化的量，其余均为常量，$\Delta\sigma=(\Delta e,\Delta f_0,\Delta i,\Delta\omega,\Delta\Omega)$，表示初始时刻相对轨道根数，$\Delta f_0$ 表示初始时刻真近点角之差，通过对椭圆运动的关系式推导，可以得到仅含变量 f_1 的相对运动方程。f_0 表示初始时刻主星的真近点角，将 f_1 转换为时间 t 的函数，就可以求

导得到相对速度的表达式

$$
\begin{cases}
x=\dfrac{a(1-e_1^2)}{1+e_1\cos f_1}\left[\dfrac{e_1\sin f_1(1+e_1\cos f_1)}{(1+e_1\cos f_0)^2}\cdot\Delta f_0-\dfrac{\cos f_1(1+e_1\cos f_1)}{1-e_1{}^2}\cdot\right.\\
\qquad\left.\Delta e-\dfrac{e_1\sin f_1(1+e_1\cos f_1)}{1-e_1^2}\cdot\dfrac{2+e_1\cos f_0}{(1+e_1\cos f_0)^2}\sin f_0\cdot\Delta e\right]\\
y=\dfrac{a(1-e_1{}^2)}{1+e_1\cos f_1}\left[\Delta\omega+\dfrac{\sin f_1(2+e_1\cos f_1)}{1-e_1{}^2}\cdot\Delta e+\left(\dfrac{1+e_1\cos f_1}{1+e_1\cos f_0}\right)^2\cdot\right.\\
\qquad\left.\Delta f_0+\cos i_1\cdot\Delta\Omega-\dfrac{(1+e_1\cos f_1)^2}{1-e_1^2}\cdot\dfrac{2+e_1\cos f_0}{(1+e_1\cos f_0)^2}\sin f_0\cdot\Delta e\right]\\
z=\dfrac{a(1-e_1{}^2)}{1+e_1\cos f_1}(\sin u_1\cdot\Delta i-\cos u_1\sin i_1\cdot\Delta\Omega)
\end{cases}
$$

韩潮等人[6]给出了一种新的相对轨道要素定义的方法，已知相对运动的主从星的轨道根数，半长轴 a，偏心率 e，轨道倾角 i，升交点赤经 Ω，近地点幅角 ω 和平近点角 M，用下标 1 表示主星，下标 2 表示从星，定义相对轨道要素如下

$$
\begin{cases}
D=n_2-n_1\\
\Delta e_x=e_2\cos\omega_2-e_1\cos\omega_1\\
\Delta e_y=e_2\sin\omega_2-e_1\sin\omega_1\\
\Delta i_x=\sin i_2\sin\Delta\Omega\approx\Delta\Omega\sin i_2\\
\Delta i_y=-\sin i_2\cos i_1\cos\Delta\Omega+\sin i_1\cos i_2\approx\\
\qquad\sin(i_1-i_2)+\dfrac{1}{2}\Delta\Omega^2\cos i_1\sin i_2\\
\Delta M'=(\omega_2-\omega_1)+(M_{2,0}-M_{1,0})+\delta u
\end{cases}
$$

式中　D——主从星平均角速度的差，称为相对漂移率；

Δe_x，Δe_y——主从星在主星节点坐标系 S_1 中的偏心率矢量之差 $\Delta\boldsymbol{e}$ 的分量；

Δi_x，Δi_y——主从星单位倾角矢量差在主星节点坐标系 S_1 中的投影，$\Delta\boldsymbol{i}$ 为相对倾角矢量，$|\Delta\boldsymbol{i}|=\sqrt{\Delta i_x{}^2+\Delta i_y{}^2}$；

$\Delta M'$——考虑了升交点赤经差后的主从星初始振荡中心偏差，

定义在 $(-\pi,\pi)$ 之间，由球面三角关系可得 $\tan\delta u = \tan\Delta\Omega\cos i_1$；

$M_{i,0}(i=1,2)$ ——表示初始时刻的 M_i。

主从星的相对运动关系如图 3 - 2 所示。

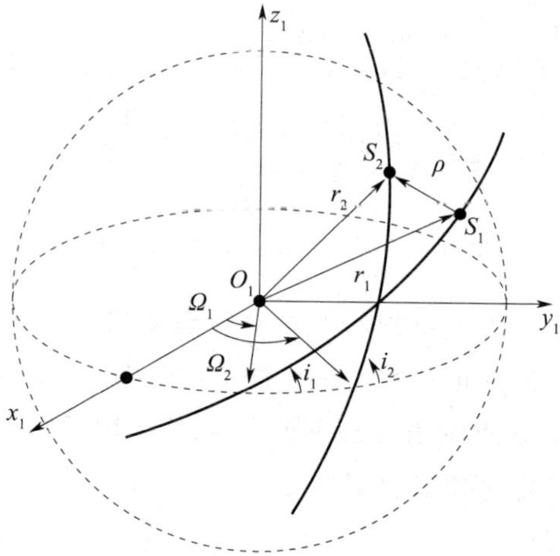

图 3 - 2　主从星相对运动关系图

考虑主星轨道为圆轨道，从星轨道偏心率为小量，忽略高阶小量，可以得到从星在主星坐标系下的相对位置和相对速度的 1 阶近似展开式为[22]

$$\begin{cases} x = a_1\Delta M' + 2a_1(\Delta e_x\sin u_1 - \Delta e_y\cos u_1) + a_1 D\tau \\ y = a_1(\Delta i_x\cos u_1 + \Delta i_y\sin u_1) \\ z = \dfrac{2a_1 D}{3n_1} + a_1(\Delta e_x\cos u_1 + \Delta e_y\sin u_1) \\ v_x = a_1 D + 2a_1 n_1(\Delta e_x\cos u_1 + \Delta e_y\sin u_1) \\ v_y = a_1 n_1(\Delta i_y\cos u_1 - \Delta i_x\sin u_1) \\ v_z = a_1 n_1(-\Delta e_x\sin u_1 + \Delta e_y\cos u_1) \end{cases}$$

其中 $n_1 = \sqrt{\dfrac{\mu}{a_1{}^3}}$，$u_1 = \omega_1 + \theta_1(\tau)$，$\tau = t - t_1$。

写成矩阵形式为

$$\begin{bmatrix} x \\ y \\ z \\ v_x \\ v_y \\ v_z \end{bmatrix} = \begin{pmatrix} a_1\tau & 2a_1\sin u_1 & 2a_1\cos u_1 & 0 & 0 & a_1 \\ 0 & 0 & 0 & a_1\cos u_1 & a_1\sin u_1 & 0 \\ \dfrac{2a_1}{3n_1} & -2a_1\cos u_1 & 2a_1\sin u_1 & 0 & 0 & 0 \\ a_1 & 2a_1 n_1\cos u_1 & 2a_1 n_1\sin u_1 & 0 & 0 & 0 \\ 0 & 0 & 0 & -a_1 n_1\sin u_1 & a_1 n_1\cos u_1 & 0 \\ 0 & -a_1 n_1\sin u_1 & a_1 n_1\cos u_1 & 0 & 0 & 0 \end{pmatrix} \begin{bmatrix} D \\ \Delta e_x \\ \Delta e_y \\ \Delta i_x \\ \Delta i_y \\ \Delta M' \end{bmatrix}$$

3.3.4　相对运动描述

上节介绍了一些利用相对轨道要素建立相对运动模型，主要是考虑主从星轨道要素之差或者是它们之间的组合，然后根据编队飞行所要满足的条件对部分量进行近似处理，舍去高阶小量，得到近似的相对运动模型。

下面首先以孟鑫等人[23-25]建立的相对轨道要素为例介绍相对运动模型的建立方法以及相对运动的描述方法。

令 $\boldsymbol{\varepsilon}^{\mathrm{T}}=(a \quad e \quad i \quad \Omega \quad \omega \quad M)$，由于主从星的轨道根数很接近，所以主从星轨道根数之差可以作为主星轨道根数的变分，也就是 $\delta\varepsilon = \varepsilon_2 - \varepsilon_1$，其中下标 1 表示主星，下标 2 表示从星。

从星的位置矢量为

$$\boldsymbol{r}_2 = \boldsymbol{r}_1 + \boldsymbol{\rho} \tag{3-24}$$

其中 ρ 表示主从星相对位置矢量。如图 3-3 所示。

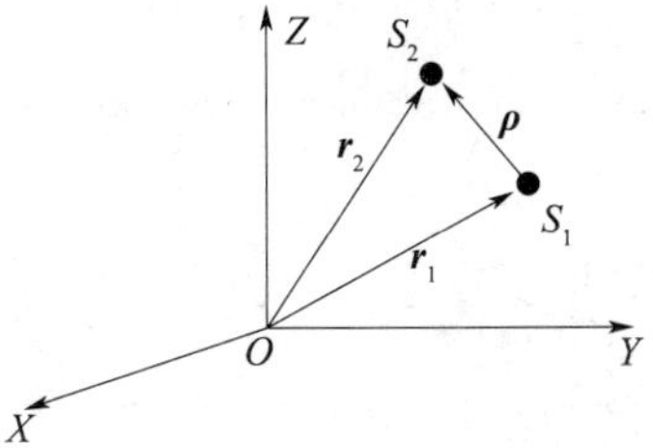

图 3-3　主从星空间位置关系图

相对位置矢量 $\boldsymbol{\rho}$ 在主星轨道坐标系 S_1xyz 的投影 $(x \quad y \quad z)^{\mathrm{T}}$ 为

$$\begin{Bmatrix} x \\ y \\ z \end{Bmatrix} = \boldsymbol{R}_{10}^{\mathrm{T}} \boldsymbol{R}_{20} \begin{Bmatrix} r_2 \\ 0 \\ 0 \end{Bmatrix} - \begin{Bmatrix} r_1 \\ 0 \\ 0 \end{Bmatrix} \tag{3-25}$$

从星轨道坐标系 S_2xyz 到地心赤道坐标系 $OXYZ$ 的转换矩阵为

$$\boldsymbol{R}_{20} = \boldsymbol{R}(\Omega_2)\boldsymbol{R}(i_2)\boldsymbol{R}(\theta_2) \tag{3-26}$$

地心赤道坐标系 $OXYZ$ 到主星轨道坐标系 S_1xyz 的转换矩阵为

$$\boldsymbol{R}_{10} = \boldsymbol{R}(-\theta_1)\boldsymbol{R}(-i_1)\boldsymbol{R}(-\Omega_1) \tag{3-27}$$

$$\begin{cases} \boldsymbol{R}(\Omega_j) = \begin{pmatrix} \cos\Omega_j & -\sin\Omega_j & 0 \\ \sin\Omega_j & \cos\Omega_j & 0 \\ 0 & 0 & 1 \end{pmatrix} \\ \boldsymbol{R}(i_j) = \begin{pmatrix} 1 & 0 & 0 \\ 0 & -\cos i_j & -\sin i_j \\ 0 & \sin i_j & \cos i_j \end{pmatrix} \\ \boldsymbol{R}(\theta_j) = \begin{pmatrix} \cos\theta_j & -\sin\theta_j & 0 \\ \sin\theta_j & \cos\theta_j & 0 \\ 0 & 0 & 1 \end{pmatrix} \end{cases} \tag{3-28}$$

其中 $j=1$，2。

把式（3-26）～式（3-28）代入式（3-25），可以得到用轨道根数差描述的 1 阶近似相对运动方程

$$\begin{cases} x = r_2 - r_1 \\ y = r_1(\delta\theta + \delta\Omega\cos i_1) \\ z = r_1(\delta i\sin\theta_1 - \delta\Omega\cos\theta_1\sin i_1 \end{cases} \tag{3-29}$$

其中

$$r_1 = \frac{a_1(1-e_1{}^2)}{1+e_1\cos f_1}, \qquad r_2 = \frac{a_2(1-e_2{}^2)}{1+e_2\cos f_2}$$

在主星轨道偏心率为小量的前提下，式（3-29）可化为

$$\begin{cases} x = \delta a - a_1(e_2\cos M_2 - e_1\cos M_1) \\ y = a_1(\cos i_1\delta\Omega + \delta\omega + \delta M + 2e_2\sin M_2 - 2e_1\sin M_1) \\ z = a_1[\sin(\omega_2 + M_2)\delta i - \cos(\omega_2 + M_2)\sin i_1\delta\Omega] \end{cases} \tag{3-30}$$

如果主从星平近点角之差 δM 为小量，式（3－30）可化为

$$\begin{cases} x = D - A\cos(nt + \alpha) \\ y = B + 2A\sin(nt + \alpha) \\ z = -C\cos(nt + \alpha + \gamma) \end{cases} \tag{3-31}$$

其中

$$\begin{cases} A = a_1\delta e \\ B = a_1(\delta\omega_1 + \delta M + \delta\Omega\cos i_1) \\ C = a_1\sqrt{(\delta\Omega\sin i_1)^2 + (\delta i)^2} \\ D = \delta a \end{cases}$$

$$\begin{cases} \alpha = M_1 + \arctan\left(\dfrac{e_2\delta M}{\delta e}\right) \\ \beta = M_1 + \arctan\left(\dfrac{\delta i}{\delta\Omega\sin i_1}\right) \\ \gamma = \omega_1 + \delta\omega + \delta M + \beta - \alpha \end{cases}$$

分析式（3－31），可得到描述相对轨道的几何方程

$$\left(\frac{x - D}{A}\right)^2 + \left(\frac{y - B}{2A}\right)^2 = 1 \tag{3-32}$$

$$z = \frac{C\cos\gamma}{A}(x - D) + \frac{C\sin\gamma}{2A}(y - B) \tag{3-33}$$

相对轨道构型是由式（3－32）所示的椭圆柱和式（3－33）所示的平面相交所得的平面曲线，如图 3－4 所示。

定义一个新的坐标系 $Sx'y'z'$，该坐标系与主星轨道坐标系 S_1xyz 平行，坐标系 $Sx'y'z'$ 的原点为 $(D,B,0)$，该点为相对轨道在 xy 平面投影的中心位置，$x'y'$ 平面与主星轨道平面重合，在坐标系 $Sx'y'z'$ 下，式（3－33）可化为

$$2C\cos\gamma \cdot x + C\sin\gamma \cdot y - 2A \cdot z = 0 \tag{3-34}$$

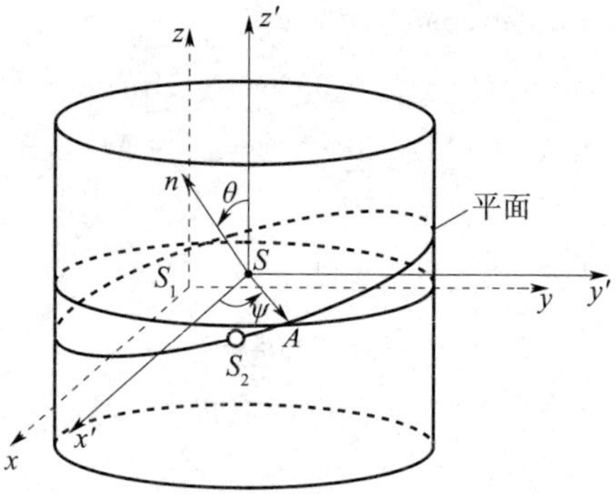

图 3-4　相对轨道构型在空间的位置

由式（3-34）得，在坐标系 $Sx'y'z'$ 中，式（3-34）所示的平面法线的单位矢量为

$$\boldsymbol{n}=\begin{pmatrix}\dfrac{2C\sin\gamma}{\sqrt{C^2(1+3\cos\gamma^2)+4A^2}}\\ \dfrac{C\sin\gamma}{\sqrt{C^2(1+3\cos\gamma^2)+4A^2}}\\ \dfrac{-2A}{\sqrt{C^2(1+3\cos\gamma^2)+4A^2}}\end{pmatrix} \tag{3-35}$$

如图 3-4 所示，式（3-34）所表示的平面与 $x'y'$ 面的夹角为 θ，与其在 $x'y'$ 平面投影的交线为 SA，SA 与 x' 轴的夹角为 ψ，显然式（3-34）所表示的平面为相对轨道平面，在坐标系 $Sx'y'z'$ 中用 θ 和 ψ 表示的平面法线的 3 个分量为

$$\begin{cases}n_x=\sin\theta\sin\psi\\ n_y=-\sin\theta\cos\psi\\ n_z=\cos\theta\end{cases} \tag{3-36}$$

由式（3-35）和式（3-36）得

$$\begin{cases}\tan\psi=-\dfrac{n_x}{n_y}=-2\cot\gamma\\ \cos\theta=n_z=\dfrac{-2A}{\sqrt{C^2(1+3\cos\gamma^2)+4A^2}}\end{cases} \tag{3-37}$$

因此有

$$C = A\sqrt{\tan^2\theta(1+3\cos\psi^2)}$$

根据以上分析可知，相对轨道平面的方位由 θ 和 ψ 决定，相对轨道在 xy 平面投影的中心位置由 D 和 B 决定。

把确定相对轨道方位的参数代入到式（3-31）中，可以得到新的卫星编队飞行的相对运动方程

$$\begin{cases} x = D - A\cos(nt+\alpha) \\ y = B + 2A\sin(nt+\alpha) \\ z = A\sqrt{\tan\theta^2(1+3\cos\psi^2)}\cos(nt+\alpha+\gamma) \end{cases} \tag{3-38}$$

其中

$$\tan\psi = -\frac{n_x}{n_y} = -2\cot\gamma$$

式（3-38）是用描述相对轨道几何特性的参数描述的 1 阶近似相对运动方程，该方程成立的条件是主星为近圆轨道，任意时刻从星在相对轨道的位置由 α 和 ψ 决定，其中 α 决定 xy 平面内从星在相对轨道的初始位置，α 和 ψ 决定 z 方向的初始位置。

根据分析可知，由 A,B,D,θ,ψ,α 可以完全确定任意时刻从星的相对位置，这 6 个参数称为相对轨道要素。

T. Alan Lovell 和 Steven G. Tragesser 所提出的相对轨道要素[26-28]具有一定的代表性，它是基于 C-W 方程建立起来的。C-W 方程在分析运动时，给出了 3 个主要的假设：

1）运动模型除了地球引力场无外力作用（开普勒运动）；

2）主星轨道为圆轨道；

3）主从星的间距远小于轨道半径。

基于以上 3 个假设，给出方程

$$\begin{cases} \ddot{x} - 2n\dot{y} - 3n^2 x = 0 \\ \ddot{y} + 2n\dot{x} = 0 \\ \ddot{z} + n^2 z = 0 \end{cases} \tag{3-39}$$

方程（3-39）的解为

$$\begin{cases} x = \dfrac{\dot{x}_0}{n}\sin(nt) - \left(3x_0 + \dfrac{2\dot{y}_0}{n}\right)\cos(nt) + \left(4x_0 + \dfrac{2\dot{y}_0}{n}\right) \\ y = \dfrac{2\dot{x}_0}{n}\cos(nt) + \left(6x_0 + \dfrac{4\dot{y}_0}{n}\right)\sin(nt) - (6nx_0 + 3\dot{y}_0)t - \dfrac{2\dot{x}_0}{n} + y_0 \\ z = \dfrac{\dot{z}_0}{n}\sin(nt) + z_0\cos(nt) \\ \dot{x} = \dot{x}_0\cos(nt) + (3nx_0 + 2\dot{y}_0)\sin(nt) \\ \dot{y} = -2\dot{x}_0\sin(nt) + (6nx_0 + 4\dot{y}_0)\cos(nt) - (6nx_0 + 3\dot{y}_0) \\ \dot{z} = \dot{z}_0\cos(nt) - nz_0\sin(nt) \end{cases} \tag{3-40}$$

根据式（3－40）定义

$$\begin{cases} a_e = 2\sqrt{\left(\dfrac{\dot{x}}{n}\right)^2 + \left(3x + 2\dfrac{\dot{y}}{n}\right)^2} \\ x_d = 4x + 2\dfrac{\dot{y}}{n} \\ y_d = y - 2\dfrac{\dot{x}}{n} \\ \beta = \arctan\left(\dfrac{\dot{x}}{3nx + 2\dot{y}}\right) \\ z_{max} = \sqrt{\left(\dfrac{\dot{z}}{n}\right) + z^2} \\ \psi = \arctan\left(\dfrac{nz}{\dot{z}}\right) \end{cases} \tag{3-41}$$

把 $a_e, x_d, y_d, \beta, z_{max}, \psi$ 称为相对轨道要素。因此相对位置和相对速度可以用相对轨道要素表示出来，即为

$$
\begin{cases}
x = -\dfrac{a_e}{2}\cos\beta + x_d \\
y = a_e \sin\beta + y_d \\
z = z_{\max}\sin\psi \\
\dot{x} = \dfrac{a_e}{2} n \sin\beta \\
\dot{y} = a_e n \cos\beta - \dfrac{3}{2} n x_d \\
\dot{z} = z_{\max} n \cos\psi
\end{cases}
\tag{3-42}
$$

相对轨道要素随时间的变化关系为

$$
\begin{cases}
a_e = a_{e0} \\
x_d = x_{d0} \\
y_d = y_{d0} - \dfrac{3}{2} n x_{d0} t = y_{d0} - \dfrac{3}{2} n x_d t \\
\beta = \beta_0 + nt \\
z_{\max} = z_{\max 0} \\
\psi = \psi_0 + nt
\end{cases}
\tag{3-43}
$$

由式（3-42）可得

$$
\frac{x(t) - x_d}{\dfrac{a_e}{2}} = -\cos\beta, \qquad \frac{y(t) - y_d}{a_e} = \sin\beta \tag{3-44}
$$

进而有

$$
\frac{[x(t) - x_d]^2}{\left(\dfrac{a_e}{2}\right)^2} + \frac{[y(t) - y_d]^2}{a_e^{\,2}} = 1 \tag{3-45}
$$

方程（3-45）表明从星关于主星的相对运动轨线在任意时刻在空间上都是以（$x_d, y_d, 0$）为中心的椭圆，长半轴为 a_e，位于 y 轴上，短半轴为 $\dfrac{a_e}{2}$，位于 x 轴上。

令

$$
\gamma = \psi - \beta \tag{3-46}
$$

则有

$$z(t) = z_{\max}\sin(\beta+\gamma) = z_{\max}(\cos\beta\sin\gamma + \sin\beta\cos\gamma) \quad (3-47)$$

把式（3-44）代入式（3-47）有

$$z(t) = z_{\max}\left[-\frac{x(t)-x_{\mathrm{d}}}{\frac{a_{\mathrm{e}}}{2}}\sin\gamma + \frac{y(t)-y_{\mathrm{d}}}{a_{\mathrm{e}}}\cos\gamma\right] \quad (3-48)$$

整理式（3-48）可得

$$(-2\sin\gamma)[x(t)-x_{\mathrm{d}}] + \cos\gamma[y(t)-y_{\mathrm{d}}] - \frac{a_{\mathrm{e}}}{z_{\max}}[z(t)-0] = 0 \quad (3-49)$$

式（3-49）表示平面，该平面通过点 $(x_{\mathrm{d}}, y_{\mathrm{d}}, 0)$，平面的法向矢量为 $\left(-2\sin\gamma \quad \cos\gamma \quad -\frac{a_{\mathrm{e}}}{z_{\max}}\right)^{\mathrm{T}}$。$a_{\mathrm{e}}, x_{\mathrm{d}}, y_{\mathrm{d}}, \beta, z_{\max}, \psi$ 或 γ 可以确定相对轨道构型，得到相对轨道的几何形状，从而可以分析相对轨道的几何特性。

3.4　基于参照轨道要素的相对运动描述方法

对于相对运动的轨道要素的描述，不考虑摄动影响和主动控制时，主从星相对地心的开普勒运动可先用轨道根数来描述，再运用坐标变换关系得到从星相对主星的运动关系式。轨道要素法有普通的轨道要素法和参照轨道要素法，清华大学的王虎妹、蒋方华等[7-8]研究了用参照轨道要素描述相对运动的方法，其主要区别在于前者将从星轨道坐标系到主星轨道坐标系的坐标变换以地心赤道惯性坐标系为过渡，因而有两组 3-1-3 的欧拉转动，而后者直接通过一组 3-1-3 的欧拉转动实现。

3.4.1　参照轨道要素描述的相对运动

3.4.1.1　参照轨道要素

对任何两星，视其中一颗为主星，另一颗为从星，参照轨道要素（Reference Orbital Elements，ROE）指的是以主星轨道面为基准所定义的从星相对主星的参照轨道要素[9]。

从星轨道坐标系到主星轨道坐标系的坐标转换可直接通过一组3-1-3的欧拉转动实现。相应的欧拉角通常在将主从星的轨道投影到天球上就能很直观地找到。如图 3-5 所示，$OXYZ$ 表示地心赤道惯性坐标系，从星在主星的轨道坐标系 $Lxyz$ 的位置坐标为 x，y 和 z，其中 x 轴从地心指向主星，即径向，z 轴指向主星轨道的法向，y 轴指向横向，与 z 轴和 x 轴构成右手坐标系，并记 x，y 和 z 方向单位矢量分别为 $\boldsymbol{i}$，$\boldsymbol{j}$ 和 $\boldsymbol{k}$。实线和虚线分别表示主星和从星的轨道在天球上的投影，它们交于点 M，并与天赤道分别交于 N 和 N_{f}。本章中，一般总是以下标 f 表示从星的量。这 3 个交点构成球面三角形 $NN_{\mathrm{f}}M$，3 个顶角分别为 i，$\pi-i_{\mathrm{f}}$和 i^{r}，3 条弧长分别为 $\Delta\Omega$，η_{f}和 η。用 Δ（…）表示从星与主星相应的两参数之差，所有的角度量以逆时针方向为正。相对轨道倾角 i^{r}为主从星轨道面的夹角。从点 M 到主星的瞬时位置 L 的弧长 Ω^{r}称为相对升交点赤经（与参考文献［7］的定义相反），点 M 到从星的瞬时位置 F 的弧长 θ^{r}称为相对轨道角。θ^{r}与 Ω^{r}之差定义为相对平赤经 l^{r}。从星和主星的近地点在天球上的投影分别为 P 和 P_{f}。

参照轨道要素组 $[e^{\mathrm{r}},i^{\mathrm{r}},\Omega^{\mathrm{r}},\omega^{\mathrm{r}},f^{\mathrm{r}}]$ 和参照轨道角 θ^{r} 、相对平赤经 l^{r} 的定义[10]如下

$$\begin{cases} e^{\mathrm{r}}=e_{\mathrm{f}}-e \\ i^{\mathrm{r}}=i_{\mathrm{f}}-i \\ \Omega^{\mathrm{r}}=\theta-\eta \\ \theta^{\mathrm{r}}=\theta_{\mathrm{f}}-\eta_{\mathrm{f}} \\ \omega^{\mathrm{r}}=\omega_{\mathrm{f}}-\eta_{\mathrm{f}} \\ f^{\mathrm{r}}=\theta^{\mathrm{r}}-\omega^{\mathrm{r}}=\theta_{\mathrm{f}}-\omega_{\mathrm{f}}=f_{\mathrm{f}} \\ l^{\mathrm{r}}=\theta^{\mathrm{r}}-\Omega^{\mathrm{r}}=\Delta\theta-\Delta\eta \end{cases} \tag{3-50}$$

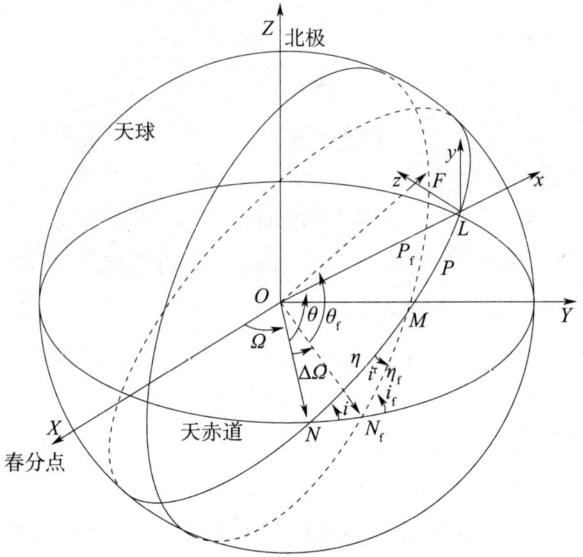

图 3-5　地心天球中的主从星轨道

3.4.1.2　相对运动描述

由从星的轨道坐标系到主星的轨道坐标系的坐标转换可以通过 3-1-3的 3 次欧拉转动实现，以逆时针方向为正，3 次转动依次为绕 z 轴转动 $-\theta^r$ 角，绕 x 轴转动 $-i^r$ 角，绕 z 轴转动 Ω^r 角，相应的坐标转换矩阵为 $\boldsymbol{A}_3(-\theta^r)$，$\boldsymbol{A}_1(-i^r)$ 和 $\boldsymbol{A}_3(\Omega^r)$，具体表达式如下

$$\boldsymbol{A}_1(-i^r)=\begin{bmatrix}1 & 0 & 0\\ 0 & \cos(-i^r) & \sin(-i^r)\\ 0 & -\sin(-i^r) & \cos(-i^r)\end{bmatrix}$$

$$\boldsymbol{A}_3(-\theta^r)=\begin{bmatrix}\cos(-\theta^r) & \sin(-\theta^r) & 0\\ -\sin(-\theta^r) & \cos(-\theta^r) & 0\\ 0 & 0 & 1\end{bmatrix}$$

$$\boldsymbol{A}_3(\Omega^r)=\begin{bmatrix}\cos\Omega^r & \sin\Omega^r & 0\\ -\sin\Omega^r & \cos\Omega^r & 0\\ 0 & 0 & 1\end{bmatrix}$$

若记从星轨道坐标系（地心指向航天器质心为 x 方向，z 方向指向角动量矢量方向，y 方向与 x、z 方向构成右手坐标系）向主星轨道坐标系总的变换矩阵为 $\boldsymbol{A}_{\mathrm{lf}}$，则

$$\boldsymbol{A}_{\mathrm{lf}} = \boldsymbol{A}_3(\Omega^{\mathrm{r}})\boldsymbol{A}_1(-i^{\mathrm{r}})\boldsymbol{A}_3(-\theta^{\mathrm{r}}) \tag{3-51}$$

相对位置和速度方程向主星轨道坐标系投影的表达式为

$$\begin{bmatrix} x \\ y \\ z \end{bmatrix} = \boldsymbol{A}_{\mathrm{lf}} \begin{bmatrix} R_{\mathrm{f}} \\ 0 \\ 0 \end{bmatrix} - \begin{bmatrix} R \\ 0 \\ 0 \end{bmatrix}$$

$$\begin{bmatrix} \dot{x} \\ \dot{y} \\ \dot{z} \end{bmatrix} = \boldsymbol{A}_{\mathrm{lf}} \begin{bmatrix} \dot{R}_{\mathrm{f}} \\ R_{\mathrm{f}}\dot{f}_{\mathrm{f}} \\ 0 \end{bmatrix} - \begin{bmatrix} \dot{R} \\ R\dot{f} \\ 0 \end{bmatrix} - \begin{bmatrix} -y\dot{f} \\ x\dot{f} \\ 0 \end{bmatrix}$$

综上，可求得相对位置和速度的表达式。参照轨道要素法描述下的精确的从星相对主星的运动方程为

$$\begin{cases} x = R_{\mathrm{f}}(\cos\Omega^{\mathrm{r}}\cos\theta^{\mathrm{r}} + \sin\Omega^{\mathrm{r}}\sin\theta^{\mathrm{r}}\cos i^{\mathrm{r}}) - R \\ y = R_{\mathrm{f}}(-\sin\Omega^{\mathrm{r}}\cos\theta^{\mathrm{r}} + \cos\Omega^{\mathrm{r}}\sin\theta^{\mathrm{r}}\cos i^{\mathrm{r}}) \\ z = R_{\mathrm{f}}\sin\theta^{\mathrm{r}}\sin i^{\mathrm{r}} \end{cases} \tag{3-52}$$

式（3-52）的相对运动方程形式简单，几何意义明显。

3.4.1.3　各小量的量级分析

对于近距离编队飞行，主从星间的距离很小。定义无量纲距离为主从星间的最大距离与主星的半长轴的比值。直观上来看，此无量纲距离、球面三角形 $NN_{\mathrm{f}}M$（如图 3-5 所示）的某些顶角和边长，以及主从星间的轨道根数差应当为小量，许多文献中也是直接这么处理的。为了能对参照轨道要素法描述下的相对位置方程进行严谨的近似，对这些量作一个全面的量级分析很有必要。

既然无量纲距离为小量，可假设它的数量级为 10^{-k}，通常 $k\geqslant 3$。因此，相对位置方程中的 x，y 和 z 方向的无量纲距离都不会超过 10^{-k}的量级，记为 $O(10^{-k})$。这就有两种可能，一是 x，y 和 z 方向的值都是相同的量级，另一种是它们的量级不一样。无论哪种

情况，都用 O（10^{-k}）来表示总是合理的。为便于分析，将相对位置方程（3-52）整理成如下形式

$$x = R_{\mathrm{f}}\left[\sin^2\frac{i^{\mathrm{r}}}{2}\cos(\theta^{\mathrm{r}}+\Omega^{\mathrm{r}})+\cos^2\frac{i^{\mathrm{r}}}{2}\cos l^{\mathrm{r}}-1\right]+\Delta R \tag{3-53}$$

$$y = R_{\mathrm{f}}\left[-\sin^2\frac{i^{\mathrm{r}}}{2}\sin(\theta^{\mathrm{r}}+\Omega^{\mathrm{r}})+\cos^2\frac{i^{\mathrm{r}}}{2}\sin l^{\mathrm{r}}\right] \tag{3-54}$$

$$z = R_{\mathrm{f}}\sin i^{\mathrm{r}}\sin\theta^{\mathrm{r}} \tag{3-55}$$

其中用到了三角函数的积化和差公式和关系式 $l^{\mathrm{r}}-\theta^{\mathrm{r}}-\Omega^{\mathrm{r}}$。在接下来的分析和推导中，球面三角形 $NN_{\mathrm{f}}M$ 的下列几个顶角和边长的关系式将会用到

$$\cos i^{\mathrm{r}} = \cos i\cos i_{\mathrm{f}}+\sin i\sin i_{\mathrm{f}}\cos\Delta\Omega \tag{3-56}$$

$$\sin\eta = \frac{\sin i_{\mathrm{f}}\sin\Delta\Omega}{\sin i^{\mathrm{r}}} \tag{3-57}$$

$$\sin\eta_{\mathrm{f}} = \frac{\sin i\sin\Delta\Omega}{\sin i^{\mathrm{r}}} \tag{3-58}$$

$$\cos\eta = \cos\Delta\Omega\cos\eta_{\mathrm{f}}-\sin\Delta\Omega\sin\eta_{\mathrm{f}}\cos i_{\mathrm{f}} \tag{3-59}$$

$$\cos\eta_{\mathrm{f}} = \cos\Delta\Omega\cos\eta+\sin\Delta\Omega\sin\eta\cos i \tag{3-60}$$

记 x，y 和 z 方向的无量纲距离分别为 d_x，d_y 和 d_z。对于式（3-55），根据条件 $d_z=O$（10^{-k}）以及角度量 θ^{r} 可任意取值，可得 $i^{\mathrm{r}}=O$（10^{-k}）。对于式（3-54），根据 $d_y=O$（10^{-k}）和刚得的 $i^{\mathrm{r}}=O$（10^{-k}）可得 $l^{\mathrm{r}}=O$（10^{-k}）。最后对于式（3-53），根据 $d_x=O$（10^{-k}），$i^{\mathrm{r}}=O$（10^{-k}）和刚得到的 $l^{\mathrm{r}}=O$（10^{-k}）可得 $\Delta R/a=O$（10^{-k}）。在此分析过程中，总是认为从星的地心距 R_{f} 与主星的半长轴 a 数量级一样。概括起来，d_x，d_y 和 d_z 都为 O（10^{-k}）的充要条件为

$$i^{\mathrm{r}} = O(10^{-k}),\quad l^{\mathrm{r}} = O(10^{-k}),\quad \Delta R/a = O(10^{-k}) \tag{3-61}$$

需要说明的是，根据 $d_z=O$（10^{-k}）和 θ^{r} 任意取值直接得到 $\sin i^{\mathrm{r}}=O$（10^{-k}），即 i^{r} 接近 0 或 $\pm\pi$。若 $i^{\mathrm{r}}\approx\pm\pi$，可得

$$|y|\approx R_{\mathrm{f}}|\sin(\theta^{\mathrm{r}}+\Omega^{\mathrm{r}})| = R_{\mathrm{f}}|\sin(\theta+\theta_{\mathrm{f}}-\eta-\eta_{\mathrm{f}})|$$

由于 $\theta+\theta_f$ 任意，d_y 将不可能为 O（10^{-k}）的量级，因此 $i^r\approx 0$ 是唯一合理的情况。

基于式（3-61）可以对轨道根数差及球面三角形中的一些小量进行量级分析。首先对式（3-56）作一些三角函数的基本变换，可得

$$\begin{aligned}2\sin^2\frac{i^r}{2} &= 1-\cos i^r \\ &= 1-\frac{1}{2}(1+\cos\Delta\Omega)\cos(i_f-i)-\frac{1}{2}(1-\cos\Delta\Omega)\cos(i_f+i) \\ &= \cos^2\frac{\Delta\Omega}{2}+\sin^2\frac{\Delta\Omega}{2}-\cos^2\frac{\Delta\Omega}{2}\cos\Delta i-\sin^2\frac{\Delta\Omega}{2}\cos(2i+\Delta i) \\ &= 2\sin^2\frac{\Delta i}{2}\cos^2\frac{\Delta\Omega}{2}+2\sin^2\left(i+\frac{\Delta i}{2}\right)\sin^2\frac{\Delta\Omega}{2}\end{aligned} \tag{3-62}$$

当 $i^r=O$（10^{-k}），即 $\sin^2$（i^r / 2）$=O$（10^{-2k}）时，并且主星轨道倾角为一般情况，从上式可得

$$\Delta i = O(10^{-k}),\quad \Delta\Omega = O(10^{-k}) \tag{3-63}$$

由于 $\Delta\eta$ 是常值，而 $\Delta\theta$ 随时间变化，$l^r=\Delta\theta-\Delta\eta$ 等于 O（10^{-k}）的必要条件是主从星的轨道周期相等，即

$$a_f = a \tag{3-64}$$

将式（3-57）和式（3-58）分别代入式（3-60）和式（3-59），然后求解 $\cos\eta$ 和 $\cos\eta_f$，可得

$$\cos\eta = \frac{\cos i\sin i_f\cos\Delta\Omega-\sin i\cos i_f}{\sin i^r} \tag{3-65}$$

$$\cos\eta_f = \frac{\cos i\sin i_f-\sin i\cos i_f\cos\Delta\Omega}{\sin i^r} \tag{3-66}$$

对 $\sin$（$\eta_f-\eta$）运用三角函数的加法公式，然后将式（3-57）、式（3-58）、式（3-65）和式（3-66）代入，可得

$$\sin(\eta_f-\eta) = -\frac{\sin\Delta\Omega(\cos i+\cos i_f)(1-\cos i\cos i_f-\sin i\sin i_f\cos\Delta\Omega)}{\sin^2 i^r} \tag{3-67}$$

运用式（3-56），上式可化简为

$$\sin\Delta\eta=-\frac{\sin\Delta\Omega(\cos i+\cos i_{\mathrm{f}})(1-\cos i^{\mathrm{r}})}{\sin^{2}i^{\mathrm{r}}}=-\frac{\sin\Delta\Omega\cos\dfrac{\Delta i}{2}\cos\left(i+\dfrac{\Delta i}{2}\right)}{\cos^{2}\dfrac{i^{\mathrm{r}}}{2}} \tag{3-68}$$

其中 i^{r}，Δi，$\Delta\Omega$ 和 $\Delta\theta-\Delta\eta$ 的量级都为 O（10^{-k}），从而可得

$$\Delta\eta=-\Delta\Omega\cos i+O(10^{-2k})=O(10^{-k}),\quad \Delta\theta=O(10^{-k}) \tag{3-69}$$

当 $a_{\mathrm{f}}=a$ 且 $\Delta R/a=O$（10^{-k}）时，根据地心距与偏近点角的关系式 $R=a$（$1-e\cos E$）可得

$$\begin{aligned}\Delta R/a&=e\cos E-e_{\mathrm{f}}\cos E_{\mathrm{f}}=(e\cos\Delta E-e_{\mathrm{f}})\cos E_{\mathrm{f}}+e\sin\Delta E\sin E_{\mathrm{f}}\\&=\sqrt{(e\cos\Delta E-e_{\mathrm{f}})^{2}+(e\sin\Delta E)^{2}}\cos(E_{\mathrm{f}}-\psi)\\&=\sqrt{4e(e+\Delta e)\sin^{2}\frac{\Delta E}{2}+(\Delta e)^{2}}\cos(E_{\mathrm{f}}-\psi)=O(10^{-k})\end{aligned} \tag{3-70}$$

式中　$\tan\psi=e\sin\Delta E/(e\cos\Delta E-e_{\mathrm{f}})$。

对于上式，当 $e\in[0,1)$ 时，由于 E_{f} 任意，可知 $\cos(E_{\mathrm{f}}-\psi)$ 的幅值应当为小量，可得

$$\Delta e=O(10)^{-k},\quad \Delta E=O(10^{-k}) \tag{3-71}$$

根据这个结论，对偏近点角与平近点角的关系式 $M=E-e\sin E$ 进行推导，可得

$$\begin{aligned}\Delta M&=\Delta E-e_{\mathrm{f}}\sin E_{\mathrm{f}}+e\sin E\\&=\Delta E+(e\cos\Delta E-e_{\mathrm{f}})\sin E_{\mathrm{f}}-e\sin\Delta E\cos E_{\mathrm{f}}\\&=\Delta E+\sqrt{(e\cos\Delta E-e_{\mathrm{f}})^{2}+(e\sin\Delta E)^{2}}\sin(E_{\mathrm{f}}-\psi)\\&=\Delta E+\sqrt{4e(e+\Delta e)\sin^{2}\frac{\Delta E}{2}+(\Delta e)^{2}}\sin(E_{\mathrm{f}}-\psi)\end{aligned} \tag{3-72}$$

其中，由于主从星半长轴相等，平近点角之差 ΔM 应为定值。根据 $\Delta e=O$（10^{-k}）和 $\Delta E=O$（10^{-k}），显然

$$\Delta M=O(10^{-k}) \tag{3-73}$$

分析 Δf 的数量级比 ΔE 和 ΔM 要复杂些。首先，根据真近点角

与偏近点角的关系式，可得 f 关于 E 和 e 的变分为

$$\delta f=\frac{(1-e^2)\delta E+\sin E\delta e}{\sqrt{1-e^2}(1-e\cos E)}=\frac{1}{1-e^2}\left[\sqrt{1-e^2}(1+e\cos f)\delta E+\sin f\delta e\right] \tag{3-74}$$

在数学上，一个函数的变分是指其差分的线性项。视 E 和 e 为自变量，即 $\delta E=\Delta E$，$\delta e=\Delta e$，再对上式运用基本不等式

$$|ac+bd|\leqslant\sqrt{a^2+b^2}\sqrt{c^2+d^2}$$

可得

$$\begin{aligned}|\delta f|&\leqslant\frac{1}{1-e^2}\sqrt{(1-e^2)(1+e\cos f)^2+\sin^2 f}\sqrt{(\Delta E)^2+(\Delta e)^2}\\&=\frac{\sqrt{(\Delta E)^2+(\Delta e)^2}}{1-e^2}\sqrt{1+\frac{1-e^2}{1-e^2+e^4}-(1-e^2+e^4)\left[\cos f-\frac{e(1-e^2)}{1-e^2+e^4}\right]^2}\\&\leqslant\frac{1}{1-e^2}\sqrt{1+\frac{1-e^2}{1-e^2+e^4}}\sqrt{(\Delta E)^2+(\Delta e)^2}\end{aligned} \tag{3-75}$$

不难证明 $\sqrt{1/(1-e^2)+1/(1-e^2+e^4)}$ 和 $1/\sqrt{1-e^2}$ 都是关于 $e\in[0,1)$ 单调递增的正函数，因而它们的乘积 $\sqrt{1+(1-e^2)/(1-e^2+e^4)}/(1-e^2)$ 也具备相同的性质。虽然当 e 趋于 1 时，此乘积趋于无穷大，但在 e 不是很接近 1 时，其值变化很缓慢，例如 $e\leqslant 0.8$ 时，其值不大于 3.4。由于 $\Delta e=O(10^{-k})$，$\Delta E=O(10^{-k})$，从上面的分析中可得 $\delta f=O(10^{-k})$。通常 f 的差分与其变分的差值不大，因而

$$\Delta f=O(10^{-k}),\quad \Delta\omega=\Delta\theta-\Delta f=O(10^{-k}) \tag{3-76}$$

式（3-61）、式（3-63）、式（3-64）、式（3-69）、式（3-71）、式（3-73）和式（3-76）即是近距离编队飞行中小量的量级关系式。将参照轨道要素描述下的精确的相对位置方程（3-52）对这些小量进行级数展开，保留 1 阶项，最后可得

$$
\begin{cases}
x = -a\Delta e\cos f + \dfrac{a\Delta M}{\sqrt{1-e^2}} e\sin f \\
y = \dfrac{a\Delta M}{\sqrt{1-e^2}}(1+e\cos f) + a\Delta e\sin f\left(1+\dfrac{1}{1+e\cos f}\right) + \\
\qquad \dfrac{a(1-e^2)(\Delta\omega + \Delta\Omega\cos i)}{1+e\cos f} \\
z = \dfrac{a(1-e^2)}{1+e\cos f}[(\Delta i\cos\omega + \Delta\Omega\sin\omega\sin i)\sin f + \\
\qquad (\Delta i\sin\omega - \Delta\Omega\cos\omega\sin i)\cos f]
\end{cases}
\tag{3-77}
$$

由此可见，通过对参照轨道要素描述下的相对运动方程进行 1 阶近似，并运用球面三角形中参照轨道要素与经典轨道根数的关系，可得到全部用经典轨道根数描述的 1 阶近似方程。

3.4.2 主星为圆轨道时的相对运动

3.4.2.1 相对运动的简化

编队飞行中，主星常为圆轨道，并且要求两星半长轴相等，即

$$e = 0, \quad a_{\mathrm{f}} = a$$

考虑长时间编队，需满足

$$e_{\mathrm{f}} = e^{\mathrm{r}} \ll 1$$

$$1 - e^{\mathrm{r}}\cos f^{\mathrm{r}} \approx 1$$

$$
\begin{aligned}
\sin l^{\mathrm{r}} &\approx l^{\mathrm{r}} \\
&= \Delta\theta - \Delta\eta \\
&= \Delta\omega + \Delta M_0 - \Delta\eta + 2e^{\mathrm{r}}\sin M_{\mathrm{f}} \\
&= \Delta\theta_0 - \Delta\eta + 2e^{\mathrm{r}}\sin M_{\mathrm{f}}
\end{aligned}
$$

$$
\begin{aligned}
\sin\theta^{\mathrm{r}} &\approx \sin(M_{\mathrm{f}} + \omega_{\mathrm{f}} - \eta_{\mathrm{f}}) \\
&= \sin(M_{\mathrm{f}} + \omega^{\mathrm{r}})
\end{aligned}
$$

并且考虑近距离编队，需满足：$\cos l^{\mathrm{r}} = 1, \sin l^{\mathrm{r}} = l^{\mathrm{r}}$

将上述简化条件带入参照轨道要素法描述下的精确的从星相对

主星的运动方程（相对升交点赤经与本文的定义相反），可得

$$\begin{bmatrix} x \\ y \\ z \end{bmatrix} = a\begin{bmatrix} -e^{r}\cos M_{f} \\ \Delta\theta_{0}-\Delta\eta+2e^{r}\sin M_{f} \\ \sin i^{r}\sin\left(M_{f}+\omega^{r}\right) \end{bmatrix} = \begin{bmatrix} ae^{r}\sin\left(M_{f}-\dfrac{\pi}{2}\right) \\ ay_{0}+2ae^{r}\sin M_{f} \\ a\sin i^{r}\sin\left(M_{f}+\omega^{r}\right) \end{bmatrix} \tag{3-78}$$

3.4.2.2　相对运动的特点

1）由式（3－78）可见，x,y,z 方向均为简谐运动，相对运动一般是椭圆，特殊情况下退化为直线。

2）xy 平面内投影形状为长短轴比为 2：1 的顺时针椭圆；长轴与 y 轴重合；椭圆中心沿 y 轴向偏置 $ay_{0}=(\Delta\theta_{0}-\Delta\eta)$。

3）yz 平面内投影形状取决于相对近地点幅角 $\omega^{r}=\omega_{f}-\eta_{f}$ 和 y,z 方向幅值比 $k=2e^{r}/\sin i^{r}$；椭圆中心沿 y 向偏置 ay_{0}

$$\begin{cases} \omega_{f}-\eta_{f}=\pm\dfrac{\pi}{2}，\text{长短轴为 } yz \text{ 轴的正椭圆} \\ \omega_{f}-\eta_{f}=\text{其他，斜椭圆} \\ \omega_{f}-\eta_{f}=\dfrac{0}{\pi}，\text{直线} \end{cases}$$

"±"号对应 yz 平面内相对主星沿椭圆顺 / 逆时针转动。

$$\begin{cases} k=\pm 1，y,z \text{ 向幅值相等} \\ |k|>1，y \text{ 向幅值最大} \\ |k|<1，z \text{ 向幅值最大} \end{cases}$$

4）xz 平面内的投影形状取决于 ω^{r} 和 k。

$$\begin{cases} \omega_{f}-\eta_{f}=\pm\dfrac{\pi}{2}，\text{直线} \\ \omega_{f}-\eta_{f}=\text{其他，斜椭圆} \\ \omega_{f}-\eta_{f}=\dfrac{0}{\pi}，\text{长短轴为 } xz \text{ 轴的正椭圆} \end{cases}$$

"±"号对应 xz 平面内相对主星沿椭圆顺/逆时针转动。

$$\begin{cases} k=\pm 2,\ x,z\text{ 向幅值相等} \\ |k|>2,\ x\text{ 向幅值最大} \\ |k|<2,\ z\text{ 向幅值最大} \end{cases}$$

5）yz 平面内的相对运动一旦确定，xz，xy 平面的相对运动随之确定。yz 平面内的相对运动有两种转向，决定了相对轨道在空间的两种取向。从而，不考虑摄动的自然编队队形的设计集合是 yz 平面内椭圆族。多星编队时，从此集合中选择各星的自然编队轨道，组成自然编队队形。比如，所有从星相对主星在同一个平面内沿相同半径的圆周运动；两组从星相对主星在同一个平面的不同圆周上顺时针和逆时针转动。

参考文献

[1] 周文勇．在轨服务航天器伴飞轨道设计与控制．西安：西北工业大学，2007.

[2] 袁建平，和兴锁．航天器轨道机动动力学．北京：中国宇航出版社，2010.

[3] 高云峰．卫星编队飞行相对轨道运动动力学研究．北京：清华大学，2001.

[4] 孟鑫．基于相对轨道要素的卫星编队飞行设计及摄动研究．北京：清华大学，2005.

[5] 王功波，郗晓宁．基于相对轨道根数的几种大椭圆轨道编队构形．国防科技大学学报，2009.

[6] 殷建丰，贺泉，韩潮．基于相对轨道要素的航天器相对运动碰撞分析．航空学报，2011.

[7] 王虎妹．卫星编队飞行的参照轨道要素方法及应用．北京：清华大学，2005.

[8] 蒋方华．航天器编队飞行相对运动研究．北京：清华大学，2009.

[9] 王虎妹，李俊峰，杨卫．利用参照轨道要素研究卫星星座编队的几何特征．工程力学，2006，23（11）：177－181.

[10] 王虎妹，李俊峰，杨卫．利用参照轨道要素设计卫星编队轨道．工程力学，2006，23（4）：144－158.

[11] SCHAUB H，JUNKINS J L. Analytical Mechanics of Space Systems. AIAA Education Series，2003.

[12] SCHAUB H，ALFRIEND K T. J2 Invariant Relative Orbits for Spacecraft Formations. Celestial Mechanics and Dynamical Astronomy，2001，79（2）.

[13] YEH H H，NELSON E，SPARKS A. Formation Flying：Accommodating Nonlinearity and Eccentricity Perturbations. Journal of Guidance，

Control and Dynamics，2002，25（2）.

[14] ROBERTS J. Satellite Formation Flying For an Interferometry Mission. College of Aeronautics，Craneld University，U. K，2005.

[15] 高云峰，宝音贺西，李俊峰．卫星编队飞行中 C－W 方程与轨道根数法的比较．应用数学和力学，2003.

[16] 李俊峰，高云峰，宝音贺西，等．卫星编队飞行动力学与控制研究．力学与实践，2002.

[17] 张连礼．编队航天器相对运动分析与控制．西安：西北工业大学，2007.

[18] 高云峰，宝音贺西，李俊峰．卫星编队飞行中 C－W 方程与轨道根数法的比较，应用数学和力学，2003.

[19] 安雪滢，杨乐平，张为华，等．大椭圆轨道航天器编队飞行相对运动分析．国防科技大学学报，2005.

[20] 安雪滢，郗晓宁，张为华，等．大椭圆轨道航天器四面体编队运动分析与设计．国防科技大学学报，2007.

[21] 安雪滢．椭圆轨道航天器编队飞行动力学及应用研究．长沙：国防科技大学，2006.

[22] 崔红正，韩潮．航天器抗攻击规避方法研究．科技导报，2008.

[23] 孟鑫，李俊峰，高云峰．一种便于摄动分析的编队飞行卫星相对运动的描述．应用数学和力学，2005.

[24] 孟鑫，李俊峰，高云峰．卫星编队飞行相对轨道的摄动研究综述．宇航学报，2004.

[25] 孟鑫，李俊峰，高云峰．卫星编队飞行中相对轨道的 J2 摄动分析．力学学报，2006.

[26] LOVELL T A，CHAVEZ F R，JOHNSON R L. A Comparison of Relative Motion Models for Close Proximity Satellite Missions. AFRL－VS－PS－PR－2005－1007，Jan. 2005.

[27] LOVELL T A，TRAGESSER S G. Guidance for Relative Motion of Low Earth Orbit Spacecraft Based on Relative Orbit Elements. AIAA Paper 2004－4988，Aug. 2004.

[28] JOHNSON K W. Relative orbit elements for satellites in elliptical orbits. Air Force Institute of Technology Air University，2010.

第 4 章　非线性相对运动的四元数方法

袁建平　荆武兴　蔡洪　曹静

航天器运动的非线性性质主要源于两个方面：其一是万有引力的非线性，在轨道动力学方程中引入了距离平方反比项，于是在两个飞行器的相对运动中出现了所谓的“碰撞奇点”；其二是转动运动（包括轨道运动和姿态运动），在运动方程中引入了椭圆函数。前人在非线性方程求解方面做了大量工作，其中之一是在对非线性方程线性化时引入某种变换，例如天体力学中的 K－S 变换处理开普勒方程使其线性化，在惯性导航中采用四元数对飞行器姿态运动的力学编排方程线性化。

本章综合了本团队进一步的研究成果，首先论述了 K－S 变换与四元数的统一性，并将它们用于解决非开普勒运动的动力学问题，用于轨道角动量-径距变化率动力学和解大机动的姿态/轨道耦合问题。

4.1　二次型变换与四元数的运动学特性

4.1.1　二次型变换

二次型变换较早提出并应用于限制性三体动力学的正则化中[1]，典型的有 L－C 变换和 K－S 变换，下面引述这种二次型变换及其在航天器轨道力学中的应用。

4.1.1.1　一维变换

假设一维变量 x 与新变量 u 之间存在如下关系

$$x = uu \tag{4-1}$$

对其求导，即可得到速度变换

$$\dot{x} = 2u\dot{u} \tag{4-2}$$

可以认为 u 到 x 的变换为 u，$\dot{u}$到$\dot{x}$的变换为 $2u$，其距离为

$$r = x = u^2 \tag{4-3}$$

与式（4-1）、式（4-2）对应的反变换如下

$$\begin{cases} u = \sqrt{x} \\ \dot{u} = \dfrac{1}{2\sqrt{x}}\dot{x} \end{cases} \tag{4-4}$$

4.1.1.2　二维变换（L-C 变换）

假设二维矢量 $[x_1 \quad x_2]^{\mathrm{T}}$ 与 $[u_1 \quad u_2]^{\mathrm{T}}$ 之间存在如下关系（i 代表虚数单位）

$$x_1 + \mathrm{i}x_2 = (u_1 + \mathrm{i}u_2)^2 \tag{4-5}$$

即对应一个这样的变换

$$\begin{bmatrix} x_1 \\ x_2 \end{bmatrix} = \begin{bmatrix} u_1 & -u_2 \\ u_2 & u_1 \end{bmatrix} \begin{bmatrix} u_1 \\ u_2 \end{bmatrix} \tag{4-6}$$

相应的速度变换

$$\begin{bmatrix} \dot{x}_1 \\ \dot{x}_2 \end{bmatrix} = 2\begin{bmatrix} u_1 & -u_2 \\ u_2 & u_1 \end{bmatrix} \begin{bmatrix} \dot{u}_1 \\ \dot{u}_2 \end{bmatrix} \tag{4-7}$$

此即著名的 Levi-Civita 变换，简称 L-C 变换。其中矩阵 $\boldsymbol{L}(\boldsymbol{u})$ 定义为

$$\boldsymbol{L}(\boldsymbol{u}) = \begin{bmatrix} u_1 & -u_2 \\ u_2 & u_1 \end{bmatrix} \tag{4-8}$$

它具有如下性质。

1）矩阵的每个元素为参数 u_1，u_2的线性函数。

2）矩阵的行、列均正交，每行和每列的模均为 $u_1^2 + u_2^2$。

3）$\boldsymbol{L}^{\mathrm{T}}(\boldsymbol{u})\boldsymbol{L}(\boldsymbol{u}) = (u_1^2 + u_2^2)\boldsymbol{I}_{2\times 2}$。

4）第 1 列是矢量 $[u_1 \quad u_2]^{\mathrm{T}}$。

5）$\boldsymbol{L}$ 可以表示为单位阵 $\times u_1$ + 反对称矩阵。

6）关于任意两个二维矢量 $\boldsymbol{u}$，$\boldsymbol{v}$ 对称，即

$$\boldsymbol{L}(\boldsymbol{u})\boldsymbol{v}=\boldsymbol{L}(\boldsymbol{v})\boldsymbol{u}$$

7）对于任意两个二维矢量 $\boldsymbol{u}$，$\boldsymbol{v}$，满足消去性，即

$$\boldsymbol{u}^{\mathrm{T}}\boldsymbol{u}\boldsymbol{L}(\boldsymbol{v})\boldsymbol{v}-2\boldsymbol{u}^{\mathrm{T}}\boldsymbol{v}\boldsymbol{L}(\boldsymbol{u})\boldsymbol{v}+\boldsymbol{v}^{\mathrm{T}}\boldsymbol{v}\boldsymbol{L}(\boldsymbol{u})\boldsymbol{u}=0$$

在一维的情况下 $\boldsymbol{L}(u)$ 退化为 u。

根据 L-C 变换，得到其逆变换如下

$$u_1=\pm\sqrt{\frac{r+x_1}{2}},\quad u_2=\frac{x_2}{2u_1}\tag{4-9}$$

即

$$u_1=\pm\sqrt{\frac{r+x_1}{2}},\quad u_2=\pm\operatorname{sign}(x_2)\sqrt{\frac{r-x_1}{2}}\tag{4-10}$$

其中 sign（　）为符号函数。需要说明的是，位置 $\boldsymbol{x}$ 向 $\boldsymbol{u}$ 的转换并不唯一，有两个解，它们相差一个负号。

4.1.1.3　三维变换（K-S 变换）

假设四维矢量 $\boldsymbol{x}=[x_1\quad x_2\quad x_3\quad 0]^{\mathrm{T}}$ 和 $\boldsymbol{u}=[u_1\quad u_2\quad u_3\quad u_4]^{\mathrm{T}}$ 之间存在如下的变换关系

$$\boldsymbol{x}=\boldsymbol{L}(\boldsymbol{u})\boldsymbol{u}\tag{4-11}$$

其中矩阵 $\boldsymbol{L}(\boldsymbol{u})$ 为

$$\boldsymbol{L}(\boldsymbol{u})=\begin{bmatrix}u_1 & -u_2 & -u_3 & u_4\\ u_2 & u_1 & -u_4 & -u_3\\ u_3 & u_4 & u_1 & u_2\\ u_4 & -u_3 & u_2 & -u_1\end{bmatrix}\tag{4-12}$$

称之为 K-S 矩阵，类似于 L-C 矩阵，K-S 矩阵也具有如下性质。

1）齐次性：矩阵的每个元素为参数 u_i（$i=1$，…，4）的线性函数。

2）正交性：矩阵的行、列均正交，而且每行和每列的模均为 $u_1^2+u_2^2+u_3^2+u_4^2$，行列式的值为 $-(u_1^2+u_2^2+u_3^2+u_4^2)^2$。

3）反对称性：$\boldsymbol{L}^{\mathrm{T}}(\boldsymbol{u})\boldsymbol{L}(\boldsymbol{u})=(u_1^2+u_2^2+u_3^2+u_4^2)\boldsymbol{I}_{4\times 4}$。

4）第 1 列是矢量 $\boldsymbol{u}=[u_1\quad u_2\quad u_3\quad u_4]^{\mathrm{T}}$。

5）$\boldsymbol{L}$ 可以表示为单位阵 $\times u_1$ + 反对称矩阵。

6）对称性：任意两个四维矢量 $\boldsymbol{u}$，$\boldsymbol{v}$，在满足式（4-14）条件下有 $\boldsymbol{L}(\boldsymbol{u})\boldsymbol{v}=\boldsymbol{L}(\boldsymbol{v})\boldsymbol{u}$。

7）消去性：任意两个四维矢量 $\boldsymbol{u}$，$\boldsymbol{v}$，在满足式（4-14）条件下有

$$\boldsymbol{u}^{\mathrm{T}}\boldsymbol{u}\boldsymbol{L}(\boldsymbol{v})\boldsymbol{v}-2\boldsymbol{u}^{\mathrm{T}}\boldsymbol{v}\boldsymbol{L}(\boldsymbol{u})\boldsymbol{v}+\boldsymbol{v}^{\mathrm{T}}\boldsymbol{v}\boldsymbol{L}(\boldsymbol{u})\boldsymbol{u}=0。$$

根据性质 6），速度变换可以表示为

$$\dot{\boldsymbol{x}}=2\boldsymbol{L}(\boldsymbol{u})\dot{\boldsymbol{u}}=2\boldsymbol{L}(\dot{\boldsymbol{u}})\boldsymbol{u} \tag{4-13}$$

当然性质 6）需要满足如下的约束条件

$$[-\dot{u}_4\quad \dot{u}_3\quad -\dot{u}_2\quad \dot{u}_1]\boldsymbol{u}=0 \tag{4-14}$$

即双线性约束。

其反变换如下，可以分两种情况，即 $x\geqslant0$ 和 $x<0$

$$\begin{cases}u_1^2+u_4^2=\dfrac{1}{2}(x_1+r)\\ u_2=\dfrac{u_1x_2+u_4x_3}{x_1+r}\\ u_3=\dfrac{u_1x_3-u_4x_2}{x_1+r}\end{cases},\quad x\geqslant0 \tag{4-15}$$

$$\begin{cases}u_1^2+u_4^2=\dfrac{1}{2}(-x_1+r)\\ u_2=\dfrac{u_1x_2+u_4x_3}{-x_1+r}\\ u_3=\dfrac{u_1x_3-u_4x_2}{-x_1+r}\end{cases},\quad x<0 \tag{4-16}$$

根据位置速度变换关系，在四维空间中，定义广义距离

$$r(\boldsymbol{u},\boldsymbol{u})=u_1^2+u_2^2+u_3^2+u_4^2 \tag{4-17}$$

广义动能

$$T=\frac{1}{2}m\boldsymbol{v}^2=2m\boldsymbol{r}(\dot{\boldsymbol{u}},\dot{\boldsymbol{u}}) \tag{4-18}$$

广义力 Q_i（$i=1,\cdots,4$）由

$$W=\sum_{i=1}^{4}Q_i\,\mathrm{d}u_i=\sum_{i=1}^{3}P_i\mathrm{d}x_i \tag{4-19}$$

表示为矩阵的形式如下

$$\begin{bmatrix} Q_1 \\ Q_2 \\ Q_3 \\ Q_4 \end{bmatrix} = 2\boldsymbol{L}^{\mathrm{T}}(\boldsymbol{u}) \begin{bmatrix} P_1 \\ P_2 \\ P_3 \\ 0 \end{bmatrix} \tag{4-20}$$

4.1.2 四元数的姿态解算运用

1843 年，哈密顿首先在数学中创建了四元数。类似于复数可以很好地解决许多平面几何问题，四元数在空间几何中有独特的应用优势。特别是在刚体转动、相对运动建模中，以致发展到后来的惯性导航系统的力学编排中，表现出简洁、线性、无奇点等特点。关于四元数的定义和基本性质有许多经典著作介绍，如参考文献［2］，本书仅引述其刚体运动学特性，并着重研究四元数在姿态解算特别是相对运动中的应用。

四元数，是指由 1 个实数单位 1 和 3 个虚数单位 $\boldsymbol{i}$、$\boldsymbol{j}$、$\boldsymbol{k}$ 组成并具有下列形式的数

$$\overline{\boldsymbol{u}} = u_1 + u_2\boldsymbol{i} + u_3\boldsymbol{j} + u_4\boldsymbol{k} = u_1 + \boldsymbol{u} \tag{4-21}$$

其中 u_1 为标量部分，$\boldsymbol{u}$ 为矢量部分。

两个四元数相乘，用矩阵乘法可表示如下

$$\overline{\boldsymbol{v}} \circ \overline{\boldsymbol{w}} = \boldsymbol{L}_1(\overline{\boldsymbol{v}})\,\overline{\boldsymbol{w}} = \boldsymbol{L}_2(\overline{\boldsymbol{w}})\,\overline{\boldsymbol{v}}$$

其中

$$\boldsymbol{L}_1(\overline{\boldsymbol{u}}) = \begin{bmatrix} u_1 & -u_2 & -u_3 & -u_4 \\ u_2 & u_1 & -u_4 & u_3 \\ u_3 & u_4 & u_1 & -u_2 \\ u_4 & -u_3 & u_2 & u_1 \end{bmatrix},\quad \boldsymbol{L}_2(\overline{\boldsymbol{u}}) = \begin{bmatrix} u_1 & -u_2 & -u_3 & -u_4 \\ u_2 & u_1 & u_4 & -u_3 \\ u_3 & -u_4 & u_1 & u_2 \\ u_4 & u_3 & -u_2 & u_1 \end{bmatrix}$$

分别为四元数矩阵及其蜕变矩阵，矩阵 $\boldsymbol{L}_2$ 与 $\boldsymbol{L}_1$ 的主要区别在于右下角 3×3 的矩阵互为转置。

在描述一个矢量转动时与欧拉角组成的三角函数矩阵等效的四元数矩阵可表示为

$$\begin{bmatrix} x' \\ y' \\ z' \end{bmatrix} = \begin{bmatrix} q_1^2+q_2^2-q_3^2-q_4^2 & 2q_2q_3-2q_1q_4 & 2q_1q_3+2q_2q_4 \\ 2q_2q_3+2q_1q_4 & q_1^2-q_2^2+q_3^2-q_4^2 & -2q_1q_2+2q_3q_4 \\ -2q_1q_3+2q_2q_4 & 2q_1q_2+2q_3q_4 & q_1^2-q_2^2-q_3^2+q_4^2 \end{bmatrix} \begin{bmatrix} x \\ y \\ z \end{bmatrix} \tag{4-22}$$

设坐标系 $Oxyz$ 绕某欧拉轴 $\boldsymbol{E}$ 转 α 角到达坐标系 $Ox'y'z'$，对应的四元数记为 $\bar{\boldsymbol{q}}$，$Oxyz$ 系中的固连矢量由 $\boldsymbol{r}$ 变换为 $\boldsymbol{r}'$，对应的零标量四元数存在如下关系

$$\bar{\boldsymbol{r}}'=\bar{\boldsymbol{q}}\circ\bar{\boldsymbol{r}}\circ\bar{\boldsymbol{q}}^* \tag{4-23}$$

等价于

$$\begin{cases} \bar{\boldsymbol{r}}'\circ\bar{\boldsymbol{q}}=\bar{\boldsymbol{q}}\circ\bar{\boldsymbol{r}} \\ \bar{\boldsymbol{q}}^*\circ\bar{\boldsymbol{r}}'=\bar{\boldsymbol{r}}\circ\bar{\boldsymbol{q}}^* \end{cases} \tag{4-24}$$

由于 $\bar{\boldsymbol{q}}\circ\bar{\boldsymbol{q}}^*=1$，故有

$$\dot{\bar{\boldsymbol{q}}}\circ\bar{\boldsymbol{q}}^*+\bar{\boldsymbol{q}}\circ\dot{\bar{\boldsymbol{q}}}^*=0 \tag{4-25}$$

对式（4-23）求导

$$\begin{aligned} \dot{\bar{\boldsymbol{r}}}'&=\dot{\bar{\boldsymbol{q}}}\circ\bar{\boldsymbol{r}}\circ\bar{\boldsymbol{q}}^*+\bar{\boldsymbol{q}}\circ\bar{\boldsymbol{r}}\circ\dot{\bar{\boldsymbol{q}}}^* \\ &=\dot{\bar{\boldsymbol{q}}}\circ\bar{\boldsymbol{r}}\circ\bar{\boldsymbol{q}}^*+\bar{\boldsymbol{r}}'\circ\bar{\boldsymbol{q}}\circ\dot{\bar{\boldsymbol{q}}}^* \\ &=\dot{\bar{\boldsymbol{q}}}\circ\bar{\boldsymbol{q}}^*\circ\bar{\boldsymbol{r}}'-\bar{\boldsymbol{r}}'\circ\dot{\bar{\boldsymbol{q}}}\circ\bar{\boldsymbol{q}}^* \end{aligned} \tag{4-26}$$

另外一方面，由于

$$\dot{\bar{\boldsymbol{r}}}'=\boldsymbol{\omega}\times\bar{\boldsymbol{r}}'=\frac{1}{2}(\boldsymbol{\omega}\circ\bar{\boldsymbol{r}}'-\bar{\boldsymbol{r}}'\circ\boldsymbol{\omega}) \tag{4-27}$$

对比式（4-26）与式（4-27），得到

$$\boldsymbol{\omega}=2\,\dot{\bar{\boldsymbol{q}}}\circ\bar{\boldsymbol{q}}^* \tag{4-28}$$

上式中的 $\boldsymbol{\omega}$ 是投影在 $Oxyz$ 坐标系，考虑到投影在 $Ox'y'z'$ 系下的角速度 $\boldsymbol{\omega}'$ 和 $\boldsymbol{\omega}$ 之间存在如下关系

$$\boldsymbol{\omega}'=\bar{\boldsymbol{q}}^*\circ\boldsymbol{\omega}\circ\bar{\boldsymbol{q}} \tag{4-29}$$

那么 $Ox'y'z'$ 系下的角速度

$$\boldsymbol{\omega}'=2\,\bar{\boldsymbol{q}}^*\circ\dot{\bar{\boldsymbol{q}}} \tag{4-30}$$

下面研究相对运动的叠加。假设坐标系 A、B、C 依次转动的四

元数为$\overline{\boldsymbol{u}}$、$\overline{\boldsymbol{v}}$，$B$ 系相对 A 系、C 系相对 B 系的角速度分别为 $\boldsymbol{\omega}_1$、$\boldsymbol{\omega}_2$，它们在 A、B、C 系下的投影可分别表示为 $\boldsymbol{\omega}_{1A}$、$\boldsymbol{\omega}_{2A}$、$\boldsymbol{\omega}_{1B}$、$\boldsymbol{\omega}_{2B}$、$\boldsymbol{\omega}_{1C}$和$\boldsymbol{\omega}_{2C}$。那么根据式（4－28）和式（4－30）有

$$\dot{\overline{\boldsymbol{u}}}=\frac{1}{2}\boldsymbol{\omega}_{1A}\circ\overline{\boldsymbol{u}}=\frac{1}{2}\overline{\boldsymbol{u}}\circ\boldsymbol{\omega}_{1B},\qquad \dot{\overline{\boldsymbol{v}}}=\frac{1}{2}\boldsymbol{\omega}_{2B}\circ\overline{\boldsymbol{v}}=\frac{1}{2}\overline{\boldsymbol{v}}\circ\boldsymbol{\omega}_{2C}\tag{4-31}$$

设四元数$\overline{\boldsymbol{u}}$、$\overline{\boldsymbol{v}}$的合成四元数为$\overline{\boldsymbol{q}}$，即

$$\overline{\boldsymbol{q}}=\overline{\boldsymbol{u}}\circ\overline{\boldsymbol{v}}\tag{4-32}$$

对上式求导，得到

$$\dot{\overline{\boldsymbol{q}}}=\dot{\overline{\boldsymbol{u}}}\circ\overline{\boldsymbol{v}}+\overline{\boldsymbol{u}}\circ\dot{\overline{\boldsymbol{v}}}\tag{4-33}$$

将式（4－31）和式（4－32）代入式（4－33），得

$$\begin{aligned}\dot{\overline{\boldsymbol{q}}}&=\frac{1}{2}\boldsymbol{\omega}_{1A}+\frac{1}{2}\overline{\boldsymbol{u}}\circ\boldsymbol{\omega}_{2B}\circ\overline{\boldsymbol{u}}^{*}\circ\overline{\boldsymbol{q}}\\&=\frac{1}{2}\overline{\boldsymbol{q}}\circ\overline{\boldsymbol{v}}^{*}\circ\boldsymbol{\omega}_{1B}\circ\overline{\boldsymbol{v}}+\frac{1}{2}\overline{\boldsymbol{q}}\circ\boldsymbol{\omega}_{2C}\end{aligned}\tag{4-34}$$

考虑到

$$\begin{cases}\boldsymbol{\omega}_{2A}=\overline{\boldsymbol{u}}\circ\boldsymbol{\omega}_{2B}\circ\overline{\boldsymbol{u}}^{*}\\\boldsymbol{\omega}_{1B}=\overline{\boldsymbol{v}}\circ\boldsymbol{\omega}_{1C}\circ\overline{\boldsymbol{v}}^{*}\end{cases}\tag{4-35}$$

那么

$$\begin{aligned}\dot{\overline{\boldsymbol{q}}}&=\frac{1}{2}(\boldsymbol{\omega}_{1A}+\boldsymbol{\omega}_{2A})\circ\overline{\boldsymbol{q}}\\&=\frac{1}{2}\overline{\boldsymbol{q}}\circ(\boldsymbol{\omega}_{1C}+\boldsymbol{\omega}_{2C})\end{aligned}\tag{4-36}$$

这个方程把 $\boldsymbol{\omega}_1$、$\boldsymbol{\omega}_2$ 在同一坐标系下的投影相加，表示了相对运动叠加时角速度相加的这个最简便的运动学规律。

4.2　二次型变换与四元数的动力学特性

4.2.1　二次型变换与四元数的动力学问题应用

4.2.1.1　二次型变换与动力学建模

二次型变换可以使得动力学模型，特别是非线性动力学模型在

形式上得以简化，为模型的进一步研究与应用奠定基础。下面从牛顿力学和拉格朗日分析力学两个角度来说明二次型变换的有效性[1]。

根据牛顿第二定律，质点在三维空间中的运动规律如下

$$m\ddot{x}_i = P_i \quad (i=1,2,3) \tag{4-37}$$

或者其矩阵形式

$$m\ddot{\boldsymbol{x}} = \boldsymbol{P} \tag{4-38}$$

下面引入 K－S 变换，对模型（4－38）进行变换。对式（4－13）求导，得到

$$\ddot{\boldsymbol{x}} = 2\boldsymbol{L}(\boldsymbol{u})\ddot{\boldsymbol{u}} + 2\boldsymbol{L}(\dot{\boldsymbol{u}})\dot{\boldsymbol{u}} \tag{4-39}$$

代入牛顿动力学方程中，得到

$$2m\left[\boldsymbol{L}(\boldsymbol{u})\ddot{\boldsymbol{u}} + \boldsymbol{L}(\dot{\boldsymbol{u}})\dot{\boldsymbol{u}}\right] = \boldsymbol{P} \tag{4-40}$$

根据广义力的表达式（4－20），得到

$$4m\left[\ddot{\boldsymbol{u}} + \boldsymbol{L}^{-1}(\boldsymbol{u})\boldsymbol{L}(\dot{\boldsymbol{u}})\dot{\boldsymbol{u}}\right] = \left[\boldsymbol{L}^{\mathrm{T}}(\boldsymbol{u})\boldsymbol{L}(\boldsymbol{u})\right]^{-1}\begin{bmatrix} Q_1 \\ Q_2 \\ Q_3 \\ Q_4 \end{bmatrix} \tag{4-41}$$

利用 $\boldsymbol{L}(\boldsymbol{u})$ 矩阵的性质 3)，进一步简化为

$$4m\left[r\ddot{\boldsymbol{u}} + r\boldsymbol{L}^{-1}(\boldsymbol{u})\boldsymbol{L}(\dot{\boldsymbol{u}})\dot{\boldsymbol{u}}\right] = \begin{bmatrix} Q_1 \\ Q_2 \\ Q_3 \\ Q_4 \end{bmatrix} \tag{4-42}$$

将其展开，并利用约束条件（4－14），得到

$$4m\left[\frac{\mathrm{d}}{\mathrm{d}t}(r\dot{u}_i) - u_i(\dot{u}_1^2 + \dot{u}_2^2 + \dot{u}_3^2 + \dot{u}_4^2)\right] = Q_i \quad (i=1,2,3,4) \tag{4-43}$$

此即基于 K－S 变换的质点动力学模型。

其次从拉格朗日动力学的角度进行推导，将 u_i 视为广义坐标，根据拉格朗日动力学方程

$$\frac{\mathrm{d}}{\mathrm{d}t}\left(\frac{\partial T}{\partial \dot{u}_i}\right)-\frac{\partial T}{\partial \dot{u}_i}=\boldsymbol{Q}_i\ (i=1,\ 2,\ 3,\ 4) \tag{4-44}$$

利用广义动能的表达式

$$\begin{cases}\dfrac{\partial T}{\partial \dot{u}_i}=4mr\,\dot{u}_i\\ \dfrac{\partial T}{\partial u_i}=4m\,u_i\,(\dot{u}_1^2+\dot{u}_2^2+\dot{u}_3^2+\dot{u}_4^2)\end{cases} \tag{4-45}$$

同样可以得到四维空间中的运动方程，与牛顿力学得到的结论一致，即式（4-43）。

进一步引入广义（虚拟）时间

$$r\mathrm{d}s=\mathrm{d}t \tag{4-46}$$

那么

$$\frac{\mathrm{d}}{\mathrm{d}t}(*)=\frac{1}{r}\frac{\mathrm{d}}{\mathrm{d}s}(*) \tag{4-47}$$

广义方程变为

$$4m\left(u''_i-\frac{u_i}{r}\sum_{i=1}^{4}u_i'^2\right)=r\boldsymbol{Q}_i \tag{4-48}$$

其中 $*'$ 表示变量对广义时间的导数。另一方面

$$v^2=\frac{4}{r}\sum_{i=1}^{4}u_i'^2 \tag{4-49}$$

所以模型可以简化为

$$u_i^n-\frac{v^2}{4}u_i=\frac{r}{4m}\boldsymbol{Q}_i \tag{4-50}$$

即三维空间中的质点动力学模型经过了 K-S 空间变换以及时间变换，转化为形如（4-50）的动力学模型，它对轨道动力学模型的线性化很有意义。

4.2.1.2　二次型变换在轨道动力学建模中的应用

将前节所述的变换用于非开普勒轨道动力学中，即

$$\ddot{\boldsymbol{r}}=-\frac{\mu}{r^3}\boldsymbol{r}+\boldsymbol{p} \tag{4-51}$$

可以将非线性的轨道动力学模型变换为如下的线性化动力学模型，即 Y-C 方程[5]

$$\boldsymbol{u}'' + \frac{1}{4}\boldsymbol{u} = \boldsymbol{q} \tag{4-52}$$

其中 $\boldsymbol{q}$ 定义为准推力

$$\boldsymbol{q} = \boldsymbol{M}\boldsymbol{p} \tag{4-53}$$

变换矩阵 $\boldsymbol{M}$ 为

$$\boldsymbol{M} = \frac{1}{4E}\left[r\boldsymbol{I} + 4\,\frac{\mathrm{d}\boldsymbol{u}}{\mathrm{d}s}\left(\frac{\mathrm{d}\boldsymbol{u}}{\mathrm{d}s}\right)^{\mathrm{T}}\right]\boldsymbol{L}^{\mathrm{T}}(\boldsymbol{u}) \tag{4-54}$$

其中能量 $E = -\frac{v^2}{2} + \frac{\mu}{r}$。这里的广义时间定义为

$$\mathrm{d}t = \frac{r}{\sqrt{2E}} = \mathrm{d}s \tag{4-55}$$

广义速度为

$$\boldsymbol{u}' = \frac{1}{2\sqrt{2E}}\boldsymbol{L}(\boldsymbol{u})\,\boldsymbol{v} \tag{4-56}$$

式（4-52）即为经 K-S 变换后的轨道动力学模型，是一个八维的线性模型。

4.2.1.3　四元数与刚体动力学

刚体动力学模型如下

$$\dot{\boldsymbol{H}} = -\boldsymbol{\omega} \times \boldsymbol{H} + \boldsymbol{M} \tag{4-57}$$

其中 $\boldsymbol{H} = \boldsymbol{J}\boldsymbol{\omega}$ 为角动量，$\boldsymbol{J} = \mathrm{diag}\,[J_1 \quad J_2 \quad J_3]$ 为转动惯量，将其扩展为四元数形式如下

$$\dot{\overline{\boldsymbol{H}}} = -\overline{\boldsymbol{\omega}} \times \overline{\boldsymbol{H}} + \overline{\boldsymbol{M}} \tag{4-58}$$

式中

$$\overline{\boldsymbol{H}} = [0 \quad H_1 \quad H_2 \quad H_3]^{\mathrm{T}}$$

$$\overline{\boldsymbol{\omega}} = [0 \quad \omega_1 \quad \omega_2 \quad \omega_3]^{\mathrm{T}}$$

$$\overline{\boldsymbol{M}} = [0 \quad M_1 \quad M_2 \quad M_3]^{\mathrm{T}}$$

$$\overline{\boldsymbol{H}} = \boldsymbol{J}^{*}\,\overline{\boldsymbol{\omega}}$$

$$\boldsymbol{J}^* = \mathrm{diag}\ [J_0 \quad J_1 \quad J_2 \quad J_3]$$

设刚体相对于惯性系的姿态四元数为 $\bar{\boldsymbol{\beta}} = [\beta_0 \quad \beta_1 \quad \beta_2 \quad \beta_3]^{\mathrm{T}}$，根据矩阵的性质，式（4-58）可表示为如下形式

$$\dot{\overline{\boldsymbol{H}}} = \frac{1}{2}\ [\boldsymbol{L}_2\ (\bar{\boldsymbol{\beta}})\ - \boldsymbol{L}_1\ (\bar{\boldsymbol{\beta}})]\ \overline{\boldsymbol{H}} + \overline{\boldsymbol{M}} \tag{4-59}$$

基于四元数的运动学方程

$$\dot{\bar{\boldsymbol{\beta}}} = \frac{1}{2}\boldsymbol{L}_1\ (\bar{\boldsymbol{\beta}})\ \bar{\boldsymbol{\omega}} \tag{4-60}$$

联立式（4-59）和式（4-60），得到

$$2\boldsymbol{J}^*\boldsymbol{L}_1^{\mathrm{T}}\ (\bar{\boldsymbol{\beta}})\ \ddot{\bar{\boldsymbol{\beta}}} + 2\boldsymbol{J}^*\boldsymbol{L}_1^{\mathrm{T}}\ (\dot{\bar{\boldsymbol{\beta}}})\ \dot{\bar{\boldsymbol{\beta}}} = \overline{\boldsymbol{G}} + \overline{\boldsymbol{M}} \tag{4-61}$$

其中

$$\overline{\boldsymbol{G}} = \frac{1}{2}\ [\boldsymbol{L}_2\ (\bar{\boldsymbol{\beta}})\ - \boldsymbol{L}_1\ (\bar{\boldsymbol{\beta}})]\ \overline{\boldsymbol{H}} = \begin{bmatrix} 0 \\ (J_2 - J_3)\ \omega_2\omega_3 \\ (J_3 - J_1)\ \omega_3\omega_1 \\ (J_1 - J_2)\ \omega_1\omega_2 \end{bmatrix}$$

对式（4-61）两边同时乘以 $\frac{1}{2}\boldsymbol{L}_1\ (\bar{\boldsymbol{\beta}})\ (\boldsymbol{J}^*)^{-1}$，得

$$\begin{aligned} \ddot{\bar{\boldsymbol{\beta}}} &= -\boldsymbol{L}_1\ (\bar{\boldsymbol{\beta}})\ \boldsymbol{L}_1^{\mathrm{T}}\ (\dot{\bar{\boldsymbol{\beta}}})\ \dot{\bar{\boldsymbol{\beta}}} + \frac{1}{2}\boldsymbol{L}_1\ (\bar{\boldsymbol{\beta}})\ (\boldsymbol{J}^*)^{-1}\ (\overline{\boldsymbol{G}} + \overline{\boldsymbol{M}}) \\ &= -\ (\dot{\bar{\boldsymbol{\beta}}}^{\mathrm{T}}\ \dot{\bar{\boldsymbol{\beta}}})\ \bar{\boldsymbol{\beta}} + \frac{1}{2}\boldsymbol{L}_1\ (\bar{\boldsymbol{\beta}})\ (\boldsymbol{J}^*)^{-1}\ (\overline{\boldsymbol{G}} + \overline{\boldsymbol{M}}) \end{aligned} \tag{4-62}$$

即

$$\begin{bmatrix} \ddot{\beta}_0 \\ \ddot{\beta}_1 \\ \ddot{\beta}_2 \\ \ddot{\beta}_3 \end{bmatrix} = -\left(\sum_{i=0}^{3} \dot{\beta}_i^2\right) \begin{bmatrix} \beta_0 \\ \beta_1 \\ \beta_2 \\ \beta_3 \end{bmatrix} + \frac{1}{2} \begin{bmatrix} -\beta_1 K_1 - \beta_2 K_2 - \beta_3 K_3 \\ \beta_0 K_1 - \beta_3 K_2 + \beta_2 K_3 \\ \beta_3 K_1 + \beta_0 K_2 - \beta_1 K_3 \\ -\beta_2 K_1 + \beta_1 K_2 - \beta_0 K_3 \end{bmatrix} \tag{4-63}$$

其中

$$K_1=[(J_2-J_3)\omega_2\omega_3+M_1]/J_1,\quad \omega_1=2(-\beta_1\dot{\beta}_0+\beta_0\dot{\beta}_1+\beta_3\dot{\beta}_2-\beta_2\dot{\beta}_3)$$

$$K_2=[(J_3-J_1)\omega_3\omega_1+M_2]/J_2,\quad \omega_2=2(-\beta_2\dot{\beta}_0-\beta_3\dot{\beta}_1+\beta_0\dot{\beta}_2+\beta_1\dot{\beta}_3)$$

$$K_3=[(J_1-J_2)\omega_1\omega_2+M_3]/J_3,\quad \omega_3=2(-\beta_3\dot{\beta}_0+\beta_2\dot{\beta}_1-\beta_1\dot{\beta}_2+\beta_0\dot{\beta}_3)$$

式（4-63）即为四元数表示的刚体动力学模型。

4.2.1.4 四元数与轨道动力学

（1）航天器绕天体的轨道动力学

考虑除中心引力外的其他外力的航天器轨道动力学模型

$$\ddot{\boldsymbol{r}}+\frac{\mu}{r^3}\boldsymbol{r}=\boldsymbol{F}=\boldsymbol{F}^*+\frac{\partial V}{\partial \boldsymbol{r}} \tag{4-64}$$

式中 V——保守力场；

$\boldsymbol{F}^*$——其余的摄动加速度。

定义如下新的变量 $r=1/\rho$ （4-65）

$$p=p^*+\frac{2r^2}{\mu}V,\quad p^*=\frac{r^2}{\mu}(\dot{\boldsymbol{r}}\cdot\dot{\boldsymbol{r}}-\dot{r}^2) \tag{4-66}$$

$$\begin{cases}x=(u_0^2-u_1^2-u_2^2+u_3^2)/\rho\\ y=2(u_0u_1+u_2u_3)/\rho\\ z=2(u_0u_2-u_1u_3)/\rho\end{cases} \tag{4-67}$$

时间变量变换为

$$\mathrm{d}t=\frac{\mathrm{d}\phi}{\sqrt{\mu p}}\frac{1}{\rho^2} \tag{4-68}$$

那么，基于四元数的新的动力学模型如下

$$\begin{cases}\dfrac{\mathrm{d}^2\rho}{\mathrm{d}\phi^2}+\rho=\dfrac{1}{p}+g_1\\ \dfrac{\mathrm{d}^2\rho}{\mathrm{d}\phi}=g_2\\ \dfrac{\mathrm{d}}{\mathrm{d}\phi}\begin{bmatrix}u_0\\u_1\\u_2\\u_3\end{bmatrix}=\dfrac{1}{2}\begin{bmatrix}0&\omega_n&0&\omega_r\\-\omega_n&0&\omega_r&0\\0&-\omega_r&0&\omega_n\\-\omega_r&0&-\omega_n&0\end{bmatrix}\begin{bmatrix}u_0\\u_1\\u_2\\u_3\end{bmatrix}\\ \dfrac{\mathrm{d}t}{\mathrm{d}\phi}=\dfrac{1}{\rho^2\sqrt{\mu p}}\end{cases} \tag{4-69}$$

其中

$$\omega_r=\frac{(\boldsymbol{F}\cdot\hat{\boldsymbol{n}})}{\mu p\rho^3\omega_n},\quad \omega_n=\sqrt{1-\frac{2V}{\mu p\rho^2}}$$

$$g_1=\frac{1}{\mu p\rho^2}\left[(\boldsymbol{F}\cdot\hat{\boldsymbol{r}})-2\rho V\right]-\frac{1}{2p}\frac{\mathrm{d}\rho}{\mathrm{d}\phi}g_2$$

$$g_2=\frac{2\omega_n}{\mu\rho^3}(\boldsymbol{F}^*\cdot\hat{\boldsymbol{t}})+\frac{2V_t}{\mu\sqrt{\mu p}\rho^4}-\frac{2}{\mu\rho^3}\frac{\mathrm{d}\rho}{\mathrm{d}\phi}(2V+V_r)$$

$$V_t=\frac{\partial V}{\partial t},\quad V_r=x\frac{\partial V}{\partial x}+y\frac{\partial V}{\partial y}+z\frac{\partial V}{\partial z}$$

式中 $\hat{\boldsymbol{r}}$、$\hat{\boldsymbol{t}}$ 和 $\hat{\boldsymbol{n}}$ 分别为径向、切向和法向。式（4－69）即为四元数表示的轨道动力学模型，是一个七维的动力学模型。

（2）航天器之间的相对轨道动力学

设 LVLH 坐标系相对于惯性系 ECI 的四元数为 $\bar{\boldsymbol{\gamma}}=[\gamma_0\quad\gamma_1\quad\gamma_2\quad\gamma_3]^{\mathrm{T}}$，那么

$$\begin{cases}\gamma_0=\cos\dfrac{i}{2}\cos\dfrac{\Omega+\theta}{2}\\[2ex]\gamma_1=\sin\dfrac{i}{2}\cos\dfrac{\Omega-\theta}{2}\\[2ex]\gamma_2=\sin\dfrac{i}{2}\cos\dfrac{\Omega-\theta}{2}\\[2ex]\gamma_3=\cos\dfrac{i}{2}\sin\dfrac{\Omega+\theta}{2}\end{cases}\tag{4-70}$$

从 ECI 到 LVLH 的坐标转换矩阵

$$\boldsymbol{C}=\begin{bmatrix}\gamma_0^2+\gamma_1^2-\gamma_2^2-\gamma_3^2 & 2(\gamma_1\gamma_2+\gamma_0\gamma_3) & 2(\gamma_1\gamma_3-\gamma_0\gamma_2)\\ 2(\gamma_1\gamma_2-\gamma_0\gamma_3) & \gamma_0^2-\gamma_1^2+\gamma_2^2-\gamma_3^2 & 2(\gamma_2\gamma_3+\gamma_0\gamma_1)\\ 2(\gamma_1\gamma_3+\gamma_0\gamma_2) & 2(\gamma_2\gamma_3-\gamma_0\gamma_1) & \gamma_0^2-\gamma_1^2-\gamma_2^2+\gamma_3^2\end{bmatrix}\tag{4-71}$$

基于四元数的轨道运动学方程如下

$$\begin{bmatrix}\dot{\gamma}_0\\ \dot{\gamma}_1\\ \dot{\gamma}_2\\ \dot{\gamma}_3\end{bmatrix}=\frac{1}{2}\begin{bmatrix}0 & -\omega_x & -\omega_y & -\omega_z\\ \omega_x & 0 & \omega_z & -\omega_y\\ \omega_y & -\omega_z & 0 & \omega_x\\ \omega_z & \omega_y & -\omega_x & 0\end{bmatrix}\begin{bmatrix}\gamma_0\\ \gamma_1\\ \gamma_2\\ \gamma_3\end{bmatrix} \tag{4-72}$$

对于轨道运动，$\omega_y=0$。

考虑到基于欧拉角的 J_2 项摄动差分

$$\Delta \boldsymbol{f}_{J_2}=\frac{6J_2\mu R_E^2}{r_T^5}\times$$

$$\begin{bmatrix}1-3\sin^2 i\sin^2 u & \sin^2 i\sin 2u & \sin 2i\sin u\\ \sin^2 i\sin 2u & -\frac{1}{4}-\sin^2 i\left(\frac{1}{2}-\frac{7}{4}\sin^2 u\right) & -\frac{1}{4}\sin 2i\cos u\\ \sin 2i\sin u & -\frac{1}{4}\sin 2i\cos u & -\frac{3}{4}+\sin^2 i\left(\frac{1}{2}+\frac{5}{4}\sin^2 u\right)\end{bmatrix}\times$$

$$[x \quad y \quad z]^{\mathrm{T}} \tag{4-73}$$

根据欧拉角和四元数的关系

$$\begin{cases}\sin i\sin u=2\ (\gamma_1\gamma_3-\gamma_0\gamma_2)\\ \cos i=1-2\gamma_1^2-2\gamma_2^2\\ \sin i\cos u=2\ (\gamma_0\gamma_1+\gamma_2\gamma_3)\\ \sin^2 i=4\ (\gamma_0^2+\gamma_3^2)\ (\gamma_1^2+\gamma_2^2)\end{cases} \tag{4-74}$$

有

$$\Delta \boldsymbol{f}_{J_2}=\frac{6J_2\mu R_E^2}{r_T^5}\boldsymbol{A}\begin{bmatrix}x\\ y\\ z\end{bmatrix} \tag{4-75}$$

其中矩阵 **A** 各元素的表达式如下

$$a_{11}=1-12\ (\gamma_1\gamma_3-\gamma_0\gamma_2)^2$$

$$a_{12}=a_{21}=8\ (\gamma_1\gamma_3-\gamma_0\gamma_2)\ (\gamma_0\gamma_1+\gamma_2\gamma_3)$$

$$a_{13}=a_{31}=4\ (1-2\gamma_1^2-2\gamma_2^2)\ (\gamma_0\gamma_1+\gamma_2\gamma_3)$$

$$a_{22}=-\frac{1}{4}-2\ (\gamma_0^2+\gamma_3^2)\ (\gamma_1^2+\gamma_2^2)\ +7\ (\gamma_1\gamma_3-\gamma_0\gamma_2)^2$$

$$a_{23}=a_{32}=-(1-2\gamma_1^2-2\gamma_2^2)(\gamma_0\gamma_1+\gamma_2\gamma_3)$$

$$a_{33}=-\frac{3}{4}+2(\gamma_0^2+\gamma_3^2)(\gamma_1^2+\gamma_2^2)+5(\gamma_1\gamma_3-\gamma_0\gamma_2)^2$$

从而可以得到考虑 J_2 项摄动、2 阶非线性项以及偏心率时，基于四元数的相对运动动力学模型

$$\begin{cases}\ddot{x}-2\omega_z\dot{y}-\omega_z^2x-\dot{\omega}_zy+\omega_x\omega_zz=\dfrac{2\mu}{r^3}x+\dfrac{3\mu}{2r^4}(y^2+z^2-2x^2)+\Delta f_{J_2x}\\ \ddot{y}+2\omega_z\dot{x}-2\omega_x\dot{z}+\dot{\omega}_zx-(\omega_x^2+\omega_z^2)y-\dot{\omega}_xz=-\dfrac{\mu}{r^3}y+\dfrac{3\mu}{r^4}xy+\Delta f_{J_2y}\\ \ddot{z}+2\omega_x\dot{y}+\omega_x\omega_zx+\dot{\omega}_xy-\omega_x^2z=-\dfrac{\mu}{r^3}z+\dfrac{3\mu}{r^4}xz+\Delta f_{J_2z}\end{cases}\tag{4-76}$$

其中

$$\begin{cases}\omega_x=2(\gamma_0\dot{\gamma}_1-\dot{\gamma}_0\gamma_1-\gamma_2\dot{\gamma}_3+\dot{\gamma}_2\gamma_3)\\ \omega_z=2(\gamma_0\dot{\gamma}_3-\dot{\gamma}_0\gamma_3-\gamma_1\dot{\gamma}_2+\dot{\gamma}_1\gamma_2)\end{cases}\tag{4-77}$$

以欧拉角表示的轨道角速度在 $i=0$ 处存在奇异性，但是上述这组相对运动方程有效地避免了欧拉角引起的奇异性。

4.2.2　二次型变换与四元数解动力学问题的案例

4.2.2.1　基于 K－S 变换的动力学问题求解

(1) 开普勒运动

由于开普勒运动是一种平面运动，所以可以利用平面 Y－C 方程来研究开普勒运动[5]。将平面 Y－C 方程中的准推力加速度取为零，可得开普勒运动的线性模型

$$\boldsymbol{u}''+\frac{1}{4}\boldsymbol{u}=\boldsymbol{0}\tag{4-78}$$

将式（4－78）写为分量形式

$$\begin{cases}u''_1+\dfrac{1}{4}u_1=0\\ u''_2+\dfrac{1}{4}u_2=0\end{cases}\tag{4-79}$$

上式的通解为

$$\begin{cases} u_1 = \alpha_1 \cos(s/2) + \beta_1 \sin(s/2) \\ u_2 = \alpha_2 \cos(s/2) + \beta_2 \sin(s/2) \end{cases} \tag{4-80}$$

其中 α_1，α_2，β_1，β_2 为积分常数。考虑到初始条件

$$\begin{cases} u_1(0) = u_{10},\ u'_1(0) = u'_{10} \\ u_2(0) = u_{20},\ u'_2(0) = u'_{20} \end{cases} \tag{4-81}$$

可得

$$\begin{cases} u_1 = u_{10} \cos(s/2) + 2u'_{10} \sin(s/2) \\ u_2 = u_{20} \cos(s/2) + 2u'_{20} \sin(s/2) \end{cases} \tag{4-82}$$

由式（4-82）消去广义偏近点角 s 得

$$(u'_{20}u_1 - u'_{10}u_2)^2 + (u_{20}u_1 - u_{10}u_2)^2 = (u_{10}u'_{20} - u_{20}u'_{10})^2 \tag{4-83}$$

下面分两种情况对式（4-83）讨论。

第一种情况 $u_{10}u'_{20} - u_{20}u'_{10} = 0$。此时式（4-83）等价于

$$u_{20}u_1 - u_{10}u_2 = 0 \tag{4-84}$$

在参数平面（u_1，u_2）内，式（4-84）表示过原点的一条直线。对应到物理平面（x，y）内，它表示过地心的一条直线，若初始速度为零，这种情况表示自由落体运动。

第二种情况 $u_{10}u'_{20} - u_{20}u'_{10} \neq 0$。由于式（4-83）等号左边为 u_1 和 u_2 的正定二次函数，由解析几何理论可知，式（4-83）表示以原点为中心的椭圆，这种情况对应于开普勒椭圆运动。

由上面的分析可以看出，$u_{10}u'_{20} - u_{20}u'_{10}$ 是否为零决定了轨道的类型。由基于 L-C 变换的位置变换和速度变换

$$\begin{bmatrix} x \\ y \end{bmatrix} = \begin{bmatrix} u_1 & -u_2 \\ u_2 & u_1 \end{bmatrix} \begin{bmatrix} u_1 \\ u_2 \end{bmatrix}$$

$$\begin{bmatrix} v_x \\ v_y \end{bmatrix} = \frac{2\sqrt{2E}}{|\boldsymbol{u}|^2} \begin{bmatrix} u_1 & -u_2 \\ u_2 & u_1 \end{bmatrix} \begin{bmatrix} u'_1 \\ u'_2 \end{bmatrix}$$

可知

$$u_{10}u'_{20} - u_{20}u'_{10} = k(t)\,h \tag{4-85}$$

其中 $h=xv_y-yv_x$ 为动量矩，$k(t)$ 为取正值的函数。由式（4-85）可以看出，$u_{10}u'_{20}-u_{20}u'_{10}$ 与动量矩 h 符号相同。$u_{10}u'_{20}-u_{20}u'_{10}=0$ 对应于动量矩为零的情况，航天器速度指向地心，所以运行轨迹为一条直线。$u_{10}u'_{20}-u_{20}u'_{10}\neq 0$ 对应于开普勒椭圆运动，并且，$u_{10}u'_{20}-u_{20}u'_{10}>0$ 对应于动量矩 $h>0$，航天器运行轨道为顺行轨道；$u_{10}u'_{20}-u_{20}u'_{10}<0$ 对应于动量矩 $h<0$，航天器运行轨道为逆行轨道。在下面的讨论中若无特殊说明，开普勒轨道均指顺行轨道，逆行轨道的分析完全类似。

（2）非开普勒运动[5]

为了求解空间 Y-C 方程，首先给定如下的准推力加速度

$$\boldsymbol{q}(s)=\begin{bmatrix}q_1(s)\\q_2(s)\\q_3(s)\\q_4(s)\end{bmatrix}=\begin{bmatrix}A_1\sin(s/2+\phi_1)\\A_2\sin(s/2+\phi_2)\\A_3\sin(s/2+\phi_3)\\A_4\sin(s/2+\phi_4)\end{bmatrix}\tag{4-86}$$

式中　A_1，A_2，A_3，A_4——幅值；

ϕ_1，ϕ_2，ϕ_3，ϕ_4——初始相位。

令

$$a_i=A_i\sin\phi_i\quad(i=1,2,3,4)\tag{4-87}$$

$$b_i=A_i\cos\phi_i\quad(i=1,2,3,4)\tag{4-88}$$

则式（4-86）可以写为

$$\boldsymbol{q}(s)=\boldsymbol{a}\cos(s/2)+\boldsymbol{b}\sin(s/2)\tag{4-89}$$

其中

$$\boldsymbol{a}=\begin{bmatrix}a_1\\a_2\\a_3\\a_4\end{bmatrix},\quad\boldsymbol{b}=\begin{bmatrix}b_1\\b_2\\b_3\\b_4\end{bmatrix}$$

将式（4-89）代入空间 Y-C 方程式（4-52）得

$$\frac{\mathrm{d}^2\boldsymbol{u}}{\mathrm{d}s^2}+\frac{1}{4}\boldsymbol{u}=\boldsymbol{a}\cos(s/2)+\boldsymbol{b}\sin(s/2)\tag{4-90}$$

方程式（4－90）的解为

$$\begin{cases}u_1=u_{10}\cos\frac{s}{2}+2u'_{10}\sin\frac{s}{2}+2b_1\sin\frac{s}{2}-b_1s\cos\frac{s}{2}+a_1s\sin\frac{s}{2}\\u_2=u_{20}\cos\frac{s}{2}+2u'_{20}\sin\frac{s}{2}+2b_2\sin\frac{s}{2}-b_2s\cos\frac{s}{2}+a_2s\sin\frac{s}{2}\\u_3=u_{30}\cos\frac{s}{2}+2u'_{30}\sin\frac{s}{2}+2b_3\sin\frac{s}{2}-b_3s\cos\frac{s}{2}+a_3s\sin\frac{s}{2}\\u_4=u_{40}\cos\frac{s}{2}+2u'_{40}\sin\frac{s}{2}+2b_4\sin\frac{s}{2}-b_4s\cos\frac{s}{2}+a_4s\sin\frac{s}{2}\end{cases}\tag{4-91}$$

上式就是空间共振轨道的轨道方程。

准推力加速度必须满足

$$u_4q_1-u_3q_2+u_2q_3-u_1q_4=0\tag{4-92}$$

将式（4－89）和式（4－91）代入式（4－92）得

$$\begin{cases}a_4b_1-a_3b_2+a_2b_3-a_1b_4=0\\a_4u_{10}-a_3u_{20}+a_2u_{30}-a_1u_{40}=0\\b_4u'_{10}-b_3u'_{20}+b_2u'_{30}-b_1u'_{40}=0\\2a_4u'_{10}-2a_3u'_{20}+2a_2u'_{30}-2a_1u'_{40}+b_4u_{10}-b_3u_{20}+b_2u_{30}-b_1u_{40}=0\end{cases}\tag{4-93}$$

准推力加速度的系数 a_i，b_i 满足式（4－93）的 4 个条件。

将空间共振轨道的轨道方程（4－91）投影到坐标平面（u_i，u_j）内，则

$$\begin{cases}u_i=u_{i0}\cos\frac{s}{2}+2u'_{i0}\sin\frac{s}{2}+2b_i\sin\frac{s}{2}-b_is\cos\frac{s}{2}+a_is\sin\frac{s}{2}\\u_j=u_{j0}\cos\frac{s}{2}+2u'_{j0}\sin\frac{s}{2}+2b_j\sin\frac{s}{2}-b_js\cos\frac{s}{2}+a_js\sin\frac{s}{2}\end{cases}\tag{4-94}$$

上式在（u_i，u_j）平面内表示的轨道形态可以分为以下两类：

1）当 $a_i=a_j=b_i=b_j=0$，即推力为零时，式（4－94）表示过地心的一条直线，或一条开普勒椭圆轨道；

2）当 a_i，a_j，b_i，b_j 不同时为零，即推力不为零时，式（4－

94）表示线共振轨道或者椭圆共振轨道，详见参考文献［5］。

4.2.2.2　基于四元数的动力学问题求解

（1）刚体动力学[6]

将四元数的刚体动力学模型应用于对称陀螺。设 $O\xi\eta\zeta$ 为惯性坐标系，$Oxyz$ 为与刚体固连的坐标系。即当 $J_1=J_2$，$M_3=0$ 时，式（4-61）可以表示为

$$\begin{bmatrix} -\beta_1 & \beta_0 & \beta_3 & -\beta_2 \\ -\beta_2 & -\beta_3 & \beta_0 & \beta_1 \\ -\beta_3 & \beta_2 & -\beta_1 & \beta_0 \end{bmatrix} \begin{bmatrix} S_1 \\ S_2 \\ S_3 \\ S_4 \end{bmatrix} = 0 \tag{4-95}$$

其中

$$\bar{s}=\begin{bmatrix} S_1 \\ S_2 \\ S_3 \\ S_4 \end{bmatrix}=2\begin{bmatrix} \ddot{\beta}_0 \\ \ddot{\beta}_1 \\ \ddot{\beta}_2 \\ \ddot{\beta}_3 \end{bmatrix}+2D\begin{bmatrix} -\dot{\beta}_3 \\ \dot{\beta}_2 \\ -\dot{\beta}_1 \\ \dot{\beta}_0 \end{bmatrix}-\frac{1}{J_1}\begin{bmatrix} -\beta_1 M_\xi-\beta_2 M_\eta-\beta_3 M_\zeta \\ \beta_0 M_\xi+\beta_3 M_\eta-\beta_2 M_\zeta \\ -\beta_3 M_\xi+\beta_0 M_\eta+\beta_1 M_\zeta \\ \beta_2 M_\xi-\beta_1 M_\eta+\beta_0 M_\zeta \end{bmatrix}$$

式中 $D=c'(J_3-J_1)/J_1$，$\omega_3=c'$，$[M_\xi \quad M_\eta \quad M_\zeta]^{\mathrm{T}}$ 表示作用于对称陀螺的力矩在惯性系下的分量，式右端 3 项分别对应于加速度项、速度项及力矩项。

下面将方程组（4-95）加以分解。矩阵 $\boldsymbol{L}_1(\bar{\boldsymbol{\beta}})$ 满足正交性条件：$\boldsymbol{L}_1(\bar{\boldsymbol{\beta}})\boldsymbol{L}_1^{\mathrm{T}}(\bar{\boldsymbol{\beta}})=\boldsymbol{I}_{4\times4}$，所以 $\boldsymbol{L}_1(\bar{\boldsymbol{\beta}})$ 的 4 个列矢量构成了四维矢量空间 V_4 上的一组正交基，这组基记为

$$\bar{\boldsymbol{\beta}}=\begin{bmatrix} \beta_0 \\ \beta_1 \\ \beta_2 \\ \beta_3 \end{bmatrix},\ \bar{\boldsymbol{\beta}}_1=\begin{bmatrix} -\beta_0 \\ \beta_1 \\ \beta_2 \\ -\beta_3 \end{bmatrix},\ \bar{\boldsymbol{\beta}}_2=\begin{bmatrix} -\beta_0 \\ -\beta_1 \\ \beta_2 \\ \beta_3 \end{bmatrix},\ \bar{\boldsymbol{\beta}}_3=\begin{bmatrix} -\beta_0 \\ \beta_1 \\ -\beta_2 \\ \beta_3 \end{bmatrix}$$

空间 V_4 上的任一矢量都可以用这组基唯一地线性表示，$\bar{s}$ 也不例外。然而，根据式（4-95）可以看出 $\bar{s}$ 与 $\bar{\boldsymbol{\beta}}_1$，$\bar{\boldsymbol{\beta}}_2$，$\bar{\boldsymbol{\beta}}_3$ 同时正交，

换言之，$\bar{s}$ 与 $\bar{\boldsymbol{\beta}}$ 共线，即有

$$\bar{s}+a\bar{\boldsymbol{\beta}}=0 \tag{4-96}$$

其中 a 为待定乘子（一般不是常数），它与约束条件

$$\beta_0^2+\beta_1^2+\beta_2^2+\beta_3^2=1 \tag{4-97}$$

对应。注意到式（4－96）已经是关于 β_i 的线性微分方程组，与式（4－97）一起共 5 个标量方程，唯一地确定 β_0，β_1，β_2，β_3 和 a。

将上述理论应用于对称重刚体的运动，即对于运动微分方程

$$\begin{cases}\omega_3=c' \\ J_1\dot{\omega}_1+(J_3-J_1)c'\omega_2-b_{23}mgl=0 \\ J_2\dot{\omega}_2+(J_1-J_3)c'\omega_1+b_{13}mgl=0\end{cases} \tag{4-98}$$

式中 b_{13}，b_{23}——分别为惯性系与刚体固连系之间的转换矩阵的分量；

m——刚体的质量；

l——支点到重心的距离。

用四元数可以表示为如下形式

$$\begin{cases}\ddot{\beta}_0-D\dot{\beta}_3+(a+E)\beta_0=0 \\ \ddot{\beta}_1+D\dot{\beta}_2+(a-E)\beta_1=0 \\ \ddot{\beta}_2-D\dot{\beta}_1+(a-E)\beta_2=0 \\ \ddot{\beta}_3+D\dot{\beta}_0+(a+E)\beta_3=0\end{cases} \tag{4-99}$$

其中 $E=mgl/(2J_1)$，这组方程可以求出它的通常初积分及乘子 a。

将方程（4－99）各式分别乘以（$-\beta_3$）、β_2、（$-\beta_1$）、β_0，并相加，注意到 $\beta_0\dot{\beta}_0+\beta_1\dot{\beta}_1+\beta_2\dot{\beta}_2+\beta_3\dot{\beta}_3=0$，得

$$-\beta_3\ddot{\beta}_0+\beta_2\ddot{\beta}_1+\beta_0\ddot{\beta}_3-\beta_1\ddot{\beta}_2=0 \tag{4-100}$$

积分上式，有

$$-\beta_3\dot{\beta}_0+\beta_2\dot{\beta}_1-\beta_1\dot{\beta}_2+\beta_0\dot{\beta}_3=c_1 \tag{4-101}$$

与式（4－98）比较可知，$c_1=\dfrac{1}{2}\omega_3$，可见（$-\beta_3$），β_2，（$-\beta_1$），β_0

是式（4 - 98）的一组积分因子。积分式（4 - 101）表示了对 z 轴的动量矩守恒。

以$\dot{\beta}_0$、$\dot{\beta}_1$、$\dot{\beta}_2$、$\dot{\beta}_3$作为一组积分因子，同理有

$$\dot{\beta}_0\ddot{\beta}_0+\dot{\beta}_1\ddot{\beta}_1+\dot{\beta}_2\ddot{\beta}_2+\dot{\beta}_3\ddot{\beta}_3+E(\beta_0\dot{\beta}_0-\beta_1\dot{\beta}_1-\beta_2\dot{\beta}_2+\beta_3\dot{\beta}_3)=0 \tag{4-102}$$

积分上式，有

$$\dot{\beta}_0^2+\dot{\beta}_1^2+\dot{\beta}_2^2+\dot{\beta}_3^2+E(\beta_0^2-\beta_1^2-\beta_2^2+\beta_3^2)=c_2 \tag{4-103}$$

积分式（4 - 103）表示了能量守恒，它等价于下式

$$\frac{1}{2}J_1(\omega_1^2+\omega_2^2)+\frac{1}{2}J_3\omega_3^2+mglb_{33}=c'_2 \tag{4-104}$$

以（$-\beta_3$）、（$-\beta_2$）、β_1、β_0作为一组积分因子，同理有

$$\beta_1\ddot{\beta}_2-\beta_2\ddot{\beta}_1-\beta_3\ddot{\beta}_0+\beta_0\ddot{\beta}_3+D(\beta_0\dot{\beta}_0+\beta_3\dot{\beta}_3-\beta_1\dot{\beta}_1-\beta_2\dot{\beta}_2)=0 \tag{4-105}$$

积分上式，得

$$\beta_1\dot{\beta}_2-\beta_2\dot{\beta}_1-\beta_3\dot{\beta}_0+\beta_0\dot{\beta}_3+\frac{1}{2}D(\beta_0^2+\beta_3^2-\beta_1^2-\beta_2^2)=c_3 \tag{4-106}$$

积分式（4 - 105）表示了对 ζ 轴（铅垂线）的动量矩守恒，它等价于

$$J_1\omega_1 b_{13}+J_2\omega_2 b_{23}+J_3\omega_3 b_{33}=c'_3 \tag{4-107}$$

以 β_0、β_1、β_2、β_3作为一组积分因子，可以求出

$$a=\frac{1}{2}(\omega_1^2+\omega_2^2+\omega_3^2)+c_1D-c_2=\frac{1}{2}|\boldsymbol{\omega}|^2+c_1D-c_2 \tag{4-108}$$

可见，刚体的角速度大小不变时，a 为常数，这时方程组（4 - 99）便可完全解出。

（2）轨道动力学

对于开普勒运动，用四元数表示的轨道动力学模型可以简化为如下形式

$$\begin{cases}\dfrac{\mathrm{d}^2\rho}{\mathrm{d}\phi^2}+\rho=\dfrac{1}{p}\\ \dfrac{\mathrm{d}p}{\mathrm{d}\phi}=0\\ \dfrac{\mathrm{d}t}{\mathrm{d}\phi}=\dfrac{1}{\rho^2\sqrt{\mu p}}\\ \dfrac{\mathrm{d}u_0}{\mathrm{d}\phi}=\dfrac{1}{2}u_1\\ \dfrac{\mathrm{d}u_1}{\mathrm{d}\phi}=-\dfrac{1}{2}u_0\\ \dfrac{\mathrm{d}u_2}{\mathrm{d}\phi}=\dfrac{1}{2}u_3\\ \dfrac{\mathrm{d}u_3}{\mathrm{d}\phi}=-\dfrac{1}{2}u_2\end{cases} \tag{4-109}$$

这是一个完全线性的微分方程组，存在解析解，其解析表达式如下

$$\begin{cases}u_0=-\alpha_0\cos\dfrac{\phi}{2}+\alpha_1\sin\dfrac{\phi}{2}\\ u_1=-\alpha_0\sin\dfrac{\phi}{2}+\alpha_1\cos\dfrac{\phi}{2}\\ u_2=\alpha_2\cos\dfrac{\phi}{2}+\alpha_3\sin\dfrac{\phi}{2}\\ u_3=-\alpha_2\sin\dfrac{\phi}{2}+\alpha_3\cos\dfrac{\phi}{2}\\ \rho=\dfrac{1}{p}+\alpha_4\cos\phi+\alpha_5\sin\phi\\ \dfrac{\mathrm{d}\rho}{\mathrm{d}\phi}=-\alpha_4\sin\phi+\alpha_5\cos\phi\\ t=t_0+\dfrac{\mu}{(2h)^{3/2}}\left[\phi+G(\phi)-G(0)\right]\end{cases} \tag{4-110}$$

其中

$$G(\phi)=2\tan^{-1}\left[\frac{p\mathrm{d}\rho/\mathrm{d}\phi}{\bar{e}+p\rho}+\frac{\bar{e}}{\rho}\frac{\mathrm{d}\rho}{\mathrm{d}\phi}\right]^2$$

$$e^2=[p\rho-1]^2+\left[p\frac{\mathrm{d}\rho}{\mathrm{d}\phi}\right]^2$$

$$\bar{e}^2 = 1 - e^2$$

$$h = \frac{\mu}{2p}\bar{e}^2$$

4.2.3　K-S 变换与四元数的统一性研究

K-S 变换与四元数运算都是利用一个具有特殊性质的四元矩阵，它们研究的对象都有椭圆运动的元素。本团队研究了其共性或统一性，得到了一些初步结论供参考。

4.2.3.1　四元数理论小结

回顾四元数矩阵

$$\boldsymbol{L}_1(\bar{\boldsymbol{u}}) = \begin{bmatrix} u_1 & -u_2 & -u_3 & -u_4 \\ u_2 & u_1 & -u_4 & u_3 \\ u_3 & u_4 & u_1 & -u_2 \\ u_4 & -u_3 & u_2 & u_1 \end{bmatrix}$$

类似于 K-S 变换矩阵，该矩阵具有如下性质。

1）双线性，齐次性；

2）正交性；

3）单位阵 $\times u_1$ + 反对称矩阵结构；

4）第 1 列为矢量 $\bar{\boldsymbol{u}}$。

矩阵 $\boldsymbol{L}_2$ 与 $\boldsymbol{L}_1$ 的主要区别在于右下角 3×3 的矩阵互为转置。

四元数相关理论的优势如下。

1）四元数运动学方程与欧拉角表示的旋转方程不同，它是一组非奇异线性微分方程，没有奇点，任何参数值均可解；

2）四元数变换矩阵与方向余弦阵相比，具有最低数目的非奇异参数和最低数目的联系方程，通过四元数的形式运算，可单值地给定正交变换运算；

3）四元数能够以唯一形式表示两个表征刚体运动的重要物理量，即角速度（刚体转动特性）和有限转动矢量（刚体位置特性），这两个量以瞬时欧拉旋转矢量和等价的欧拉旋转矢量表示；

4）四元数代数法，可以用超复数空间元素来表示欧拉旋转矢量，超复数空间与三维实空间对应。

4.2.3.2 二次型变换矩阵与四元数矩阵对比

二次型变换可以将动力学模型进行正则化，即由非线性模型转换为线性模型，四元数矩阵在形式上和 K－S 矩阵具有一定的相似性。总结两种矩阵具有的性质如下。

1）齐次性；

2）正交性；

3）主对角线全为正；

4）主对角线以外为反对称结构；

5）第 1 列为 $[u_1 \quad u_2 \quad u_3 \quad u_4]^{\mathrm{T}}$；

6）单位阵$\times u_1$＋反对称矩阵结构。

下面通过引入另外一个矩阵 $\boldsymbol{L}_0(\boldsymbol{u})$，与 K－S 变换矩阵 $\boldsymbol{L}(\boldsymbol{u})$ 和四元数矩阵 $\boldsymbol{L}_1(\boldsymbol{u})$ 进行对比分析

$$\begin{cases} \boldsymbol{L}_0(\boldsymbol{u}) = \begin{bmatrix} u_1 & -u_2 & -u_3 & u_4 \\ u_2 & u_1 & -u_4 & -u_3 \\ u_3 & u_4 & u_1 & u_2 \\ -u_4 & u_3 & -u_2 & u_1 \end{bmatrix} \\ \boldsymbol{L}(\boldsymbol{u}) = \begin{bmatrix} u_1 & -u_2 & -u_3 & u_4 \\ u_2 & u_1 & -u_4 & -u_3 \\ u_3 & u_4 & u_1 & u_2 \\ u_4 & -u_3 & u_2 & -u_1 \end{bmatrix} \\ \boldsymbol{L}_1(\boldsymbol{u}) = \begin{bmatrix} u_1 & -u_2 & -u_3 & -u_4 \\ u_2 & u_1 & -u_4 & u_3 \\ u_3 & u_4 & u_1 & -u_2 \\ u_4 & -u_3 & u_2 & u_1 \end{bmatrix} \end{cases} \tag{4-111}$$

经分析，3 个矩阵各自具有的性质如表 4－1 所示。

表 4-1　四元数矩阵与 K-S 矩阵的对比

矩阵	性质
$\boldsymbol{L}_0(\boldsymbol{u})$	1)、2)、3)、4)、5)
$\boldsymbol{L}(\boldsymbol{u})$（K-S 矩阵）	1)、2)、5)
$\boldsymbol{L}_1(\boldsymbol{u})$（四元数矩阵）	1)、2)、3)、4)、5)、6)

定义矩阵 $\boldsymbol{E}_{-4}=\begin{bmatrix}1&0&0&0\\0&1&0&0\\0&0&1&0\\0&0&0&-1\end{bmatrix}$

那么存在

$$\begin{cases}\boldsymbol{L}(\boldsymbol{u})\boldsymbol{E}_{-4}=\boldsymbol{L}_1(\boldsymbol{u})\\ \boldsymbol{E}_{-4}\boldsymbol{L}_0(\boldsymbol{u})=\boldsymbol{L}(\boldsymbol{u})\\ \boldsymbol{L}_1(\boldsymbol{u})=\boldsymbol{E}_{-4}\boldsymbol{L}_0(\boldsymbol{u})\boldsymbol{E}_{-4}\end{cases} \tag{4-112}$$

即 3 个矩阵之间可以通过有限次的初等变换相互导出，这说明了 K-S 变换矩阵与四元数矩阵之间的联系。而且矩阵 $\boldsymbol{L}_0(\boldsymbol{u})$ 也能实现 K-S矩阵的功能，即可以将动力学模型正规化。

四元数矩阵和 K-S 变换矩阵的区别是，前者不满足乘法交换律，而后者在满足双线性约束的情况下，满足交换律。

4.2.3.3　K-S 变换与四元数变换的一致性

从 K-S 变换的几何意义入手，结合四元数代数，可建立四元数变换与 K-S 变换的联系，通过这一联系使得 K-S 变换这一纯代数的变换具有了明确的几何意义。

(1) K-S 变换的四元数表示法

对于四元数

$$\begin{cases}\bar{\boldsymbol{u}}=u_1\boldsymbol{i}+u_2\boldsymbol{j}+u_3\boldsymbol{k}+u_4\\ \bar{\boldsymbol{v}}=v_1\boldsymbol{i}+v_2\boldsymbol{j}+v_3\boldsymbol{k}+v_4\end{cases} \tag{4-113}$$

在满足双线性约束

$$u_4v_1-u_3v_2+u_2v_3-u_1v_4=0 \tag{4-114}$$

的条件下，四元数和 K－S 变换存在如下关系

$$\begin{cases}\bar{\boldsymbol{u}}^{*}\circ\boldsymbol{i}\circ\bar{\boldsymbol{v}}=\boldsymbol{L}(\bar{\boldsymbol{u}})\bar{\boldsymbol{v}}\\ \bar{\boldsymbol{u}}^{*}\circ\boldsymbol{i}\circ\bar{\boldsymbol{v}}=\bar{\boldsymbol{v}}^{*}\circ\boldsymbol{i}\circ\bar{\boldsymbol{u}}\\ (\bar{\boldsymbol{u}}^{*}\circ\bar{\boldsymbol{u}})\bar{\boldsymbol{v}}^{*}\circ\boldsymbol{i}\circ\bar{\boldsymbol{v}}-(\bar{\boldsymbol{v}}^{*}\circ\bar{\boldsymbol{u}}+\bar{\boldsymbol{u}}^{*}\circ\bar{\boldsymbol{v}})\bar{\boldsymbol{u}}^{*}\circ\boldsymbol{i}\circ\bar{\boldsymbol{v}}+\\ \quad(\bar{\boldsymbol{v}}^{*}\circ\bar{\boldsymbol{v}})\bar{\boldsymbol{u}}^{*}\circ\boldsymbol{i}\circ\bar{\boldsymbol{u}}=0\end{cases}\tag{4-115}$$

根据参考文献［5］可知，后两式与 K－S 变换的交换性完全等价。

（2）轨道动力学模型的四元数变换

定理：航天器在平方反比中心引力和推力作用下的轨道动力学方程为

$$\ddot{\boldsymbol{r}}+\frac{\mu}{r^{3}}\boldsymbol{r}=\boldsymbol{f}\tag{4-116}$$

定义四元数

$$\begin{cases}\bar{\boldsymbol{q}}=q_{1}\boldsymbol{i}+q_{2}\boldsymbol{j}+q_{3}\boldsymbol{k}+q_{4}=\boldsymbol{E}\sin\dfrac{\alpha}{2}+\cos\dfrac{\alpha}{2}\\ \bar{\boldsymbol{r}}=x\boldsymbol{i}+y\boldsymbol{j}+z\boldsymbol{k}+0\end{cases}\tag{4-117}$$

在双线性约束条件下

$$q_{4}q'_{1}-q_{3}q'_{2}+q_{2}q'_{3}-q_{1}q'_{4}=0\tag{4-118}$$

通过以下 3 步：

1）引入新的时间尺度

$$\frac{\mathrm{d}}{\mathrm{d}t}=\frac{\sqrt{2E}}{r}\frac{\mathrm{d}}{\mathrm{d}s}\tag{4-119}$$

2）进行四元数变换

$$\bar{\boldsymbol{r}}=\bar{\boldsymbol{q}}^{*}\circ\boldsymbol{i}\circ\bar{\boldsymbol{q}}\tag{4-120}$$

3）引入准推力加速度

$$\bar{\boldsymbol{F}}=-\frac{1}{4E}(\bar{\boldsymbol{q}}\circ\bar{\boldsymbol{r}}+\bar{\boldsymbol{q}}'\circ\bar{\boldsymbol{r}}'+\bar{\boldsymbol{q}}'\circ\hat{\bar{\boldsymbol{r}}}')\circ\bar{\boldsymbol{f}}\tag{4-121}$$

其中，$\hat{\bar{\boldsymbol{r}}}'$ 为 $\bar{\boldsymbol{r}}'$ 的蜕变四元数，$\bar{\boldsymbol{f}}=f_{x}\boldsymbol{i}+f_{y}\boldsymbol{j}+f_{z}\boldsymbol{k}+0$。航天器的轨道动力学模型可以转化为线性方程

$$\bar{\boldsymbol{q}}''+\frac{1}{4}\bar{\boldsymbol{q}}=\bar{\boldsymbol{F}} \tag{4-122}$$

证明：

首先根据时间变换的 2 阶导数

$$\frac{\mathrm{d}^2}{\mathrm{d}t^2}=\frac{2E}{r^2}\frac{\mathrm{d}^2}{\mathrm{d}s^2}+\frac{rE'-2Er'}{r^3}\frac{\mathrm{d}}{\mathrm{d}s} \tag{4-123}$$

得到在新时间域下的轨道动力学模型

$$2Er\,\bar{\boldsymbol{r}}''+(rE'-2Er')\,\bar{\boldsymbol{r}}'+\mu\,\bar{\boldsymbol{r}}=r^3\bar{\boldsymbol{f}} \tag{4-124}$$

其中

$$\bar{\boldsymbol{f}}=f_x\boldsymbol{i}+f_y\boldsymbol{j}+f_z\boldsymbol{k}+0 \tag{4-125}$$

下面进行空间变换。引入用四元数表示的 K－S 变换

$$\bar{\boldsymbol{r}}=\bar{\boldsymbol{q}}^*\circ\boldsymbol{i}\circ\bar{\boldsymbol{q}}=\begin{bmatrix}q_1^2-q_2^2-q_3^2+q_4^2\\2(q_1q_2-q_3q_4)\\2(q_1q_3+q_2q_4)\end{bmatrix}\Leftrightarrow\underbrace{\begin{bmatrix}q_1&-q_2&-q_3&q_4\\q_2&q_1&-q_4&-q_3\\q_3&q_4&q_1&q_2\\q_4&-q_3&q_2&-q_1\end{bmatrix}}_{\boldsymbol{L}(\bar{\boldsymbol{q}})}\begin{bmatrix}q_1\\q_2\\q_3\\q_4\end{bmatrix} \tag{4-126}$$

$\bar{\boldsymbol{r}}$的模

$$r=\bar{\boldsymbol{q}}^*\circ\bar{\boldsymbol{q}}=q_1^2+q_2^2+q_3^2+q_4^2 \tag{4-127}$$

用四元数表示 K－S 变换，使得 K－S 变换可以从几何的角度解释。即它是这样一个变换：x 轴的单位矢量绕欧拉轴 $\boldsymbol{E}$ 顺时针旋转 α 角度，模由 1 变为 r。

考虑到当满足双线性约束条件式（4－118）时，根据式（4－115），有如下关系

$$\begin{cases}\bar{\boldsymbol{q}}^*\circ\boldsymbol{i}\circ\bar{\boldsymbol{q}}'=\bar{\boldsymbol{q}}'^*\circ\boldsymbol{i}\circ\bar{\boldsymbol{q}}\\(\bar{\boldsymbol{q}}^*\circ\bar{\boldsymbol{q}})\,\bar{\boldsymbol{q}}'^*\circ\boldsymbol{i}\circ\bar{\boldsymbol{q}}'-(\bar{\boldsymbol{q}}'^*\circ\bar{\boldsymbol{q}}+\bar{\boldsymbol{q}}^*\circ\bar{\boldsymbol{q}}')\,\bar{\boldsymbol{q}}^*\circ\boldsymbol{i}\circ\bar{\boldsymbol{q}}'+\\\qquad(\bar{\boldsymbol{q}}'^*\circ\bar{\boldsymbol{q}}')\,\bar{\boldsymbol{q}}^*\circ\boldsymbol{i}\circ\bar{\boldsymbol{q}}=0\end{cases} \tag{4-128}$$

那么$\bar{\boldsymbol{r}}$的 1 阶导数和 2 阶导数分别为

$$\begin{cases}\bar{\boldsymbol{r}}'=2\,\bar{\boldsymbol{q}}^{*}\circ\boldsymbol{i}\circ\bar{\boldsymbol{q}}',\ r'=\bar{\boldsymbol{q}}^{*\prime}\circ\bar{\boldsymbol{q}}+\bar{\boldsymbol{q}}^{*}\circ\bar{\boldsymbol{q}}'\\ \bar{\boldsymbol{r}}''=2\,\bar{\boldsymbol{q}}^{*}\circ\boldsymbol{i}\circ\bar{\boldsymbol{q}}''+2\,\bar{\boldsymbol{q}}^{*\prime}\circ\boldsymbol{i}\circ\bar{\boldsymbol{q}}'\end{cases}\tag{4-129}$$

综合式（4-126）、式（4-129），对式（4-124）进行空间变换

$$\begin{cases}2Er\left(2\,\bar{\boldsymbol{q}}^{*}\circ\boldsymbol{i}\circ\bar{\boldsymbol{q}}''+2\,\bar{\boldsymbol{q}}^{*\prime}\circ\boldsymbol{i}\circ\bar{\boldsymbol{q}}'\right)+2\,\bar{\boldsymbol{q}}^{*}\circ\boldsymbol{i}\circ\bar{\boldsymbol{q}}'\,[rE'-\\ \qquad 2E\,(\bar{\boldsymbol{q}}^{*\prime}\circ\bar{\boldsymbol{q}}+\bar{\boldsymbol{q}}^{*}\circ\bar{\boldsymbol{q}}')]+\mu\bar{\boldsymbol{q}}^{*}\circ\boldsymbol{i}\circ\bar{\boldsymbol{q}}=r^{3}\,\bar{\boldsymbol{f}}\\ 4Er\bar{\boldsymbol{q}}^{*}\circ\boldsymbol{i}\circ\bar{\boldsymbol{q}}''+4E\,[\,(\bar{\boldsymbol{q}}^{*}\circ\bar{\boldsymbol{q}})\,\bar{\boldsymbol{q}}^{*\prime}\circ\boldsymbol{i}\circ\bar{\boldsymbol{q}}'-(\bar{\boldsymbol{q}}^{*\prime}\circ\bar{\boldsymbol{q}}+\\ \qquad \bar{\boldsymbol{q}}^{*}\circ\bar{\boldsymbol{q}}')\,\bar{\boldsymbol{q}}^{*}\circ\boldsymbol{i}\circ\bar{\boldsymbol{q}}'\,]+\mu\bar{\boldsymbol{q}}^{*}\circ\boldsymbol{i}\circ\bar{\boldsymbol{q}}=r^{3}\,\bar{\boldsymbol{f}}-2rE'\bar{\boldsymbol{q}}^{*}\circ\boldsymbol{i}\circ\bar{\boldsymbol{q}}\end{cases}\tag{4-130}$$

利用交换性质式（4-128），得到

$$4Er\bar{\boldsymbol{q}}^{*}\circ\boldsymbol{i}\circ\bar{\boldsymbol{q}}''+\left(\mu-4E\bar{\boldsymbol{q}}^{*\prime}\circ\bar{\boldsymbol{q}}'\right)\bar{\boldsymbol{q}}^{*}\circ\boldsymbol{i}\circ\bar{\boldsymbol{q}}=r^{3}\,\bar{\boldsymbol{f}}-2rE'\bar{\boldsymbol{q}}^{*}\circ\boldsymbol{i}\circ\bar{\boldsymbol{q}}'\tag{4-131}$$

另一方面，由于 E 和 E' 可表示为

$$\begin{cases}E=\dfrac{\mu}{r}-\dfrac{v^{2}}{2}\\ \dot{E}=-\boldsymbol{v}^{\mathrm{T}}\boldsymbol{p}\end{cases}\tag{4-132}$$

根据式（4-119）、式（4-129），得

$$E=\frac{\mu}{r}-\frac{E}{r^{2}}\bar{\boldsymbol{r}}'^{*}\circ\bar{\boldsymbol{r}}'=\frac{\mu}{r}-\frac{4E}{r}\bar{\boldsymbol{q}}'^{*}\circ\bar{\boldsymbol{q}}'\tag{4-133}$$

从而

$$E=\frac{\mu}{r+4\,\bar{\boldsymbol{q}}'^{*}\circ\bar{\boldsymbol{q}}'}\tag{4-134}$$

$$E'=-\boldsymbol{r}'\cdot\boldsymbol{f}\tag{4-135}$$

将式（4-134）、式（4-135）代入式（4-131）中，得

$$4Er\bar{\boldsymbol{q}}^{*}\circ\boldsymbol{i}\circ\bar{\boldsymbol{q}}''+Er\bar{\boldsymbol{q}}^{*}\circ\boldsymbol{i}\circ\bar{\boldsymbol{q}}=r^{3}\bar{\boldsymbol{f}}+2r\,(\boldsymbol{r}'\cdot\boldsymbol{f})\,\bar{\boldsymbol{q}}^{*}\circ\boldsymbol{i}\circ\bar{\boldsymbol{q}}'\tag{4-136}$$

两边依次乘以 $\bar{\boldsymbol{q}}$、$-\boldsymbol{i}$，得到

$$\bar{\boldsymbol{q}}''+\frac{1}{4}\bar{\boldsymbol{q}}=\frac{1}{4E}\left[-r\boldsymbol{i}\circ\bar{\boldsymbol{q}}\circ\bar{\boldsymbol{f}}+2\,(\boldsymbol{r}'\cdot\boldsymbol{f})\,\bar{\boldsymbol{q}}'\right]\tag{4-137}$$

进一步化简

$$\overline{\boldsymbol{q}}''+\frac{1}{4}\overline{\boldsymbol{q}}=\frac{1}{4E}\left[-\overline{\boldsymbol{q}}\circ\overline{\boldsymbol{r}}\circ\overline{\boldsymbol{f}}+2\left(\boldsymbol{r}'\cdot\boldsymbol{f}\right)\overline{\boldsymbol{q}}'\right] \tag{4-138}$$

根据四元数的乘法定义

$$\boldsymbol{r}'\cdot\boldsymbol{f}=-\frac{1}{2}\left(\overline{\boldsymbol{r}}'\circ\overline{\boldsymbol{f}}+\overline{\boldsymbol{f}}\circ\overline{\boldsymbol{r}}'\right) \tag{4-139}$$

以及运算性质

$$\overline{\boldsymbol{u}}\circ\overline{\boldsymbol{w}}=\begin{bmatrix} u_4 & -u_3 & -u_3 & u_1 \\ u_3 & u_4 & -u_1 & u_2 \\ -u_2 & u_1 & u_4 & u_3 \\ -u_1 & -u_2 & -u_3 & u_4 \end{bmatrix}\begin{bmatrix} w_1 \\ w_2 \\ w_3 \\ w_4 \end{bmatrix}=\begin{bmatrix} w_4 & w_3 & -w_3 & w_1 \\ -w_3 & w_4 & w_1 & w_2 \\ w_2 & -w_1 & w_4 & w_3 \\ -w_1 & -w_2 & -w_3 & w_4 \end{bmatrix}\begin{bmatrix} u_1 \\ u_2 \\ u_3 \\ u_4 \end{bmatrix} \tag{4-140}$$

有

$$\overline{\boldsymbol{q}}''+\frac{1}{4}\overline{\boldsymbol{q}}=-\frac{1}{4E}\left(\overline{\boldsymbol{q}}\circ\overline{\boldsymbol{r}}+\overline{\boldsymbol{q}}'\circ\overline{\boldsymbol{r}}'+\overline{\boldsymbol{q}}'\circ\hat{\overline{\boldsymbol{r}}}'\right)\circ\overline{\boldsymbol{f}} \tag{4-141}$$

定义

$$\overline{\boldsymbol{F}}=-\frac{1}{4E}\left(\overline{\boldsymbol{q}}\circ\overline{\boldsymbol{r}}+\overline{\boldsymbol{q}}'\circ\overline{\boldsymbol{r}}'+\overline{\boldsymbol{q}}'\circ\hat{\overline{\boldsymbol{r}}}'\right)\circ\overline{\boldsymbol{f}} \tag{4-142}$$

那么

$$\overline{\boldsymbol{q}}''+\frac{1}{4}\overline{\boldsymbol{q}}=\overline{\boldsymbol{F}} \tag{4-143}$$

证毕。这与参考文献［5］采用 K－S 变换得到的非开普勒轨道动力学模型是完全相同的。

4.3　四元数-轨道角动量-径距变化率模型

直角坐标表示的动力学方程是最基本的动力学方程，但是用此方程进行动力学积分需要较小的步长，致使计算时间很长，不利于快速精确轨道机动决策。Hintz 推荐改进的春分点轨道要素[9]，但是从动力学方程上看，积分结果到直角坐标的变换比较复杂，作为控制用的动力学方程，总的计算量仍然较大。我们经过大量研究，找到一种新的轨道要素组，其动力学方程简单，物理意义明确，适合于轨道机动控制。该轨道要素组为“四元数-轨道角动量-径距变化率”要素组。

4.3.1 “四元数-轨道角动量-径距变化率”要素与经典轨道要素的等价性

4.3.1.1 “四元数-轨道角动量-径距变化率”要素定义

设航天器在 J2000 坐标系下的位置矢量和速度矢量分别为 $\boldsymbol{r}$ 和 $\boldsymbol{v}$，定义单位质量轨道角动量为

$$\boldsymbol{h}=\boldsymbol{r}\times\boldsymbol{v}$$

定义法向单位矢量为

$$\hat{\boldsymbol{h}}=\frac{\boldsymbol{r}\times\boldsymbol{v}}{h}$$

其中，$h=\|\boldsymbol{r}\times\boldsymbol{v}\|$。

定义切向单位矢量为

$$\hat{\boldsymbol{t}}=\frac{\boldsymbol{h}\times\boldsymbol{r}}{rh}$$

其中，$r=\|\boldsymbol{r}\|$。

定义径向单位矢量为

$$\hat{\boldsymbol{r}}=\frac{\boldsymbol{r}}{r}$$

定义一个随航天器轨道运动固连的坐标系：原点在航天器质心，$\hat{\boldsymbol{r}}$，$\hat{\boldsymbol{t}}$，$\hat{\boldsymbol{h}}$为其正交单位基矢量，称为 $[\hat{\boldsymbol{r}}, \hat{\boldsymbol{t}}, \hat{\boldsymbol{h}}]$ 坐标系。

根据欧拉旋转轴定理，空间中绕定点的转动，可以转换为绕某一轴转动一个角度完成。

据此定义四元数如下

$$\boldsymbol{Q}=r\cos\frac{\alpha}{2}+r\sin\frac{\alpha}{2}\boldsymbol{E} \tag{4-144}$$

式中　$\boldsymbol{E}$——旋转轴单位矢量；

α——绕旋转轴的角度。

设 $\boldsymbol{E}$ 在 J2000 坐标系下的坐标为 E_x，E_y，E_z，四元数可以写为矩阵形式

$$\boldsymbol{Q}=\begin{bmatrix}Q_0 & Q_1 & Q_2 & Q_3\end{bmatrix}=\left[r\cos\frac{\alpha}{2}\quad r\sin\frac{\alpha}{2}E_x\quad r\sin\frac{\alpha}{2}E_y\quad r\sin\frac{\alpha}{2}E_z\right] \tag{4-145}$$

显然，$r=\|\boldsymbol{Q}\|$，即航天器轨道半径为四元数的大小。

单位四元数定义为

$$\boldsymbol{q}=\begin{bmatrix}q_0 & q_1 & q_2 & q_3\end{bmatrix}^{\mathrm{T}}=\frac{\boldsymbol{Q}}{r} \tag{4-146}$$

单位四元数就是 J2000 坐标系到 $[\hat{\boldsymbol{r}},\hat{\boldsymbol{t}},\hat{\boldsymbol{h}}]$ 坐标系的旋转四元数。

定义径距变化率为

$$v_r=\dot{r}$$

我们定义的轨道要素组为

$$\sigma=\begin{bmatrix}Q_0 & Q_1 & Q_2 & Q_3 & v_r & h\end{bmatrix} \tag{4-147}$$

称为“四元数-轨道角动量-径距变化率”要素组。

J2000 坐标系到 $[\hat{\boldsymbol{r}},\hat{\boldsymbol{t}},\hat{\boldsymbol{h}}]$ 坐标系的转换矩阵为

$$\boldsymbol{\Gamma}(q)=\begin{bmatrix}q_0^2-q_1^2-q_2^2-q_3^2 & 2q_1q_2+2q_0q_3 & 2q_1q_3+2q_0q_2\\ 2q_1q_2-2q_0q_3 & q_0^2+q_2^2-q_1^2-q_3^2 & 2q_2q_3+2q_0q_1\\ 2q_1q_3+2q_0q_2 & 2q_2q_3-2q_0q_1 & q_0^2+q_3^2-q_1^2-q_2^2\end{bmatrix} \tag{4-148}$$

由新的轨道要素很容易得到航天器的在 J2000 坐标系下的位置矢量 $\boldsymbol{r}$ 和速度矢量 $\boldsymbol{v}$，关系如下

$$\boldsymbol{r}=\begin{bmatrix}q_0^2+q_1^2-q_2^2-q_3^2 & 2q_1q_2+2q_0q_3 & 2q_1q_3+2q_0q_2\\ 2q_1q_2-2q_0q_3 & q_0^2+q_2^2-q_1^2-q_3^2 & 2q_2q_3+2q_0q_1\\ 2q_1q_3+2q_0q_2 & 2q_2q_3-2q_0q_1 & q_0^2+q_3^2-q_1^2-q_2^2\end{bmatrix}\begin{bmatrix}\|\boldsymbol{Q}\|\\ 0\\ 0\end{bmatrix} \tag{4-149}$$

$$\boldsymbol{v}=\begin{bmatrix} q_0^2+q_1^2-q_2^2-q_3^2 & 2q_1q_2+2q_0q_3 & 2q_1q_3+2q_0q_2 \\ 2q_1q_2-2q_0q_3 & q_0^2+q_2^2-q_1^2-q_3^2 & 2q_2q_3+2q_0q_1 \\ 2q_1q_3+2q_0q_2 & 2q_2q_3-2q_0q_1 & q_0^2+q_3^2-q_1^2-q_2^2 \end{bmatrix}\begin{bmatrix} v_r \\ \dfrac{h}{\|\boldsymbol{Q}\|} \\ 0 \end{bmatrix} \tag{4-150}$$

如果已知航天器在 J2000 坐标系下的位置矢量 $\boldsymbol{r}$ 和速度矢量 $\boldsymbol{v}$，则由定义可知

$$h=\|\boldsymbol{r}\times\boldsymbol{v}\| \tag{4-151}$$

$$v_r=v^2-\left(\frac{h}{r}\right)^2 \tag{4-152}$$

另外，根据航天器在 J2000 坐标系下的位置矢量 $\boldsymbol{r}$ 和速度矢量 $\boldsymbol{v}$，很容易得到轨道坐标系的轴单位矢量，进而得到轨道的倾角 i、升交点赤经 Ω 和纬度幅角 u，根据四元数代数知识，不难得到

$$\begin{bmatrix} q_0 \\ q_1 \\ q_2 \\ q_3 \end{bmatrix}=\begin{bmatrix} \cos\dfrac{\Omega}{2}\cos\dfrac{i}{2}\cos\dfrac{u}{2}-\sin\dfrac{\Omega}{2}\cos\dfrac{i}{2}\sin\dfrac{u}{2} \\ \cos\dfrac{\Omega}{2}\sin\dfrac{i}{2}\cos\dfrac{u}{2}+\sin\dfrac{\Omega}{2}\sin\dfrac{i}{2}\sin\dfrac{u}{2} \\ \sin\dfrac{\Omega}{2}\sin\dfrac{i}{2}\cos\dfrac{u}{2}-\cos\dfrac{\Omega}{2}\sin\dfrac{i}{2}\sin\dfrac{u}{2} \\ \cos\dfrac{\Omega}{2}\cos\dfrac{i}{2}\sin\dfrac{u}{2}+\sin\dfrac{\Omega}{2}\cos\dfrac{i}{2}\cos\dfrac{u}{2} \end{bmatrix} \tag{4-153}$$

从而

$$\boldsymbol{Q}=r\left[q_0 \quad q_1 \quad q_2 \quad q_3\right]^{\mathrm{T}} \tag{4-154}$$

式（4－149）至式（4－154）表明，新轨道要素组与直角坐标要素组是等价的，因而可以完整地描述航天器的轨道。

4.3.1.2 “四元数-轨道角动量-径距变化率”要素与经典轨道要素的关系

经典轨道要素几何意义比较直观，很多轨道任务常常用经典轨道要素描述。因此寻找到新轨道要素组与经典轨道要素的关系有着

重要意义。

经典轨道要素为：轨道半长轴 a，轨道偏心率 e，轨道倾角 i，轨道升交点赤经 Ω，轨道近地点幅角 ω，轨道真近点角 f。

(1) 经典轨道要素到新轨道要素关系

根据四元数的旋转法则有

$$\begin{bmatrix} q_0 \\ q_1 \\ q_2 \\ q_3 \end{bmatrix} = \begin{bmatrix} \cos\frac{\Omega}{2}\cos\frac{i}{2}\cos\frac{\omega+f}{2}-\sin\frac{\Omega}{2}\cos\frac{i}{2}\sin\frac{\omega+f}{2} \\ \cos\frac{\Omega}{2}\sin\frac{i}{2}\cos\frac{\omega+f}{2}+\sin\frac{\Omega}{2}\sin\frac{i}{2}\sin\frac{\omega+f}{2} \\ \sin\frac{\Omega}{2}\sin\frac{i}{2}\cos\frac{\omega+f}{2}-\cos\frac{\Omega}{2}\cos\frac{i}{2}\sin\frac{\omega+f}{2} \\ \cos\frac{\Omega}{2}\cos\frac{i}{2}\sin\frac{\omega+f}{2}+\sin\frac{\Omega}{2}\cos\frac{i}{2}\cos\frac{\omega+f}{2} \end{bmatrix} \tag{4-155}$$

根据极坐标方程

$$r=\frac{a(1-e^2)}{1+e\cos\theta}$$

显然

$$\boldsymbol{Q}=r\begin{bmatrix} q_0 & q_1 & q_2 & q_3 \end{bmatrix}^{\mathrm{T}}$$

轨道角动量

$$h=\sqrt{\mu a(1-e^2)} \quad (\mu\text{ 为地球引力常数}) \tag{4-156}$$

轨道能量

$$\frac{1}{2}v^2-\frac{\mu}{r}=-\frac{1}{2a}$$

切向速度为

$$v_t=\frac{h}{r}$$

因此

$$v_r=\dot{r}=\begin{cases} \sqrt{v^2-v_t^2}, & 0\leqslant\theta\leqslant 180° \\ -\sqrt{v^2-v_t^2}, & 180°<\theta\leqslant 360° \end{cases} \tag{4-157}$$

（2）新轨道要素到经典轨道要素关系

根据定义

$$r=\|\boldsymbol{Q}\|$$

$$v_t=\frac{h}{r}$$

$$v=\sqrt{v_r^2+v_t^2}$$

轨道半长轴由下式算出

$$a=\frac{1}{v^2-\dfrac{2\mu}{r}} \tag{4-158}$$

偏心率为

$$e=\sqrt{1-\frac{h^2}{\mu a}} \tag{4-159}$$

轨道倾角为

$$\cos i=q_0^2+q_3^2-q_1^2-q_2^2$$

$$i=\arccos\left(q_0^2+q_3^2-q_1^2-q_2^2\right) \tag{4-160}$$

升交点赤经由下式确定

$$\begin{cases}\cos\Omega=-(2q_2q_3-2q_0q_1)/\sin i, & i\neq 0\\ \sin\Omega=(2q_1q_3+2q_0q_2)/\sin i, & i\neq 0\\ i=0, \quad \Omega=0\end{cases} \tag{4-161}$$

根据式（4－153），纬度幅角由下式确定

$$\begin{cases}\sin u=(2q_1q_3-2q_0q_2)/\sin i, & i\neq 0\\ \cos u=(2q_2q_3+2q_0q_1)/\sin i, & i\neq 0\end{cases}$$

$$\begin{cases}\sin u=2q_1q_2+2q_0q_3, & i=0\\ \cos u=q_0^2+q_2^2-q_1^2-q_3^2, & i=0\end{cases}$$

真近点角确定

$$\begin{cases}\text{如果 } e\neq 0 \quad \text{则}\begin{cases}\sin f=\dfrac{v_r a(1-e^2)}{he}\\ \cos f=\dfrac{a(1-e^2)-r}{re}\end{cases}\\ \text{如果 } e=0 \quad \text{则 } f=0\end{cases} \tag{4-162}$$

近地点幅角为

$$\omega = u - f \tag{4-163}$$

式（4-155）至式（4-163）表明，新轨道要素组与经典轨道要素组是等价的。

4.3.2 “四元数-轨道角动量-径距变化率”动力学模型

建立新的轨道要素组表示的动力学方程实质上是寻找它们的时间导数与作用在航天器上的力之间的关系。

4.3.2.1 四元数的微分方程

设 $[\hat{\boldsymbol{r}}, \hat{\boldsymbol{t}}, \hat{\boldsymbol{h}}]$ 坐标系的绝对角速度为 $\boldsymbol{\omega} = [\omega_r \quad \omega_t \quad \omega_h]$，由于 q 是J2000坐标系到 $[\hat{\boldsymbol{r}}, \hat{\boldsymbol{t}}, \hat{\boldsymbol{h}}]$ 坐标系的旋转四元数，利用旋转四元数的微分法则[10]，可以得到

$$\begin{bmatrix} \dot{q}_0 \\ \dot{q}_1 \\ \dot{q}_2 \\ \dot{q}_3 \end{bmatrix} = \frac{1}{2}\begin{bmatrix} q_0 & -q_1 & -q_2 & -q_3 \\ q_1 & q_0 & -q_3 & q_2 \\ q_2 & q_3 & q_0 & -q_1 \\ q_3 & -q_2 & q_1 & q_0 \end{bmatrix}\begin{bmatrix} 0 \\ \omega_r \\ \omega_t \\ \omega_h \end{bmatrix} \tag{4-164}$$

由于

$$\boldsymbol{Q} = r\,[q_0 \quad q_1 \quad q_2 \quad q_3]^{\mathrm{T}}$$

因此

$$\begin{bmatrix} \dot{Q}_0 \\ \dot{Q}_1 \\ \dot{Q}_2 \\ \dot{Q}_3 \end{bmatrix} = \frac{v_r}{r}\boldsymbol{Q} + \frac{1}{2}\begin{bmatrix} Q_0 & -Q_1 & -Q_2 & -Q_3 \\ Q_1 & Q_0 & -Q_3 & Q_2 \\ Q_2 & Q_3 & Q_0 & -Q_1 \\ Q_3 & -Q_2 & Q_1 & Q_0 \end{bmatrix}\cdot\begin{bmatrix} 0 \\ \omega_r \\ \omega_t \\ \omega_h \end{bmatrix} \tag{4-165}$$

$[\hat{\boldsymbol{r}}, \hat{\boldsymbol{t}}, \hat{\boldsymbol{h}}]$ 坐标系的绝对角速度有如下关系[11]

$$\boldsymbol{\omega} = \frac{1}{2}\left(\hat{\boldsymbol{r}} \times \dot{\hat{\boldsymbol{r}}} + \hat{\boldsymbol{t}} \times \dot{\hat{\boldsymbol{t}}} + \hat{\boldsymbol{h}} \times \dot{\hat{\boldsymbol{h}}}\right)$$

$$\hat{\boldsymbol{r}}\times\dot{\hat{\boldsymbol{r}}}=\frac{h}{r^2}\hat{\boldsymbol{h}}$$

$$\hat{\boldsymbol{h}}\times\dot{\hat{\boldsymbol{h}}}=\frac{\hat{\boldsymbol{h}}\times\dot{\hat{\boldsymbol{h}}}}{h}=\frac{r(\hat{\boldsymbol{h}}\cdot\ddot{\boldsymbol{r}})}{h}\hat{\boldsymbol{r}}$$

$$\hat{\boldsymbol{t}}\times\dot{\hat{\boldsymbol{t}}}=\hat{\boldsymbol{t}}\times(\hat{\boldsymbol{h}}\times\dot{\hat{\boldsymbol{r}}}+\dot{\hat{\boldsymbol{h}}}\times\hat{\boldsymbol{r}})=-(\dot{\hat{\boldsymbol{h}}}\cdot\hat{\boldsymbol{t}})\hat{\boldsymbol{r}}+(\dot{\hat{\boldsymbol{r}}}\cdot\hat{\boldsymbol{t}})\hat{\boldsymbol{h}}=\frac{r(\hat{\boldsymbol{h}}\cdot\ddot{\boldsymbol{r}})}{h}\hat{\boldsymbol{r}}+\frac{h}{r^2}\hat{\boldsymbol{h}}$$

于是

$$\boldsymbol{\omega}=\frac{r(\hat{\boldsymbol{h}}\cdot\ddot{\boldsymbol{r}})}{h}\hat{\boldsymbol{r}}+\frac{h}{r^2}\hat{\boldsymbol{h}} \tag{4-166}$$

直角坐标动力学方程为

$$\ddot{\boldsymbol{r}}=-\frac{\mu}{r^3}\boldsymbol{r}+\boldsymbol{F}$$

其中，$\boldsymbol{F}$ 为摄动加速度，包括地球引力摄动加速度、日月引力加速度、推力加速度等，其在 $[\hat{\boldsymbol{r}},\ \hat{\boldsymbol{t}},\ \hat{\boldsymbol{h}}]$ 坐标系中的分量为 F_r，F_t，F_h。

式（4-166）成为

$$\boldsymbol{\omega}=\frac{rF_h}{h}\hat{\boldsymbol{r}}+\frac{h}{r^2}\hat{\boldsymbol{h}}$$

或者

$$\boldsymbol{\omega}=[\omega_r\quad\omega_t\quad\omega_h]^{\mathrm{T}}=\begin{bmatrix}\dfrac{rF_h}{h} & 0 & \dfrac{h}{r^2}\end{bmatrix}^{\mathrm{T}} \tag{4-167}$$

其中，$\omega_r=\dfrac{rF_h}{h}$正是陀螺效应，它表示轨道的进动和章动，$\omega_h=\dfrac{h}{r^2}$表示自转效应。

四元数微分方程为

$$\begin{bmatrix}\dot{Q}_0\\\dot{Q}_1\\\dot{Q}_2\\\dot{Q}_3\end{bmatrix}=\frac{v_r}{r}\boldsymbol{Q}+\frac{1}{2}\frac{h}{\|\boldsymbol{Q}\|^2}\begin{bmatrix}-Q_3\\Q_2\\-Q_1\\Q_0\end{bmatrix}+\frac{1}{2}\frac{\|\boldsymbol{Q}\|F_h}{h}\begin{bmatrix}-Q_1\\Q_0\\-Q_3\\Q_2\end{bmatrix} \tag{4-168}$$

径距变化率的微分方程，由于

$$r^2=\boldsymbol{r}\cdot\boldsymbol{r}$$

因此

$$r\dot{v}_r+v_r^2=\boldsymbol{r}\cdot\ddot{\boldsymbol{r}}+v^2$$

于是

$$\dot{v}_r=\frac{h^2}{\|\boldsymbol{Q}\|^3}-\frac{\mu}{\|\boldsymbol{Q}\|^2}+F_r \tag{4-169}$$

轨道角动量的微分方程，由于

$$\boldsymbol{h}=\boldsymbol{r}\times\boldsymbol{v}$$

$$h^2=\boldsymbol{h}\cdot\boldsymbol{h}$$

因此

$$h\dot{h}=\boldsymbol{h}\cdot\dot{\boldsymbol{h}}=\boldsymbol{h}\cdot(\boldsymbol{r}\times\ddot{\boldsymbol{r}})=(\boldsymbol{h}\times\boldsymbol{r})\cdot\ddot{\boldsymbol{r}}$$

不难得到

$$\dot{h}=\|\boldsymbol{Q}\|F_t \tag{4-170}$$

由新的轨道要素表示的轨道动力学方程为

$$\begin{bmatrix}\dot{Q}_0\\\dot{Q}_1\\\dot{Q}_2\\\dot{Q}_3\end{bmatrix}=\frac{v_r}{r}\boldsymbol{Q}+\frac{1}{2}\frac{h}{\|\boldsymbol{Q}\|^2}\begin{bmatrix}-Q_3\\Q_2\\-Q_1\\Q_0\end{bmatrix}+\frac{1}{2}\frac{\|\boldsymbol{Q}\|F_h}{h}\begin{bmatrix}-Q_1\\Q_0\\-Q_3\\Q_2\end{bmatrix}$$

$$\dot{v}_r=\frac{h^2}{\|\boldsymbol{Q}\|^3}-\frac{\mu}{\|\boldsymbol{Q}\|^2}+F_r$$

$$\dot{h}=\|\boldsymbol{Q}\|F_t \tag{4-171}$$

从上述方程可以看出，径向推力加速度直接改变轨道半径，切向推力加速度直接改变轨道角动量，垂直于轨道面的推力加速度直接改变 $[\hat{\boldsymbol{r}},\ \hat{\boldsymbol{t}},\ \hat{\boldsymbol{h}}]$ 坐标系相对于 J2000 坐标系的方位，也就是轨道平面的方位。因此我们给出的动力学方程物理意义十分明显，对任何轨道都适用，适合于任务轨道设计和控制决策。下面论述其用于轨道预报的效率。

4.3.2.2 摄动加速度计算[12]

(1) 地球引力摄动计算

由于地球引力为保守力，根据理论力学的知识可得径向摄动为

$$F_{re}=\frac{\partial U}{\partial r} \tag{4-172}$$

其中，U 为地球引力摄动位函数，只考虑带谐项的影响，其表达式为

$$U=-\frac{\mu_e}{r}\sum_{n=2}^{\infty}\left(\frac{R_e}{r}\right)^n[J_n \mathrm{P}_n(\sin\varphi)]$$

式中 r，φ——分别为航天器在球坐标系上的地心距、地心纬度；

μ_e——地球引力常数；

R_e——地球的平均赤道半径；

P_n——勒让德多项式；

J_n——带谐项系数。

切向摄动为

$$F_{te}=\frac{\partial U}{\partial \sin\varphi}\frac{(2q_2q_3+2q_0q_1)}{r^3} \tag{4-173}$$

法向摄动为

$$F_{he}=\frac{\partial U}{\partial \sin\varphi}\frac{(q_0^2+q_3^2-q_1^2-q_2^2)}{r^3} \tag{4-174}$$

(2) 太阳引力摄动和月球引力摄动

在 J2000.0 地心赤道惯性坐标系上，太阳引力摄动和月球引力摄动分别为

$$\mu_s\left[\frac{\boldsymbol{r}_{rs}}{r_{rs}^3}-\frac{\boldsymbol{r}_{ps}}{r_{ps}^3}\right] \tag{4-175}$$

$$\mu_m\left[\frac{\boldsymbol{r}_{rm}}{r_{rm}^3}-\frac{\boldsymbol{r}_{pm}}{r_{pm}^3}\right] \tag{4-176}$$

式中 $\boldsymbol{r}_{ps}$，$\boldsymbol{r}_{pm}$——分别为太阳和月球在地心赤道惯性坐标系的位置矢量，且 $r_{ps}=\|\boldsymbol{r}_{ps}\|$，$r_{pm}=\|\boldsymbol{r}_{pm}\|$；

$\boldsymbol{r}_{rs}$，$\boldsymbol{r}_{rm}$——分别为太阳和月球相对飞行器的位置矢量，即 $\boldsymbol{r}_{rs}$

$=\boldsymbol{r}_{ps}-\boldsymbol{r}$，$\boldsymbol{r}_{rm}=\boldsymbol{r}_{pm}-\boldsymbol{r}$，且 $r_{rs}=\|\boldsymbol{r}_{rs}\|$，$r_{rm}=\|\boldsymbol{r}_{rm}\|$；

μ_s，μ_m——分别为太阳和月球引力常数。

根据式（4-148），太阳和月球摄动用新轨道要素表示为

$$\begin{bmatrix}F_{rs}\\F_{ts}\\F_{hs}\end{bmatrix}=\mu_s\begin{bmatrix}q_0^2+q_1^2-q_2^2-q_3^2 & 2q_1q_2+2q_0q_3 & 2q_1q_3-2q_0q_2\\2q_1q_2-2q_0q_3 & q_0^2+q_2^2-q_1^2-q_3^2 & 2q_2q_3+2q_0q_1\\2q_1q_3+2q_0q_2 & 2q_2q_3-2q_0q_1 & q_0^2+q_3^2-q_1^2-q_2^2\end{bmatrix}\left[\frac{\boldsymbol{r}_{rs}}{r_{rs}^3}-\frac{\boldsymbol{r}_{ps}}{r_{ps}^3}\right] \tag{4-177}$$

$$\begin{bmatrix}F_{rm}\\F_{tm}\\F_{hm}\end{bmatrix}=\mu_m\begin{bmatrix}q_0^2+q_1^2-q_2^2-q_3^2 & 2q_1q_2+2q_0q_3 & 2q_1q_3-2q_0q_2\\2q_1q_2-2q_0q_3 & q_0^2+q_2^2-q_1^2-q_3^2 & 2q_2q_3+2q_0q_1\\2q_1q_3+2q_0q_2 & 2q_2q_3-2q_0q_1 & q_0^2+q_3^2-q_1^2-q_2^2\end{bmatrix}\left[\frac{\boldsymbol{r}_{rm}}{r_{rm}^3}-\frac{\boldsymbol{r}_{pm}}{r_{pm}^3}\right] \tag{4-178}$$

可见，在摄动加速度的计算中，不再出现三角函数运算，因此“四元数-轨道角动量-径距变化率”轨道要素组描述的动力学方程具有更快的计算速度。

4.3.3 “四元数-轨道角动量-径距变化率”动力学模型的优越性评估

本节将“四元数-轨道角动量-径距变化率”轨道要素组描述的动力学方程与传统的直角坐标动力学方程进行被动飞行条件下的计算效率比较。积分算法使用 Matlab 中的 ODE45，地球引力摄动考虑到 J_4 项，包括日月引力摄动，星历使用 DE405。

航天器初始轨道参数如下。

半长轴：6 871 km；

偏心率：0.01；

轨道倾角：97.8°；

升交点赤经：60°；

近地点幅角：20°；

真近点角：0°。

积分步长从 1 s 逐步增加到 200 s，积分总时间为 10 个轨道周

期。关闭截断误差控制项。表 4－2 给出了两种积分方程的结果。

表 4－2 新轨道要素动力学方程的计算效率和精度评估

积分步长	积分 10 个轨道周期结果		
	x/km	y/km	z/km
1s			
四元数方程	3.396 717 824 1e+003	5.368 065 011 4e+003	2.433 885 770 7e+003
直角坐标方程	3.396 717 824 1e+003	5.368 065 011 4e+003	2.433 885 770 7e+003
5s			
四元数方程	3.396 717 824 1e+003	5.368 065 011 4e+003	2.433 885 770 7e+003
直角坐标方程	3.396 717 824 1e+003	5.368 065 011 4e+003	2.433 885 770 7e+003
10s			
四元数方程	3.396 717 824 1e+003	5.368 065 011 4e+003	2.433 885 770 7e+003
直角坐标方程	3.396 717 824 3e+003	5.368 065 012 1e+003	2.433 885 769 0e+003
20s			
四元数方程	3.396 717 824 1e+003	5.368 065 011 4e+003	2.433 885 770 7e+003
直角坐标方程	3.396 717 828 6e+003	5.368 065 034 5e+003	2.433 885 716 6e+003
40s			
四元数方程	3.396 717 824 2e+003	5.368 065 011 9e+003	2.433 885 769 2e+003
直角坐标方程	3.396 717 957 7e+003	5.368 065 699 2e+003	2.433 884 159 2e+003
60s			
四元数方程	3.396 717 825 1e+003	5.368 065 018 0e+003	2.433 885 752 8e+003
直角坐标方程	3.396 718 728 0e+003	5.368 069 657 0e+003	2.433 874 899 2e+003
80s			
四元数方程	3.396 717 829 8e+003	5.368 065 049 1e+003	2.433 885 672 0e+003
直角坐标方程	3.396 721 018 5e+003	5.368 081 377 0e+003	2.433 847 538 7e+003
100s			
四元数方程	3.396 717 845 6e+003	5.368 065 151 2e+003	2.433 885 407 7e+003
直角坐标方程	3.396 725 252 1e+003	5.368 102 844 2e+003	2.433 797 666 8e+003
120s			
四元数方程	3.396 717 891 7e+003	5.368 065 434 5e+003	2.433 884 689 2e+003
直角坐标方程	3.396 729 402 5e+003	5.368 123 175 5e+003	2.433 751 331 7e+003

续表

积分步长	积分 10 个轨道周期结果		
	x/km	y/km	z/km
140s			
四元数方程	3.396 717 991 9e+003	5.368 066 060 0e+003	2.433 883 093 3e+003
直角坐标方程	3.396 725 628 4e+003	5.368 101 018 6e+003	2.433 806 603 3e+003
160s			
四元数方程	3.396 718 210 9e+003	5.368 067 370 0e+003	2.433 879 808 7e+003
直角坐标方程	3.396 694 862 3e+003	5.367 936 624 4e+003	2.434 199 071 9e+003
180s			
四元数方程	3.396 718 599 6e+003	5.368 069 748 4e+003	2.433 873 790 1e+003
直角坐标方程	3.396 599 833 0e+003	5.367 435 455 0e+003	2.435 387 658 2e+003
200s			
四元数方程	3.396 719 350 5e+003	5.368 074 083 4e+003	2.433 863 086 6e+003
直角坐标方程	3.396 374 319 8e+003	5.366 254 775 6e+003	2.438 177 346 8e+003

由表 4-2 可见，同样的积分步长情况下，新要素动力学方程积分结果的精度大大高于直角坐标动力学方程积分结果的精度。60 s 步长时，新要素动力学方程积分结果的位置精度为毫米级，而直角坐标动力学方程积分结果的位置精度为米级。200 s 步长时，新要素动力学方程积分结果的位置精度为米级，而直角坐标动力学方程积分结果的位置精度为千米级。

为了保持同样的轨道预报精度，直角坐标动力学方程不得不用小的积分步长，计算时间将大大增加。计算实验表明，如果预报精度限制为米级，新要素动力学方程积分步长可以放大为 200 s，而直角坐标动力学方程的积分步长为 60 s。后者的计算时间为前者的 3 倍。也就是说，在被动飞行条件下，新动力学方程计算效率是直角坐标动力学方程的 3 倍。这种快速性主要因为在摄动加速度的计算中，新动力学方程不再出现三角函数运算。因此我们给出的动力学方程可以广泛用于轨道设计规划、轨道预测等领域。

4.4 基于对偶四元数的航天器姿轨耦合动力学与控制

在空间近距离逼近任务中，航天器的相对位置和姿态是耦合的，主要体现在控制指令耦合和控制输入耦合两个方面[13]，这些耦合大大增加了轨道控制和姿态控制的难度，因此有必要针对轨道和姿态动力学耦合问题进行深入研究。

近年来，姿轨耦合控制问题成为研究热点，Sebastian[14]建立了编队飞行卫星的相对位置和姿态的耦合动力学模型；Pan 和 Kapila[15]推导了从星相对于主星的位置和姿态耦合动力学模型，并基于李雅普诺夫理论，设计了自适应的非线性控制器；卢伟[13]等基于相对轨道动力学和相对姿态动力学建立了相对位置和姿态的一体化耦合动力学模型，并利用反馈线性化理论，设计了一体化耦合控制算法。然而，上述方法在建模时仍然是将轨道和姿态分开处理，这种分而治之的方法直接影响了相对位置和姿态的控制精度，并且增加了系统复杂性。

目前，对偶四元数因其能统一描述一般性刚体运动（即螺旋运动）而备受青睐，已成功应用在空间机器人、机械、捷联惯导、控制、计算机辅助设计等多个领域中分析和处理运动学和动力学问题。2005 年，国内学者武元新[16-17]完善了捷联惯性导航的对偶四元数代数描述，并提出了基于双速结构的对偶四元数导航算法，为对偶四元数在航天领域的应用奠定了基础；韩大鹏[18]基于李群结构，利用对偶四元数进行了多自由度空间机械臂位姿控制的研究；Wang[19]和 Zhang[20]等人利用对偶四元数开展了空间姿轨耦合运动的研究。

4.4.1 对偶四元数代数

4.4.1.1 对偶数

对偶数是 Clifford[21]发明的，并由 Study[22]进一步拓展。对偶数

可定义如下

$$\hat{a}=a+\varepsilon a' \tag{4-179}$$

其中，a 称为“实数部分”，a' 称为“对偶部分”，ε 满足条件 $\varepsilon^2=0$，但 $\varepsilon\neq 0$。例如在矢量代数中，$\boldsymbol{\varepsilon}=\begin{bmatrix}0 & 0\\ x & 0\end{bmatrix}$（$x$ 为实数）满足上述条件。

根据定义，对偶数运算满足

$$\begin{cases}\hat{a}_1+\hat{a}_2=(a_1+a_2)+\varepsilon(a'_1+a'_2)\\ \lambda\hat{a}=\lambda a+\varepsilon\lambda a'\\ \hat{a}_1\hat{a}_2=a_1a_2+\varepsilon(a_1a'_2+a_2a'_1)\end{cases} \tag{4-180}$$

式中，λ 是一个标量。实数部分为零的对偶数不可逆，因为它的逆没有定义，例如

$$1/(\varepsilon a')=\varepsilon a'/(\varepsilon a')^2=\varepsilon a'/0$$

由于 ε 的所有高于 1 次的幂都等于零，所以以对偶数为因变量的函数有一个很重要的性质，其函数泰勒展开式满足

$$f(a+\varepsilon a')=f(a)+\varepsilon a' f'(a) \tag{4-181}$$

特别地，有

$$\begin{cases}\sin(a+\varepsilon a')=\sin a+\varepsilon a'\cos a\\ \cos(a+\varepsilon a')=\cos a-\varepsilon a'\sin a\\ \dfrac{\hat{a}}{\hat{b}}=\dfrac{a}{b}+\varepsilon\left(\dfrac{a'}{b}-\dfrac{ab'}{b^2}\right),\ b\neq 0\end{cases} \tag{4-182}$$

对偶矢量是一类特殊的对偶数，因为其实数部分和对偶部分都是矢量。换言之，对偶矢量与普通的矢量类似，只不过它的各元素是对偶数而不是实数而已。

单位对偶矢量可用来描述空间直线，实数部分是直线的单位方向矢量，对偶部分则为直线相对于坐标原点的矩。这里，直线矩定义为直线上的点矢量与直线的单位方向矢量的矢量积。在这种情况下，单位对偶矢量就是 Plücker 坐标或 Plücker 直线。如图 4-1 所示，过点 $\boldsymbol{p}$，单位方向矢量为 $\boldsymbol{l}$ 的直线可以表示成一条 Plücker 直线 $\hat{\boldsymbol{L}}=\boldsymbol{l}+\varepsilon\boldsymbol{m}$，其中直线矩 $\boldsymbol{m}=\boldsymbol{p}\times\boldsymbol{l}$。

直线之间的关系可以通过 Plücker 直线之间的运算得出。比如，两条 Plücker 直线的标量积等于对偶角$\hat{\theta}=\theta+\varepsilon d$ 的余弦，对应的物理含义为 θ 是两条直线的夹角，d 是它们之间公垂线的长度（见图 4-2）。

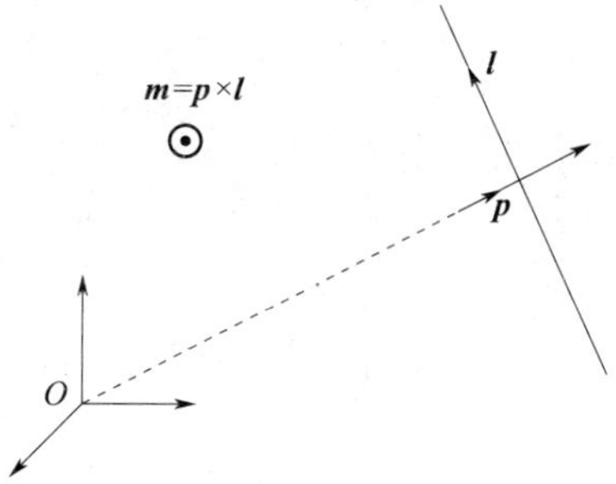

图 4-1　Plücker 直线

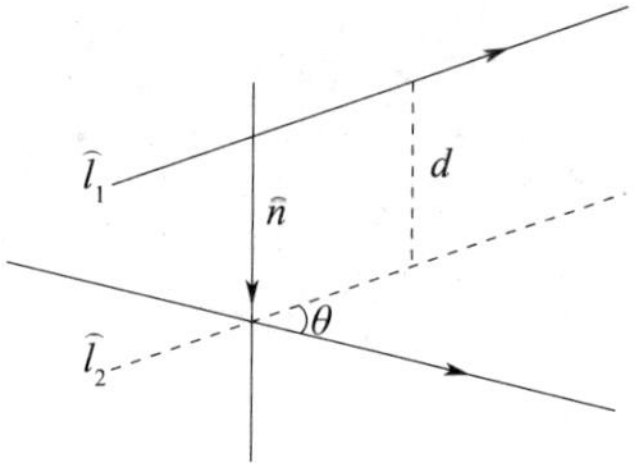

图 4-2　直线间的关系

4.4.1.2　对偶四元数

对偶四元数实际上是元素为对偶数的四元数，也可以写成一个元素为四元数的对偶数

$$\hat{\boldsymbol{q}}=\boldsymbol{q}+\varepsilon\boldsymbol{q}' \tag{4-183}$$

其中，$\boldsymbol{q}$ 和 $\boldsymbol{q}'$ 都是普通的四元数（它们的范数不一定为 1）。显然，对偶矢量可看作是标量部分为零的对偶四元数。对偶四元数与普通四元数具有相同的性质，即

$$\hat{\boldsymbol{q}}_1+\hat{\boldsymbol{q}}_2=(\boldsymbol{q}_1+\boldsymbol{q}_2)+\varepsilon(\boldsymbol{q}'_1+\boldsymbol{q}'_2) \tag{4-184}$$

$$\lambda\hat{\boldsymbol{q}}=\lambda\boldsymbol{q}+\varepsilon\lambda\boldsymbol{q}',\ \forall\lambda\in\mathbf{R} \tag{4-185}$$

$$\hat{\boldsymbol{q}}_1\circ\hat{\boldsymbol{q}}_2=\boldsymbol{q}_1\circ\boldsymbol{q}_2+\varepsilon(\boldsymbol{q}_1\circ\boldsymbol{q}'_2+\boldsymbol{q}'_1\circ\boldsymbol{q}_2) \tag{4-186}$$

在实际运算和编程实现时，对偶四元数常可表示成八维列矢量形式，即$\hat{\boldsymbol{q}}=[\boldsymbol{q}^{\mathrm{T}}\boldsymbol{q}'^{\mathrm{T}}]^{\mathrm{T}}$。那么，式（4-186）又可写成如下矩阵形式

$$\begin{aligned}\hat{\boldsymbol{q}}_1\circ\hat{\boldsymbol{q}}_2&=\begin{bmatrix}\{\boldsymbol{q}_1\}_L & \mathbf{0}_{4\times4}\\ \{\boldsymbol{q}'_1\}_L & \{\boldsymbol{q}_1\}_L\end{bmatrix}\begin{bmatrix}\boldsymbol{q}_2\\ \boldsymbol{q}'_2\end{bmatrix}\\ &=\begin{bmatrix}\{\boldsymbol{q}_2\}_R & \mathbf{0}_{4\times4}\\ \{\boldsymbol{q}'_2\}_R & \{\boldsymbol{q}_2\}_R\end{bmatrix}\begin{bmatrix}\boldsymbol{q}_1\\ \boldsymbol{q}'_1\end{bmatrix}\end{aligned} \tag{4-187}$$

对偶四元数的范数定义为

$$
\begin{aligned}
\|\hat{\boldsymbol{q}}\| &= \sqrt{\|\hat{\boldsymbol{q}}\|^2} = \sqrt{\hat{\boldsymbol{q}} \circ \hat{\boldsymbol{q}}^*} \\
&= \sqrt{(\boldsymbol{q}+\varepsilon \boldsymbol{q}') \circ (\boldsymbol{q}^* + \varepsilon \boldsymbol{q}'^*)} \\
&= \sqrt{\boldsymbol{q} \circ \boldsymbol{q}^* + \varepsilon (\boldsymbol{q} \circ \boldsymbol{q}'^* + \boldsymbol{q}' \circ \boldsymbol{q}^*)} \\
&= \sqrt{\boldsymbol{q}^{\mathrm{T}} \boldsymbol{q} + \varepsilon 2 \boldsymbol{q}^{\mathrm{T}} \boldsymbol{q}'} \\
&= \sqrt{\boldsymbol{q}^{\mathrm{T}} \boldsymbol{q}} + \varepsilon \frac{\boldsymbol{q}^{\mathrm{T}} \boldsymbol{q}'}{\sqrt{\boldsymbol{q}^{\mathrm{T}} \boldsymbol{q}}}
\end{aligned} \tag{4-188}
$$

这是一个对偶数。如果对偶四元数的实数部分非零，其逆可以写作$\hat{\boldsymbol{q}}^{-1} = \hat{\boldsymbol{q}}^* / \|\hat{\boldsymbol{q}}\|^2$，其中$\hat{\boldsymbol{q}}^* = \boldsymbol{q}^* + \varepsilon \boldsymbol{q}'^*$是共轭对偶四元数。如果$\|\hat{\boldsymbol{q}}\|^2 = 1 + \varepsilon 0$，则称该对偶四元数为单位对偶四元数，因此，单位对偶四元数的逆存在且等于其共轭。

单位对偶四元数可以用来描述包括旋转和平移的一般刚体变换，即螺旋变换。假定坐标系 O 与坐标系 N 之间的一般性刚体运动由转动 $\boldsymbol{q}$ 紧接着平移 $\boldsymbol{t}^N$（或平移 $\boldsymbol{t}^O$ 紧接着转动 $\boldsymbol{q}$）描述。假设 Plücker 直线$\hat{\boldsymbol{L}}$在坐标系 O 和 N 中分别表示为$\hat{\boldsymbol{L}}^O = \boldsymbol{l}^O + \varepsilon \boldsymbol{m}^O$和$\hat{\boldsymbol{L}}^N = \boldsymbol{l}^N + \varepsilon \boldsymbol{m}^N$，那么可定义一个单位对偶四元数$\hat{\boldsymbol{q}}$使其满足$\hat{\boldsymbol{L}}^N = \hat{\boldsymbol{q}} \circ \hat{\boldsymbol{L}}^O \circ \hat{\boldsymbol{q}}^*$，其中单位对偶四元数$\hat{\boldsymbol{q}}$是 $\boldsymbol{q}$ 和 $\boldsymbol{t}^N$（或 $\boldsymbol{q}$ 和 $\boldsymbol{t}^O$）的函数，即

$$
\begin{aligned}
\hat{\boldsymbol{q}} &= \boldsymbol{q} + \varepsilon \boldsymbol{q}' \\
&= \boldsymbol{q} + \varepsilon \frac{1}{2} \boldsymbol{t}^N \circ \boldsymbol{q} = \boldsymbol{q} + \varepsilon \frac{1}{2} \boldsymbol{q} \circ \boldsymbol{t}^O
\end{aligned} \tag{4-189}
$$

具体证明如下

$$
\boldsymbol{l}^N = \boldsymbol{q} \circ \boldsymbol{l}^O \circ \boldsymbol{q}^* \tag{4-190}
$$

$$
\begin{aligned}
\boldsymbol{m}^N &= \boldsymbol{p}^N \times \boldsymbol{l}^N \\
&= (\boldsymbol{q} \circ \boldsymbol{p}^O \circ \boldsymbol{q}^* - \boldsymbol{t}^N) \times (\boldsymbol{q} \circ \boldsymbol{l}^O \circ \boldsymbol{q}^*) \\
&= \boldsymbol{q} \circ \boldsymbol{m}^O \circ \boldsymbol{q}^* - \boldsymbol{t}^N \times (\boldsymbol{q} \circ \boldsymbol{l}^O \circ \boldsymbol{q}^*) \\
&= \boldsymbol{q} \circ \boldsymbol{m}^O \circ \boldsymbol{q}^* + \frac{1}{2} [(\boldsymbol{q} \circ \boldsymbol{l}^O \circ \boldsymbol{q}^*) \circ \boldsymbol{t}^{N*} - \boldsymbol{t}^N \circ (\boldsymbol{q} \circ \boldsymbol{l}^O \circ \boldsymbol{q}^*)^*]
\end{aligned}
$$

$$=\boldsymbol{q}\circ\boldsymbol{m}^{O}\circ\boldsymbol{q}^{*}+\frac{1}{2}\left(\boldsymbol{t}^{N}\circ\boldsymbol{q}\circ\boldsymbol{l}^{O}\circ\boldsymbol{q}^{*}+\boldsymbol{q}\circ\boldsymbol{l}^{O}\circ\boldsymbol{q}^{*}\circ\boldsymbol{t}^{N*}\right) \tag{4-191}$$

注意到上式的推导过程中并没有严格区分变量是一个三维矢量还是其广义四元数，但这并不影响读者对公式的理解。另外，对于两个三维矢量 $\boldsymbol{v}_1$ 和 $\boldsymbol{v}_2$ 而言，它们间的矢量积可用对应的广义四元数表示如下

$$\begin{aligned}\boldsymbol{v}_1\times\boldsymbol{v}_2&=\frac{1}{2}\left(\bar{\boldsymbol{v}}_2\circ\bar{\boldsymbol{v}}_1-\bar{\boldsymbol{v}}_1\circ\bar{\boldsymbol{v}}_2\right)\\&=\frac{1}{2}\left(\bar{\boldsymbol{v}}_1\circ\bar{\boldsymbol{v}}_2^{*}-\bar{\boldsymbol{v}}_2\circ\bar{\boldsymbol{v}}_1^{*}\right)\end{aligned} \tag{4-192}$$

该公式将在本文公式推导中反复用到。

定义一个新的四元数 $\boldsymbol{q}'=\frac{1}{2}\boldsymbol{t}^{N}\circ\boldsymbol{q}$ 和对偶四元数 $\hat{\boldsymbol{q}}=\boldsymbol{q}+\varepsilon\boldsymbol{q}'$，可以得到如下转换关系

$$\hat{\boldsymbol{L}}^{N}=\boldsymbol{l}^{N}+\varepsilon\boldsymbol{m}^{N}=\left(\boldsymbol{q}+\varepsilon\boldsymbol{q}'\right)\circ\left(\boldsymbol{l}^{O}+\varepsilon\boldsymbol{m}^{O}\right)\circ\left(\boldsymbol{q}+\varepsilon\boldsymbol{q}'\right)^{*}=\hat{\boldsymbol{q}}\circ\hat{\boldsymbol{L}}^{O}\circ\hat{\boldsymbol{q}}^{*} \tag{4-193}$$

另外，$\boldsymbol{t}^{N}=\boldsymbol{q}\circ\boldsymbol{t}^{O}\circ\boldsymbol{q}^{*}$，于是对偶四元数 $\hat{\boldsymbol{q}}$ 又可以写成

$$\begin{aligned}\hat{\boldsymbol{q}}&=\boldsymbol{q}+\varepsilon\frac{1}{2}\boldsymbol{t}^{N}\circ\boldsymbol{q}\\&=\boldsymbol{q}+\varepsilon\frac{1}{2}\boldsymbol{q}\circ\boldsymbol{t}^{O}\end{aligned} \tag{4-194}$$

由上式可知

$$\begin{cases}\boldsymbol{t}^{O}=2\boldsymbol{q}^{*}\circ\boldsymbol{q}'\\\boldsymbol{t}^{N}=2\boldsymbol{q}'\circ\boldsymbol{q}^{*}\end{cases} \tag{4-195}$$

单位对偶四元数也可以写成螺旋运动参数的显示方程，即

$$\hat{\boldsymbol{q}}=\left[\hat{\boldsymbol{n}}^{\mathrm{T}}\sin\left(\frac{\hat{\theta}}{2}\right)\quad\cos\left(\frac{\hat{\theta}}{2}\right)\right]^{\mathrm{T}} \tag{4-196}$$

式中 $\hat{\boldsymbol{n}}$——螺旋轴；

$\hat{\theta}$——对偶角。

4.4.2　基于对偶四元数的航天器轨/姿运动学建模

4.4.2.1　对偶四元数运动学方程

四元数运动学方程为

$$\dot{\boldsymbol{q}}=\frac{1}{2}\boldsymbol{\omega}_{N/O}^{N}\circ\boldsymbol{q}=\frac{1}{2}\boldsymbol{q}\circ\boldsymbol{\omega}_{N/O}^{O} \tag{4-197}$$

式中　$\boldsymbol{q}$——从 O 系到 N 系的姿态四元数；

$\boldsymbol{\omega}_{N/O}^{N}$，$\boldsymbol{\omega}_{N/O}^{O}$——分别是坐标系 N 相对于坐标系 O 的角速度在坐标系 N 和 O 中的投影。

由式（4－189）可得对偶四元数相对时间的微分

$$\begin{aligned}2\dot{\hat{\boldsymbol{q}}}&=2\dot{\boldsymbol{q}}+\varepsilon(\dot{\boldsymbol{t}}^{N}\circ\boldsymbol{q}+\boldsymbol{t}^{N}\circ\boldsymbol{q})\\&=\boldsymbol{\omega}_{N/O}^{N}\circ\boldsymbol{q}+\varepsilon\left(\dot{\boldsymbol{t}}^{N}\circ\boldsymbol{q}+\boldsymbol{t}^{N}\circ\frac{1}{2}\boldsymbol{\omega}_{N/O}^{N}\circ\boldsymbol{q}\right)\\&=\boldsymbol{\omega}_{N/O}^{N}\circ\boldsymbol{q}+\varepsilon\left[\dot{\boldsymbol{t}}^{N}\circ\boldsymbol{q}+(\boldsymbol{\omega}_{N/O}^{N}\times\boldsymbol{t}^{N})\circ\boldsymbol{q}+\frac{1}{2}\boldsymbol{\omega}_{N/O}^{N}\circ\boldsymbol{t}^{N}\circ\boldsymbol{q}\right]\\&=[\boldsymbol{\omega}_{N/O}^{N}+\varepsilon(\dot{\boldsymbol{t}}^{N}+\boldsymbol{\omega}_{N/O}^{N}\times\boldsymbol{t}^{N})]\circ\left(\boldsymbol{q}+\varepsilon\frac{1}{2}\boldsymbol{t}^{N}\circ\boldsymbol{q}\right)\\&=\hat{\boldsymbol{\omega}}_{N/O}^{N}\circ\hat{\boldsymbol{q}}=\hat{\boldsymbol{q}}\circ\hat{\boldsymbol{\omega}}_{N/O}^{O}\end{aligned} \tag{4-198}$$

其中，对偶矢量

$$\hat{\boldsymbol{\omega}}_{N/O}^{N}=\boldsymbol{\omega}_{N/O}^{N}+\varepsilon(\dot{\boldsymbol{t}}^{N}+\boldsymbol{\omega}_{N/O}^{N}\circ\boldsymbol{t}^{N}) \tag{4-199}$$

$$\hat{\boldsymbol{\omega}}_{N/O}^{O}=\boldsymbol{\omega}_{N/O}^{O}+\varepsilon(\dot{\boldsymbol{t}}^{O}+\boldsymbol{t}^{N}\circ\boldsymbol{\omega}_{N/O}^{O}) \tag{4-200}$$

被称作“旋量”（Twist）。

可以看出，对偶四元数有许多性质与四元数相同。实际上，根据 Kotelnikov 的转移原理，四元数的性质被对偶四元数完全继承了。

4.4.2.2　基于对偶四元数的航天器轨/姿运动学方程

如图 4－3 所示，假设对偶四元数$\hat{\boldsymbol{q}}_b$刻画了航天器本体坐标系（b 系）相对于地心惯性坐标系（I 系）的一般性刚体运动，由定义可知

$$\hat{\boldsymbol{q}}_b=\boldsymbol{q}_b+\varepsilon\frac{1}{2}\boldsymbol{r}_b^{b}\circ\boldsymbol{q}_b \tag{4-201}$$

式中　$\boldsymbol{q}_b$——航天器体系相对于惯性系的姿态四元数；

$\boldsymbol{r}_b^b$——航天器的惯性位置在航天器体系中的描述。

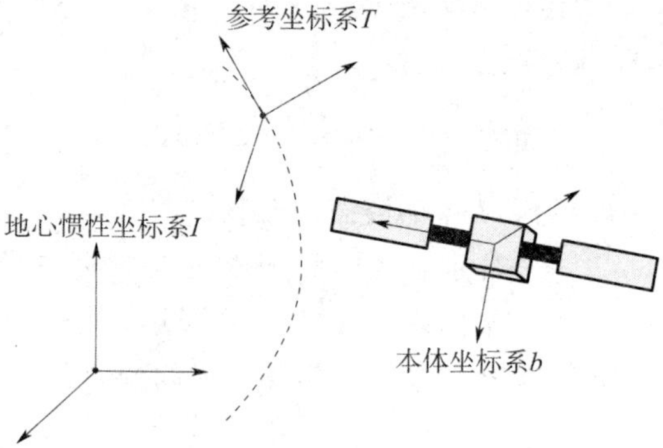

图 4-3　坐标系定义

根据前述的知识可得基于对偶四元数的航天器轨/姿运动学方程为

$$\dot{\hat{\boldsymbol{q}}}_b=\frac{1}{2}\hat{\boldsymbol{\omega}}_{b/I}^b\circ\hat{\boldsymbol{q}}_b \tag{4-202}$$

式中，旋量$\hat{\boldsymbol{\omega}}_{b/I}^b$为

$$\begin{aligned}\hat{\boldsymbol{\omega}}_{b/I}^b&=\boldsymbol{\omega}_{b/I}^b+\varepsilon\ (\dot{\boldsymbol{r}}_b^b+\boldsymbol{\omega}_{b/I}^b\times\boldsymbol{r}_b^b)\\&=\boldsymbol{\omega}_{b/I}^b+\varepsilon\ (\boldsymbol{q}_b\circ\dot{\boldsymbol{r}}_b^I\circ\boldsymbol{q}_b^*)\\&=\boldsymbol{\omega}_{b/I}^b+\varepsilon\boldsymbol{v}_b^b\end{aligned} \tag{4-203}$$

式中　$\boldsymbol{\omega}_{b/I}^b$——航天器体系相对于惯性系的角速度在航天器体系中的分量；

$\boldsymbol{v}_b^b$——航天器的惯性速度矢量在体系中的描述。

同理，可用对偶四元数$\hat{\boldsymbol{q}}_t$描述定义在参考坐标系 T 中的期望姿态和位置运动，即

$$\hat{\boldsymbol{q}}_t=\boldsymbol{q}_t+\varepsilon\ \frac{1}{2}\boldsymbol{r}_t^t\circ\boldsymbol{q}_t \tag{4-204}$$

式中　$\boldsymbol{q}_t$——从 I 系到 T 系的姿态四元数，即期望姿态；

$\boldsymbol{r}_t^t$——期望的惯性位置在 T 系中的描述。

参考坐标系 T 的运动学方程为

$$\dot{\hat{\boldsymbol{q}}}_t=\frac{1}{2}\hat{\boldsymbol{\omega}}_{t/I}^t\circ\hat{\boldsymbol{q}}_t \tag{4-205}$$

其中，$\hat{\boldsymbol{\omega}}_{t/I}^t$ 为期望旋量，类似于式（4-203），可写成

$$\hat{\boldsymbol{\omega}}_{t/I}^t=\boldsymbol{\omega}_{t/I}^t+\varepsilon\left(\dot{\boldsymbol{r}}_t^t+\boldsymbol{\omega}_{t/I}^t\times\boldsymbol{r}_t^t\right)=\boldsymbol{\omega}_{t/I}^t+\varepsilon\boldsymbol{v}_t^t \tag{4-206}$$

式中　$\boldsymbol{\omega}_{t/I}^t$，$\boldsymbol{r}_t^t$——分别是定义在 T 系中的期望角速度矢量和惯性位置矢量。

定义 b 系和 T 系之间的误差对偶四元数 $\hat{\boldsymbol{q}}_e$ 为

$$\hat{\boldsymbol{q}}_e=\hat{\boldsymbol{q}}_b\circ\hat{\boldsymbol{q}}_t^* \tag{4-207}$$

一方面，根据对偶四元数的定义可知

$$\hat{\boldsymbol{q}}_e=\boldsymbol{q}_e+\varepsilon\frac{1}{2}\boldsymbol{p}_{b/t}^b\circ\boldsymbol{q}_e \tag{4-208}$$

式中，$\boldsymbol{q}_e$ 为 b 系相对于 T 系的姿态四元数，$\boldsymbol{p}_{b/t}^b$ 为 b 系相对于 T 系的位置矢量在 b 系中的描述，分别表示为

$$\boldsymbol{q}_e=\boldsymbol{q}_b\circ\boldsymbol{q}_t^* \tag{4-209}$$

$$\boldsymbol{p}_{b/t}^b=\boldsymbol{r}_b^b-\boldsymbol{q}_e\circ\boldsymbol{r}_t^t\circ\boldsymbol{q}_e^*=\boldsymbol{r}_b^b-\boldsymbol{r}_t^b \tag{4-210}$$

另一方面，将式（4-201）和式（4-204）代入式（4-207）也可得

$$\begin{aligned}\hat{\boldsymbol{q}}_e&=\left(\boldsymbol{q}_b+\varepsilon\frac{1}{2}\boldsymbol{r}_b^b\circ\boldsymbol{q}_b\right)\circ\left(\boldsymbol{q}_t^*-\varepsilon\frac{1}{2}\boldsymbol{q}_t^*\circ\boldsymbol{r}_t^t\right)\\&=\boldsymbol{q}_e+\varepsilon\frac{1}{2}\left(\boldsymbol{r}_b^b-\boldsymbol{q}_e\circ\boldsymbol{r}_t^t\circ\boldsymbol{q}_e^*\right)\circ\boldsymbol{q}_e\\&=\boldsymbol{q}_e+\varepsilon\frac{1}{2}\boldsymbol{p}_{b/t}^b\circ\boldsymbol{q}_e\end{aligned} \tag{4-211}$$

根据式（4-198）可得误差对偶四元数的运动学方程

$$\dot{\hat{\boldsymbol{q}}}_e=\frac{1}{2}\hat{\boldsymbol{\omega}}_{b/t}^b\circ\hat{\boldsymbol{q}}_e \tag{4-212}$$

式中，b 系相对于 T 系的误差旋量为

$$\begin{aligned}\hat{\boldsymbol{\omega}}_{b/t}^b&=\hat{\boldsymbol{\omega}}_{b/I}^b-\hat{\boldsymbol{q}}_e\circ\hat{\boldsymbol{\omega}}_{t/I}^t\circ\hat{\boldsymbol{q}}_e^*\\&=\boldsymbol{\omega}_{b/t}^b+\varepsilon\left(\dot{\boldsymbol{p}}_{b/t}^b+\boldsymbol{\omega}_{b/t}^b\times\boldsymbol{p}_{b/t}^b\right)\end{aligned} \tag{4-213}$$

4.4.2.3 对偶四元数传播

对偶四元数的通用更新算法为

$$\hat{\boldsymbol{q}}(t+\Delta T)=\hat{\boldsymbol{q}}(\Delta T)\circ\hat{\boldsymbol{q}}(t) \tag{4-214}$$

式中 $\hat{\boldsymbol{q}}(t)$，$\hat{\boldsymbol{q}}(t+\Delta T)$ ——分别为前一时刻和当前时刻的对偶四元数；

$\hat{\boldsymbol{q}}(\Delta T)$ ——当前大时间间隔内的更新对偶四元数。

更新对偶四元数 $\hat{\boldsymbol{q}}(\Delta T)$ 可表示为螺旋矢量的函数

$$\hat{\boldsymbol{q}}(\Delta T)=\left[\frac{\hat{\boldsymbol{\sigma}}}{\hat{\sigma}}\sin\left(\frac{\hat{\sigma}}{2}\right)\quad\cos\left(\frac{\hat{\sigma}}{2}\right)\right] \tag{4-215}$$

其中，螺旋矢量 $\hat{\boldsymbol{\sigma}}$ 的微分方程如下

$$\dot{\hat{\boldsymbol{\sigma}}}=\hat{\boldsymbol{\omega}}+\frac{1}{2}\hat{\boldsymbol{\sigma}}\times\hat{\boldsymbol{\omega}}+\frac{1}{\hat{\sigma}^2}\left[1-\frac{\hat{\sigma}\sin\hat{\sigma}}{2(1-\cos\hat{\sigma})}\right)\hat{\boldsymbol{\sigma}}\times(\hat{\boldsymbol{\sigma}}\times\hat{\boldsymbol{\omega}}) \tag{4-216}$$

实际计算过程中，可将式（4-214）进一步分成实数部分和对偶部分

$$\begin{cases}\boldsymbol{q}(t+\Delta T)=\boldsymbol{q}(\Delta T)\circ\boldsymbol{q}(t)\\ \boldsymbol{q}'(t+\Delta T)=\boldsymbol{q}'(\Delta T)\circ\boldsymbol{q}(t)+\boldsymbol{q}(\Delta T)\circ\boldsymbol{q}'(t)\end{cases} \tag{4-217}$$

令 $\hat{\boldsymbol{\sigma}}=\boldsymbol{\sigma}+\varepsilon\boldsymbol{\sigma}'$，扩展式（4-217）可得

$$\begin{cases}\boldsymbol{q}(\Delta T)=\left[\dfrac{\boldsymbol{\sigma}}{\sigma}^{\mathrm{T}}\sin\left(\dfrac{\sigma}{2}\right)\quad\cos\left(\dfrac{\sigma}{2}\right)\right]^{\mathrm{T}}\\ \boldsymbol{q}'(\Delta T)=\left[\dfrac{\sigma\boldsymbol{\sigma}'^{\mathrm{T}}-\sigma'\boldsymbol{\sigma}^{\mathrm{T}}}{\sigma^2}\sin\left(\dfrac{\sigma}{2}\right)+\dfrac{\sigma'\boldsymbol{\sigma}^{\mathrm{T}}}{2\sigma}\cos\left(\dfrac{\sigma}{2}\right)\quad-\dfrac{\sigma'}{2}\sin\left(\dfrac{\sigma}{2}\right)\right]^{\mathrm{T}}\end{cases} \tag{4-218}$$

可以看出，只有螺旋矢量 $\hat{\boldsymbol{\sigma}}$ 的实数部分 $\boldsymbol{\sigma}$ 对姿态更新有贡献。另外，当 $\sigma=0$ 时，即姿态角速度为零时，式（4-218）则退化为

$$\boldsymbol{q}(\Delta T)=[\boldsymbol{0}_{1\times3}\quad 1]^{\mathrm{T}},\quad \boldsymbol{q}'(\Delta T)=\left[\frac{1}{2}\boldsymbol{\sigma}'^{\mathrm{T}}\quad 0\right]^{\mathrm{T}} \tag{4-219}$$

4.4.3 基于对偶四元数的轨/姿一体化刚体动力学建模

4.4.3.1 基于对偶四元数的轨/姿一体化动力学方程

根据参考文献[23]中的 Brodsky 理论，刚体的对偶动量可以表示为

$$\hat{\boldsymbol{h}}=\hat{\boldsymbol{M}}\hat{\boldsymbol{\omega}} \tag{4-220}$$

其中，$\hat{\boldsymbol{\omega}}$为刚体的旋量，$\hat{\boldsymbol{M}}$是对偶质量算子和对偶惯量算子的和，定义为对偶惯性算子，其矩阵形式为

$$\hat{\boldsymbol{M}}=m\frac{\mathrm{d}}{\mathrm{d}\varepsilon}\boldsymbol{I}_{3\times3}+\varepsilon\boldsymbol{J}=\begin{bmatrix} m\frac{\mathrm{d}}{\mathrm{d}\varepsilon}+\varepsilon J_{xx} & \varepsilon J_{xy} & \varepsilon J_{xz} \\ \varepsilon J_{xy} & m\frac{\mathrm{d}}{\mathrm{d}\varepsilon}+\varepsilon J_{yy} & \varepsilon J_{yz} \\ \varepsilon J_{xz} & \varepsilon J_{yz} & m\frac{\mathrm{d}}{\mathrm{d}\varepsilon}+\varepsilon J_{zz} \end{bmatrix} \tag{4-221}$$

式中　m——航天器质量；

$\boldsymbol{J}$——航天器的惯量张量；

$\boldsymbol{I}_{3\times3}$——单位阵。

且有　$\hat{\boldsymbol{M}}^{-1}=\boldsymbol{J}^{-1}\frac{\mathrm{d}}{\mathrm{d}\varepsilon}+\varepsilon\frac{1}{m}\boldsymbol{I}_{3\times3}$。

因此，对偶动量可进一步写成

$$\hat{\boldsymbol{M}}\hat{\boldsymbol{\omega}}=\left(m\frac{\mathrm{d}}{\mathrm{d}\varepsilon}\boldsymbol{I}_{3\times3}+\varepsilon\boldsymbol{J}\right)(\boldsymbol{\omega}+\varepsilon\boldsymbol{v})=m\boldsymbol{v}+\varepsilon\boldsymbol{J}\boldsymbol{\omega} \tag{4-222}$$

可以看出，对偶动量$\hat{\boldsymbol{h}}$的实部 $m\boldsymbol{v}$ 和对偶部 $\boldsymbol{J}\boldsymbol{\omega}$ 分别为刚体的线动量和角动量。根据刚体的欧拉动力学方程可得

$$\hat{\boldsymbol{F}}^b=\dot{\hat{\boldsymbol{h}}}_b=\hat{\boldsymbol{M}}\dot{\hat{\boldsymbol{\omega}}}_{b/I}^b+\hat{\boldsymbol{\omega}}_{b/I}^b\times\hat{\boldsymbol{M}}\hat{\boldsymbol{\omega}}_{b/I}^b \tag{4-223}$$

其中，定义作用在航天器上的对偶力矢量$\hat{\boldsymbol{F}}^b$在体系 b 中表示，由力 $\boldsymbol{F}^b$和力矩 $\boldsymbol{T}^b$构成，即

$$\hat{\boldsymbol{F}}^b=\boldsymbol{F}^b+\varepsilon\boldsymbol{T}^b \tag{4-224}$$

力矢量 $\boldsymbol{F}^b$ 主要由控制力 $\boldsymbol{f}_c^b$，重力 $\boldsymbol{f}_g^b$ 以及干扰力 $\boldsymbol{f}_d$ 三部分构成；力矩矢量 $\boldsymbol{T}^b$ 由控制力矩 $\boldsymbol{\tau}_c^b$，重力力矩 $\boldsymbol{\tau}_g^b$ 以及干扰力矩 $\boldsymbol{\tau}_d$ 三部分构成。因此，对偶力矢量 $\widehat{\boldsymbol{F}}^b$ 可写成

$$\widehat{\boldsymbol{F}}^b=\widehat{\boldsymbol{u}}_c^b+\widehat{\boldsymbol{u}}_g^b+\widehat{\boldsymbol{d}} \tag{4-225}$$

其中

$$\begin{cases}\widehat{\boldsymbol{u}}_c^b=\boldsymbol{f}_c^b+\varepsilon\boldsymbol{\tau}_c^b\\ \widehat{\boldsymbol{u}}_g^b=\boldsymbol{f}_g^b+\varepsilon\boldsymbol{\tau}_g^b\\ \widehat{\boldsymbol{d}}=\boldsymbol{f}_d+\varepsilon\boldsymbol{\tau}_d\end{cases} \tag{4-226}$$

这里，干扰力和力矩满足边界条件

$$\|\boldsymbol{f}_d\|\leqslant d_f,\qquad \|\boldsymbol{\tau}_d\|\leqslant d_\tau \tag{4-227}$$

重力和重力力矩可以写成[24]

$$\boldsymbol{f}_g^b=-\frac{\mu m}{r_b^3}\boldsymbol{r}_b^b,\qquad \boldsymbol{\tau}_g^b=\frac{3\mu}{r_b^5}(\boldsymbol{r}_b^b\times\boldsymbol{J}\boldsymbol{r}_b^b) \tag{4-228}$$

根据式（4-223）可得基于对偶四元数的轨/姿一体化动力学方程描述形式

$$\widehat{\boldsymbol{M}}\dot{\widehat{\boldsymbol{\omega}}}_{b/I}^b+\widehat{\boldsymbol{\omega}}_{b/I}^b\times\widehat{\boldsymbol{M}}\widehat{\boldsymbol{\omega}}_{b/I}^b=\widehat{\boldsymbol{u}}_c^b+\widehat{\boldsymbol{u}}_g^b+\widehat{\boldsymbol{d}} \tag{4-229}$$

4.4.3.2 误差动力学方程

通过对 $\widehat{\boldsymbol{q}}_e\cdot\widehat{\boldsymbol{q}}_e^*=[0\ 0\ 0\ 1]^T+\varepsilon[0\ 0\ 0\ 0]^T$ 两边求导可得

$$\dot{\widehat{\boldsymbol{q}}}_e^*=-\frac{1}{2}\widehat{\boldsymbol{q}}_e^*\circ\widehat{\boldsymbol{\omega}}_{b/t}^b \tag{4-230}$$

进一步，对式（4-213）两边求导可得

$$\begin{aligned}\dot{\widehat{\boldsymbol{\omega}}}_{b/t}^b&=\dot{\widehat{\boldsymbol{\omega}}}_{b/I}^b-\dot{\widehat{\boldsymbol{q}}}_e\circ\widehat{\boldsymbol{\omega}}_{t/I}^t\circ\widehat{\boldsymbol{q}}_e^*-\widehat{\boldsymbol{q}}_e\circ\dot{\widehat{\boldsymbol{\omega}}}_{t/I}^t\circ\widehat{\boldsymbol{q}}_e^*-\widehat{\boldsymbol{q}}_e\circ\widehat{\boldsymbol{\omega}}_{t/I}^t\circ\dot{\widehat{\boldsymbol{q}}}_e^*\\&=\dot{\widehat{\boldsymbol{\omega}}}_{b/I}^b-\widehat{\boldsymbol{q}}_e\circ\dot{\widehat{\boldsymbol{\omega}}}_{t/I}^t\circ\widehat{\boldsymbol{q}}_e^*-\frac{1}{2}\widehat{\boldsymbol{\omega}}_{b/t}^b\circ\widehat{\boldsymbol{q}}_e\circ\widehat{\omega}_{t/I}^t\circ\widehat{\boldsymbol{q}}_e^*+\frac{1}{2}\widehat{\boldsymbol{q}}_e\circ\widehat{\boldsymbol{\omega}}_{t/I}^t\circ\widehat{\boldsymbol{q}}_e^*\circ\widehat{\boldsymbol{\omega}}_{b/t}^b\\&=\dot{\widehat{\boldsymbol{\omega}}}_{b/I}^b-\widehat{\boldsymbol{q}}_e\circ\dot{\widehat{\boldsymbol{\omega}}}_{t/I}^t\circ\widehat{\boldsymbol{q}}_e^*+\widehat{\boldsymbol{\omega}}_{b/t}^b\times(\widehat{\boldsymbol{q}}_e\circ\widehat{\boldsymbol{\omega}}_{t/I}^t\circ\widehat{\boldsymbol{q}}_e^*)\end{aligned} \tag{4-231}$$

将式（4-229）代入到式（4-231）中可得

$$\widehat{\boldsymbol{M}}\dot{\widehat{\boldsymbol{\omega}}}_{b/t}^b=-(\widehat{\boldsymbol{\omega}}_{b/I}^b\times\widehat{\boldsymbol{M}}\widehat{\boldsymbol{\omega}}_{b/I}^b)+(\widehat{\boldsymbol{u}}_c^b+\widehat{\boldsymbol{u}}_g^b+\widehat{\boldsymbol{d}})+$$

$$\widehat{\boldsymbol{M}}\left[\widehat{\boldsymbol{\omega}}_{b/t}^{b}\times\left(\widehat{\boldsymbol{q}}_{\mathrm{e}}\circ\widehat{\boldsymbol{\omega}}_{t/I}^{t}\circ\widehat{\boldsymbol{q}}_{\mathrm{e}}^{*}\right)-\widehat{\boldsymbol{q}}_{\mathrm{e}}\circ\dot{\widehat{\boldsymbol{\omega}}}_{t/I}^{t}\circ\widehat{\boldsymbol{q}}_{\mathrm{e}}^{*}\right] \tag{4-232}$$

正如式（4-232）所示，航天器体系 b 相对于参考坐标系 T 的相对平动和转动动力学方程被描述在同一个方程里。将式（4-232）进一步展开分为实部和对偶部，可分别得到平动误差动力学方程和转动误差动力学方程，即

$$\begin{aligned}\ddot{\boldsymbol{p}}_{b/t}^{b}=&-\left[\dot{\boldsymbol{\omega}}_{b/t}^{b}+\boldsymbol{A}(\boldsymbol{q}_{\mathrm{e}})\boldsymbol{\omega}_{t/I}^{t}\times\boldsymbol{\omega}_{b/t}^{b}+\boldsymbol{A}(\boldsymbol{q}_{\mathrm{e}})\dot{\boldsymbol{\omega}}_{t/I}^{t}\right]\times\boldsymbol{p}_{b/t}^{b}-\left[\boldsymbol{\omega}_{b/t}^{b}+\right.\\&\left.\boldsymbol{A}(\boldsymbol{q}_{\mathrm{e}})\boldsymbol{\omega}_{t/I}^{t}\right]\times\left\{\left[\boldsymbol{\omega}_{b/t}^{b}+\boldsymbol{A}(\boldsymbol{q}_{\mathrm{e}})\boldsymbol{\omega}_{t/I}^{t}\right]\times\boldsymbol{p}_{b/t}^{b}\right\}-2\left[\boldsymbol{\omega}_{b/t}^{b}+\right.\\&\left.\boldsymbol{A}(\boldsymbol{q}_{\mathrm{e}})\boldsymbol{\omega}_{t/I}^{t}\right]\times\dot{\boldsymbol{p}}_{b/t}^{b}+\frac{\mu}{r_{t}^{3}}\boldsymbol{A}(\boldsymbol{q}_{\mathrm{e}})\boldsymbol{r}_{t}^{t}-\frac{\mu}{r_{b}^{3}}\boldsymbol{r}_{b}^{b}+\frac{\boldsymbol{f}_{\mathrm{c}}^{b}}{m}+\frac{\boldsymbol{f}_{\mathrm{d}}}{m}\end{aligned} \tag{4-233}$$

$$\begin{aligned}\boldsymbol{J}\dot{\boldsymbol{\omega}}_{b/t}^{b}=&-\left[\boldsymbol{\omega}_{b/t}^{b}+\boldsymbol{A}(\boldsymbol{q}_{\mathrm{e}})\boldsymbol{\omega}_{t/I}^{t}\right]\times\boldsymbol{J}\left[\boldsymbol{\omega}_{b/t}^{b}+\boldsymbol{A}(\boldsymbol{q}_{\mathrm{e}})\boldsymbol{\omega}_{t/I}^{t}\right]+\\&\boldsymbol{J}\left[\boldsymbol{\omega}_{b/t}^{b}\times\boldsymbol{A}(\boldsymbol{q}_{\mathrm{e}})\boldsymbol{\omega}_{t/I}^{t}-\boldsymbol{A}(\boldsymbol{q}_{\mathrm{e}})\dot{\boldsymbol{\omega}}_{t/I}^{t}\right]+(\boldsymbol{\tau}_{\mathrm{c}}^{b}+\boldsymbol{\tau}_{\mathrm{g}}^{b}+\boldsymbol{\tau}_{\mathrm{d}})\end{aligned} \tag{4-234}$$

式中，$\boldsymbol{A}(\boldsymbol{q}_{\mathrm{e}})$ 为从 T 系到 b 系的姿态误差阵。由式（4-233）和（4-234）可以看出，航天器相对平动运动会受到相对转动的影响，包括姿态误差阵 $\boldsymbol{A}(\boldsymbol{q}_{\mathrm{e}})$ 和相对旋转角速度 $\boldsymbol{\omega}_{b/t}^{b}$ 两部分影响，并且重力梯度力矩也会引起相对位置和姿态的耦合。对比式（4-232）与式（4-233）和式（4-234）可以看出，相比以往轨道和姿态分别建模的情形，基于对偶四元数的姿轨耦合误差动力学方程形式更加简洁、明了，同时能够避免大角度姿态机动时运算中的奇异性，计算效率更高。

4.4.4 对偶四元数解姿轨耦合问题的案例

4.4.4.1 控制器设计

根据前文的分析可知，基于对偶四元数的相对轨道和姿态误差运动学和动力学方程为

$$\begin{cases}\dot{\widehat{\boldsymbol{q}}}_{\mathrm{e}}=\dfrac{1}{2}\widehat{\boldsymbol{\omega}}_{b/t}^{b}\circ\widehat{\boldsymbol{q}}_{\mathrm{e}}\\[2ex]\widehat{\boldsymbol{M}}\dot{\widehat{\boldsymbol{\omega}}}_{b/t}^{b}=\widehat{\boldsymbol{f}}(\widehat{\boldsymbol{M}},\widehat{\boldsymbol{q}}_{\mathrm{e}},\widehat{\boldsymbol{\omega}}_{b/t}^{b})+\widehat{\boldsymbol{u}}_{\mathrm{c}}^{b}+\widehat{\boldsymbol{d}}\end{cases} \tag{4-235}$$

式中

$$\hat{f}(\hat{\boldsymbol{M}},\hat{\boldsymbol{q}}_{\mathrm{e}},\hat{\boldsymbol{\omega}}^{b}_{b/t}) = -\left[(\hat{\boldsymbol{\omega}}^{b}_{b/t}+\hat{\boldsymbol{q}}_{\mathrm{e}}\circ\hat{\boldsymbol{\omega}}^{t}_{t/I}\circ\hat{\boldsymbol{q}}^{*}_{\mathrm{e}})\times\hat{\boldsymbol{M}}(\hat{\boldsymbol{\omega}}^{b}_{b/t}+\hat{\boldsymbol{q}}_{\mathrm{e}}\circ\hat{\boldsymbol{\omega}}^{t}_{t/I}\circ\hat{\boldsymbol{q}}^{*}_{\mathrm{e}})\right]+ \hat{\boldsymbol{M}}\left[\hat{\boldsymbol{\omega}}^{b}_{b/t}\times(\hat{\boldsymbol{q}}_{\mathrm{e}}\circ\hat{\boldsymbol{\omega}}^{t}_{t/I}\circ\hat{\boldsymbol{q}}^{*}_{\mathrm{e}})-\hat{\boldsymbol{q}}_{\mathrm{e}}\circ\dot{\hat{\boldsymbol{\omega}}}^{t}_{t/I}\circ\hat{\boldsymbol{q}}^{*}_{\mathrm{e}}\right]+\hat{\boldsymbol{u}}^{b}_{\mathrm{g}} \quad (4-236)$$

分析可知，该动力学模型是强耦合、非线性的，从控制简洁性、实用性以及可靠性出发，基于对偶四元数的李群结构，可设计如下“前馈补偿＋误差 PD”的复合控制律

$$\hat{\boldsymbol{u}}^{b}_{\mathrm{c}} = -2\hat{\boldsymbol{K}}_{p}\ln\hat{\boldsymbol{q}}_{\mathrm{e}}-\hat{\boldsymbol{K}}_{d}\,\hat{\boldsymbol{\omega}}^{b}_{b/t}-\hat{f}(\hat{\boldsymbol{M}},\hat{\boldsymbol{q}}_{\mathrm{e}},\hat{\boldsymbol{\omega}}^{b}_{b/t}) \quad (4-237)$$

式中，对偶控制算子$\hat{\boldsymbol{K}}_{p}$和$\hat{\boldsymbol{K}}_{d}$具有形式$\hat{\boldsymbol{K}}_{p}=\boldsymbol{K}_{r}\dfrac{\mathrm{d}}{\mathrm{d}\varepsilon}+\varepsilon\boldsymbol{K}_{q}$，$\hat{\boldsymbol{K}}_{d}=\boldsymbol{K}_{v}\dfrac{\mathrm{d}}{\mathrm{d}\varepsilon}+\varepsilon\boldsymbol{K}_{\omega}$，且$\boldsymbol{K}_{r}$，$\boldsymbol{K}_{q}$，$\boldsymbol{K}_{v}$，$\boldsymbol{K}_{\omega}$分别为待设计的控制参数。根据参考文献［18］可知，对偶四元数的对数是一个有 3 个对偶维度的矢量，且有形式

$$\ln\hat{\boldsymbol{q}}_{\mathrm{e}} = \ln\left(\boldsymbol{q}_{\mathrm{e}}+\varepsilon\frac{1}{2}\boldsymbol{p}^{b}_{b/t}\cdot\boldsymbol{q}_{\mathrm{e}}\right)=\frac{1}{2}(\phi\boldsymbol{n}+\varepsilon\boldsymbol{p}^{b}_{b/t}) \quad (4-238)$$

当ϕ角较小时，根据四元数矢部与旋转矢量的关系式

$$\boldsymbol{\Pi}_{\mathrm{e}}=\boldsymbol{n}\sin\frac{\phi}{2}$$

可进一步将上式简化为

$$\ln\hat{\boldsymbol{q}}_{\mathrm{e}}\approx\left(\boldsymbol{\Pi}_{\mathrm{e}}+\varepsilon\frac{1}{2}\boldsymbol{p}^{b}_{b/t}\right)$$

于是将式（4－237）中的 PD 控制部分分别写成实部和对偶部可得

$$\begin{cases}\boldsymbol{f}^{b}_{\mathrm{c}} = -\boldsymbol{K}_{r}\boldsymbol{p}^{b}_{b/t}-\boldsymbol{K}_{v}(\dot{\boldsymbol{p}}^{b}_{b/t}+\boldsymbol{\omega}^{b}_{b/t}\times\boldsymbol{p}^{b}_{b/t})-\boldsymbol{f}(\hat{\boldsymbol{M}},\hat{\boldsymbol{q}}_{\mathrm{e}},\hat{\boldsymbol{\omega}}^{b}_{b/t})\\ \boldsymbol{\tau}^{b}_{\mathrm{c}} = -2\boldsymbol{K}_{q}\boldsymbol{\Pi}_{\mathrm{e}}-\boldsymbol{K}_{\omega}\boldsymbol{\omega}^{b}_{b/t}-\boldsymbol{f}'(\hat{\boldsymbol{M}},\hat{\boldsymbol{q}}_{\mathrm{e}},\boldsymbol{\omega}^{b}_{b/t})\end{cases} \quad (4-239)$$

式中，$\boldsymbol{f}(\hat{\boldsymbol{M}},\hat{\boldsymbol{q}}_{\mathrm{e}},\hat{\boldsymbol{\omega}}^{b}_{b/t})$和$\boldsymbol{f}'(\hat{\boldsymbol{M}},\hat{\boldsymbol{q}}_{\mathrm{e}},\boldsymbol{\omega}^{b}_{b/t})$分别是$\hat{f}(\hat{\boldsymbol{M}},\hat{\boldsymbol{q}}_{\mathrm{e}},\boldsymbol{\omega}^{b}_{b/t})$的实部和对偶部，与传统的轨道和姿态分别控制方法相比，式（4－239）中的 PD 控制部分包含了$\boldsymbol{\omega}^{b}_{b/t}\times\boldsymbol{p}^{b}_{b/t}$等耦合项，形式更加准确、合理，控制精度也会更高。

根据经典控制理论可知，$\boldsymbol{K}_{r}$，$\boldsymbol{K}_{q}$，$\boldsymbol{K}_{v}$，$\boldsymbol{K}_{\omega}$等比例微分控制增益具有形式

$$\begin{cases}\boldsymbol{K}_r = m\omega_r^2\boldsymbol{I}_{3\times 3}\\ \boldsymbol{K}_v = 2m\zeta_r\omega_r\boldsymbol{I}_{3\times 3}\\ \boldsymbol{K}_q = \omega_\theta^2\boldsymbol{J}\\ \boldsymbol{K}_\omega = 2\zeta_\theta\omega_\theta\boldsymbol{J}\end{cases} \tag{4-240}$$

式中　ω_r，ω_θ——自然频率；

ζ_r，ζ_θ——阻尼比。

4.4.4.2　仿真分析

仿真参数设置：航天器质量 $m=100$ kg，惯量矩阵 $\boldsymbol{J}=\mathrm{diag}[150\quad 150\quad 200]\mathrm{kg\cdot m^2}$；参考坐标系 T 在一个轨道高度为 $h=500$ km 的圆轨道上，且其 3 轴坐标系指向为当地轨道坐标系（LVLH），即有 x_{LVLH} 轴为 R－bar，y_{LVLH} 轴为 V－bar，z_{LVLH} 轴为参考轨道平面法向；自然频率 $\omega_r=\omega_\theta=1/30$，阻尼比 $\zeta_r=\zeta_\theta=0.707$，限制控制力在 $[-20, 20]$N，控制力矩在 $[-0.2, 0.2]$ N·m。

初始的相对位置、速度、姿态、姿态角速度分别为

$$\begin{cases}\boldsymbol{p}_{b/t}^b = [-150\quad -100\quad 100]^{\mathrm{T}}(\mathrm{m})\\ \dot{\boldsymbol{p}}_{b/t}^b = [0.25\quad 0.25\quad 0.25]^{\mathrm{T}}(\mathrm{m/s})\\ \boldsymbol{q}_{\mathrm{e}} = [0.4\quad 0.2\quad -0.4\quad 0.8]^{\mathrm{T}}\\ \boldsymbol{\omega}_{b/t}^b = [0.001\ 0.001\ 0.001]^{\mathrm{T}}(\mathrm{rad/s})\end{cases} \tag{4-241}$$

因此，计算可得初始的误差对偶四元数和误差旋量分别为

$$\hat{\boldsymbol{q}}_{\mathrm{e}} = [0.4\quad 0.2\quad -0.4\quad 0.8]^{\mathrm{T}} + \varepsilon[-70\quad -30\quad 35\quad 60]^{\mathrm{T}} \tag{4-242}$$

$$\hat{\boldsymbol{\omega}}_{b/t}^b = [0.001\quad 0.001\quad 0.001]^{\mathrm{T}} + \varepsilon[0.45\quad 0.00\quad 0.30]^{\mathrm{T}} \tag{4-243}$$

外界对偶干扰力矢量大小为

$$\hat{\boldsymbol{d}} = \begin{bmatrix}0.001\\0.001\\0.001\end{bmatrix}\sin\omega_0 t + \varepsilon\begin{bmatrix}0.0001\\0.0001\\0.0001\end{bmatrix}\sin\omega_0 t \tag{4-244}$$

仿真结果见图 4－4 至图 4－9，依次为相对位置、相对速度、相

对姿态、相对姿态角速度、控制力以及控制力矩变化曲线图。可以看出，相对位置和姿态指向变化平稳，在 $t=200$ s 时即收敛到期望值，控制力和控制力矩始终在预定的限制范围内。在 $t=500$ s 时，3 轴的相对距离均小于 0.01 m，相对速度均小于 5×10^{-5} m/s；相对姿态控制在 0.05°以内，姿态角速度控制在 1×10^{-6} rad/s 以内。

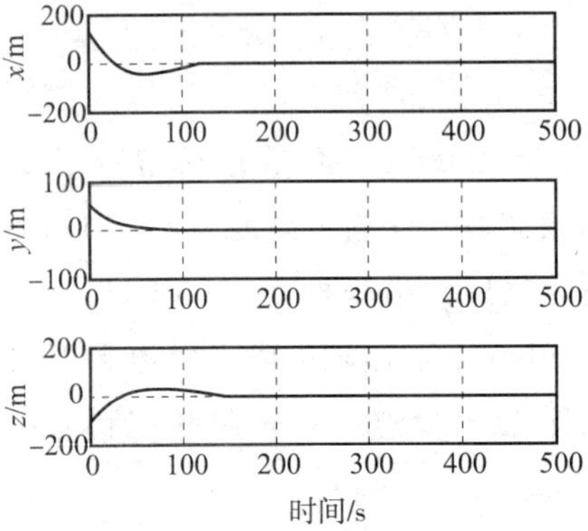

图 4-4　相对位置变化曲线图

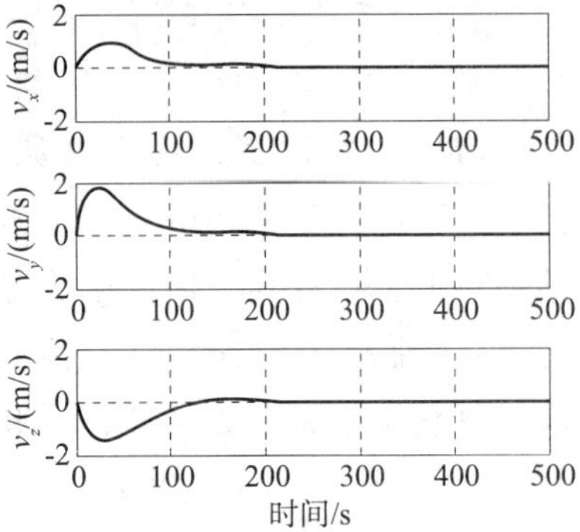

图 4-5　相对速度变化曲线图

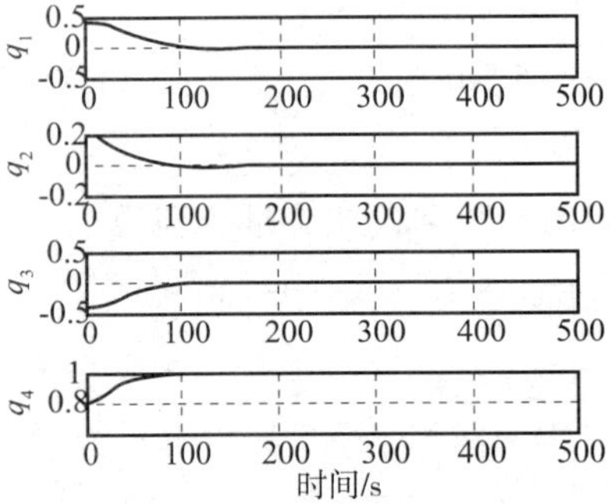

图 4-6　相对姿态四元数变化曲线图

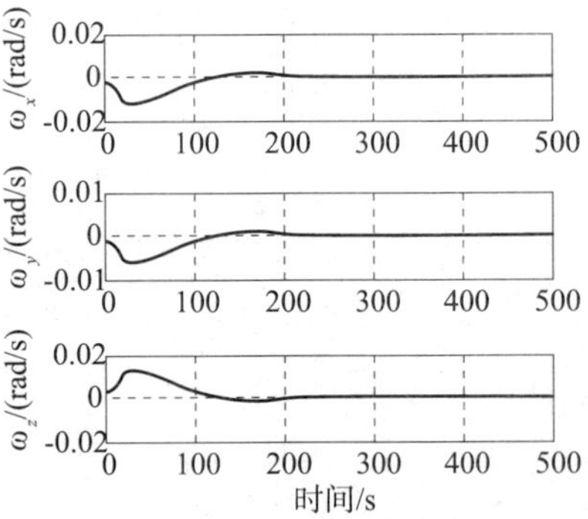

图 4-7　相对姿态角速度变化曲线图

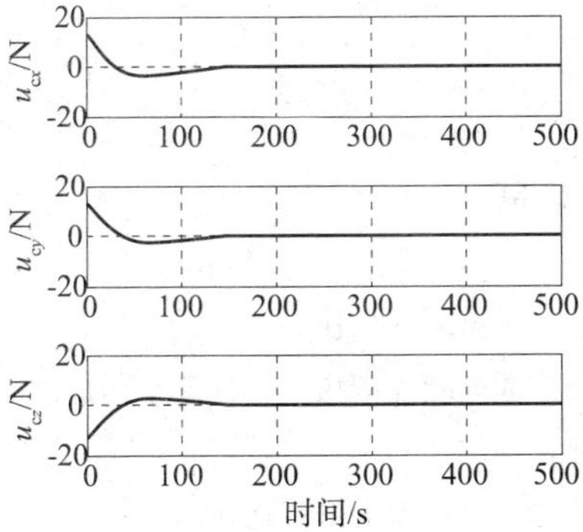

图 4-8　控制力变化曲线图

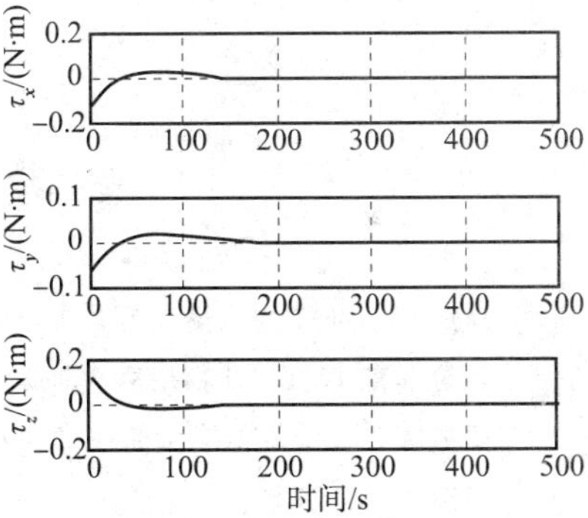

图 4-9　控制力矩变化曲线图

参考文献

[1] 易照华，孙义燧．摄动理论．北京：科学出版社，1981.

[2] 勃拉涅茨 B H，什梅格列夫斯基 И П. 四元数在刚体定位问题中的应用．梁振和，译．北京：国防工业出版社，1977.

[3] 程国采．四元数法及其应用．长沙：国防科技大学出版社，1991.

[4] 袁子怀，钱杏芳．有控飞行力学与计算机仿真．北京：国防工业出版社，2001.

[5] 袁建平，和兴锁，等．航天器轨道机动动力学．北京：中国宇航出版社，2010.

[6] 袁建平，肖尚彬．用四元数解陀螺动力学方程的一种新方法．西北工业大学学报，1984，2（3）：343－351.

[7] JUNKINS J L，TURNER J D. On the analogy between orbital dynamics and rigid body dynamics. The Journal of the Astronautical Science，1979，27（4）：345－358.

[8] MORTON H S，Jr. Hamiltonian and Lagrangian formulations of rigid－body rotational dynamics based on the Euler parameters. The Journal of the Astronautical Science，1993，41（4）：569－591.

[9] HINTZ G R. Survey of Orbit Element Sets. Journal of Guidance，Control，and Dynamics，2008，31（3）：785－790.

[10] 汤锡生，陈贻迎，朱民才．载人飞船轨道确定和返回控制．北京：国防工业出版社，2002.

[11] 荆武兴，高长生．月球探测器精确相对动力学模型及其应用．中国科学（物理学，力学，天文学），2010，40（4）：387－512.

[12] 荆武兴，高长生．非开普勒轨道动力学与控制．哈尔滨工业大学，2011.

[13] 卢伟，耿云海，陈雪芹，等．在轨服务航天器对目标的相对位置和姿态耦合控制．航空学报，2011，32（5）：857－865.

[14] SEBASTIAN G. Modeling the coupled translational and rotational relative dynamics for formation flying control. AIAA - 2005 - 6091, 2005.

[15] PAN H, KAPILA V. Adaptive Nonlinear Control for Spacecraft Formation Flying with Coupled Translational and Attitude Dynamics. Proceedings of the 40th IEEE Conference on Decision and Control, 2001.

[16] WU Y X, HU X P, HU D W, et al. Strapdown Inertial Navigation System Algorithms Based on Dual Quaternions. Aerospace and Electronic Systems, 2005, 41 (1): 110 - 132.

[17] 武元新．对偶四元数导航算法与非线性高斯滤波研究．长沙：国防科学技术大学，2005.

[18] 韩大鹏．基于四元数代数和李群框架的任务空间控制方法研究．长沙：国防科技大学，2008.

[19] WANG J Y, et al. Relative motion coupled control based on dual quaternion. Aerospace Science and Technology, 2011.

[20] ZHANG F, DUAN G. Robust integrated translation and rotation finite - time maneuver of a rigid spacecraft based on dual quaternion. AIAA - 2011 - 6396.

[21] CLIFFORD W. Preliminary Sketch of Bi - quaternions. Proc. London Math. Soc., 1873, 4: 381 - 395.

[22] STUDY E. Von den bewegungen und umlegungen. Mathematische Annalen, 1891: 441 - 566.

[23] BRODSKY V, SHOHAM M. Dual Numbers Representation of Rigid Body Dynamics. Mechanism and Machine Theory, 1999, 34 (5): 693 - 718.

[24] SIDI M J. Spacecraft Dynamics and Control: A Practical Engineering Approach. 1st ed. Cambridge University Press, New York, 1997: 107 - 114.

第 5 章　相对轨道的逆向设计方法

袁建平　郑莉莉　和兴锁

5.1　概述

逆向设计方法又称反方法或基于形状的方法，是先通过一系列参数表征出轨道形状，或者用已知轨道特性的曲线来近似推力作用下的轨道，然后计算飞行器沿这一形状的轨道运行时所需要的推力。与正方法相比，反方法得到的轨道往往不是最优的，但它是面向应用的，且由于轨道形状只用有限的参数表达，使得计算量显著减小，在某些情况下能够得到解析解。因此，采用这种方法可以大大提高计算效率，适用于轨道初始设计或实时在线设计的情况。

与正方法不同的是反方法先假定轨道的形状或类型，然后计算所需要的推力。这种轨道设计方法为轨道机动问题提供了一种崭新的思路。反方法比正方法计算效率高，但是需要在了解轨道运行规律的基础上才可以假设轨道形状，而且由于轨道形状完全依据应用需求假设，因此所设计轨道的实用性需要分析和验证，不具有最优性；另一方面，采用正方法时，已知推力后通过推导或仿真可以总结出某些轨道运行规律，而轨道优化设计需要恰当初值才可以更好收敛。两种方法各有利弊，本章首先通过研究特定推力作用下的轨道，总结飞行器在连续推力作用下可能的运行规律；然后在反方法的设计中加以利用；最后再把反方法的设计结果作为优化初值，加快优化的收敛速度，得到最优的航天器轨道。

5.2　基于对数螺旋线的轨道设计

本节首先推导了一般曲线采用基于形状的方法进行轨道设计的基本方程；然后基于最简单的一类螺旋线即对数螺旋线，分别针对初始轨道是圆和椭圆的情况进行了拦截轨道设计；最后分析了初始轨道为椭圆时满足时间、能量要求的机动初始位置的范围。

5.2.1　基于形状的轨道设计方法

5.2.1.1　基于形状方法的一般思路

轨道设计的目的就是给出满足任务要求的飞行器运行轨迹。理想情况下，假设推力不受限，且飞行器控制系统可以实时响应，则任意给定一种曲线形式（包括直线），可以让飞行器在推力作用下沿此曲线机动，那么这一曲线就成为飞行器的机动轨道。事实上，任意画定的曲线往往不能用于轨道设计，例如直线，如果要求飞行器从原椭圆轨道上出发沿直线机动，需要在飞行器上施加远远大于其引力的推力，工程实际难以实现。但是这种基于形状的思想可以为轨道设计提供全新思路。

本节采用的基于形状的轨道设计方法，正是沿用了这种思想，它要求飞行器沿着某形状的轨道运行，在任务要求给定时，求解需要施加在飞行器上的推力，如果此推力可以实现，那么此曲线成为可工程应用的机动轨道。此轨道设计方法从数学意义上可以描述为：

在某坐标系下，矢径 $\boldsymbol{r}$ 可以表示为多个分量形式，不失一般性地假设为三维 $[u \quad v \quad w]$，如果所有分量都可以写为关于时间的表达式(可以是显式或隐式)，则矢径 $\boldsymbol{r}$ 可以表示为关于时间的连续函数

$$\boldsymbol{r}(t) = [u(t) \quad v(t) \quad w(t)] \tag{5-1}$$

如果此函数关于时间 t 的 2 阶导数存在且连续，不考虑推力大小、方向和控制系统的限制，则飞行器可以在连续推力作用下沿此曲线运行。

一般地，分量 $u(t),v(t),w(t)$ 任意给定作为轨道设计的基础是很难工程实现的，为了设计实用的机动轨道，比较可行的方法是假设分量中的两个或三个之间存在某种固有联系，则它们可以确定一类曲面或曲线，例如

$$\begin{cases} gu^2 + hv^2 = m, \ m > 0 \\ w = c \end{cases}$$

在三维直角坐标下表示的就是一个椭圆，其中 g,h,m,c 为常数。在给定一类可能施加推力实现的曲线或曲面基础上，再假设 $[u \quad v \quad w]$ 中 k 个分量（$k=1$ 或 2）关于时间的表达式，则式（5-1）关于时间 t 的二阶导数存在且连续这个条件成立，可以设计出机动轨道。以下面两种情况为例进行说明，对于三维坐标 $[u \quad v \quad w]$：

1）假如 $f(u,v)$ 在 w 向独立时表示一类曲面，则三维轨道需要假设 $k=2$ 个独立分量关于时间的表达式，例如可以假设 $u(t)$ 和 $w(t)$，由表达式 $f(u,v)$ 和 $u(t)$ 可以确定或推导出 $v(t)$，得到的 $u(t),v(t),w(t)$ 共同表示一类曲线，可以作为轨道设计的基础；

2）假如 $f_1(u,v)$ 与 $f_2(u,w)$ 共同表示一类曲线，将这类曲线用于轨道设计只需给定 $k=1$ 个分量关于时间的表达式 $u(t)$，然后其他分量即可确定，可以根据任务设计机动轨道。

坐标系可以根据需要选取，即 $[u,v,w]$ 可以代表不同的参变量。平面内问题只需找到其中的二维变量关系，例如 $f_c(u,v)$ 表示平面内的曲线，只需知道 $u(t)$ 或 $v(t)$ 其中之一即可设计机动轨道；第 6 章三维轨道设计采用的是柱坐标系，曲线考虑从平面情况延伸，$\boldsymbol{r}(t)$ 由上述第 2）种情况给出的思路求解。

但是，考虑到飞行器的推进和控制能力，不是任意曲线都可以用于轨道设计，以平面内的机动为例，航天器在小推力作用下的飞行轨迹是螺旋形轨道。为了使机动消耗的能量可以工程实现，曲线需要呈螺旋形状才更适合于轨道设计。本章分别选取了三类具有代表性的螺旋形曲线进行研究，分析其用于轨道设计的可行性和工程

应用前景（主要考虑能量消耗）。这三类曲线分别是：对数螺旋线、福布斯（Forbes）螺旋线和指数正弦曲线，其中对数螺旋线是最简单的一类螺旋线，只有一个参数 q；福布斯螺旋线不能用显式表达式描述，而是基于福布斯速度假设的；指数正弦曲线是多参数曲线的代表，Petropoulos 等人[1-5]用其成功近似了行星际间的连续小推力轨道，然而其应用都是基于切向推力假设和小推力的，本文讨论其在近地空间快速机动中的应用，这时推力加速度的量级已经超出小推力（加速度在 10^{-3} m/s 量级以下）的范围，而且假设推力大小、方向均可变，其应用的可实现性需要进一步研究。

5.2.1.2　平面内轨道设计的基本方程

解决平面内的连续推力轨道设计问题使用基于形状的方法，可以假设在极坐标系中轨道方程由下式给出

$$r = r(\theta)$$

飞行器在推力作用下的动力学方程仍采用极坐标系下的一般动力学方程

$$\begin{cases} \ddot{r} - r\dot{\theta}^2 + \dfrac{\mu}{r^2} = f\sin\alpha \\ 2\dot{r}\dot{\theta} + r\ddot{\theta} = f\cos\alpha \end{cases} \tag{5-2}$$

为了解决问题方便，代换自变量为 θ，通过微积分可以得到

$$\frac{\mathrm{d}r}{\mathrm{d}\theta} \triangleq r'_\theta = \frac{\dot{r}}{\dot{\theta}} \quad 即\ \dot{r} = r'_\theta\dot{\theta} \tag{5-3}$$

$$\frac{\mathrm{d}^2 r}{\mathrm{d}\theta^2} \triangleq r''_\theta = \frac{\ddot{r}\dot{\theta} - \dot{r}\ddot{\theta}}{\dot{\theta}^3} \quad 可得\ \ddot{r} = \frac{r''_\theta\dot{\theta}^3 + \dot{r}\ddot{\theta}}{\dot{\theta}} \tag{5-4}$$

其中符号“$\triangleq$”表示“定义为”，($'_\theta$) 或 ($''_\theta$) 表示对自变量 θ 求导，$\dot{r}$，$\dot{\theta}$，$\ddot{r}$，$\ddot{\theta}$ 表示对时间 t 求导。航迹角 γ 满足

$$\tan\gamma = \frac{\dot{r}}{r\dot{\theta}} = \frac{r'_\theta}{r} \tag{5-5}$$

把式（5-3）代入式（5-4），得

$$\ddot{r} = r''_\theta\dot{\theta}^2 + r'_\theta\ddot{\theta} \tag{5-6}$$

定义无量纲参数 a 为推力加速度与当地引力加速度的比，即

$$a \triangleq \frac{f}{\mu/r^2} \tag{5-7}$$

动力学方程（5-2）的第一个方程可化为

$$\frac{\ddot{r}}{\mu/r^2} = \frac{r\dot{\theta}^2}{\mu/r^2} - 1 + a\sin\alpha \tag{5-8}$$

把式（5-6）代入上式可得

$$\frac{(r''_\theta - r'_\theta)\dot{\theta}^2 + r'_\theta\ddot{\theta}}{\mu/r^2} = -1 + a\sin\alpha \tag{5-9}$$

$$\left(\frac{r''_\theta}{r} - 1\right)\dot{\theta}^2 + \frac{r'_\theta\ddot{\theta}}{r} = \frac{\mu}{r^3}(-1 + a\sin\alpha) \tag{5-10}$$

利用式（5-3）和式（5-7），动力学方程（5-2）的第 2 个方程可化为

$$\ddot{\theta} + 2\frac{r'_\theta}{r}\dot{\theta}^2 = \frac{\mu}{r^3}a\cos\alpha \tag{5-11}$$

方程（5-11）两边同乘以 $\tan\gamma$ 即 r'_θ/r，与式（5-10）联立消去 $\ddot{\theta}$ 项可得

$$\dot{\theta}^2 = \left(\frac{\mu}{r^3}\right)\frac{a\cos\alpha \cdot \tan\gamma - a\sin\alpha + 1}{2\tan^2\gamma - \frac{r''_\theta}{r} + 1} \tag{5-12}$$

即

$$\dot{\theta}^2 = \left(\frac{\mu}{r^3}\right)\frac{a\sec\gamma\sin(\gamma - \alpha) + 1}{2\tan^2\gamma - \frac{r''_\theta}{r} + 1} \tag{5-13}$$

方程（5-13）是基于形状的方法在平面内进行轨道设计的关键，被称为极坐标系下一般曲线用于轨道设计的基本方程。

5.2.2 对数螺旋线的基本性质

对数螺旋线在极坐标系下的方程为

$$r = r_0 e^{q(\theta-\theta_0)} \tag{5-14}$$

其中 r_0 为轨道的初始地心距，θ_0 可由轨道设计的初始条件确定，方程包含一个可设计变量 q。当 $q = 0$ 时，方程退化为圆方程，即对应

的轨道是一类开普勒轨道，本章将对数螺旋线用于连续推力作用下的非开普勒轨道设计，要求 $q \neq 0$ 。

采用对数螺旋线进行轨道设计的关键就是确定参数 q，因此分析可变参数 q 对曲线的影响，得到对数螺旋线的基本性质，对下一步的轨道设计具有指导意义。为了提高计算效率和精度，采用无量纲化分析，无量纲向径为

$$z = \frac{r}{r_0} \tag{5-15}$$

对数螺旋线的方程变为

$$z = \mathrm{e}^{q(\theta-\theta_0)} \tag{5-16}$$

飞行航迹角

$$\tan\gamma = \frac{1}{r}\frac{\dot{r}}{\dot{\theta}} = \frac{r'_\theta}{r} = q \tag{5-17}$$

对于给定的对数螺旋线，q 为一常量，因此 $\tan\gamma$ 为一常量，即当飞行器沿对数螺旋线运行时，航迹角始终保持不变。通过式（5-17）分析可以看出根据给定常量 q 的符号不同，有以下 4 种形式的组合，见表 5-1。

表 5-1　对数螺旋线的符号说明

	q	$\dot{\theta}$	$\dot{r}$
情况 a	+	+	+
情况 b	+	−	−
情况 c	−	+	−
情况 d	−	−	+

4 种情况（a、b、c、d）如图 5-1 所示，图中所有曲线中均取 $\theta_0 = 0$（机动从图中的 A 点开始），可以看出：航迹角 γ 取Ⅰ、Ⅳ象限的角时，$\dot{\theta} > 0$；航迹角 γ 取Ⅱ、Ⅲ象限的角时，$\dot{\theta} < 0$ 。从曲线表达式易得

$$2\tan^2\gamma - \frac{r''_\theta}{r} + 1 = 1 + q^2$$

式（5－12）可以简化为

$$\dot{\theta}^2 = \left(\frac{\mu}{r^3}\right)\frac{1+a(q\cos\alpha-\sin\alpha)}{1+q^2} = \left(\frac{\mu}{z^3}\right)\frac{1+a(q\cos\alpha-\sin\alpha)}{r_0{}^3(1+q^2)} \tag{5-18}$$

速度大小 $v=\sqrt{\dot{r}^2+(r\dot{\theta})^2}=\pm\sqrt{1+q^2}\,r\dot{\theta}$

$\dot{\theta}>0$ 时，取正号，$\dot{\theta}<0$ 时，取负号。无量纲化得

$$\bar{v} \triangleq \frac{v}{\sqrt{\mu/r}} = \frac{\sqrt{1+q^2}\,r\mid\dot{\theta}\mid}{\sqrt{\mu/r}} = \sqrt{1+q^2}\sqrt{\frac{r^3}{\mu}\dot{\theta}^2} \tag{5-19}$$

把式（5－18）的结果代入式（5－19）易得 $\bar{v}$ 的大小为

$$\bar{v} = \sqrt{1+a(q\cos\alpha-\sin\alpha)} \tag{5-20}$$

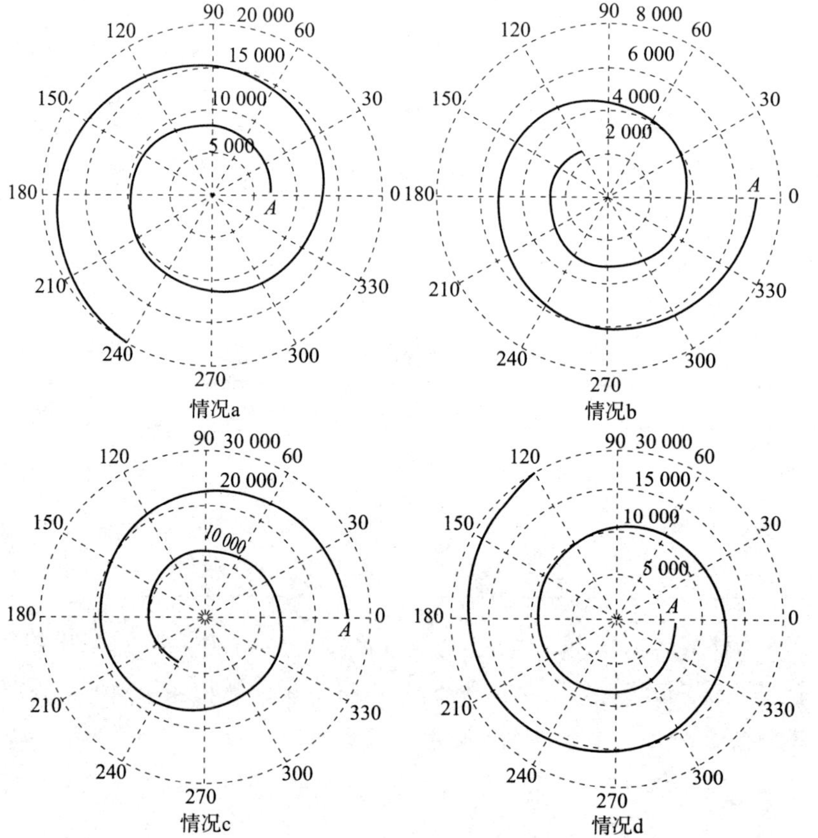

图 5－1　对数螺旋线

另外，还可以求得

$$\frac{\mathrm{d}z}{\mathrm{d}\tau}=\frac{\mathrm{d}z}{\mathrm{d}t}\cdot\frac{\mathrm{d}t}{\mathrm{d}\tau}=qz\dot{\theta}\sqrt{\frac{{r_0}^3}{\mu}}=\pm\frac{q}{\sqrt{z}}\sqrt{\frac{r^3}{\mu}\dot{\theta}^2} \tag{5-21}$$

即

$$\frac{\mathrm{d}z}{\mathrm{d}\tau}=\pm\frac{q}{\sqrt{1+q^2}}\frac{\bar{v}}{\sqrt{z}} \tag{5-22}$$

在式（5－21）中，正号表示 $\dot{\theta}>0$，飞行器将沿轨道逆时针旋转，称为正向轨道，负号表示 $\dot{\theta}<0$，称为负向轨道。式（5－18）转化为 τ 的导数可得

$$\left(\frac{\mathrm{d}\theta}{\mathrm{d}\tau}\right)^2=\frac{1}{z^3}\cdot\frac{\bar{v}^2}{1+q^2} \tag{5-23}$$

根据给定常量 q 符号的不同，可以用于不同任务的轨道设计，以正向轨道为例，当 $q>0$ 时，r 会随着 θ 的增大而增大，适用于轨道高度增加的情况；当 $q<0$ 时，r 会随着 θ 的增大而减小，适用于轨道高度降低的情况。

通过上述分析得出对数螺旋线轨道的基本性质：

1）飞行航迹角 γ 为一常数，由螺旋线中的参数 q 决定；

2）飞行航迹角 γ 的角度唯一地决定了轨道的方向。

5.2.3　采用对数螺旋线进行轨道设计的可行性分析

首先，以假设的曲线形状作为轨道设计的基础，然后要求飞行器沿此轨道运行，但是在工程实际中这样设计的轨道能否通过施加推力实现需要进行可行性验证，下面分别针对推力加速度固定和变化两种情况分析对数螺旋线用于非开普勒轨道设计的可行性。

当采用对数螺旋线设计非开普勒轨道时，运行于该轨道上的飞行器必须同时满足动力学方程（5－2），或曲线方程（5－14）或式（5－16）；在轨道设计过程中基本方程（5－12）或式（5－13）也是假定的曲线轨道可行的必要条件；上节推导得出的式（5－20）、式（5－22）和式（5－23）是轨道设计的基础，决定了对数螺旋线轨道

能否用于空间非开普勒轨道设计。

5.2.3.1 把常数 q,a,α 作为设计参数进行轨道设计

如果 a,α 均为常数，则 $\bar{v}$ 也是常数。不失一般性地考虑正向轨道由低轨拦截高轨的情况（其他轨道算法与此类似），把式（5-22）从初始时刻到终端时刻积分可得

$$\int_1^{z_f} \sqrt{z}\mathrm{d}z = \int_{\tau_0}^{\tau_f} \frac{q\bar{v}}{\sqrt{1+q^2}}\mathrm{d}\tau$$

飞行器无量纲的飞行时间

$$\tau_{\mathrm{TOF}} = \tau_f - \tau_0 = \frac{2\sqrt{1+q^2}}{3q\bar{v}}(z_f^{3/2} - 1) \tag{5-24}$$

即飞行时间为

$$t_{\mathrm{TOF}} = \sqrt{\frac{{r_0}^3}{\mu}}\tau_{\mathrm{TOF}} = \frac{2\sqrt{1+q^2}}{3\sqrt{\mu}q\bar{v}}(r_f^{3/2} - r_0^{3/2}) \tag{5-25}$$

由此可得对于任意飞行时间，r_f 和 θ_f 都可以写为 t_{TOF} 的显式表达式

$$r_f = r_0\,(1 + c_1 t_{\mathrm{TOF}})^{2/3} \tag{5-26}$$

$$\theta_f = \theta_0 + \frac{2}{3q}\ln(1 + c_1 t_{\mathrm{TOF}}) \tag{5-27}$$

其中常数 $c_1 = \dfrac{3q\bar{v}}{2\sqrt{1+q^2}}\sqrt{\dfrac{\mu}{{r_0}^3}}$。由式（5-23）积分也可以得到上述结果。

将式（5-22）和式（5-23）求导并把结果代入无量纲动力学方程可得

$$\begin{cases} a\sin\alpha = \dfrac{-(2+q^2)\bar{v}^2 + 2(1+q^2)}{2(1+q^2)} \\ a\cos\alpha = \dfrac{q\bar{v}^2}{2(1+q^2)} \end{cases} \tag{5-28}$$

由此可见，在飞行器上所施加固定推力加速度的大小和方向由参数 q 决定。

分析一种特殊情况：如果推力始终沿切线方向，即 $\alpha = \gamma$，则

$\tan\alpha = q$，由式（5－19）式得到 $\bar{v} = 1$，即 $v = \sqrt{\mu/r}$，也就是飞行器的速度大小始终与当地圆轨道上的速度大小相等。将 $\bar{v} = 1$ 代入式（5－28），并把两式平方相加得

$$a = \frac{q}{2\sqrt{1+q^2}} \tag{5-29}$$

即飞行器沿对数螺旋线轨道运行时，可以通过施加固定切向无量纲推力加速度实现。由式（5－29）的无量纲推力加速度可以得到实际需要施加在飞行器上的推力加速度的大小

$$f = \frac{\mu}{r^2}\frac{q}{2\sqrt{1+q^2}} \tag{5-30}$$

可见当飞行器沿对数螺旋线轨道运行时，实际施加的推力加速度大小与当地轨道高度（或地心距）有关。假设初始时刻为 $t_0 = 0$，结合式（5－26）可以得到推力加速度大小关于飞行时间 t_{TOF}（下面简写为 t）的解析表达式

$$f = \frac{\mu}{r_0{}^2\left[1+\dfrac{3q}{2\sqrt{1+q^2}}\sqrt{\dfrac{\mu}{r_0{}^3}}t\right]^{4/3}}\frac{q}{2\sqrt{1+q^2}} \tag{5-31}$$

飞行器的轨道高度 H 关于飞行时间 t 的解析表达式为

$$H = r_0\left[1+\frac{3q}{2\sqrt{1+q^2}}\sqrt{\frac{\mu}{r_0{}^3}}t\right]^{2/3} - R_e \tag{5-32}$$

式中　R_e ——地球半径。

以 $r_0 = 7\,000$ km 为例，取 $q = 0.01$，对式(5－31)和式（5－32）仿真得到轨道高度和推力加速度大小随时间的变化关系，见图 5－2。

通过上述分析和仿真可以看出采用对数螺旋线设计轨道是可行的。如果采用无量纲常值推力加速度（无量纲加速度 a 和推力作用角 α 均为常数），则可以得到轨道地心距 r 和极角 θ 关于飞行时间 t_{TOF} 的解析表达式，加速度的大小和方向由参数 q 决定。如果施加切向推力，则有量纲推力加速度大小也可以表示为飞行时间 t_{TOF} 的解析形式。

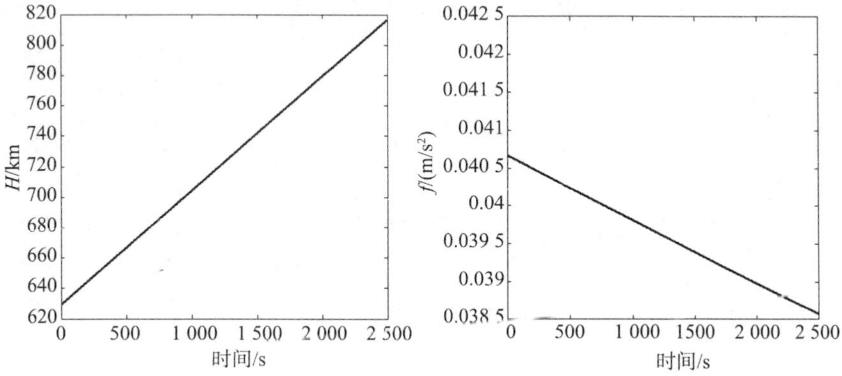

图 5－2　对数螺旋线轨道高度与推力加速度大小随时间的变化关系

5.2.3.2　变推力下的对数螺旋线轨道的适用性分析

如果不考虑推力变化的工程可实现性，单从理论上分析，在飞行器上施加适当大小和方向的推力就可以让飞行器沿着设计的轨道运行。实际上，轨道设计除了要考虑飞行器转移过程中的轨道，还必须考虑初始及末端条件，即使是拦截轨道的设计问题对末端约束要求不严格，也必须满足初始约束。

如果初始轨道为圆轨道，机动轨道为对数螺旋线轨道，则完全采用连续推力难以满足速度约束，因为对数螺旋线轨道上航迹角 $\gamma \neq 0$ ，而初始圆轨道上的速度沿切线，即 $\gamma = 0$ ，理论上可以考虑将脉冲与连续推力结合设计轨道，在初始位置先施加一次脉冲使之满足初始条件，再采用连续推力使飞行器沿所设计的对数螺旋线轨道运行。对于目标轨道为圆轨道的情况，对数螺旋线轨道也不满足终端速度约束，因此更适合拦截轨道的设计。如果设计转移轨道还需要施加第二次脉冲，使得轨道设计过程转化为双脉冲机动轨道设计，相比于传统的脉冲式机动轨道增加了连续推力段，使得能量消耗和计算量均增加，在工程实际中应用价值不高，因此对数螺旋线机动轨道更适宜于拦截轨道设计，不太适用于转移轨道的设计。即使设计拦截轨道，对于初始轨道为圆轨道的情况，也需要在初始机动位置施加一次脉冲。

如果初始轨道为椭圆轨道，随着机动初始位置的不同，轨道航迹角不同，可以满足对数螺旋线机动轨道对初始速度的要求，所以完全可以采用连续推力设计轨道。对于目标轨道为圆轨道的情况，如果要设计转移轨道，对数螺旋线轨道不满足终端速度约束，就必须在终端时刻施加脉冲。但是，在轨航天器推力大小有限，在转移轨道终端接近目标的较短时间内，采用大推力近似脉冲所产生的偏差可能来不及修正，导致任务失败。因此，对于初始轨道为椭圆轨道的情况，对数螺旋线轨道不太适用于转移轨道设计，而更适宜于拦截轨道的设计。鉴于此，本文在下面的轨道设计中仅讨论拦截轨道的设计，即不考虑末端速度约束。

5.2.4　基于圆初始轨道的轨道设计

如果初始轨道为圆轨道，在机动轨道初始位置施加一次脉冲，使之满足速度约束后，可以采用对数螺旋线设计轨道。采取一种简单方式，使得施加的脉冲只改变速度方向而不改变速度大小，施加的初始脉冲大小为

$$\Delta v_0 = 2v\sin\frac{\gamma}{2} \tag{5-33}$$

施加脉冲后，使得速度大小保持 $v = \sqrt{\mu/r}$，即 $\bar{v} = 1$，联立式（5 - 20）可得，为了满足初始速度条件，要求初始推力加速度大小 $a_0 = 0$，或者推力沿速度方向 $\alpha = \gamma$（切向推力）。通过上节常值推力加速度下的轨道分析可知，采取切向推力时，整个机动过程中施加的推力加速度有解析解，更易计算。在整个机动过程中保持 $\alpha = \gamma$ 不变，$\bar{v} = 1$，就可以同时满足对数螺旋线方程（5 - 14）或式（5 - 16）和动力学方程（5 - 2），即满足轨道设计要求。需要施加的无量纲推力加速度大小 a 只与参数 q 有关

$$a = \frac{q}{2\sqrt{1+q^2}} \tag{5-34}$$

轨道地心距 r 和极角 θ 可以表示为机动时间 t_{TOF} 的解析表达式，即式（5-26）和式（5-27）。可知：在初始圆轨道上施加一次初始脉冲后可以采用对数螺旋线设计拦截轨道，初始脉冲的大小和方向由初始轨道高度和对数螺旋线轨道的航迹角决定，而航迹角由参数 q 决定。另外，初始轨道高度和参数 q 决定了转移轨道形状，因此在给定初始条件后，如果参数 q 确定，则初始施加的脉冲和转移轨道上的推力加速度大小和方向都将确定。

对于已知目标的拦截轨道设计，假设目标轨道为圆轨道，初始时刻 $t_0=0$：拦截器地心距为 r_0，极角 $\theta_0=0$；目标地心距为 r_T，极角为 θ_{T0}，运行时间 t 后，目标极角 θ_T 为

$$\theta_T=\theta_{T0}+\sqrt{\frac{\mu}{r_T{}^3}}t \tag{5-35}$$

当拦截器到达 r_T 高度时，如果终端位置 θ_f 与目标位置 θ_T 之差 $\Delta\theta_f$ 满足 $|\Delta\theta_f+2k\pi|\leqslant\varepsilon$（$k$ 为整数，ε 为小量，在仿真中取 10^{-7} 或 10^{-8} 量级），则认为拦截器与目标恰好相撞，联立式（5-26）、式（5-27）和式（5-35），即可计算出待定常值参数 q，以及所需拦截时间 t_{TOF}，从而得到遭遇点，使之满足拦截要求。

5.2.5 基于椭圆初始轨道的轨道设计

假设初始椭圆轨道长半轴为 a_e，其偏心率为 $e(0<e<1)$，椭圆轨道上任意一点上的速度倾角 β 定义为速度 v 方向（当地切线方向）与当地水平线（$\vec{\theta}$ 方向，即 v_θ 方向）的夹角（见图5-3），它可以用真近点角 f_θ 表示出来

$$\tan\beta=\frac{e\sin f_\theta}{1+e\cos f_\theta} \tag{5-36}$$

为了使拦截轨道满足初始速度约束，要求 $\beta=\gamma$，对于特定的 q，只存在特定的 f_θ，即椭圆轨道上特定位置满足初始速度约束。在初始轨道已知，即偏心率 e 确定后，从表达式（5-36）可以看出，q 取到极值的位置为 $\cos f_\theta=-e$ 时对应的 f_θ。q 的取值范围为 $q\in$

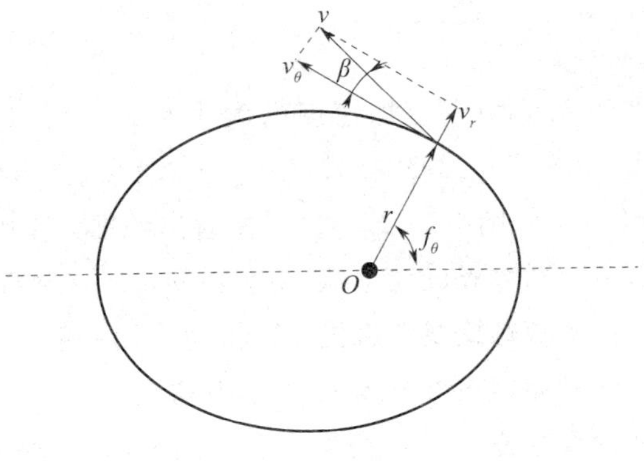

图 5-3 椭圆轨道速度倾角示意图

$\left[-\frac{e}{\sqrt{1-e^2}},\frac{e}{\sqrt{1-e^2}}\right]$。与初始圆轨道不同的是，对于初始椭圆轨道的情况，机动初始位置 M 点将直接决定参数 q 的取值，因此机动初始位置的选择成为轨道设计的关键。从近地点算起，（0°,180°）相角范围内 q 为正，适合于轨道高度升高的情况；（180°,360°）相角范围内 q 为负，适合于轨道高度降低的情况。假设初始时刻 $t_0=0$，拦截器处于近地点 $\theta_0=0$，为了得到符合设计要求的 q 值，需要确定拦截器在初始椭圆轨道上的运行时间 t_1，相当于传统轨道设计中的自然调相时间。机动初始位置 $f_{\theta0}$ 与调相时间 t_1 存在确定关系

$$t_1=\sqrt{\frac{r_{\mathrm{P}}^3\ (1+e)^3}{\mu}}\int_0^{f_{\theta0}}\frac{1}{(1+e\cos\theta)^2}\mathrm{d}\theta \tag{5-37}$$

理论分析和数值仿真都表明，在初始条件和参数 q 确定后，对数螺旋线轨道通过常值无量纲推力加速度（a,α 保持不变）就可以实现，机动过程中 $\bar{v}$ 保持不变，但是其值由机动初始点决定。机动初始点 M 处

$$r_0=\frac{r_{\mathrm{P}}(1+e)}{1+e\cos f_{\theta0}} \tag{5-38}$$

$$v_0=\sqrt{\frac{\mu}{r_{\mathrm{P}}(1+e)}(1+e^2+2e\cos f_{\theta0})} \tag{5-39}$$

$$\bar{v} = \frac{v_0}{\sqrt{\mu / r_0}} \tag{5-40}$$

所需施加的无量纲推力加速度的大小和方向可以通过求解式(5-28)得到。由式（5-39）和式（5-40）可以看出对于椭圆轨道上的一般点：$\bar{v} \neq 1$，则由式（5-28）求解出的推力作用角满足 $\tan\alpha \neq q$，然而轨道是对数螺旋线形式 $\tan\gamma = q$，所以从椭圆初始轨道上一般点开始沿对数螺旋线轨道机动，推力作用一般不沿切线方向，只有从一些特殊初始点开始机动推力才沿切向。从实际需要施加的有量纲推力加速度来看，仍然是大小和方向实时变化的变推力加速度。在常值无量纲推力加速度作用下，确定参数 q 之后，机动运行时间可由下式得到

$$t_{\mathrm{TOF}} = \frac{2\sqrt{1+q^2}}{3\sqrt{\mu} q \bar{v}} \left(r_{\mathrm{f}}^{3/2} - r_0^{3/2} \right) \tag{5-41}$$

假设目标轨道为圆轨道，且地心距为 r_{T}，初始时刻极角为 θ_{T0}。目标被拦截到的充要条件是在飞行器机动到目标轨道高度 r_{T} 时，拦截器与目标终端位置之差 $\Delta\theta_{\mathrm{f}}$ 满足 $|\Delta\theta_{\mathrm{f}} + 2k\pi| \leqslant \varepsilon$（$k$ 为整数，ε 为小量）。t_1 和 t_{TOF} 共同决定了拦截器能否拦截到目标。在已知初始条件后，可以通过图 5-4 中的流程（图中把拦截条件简写为 $|\Delta\theta_{\mathrm{f}}| \leqslant \varepsilon$）解得拦截到目标所对应的 q 值，从而得到对数螺旋线机动轨道及飞行器运行时间 t_1 和 t_{TOF}。

拦截轨道设计中的机动初始位置选择：

对于初始轨道为圆轨道的情况，机动初始点在任意位置都没有差别，可以根据任务选择，只需要在机动初始点施加一次脉冲满足初始速度约束。但是，对于初始轨道为椭圆的情况，机动初始点直接决定了机动的对数螺旋线轨道，这一位置的选择是整个轨道设计的关键。暂不考虑目标初始位置，分析不同机动初始点下对应对数螺旋线机动轨道的应用前景。由上述理论分析可知，在初始椭圆轨道确定的情况下，机动初始点 M 唯一地决定了参数 q，也即决定了机动轨道，如果已知目标轨道高度，则所需总运行时间 t_{total}、机动

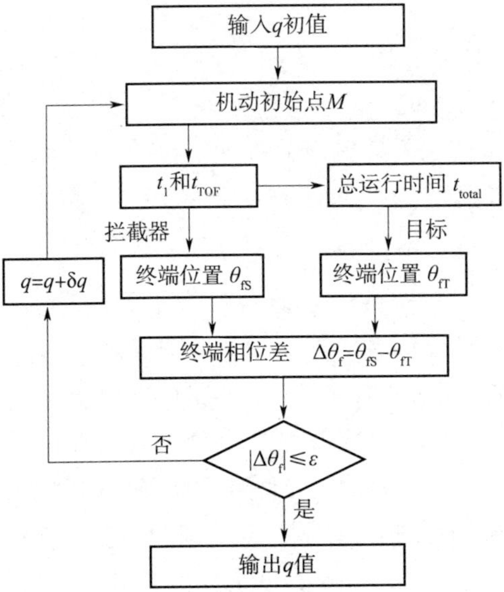

图 5-4　基于初始椭圆轨道的对数螺旋线机动轨道设计流程

所需总能量 ΔV 都由机动初始点决定。不失一般性地分析飞行器轨道高度上升的情况（ $q>0$ ），轨道高度降低的情况与此类似。

采用初始椭圆轨道进行仿真，飞行器到达 1 500 km 目标轨道高度机动所需的能量和总运行时间随机动初始点 M 位置不同而变化，如图 5-5 所示（图 5-5 为双纵轴图，左纵轴表示能量消耗 ΔV ，右纵轴表示运行时间 t_{total} ）。

假设在实际应用中，要求总运行时间控制在 5 000 s 之内，则由图 5-5 可知只有机动初始点在［44.92°,145.08°］范围内可以满足要求；类似地，如果总消耗能量 ΔV 要求小于 1.0 km/s，则机动初始点范围为［53.40°,152.41°］；如果时间和能量同时满足上述要求，则机动初始点 M 的可行范围为［53.4°,145.08°］。如果设计拦截轨道，目标运行于 1 500 km 高度的圆轨道上，则上述 M 点的可行位置对应的目标初始点在［29.45°,36.96°］的范围内，即目标初始相位在这一相角范围内时，拦截器从 M 点机动即可拦截到目标，其中目标初始位置在［29.45°,30.65°］范围内时对应有两条可行的拦截轨道，M 点在 q 对应的极值点，相角 $f_\theta = \arccos(-e)$，两侧分别有一个解。

由上述分析和仿真发现：参数 q 值越小，机动时间越长，消耗能量越多。如果初始椭圆的偏心率较大，那么 q 的可选范围增大，因此在某些相位角下可得到较大的 q 值，使得飞行器到达同一轨道高度时机动时间缩短，且能量消耗减少，因此对于实际轨道设计，选择 q 值较大的相角范围更容易满足设计要求。另一方面，从拦截末制导方面考虑，q 值不能太大，这是因为 q 值的大小唯一地决定了航迹角 γ 的大小，从而决定了遭遇点处两飞行器的速度夹角。为了不使最后拦截段过载太大，从而影响末制导段的精度，遭遇点处的 γ 角不应太大，所以机动初始点 M 的选择在拦截轨道设计中非常重要。

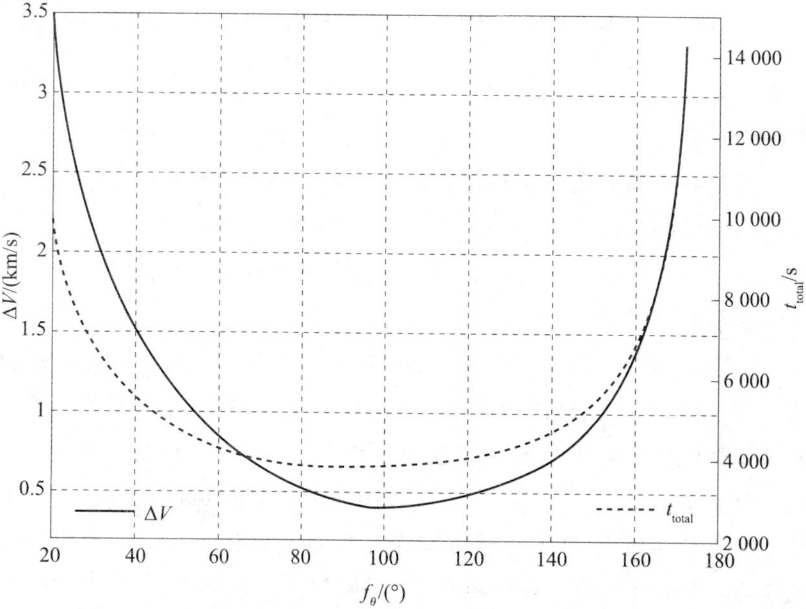

图 5-5　不同机动初始点下飞行器的运行时间和能量

5.3 基于福布斯螺旋线的轨道设计

本节首先根据福布斯提出的两条假设推导了福布斯曲线及所需的推力，并指出了其切向推力假设带来的局限性；然后只采用福布斯“速度假设”设计轨道，把满足这种假设的所有曲线统称为福布斯螺旋线，推导了福布斯螺旋线满足的简单无量纲动力学方程；通过假设不同的轨道高度随时间变化趋势设计了多种机动轨道，并分析了形状参数及转移时长对能量消耗的影响；最后对不同设计方法得到的多条机动轨道进行了对比分析。

5.3.1 福布斯曲线及其局限性

福布斯在20世纪50年代提出了连续推力作用下一类特殊轨道的两条基本假设：

1）推力沿速度方向，即切向推力，推力作用角满足 $\gamma=\alpha$ 或 $\gamma=\alpha\pm\pi$；

2）轨道上每一时刻的周向速度的大小都等于当地圆轨道上的线速度大小，即：$v_\theta=\sqrt{\mu/r}$ 。

前者称作“切向推力假设”，后者称作“福布斯速度假设”，考虑到 $v_\theta=r\dot{\theta}$ ，则由福布斯速度假设可以得到

$$\dot{\theta}^2=\mu/r^3 \tag{5-42}$$

把这两条假设的结果代入式（5－13）可得 $2\tan^2\gamma=r''_\theta/r$ ，又因 $\tan\gamma=r'_\theta/r$ ，则

$$rr''_\theta-2r'^2_\theta=0$$

解此方程得通解为

$$r=-\frac{1}{e^{c_1}\theta+c_2}$$

代入初值曲线初值 (r_0,θ_0) ，以及 $\tan\gamma_0=r'_\theta(r_0,\theta_0)/r_0=e^{c_1}r_0$ ，可得福布斯曲线的表达式为

$$r = \frac{r_0}{1-(\theta-\theta_0)\tan\gamma_0} \tag{5-43}$$

很容易观察得到：初始条件 r_0, θ_0, γ_0 决定了整条曲线，当 $\gamma_0 = 0$ 时，福布斯曲线蜕变为圆，因此如果用福布斯曲线设计机动轨道，要求 $\tan\gamma_0 \neq 0$，所以初始轨道只能是椭圆轨道，圆初始轨道与福布斯曲线对应的机动轨道不能在机动点处连续可微，即不能采用连续推力实现。

如果只考虑福布斯速度假设，式（5－42）化为无量纲形式得到

$$\theta' = z^{-3/2} \tag{5-44}$$

结合无量纲动力学方程式可以得到

$$z'' = z^{-2} a\sin\alpha \tag{5-45}$$

$$\frac{1}{2} z^{1/2} z' = a\cos\alpha \tag{5-46}$$

Forbes 曲线的无量纲形式为

$$z = \frac{1}{1-(\theta-\theta_0)\tan\gamma_0} \tag{5-47}$$

求导得 $z' = (\tan\gamma_0) z^2 \theta' = (\tan\gamma_0) z^{1/2}$，$z'' = \frac{1}{2}(\tan\gamma_0)^2$

结合式（5－45）得到

$$a\sin\alpha = \frac{1}{2} z^2 (\tan\gamma_0)^2 \tag{5-48}$$

考虑到切向推力，假设：$\alpha = \gamma$ 或 $\alpha = \gamma \pm \pi$，即 $\sin(\alpha - \gamma) = 0$，在快速轨道机动中，一般航迹角较小（$0° \leqslant \gamma < 90°$），可以认为 $\sin\gamma = |\sin\alpha| \geqslant 0$，从而得到沿福布斯曲线运行时，需要施加的推力加速度（有量纲值）为

$$f = \frac{\mu}{r^2} \cdot z^2 \cdot \frac{\tan^2\gamma_0}{2\sin\gamma} = \frac{\mu}{r_0^{\ 2}} \cdot \frac{\tan^2\gamma_0}{2\sin\gamma} \tag{5-49}$$

可见需要施加的推力加速度大小由当地航迹角 γ 决定。另外，由式（5－46）得到

$$a\cos\alpha = \frac{1}{2} z\tan\gamma_0 \tag{5-50}$$

式（5－48）和式（5－50）平方相加可以得到无量纲推力加速度 a 关于 z 的解析表达式为

$$a=\frac{z^{2}\tan\gamma_{0}}{2}\sqrt{z^{-2}+\tan^{2}\gamma_{0}} \tag{5-51}$$

或者把无量纲推力加速度 a 表示成关于 θ 的解析表达式为

$$a=\frac{\tan\gamma_{0}\sqrt{[1-(\theta-\theta_{0})\tan\gamma_{0}]^{2}+\tan^{2}\gamma_{0}}}{2[1-(\theta-\theta_{0})\tan\gamma_{0}]^{2}} \tag{5-52}$$

由于采用切向推力，一般 $\cos\alpha\neq 0$，通过式（5－48）和式（5－50）相除也可以得到推力作用角 α 关于 z 或 θ 的表达式

$$\tan\alpha=z\tan\gamma_{0}=\frac{\tan\gamma_{0}}{1-(\theta-\theta_{0})\tan\gamma_{0}} \tag{5-53}$$

可以看出，当飞行器沿福布斯曲线运行时，一旦初始条件（r_0，θ_0，$\tan\gamma_0$）给定，推力加速度的大小和方向由飞行器所在位置的极角 θ 唯一确定，但是因为上述表达式中全部不显含时间 t，即只是已知了飞行器运行的轨道，而不确定沿此轨道运行的速度快慢，所以在实际轨道设计中需要增加轨道高度或极角随时间变化趋势的条件，例如极角随时间按线性规律或多项式形式变化。福布斯曲线不适用于初始圆轨道的轨道设计，从椭圆轨道上开始机动时，机动初始点唯一地决定了初始航迹角 γ_0，也就确定了福布斯曲线对应的机动轨道，值得指出的是 $\tan\gamma_0\neq 0$，因此初始机动点不能是近地点或远地点。

假设飞行器初始轨道近地点高度为 300 km，远地点高度为 1 000 km，机动初始位置 $0^\circ<\theta_0<180^\circ$ 范围内 $\tan\gamma_0>0$，即采用福布斯曲线设计机动轨道时，对应的轨道高度上升。飞行器初始极角依次取 $\theta_0=30^\circ,60^\circ,90^\circ,120^\circ,150^\circ$，根据上面的推导结果可以得到不同的福布斯机动轨道，如果增加极角随时间变化规律也可以计算出飞行器沿此轨道运行所需的推力加速度大小 f、推力作用角 α。考虑到上一章的仿真和分析结果，在机动时间较短时，一般可以认为极角随时间近似按线性规律变化，即 $\theta=\theta_0+pt$。

参数 p 决定了飞行器的运行角速度。假设飞行器运行 1 周（$\Delta\theta=$

360°）所需时间为 5 000 s，可以得到：$p=\pi/2\ 500$ 。在上述初始条件下，不同初始极角对应的仿真结果如图 5－6 和图 5－7 所示。

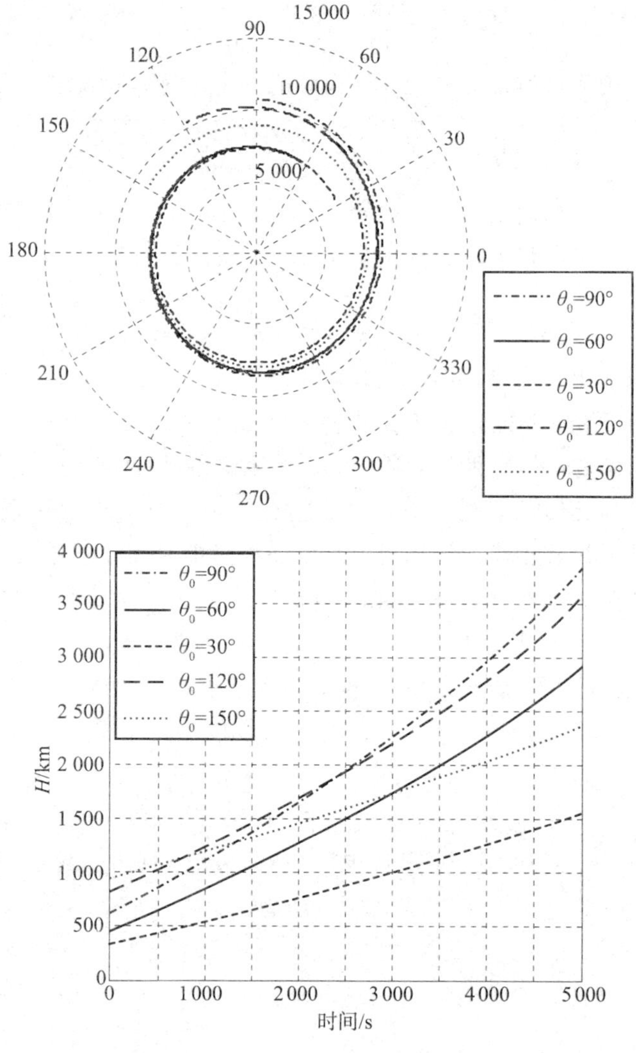

图 5－6　福布斯曲线机动轨道与轨道高度变化

从仿真结果可以看出，初始位置决定了所需施加推力的大小和

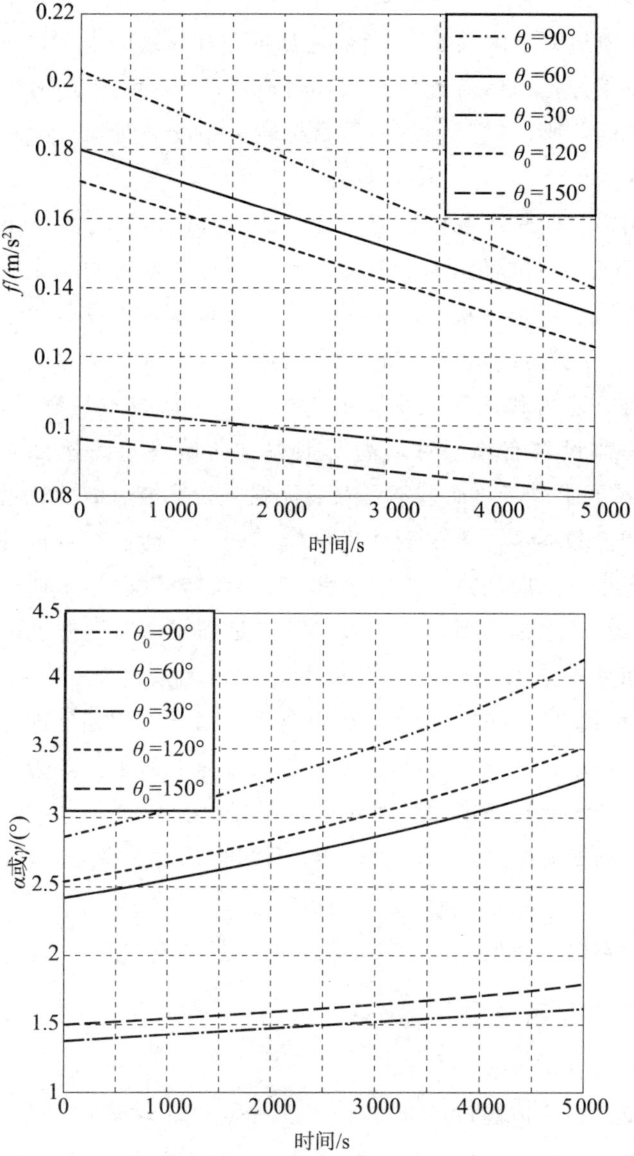

图 5-7　福布斯曲线机动轨道所需施加的推力加速度大小与方向

方向，即使是同样大小的初始航迹角，由于所在初始位置不同（可以在椭圆轨道的不同象限），所需施加推力加速度的大小也不同，即消耗能量不等；初始航迹角越大，轨道升高越快，但是由于机动初始位置不同，所以对于到达同样目标轨道高度的时间，没有太大的可比性。

采用福布斯曲线进行轨道设计，初始航迹角不为零，末端航迹角也只与飞行器位置相关，因此对于采用连续推力的轨道机动，此曲线不适用于初始圆轨道的情况；而且福布斯曲线只适用于拦截的轨道设计，因为转移轨道或者交会轨道，由于对末端速度要严格约束，即对航迹角和速度大小有要求，福布斯曲线不易满足。另外，切向推力假设具有局限性，需要推力方向始终追踪速度方向，对GNC系统要求严苛，而且不具有最优性。为了给后面的轨道优化设计提供初值和参考，希望设计出的轨道具有灵活性和普遍性，施加的推力大小、方向任意可变，因此在后面的轨道设计中摒弃切向推力假设，只考虑福布斯速度假设，把满足福布斯速度假设的轨道统称为福布斯螺旋线轨道，此类轨道对应的无量纲动力学方程为式(5-45)和式（5-46)。但是，仅有这组动力学方程还不能完全描述飞行器的机动，需要增加表述飞行器运行速度的条件，为了简化问题，可以假设轨道高度随时间变化规律的表达式。

福布斯螺旋线轨道对应的曲线方程可以用下述微分方程表示

$$z = (\theta')^{-2/3} \tag{5-54}$$

飞行器沿福布斯螺旋线轨道运行时满足动力学方程

$$\begin{cases} z^2 z'' = a\sin\alpha \\ \dfrac{1}{2} z^{1/2} z' = a\cos\alpha \end{cases} \tag{5-55}$$

如果假设轨道高度随时间的变化趋势（用表达式表示，内含待定参数），在已知任务要求和初始、末端等条件时，实际运行轨道可以通过式（5-54）得到，施加在飞行器上的推力加速度也很容易由式（5-55）求得，所以采用福布斯螺旋线设计机动轨道思路简单、计算快速，适宜于在线设计。

5.3.2　轨道高度随时间变化为线性的福布斯螺旋线

假设地心距随时间近似按线性规律变化，用无量纲形式表示为

$$z = 1 + p_z \tau \tag{5-56}$$

为了设计机动轨道，要求参数 $p_z \neq 0$，则初始时刻飞行器的高度变化率 $z' \neq 0$，线性假设使得此时的福布斯螺旋线不适用于圆初始轨道或者椭圆轨道的近地点和远地点（对应 $z' = 0$），式（5-56）转化为有量纲形式为

$$r = r_0 + \sqrt{\mu / r_0}\, p_z t \tag{5-57}$$

当椭圆初始轨道上的机动初始点确定时，$\dot{r}_0$ 可知，从而可以得到待定参数 p_z

$$\begin{cases} \dot{r}_0 = \sqrt{\mu / p}\, e \sin\theta_0 \\ p_z = \sqrt{r_0 / p}\, e \sin\theta_0 \end{cases} \tag{5-58}$$

式中　e ——椭圆轨道的偏心率；

p ——椭圆轨道的半通径。

由于轨道高度随时间按线性形式变化，所以 $z'' = 0$，代入动力学方程式（5-55）可知：$a\sin\alpha = 0$。由于机动轨道中需要施加推力作用，因此 $a \neq 0$，从而得到：$\sin\alpha = 0$，即需要施加的推力为周向推力；无量纲推力加速度的大小 a 为

$$a = \frac{1}{2} z^{1/2} \mid p_z \mid = \frac{(1 + p_z \tau)^{1/2}}{2} \mid p_z \mid$$

假设飞行器初始轨道近地点高度为 300 km，远地点高度为 1 000 km，不失一般性地仿真轨道高度上升的情况，需要施加的推力方向沿 $\vec{\theta}$ 向，即 $\alpha = 0$，依次取机动初始位置 $\theta_0 = 30°$，60°，90°，120°，150°，飞行器机动时长取为 2 h（7 200 s），仿真得到的机动轨道、轨道高度变化和沿此类轨道运行时需要施加的推力加速度的大小见图 5-8 和图 5-9。

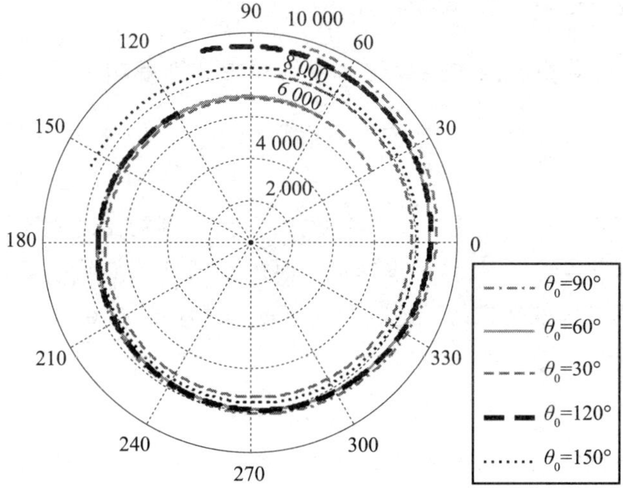

图 5-8 福布斯螺旋线机动轨道

由仿真结果可以看出，由于 p_z 完全由初始机动位置和椭圆偏心率决定，算例中的椭圆偏心率较小，p_z 在 10^{-2} 量级，使得机动轨道的轨道高度变化缓慢，对应所需施加的推力加速度 f 在 10^{-2} m/s^2 量级，在较短机动时间内消耗能量不大。例如，本算例中 $\theta_0=90°$，轨道高度变化范围最大（轨道升高 2 707.504 9 km）、消耗能量最多的情况，在机动 2 h 后消耗的速度增量为 1.137 4 km/s；$\theta_0=150°$ 的情况，机动 2 h 需要的速度增量只为 600.293 8 m/s。但是随着机动时间的增长、能量消耗增大，需要的推力加速度大小将减小。与前节所述的福布斯曲线一样，轨道高度随时间变化为线性的福布斯螺旋线与对数螺旋线轨道具有类似弱点：不满足圆轨道初始条件，这是因为其可调参数只有一个 p_z，所以不容易满足轨道转移或交会条件，其适用范围很小，不再做细致讨论。下面分析轨道高度或极径随时间变化为其他形式的情况，即采用可变参数更多的福布斯螺旋线进行轨道设计。

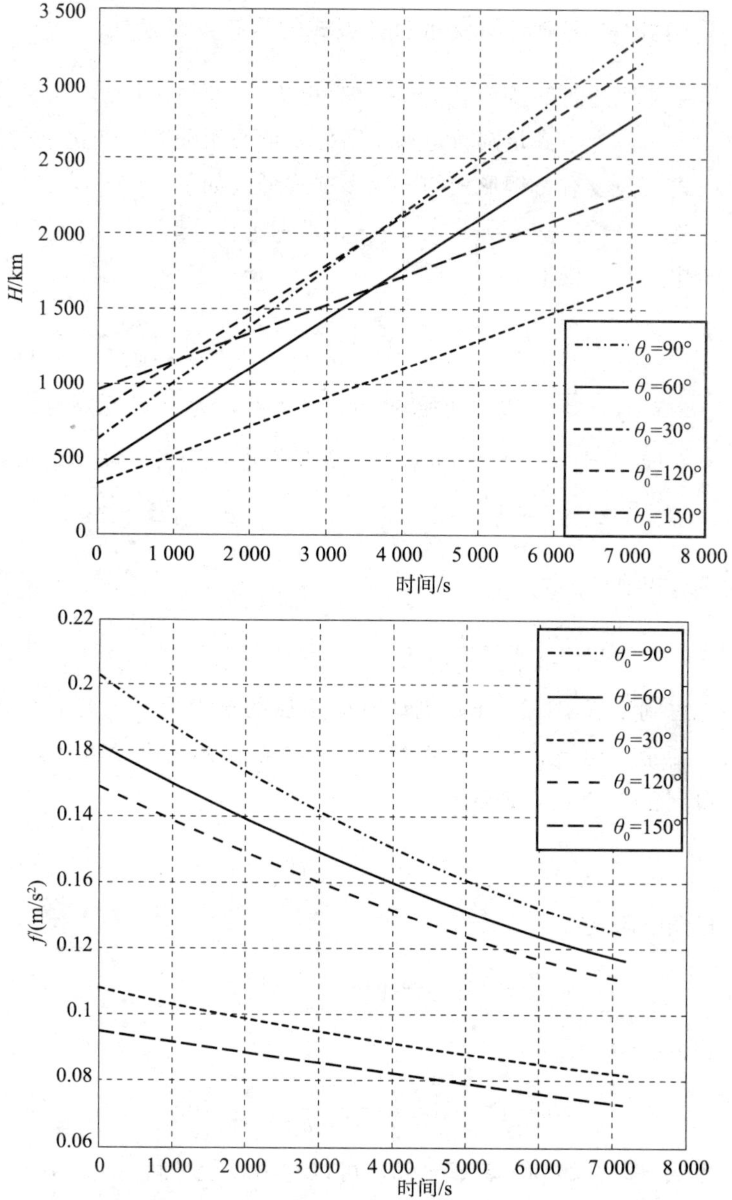

图 5-9　福布斯螺旋线机动轨道的高度变化（线性）与所需施加的推力加速度

5.3.3 轨道高度随时间变化为多项式的福布斯螺旋线

轨道高度随时间的变化趋势一般可以用多项式近似，如果采用多项式形式，为了满足圆轨道初始条件，地心距随时间变化至少为3次多项式，假设有量纲形式的3次多项式形式如下

$$r = r_0 + a_1 t + a_2 t^2 + a_3 t^3 \tag{5-59}$$

转化为无量纲形式为

$$z = 1 + \frac{a_1}{r_0}\frac{\tau}{n_0} + \frac{a_2}{r_0}\left(\frac{\tau}{n_0}\right)^2 + \frac{a_3}{r_0}\left(\frac{\tau}{n_0}\right)^3 = 1 + \frac{a_1}{r_0 n_0}\tau + \frac{a_2}{r_0 {n_0}^2}\tau^2 + \frac{a_3}{r_0 {n_0}^3}\tau^3$$

其中 $n_0 = \sqrt{\mu / {r_0}^3}$ 。假设初始轨道为圆轨道，为了满足初始速度条件 $\dot{r} = 0$ 或 $z' = 0$ ，可知 $a_1 = 0$ ，无量纲地心距可以简单表示为

$$z = 1 + \frac{a_2}{r_0}\left(\frac{\tau}{n_0}\right)^2 + \frac{a_3}{r_0}\left(\frac{\tau}{n_0}\right)^3 = 1 + \frac{a_2}{r_0 {n_0}^2}\tau^2 + \frac{a_3}{r_0 {n_0}^3}\tau^3$$

上式求导得到

$$z' = \frac{2a_2}{r_0 {n_0}^2}\tau + \frac{3a_3}{r_0 {n_0}^3}\tau^2 \text{ ，} \qquad z'' = \frac{2a_2}{r_0 {n_0}^2} + \frac{6a_3}{r_0 {n_0}^3}\tau \tag{5-60}$$

考虑到工程实际，开始机动时刻施加的推力为零，然后再逐渐增大，即希望初始时刻 $\tau = 0$ 时，$a_0 = 0$ ，代入动力学方程式（5－55）得到：$z''_0 = 0$ ，即 $a_2 = 0$ 。

$$z = 1 + \frac{a_3}{r_0 {n_0}^3}\tau^3 \tag{5-61}$$

极角 θ 满足

$$\theta' = z^{-3/2} = \left(1 + \frac{a_3}{r_0 {n_0}^3}\tau^3\right)^{-3/2} \tag{5-62}$$

积分可得

$$\theta_f - \theta_0 = \int_{\tau_0}^{\tau_f}\left(1 + \frac{a_3}{r_0 {n_0}^3}\tau^3\right)^{-3/2}\mathrm{d}\tau \tag{5-63}$$

由式（5－62）和式（5－63）可以看出飞行时间 t_{TOF}（或 τ_f ）和飞行高度、极角是对应的，通过参数 a_3 联系，在任务给定时，由目标轨道高度 z_f 和机动时间可以确定参数 a_3 ，进而设计出福布斯螺旋

线机动轨道。机动末端时刻

$$\frac{a_3}{r_0 n_0^3}\tau_f^3 = z_f - 1 \tag{5-64}$$

可得 $a_3 = \dfrac{\Delta H}{t_{\mathrm{TOF}}^3}$，其中 ΔH 为初始和末端时刻的轨道高度差。将式（5－60）的结果代入动力学方程式（5－55），两式平方相加可以得到无量纲推力加速度 a 关于时间 τ 的解析表达式，因为形式繁琐，不再列出。值得说明的是因为末端时刻 $z' \neq 0$，因此如果目标轨道为圆轨道，此种形式的福布斯螺旋线只能用于拦截轨道设计。

对于已知目标的拦截轨道设计，假设目标轨道为圆轨道，初始时刻 $t_0 = 0$：拦截器地心距为 r_0，极角 $\theta_0 = 0$；目标地心距为 r_{T}，极角为 θ_{T0}，运行时间 t 后，目标极角 θ_{T} 为

$$\theta_{\mathrm{T}} = \theta_{\mathrm{T0}} + \sqrt{\frac{\mu}{r_{\mathrm{T}}^3}}t \tag{5-65}$$

当拦截器到达 r_{T} 高度时，如果终端位置 θ_f 与目标位置 θ_{T} 之差 $\Delta\theta_f$ 满足 $|\Delta\theta_f + 2k\pi| \leqslant \varepsilon$（$k$ 为整数，ε 为小量，在仿真中取 10^{-7} 或 10^{-8} 量级），则认为拦截器与目标恰好相撞，联立式（5－63）、式（5－64）和式（5－65），可计算出待定常值参数 a_3，以及所需拦截时间 t_{TOF}，从而得到遭遇点，使之满足拦截要求。

5.3.4　轨道高度随时间变化为双曲正切形式的福布斯螺旋线

采用无量纲参数表示，假设地心距随时间的变化为

$$z = 1 + k_2\left[k_3 + \frac{e^{(\tau-k_1)} - e^{-(\tau-k_1)}}{e^{(\tau-k_1)} + e^{-(\tau-k_1)}}\right] + k_4\tau \tag{5-66}$$

其中 k_1, k_2, k_3, k_4 为待定系数，且不为 0；为了满足初始、末端条件，可以看出在表达式中也出现了多项式项。初始时刻 $\tau = 0$，初始地心距

$$z_0 = 1 + k_2\left[k_3 + \frac{e^{(-k_1)} - e^{-(-k_1)}}{e^{(-k_1)} + e^{-(-k_1)}}\right] = 1$$

即

$$k_2\left[k_3 + \frac{e^{(-k_1)} - e^{-(-k_1)}}{e^{(-k_1)} + e^{-(-k_1)}}\right] = 0$$

由于参数 $k_1 \neq 0$ ，且 $k_2 \neq 0$ ，可知

$$k_3 = -\frac{e^{(-k_1)} - e^{-(-k_1)}}{e^{(-k_1)} + e^{-(-k_1)}} \tag{5-67}$$

对式（5-66）求导得

$$z' = \frac{4k_2}{[e^{(\tau-k_1)} + e^{-(\tau-k_1)}]^2} + k_4 \tag{5-68}$$

$$z'' = \frac{-8k_2[e^{(\tau-k_1)} - e^{-(\tau-k_1)}]}{[e^{(\tau-k_1)} + e^{-(\tau-k_1)}]^3} \tag{5-69}$$

假设初始轨道为圆轨道，初始速度要满足条件 $\tau = 0$ 时，有下式成立

$$z'|_{\tau=0} = 0 \quad 即 \quad k_4 = -\frac{4k_2}{(e^{-k_1} + e^{k_1})^2} \tag{5-70}$$

终端时刻轨道地心距 z_f 和转移时间 t_{TOF}（无量纲值 τ_f ）满足

$$z_f = 1 + k_2\left[k_3 + \frac{e^{(\tau_f-k_1)} - e^{-(\tau_f-k_1)}}{e^{(\tau_f-k_1)} + e^{-(\tau_f-k_1)}}\right] + k_4\tau_f \tag{5-71}$$

在目标轨道高度已知时，可以联立式（5-70）和式（5-71）得

$$k_2 = \frac{z_f - 1}{k_3 + \dfrac{e^{(\tau_f-k_1)} - e^{-(\tau_f-k_1)}}{e^{(\tau_f-k_1)} + e^{-(\tau_f-k_1)}} - \dfrac{4}{(e^{-k_1} + e^{k_1})^2}\tau_f} \tag{5-72}$$

代入式（5-70）就可得到 k_4 关于 k_1 的表达式，综上，k_2，k_3，k_4 都可以用参数 k_1 表示。如果给定或解得参数 k_1 ，在目标轨道高度和机动时间确定后，即可确定出所有的参数，也就确定了机动轨道。

前面研究的几类轨道主要适用于拦截轨道设计，对转移或者交会轨道都无能为力，尤其是对于终端轨道为圆轨道的情况；轨道高度表示成双曲正切形式的福布斯螺旋线轨道可以满足终端速度要求，适宜于设计转移或交会轨道。

5.3.4.1 圆与圆轨道间的转移轨道设计

首先考虑设计圆与圆轨道之间的转移轨道：前面的推导已经满足了圆初始轨道的条件，为了满足终端圆轨道的速度约束，要求

$$z'|_{\tau=\tau_f} = 0 \tag{5-73}$$

$$V_{\mathrm{f}} = \sqrt{\mu / r_{\mathrm{f}}}$$

在式（5-73）满足时，再有 Forbes 速度假设式（5-42）或式（5-44)成立，后一条件自然满足，不用单独考虑。由式（5-73）代入式（5-68)，联立式（5-70）可知

$$e^{(\tau_{\mathrm{f}}-k_1)} + e^{-(\tau_{\mathrm{f}}-k_1)} = e^{k_1} + e^{-k_1} \tag{5-74}$$

此式有两个解：$\tau_{\mathrm{f}} = 0$ ，$\tau_{\mathrm{f}} = 2k_1$ ，考虑到机动轨道设计的应用背景，后一个解才是满足要求的。设：$k_1 = c_k \tau_{\mathrm{f}}$ ，在圆与圆转移轨道设计中，为了满足初、末条件，$c_k = 1/2$ ，即 $k_1 = \tau_{\mathrm{f}}/2$ ，在假设转移时长后，所有参数即可确定。

5.3.4.2　圆与圆轨道间的拦截轨道设计

如果只考虑终端位置，轨道高度随时间变化假设成双曲正切形式的福布斯螺旋线也可用于拦截轨道设计，此时参数 k_1 或者系数 c_k 变化范围增大，根据不同的参数在相同条件下可以设计出不同的轨道，从而可以选择能量消耗较少的方式机动。本节主要考虑近地轨道的快速机动，轨道高度变化范围不太大（几万千米之内）且机动时间不长（几小时量级以下)，系数 c_k 在 $[-1,1.5]$ 范围内取值即可以满足设计要求。下面分析参数的变化对拦截轨道能量消耗的影响，首先分析 $c_k = -0.5$ 和 $c_k = 2/3$ 两种特殊情况，比较设计出的不同拦截轨道。

假设飞行器初始轨道高度为 500 km，目标航天器圆轨道高度为 1 000 km，仿真初始时刻 $t_0 = 0$ ：飞行器相位 $\theta_0 = 0$ ，目标相位 $\theta_{\mathrm{T0}} = 20^\circ$ 。

$c_k = -0.5$ 的仿真结果见图 5-10 至图 5-12，飞行器拦截到目标用时 6 046.73 s，在遭遇点 C 处（$\theta_{\mathrm{f}} = 365.631\ 6^\circ$），飞行器的速度为 7.354 2 km/s（目标速度为 7.353 7 km/s)，两航天器的速度夹角为 $\gamma = 0.696\ 2^\circ$ ，目标运行不到 1 周。对推力加速度关于时间积分可得需要消耗的速度增量 $\Delta v = 324.104\ 9$ m/s，与上一节对数螺旋线拦截轨道（需要的速度增量 $\Delta v = 340.769\ 5$ m/s）相比能量消耗减少，且拦截时间缩短（对数螺旋线较短拦截用时 6 533.4 s)，因

此可以优先选择。从图 5 - 12 可以看出推力作用角 α 从 90° 减小，后半部分逐渐趋向于 0°，即开始机动时推力作用角较大，后来就近似以周向力机动。

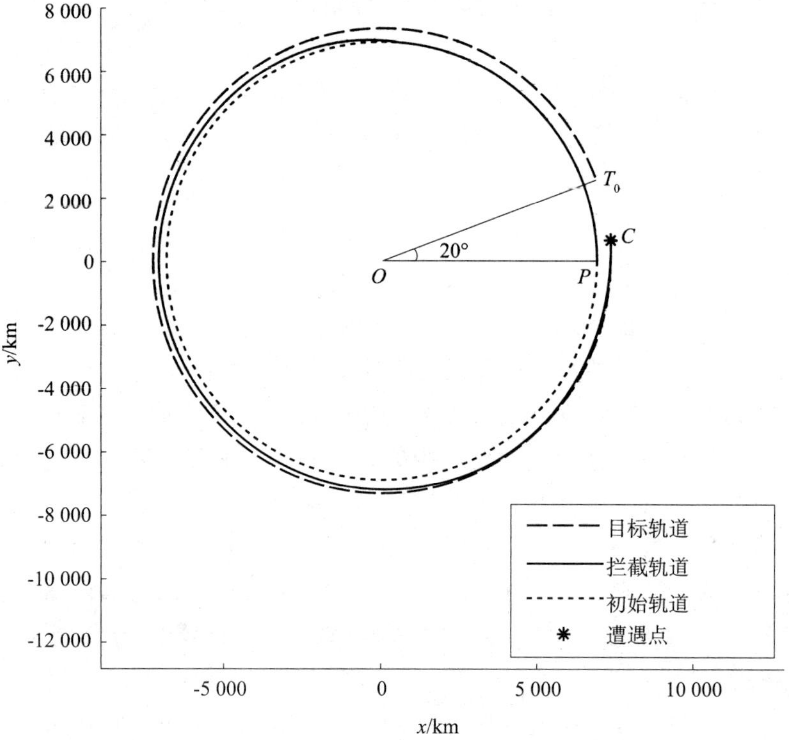

图 5 - 10　福布斯螺旋线拦截轨道（c_k =－0.5）

c_k = 2/3 的仿真结果见图 5 - 13 至图 5 - 15，飞行器拦截到目标用时 4 848.31 s，在遭遇点 C 处（θ_f = 297.129 8°），飞行器的速度为 7.353 8 km/s。由图 5 - 14 可以看出，飞行器航迹角先增大后减小，与目标相撞时与目标航天器的速度夹角为 γ = 0.228 8°。飞行器沿此拦截轨道机动需要消耗的速度增量 Δv = 627.412 3 m/s，与上一节对数螺旋线拦截轨道及前述的 c_k =－0.5 的福布斯螺旋线轨道相比能量消耗增加，但是拦截时间缩短。与前一算例相比，此种情况的推力加速度大小、方向的变化范围都较大，对推进系统、控制系统的要求较高。

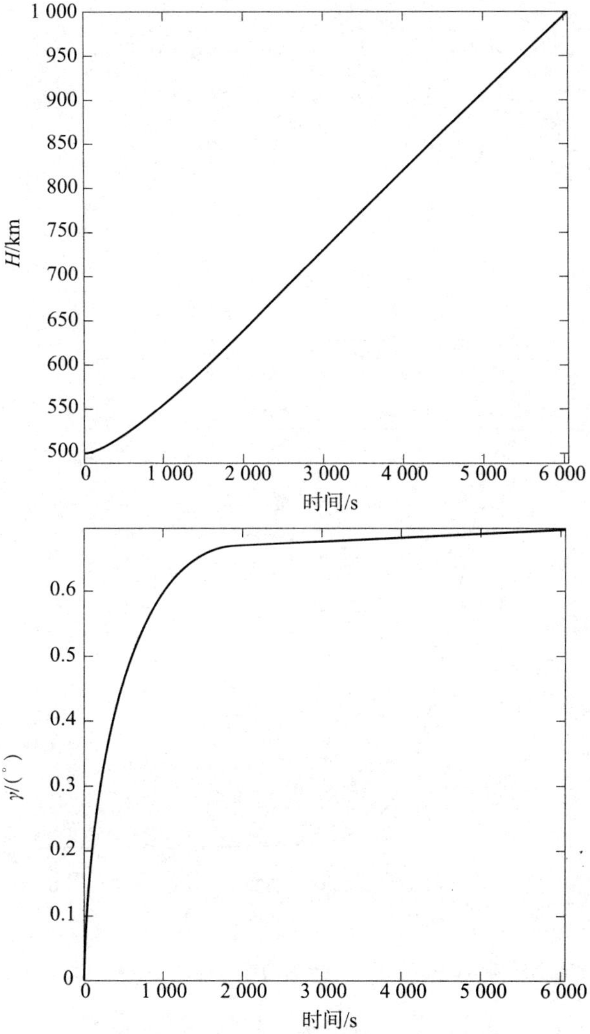

图 5-11　福布斯螺旋线拦截轨道高度与航迹角变化（$c_k=-0.5$）

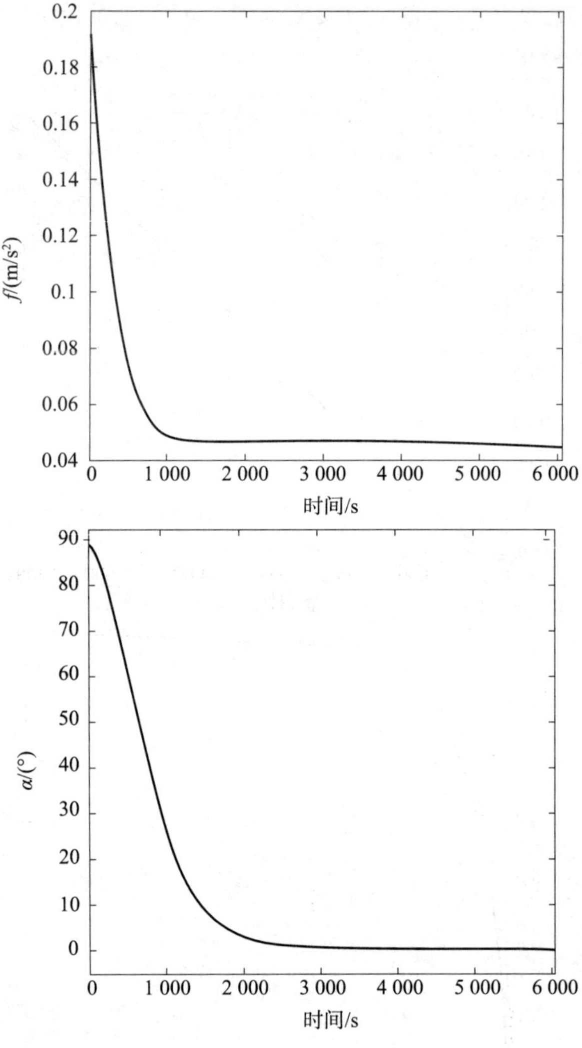

图 5-12　福布斯螺旋线拦截轨道所需施加的推力加速度大小和方向（$c_k=-0.5$）

（1）不同系数对应拦截轨道的能量消耗对比

不考虑目标初始的极角位置，只要求飞行器达到目标轨道高度，得到不同系数在同样机动时长下的拦截轨道，比较能量消耗情况。仍然采用上述算例中的轨道高度条件，设拦截时间为 1 h，$c_k\in[-1,$

1.5]，即 k_1 的范围为[－3.990 6,5.985 9]，仿真得到不同拦截轨道消耗的速度增量随系数 c_k 的变化关系见图 5－16。事实上，$c_k \in (0.2,0.3)$ 这一段，轨道高度的变化趋势不是下降到很低再升高至目标高度（例如图 5－17 所示的 $c_k = 0.19$ 的轨道高度变化），就是升到很高再下降至目标高度（例如图 5－18 所示的 $c_k = 0.32$ 的轨道高度变化），使得能量消耗很多，甚至有些情况下（例如 $c_k = 0.21$ 时）对应轨道在某段时间内高度已经低于 120 km（大气密度增大，认为已入大气层内，由于大气阻力作用很难保证飞行器保持原轨道），不能满足航天器机动轨道的设计初衷，因此舍弃这些点，在图 5－16 中 $c_k \in (0.2,0.3)$ 这一段没有画出。$c_k < 0$ 的情况，轨道高度变化与图 5－11 所示相似，能量消耗较少。

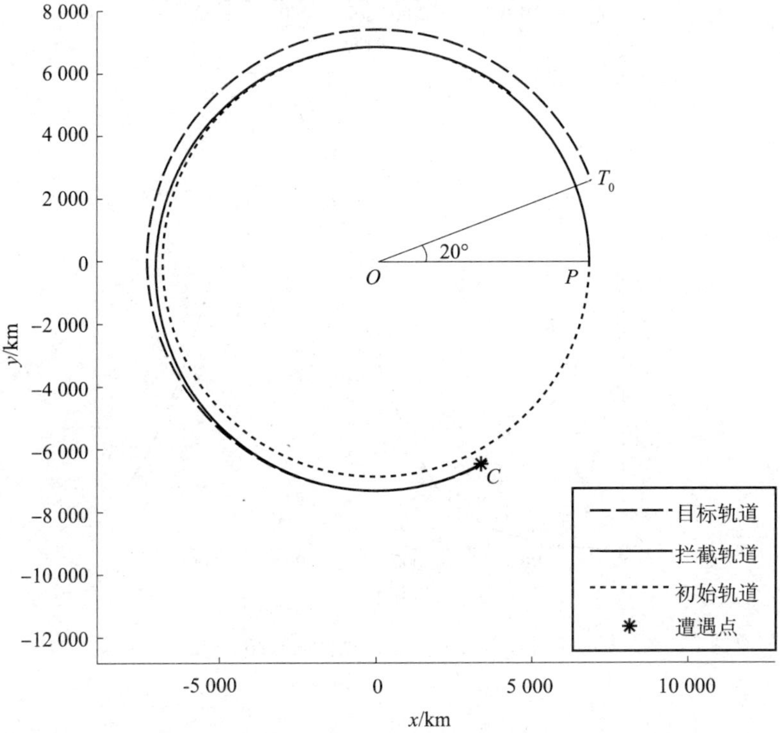

图 5－13　福布斯螺旋线拦截轨道（$c_k = 2/3$）

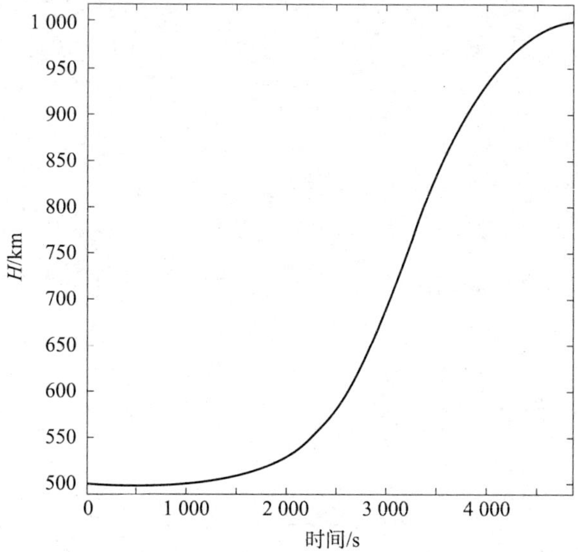

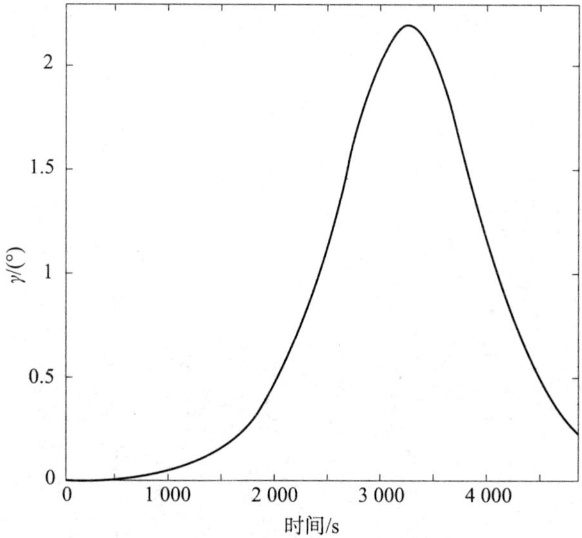

图 5-14　福布斯螺旋线拦截轨道高度与航迹角变化（$c_k = 2/3$）

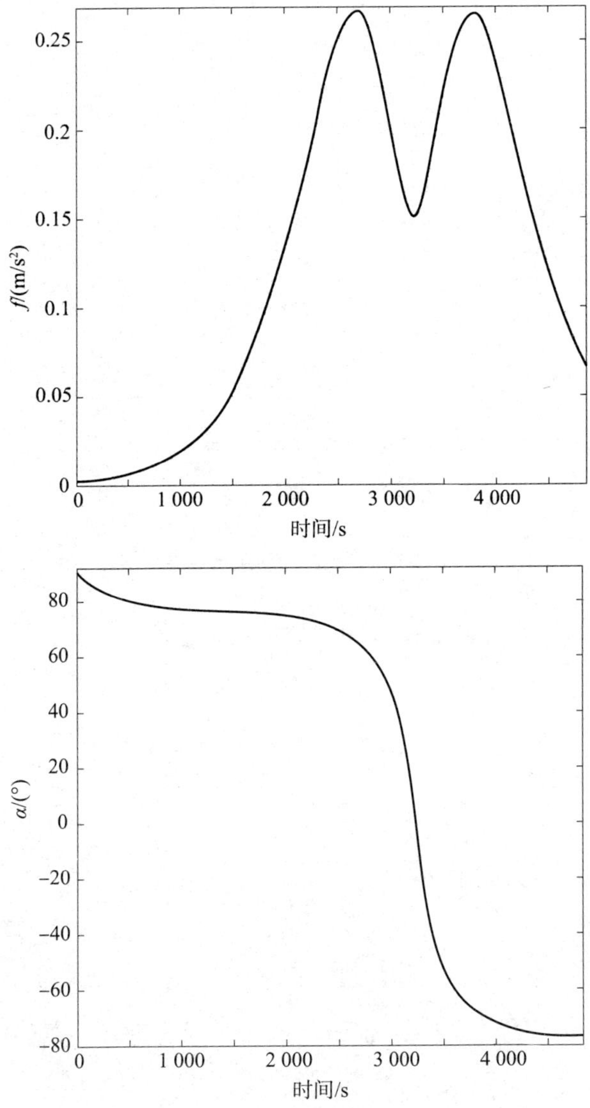

图 5－15　福布斯螺旋线拦截轨道所需施加的推力加速度大小和方向（ $c_k = 2/3$ ）

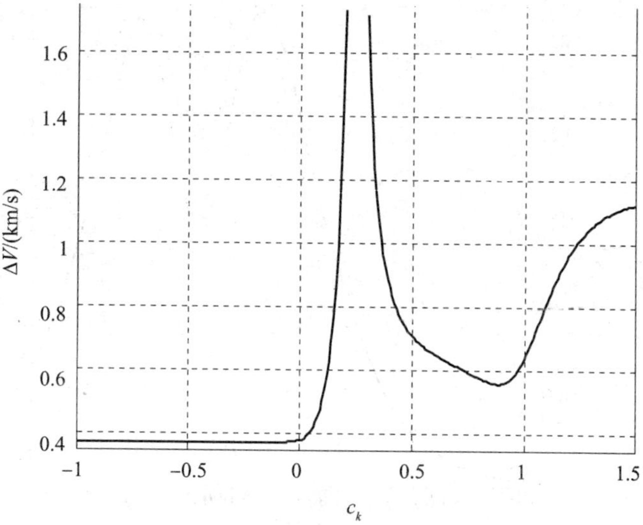

图 5-16　能量消耗随系数变化关系

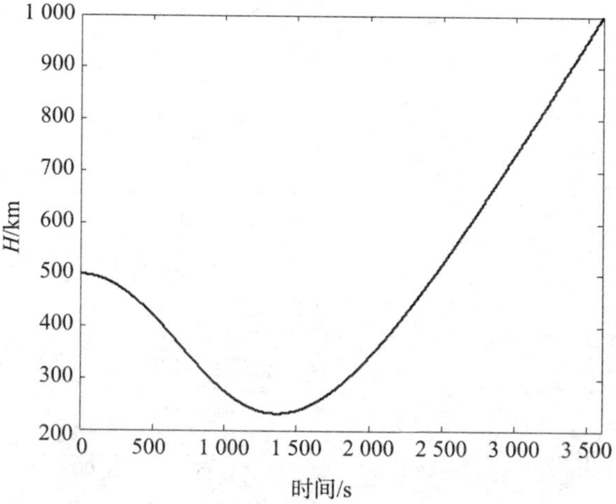

图 5-17　拦截轨道高度变化（$c_k = 0.19$）

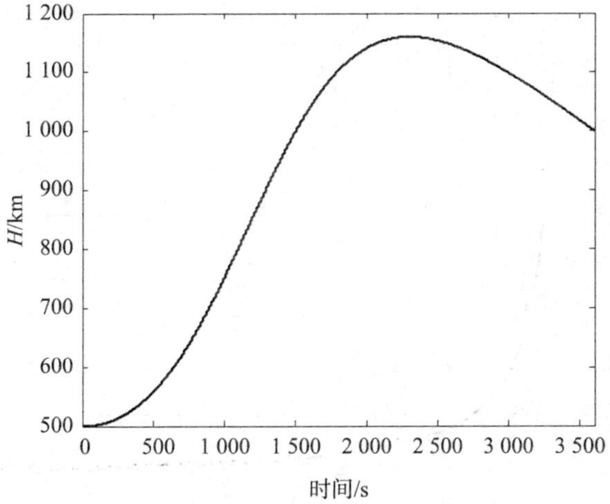

图 5-18 拦截轨道高度变化（$c_k = 0.32$）

（2）不同拦截时间对能量消耗的影响分析

由上一节的分析可知，系数 $c_k < 0$ 时能量消耗较少，且不同系数间的差异不大，取 $c_k = -0.5$，分析同样系数下，不同拦截时间对能量消耗的影响。不考虑初始极角位置，随着转移时长 TOF 变化，飞行器从 500 km 圆轨道拦截 1 000 km 圆轨道上的目标，所需速度增量的变化趋势如图 5-19 所示，可以看出随着拦截时间的增加，能量消耗减少，而且速度增量逐渐接近 Hohmann 转移所需速度增量(262.783 4 m/s)。

由上面的分析和仿真可知，把轨道高度假设成双曲正切形式的福布斯螺旋线既可用于拦截轨道设计，也可用于转移轨道设计。转移或者拦截时间增加，消耗能量减少；设计圆与圆轨道间的转移轨道时，所有系数在转移时长确定后也就确定，但是设计拦截轨道时，根据系数不同可以设计出多种轨道，因此在实际应用中可以根据能量消耗和拦截时间需要选择合适的系数设计轨道。

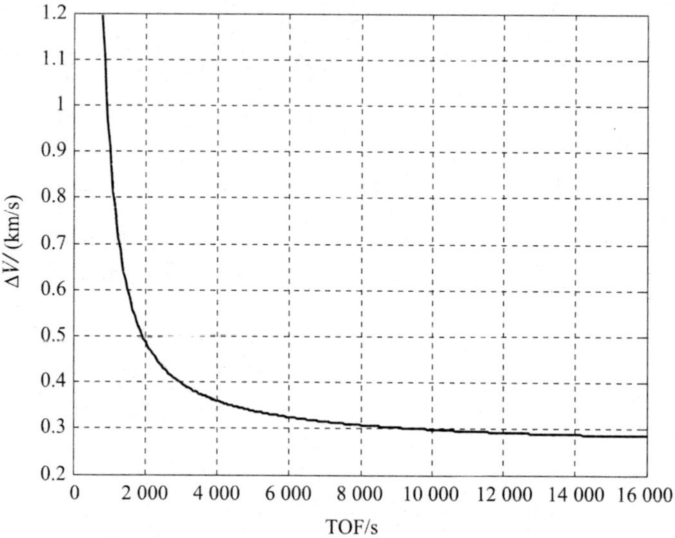

图 5-19 福布斯螺旋线拦截轨道能量消耗与拦截时间的变化关系

5.3.5 假设轨道高度随时间变化为正/余弦形式

仍然采用无量纲方程，假设轨道高度随时间的变化为

$$z = k_{z1}\sin(k_{z2}\tau + k_{z3}) + k_{z4} \tag{5-75}$$

其中 $k_{z1}, k_{z2}, k_{z3}, k_{z4}$ 为待定系数，且不为 0；机动初始时刻 $\tau = 0$，初始地心距 $z_0 = 1$，即

$$k_{z1}\sin(k_{z3}) + k_{z4} = 1 \tag{5-76}$$

对式（5-75）关于无量纲时间 τ 求导得

$$z' = k_{z1}k_{z2}\cos(k_{z2}\tau + k_{z3}) \tag{5-77}$$

$$z'' = -k_{z1}k_{z2}{}^2\sin(k_{z2}\tau + k_{z3}) \tag{5-78}$$

假设初始轨道为圆轨道，机动初始时刻 $\tau = 0$ 时，径向速度为 $v_r = 0$，即

$$z'\big|_{\tau=0} = 0 \quad 即 \quad z'\big|_{\tau=0} = k_{z1}k_{z2}\cos(k_{z3}) = 0 \tag{5-79}$$

因为系数 k_{z1}, k_{z2} 不为 0，则 $\cos(k_{z3}) = 0$，即 $k_{z3} = \pm\dfrac{N\pi}{2}(N = 1,2,$

3,…)，不失一般性地取 $k_{z3}=\pm\pi/2$ 。另外，初始时刻有

$$z''|_{\tau=0}=-k_{z1}k_{z2}{}^2\sin(k_{z3})=\mp k_{z1}k_{z2}{}^2$$

考虑到动力学方程式（5-55)，得到

$$\begin{cases}a_0\sin\alpha_0=\mp k_{z1}k_{z2}{}^2\\ a_0\cos\alpha_0=0\end{cases}\tag{5-80}$$

考虑轨道高度升高的情况，初始推力加速度方向沿径向（$\vec{r}$)，即 $\alpha_0=\pi/2$（轨道高度降低的情况 $\alpha_0=-\pi/2$ ，思路类似，不再赘述)，初始时刻需要施加的推力加速度大小 $a_0=\mp k_{z1}k_{z2}{}^2$ ，当 $k_{z3}=\pi/2$ 时，取负号；当 $k_{z3}=-\pi/2$ 时，取正号。经过分析发现取值的正、负只会影响其他系数的求解，在同样条件下的机动轨道一致，因此可以任意选取，以 $k_{z3}=-\pi/2$ 的情况进行分析：$a_0=k_{z1}k_{z2}{}^2$ ，此时要求 $k_{z1}>0$ 。由式（5-76）可得

$$-k_{z1}+k_{z4}=1\text{，即 }k_{z4}=1+k_{z1}\tag{5-81}$$

终端时刻轨道地心距 z_f 和无量纲机动时间 τ_f 满足

$$z_f=k_{z1}\sin(k_{z2}\tau_f+k_{z3})+k_{z4}\tag{5-82}$$

由 $k_{z3}=-\pi/2$ 可得

$$\cos(k_{z2}\tau_f)=\frac{k_{z4}-z_f}{k_{z1}}$$

在系数求解过程中需要注意 $\left|\frac{k_{z4}-z_f}{k_{z1}}\right|\leqslant 1$ 的限制条件，注意到式（5-81)，考虑轨道高度上升的情况（$z_f>1$）可知

$$k_{z1}\geqslant\frac{z_f-1}{2}$$

$$k_{z2}\tau_f=2K\pi\pm\arccos\left(\frac{k_{z4}-z_f}{k_{z1}}\right)\tag{5-83}$$

其中 $K=0,\pm1,\pm2,\pm3,\cdots$，近地空间快速轨道设计中可以取

$$k_{z2}=\arccos\left(\frac{k_{z4}-z_f}{k_{z1}}\right)/\tau_f\tag{5-84}$$

至此，在初、末条件和机动时间已知后所有参数都可以用 k_{z1} 表示，给定或者根据任务求解出系数 k_{z1} ，就可以设计出机动轨道，代

入动力学方程（5－55）就可以确定需要施加的推力加速度大小和方向。

5.3.5.1　圆与圆轨道间的转移轨道设计

为了满足终端圆轨道的速度约束，要求

$$z'\big|_{\tau=\tau_f}=0 \tag{5-85}$$

由式（5－77）可知

$$k_{z1}k_{z2}\cos(k_{z2}\tau_f+k_{z3})=0 \tag{5-86}$$

系数一般不为零，则

$$\sin(k_{z2}\tau_f)=0 \tag{5-87}$$

即

$$k_{z2}\tau_f=\pm N\pi,\quad N=1,2,3,\cdots$$

以 $k_{z3}=-\pi/2$ 的情况进行分析，取 $k_{z2}\tau_f=\pi$，可以得到

$$k_{z2}=\pi/\tau_f \tag{5-88}$$

代入高度随时间变化的表达式（5－75）得

$$z=-k_{z1}\cos\left(\frac{\pi}{\tau_f}\tau\right)+k_{z4} \tag{5-89}$$

可见设计圆与圆间的转移轨道时，高度随时间变化为余弦形式。将式（5－88）代入（5－84）得

$$\arccos\left(\frac{k_{z4}-z_f}{k_{z1}}\right)=\pi \tag{5-90}$$

即

$$k_{z1}+k_{z4}=z_f$$

联立式（5－81）得

$$k_{z4}=\frac{z_f+1}{2},\quad k_{z1}=\frac{z_f-1}{2} \tag{5-91}$$

在已知转移时间 τ_f 和目标轨道高度 z_f 后就可以得到所有系数，从而设计出转移轨道。

5.3.5.2　圆与圆轨道间的拦截轨道设计

轨道高度随时间变化为正/余弦形式的福布斯螺旋线也可用于拦截轨道设计，此时只需考虑终端位置约束，不用考虑终端速度约束，取 $k_{z3}=-\pi/2$，前面已经把参数 k_{z2}, k_{z4} 表示成 k_{z1} 的函数（式（5－

81）和式（5-84）），根据 k_{z1} 的不同在相同初始条件下可以设计出不同的拦截轨道。前面提到，对于轨道高度上升的情况（$z_f > 1$）

$$k_{z1} \geqslant \frac{z_f - 1}{2} \tag{5-92}$$

（1）不同参数对应拦截轨道的能量消耗对比

不考虑目标初始的极角位置，只要求飞行器达到目标轨道高度，得到不同参数在同样机动时长下的拦截轨道，比较能量消耗情况。仍然假设飞行器处于 500 km 圆轨道上，拦截 1 000 km 高度的目标，参数 k_{z1} 的取值范围为：[0.036 4，+∞)，设拦截时间为 1 h，仿真得到不同拦截轨道消耗的速度增量 Δv 随参数 k_{z1} 的变化趋势见图 5-20。k_{z1} 较大时（大于 0.6 之后），Δv 变化不明显，即不同拦截参数对应的拦截轨道消耗的能量基本相同。从仿真结果可以看出，在同样机动时间下拦截同一轨道高度的目标，存在一个使能量消耗最小的参数 k_{z1}，本算例中约为 $k_{z1} = 0.060\,8$。在快速机动中（例如拦截时间在 5 h 之内），参数 k_{z1} 的最优取值基本在 [0.06，0.10] 范围内，

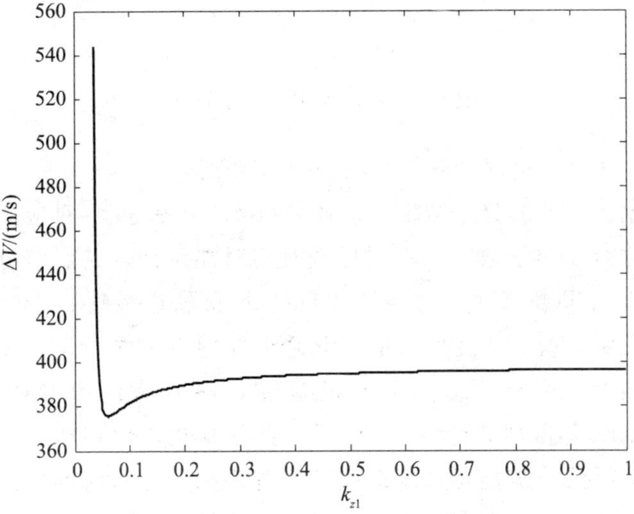

图 5-20　能量消耗随参数 k_{z1} 变化关系（1 h）

机动时间越长最优参数对应的能量消耗优势越不明显，例如拦截时间为 15 000 s 时，速度增量随参数 k_{z1} 的变化见图 5－21，可以看出 $k_{z1} > 0.06$ 之后，不同拦截轨道消耗的速度增量近似相等，Δv 的最小值（对应 $k_{z1} = 0.0824$）与 $k_{z1} = 1.0$ 处的 Δv 相差不到 1 m/s。

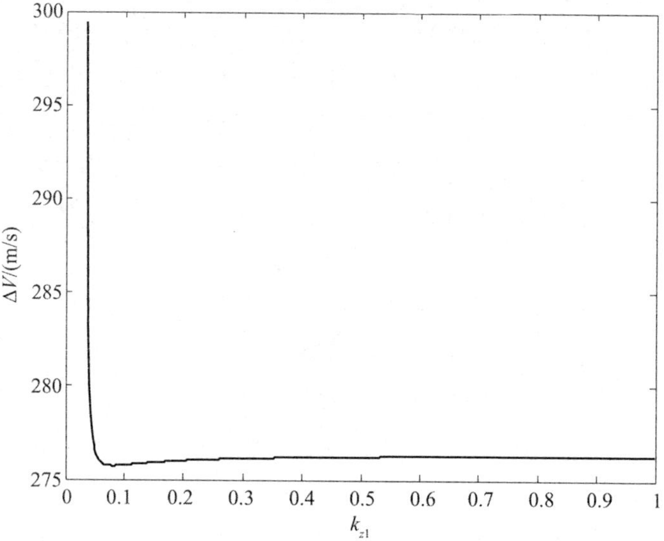

图 5－21　能量消耗随参数 k_{z1} 变化关系（15 000 s）

（2）不同拦截时间对能量消耗的影响分析

根据上一节的分析结果，选择参数 $k_{z1} = 0.065$（对应能量消耗较小）进行同样参数下、不同拦截时间对能量消耗的影响分析。随着转移时长 TOF 变化，飞行器从 500 km 圆轨道拦截 1 000 km 圆轨道上的目标，所需速度增量的变化趋势如图 5－22 所示，可以看出随着拦截时间的增加，能量消耗减少，而且速度增量逐渐接近 Hohmann转移所需速度增量。另外，此结果也能解释图 5－21 不同参数下的拦截轨道能量消耗差别不大的现象。拦截时间较长时（上面设为 15 000 s），不同参数下消耗的速度增量均接近 Hohmann 值，因此某些参数下能量消耗较小的优势也就不能凸显。

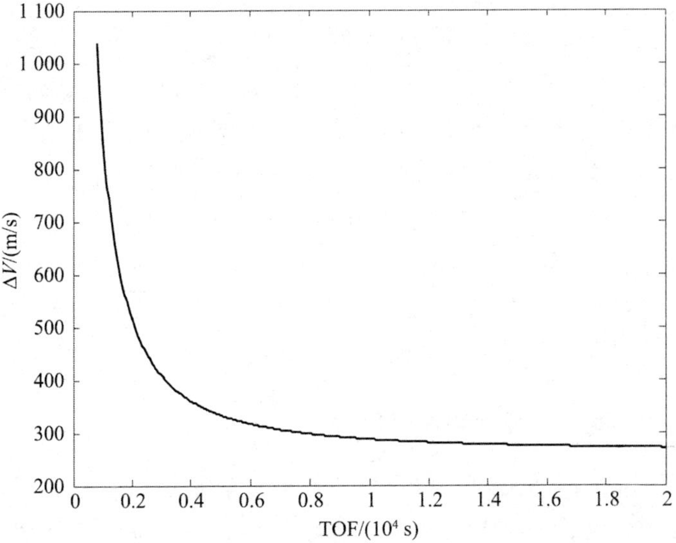

图 5-22　福布斯螺旋线拦截轨道能量消耗与拦截时间的变化关系

值得一提的是，随着时间的增加，拦截轨道能量消耗越来越接近转移轨道的消耗量。机动时长越长，拦截所需施加的推力加速度越小，轨道机动的参数变化越不明显，即机动末端时刻的位置、速度等状态量越接近目标轨道状态，整个机动过程中的拦截轨道与转移轨道近似，所以能量消耗接近一致。事实上，拦截轨道一般在攻防对抗中采用，机动时间越长，对战事越不利，因此在能量允许时，采取快速方式更好，即尽量缩短机动时间。

综上，把轨道高度假设成正/余弦形式的福布斯螺旋线既可用于拦截轨道设计，也可用于转移轨道设计。随着机动时间的增加，能量消耗减少；相等的机动时长下，不同的参数对应不同的拦截轨道，存在使能量消耗最小的参数 k_{z1} ，可以根据任务需求选择不同的机动时间和参数设计机动轨道。

5.4 基于指数正弦曲线的轨道设计

本节首先分析和仿真了不同参数下的指数正弦曲线的形状，并进行比较，总结了指数正弦曲线的基本性质，然后分别针对 $q=0$ 和 $q\neq 0$ 两种情况设计了连续推力作用下的多种机动轨道，认为推力大小、方向任意可变。轨道设计过程中为了表达飞行器的运行速度，假设了极角随时间的变化规律。根据不同任务，在设计出机动轨道后分析了参数及机动时长对能量消耗的影响。

5.4.1 指数正弦曲线的基本性质

Petropoulos 等人[1-5]用指数正弦曲线近似连续小推力轨道，进行了星际转移轨道的初步设计，在设计中采用了切向推力假设。本节探讨指数正弦曲线在近地空间快速机动中的应用，其中假设推力大小、方向均可变，且不限制推力幅值。

指数正弦曲线在极坐标系下的方程为

$$r=k_0 e^{q(\theta-\theta_0)+k_1\sin[k_2(\theta-\theta_0)+\varphi]} \tag{5-93}$$

其中 q,k_0,k_1,k_2，φ 均为可变参数。q，φ 可以等于 0，也可以不等于 0，其他参数 k_0,k_1,k_2 一般不为 0。

取初始极角 $\theta_0=0$，参数 φ 也只与初始位置有关，与曲线的变化趋势无关，暂时也假设为 0。分别针对参数 q,k_0,k_1,k_2 不同的取值，仿真指数正弦曲线的形状，分析其性质。如果 $q=0$，方程简化为

$$r=k_0 e^{k_1\sin k_2\theta} \tag{5-94}$$

图 5-23 至图 5-32 显示了 $q=0$ 时仿真得到的几类指数正弦曲线，可以看出曲线具有周期性，且参数 k_1,k_2 分别对 r 值的大小变化趋势和周期大小影响较大。

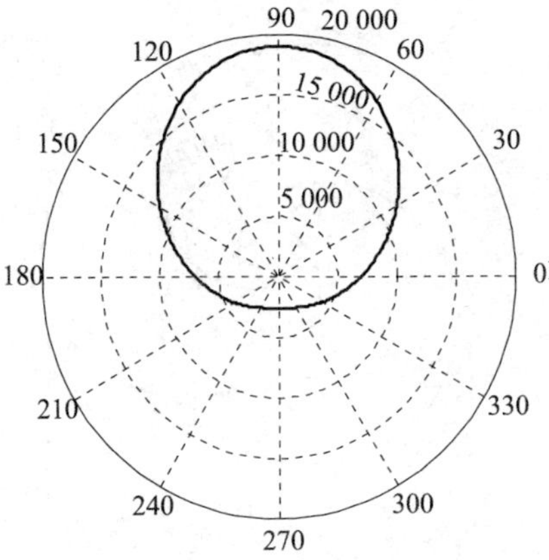

图 5-23　$q=0$，$k_1=1$，$k_2=1$，$k_0=7\ 000$ 时的仿真曲线

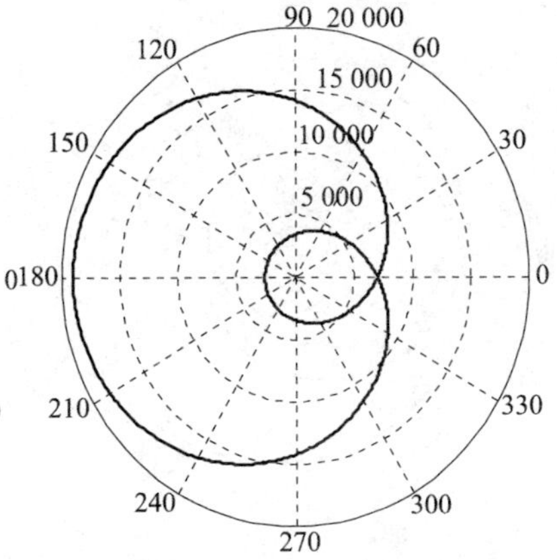

图 5-24　$q=0$，$k_1=1$，$k_2=1/2$，$k_0=7\ 000$ 时的仿真曲线

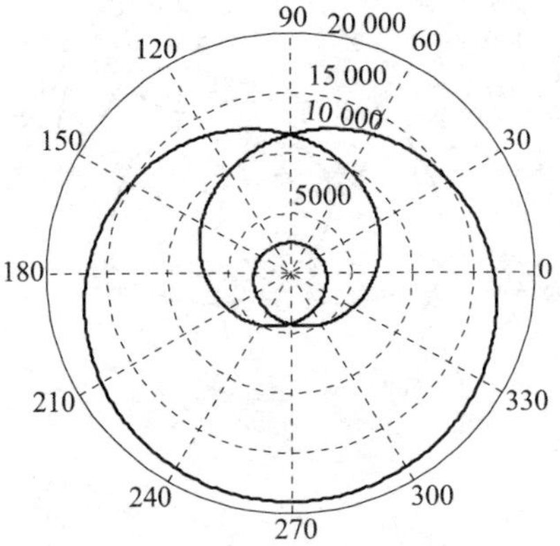

图 5-25　$q=0$，$k_1=1$，$k_2=1/3$，$k_0=7\ 000$ 时的仿真曲线

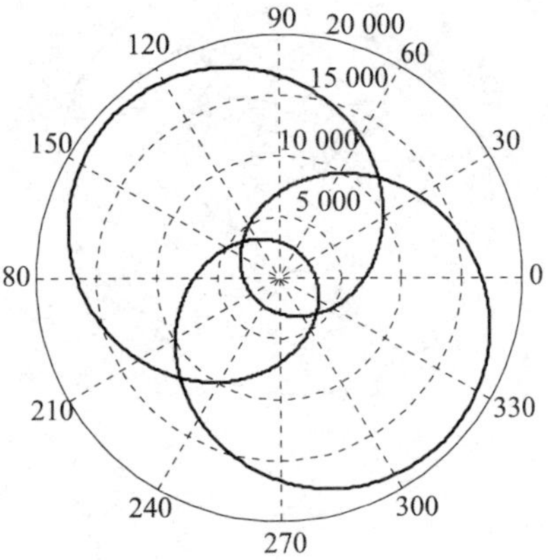

图 5-26　$q=0$，$k_1=1$，$k_2=2/3$，$k_0=7\ 000$ 时的仿真曲线

比较图 5-23 至图 5-25 三幅仿真图可以看出三条曲线的周期分别为 2π，4π 和 6π，图 5-27 和图 5-28 中的曲线周期为 8π，图 5-29 和图 5-30 中的曲线周期为 10π。图 5-23 至图 5-25 和图 5-27 在一个周期内 r 的极大值点有 1 个，依次对应 $\theta=\pi/2$，$\theta=\pi$，$\theta=$

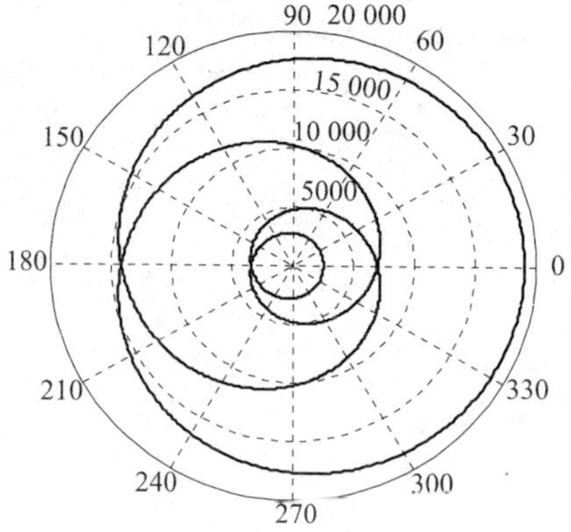

图 5-27　$q=0, k_1=1, k_2=1/4$，$k_0=7\ 000$ 时的仿真曲线

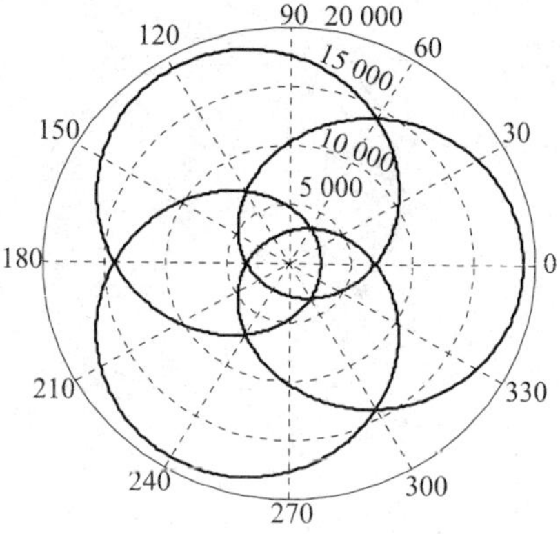

图 5-28　$q=0, k_1=1, k_2=3/4$，$k_0=7\ 000$ 时的仿真曲线

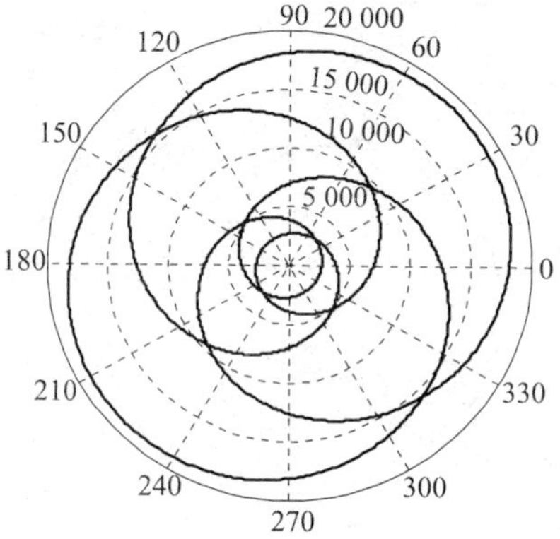

图 5-29　$q=0, k_1=1, k_2=2/5$，$k_0=7\ 000$ 时的仿真曲线

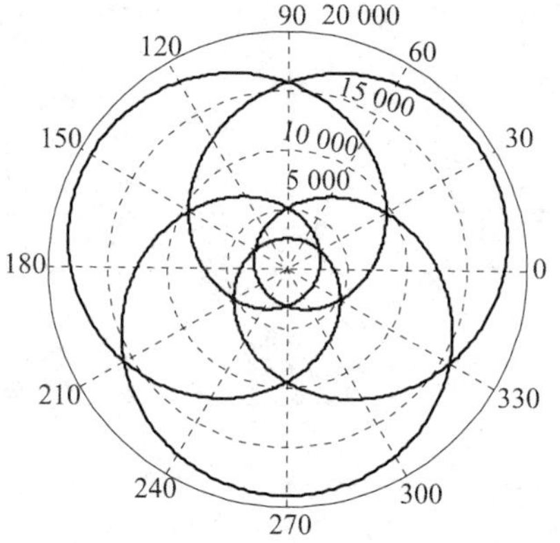

图 5-30　$q=0, k_1=1, k_2=3/5$，$k_0=7\ 000$ 时的仿真曲线

$3\pi/2$，$\theta=2\pi$，图 5-26 和图 5-29 在一个周期内 r 的极大值点有 2 个，依次对应 $\theta=3\pi/4, \theta=15\pi/4$，和 $\theta=5\pi/4, \theta=25\pi/4$，图 5-28 和图 5-30 在一个周期内 r 的极大值点有 3 个，依次对应 $\theta=2\pi/3, \theta=10\pi/3, \theta=6\pi$，和 $\theta=5\pi/6, \theta=25\pi/6, \theta=15\pi/2$。一般地，$k_2=m/n$（$n$ 为正整数，n 和 m 不可约分）时，曲线形状嵌套 n 层，对应周期为 $2n\pi$，且最外层为 m 瓣（即 r 极大值点数目），从式

(5 - 94) 也可以证明这一结论

$$r = k_0 e^{k_1 \sin\frac{m\theta}{n}} = k_0 e^{k_1 \sin\frac{m}{n}(\theta + 2n\pi)}$$

即曲线周期为 $2n\pi$；$\theta \in [0, 2n\pi]$（一个周期）范围内，使 $\sin \frac{m}{n}\theta = 1$ 的解有 m 个，即 r 在一个周期内有 m 个极大值点，依次对应 $\theta = \frac{n\pi}{2m}, \theta = \frac{5n\pi}{2m}, \theta = \frac{9n\pi}{2m}, \cdots$。

k_1 的大小决定了各层的相对比例——形状缩胀程度。k_1 越小，同样初始条件下所能达到的 r 的极大值 $r_{\max} = k_0 e^{|k_1|}$ 越小，r 的极小值 $r_{\min} = k_0 e^{-|k_1|}$ 越大。由式 (5 - 94) 也可得

$$\frac{r_{\max}}{r_{\min}} = e^{2k_1}$$

即曲线形状的最大/最小极径 r 的相对大小唯一地由参数 k_1 决定。仿真结果见图 5 - 31 和图 5 - 32，分别对比图 5 - 24 和图 5 - 26 可以说明 k_1 对曲线缩胀程度的影响。

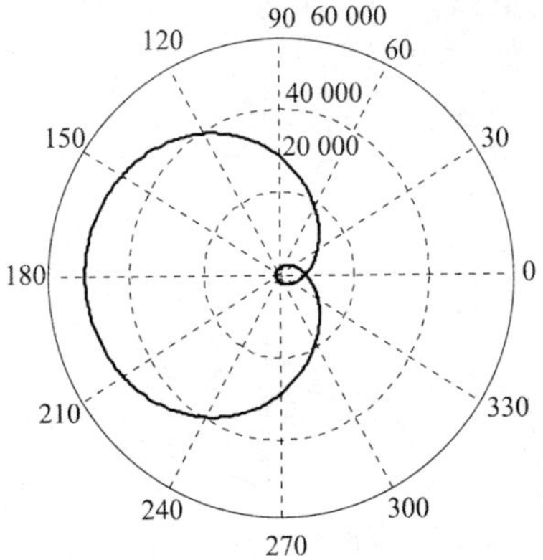

图 5 - 31　$q=0$，$k_1=2$，$k_2=1/2$，$k_0=7\,000$ 时的仿真曲线

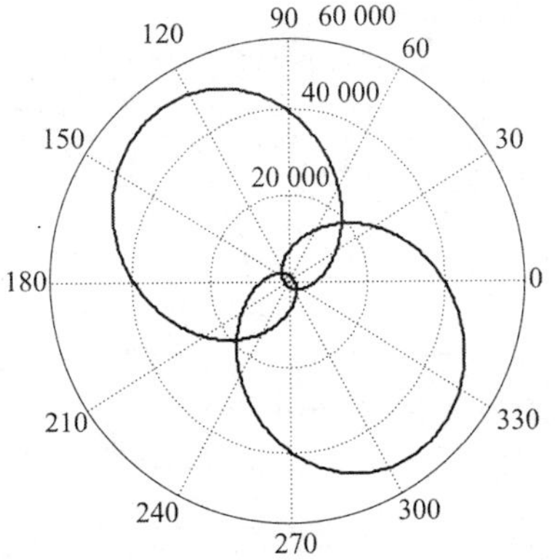

图 5 - 32　$q=0$，$k_1=2$，$k_2=2/3$，$k_0=7\,000$ 时的仿真曲线

如果 $q \neq 0$，仍然取 $\theta_0 = 0$，$\varphi = 0$，曲线方程式 (5 - 93) 化为

$$r = k_0 e^{q\theta + k_1 \sin k_2 \theta} = e^{q\theta} k_0 e^{k_1 \sin k_2 \theta} \tag{5 - 95}$$

仿真 $q = 0.01$，$k_1 = 1, k_2 = 1/2$，$k_0 = 7\,000$ 时的曲线，见图 5 - 33，很容易看出曲线不再具有周期性，式 (5 - 95) 也显示此指数正弦曲

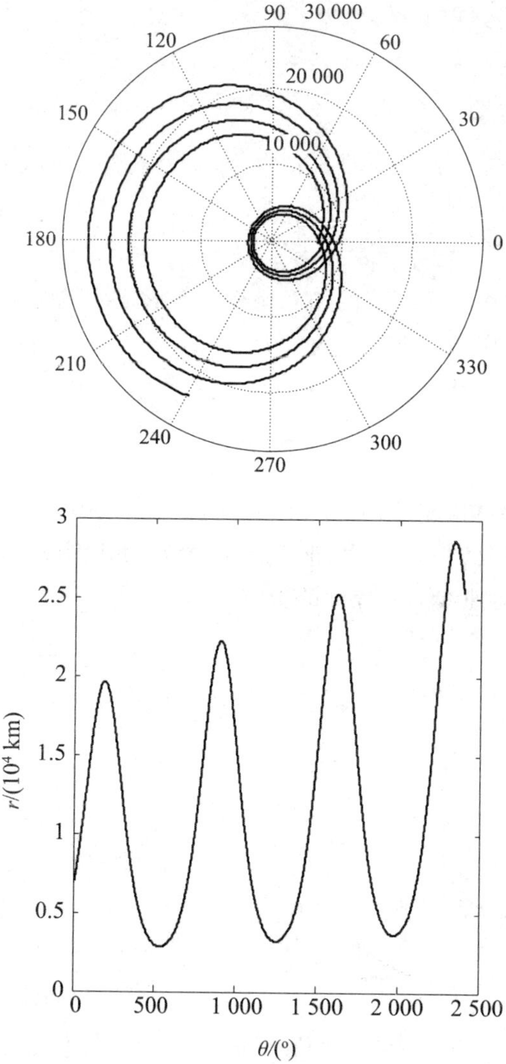

图 5-33　$q=0.01, k_1=1, k_2=1/2, k_0=7\,000$ 时的仿真电线

线在前面周期性形状的基础上增加了螺旋上升（或下降）$e^{q\theta}$ 项。比较图 5-33 和图 5-24 可以看出，r 的极大值每运行一周就增大一点（$q>0$），极小值则每周都会减小。

值得一提的是前述仿真的指数正弦曲线为纯数学曲线，如果想要在轨道设计中使用，图 5 - 23 至图 5 - 33 中所有的曲线均不能完全满足要求，因为曲线有极径 r 小于地球半径 R_e 的弧段，在机动轨道设计的应用中可以通过选择合理的参数和初始位置用指数正弦曲线的弧段近似机动轨道。为了满足轨道设计的要求，以 $q=0$ 为例，需要

$$r_{\min}=k_0\mathrm{e}^{-|k_1|}>R_e+H_{\min}$$

其中 R_e 在仿真中取地球平均半径值 6 371.004 km，$H_{\min}$ 为轨道高度最小值，为了使飞行器保持在大气层外绕地球运行，一般取 120～150 km。另外，飞行器沿指数正弦机动轨道飞行时能量消耗也与参数选择密切相关，这一点将在下几节的轨道设计中讨论。

5.4.2　基于周期性指数正弦曲线的轨道设计

不失一般性地假设 $\theta_0=0$，周期性指数正弦曲线（$q=0$）在极坐标系下的方程为

$$r=k_0\mathrm{e}^{k_1\sin(k_2\theta+\varphi)} \tag{5-96}$$

其中 k_0,k_1,k_2，φ 均为轨道设计中的可变参数，可以根据需要选择，且参数 k_0,k_1,k_2 不为 0。

对式（5 - 96）求导得

$$\dot{r}=k_0k_1\mathrm{e}^{k_1\sin(k_2\theta+\varphi)}k_2\cos(k_2\theta+\varphi)\dot{\theta}=rk_1k_2\cos(k_2\theta+\varphi)\dot{\theta} \tag{5-97}$$

航迹角 γ 满足

$$\tan\gamma=\frac{\dot{r}}{r\dot{\theta}}=k_1k_2\cos(k_2\theta+\varphi) \tag{5-98}$$

对式（5 - 97）继续求导得

$$\ddot{r}=r[\tan^2\gamma\dot{\theta}^2-k_1k_2^2\sin(k_2\theta+\varphi)\dot{\theta}^2+\tan\gamma\ddot{\theta}] \tag{5-99}$$

令 $s=\sin(k_2\theta+\varphi),c=\cos(k_2\theta+\varphi)$，前面 3 式可以简写为

$$\tan\gamma=k_1k_2c\,,\ \dot{r}=rk_1k_2c\,\dot{\theta}\,,\ \ddot{r}=r(\tan^2\gamma\dot{\theta}^2-k_1k_2^2s\,\dot{\theta}^2+\tan\gamma\ddot{\theta})$$

为了提高计算速度和精度，仍然采用无量纲形式，无量纲化的地心距为

$$z = \frac{r}{r_0} = \mathrm{e}^{k_1[\sin(k_2\theta+\varphi)-\sin\varphi]} \tag{5-100}$$

其中 $r_0 = k_0 \mathrm{e}^{k_1 \sin\varphi}$ 。对式（5－100）求导得

$$z' = z\tan\gamma\theta' = zk_1k_2c\,\theta' \tag{5-101}$$

$$z'' = z(\theta''\tan\gamma + \theta'^2\tan^2\gamma - k_1k_2{}^2s\,\theta'^2) \tag{5-102}$$

对于平面内的轨道设计，采用基于形状的方法时，必须满足极坐标系下一般曲线用于轨道设计的基本方程，即

$$\dot{\theta}^2 = \left(\frac{\mu}{r^3}\right)\frac{a\sec\gamma\sin(\gamma-\alpha)+1}{2\tan^2\gamma - r''_\theta/r+1} \tag{5-103}$$

将式（5－96）对 θ 求导，代入式（5－103），化为无量纲形式得

$$\theta'^2 = \left(\frac{1}{z^3}\right)\frac{a\sec\gamma\sin(\gamma-\alpha)+1}{\tan^2\gamma + k_1k_2^2s+1} \tag{5-104}$$

基于形状的方法进行轨道设计的必要条件就是在满足曲线方程的同时，要符合飞行器运行的动力学方程，由推导可知式（5－103）也是曲线方程和动力学方程同时满足的推论；在轨道设计的实际应用中还要满足初始和目标轨道的位置、速度等条件。本节主要考虑从初始圆轨道开始机动的情况，为了满足圆初始轨道的速度约束，要求速度方向满足

$$\gamma_0 = 0 \tag{5-105}$$

且速度大小满足

$$v_0 = \sqrt{\mu/r_0} \tag{5-106}$$

在式（5－105）保证下，式（5－106）等同于 $\theta' = 1$，由式(5－104)可知

$$a_0\sin(-\alpha_0) = k_1k_2^2s \tag{5-107}$$

其中 a_0，α_0 分别表示初始机动时刻需要施加的推力加速度的大小和方向。初始时刻 $\theta_0 = 0$，由式（5－98）和（5－105）得

$$\tan\gamma_0 = k_1k_2\cos\varphi = 0$$

由于参数 k_1，k_2 不为 0，则

$$\cos\varphi = 0$$

可以简单地取 $\varphi = \pm\pi/2$ 进行机动轨道设计。φ 的正负只影响参

数的取值，对设计出的机动轨道无影响。因此在下面的轨道设计中不失一般性地取 $\varphi = \pi/2$ ，则初始机动时刻有 $s = \sin\varphi = 1$ ，代入式（5－107）得

$$a_0 \sin\alpha_0 = - k_1 k_2^2 \tag{5-108}$$

考虑轨道高度升高的情况，由式（5－108）得要求初始机动时刻施加的推力加速度的大小和方向满足 $a_0 \neq 0$ ，$\sin\alpha_0 \neq 0$ 。初始相位角为 $\theta_0 = 0$ ，初始轨道高度要求 $z_0 = 1$ ，即

$$k_0 e^{k_1 \sin\varphi} = r_0 \tag{5-109}$$

由 $\varphi = \pi/2$ 可得

$$k_0 e^{k_1} = r_0 \tag{5-110}$$

5.4.2.1　圆与圆轨道间的拦截轨道设计

在圆与圆轨道间的拦截轨道设计中，首先应满足初始圆轨道的初始位置、速度（大小/方向）条件，即必须满足式（5－105）（即 $z'_0 = 0$ ）、式（5－108）和式（5－110）。对于拦截轨道设计问题，对末端速度要求不高，但是需要满足末端位置条件

$$r_f = k_0 e^{k_1 \sin(k_2 \theta_f + \varphi)} \tag{5-111}$$

则

$$z_f = \frac{r_f}{r_0} = \frac{e^{k_1 \sin(k_2 \theta_f + \varphi)}}{e^{k_1}}$$

上式两边同时求对数得

$$\ln z_f = k_1 [\sin(k_2 \theta_f + \varphi) - 1] \tag{5-112}$$

由于 $\varphi = \pi/2$ ，则

$$\ln z_f = k_1 [\cos(k_2 \theta_f) - 1] \tag{5-113}$$

目标航天器地心距为 r_f ，假设其初始极角为 θ_{T0} ，运行时间 t 后，终端时刻极角 θ_T 为

$$\theta_T = \theta_{T0} + \sqrt{\frac{\mu}{{r_f}^3}} t \tag{5-114}$$

飞行器可以拦截到目标的条件为

$$| \Delta\theta_f + 2k\pi | \leqslant \varepsilon \tag{5-115}$$

其中 $\Delta\theta_f$ 为飞行器终端位置 θ_f 与目标位置 θ_T 之差，k 为整数，ε 为小

量，在仿真中取 10^{-7} 或 10^{-8} 量级。

与上一节福布斯螺旋线类似，指数正弦曲线只是一条数学曲线，如果用于轨道设计，希望飞行器沿此曲线形式的轨道运行，还需要增加描述飞行器运行速度的条件，可以假设极角随时间变化为多项式形式。首先分析最简单的一种形式：θ 是无量纲时间 τ 的线性表达式，即

$$\theta = p_0 + p_1\tau \tag{5-116}$$

由初始条件易得：$p_0 = 0$ ，$p_1 = 1$ ，即 $\theta = \tau$ ；则飞行器终端时刻极角为

$$\theta_f = \tau_f \tag{5-117}$$

联立式（5-114）、式（5-115）和式（5-117）可以解得拦截时间 t_{TOF}（或 τ_f ）和遭遇点的位置 θ_f 。飞行器的机动还必须满足无量纲动力学方程

$$\begin{cases} z'' = z(\theta')^2 - z^{-2} + z^{-2}a\sin\alpha \\ 2z'\theta' + z\theta'' = z^{-2}a\cos\alpha \end{cases} \tag{5-118}$$

动力学方程（5-118）的第一个方程在初始时刻通过式(5-108)满足，由第二个方程可得

$$\theta''_0 = a_0\cos\alpha_0 \tag{5-119}$$

由式（5-116）可知 $\theta''_0 = 0$ ，即

$$a_0\cos\alpha_0 = 0 \tag{5-120}$$

前面提到由于参数 k_1, k_2 不为 0，所以初始机动时刻 $a_0 \neq 0$ ，$\sin\alpha_0 \neq 0$ ，则 $\cos\alpha_0 = 0$ ，考虑轨道高度上升的情况可知：$\alpha_0 = 90°$，$\sin\alpha_0 = 1$ 。综上

$$k_0 e^{k_1} = r_0 \tag{5-121}$$

$$a_0 = -k_1k_2^2 \tag{5-122}$$

$$\ln z_f = k_1[\cos(k_2\theta_f) - 1] \tag{5-123}$$

为了得到飞行器机动的指数正弦轨道和机动过程中需要施加的推力加速度的大小和方向，需要求解待定参数 k_0, k_1, k_2 及初始时刻的推力加速度大小 a_0 ，显然只有 3 个方程需要求解 4 个参数，还需

要增加 1 个条件。此处主要考虑通过两种方法解决此问题：第一种是采取顺轨拦截方式，即对飞行器终端速度方向做约束；第二种方法是假设初始推力加速度大小 a_0 的值。下面对这两种方法分别讨论，并通过算例对比分析其优劣。

（1）采用顺轨拦截方式，增加终端时刻对飞行器速度方向的约束

顺轨拦截优于逆轨拦截，最好的拦截方式为两飞行器速度方向一致，若目标在圆轨道上，假设飞行器末端速度沿周向，则可以实现完全顺轨拦截（拦截交会角 $\psi = 0$），即

$$\tan\gamma_f = 0$$

由式（5－98）可知

$$k_1 k_2 \cos(k_2\theta_f + \varphi) = 0 \tag{5-124}$$

由于 $\varphi = \pi/2$，且参数 k_1, k_2 不为 0，则 $\sin(k_2\theta_f) = 0$。由式(5－123)可知：$\cos(k_2\theta_f) \neq 1$，则 $\cos(k_2\theta_f) = -1$，即

$$k_2\theta_f = (2N-1)\pi, \quad N = 1,2,3,\cdots \tag{5-125}$$

式（5－123）简化为

$$\ln z_f = -2k_1\text{，即 } k_1 = -(\ln z_f)/2 \tag{5-126}$$

代入式（5－121）得

$$k_0 = r_0/\mathrm{e}^{k_1} = r_0\sqrt{z_f} \tag{5-127}$$

即在初始、末端轨道高度已知后，参数 k_0, k_1 确定，参数 k_2 与机动轨道的末端极角直接相关。由式（5－122）可知 k_2 越大，初始需要施加的推力加速度大小 a_0 越大，可能导致需要消耗的能量越多，因此 N 取值不能太大，不失一般性地取 $k_2\theta_f = \pi$ 或 3π（即 $N = 1$ 或 2），得到参数 k_2 的解之后代入式（5－122）可得 a_0。所有参数确定后机动轨道也就设计完成，代入动力学方程（5－118）即可得到整个机动过程中的推力加速度大小、方向。

（2）假设初始施加的推力加速度大小 a_0

给定初始推力加速度大小 a_0 的值，相当于给推力加速度一个初始约束（但是不能为 0），进而解得各个待定参数。参考前面几节的

仿真结果，无量纲推力加速度 a 的变化范围为 $10^{-3} \sim 10^{-1}$ 量级，由式（5－122）、式（5－123）得

$$k_2^2 \ln z_f + a_0[\cos(k_2\theta_f) - 1] = 0 \tag{5-128}$$

假设 a_0 的值，通过求解方程（5－128）即可得到 k_2 的值（k_2 的正负不影响方程形式，也不影响得到的机动轨道，此处考虑 $k_2 > 0$ 的情况），进而联立式（5－122）或式（5－123）得到 k_1，代入式(5－121)确定 k_0 。随 a_0 变化的 k_2 的解如图 5－34 所示。

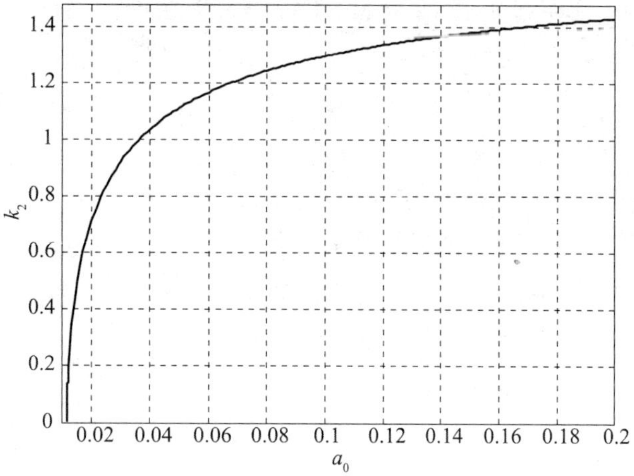

图 5－34　参数 k_2 的变化范围

5.4.2.2　圆与圆轨道间的转移轨道设计

圆与圆间的转移轨道设计中，在满足初始圆轨道的初始位置、速度条件，即式（5－105）、式（5－108）和式（5－110）的同时，还必须满足终端位置（即式（5－113））和速度约束，速度方向约束为 $\gamma_f = 0$，则有

$$k_2\theta_f = (2N-1)\pi, \quad N = 1,2,3,\cdots \tag{5-129}$$

$$k_1 = -(\ln z_f)/2 \tag{5-130}$$

$$k_0 = r_0/e^{k_1} = r_0\sqrt{z_f} \tag{5-131}$$

末端速度大小约束为

$$\theta'_{\mathrm{f}} = z_{\mathrm{f}}^{-3/2} \tag{5-132}$$

结合动力学方程有

$$a_0 \sin\alpha_0 = -k_1 k_2^2 \tag{5-133}$$

$$a_0 \cos\alpha_0 = \theta''_0 \tag{5-134}$$

$$a_{\mathrm{f}} \sin\alpha_{\mathrm{f}} = k_1 k_2^2 \tag{5-135}$$

$$a_{\mathrm{f}} \cos\alpha_{\mathrm{f}} = z_{\mathrm{f}}^3 \theta''_{\mathrm{f}} \tag{5-136}$$

显然：$(a_0\cos\alpha_0)^2 = (\theta''_0)^2 = (a_{\mathrm{f}}\cos\alpha_{\mathrm{f}})^2 = (z_{\mathrm{f}}^3\theta''_{\mathrm{f}})^2$，且 θ''_0 与 θ''_{f} 同符号，即

$$\theta''_0 = z_{\mathrm{f}}^3 \theta''_{\mathrm{f}} \tag{5-137}$$

为了描述飞行器沿指数正弦轨道运行的速度，假设极角随时间变化为多项式形式。为了满足转移轨道的终端条件，且能量消耗可以用转移时间调节（机动时间可以任意给定），假设 θ 关于 τ 的变化为3次多项式

$$\theta = p_0 + p_1\tau + p_2\tau^2 + p_3\tau^3 \tag{5-138}$$

由初始条件易得：$p_0 = 0$，$p_1 = 1$，对式（5-138）求导得

$$\theta' = 1 + 2p_2\tau + 3p_3\tau^2 \tag{5-139}$$

$$\theta'' = 2p_2 + 6p_3\tau \tag{5-140}$$

初始时刻 $\tau = 0$

$$\theta''_0 = 2p_2 \tag{5-141}$$

如果给定转移时间 τ_{f}，末端时刻有

$$\theta_{\mathrm{f}} = \tau_{\mathrm{f}} + p_2\tau_{\mathrm{f}}^2 + p_3\tau_{\mathrm{f}}^3 \tag{5-142}$$

$$\theta'_{\mathrm{f}} = z_{\mathrm{f}}^{-3/2} = 1 + 2p_2\tau_{\mathrm{f}} + 3p_3\tau_{\mathrm{f}}^2 \tag{5-143}$$

$$\theta''_{\mathrm{f}} = 2p_2 + 6p_3\tau_{\mathrm{f}} \tag{5-144}$$

结合式（5-137）、式（5-141）和式（5-144）可得

$$2p_2 = z_{\mathrm{f}}^3(2p_2 + 6p_3\tau_{\mathrm{f}}) \tag{5-145}$$

联立式（5-143）和式（5-145）可以求解得到

$$p_2 = \frac{z_{\mathrm{f}}^{-3/2} - 1}{(z_{\mathrm{f}}^{-3} + 1)\tau_{\mathrm{f}}} \tag{5-146}$$

$$p_3 = \frac{z_{\mathrm{f}}^{-3/2}(z_{\mathrm{f}}^{-3} - z_{\mathrm{f}}^{-3/2} - 1) + 1}{3\tau_{\mathrm{f}}^2(z_{\mathrm{f}}^{-3} + 1)} \tag{5-147}$$

即给定目标轨道高度 z_f 和转移时间 τ_f 后，参数 p_2，p_3 可以求得，进而由式（5-142）可以确定终端时刻飞行器到达的位置 θ_f，则取一个 N 值就可以得到一个 k_2 值（对应一条机动轨道）。与拦截轨道类似，k_2 越大，初始需要施加的推力加速度大小 a_0 越大，可能导致需要消耗的燃料越多，因此在下面的算例中取 $N=1$。

5.4.3 基于非周期性指数正弦曲线的轨道设计

假设 $\theta_0=0$，非周期性指数正弦曲线（$q\neq 0$）在极坐标系下的方程为

$$r = k_0 e^{q\theta + k_1\sin(k_2\theta+\varphi)} \tag{5-148}$$

其中 q, k_0, k_1, k_2，φ 均为轨道设计中的可变参数，可以根据需要选择，且参数 q, k_0, k_1, k_2 均不为 0。对式（5-148）求导得

$$\begin{aligned}\dot{r} &= k_0 e^{q\theta+k_1\sin(k_2\theta+\varphi)}[q + k_1k_2\cos(k_2\theta+\varphi)]\dot{\theta}\\ &= r[q + k_1k_2\cos(k_2\theta+\varphi)]\dot{\theta}\end{aligned} \tag{5-149}$$

$$\ddot{r} = r[\tan^2\gamma\dot{\theta}^2 - k_1k_2^2\sin(k_2\theta+\varphi)\dot{\theta}^2 + \tan\gamma\ddot{\theta}] \tag{5-150}$$

其中航迹角 γ 满足

$$\tan\gamma = q + k_1k_2\cos(k_2\theta+\varphi) \tag{5-151}$$

令 $s=\sin(k_2\theta+\varphi), c=\cos(k_2\theta+\varphi)$，前面 3 式可以简写为

$$\tan\gamma = q + k_1k_2c$$

$$\dot{r} = r\tan\gamma\,\dot{\theta}$$

$$\ddot{r} = r(\tan^2\gamma\,\dot{\theta}^2 - k_1k_2^2 s\,\dot{\theta}^2 + \tan\gamma\ddot{\theta})$$

仍然采用无量纲形式，无量纲化的地心距为

$$z = \frac{r}{r_0} = e^{q\theta+k_1[\sin(k_2\theta+\varphi)-\sin\varphi]} \tag{5-152}$$

其中 $r_0 = k_0 e^{k_1\sin\varphi}$。对式（5-152）求导得

$$z' = z\tan\gamma\theta' = z(q + k_1k_2c)\theta' \tag{5-153}$$

$$z'' = z(\theta''\tan\gamma + \theta'^2\tan^2\gamma - k_1{k_2}^2 s\,\theta'^2) \tag{5-154}$$

进行轨道设计时仍要求飞行器在满足曲线方程的同时，还要符合

动力学方程，显然满足极坐标系下一般曲线用于轨道设计的基本方程

$$\theta'^2 = \left(\frac{1}{z^3}\right)\frac{a\sec\gamma\sin(\gamma-\alpha)+1}{\tan^2\gamma+k_1k_2^2s+1} \tag{5-155}$$

另外，根据任务不同还要满足不同的初始和目标轨道的位置、速度等条件。考虑初始圆轨道的情况，初始位置 $z_0 = 1$，即

$$k_0\mathrm{e}^{k_1\sin\varphi} = r_0 \tag{5-156}$$

初始速度方向 $\gamma_0 = 0$（或 $z' = 0$），则

$$\tan\gamma_0 = q + k_1k_2\cos\varphi = 0 \tag{5-157}$$

初始速度大小满足

$$v_0 = \sqrt{\mu/r_0} \tag{5-158}$$

在 $\gamma_0 = 0$ 保证下等同于 $\theta'_0 = 1$，由式（5-155）可知

$$a_0\sin(-\alpha_0) = k_1k_2^2s = k_1k_2^2\sin\varphi \tag{5-159}$$

不论是拦截还是转移轨道设计，都需要满足末端轨道高度条件

$$r_f = k_0\mathrm{e}^{q\theta_f+k_1\sin(k_2\theta_f+\varphi)}$$

即
$$z_f = \frac{r_f}{r_0} = \frac{k_0\mathrm{e}^{q\theta_f+k_1\sin(k_2\theta_f+\varphi)}}{k_0\mathrm{e}^{k_1\sin\varphi}} = \mathrm{e}^{q\theta_f+k_1\sin(k_2\theta_f+\varphi)-k_1\sin\varphi}$$

上式两边同时取对数得

$$\ln z_f = q\theta_f + k_1[\sin(k_2\theta_f+\varphi)-\sin\varphi] \tag{5-160}$$

如果将指数正弦曲线用于轨道设计，希望飞行器沿此曲线形式的轨道运行，还需要增加描述飞行器运行速度的条件，和上节类似，假设极角随时间变化规律的表达式为多项式形式。从上节的理论分析和仿真都可以看出，极角随时间变化为线性时，消耗能量较多，且只能用于拦截轨道设计，经过仿真发现对于非周期性指数正弦轨道也存在同样问题，因此本节不再细致讨论极角随时间变化为线性形式的情况，主要分析 θ 关于 τ 的表达式为 2 次多项式或 3 次多项式的情况。

5.4.3.1　圆与圆轨道间的拦截轨道设计

假设目标航天器运行于圆轨道上，其地心距为 r_f，初始极角为 θ_{T0}，运行时间 t 后，终端时刻极角 θ_T 为

$$\theta_{\mathrm{T}} = \theta_{\mathrm{T0}} + \sqrt{\frac{\mu}{r_{\mathrm{f}}^{3}}}t \tag{5-161}$$

飞行器可以拦截到目标的条件为

$$|\Delta\theta_{\mathrm{f}} + 2k\pi| \leqslant \varepsilon \tag{5-162}$$

其中 $\Delta\theta_{\mathrm{f}}$ 为飞行器终端位置 θ_{f} 与目标位置 θ_{T} 之差，k 为整数，ε 为小量。如果给定拦截时间 t_{TOF}，可以认为终端位置 θ_{f} 已知。在圆与圆轨道间的拦截轨道设计中，必须满足式（5－156）、式（5－157）和式（5－160）。非周期性指数正弦轨道中需要求解的参数有 q, k_0, k_1, k_2 和 φ 共 5 个。

5.4.3.2 圆与圆轨道间的转移轨道设计

在圆与圆间的转移轨道设计中，除了要满足初始圆轨道的初始位置、速度和终端位置条件，即式（5－156）、式（5－157）、式(5－159)和式（5－160），还要满足终端时刻的速度约束（包括大小和方向）：速度方向约束为 $\gamma_{\mathrm{f}} = 0$，则有

$$q + k_1 k_2 \cos(k_2\theta_{\mathrm{f}} + \varphi) = 0 \tag{5-163}$$

由式（5－157）和式（5－163）联立得到

$$\cos(k_2\theta_{\mathrm{f}} + \varphi) = \cos\varphi$$

如果上式对任意 φ 值成立，则 $\sin(k_2\theta_{\mathrm{f}} + \varphi) = \pm\sin\varphi$，正号对应 $k_2\theta_{\mathrm{f}} = 2N\pi, N = 1,2,3,\cdots$；负号对应 $k_2\theta_{\mathrm{f}} = 2N\pi - 2\varphi, N = 1,2,3,\cdots$。取正号时，式（5－160）简化为

$$\ln z_{\mathrm{f}} = q\theta_{\mathrm{f}}$$

取负号时，式（5－160）简化为

$$\ln z_{\mathrm{f}} = q\theta_{\mathrm{f}} - 2k_1\sin\varphi$$

末端速度大小约束为

$$\theta'_{\mathrm{f}} = z_{\mathrm{f}}^{-3/2}$$

参考文献

［1］ 郑莉莉．连续推力作用下的机动轨道设计与优化．西安：西北工业大学，2011.

［2］ PETROPOULOS A E. A Shape－Based Approach to Automated，Low－Thrust，Gravity－Assist Trajectory Design. West Lafayette：Purdue University，2001.

［3］ PETROPOULOS A E，SIMS J A. A Review of Some Exact Solutions to the Planar Equations of Motion of a Thrusting Spacecraft. Proceeding of the 2nd International Symposium on Low Thrust Trajectories，June，2002.

［4］ PETROPOULOS A E，LONGUSKI J M. Shape－based Algorithm for Automated Design of Low－thrust，Gravity－Assist Trajectories. Journal of Spacecraft and Rockets，2004，41（5）：787－796.

［5］ PETROPOULOS A E，LONGUSKI J M. Automated Design of Low－Thrust Gravity－Assist Trajectories. AIAA－2000－4033.

［6］ TADASHI SAKAI. A Study of Variable Thrust，Variable Specific Impulse Trajectories for Solar System Exploration. Georgia：Georgia Institute of Technology，2004.

［7］ WALL B J. Approximation Method for Low－Thrust Trajectory Optimization. AIAA/AAS Astrodynamics Specialist Conference and Exhibit，Honolulu，Hawaii，CA，2008. AIAA 2008－6616.

第 6 章　基于相对轨道要素的卫星编队

李俊峰　孟鑫　蒋方华

6.1　概述

描述编队卫星的相对运动一般包括直角坐标法和轨道要素法。前者是以从星在主星轨道坐标系中的相对位置和速度来描述相对运动，后者是将以轨道根数表示的主从星的绝对运动通过坐标变换及必要的近似处理得到相对运动关系式，关于这些描述方法的综述见参考文献［1］。对于直角坐标法，对应主星为圆轨道和椭圆轨道分别有线性化的相对运动方程 C－W 方程[2]（Hill 方程[3]）和 Lawden 方程[4]（T－H 方程[5]）及其解析解。轨道要素方法包括 Alfriend 等[6]的轨道要素差方法，所用的轨道要素可避免对圆轨道近地点幅角奇异的问题，还有高云峰等[7]运用经典轨道根数法，得到了 1 阶近似的相对位置方程。

采用直角坐标法得到的相对运动方程不适于分析摄动对其影响，而轨道根数法中描述相对运动的参数过多并且考虑摄动后这些参数又随时间变化，使得相对运动方程变得更加繁冗，分析相对运动及相对轨道的一些特性并不是很方便，很难清晰地反映出编队卫星相对轨道的几何特性及摄动下相对轨道的变化规律。借鉴采用 6 个轨道根数来描述航天器绝对运动的思想，也可以给出一组参数反映相对轨道的方位、形状及从星在相对轨道上的相位，这与经典轨道要素很相似，称为相对轨道要素。它们很清晰地反映了相对轨道的中心位置和形状，以及考虑摄动后相对轨道的变化。

6.2　相对轨道几何性质

本节先给出相对轨道要素的概念，分析其物理意义，再提示相对轨道的几何特性，最后给出它与经典轨道要素差的比较。

6.2.1　相对轨道要素

在中心引力场中，主从星要较长时间内保持近距离，它们 6 个轨道根数之间的差值皆为小量[8]。从而可对轨道根数表示的相对位置方程进行简化，详见参考文献［9］和本书 3.3.4 节（方程（3-31）），参考文献［10-11］运用此方程研究了面向不同任务的编队构型设计问题。

借鉴惯性系下以 6 个轨道根数描述航天器轨道运动的方法，可给出一组参数反映相对轨道的方位、形状及从星在相对轨道上的相位，这与经典轨道要素很相似，称为相对轨道要素，具体的定义和介绍见 3.3.4 节，需要说明的是本章以 $\tilde{i}$ 、$\tilde{\Omega}$ 和 M_x-M_0 分别表示 3.3.4 节中的 θ、ψ 和 α，它们很清晰地反映了相对轨道的中心位置和形状，以及考虑摄动后相对轨道的变化。可以把 $\tilde{i}$ 、$\tilde{\Omega}$ 分别称为相对轨道的相对倾角和相对升交点赤经，这两个参数确定了相对轨道平面在主星轨道坐标系中的方位。不考虑摄动时，这 6 个相对轨道要素均为常数，不随时间变化。

6.2.2　相对轨道几何特性

对于圆参考轨道，相对轨道具有比较规则的几何形状。

1）相对轨道在 $x-y$ 平面内的投影。

根据式（3-32）可知，相对轨道在 $x-y$ 平面内的投影是一个中心位置为（D，B）的椭圆，该椭圆半长轴沿 y 轴方向，长为 $2A$，并且长、短半轴之比为 2∶1，如图 6-1 所示。

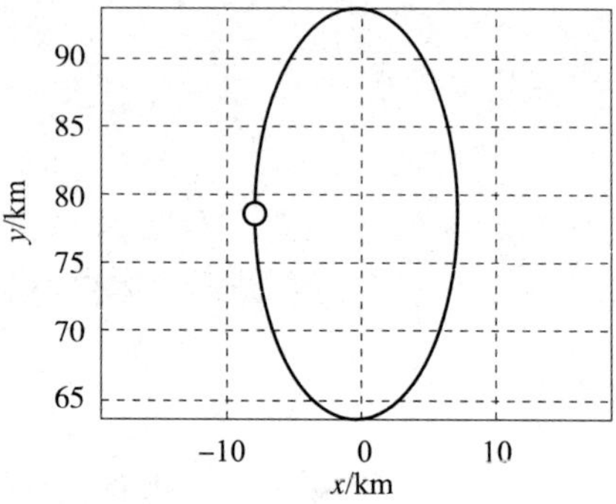

图 6-1　$x-y$ 平面投影轨迹

2）相对轨道在 $x-z$ 平面内的投影。

联立式（3-31）中的 x 和 z 方向的方程，得

$$\frac{z^2}{C^2}-\frac{2\cos\alpha}{CA}z(x-D)+\frac{(x-D)^2}{A^2}-\sin^2\alpha=0 \tag{6-1}$$

根据椭圆的判定定理[12]，当 α 为 π 的整数倍时，$x-z$ 平面的投影为一封闭线段，方程为

$$z=\pm\frac{C}{A}(x-D) \tag{6-2}$$

当 α 不为 π 的整数倍时，相对轨道在 $x-z$ 平面内的投影为椭圆，并且可得到该投影椭圆的中心位置、半长轴、偏心率及椭圆半长轴与两坐标轴的夹角，相对轨道在 $x-z$ 平面内的投影如图 6-2 所示。

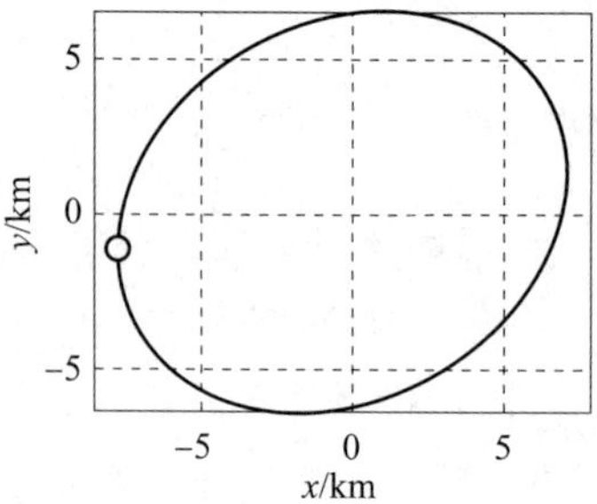

图 6-2　$x-z$ 平面投影轨迹

3）相对轨道在 $y-z$ 平面内的投影。

联立式（3－31）中的 y 和 z 方向的方程，得

$$\frac{z^2}{C^2}+\frac{\sin\alpha}{AC}z(B-y)+\frac{(B-y)^2}{4A^2}-\cos^2\alpha=0 \tag{6-3}$$

同理，根据椭圆的判定定理，当 α 为 $\pi/2$ 的奇数倍时，$y-z$ 平面的投影为一封闭线段，方程为

$$z=\pm\frac{C}{2A}(y-B) \tag{6-4}$$

当 α 不为 $\pi/2$ 的奇数倍时，根据椭圆的判定定理可知，相对轨道在 $y-z$ 平面内的投影为椭圆，并且可得到该投影椭圆的中心位置，半长轴、偏心率及半长轴与两坐标轴的夹角，相对轨道在 $y-z$ 平面内的投影如图 6－3 所示。

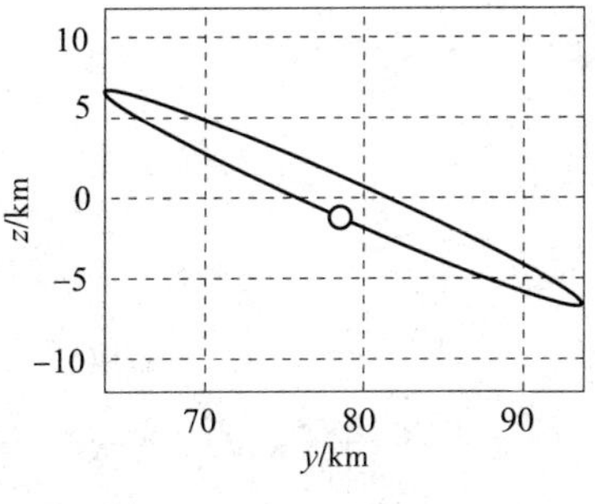

图 6－3　$y-z$ 平面投影轨迹

可见相对轨道在主星轨道坐标系 3 个坐标面内的投影通常均为椭圆。由式（3－32）和式（3－33）可知，相对轨道是椭圆柱和平面 F 相交所得的平面曲线，并且我们分析了相对轨道在主星质心轨道坐标系下的投影，但该平面曲线的几何形状并不清楚。与卫星轨道几何形状的参数 a，e，ω 所不同的是描述相对轨道几何形状的参数不是独立的量，而是由确定相对轨道平面的椭圆柱及相交平面的参数决定，下面将根据这些相对轨道要素推导相对运动轨迹的曲线方程，进而得到相对轨道的几何形状，分析相对轨道的几何特性。

为了得到相对轨道的方程，需进行 3 次坐标转换。

1）第 1 次坐标转换。

该坐标转换就是上节中所指的将坐标系 $S_L xyz$ 平移至坐标系 $S-\xi_1\eta_1\zeta_1$，在 $S-\xi_1\eta_1\zeta_1$ 下相对运动方程为

$$\begin{pmatrix}\xi_1\\ \eta_1\\ \zeta_1\end{pmatrix}=\begin{pmatrix}x-D\\ y-B\\ z\end{pmatrix} \tag{6-5}$$

2）第 2 次坐标转换。

新的坐标系记为 $S-\xi_2\eta_2\zeta_2$，其与 $S-\xi_1\eta_1\zeta_1$ 的坐标原点重合，3 个坐标轴的方向均不一致，但经过两次转换可完全重合。先将 $S-\xi_1\eta_1\zeta_1$ 绕 ξ_1 轴逆时针转动角（$\tilde{\Omega}$）；再绕 ξ_1 轴逆时针转动角（$\tilde{i}$），这样两坐标系重合。在坐标系 $S-\xi_2\eta_2\zeta_2$ 下，相对运动方程变为

$$\begin{pmatrix}\xi_2\\ \eta_2\\ \zeta_2\end{pmatrix}=R(-\tilde{i})R(-\tilde{\Omega})\begin{pmatrix}\xi_1\\ \eta_1\\ \zeta_1\end{pmatrix}$$

$$=\begin{bmatrix}1 & 0 & 0\\ 0 & \cos\tilde{i} & \sin\tilde{i}\\ 0 & -\sin\tilde{i} & \cos\tilde{i}\end{bmatrix}\begin{bmatrix}\cos\tilde{\Omega} & \sin\tilde{\Omega} & 0\\ -\sin\tilde{\Omega} & \cos\tilde{\Omega} & 0\\ 0 & 0 & 1\end{bmatrix}\begin{pmatrix}x-D\\ y-B\\ z\end{pmatrix} \tag{6-6}$$

代入式（3－31）得

$$\begin{cases}\xi_2 = A\cos\tilde{\Omega}\cos(nt+M_0-M_x)-2A\sin\tilde{\Omega}\sin(nt+M_0-M_x)\\ \eta_2 = C_1\cos(nt+M_0-M_x)+C_2\sin(nt+M_0-M_x)\\ \zeta_2 = 0\end{cases} \tag{6-7}$$

其中

$$\begin{cases}C_1=-A\cos\tilde{i}\sin\tilde{\Omega}+C\sin\tilde{i}\cos\alpha\\ C_2=-2A\cos\tilde{i}\cos\tilde{\Omega}-C\sin\tilde{i}\sin\alpha\end{cases}$$

联立式（6－7）前两个方程，消去（$nt+M_0-M_x$），得

$$(C_1^2+C_2^2)\xi^2+(4-3\cos^2\widetilde{\Omega})A^2\eta^2+2A(2C_2\sin\widetilde{\Omega}-C_1\cos\widetilde{\Omega})\xi\eta-(2AC_1\sin\widetilde{\Omega}+AC_2\cos\widetilde{\Omega})^2=0 \tag{6-8}$$

同样根据椭圆判定定理知，式（6－8）所示的平面曲线为椭圆，并可求出该椭圆的半长轴及偏心率。

3）第 3 次坐标转换。

新的坐标系记为 $S-\xi\eta\zeta$，坐标原点为相对轨道平面的中心，ζ 轴的方向与 ζ_2 轴相同，均指向相对轨道平面正法线方向，ξ 轴沿相对轨道半长轴方向，转角 β 是自相对轨道平面与主星轨道平面交线 SP 在相对轨道平面内沿相对运动方向度量到相对轨道半短轴的转角。ξ_2 轴逆时针转动角 β 后与 ξ 轴重合，由右手定则可确定 η 轴的方向。在 $S-\xi\eta\zeta$ 下，相对轨道方程为标准的椭圆方程

$$\frac{\xi^2}{\widetilde{b}^2}+\frac{\eta^2}{\widetilde{a}^2}=1 \tag{6-9}$$

坐标系 $S-\xi\eta\zeta$ 与 $S-\xi_2\eta_2\zeta_2$ 的转换关系为

$$\begin{cases}\xi=\cos\beta\cdot\xi_2+\sin\beta\cdot\eta_2\\ \eta=-\sin\beta\cdot\xi_2+\cos\beta\cdot\eta_2\\ \zeta=\zeta_2=0\end{cases} \tag{6-10}$$

把式（6－10）代入式（6－9），得到 $S-\xi_2\eta_2\zeta_2$ 下的椭圆方程

$$\left(\frac{\cos^2\beta}{\widetilde{b}^2}+\frac{\sin^2\beta}{\widetilde{a}^2}\right)\xi_2^2+\left(\frac{\sin^2\beta}{\widetilde{b}^2}+\frac{\cos^2\beta}{\widetilde{a}^2}\right)\eta_2^2+2\sin\beta\cos\beta\left(\frac{1}{\widetilde{b}^2}-\frac{1}{\widetilde{a}^2}\right)\xi_2\eta_2=1 \tag{6-11}$$

比较式（6－8）和式（6－11），得

$$\begin{cases}\dfrac{\cos^2\beta}{\widetilde{b}^2}+\dfrac{\sin^2\beta}{\widetilde{a}^2}=\dfrac{C_1^2+C_2^2}{(2AC_1\sin\widetilde{\Omega}+AC_2\cos\widetilde{\Omega})^2}\\ \dfrac{\sin^2\beta}{\widetilde{b}^2}+\dfrac{\cos^2\beta}{\widetilde{a}^2}=\dfrac{4-3\cos^2\widetilde{\Omega}}{(2C_1\sin\widetilde{\Omega}+C_2\cos\widetilde{\Omega})^2}\\ \sin\beta\cos\beta\left(\dfrac{1}{\widetilde{b}^2}-\dfrac{1}{\widetilde{a}^2}\right)=\dfrac{A(2C_2\sin\widetilde{\Omega}-C_1\cos\widetilde{\Omega})}{(2AC_1\sin\widetilde{\Omega}+AC_2\cos\widetilde{\Omega})^2}\end{cases} \tag{6-12}$$

根据上式可求得 $\widetilde{a}$，$\widetilde{b}$，β 的值，具体表达式如下

$$
\begin{cases}
\tilde{a}=\dfrac{2}{\sqrt{2k_1+2k_2-\sqrt{(k_1-k_2)^2+16k_3^2}}} \\
\tilde{b}=\dfrac{2}{\sqrt{2k_1+2k_2+\sqrt{(k_1-k_2)^2+16k_3^2}}} \\
\beta=\dfrac{1}{2}\arcsin\left(\dfrac{2k_3}{0.5\sqrt{(k_1-k_2)^2+16k_3^2}}\right)
\end{cases}
\tag{6-13}
$$

其中

$$
\begin{cases}
k_1=\dfrac{4-3\cos^2\tilde{\Omega}}{(2C_1\sin\tilde{\Omega}+C_2\cos\tilde{\Omega})^2} \\
k_2=\dfrac{C_1^2+C_2^2}{A^2\ (2C_1\sin\tilde{\Omega}+C_2\cos\tilde{\Omega})^2} \\
k_3=\dfrac{2C_2\sin\tilde{\Omega}-C_1\cos\tilde{\Omega}}{A\ (2C_1\sin\tilde{\Omega}+C_2\cos\tilde{\Omega})^2}
\end{cases}
\tag{6-14}
$$

可以看出，相对轨道的半长轴 $\tilde{a}$ 、半短轴 $\tilde{b}$ 和转角 β 为相对轨道要素 A, $\tilde{i}$, $\tilde{\Omega}$ 的组合。

至此，完全得到了相对轨道在主星质心轨道坐标系下的方位以及相对轨道的形状，即在主星轨道为小偏心率的情况下，相对轨道为椭圆，该椭圆的半长轴及半短轴如式（6－13）所示。对于椭圆参考轨道，相对轨道不再具有规则的形状，而是通常在一个二次曲面上[13]，虽然轨道面内的相对轨道曲线不再是椭圆，参考文献［14］给出了一种椭圆逼近的方法。

6.2.3 相对轨道要素和经典轨道要素的比较

通过前面的分析可以知道本章提出的相对轨道要素描述了相对轨道形状、方位及从星在相对轨道上的相位。对于相对轨道而言，相对轨道要素的作用和经典轨道要素对单颗卫星轨道的作用相似，表 6－1 对二者加以比较。

表 6-1　相对轨道要素和经典轨道要素的比较

名称	相对轨道要素	经典轨道要素
运动特点	从星相对主星的运动	卫星相对地球的运动
轨道平面方位	相对轨道倾角 $\tilde{i}$，相对升交点赤经 $\tilde{\Omega}$	相对轨道倾角 i，相对升交点赤经 Ω
轨道形状	相对轨道半长轴半短轴 $\tilde{a}$ $(A, \tilde{i}, \tilde{\Omega})$	半长轴 a，偏心率 e
长、短半轴位置	半短轴位置 β	半短轴位置：近地点幅角 ω
轨道中心与基点关系	主星不一定在相对轨道平面内，轨道中心位置 $(D, B, 0)$	地球位于椭圆轨道的焦点，轨道中心与地心距离为 ae
卫星的相位	$\tilde{\Omega}$，M_x 决定从星在相对轨道上的相位	近地点时刻 t_{p} 或平近点角 M

通过表 6-1 的比较可以看出，相对轨道要素的意义和经典轨道要素既有相似之处，又有不同。经典轨道要素中，轨道半长轴和偏心率是独立的参数；而在相对轨道要素中，相对轨道半长轴和半短轴却不是独立的参数，它们和相对轨道要素 A，$\tilde{i}$ 和 $\tilde{\Omega}$ 有关，另外相对轨道的中心位置和主星的关系也不是固定的，它们的关系由 D 和 B 决定。

6.2.4　小结

本节主要分析了编队卫星相对运动的空间特性。首先，推导了编队卫星相对运动的运动学方程，不论主星是否做圆周运动，该方程都可以使用。但方程中的几个参数均随时间变化，这使得用简化的线性相对运动方程分析编队卫星的相对运动变得困难。因此本节又对该方程进行了简化，得到了主星偏心率为小量情况下的相对运动方程，该方程易于分析主从星轨道根数差对相对运动的影响。在该相对运动方程的基础上，本章分析了相对运动在主星质心轨道坐标系各坐标面内的投影轨迹，指出相对运动在各坐标面的投影轨迹均为椭圆。为了方便地分析相对轨道的方位、形状，本文提出了相对轨道要素的概念，运用相对轨道要素分析了相对轨道的空间特性，指出在主星偏心率为小量的情况下相对轨道是一个椭圆柱和平面相交所得的平面曲线，并且相对轨道为一椭圆。最后，从几何意义上对相对轨道要素和经典轨道要素进行了比较。

6.3 编队飞行的 J_2 摄动影响

通过前面的介绍我们知道，卫星只受地球中心引力作用时，卫星编队飞行的相对轨道为一封闭曲线，并且该曲线不随卫星运行的时间而发生变化。可实际上，卫星绕地球运行时会受到各种摄动的影响，其中 J_2 摄动的影响最大。在摄动的影响下，相对轨道不再是封闭的曲线。那么相对轨道构型会发生什么变化，变化规律如何，如何减少 J_2 摄动对相对轨道的影响，编队队形的保持需要多少冲量？本节将对这些问题进行研究。

6.3.1 J_2 摄动对主从星轨道根数差的影响

只考虑 J_2 摄动的地球引力位函数的表达式为

$$U=\frac{\mu}{r}\left[1-\frac{J_2 R_e{}^2}{2r^2}(3\sin^2\varphi-1)\right] \tag{6-15}$$

其中 R_e 为地球赤道平均半径。利用式（6-15）及轨道根数的摄动方程就可以得到摄动引起轨道根数的变化规律。

根据平均摄动法[15]，各个轨道根数在 J_2 项摄动影响下的平均摄动速度为

$$\begin{cases}\dot{a}=\dot{e}=\dot{i}=0\\ \dot{\Omega}=-\dfrac{3}{2}J_2\dfrac{\mu^{\frac{1}{2}}R_e{}^2}{a^{\frac{7}{2}}(1-e^2)^2}\cos i\\ \dot{\omega}=\dfrac{3}{4}J_2\dfrac{\mu^{\frac{1}{2}}R_e{}^2}{a^{\frac{7}{2}}(1-e^2)^2}(5\cos^2 i-1)\\ \dot{M}=\dfrac{\mu^{\frac{1}{2}}}{a^{\frac{3}{2}}}+\dfrac{3}{4}J_2\dfrac{\mu^{\frac{1}{2}}R_e{}^2}{a^{\frac{7}{2}}(1-e^2)^{\frac{3}{2}}}(3\cos^2 i-1)\end{cases} \tag{6-16}$$

主、从星的轨道根数很接近且均为小量，所以可以将主、从星的轨道根数之差看作主星轨道根数的微小增量，这样从星与主星轨道根数之差的变化速率可一阶近似为

$$\dot{\varepsilon}_{if} - \dot{\varepsilon}_i \approx \delta\dot{\varepsilon}_i = \sum_{j=1}^{6} \frac{\partial \dot{\varepsilon}_i}{\partial \varepsilon_j}\Delta\varepsilon_j \tag{6-17}$$

其中，Δ（　）=（　）$_f$ −（　）表示从星与主星相应的量之差，δ（　）表示Δ（　）的一阶项。根据式（6-16）和（6-17），有

$$\begin{cases} \delta\dot{a} = \delta\dot{e} = \delta\dot{i} = 0 \\ \delta\dot{\Omega} = -\dfrac{3\sqrt{\mu}J_2 R_e^{\ 2}}{2(1-e^2)^2 a^{3.5}}\left[-\Delta i\sin i + \cos i\left(\dfrac{4e\Delta e}{1-e^2} - \dfrac{7\Delta a}{2a}\right)\right] \\ \delta\dot{\omega} = \dfrac{3\sqrt{\mu}J_2 R_e^{\ 2}}{4(1-e^2)^2 a^{3.5}}\left[-5\Delta i\sin 2i + (5\cos^2 i - 1)\left(\dfrac{4e\Delta e}{1-e^2} - \dfrac{7\Delta a}{2a}\right)\right] \\ \delta\dot{M} = -\dfrac{3}{2}\sqrt{\dfrac{\mu}{a^3}}\dfrac{\Delta a}{a} + \dfrac{3\sqrt{\mu}J_2 R_e^{\ 2}}{4(1-e^2)^{1.5} a^{3.5}}\left[-3\Delta i\sin 2i + \right. \\ \qquad \left. (3\cos^2 i - 1)\left(\dfrac{3e\Delta e}{1-e^2} - \dfrac{7\Delta a}{2a}\right)\right] \end{cases} \tag{6-18}$$

不考虑摄动时卫星的轨道根数均为常量，但考虑 J_2 摄动后，卫星的轨道根数发生变化，导致在一个周期内的各个时刻，每个轨道根数差都会发生变化，但从长期影响来看，J_2 摄动对主、从星轨道根数差 δa，δe，δi 没有影响，只会使 $\delta\omega$，$\delta\Omega$，δM 发生变化。考虑摄动后，本节所采用的轨道根数均为平均轨道根数。式（6-18）即为用平均轨道根数表示的主、从星轨道根数差的变化速率。这样，只考虑 J_2 摄动的长期影响，可得到任意时刻主、从星的轨道根数差，其中下标“0”表示初始时刻。

$$\begin{cases} \delta a = \delta a_0, \quad \delta e = \delta e_0, \quad \delta i = \delta i_0 \\ \delta\Omega = \delta\Omega_0 + \delta\dot{\Omega}\cdot(t - t_0) \\ \delta\omega = \delta\omega_0 + \delta\dot{\omega}\cdot(t - t_0) \\ \delta M = \delta M_0 + \delta\dot{M}\cdot(t - t_0) \end{cases} \tag{6-19}$$

对于近地轨道，主星轨道高度通常在 1 000 km 以下，编队航天器间距离从几米到几十千米。另外，为了保证编队各卫星运行周期相等，应尽量使主、从星轨道半长轴相等。如果取主、从星的距离为 10 km 量级，即相对尺度为 10^{-3} 的量级，可计算得到轨道根数差的数量级为

$$
\begin{gathered}
O(\delta a) \approx 1\ \mathrm{m}, \quad O(\delta e) \approx 0.001, \\
O(\delta i) \approx O(\delta\omega) \approx O(\delta\Omega) \approx O(\delta M) \approx 0.1^{\circ}
\end{gathered}
\tag{6-20}
$$

对于大多数近地轨道的卫星编队飞行，主、从星轨道根数差的数量级不会大于式（6－20）的数量级。在式（6－18）的条件下，$\delta\dot{\omega},\delta\dot{\Omega},\delta\dot{M}$ 的数量级为

$$
\begin{cases}
O(\delta\dot{\Omega}) \approx O\left[\dfrac{1.5\sqrt{\mu}J_2R_e^2}{a^{3.5}}\left(\Delta i + 4e\Delta e + \dfrac{7\Delta a}{2a}\right)\right] \approx 10^{-9} \\
O(\delta\dot{\omega}) \approx O\left[\dfrac{0.75\sqrt{\mu}J_2R_e^2}{a^{3.5}}\left(5\Delta i + 16e\Delta e + \dfrac{7\Delta a}{a}\right)\right] \approx 10^{-9} \\
O(\delta\dot{M}) \approx O\left(\dfrac{1.5\sqrt{\mu}}{a^{2.5}}\Delta a\right) + O\left[\dfrac{0.75\sqrt{\mu}J_2R_e^2}{a^{3.5}}\left(3\Delta i + 2e\Delta e + \dfrac{7\Delta a}{a}\right)\right] \approx 10^{-9}
\end{cases}
\tag{6-21}
$$

可见，$\delta\dot{\omega},\delta\dot{\Omega},\delta\dot{M}$ 的数量级相同，为 10^{-9} 的量级，它们的变化和 Δa，Δe，Δi 都没有关系，$\delta\dot{\omega},\delta\dot{\Omega}$ 的数量级主要由含有 Δi 的项所决定的，而 $\delta\dot{M}$ 的数量级由含有 Δa，Δi 的项所决定。因此对于等半长轴的卫星编队而言，主、从星的轨道倾角越小，$\delta\omega$，$\delta\Omega$，δM 的变化越小。

6.3.2 J_2 摄动相对轨道构型的定量分析[16]

在不考虑摄动的情况下，当编队卫星满足半长轴相等的前提时，编队卫星的相对轨道形状可以是直线、椭圆、由椭圆衍生的平面封闭曲线以及扭曲的空间封闭曲线等[17]。在近圆的小偏心率轨道的情况下，当主、从星的偏心率不同时，其相对轨道构型在主星轨道面的投影为长半轴与短半轴之比为 2∶1的椭圆，并且相对轨道也为椭圆。但是考虑摄动后，相对轨道构型及其投影都将发生变化。本节

研究的主要是以近圆小偏心率轨道为前提的相对轨道构型的变化，下面的研究不再对此前提赘述。

6.3.2.1　J_2摄动下相对轨道构型的仿真

通过大量的仿真发现，摄动会使卫星相对运动的轨道构型产生 3 种典型的变化。第 1 种是构型产生整体的移动，其中心点产生明显的移动，而构型在空间没有明显的转动，称之为漂移，如图 6－4 所示。第 2 种是相对轨道构型中心变化相对不明显，但是整个构型仿佛在绕空间某个轴转动，我们将这种变化称为转动，如图 6－5 所示。第 3 种是变形，构型在空间中漂移或转动的同时往往还伴随着形状的变化，这种相对轨道形状的改变称为变形，如图 6－6 所示。而在 J_2摄动的影响下大多数相对轨道构型的变化是漂移、转动和变形综合作用的结果。

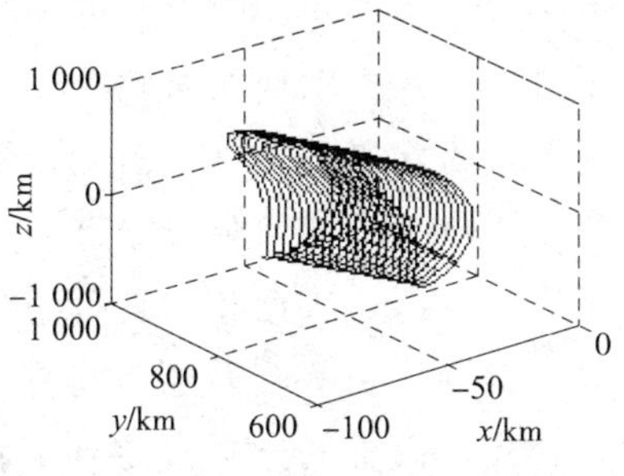

图 6－4　摄动引起相对轨道构型在空间漂移

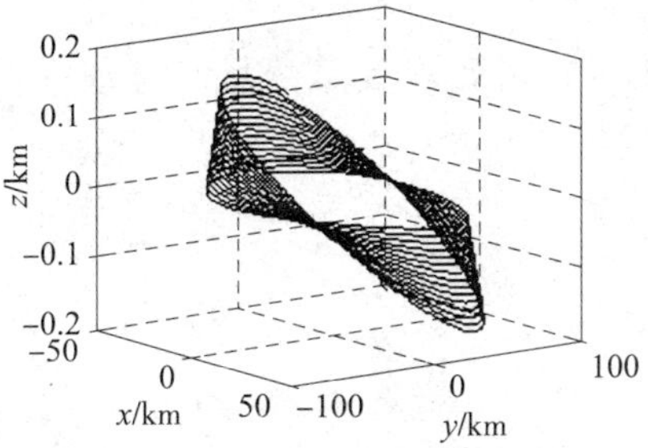

图 6－5　摄动引起相对轨道构型在空间转动

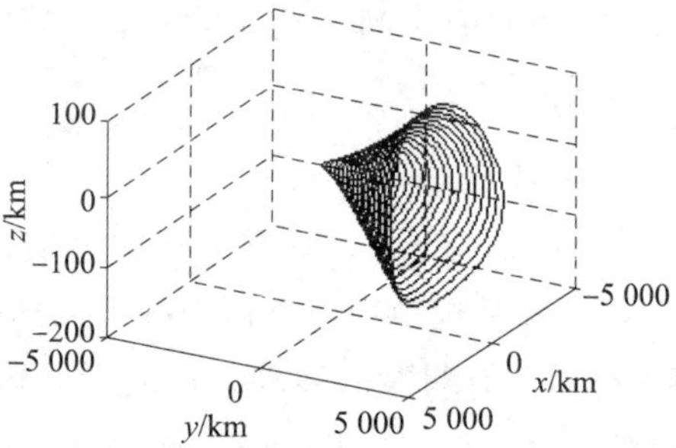

图 6-6　摄动引起相对轨道构型的变形

下面将对相对轨道的漂移、转动和变形进行分析，给出描述相对轨道漂移、转动和变形的参数。

6.3.2.2　相对轨道要素变化率的解析公式及数量级分析

在 J_2 摄动下，主、从星的轨道根数发生的导致相对轨道构型的变化。从仿真中可以看到，J_2 摄动使相对轨道漂移或转动，但是无法对漂移、转动和变形进行定量分析。下面从几何角度分析相对轨道的漂移、转动和变形。从 6.2 节的分析知道，相对轨道可看作椭圆柱和平面 F 相交所得的交线，因此相对轨道的变化可分解为该椭圆柱和平面 F 的变化。椭圆柱和平面 F 的空间特性由本节给出的相对轨道要素所决定，因此下面首先分析 J_2 摄动下相对轨道要素的变化率，然后再根据相对轨道要素的变化率分析相对轨道的漂移、转动和变形。

首先给出用相对轨道要素表示的相对运动方程，如式（3-31）所示，其中参数 C 和 α 用相对轨道要素表示为

$$\begin{cases} C = A\sqrt{\tan^2\tilde{i}(1+3\cos^2\tilde{\Omega})} \\ \tan\tilde{\Omega} = -2\cot\alpha \end{cases} \tag{6-22}$$

不考虑摄动时，相对轨道要素 A，D，B，$\tilde{i}$，$\tilde{\Omega}$ 和 M_x 均为常数，但在摄动的作用下这 6 个相对轨道要素会发生变化，通过推导可得相对轨道要素的变化率为

$$\begin{cases}\dot{D}\approx\delta\dot{a}\\ \dot{B}\approx a(\delta\dot{\omega}+\delta\dot{M}+\delta\dot{\Omega}\cos i)\\ \dot{A}\approx\dfrac{ae(e+\Delta e)\sin(\Delta M)\delta\dot{M}}{\sqrt{(e+\Delta e)^2+e^2-2e(e+\Delta e)\cos(\Delta M)}}\\ \dot{\tilde{\Omega}}=-\dfrac{2\dot{\alpha}}{1+3\cos^2\alpha}\\ \dot{\tilde{i}}=\dfrac{A}{C^2(1+3\cos^2\alpha)+4A^2}\Big[2C\sqrt{1+3\cos^2\alpha}\dot{A}-\\ \qquad 2\dot{C}\sqrt{1+3\cos^2\alpha}+\dfrac{3C\sin(2\alpha)\dot{\alpha}}{\sqrt{1+3\cos^2\alpha}}\Big]\\ \dot{M}_x\approx\dfrac{(e+\Delta e)[e\cos(\Delta M)-(e+\Delta e)]\delta\dot{M}}{e^2-2e(e+\Delta e)\cos(\Delta M)+(e+\Delta e)^2}\end{cases}\tag{6-23}$$

其中

$$\dot{\alpha}=\dot{\omega}+\dot{M}_x+\frac{\Delta i\delta\dot{\Omega}\sin i_L}{(\Delta\Omega\sin i)^2+(\Delta i)^2},\quad \dot{C}=\frac{a\sin^2 i\Delta\Omega\delta\dot{\Omega}}{\sqrt{(\Delta\Omega\sin i)^2+(\Delta i)^2}}\tag{6-24}$$

下面分析相对轨道要素变化率的数量级。由式（6-23）可得，相对轨道要素变化率的数量级为

$$\begin{cases}O(\dot{D})=O(\delta\dot{a})\\ O(\dot{B})=a[O(\delta\dot{\omega})+O(\delta\dot{\Omega})+O(\delta\dot{M})]\\ O(\dot{A})\approx ae\delta\dot{M}\\ O(\dot{\tilde{\Omega}})\approx O(\dot{\alpha})=O(\dot{\omega}-\dot{M}_z+\dot{M}_x)\approx O\left(\dot{\omega}-\dfrac{\delta\dot{\Omega}}{\Delta i}+\delta\dot{M}\right)\\ O(\dot{M}_x)\approx\delta\dot{M}\\ O(\dot{\tilde{i}})=O\left\{\dfrac{\Delta e}{a[(\Delta i)^2+(\Delta\Omega)^2+(\Delta e)^2]}(\dot{C}-C\dot{\alpha})\right\}=O\left(\dfrac{\delta\dot{\Omega}}{\Delta i}-\dot{\omega}-\delta\dot{M}\right)\end{cases}\tag{6-25}$$

可以看出，相对轨道要素的数量级和 $\dot{\omega},\delta\dot{\omega},\delta\dot{\Omega},\delta\dot{M}$ 的数量级有

关，主、从星轨道根数的数量级如式（6－20）所示。$\dot{\omega}$ 的数量级为

$$O(\dot{\omega}) = O\left(\frac{\sqrt{\mu}J_2 R_e^2}{a^{3.5}}\right) \approx 10^{-7} \tag{6-26}$$

由式（6－25）得

$$O(\dot{B}) \approx \frac{1}{e}O(\dot{A}) \approx \frac{a}{e}O(\dot{M}_x) \approx a\Delta i O(\dot{\tilde{\Omega}}) \approx a\Delta i O(\dot{\tilde{i}}) \tag{6-27}$$

也就是说对于主星轨道为小偏心率的编队，$\dot{B}$、$\dot{\tilde{\Omega}}$、$\dot{\tilde{i}}$ 的数量级比 $\dot{A}$、$\dot{M}_x$ 高 10^3 个量级。把 $\dot{\omega}$、$\delta\dot{\omega}$、$\delta\dot{\Omega}$、$\delta\dot{M}$ 的数量级（如式（6－20）和式（6－21）所示）代入式（6－25）中，若只考虑 J_2 摄动，得

$$\begin{gathered} O(\dot{B}) \approx 10^{-5} \sim 10^{-6},\ O(\dot{\tilde{\Omega}}) \approx 10^{-6},\ O(\dot{\tilde{i}}) \approx 10^{-6}, \\ O(\dot{D}) = 0,\quad O(\dot{A}) \approx 10^{-9},\quad O(\dot{M}_x) \approx 10^{-9} \end{gathered} \tag{6-28}$$

从上式也可看出，$\dot{D}$、$\dot{A}$、$\dot{M}_x$ 的数量级远远小于 $\dot{B}$、$\dot{\tilde{\Omega}}$、$\dot{\tilde{i}}$ 的数量级，甚至小于 $\delta\dot{\omega}$、$\delta\dot{\Omega}$、$\delta\dot{M}$ 的数量级，因此本节中忽略 $\dot{D}$、$\dot{A}$、$\dot{M}_x$ 的影响。也就是说，在 J_2 摄动的影响下，近似认为相对轨道要素中只有 B，$\tilde{i}$ 和 $\tilde{\Omega}$ 发生变化，而 $D(t) = D_0$，$A(t) = A_0$，$M_x(t) = M_{x0}$。这样，只考虑 J_2 摄动的长期影响，可得到任意时刻 B，$\tilde{i}$ 和 $\tilde{\Omega}$ 的 1 阶近似变化量，其中下标“0”表示卫星运行的初始时刻。

$$\begin{cases} \Delta B = \dot{B} \cdot (t - t_0) \\ \Delta\tilde{i} = \dot{\tilde{i}} \cdot (t - t_0) \\ \Delta\tilde{\Omega} = \dot{\tilde{\Omega}} \cdot (t - t_0) \end{cases} \tag{6-29}$$

6.3.2.3 相对轨道漂移、转动和变形的定量分析

由 6.2 节的分析知道，相对轨道是椭圆柱和平面 F 相交所得的交线，因此相对轨道的各种变化是由椭圆柱和平面 F 的变化所引起的。

（1）相对轨道的漂移

相对轨道的漂移是指相对轨道整体沿某一方向平移。由椭圆柱方程（3-32）可知，在J_2摄动作用下，其中的参数中只有B的大小发生变化。也就是该椭圆柱的形状不变，而中心位置发生变化，其变化规律是沿y轴平移，称其为漂移。因此，椭圆柱的漂移引起了相对轨道的漂移。在此把$\dot{B}$称为相对轨道的漂移速度

$$\dot{B}=a(\delta\dot{\omega}+\delta\dot{M}+\delta\dot{\Omega}\cos i) \tag{6-30}$$

（2）相对轨道的转动

由式（3-36）可知，$\tilde{i}$和$\tilde{\Omega}$决定了平面F法线矢量的位置，进而决定了平面F的方位。J_2摄动作用下，$\tilde{i}$和$\tilde{\Omega}$随时间变化，导致了与椭圆柱相交的平面F法线的转动，继而使得相对轨道平面发生转动。相对轨道平面的转动量由$\tilde{i}$和$\tilde{\Omega}$决定。6.2节中平面F的法线矢量在主星轨道平面上投影的获得和刚体定点运动类似，唯一不同的是法线的自转角为零，$\tilde{i}$和$\tilde{\Omega}$对应于刚体定点运动中的章动角和进动角。因此为了形象地表示相对轨道平面的变化，本节分别称$\tilde{i}$和$\tilde{\Omega}$为相对轨道的章动角和进动角，把$\tilde{i}$和$\tilde{\Omega}$对时间的变化率$\dot{\tilde{i}}$和$\dot{\tilde{\Omega}}$称为相对轨道的章动角速度和进动角速度，表达式如式（6-31）所示。$\tilde{i}$的变化引起相对轨道平面的转动称为章动，这种转动在相对轨道构型的仿真图中很容易观察到；而$\dot{\tilde{\Omega}}$引起相对轨道平面的进动不易观察。

$$\begin{cases}\dot{\tilde{\Omega}}=-\dfrac{2\dot{\alpha}}{1+3\cos^2\alpha}\\ \dot{\tilde{i}}=\dfrac{A}{C^2(1+3\cos^2\alpha)+4A^2}\left[2\dot{C}\sqrt{1+3\cos^2\alpha}-\dfrac{3C\sin(2\alpha)\dot{\alpha}}{\sqrt{1+3\cos^2\alpha}}\right]\end{cases} \tag{6-31}$$

（3）相对轨道的变形

相对轨道的变形是指相对轨道构型发生改变，如形状不变但尺寸变大，或者由椭圆变成不规则的封闭曲线。6.2节指出相对轨道构型为一椭圆，并推导了该椭圆相对轨道的半长轴$\tilde{a}$和半短轴$\tilde{b}$。从

式（6－13）可以看出，半长轴 $\tilde{a}$ 和半短轴 $\tilde{b}$ 并不是独立变化的参数，它们由相对轨道要素 A，$\tilde{i}$，$\tilde{\Omega}$ 决定，也就是由椭圆柱的半长轴和平面 F 的方位决定。而由式（6－28）知，在摄动的作用下，A 不改变，因此，相对轨道的变形只由 $\tilde{i}$ 和 $\tilde{\Omega}$ 的变化决定。所以本文没有推导 $\tilde{a}$ 和 $\tilde{b}$ 随时间的变化率。

通过分析漂移速度 $\dot{B}$、章动角速度 $\dot{\tilde{i}}$ 和进动角速度 $\dot{\tilde{\Omega}}$ 可以知道 J_2 摄动作用下相对轨道的变化趋势及变化量。需要注意的是相对轨道的漂移速度、章动角速度和进动角速度公式只适用于主星的偏心率 e 为小量的情况。另外 $\dot{B}$，$\dot{\tilde{i}}$，$\dot{\tilde{\Omega}}$ 公式中轨道根数差的变化率均只考虑了 J_2 摄动的长期影响，其中的轨道根数为平均轨道根数。下面通过具体例子来分析相对轨道的变化，主星初始轨道根数和主、从星初始轨道根数差如表 6－2 所示。

表 6－2　主星初始轨道根数及主、从星初始轨道根数差

主星初始轨道根数	主、从星初始轨道根数差
$a=7\ 100$ km	$\Delta a=0$ km
$e=0.001$	$\Delta e=7.042\ 253\times10^{-4}$
$i=60°$	$\Delta i=-7.042\ 253\times10^{-4}$
$\Omega=45°$	$\Delta\Omega=1.408\ 450\times10^{-3}$
$\omega=30°$	$\Delta\omega=-7.042\ 253\times10^{-4}$
$M_0=0$	$\Delta M_0=0$

由式（6－30）和式（6－31），可算出任意时刻相对轨道的漂移速度、章动角速度和进动角速度，结果如下所示。

漂移速度为

$$\dot{B}=2.095\ 313\ 991\ 2\times10^{-5}(\text{km/s})$$

章动角速度 $\dot{\tilde{i}}$ 和进动角速度 $\dot{\tilde{\Omega}}$ 如图 6－7 和图 6－8 所示。

编队卫星运行 50 个周期后，由式（6－30）和式（6－31）计算得到的相对轨道的漂移量、章动量和进动量为

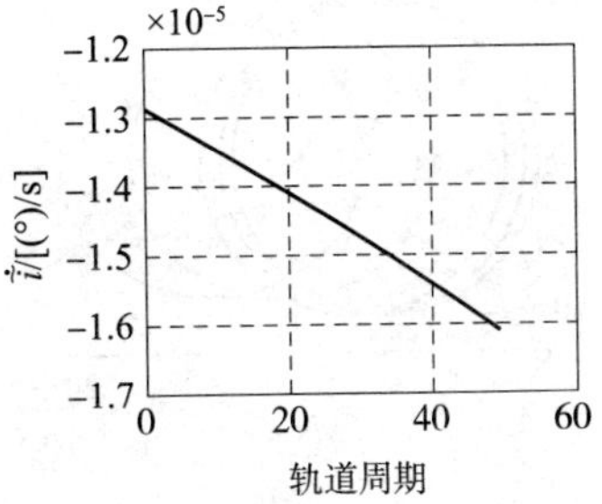

图 6 - 7　相对轨道的章动速率

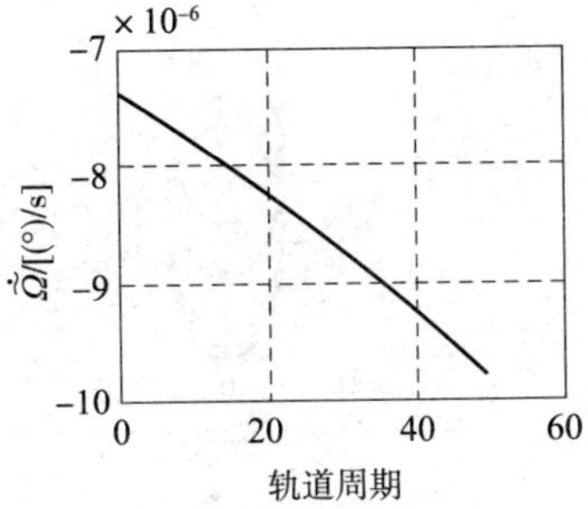

图 6 - 8　相对轨道的进动速率

$$\Delta B = 6.241\ 762\ 150\ 4\ \text{km}$$

$$\Delta\tilde{i} = -4.302\ 867\ 851\ 6°$$

$$\Delta\tilde{\Omega} = -2.528\ 333\ 759\ 1°$$

从上面的结果看出，相对轨道沿 y 轴正方向漂移了近 6.242 km，$\tilde{i}$ 减小了 4.3°，这会导致相对轨道平面和主星轨道平面的夹角减小，$\tilde{\Omega}$ 减小了约 2.5°。$\tilde{i}$ 和 $\tilde{\Omega}$ 的变化使得相对轨道的相对半长轴和相对半短轴减小，它们的变化量为

$$\Delta\tilde{a} = -0.824\ 642\ 161\ 0\ \text{km}$$

$$\Delta\tilde{b} = -0.252\ 509\ 277\ 6$$

下面通过数值仿真给出编队卫星运行 50 个周期的相对轨道构型及其投影，和由计算得到的相对轨道的变化量加以对比。表 6 - 2 所对应的相对轨道构型初始时刻在 y - z 面的投影为圆，图 6 - 9 中按箭头所示依次为第 1、5、10、30 和 50 圈的相对轨道构型及投影。从图中可以看到相对轨道沿 y 轴正方向的漂移，其漂移量略大于由计算得到的结果。这是因为式（6 - 30）只是 1 阶近似的表达式，因此会存在一些误差；y - z 面的投影由圆形变成了椭圆，并且面积减小，这与计算得到的相对轨道半长轴和半短轴减小相吻合，这也说明相对轨道发生了转动，但由于章动量和进动量很小，在图中没有明显的显现。

6.3.2.4　主从星轨道根数差与相对轨道构型变化的关系

从上面的分析知道，相对轨道的漂移速度 $\dot{B}$、章动角速度 $\dot{\tilde{i}}$ 和进

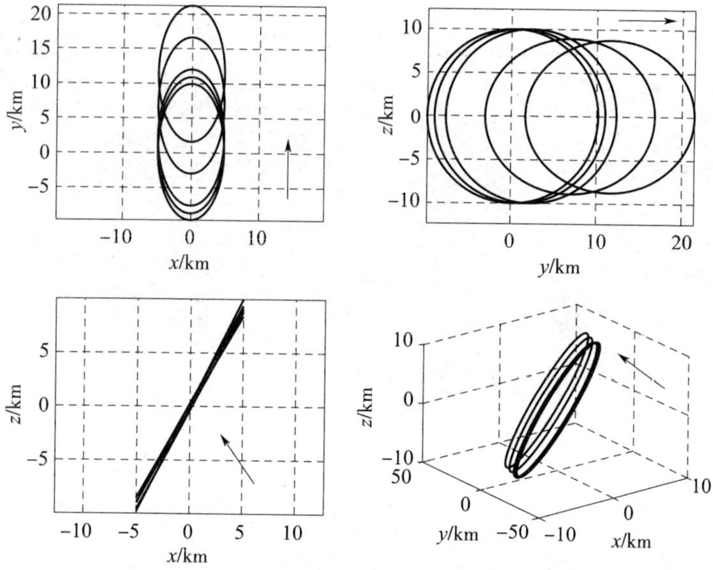

图 6-9　J_2摄动下编队卫星相对轨道构型及其投影（50 个周期）

动角速度 $\dot{\tilde{\Omega}}$ 主要受 Δa、Δe、Δi 的影响。但相对轨道的漂移、转动和变形是 3 个不同性质的概念，漂移速度是从距离上分析相对轨道的变化，转动角速度是从角度上分析相对轨道平面的空间位置的变化，而变形是从相对轨道的形状上分析相对轨道的变化，并且变形是由转动角速度引起的。因此对于同一相对轨道而言，很难判断 J_2 摄动主要使相对轨道漂移、转动还是变形，也无法判断主、从星 6 个轨道根数差对漂移、转动和变形的敏感程度如何。

（1）相对轨道的漂移、转动和变形之间的比较

下面对相对轨道的漂移量、转动量和变形量进行无量纲化，以便比较它们之间的关系。

①无量纲漂移量

首先定义特征漂移量 B' 为相对轨道完全漂移出初始时刻所覆盖区域时相对轨道的漂移量，即 $B'=4A$。于是可得到无量纲漂移量 Q_1 为

$$Q_1 = \frac{\dot{B}T}{B'} = \frac{\dot{B}T}{4A} \tag{6-32}$$

其中 $A = a\sqrt{e^2 + (e + \Delta e)^2 - 2e(e + \Delta e)\cos(\Delta M)}$，$T$ 为主星的轨道周期，$2A$ 为相对轨道在主星轨道平面投影椭圆的半长轴。

从式（6－32）中看出，Q_1 不仅和漂移率 $\dot{B}$ 有关，还与相对轨道在主星轨道平面内投影椭圆的大小有关。下面举例分析 Q_1 的含义。在主星轨道平面内投影椭圆的半长轴分别为 1 km 和 10 km 的两个相对轨道 O_a 和 O_b，一个轨道周期内两个相对轨道的漂移量均为 2 km。由式（6－32）得，相对轨道 O_a 和 O_b 的无量纲漂移量 Q_1 分别为 1 和 0.1。这说明，J_2 摄动对相对轨道 O_a 的漂移的影响比相对轨道 O_b 更大一些。

②无量纲章动量

令特征章动量 $\tilde{i}'$ 为 2π，即相对轨道章动角的变化为 2π。于是，无量纲章动量 Q_2 为

$$Q_2 = \frac{\dot{\tilde{i}}T}{\tilde{i}'} = \frac{\dot{\tilde{i}}T}{2\pi} \tag{6-33}$$

③无量纲进动量

令特征进动量 $\tilde{\Omega}'$ 为 2π，即相对轨道进动角的变化为 2π。于是，无量纲进动量 Q_3 为

$$Q_3 = \frac{\dot{\tilde{\Omega}}T}{\tilde{\Omega}'} = \frac{\dot{\tilde{\Omega}}T}{2\pi} \tag{6-34}$$

④无量纲变形量

令特征变形量等于椭圆相对轨道的焦距，则无量纲变形量为

$$Q_4 = \frac{\Delta\tilde{c}}{2\tilde{c}} \tag{6-35}$$

其中 $\tilde{c} = \sqrt{\tilde{a}^2 - \tilde{b}^2}$。

这样，通过分析上述无量纲参数，就可得到漂移、转动和变形之间的关系。当 Q_1，Q_2，Q_3，Q_4 的数量级相同时，认为 J_2 摄动对相对轨道漂移、转动和变形的影响相同；当 Q_1 的数量级高于 Q_2，Q_3，Q_4

的数量级时，相对轨道以漂移为主；否则，以转动或变形为主。

（2）主从星的轨道根数差对漂移、转动和变形的影响

下面利用参数 Q_1，Q_2，Q_3，Q_4 分析初始时刻主从星的轨道根数差对相对轨道漂移、转动和变形的影响。需要说明的是，J_2 摄动会使相对轨道漂移、转动和变形。仿真所选的主从星轨道根数差均满足式（6－20）的数量级要求，并且仿真中只选一组主星轨道根数，因为主星轨道根数的不同只会影响 Q_1，Q_2，Q_3，Q_4 值的大小，而不会影响 Q_1，Q_2，Q_3，Q_4 的变化趋势。表 6－3 为仿真中所用到的主星轨道根数及主从星轨道根数差。另外，由式（6－19）可知，任意时刻主从星的平均轨道根数差 Δa、Δe、Δi 等于初始时刻平均轨道根数差 Δa_0、Δe_0、Δi_0。

表 6－3　仿真中所用的主星轨道根数及主从星轨道根数差

主星轨道根数	$a=7100$ km，$e=0.005$，$i=60°$，$\omega=30°$，$\Omega=45°$，$M_0=0°$	
主从星轨道根数差	$0<\Delta e<0.01$	$\Delta a=0$ km，$\Delta i=0.1°$，$\Delta\omega=0.1°$，$\Delta\Omega=0.1°$，$\Delta M_0=0.1°$
	$0\leqslant\Delta a<0.1$ km	$\Delta e=0.001$，$\Delta i=0.1°$，$\Delta\omega=0.1°$，$\Delta\Omega=0.1°$，$\Delta M_0=0.1°$
	$0\leqslant\Delta i<0.1°$	$\Delta a=0$ km，$\Delta e=0.001$，$\Delta\omega=0.1°$，$\Delta\Omega=0.1°$，$\Delta M_0=0.1°$
	$0\leqslant\Delta\Omega<0.1°$	$\Delta a=0$ km，$\Delta e=0.001$，$\Delta i=0.1°$，$\Delta\omega=0.1°$，$\Delta M_0=0.1°$
	$0\leqslant\Delta M_0<0.1°$	$\Delta a=0$ km，$\Delta e=0.001$，$\Delta i=0.1°$，$\Delta\omega=0.1°$，$\Delta\Omega=0.1°$

①Δe 的影响

图 6－10 为主从星轨道偏心率之差在 $0<\Delta e<0.01$ 内 Q_1，Q_2，Q_3，Q_4 的变化。

可以看出，当 Δe 趋于零时，Q_1 的数量级远大于 Q_2，Q_3，Q_4 的数量级，相对轨道以漂移为主。随着 Δe 增大，Q_1 迅速减小，说明 Δe 的增加可减少漂移在相对轨道的各种变化中所占的比重。这里需要说明的是，当主从星的轨道根数差 Δe 变化时，Q_1 的变化规律并不和 $\dot{B}$ 的变

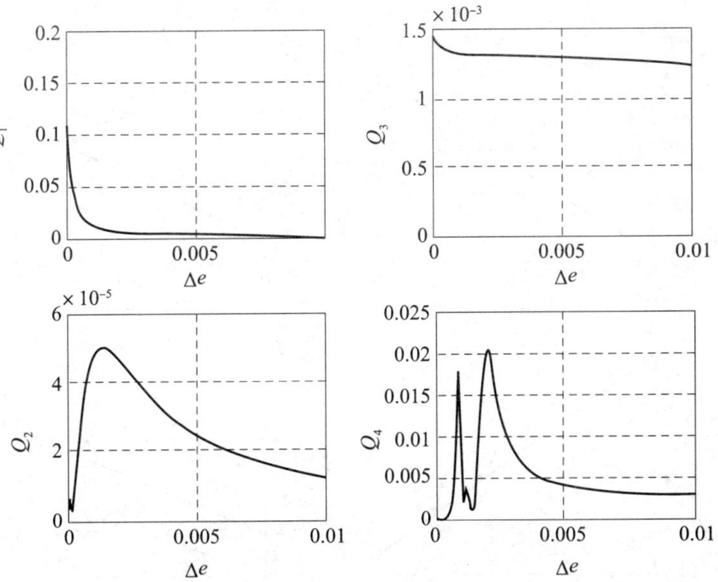

图 6-10　主从星偏心率之差 Δe 对 Q_1，Q_2，Q_3，Q_4 的影响

化规律相同。$\dot{B}$ 随着 Δe 增大而增大，但由于相对轨道在主星轨道平面内投影椭圆的半长轴也随 Δe 增大而增大，这就导致 Q_1 的减小，继而使漂移在相对轨道的各种变化中所占的比重减小。

另外，随着 Δe 的增大，Q_2，Q_3，Q_4 都有变化，但 Q_2 的数量级明显小于 Q_3，Q_4 的数量级，说明 Δe 的变化对相对轨道的章动影响不如进动和变形明显。当 $\Delta e > 0.002$ 时，Q_3，Q_4 已和 Q_1 在同一个数量级，此时 J_2 摄动对相对轨道的漂移、进动和变形的影响程度相同。

②Δa 的影响

从图 6-11 中可看出，随 Δa 的增大，Q_1 明显增大，Q_2，Q_3，Q_4 也都有一些变化。但从 Q_1，Q_2，Q_3，Q_4 数量级关系上看出 Δa 的变化对相对轨道的漂移有明显的影响，Δa 越大，漂移在相对轨道的各种变化中所占的比重越大。Q_2 的数量级最小，说明 Δa 的变化对相对轨道章动的影响最小，不如进动和变形明显。

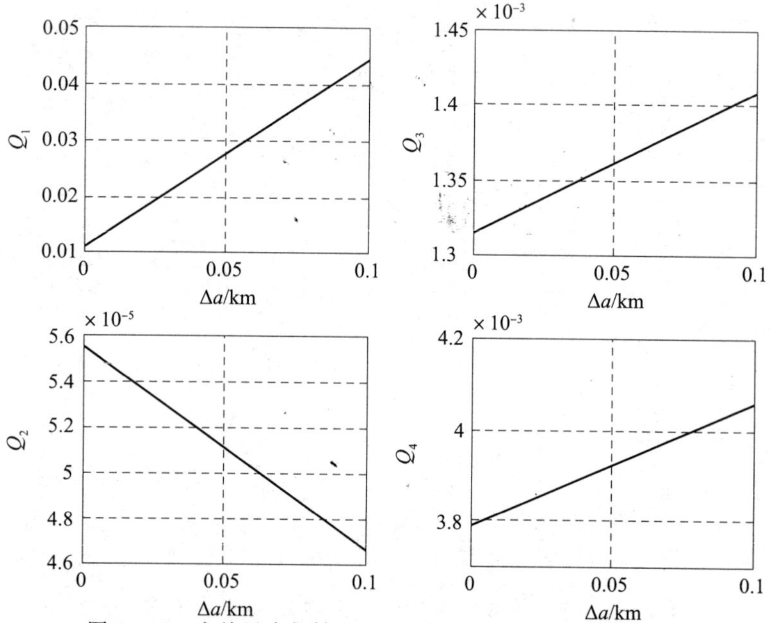

图 6－11　主从星半长轴之差 Δa 对 Q_1，Q_2，Q_3，Q_4 的影响

③Δi 的影响

从图 6－12 中可看出，随 Δi 的增大，Q_1，Q_2，Q_3，Q_4 都发生了变化。Q_1 明显地增大，说明 Δi 越大，相对轨道的漂移越明显。另外 Q_3，Q_4 的变化比 Q_2 明显，说明相对轨道的进动和变形受 Δi 的影响比章动明显。

④初始时刻 $\Delta\Omega_0$、$\Delta\omega_0$、ΔM_0 的影响

由于 J_2 摄动的影响，主从星的轨道根数差 $\Delta\Omega$、$\Delta\omega$、ΔM 随时间变化而导致相对轨道的漂移和转动。由式（6－18）可知，$\delta\dot{\Omega},\delta\dot{\omega},\delta\dot{M}$ 只与 Δa、Δe、Δi 有关，与 $\Delta\Omega_0$、$\Delta\omega_0$、ΔM_0 无关，因此初始时刻 $\Delta\Omega_0$、$\Delta\omega_0$、ΔM_0 的变化，不会对 $\delta\dot{\Omega},\delta\dot{\omega},\delta\dot{M}$ 产生影响；由式(6－30)可知，$\Delta\Omega_0$、$\Delta\omega_0$、ΔM_0 的变化对 $\dot{B}$ 没有影响，即不会影响相对轨道的漂移，图 6－13 至图 6－15 中 Q_1 为常数，也说明了这一点。下面分析 $\Delta\Omega_0$、$\Delta\omega_0$、ΔM_0 对相对轨道转动和变形的影响。

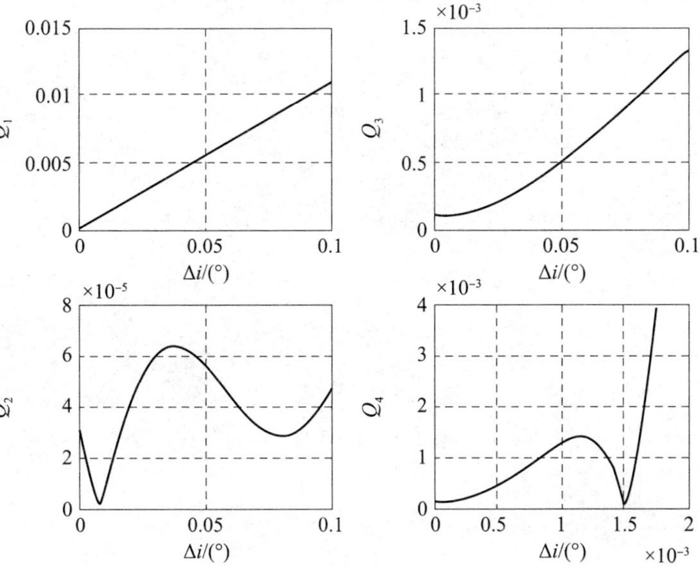

图 6-12　主从星轨道倾角之差 Δi 对 Q_1，Q_2，Q_3，Q_4 的影响

$\Delta\omega_0$ 的影响：$\dot{\tilde{i}},\dot{\tilde{\Omega}}$ 的表达式中不含有 $\Delta\omega_0$，因此 $\Delta\omega_0$ 的变化对 $\dot{\tilde{i}},\dot{\tilde{\Omega}}$ 没有影响，即不会影响到相对轨道的章动、进动和变形，即 Q_1，Q_2，Q_3，Q_4 不随 $\Delta\omega_0$ 的变化而改变，如图 6-13 所示。

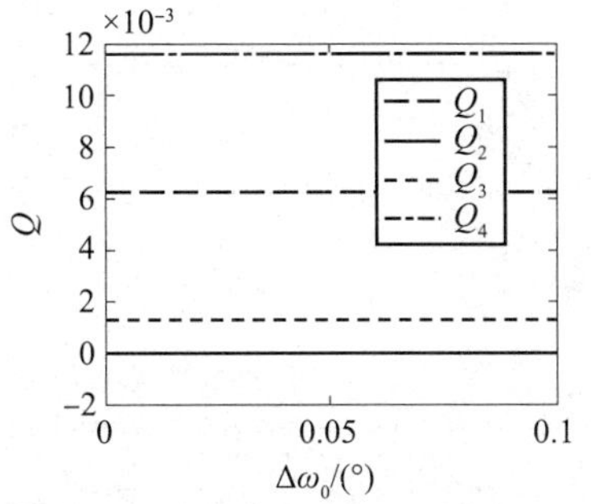

图 6-13　主从星初始近地点幅角之差 $\Delta\omega_0$ 对 Q_1，Q_2，Q_3，Q_4 的影响

$\Delta\Omega_0$ 的影响：$\dot{\tilde{i}},\dot{\tilde{\Omega}}$ 中含有 $\Delta\Omega_0$，因此 $\Delta\Omega_0$ 的变化对 $\dot{\tilde{i}},\dot{\tilde{\Omega}}$ 有影响，但影响很小。但 $\dot{\tilde{i}},\dot{\tilde{\Omega}}$ 微小的变化却使相对轨道产生了明显的变形，即随 $\Delta\Omega_0$ 的增大，Q_4 有明显的改变，如图 6-14 所示。

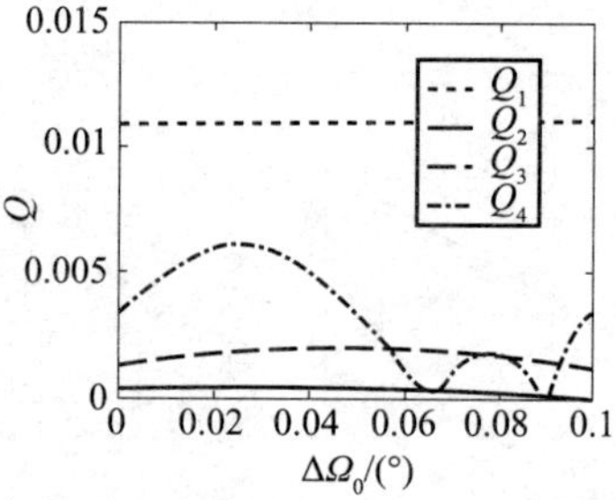

图 6-14 主从星初始升交点赤经之差 $\Delta\Omega_0$ 对 Q_1，Q_2，Q_3，Q_4 的影响

ΔM_0 的影响：$\dot{\tilde{i}}$，$\dot{\tilde{\Omega}}$ 的表达式中含有 ΔM_0，因此 ΔM_0 的变化对 $\dot{\tilde{i}}$，$\dot{\tilde{\Omega}}$ 都有影响，但从图 6-15 中可看出其影响非常小。$\dot{\tilde{i}}$，$\dot{\tilde{\Omega}}$ 微小的变化却使相对轨道产生了变形。随着 ΔM_0 的增大，Q_4 减小，说明 ΔM_0 的变化对相对轨道的变形有影响。

将该小节得到的结论总结如表 6-4 所示。

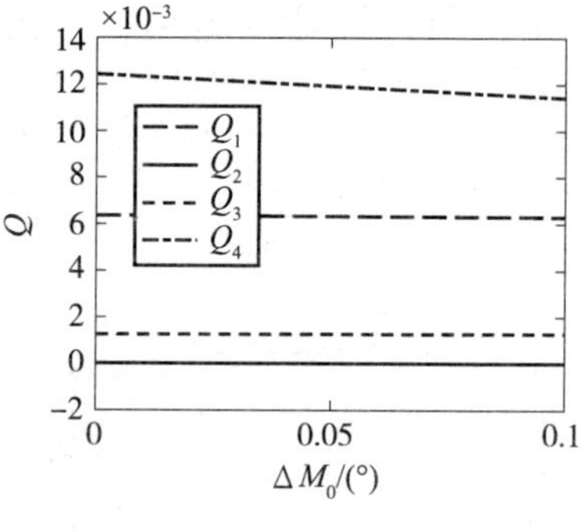

图 6-15 主从星初始平近地点角之差 ΔM_0 对 Q_1，Q_2，Q_3，Q_4 的影响

表 6-4 主从星轨道根数差的变化对相对轨道变化的影响

主从星轨道根数差	Δa	Δe	Δi	$\Delta\omega_0$	$\Delta\Omega_0$	ΔM_0
对相对轨道的影响	其值增大可减少漂移，增大进动和变形	漂移为主，有少量进动和变形	漂移为主，有少量进动和变形	无影响	变形	变形

6.3.3　相对运动最小 J_2 摄动条件

在 J_2 摄动的影响下，每颗卫星的轨道根数发生变化，使卫星轨道变化，而各卫星轨道根数的变化速率不相同导致了相对轨道发生改变，卫星无法长期编队。前面我们分析了主从星轨道根数差变化速率的表达式，如果只考虑 J_2 摄动的长期影响，只有 $\Delta\Omega$、$\Delta\omega$、ΔM 发生变化。由式（6－19）可知，如果各卫星的 $\dot{\omega}$、$\dot{\Omega}$ 和 $\dot{M}$ 相等，编队中各卫星轨道根数的变化相同，即主从星各轨道根数之差等于初始轨道根数之差，此时可最大程度地减小 J_2 摄动对相对轨道的影响，编队卫星仍可长期编队。所以保证编队卫星的相对轨道受 J_2 摄动影响最小的条件是

$$\delta\dot{\Omega}=0,\quad \delta\dot{\omega}=0,\quad \delta\dot{M}=0 \tag{6-36}$$

利用式（6－18），对上式进行求解，可得当 $i=0$，π 或 $\arccos\left[\sqrt{147-336a^2J_2^{-1}R_e^{-2}\ (1-e^2)^{1.5}}/21\right]$，即主星轨道为赤道轨道、极地轨道或者某一特殊轨道时，方程组有非零解。而一般情况下，只有零解

$$\Delta a=0,\quad \Delta e=0,\quad \Delta i=0 \tag{6-37}$$

也就是说，当主从星轨道的半长轴 a、偏心率 e 和倾角 i 都相等时，它们的 $\dot{\omega}$、$\dot{\Omega}$ 和 $\dot{M}$ 相等，J_2 摄动对相对轨道构型的影响最小。容易发现，式（6－37）的条件非常苛刻，它要求主从星的 6 个轨道根数中有 3 个必须完全相同，这对卫星编队飞行轨道设计的要求过高，很难实现。下面我们换一个角度来研究如何减少 J_2 摄动对编队卫星轨道构型的影响。

6.3.3.1　卫星轨道的交点周期

根据开普勒第三定律，卫星轨道的周期 T 为

$$T=2\pi\sqrt{a^3/\mu} \tag{6-38}$$

由于 J_2 摄动不引起半长轴 a 的变化，所以轨道的周期不变，依然为常值。但是，由于摄动的影响，卫星实际轨道不是封闭的椭圆。理论上的椭圆运动周期 T 无法由观测直接得到，于是需要引进交点周期的概念。交点周期是指卫星的星下点连续两次通过升交点的时间间隔，记作 T_Ω。

如图 6－16 所示，θ 角为卫星的想法纬度幅解。它是卫星轨道平面内升交点 N 与卫星某特定时刻 t_0 的位置 S 之间的夹角，满足 $\theta=\omega+f$，

其中 ω 为近地点幅角，f 为真近点角。

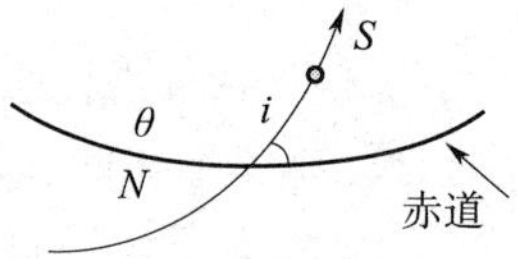

图 6-16　辅助球面

θ 从 0 到 2π，对应卫星的星下点 S 连续两次通过赤道，其间隔为交点周期[18]。根据 θ 角及交点周期的定义，可得到交点周期 T_Ω 的积分表达式

$$T_\Omega = \int_0^{2\pi} (\mathrm{d}t/\mathrm{d}\theta)\,\mathrm{d}\theta \tag{6-39}$$

只考虑 J_2 摄动时交点周期的具体表达式为

$$\begin{aligned} T_\Omega &= T\left[1-\frac{3J_2}{2\,(1-e^2)^2}\left(\frac{R_e}{a}\right)^2\left(3-\frac{5}{2}\sin^2 i\right)\right] \\ &= 2\pi\sqrt{\frac{a^3}{\mu}}\left[1-\frac{3J_2}{2\,(1-e^2)^2}\left(\frac{R_e}{a}\right)^2\left(3-\frac{5}{2}\sin^2 i\right)\right] \end{aligned} \tag{6-40}$$

6.3.3.2　卫星编队飞行的最小 J_2 摄动条件

卫星编队飞行中，每颗卫星都会受到 J_2 摄动的影响，卫星轨道不再是开普勒轨道，轨道周期及轨道根数也不断变化。然而，在一定的初始条件下，J_2 摄动对编队中卫星之间的轨道根数之差及其相对运动的影响可以很小甚至为零，这个初始条件就是本节所指的最小 J_2 摄动条件。编队卫星之间距离很近，各卫星相邻两次过赤道的时间间隔也很接近，也就是它们的交点周期之差为小量。因此，若要使相对轨道不受 J_2 摄动的影响，就要保证各卫星的交点周期相等，也就是要保证主从星的（$\mathrm{d}t/\mathrm{d}\theta$）相等。

下面分析 $\dot{\theta}$ 和哪些参数有关。在二体问题中，纬度幅有 θ 是从节点 N 方向开始度量的，而且节点 N 不发生变化。但当有摄动时，卫星轨道面与赤道面的节线方向在惯性空间中发生变化，即向东或向西转动。卫星转动 1 周后（θ 从 0 到 2π），卫星星下点 S 连续两次通过赤道，并非从 N 点回到 N 点（如图 6-17 所示），也就是说卫星的升交点方向发生了漂移。而考虑摄动后，θ 仍从节点 N 方向开始度量，因此升交点的进动会导致 θ 的变化。不考虑摄动时，$\theta=\omega+f$，$\dot{\theta}=\dot{f}$，考虑摄动后，$\dot{\theta}$ 实际上包含两部分，其一是不考虑升交点进动情况下的 $\dot{\theta}_1$，也就是轨道平面内轨道角的变化，$\dot{\theta}_1=\dot{\omega}+\dot{f}$；其二是升交点进动引起的 θ 的变化 $\dot{\theta}_2$，$\dot{\theta}_2=\dot{\Omega}\cos i$。

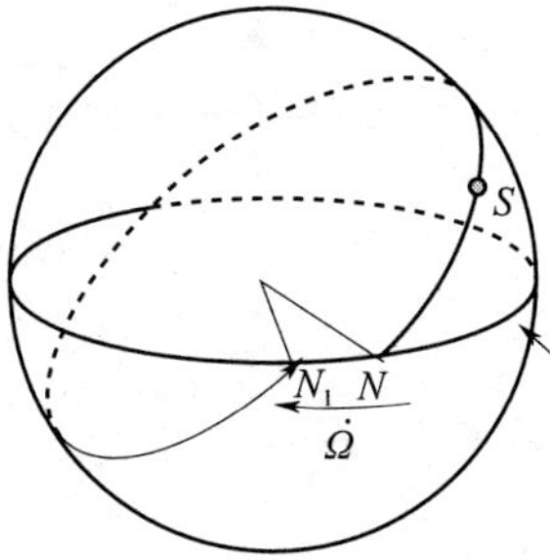

图 6-17　节线进动速率 $\dot{\Omega}$ 的示意图

因此有

$$\delta\dot{\theta}_1=\delta\dot{\omega}+\delta\dot{f},\quad \delta\dot{\theta}_2=\delta\dot{\Omega}\cos i \tag{6-41}$$

当主星为近圆轨道时，$f\approx M$，进而有 $\dot{f}\approx\dot{M}$，于是

$$\delta\dot{\theta}=\delta\dot{\theta}_1+\delta\dot{\theta}_2\approx\delta\dot{\omega}+\delta\dot{M}+\delta\dot{\Omega}\cos i \tag{6-42}$$

要保证主从星的交点周期相等，只需使 $\delta\dot{\theta}_1=0$，$\delta\dot{\theta}_2=0$，也就是

$$\delta\dot{\Omega}\cos i=0 \tag{6-43}$$

$$\delta\dot{\omega}+\delta\dot{M}=0 \tag{6-44}$$

把式（6-18）的后两个式子代入式（6-44）中得

$$-\left[\frac{3}{2}\sqrt{\frac{\mu}{a^3}}+\frac{21\sqrt{\mu}J_2R_e^{\ 2}(5\cos^2 i-1)}{8(1-e^2)^2a^{3.5}}\right]\frac{\Delta a}{a}-\frac{3\sqrt{\mu}J_2R_e^{\ 2}\sin 2i}{4(1-e^2)^2a^{3.5}}(5+3\sqrt{1-e^2})\Delta i+\frac{3\sqrt{\mu}J_2R_e^{\ 2}}{4(1-e^2)^3a^{3.5}}\left[4(5\cos^2 i-1)+(3\cos^2 i-1)\sqrt{1-e^2}\right]e\Delta e=0 \tag{6-45}$$

分析上式得，含有 $\frac{21\sqrt{\mu}J_2R_e^{\ 2}(5\cos^2 i-1)}{8(1-e^2)^2a^{3.5}}$ 项的数量级远小于其他各项，忽略该项后，上式成立需满足如下的数量级关系式

$$O\left(\frac{\Delta a}{a}\right)=O(J_2\Delta i)=O(J_2e\Delta e) \tag{6-46}$$

把上式代入式（6－18）中，含有 Δa 的项为高阶小量，可忽略不计。于是有

$$\frac{4e}{(1-e^2)}\cos i\Delta e-\sin i\Delta i=0 \tag{6-47}$$

由式（6－47）和式（6－45）得如下 1 阶近似表达式

$$\Delta a=\frac{J_2R_e^{\ 2}}{2a}\left\{\left[(5\cos^2 i-1)+\frac{3}{4}\sqrt{1-e^2}(3\cos^2 i-1)\right]\frac{4e}{(1-e^2)^3}\Delta e-\left[\frac{5}{(1-e^2)^2}+\frac{3}{\sqrt{(1-e^2)^3}}\right]\sin(2i)\Delta i\right\} \tag{6-48}$$

综上分析可知，卫星编队飞行的最小 J_2 摄动条件是

$$\begin{cases}\delta\dot{\Omega}=0\\ \delta\dot{\omega}+\delta\dot{M}=0\end{cases} \tag{6-49}$$

式（6－48）和式（6－47）就是相对运动的最小 J_2 摄动条件的 1 阶近似表达式，式中的轨道根数均为平均轨道根数。

可以看出，式（6－47）的解是式（6－49）的特殊情况，式(6－49)是最小 J_2 摄动轨道条件的一般形式。

6.3.4　队形保持的脉冲控制

从 6.3.3 节的分析知道，可以使相对轨道满足最小 J_2 摄动条件来最大程度地减少 J_2 摄动对相对轨道的影响，但由最小 J_2 摄动条件的 1 阶近似表达式得到的相对轨道根数差存在一些误差，仍无法完全消除摄动的影响。因此，仍需要通过控制来消除摄动引起的相对漂移、转动和变形。本节只讨论对从星施加冲量，初步估计队形保持所需的能量。速度增量为 $\Delta\boldsymbol{V}=(\Delta V_r\quad \Delta V_t\quad \Delta V_n)^{\mathrm{T}}$，其中 ΔV_r 沿轨道径向、

ΔV_n沿轨道平面法向、ΔV_t沿横向。此时高斯型摄动方程为

$$\begin{cases}\Delta a = \dfrac{2}{n\sqrt{1-e^2}}[\Delta V_{\mathrm{S}} e\sin f + \Delta V_{\mathrm{T}}(1+e\sin f)] \\ \Delta e = \dfrac{\sqrt{1-e^2}}{na}[\Delta V_r \sin f + \Delta V_t(\cos E + \cos f)] \\ \Delta\Omega = \dfrac{r\sin\theta}{na^2\sqrt{1-e^2}\sin i}\Delta V_n \\ \Delta i = \dfrac{r\cos\theta}{na^2\sqrt{1-e^2}}\Delta V_n \\ \Delta\omega = \dfrac{\sqrt{1-e^2}}{nae}\left(-\Delta V_r\cos f + \Delta V_t\dfrac{2+e\cos f}{1+e\cos f}\sin f\right) - \Delta\Omega\cos i \\ \Delta M = n - \dfrac{1-e^2}{nae}\left\{\Delta V_r\left[\dfrac{2er}{a(1-e^2)} - \cos f\right] + \Delta V_t\left[1+\dfrac{r}{a(1-e^2)}\right]\sin f\right\}\end{cases} \tag{6-50}$$

从最小 J_2 摄动条件式（6－49）知，消除 J_2 摄动的影响，只需分别使主从星间的 $\Delta\Omega$ 和 $\Delta\omega+\Delta M$ 为零。因此，对从星施加冲量时无需将从星的近地点幅角 ω_{f} 和升交点赤经 Ω_{f} 分别修正到与主星的 ω 和 Ω 的值相等，只需使 $\omega_{\mathrm{f}}+M_{\mathrm{f}}=\omega+M$ 即可。联立式（6－50）中的最后两个等式，有

$$\Delta\omega + \Delta M = n + \frac{1}{na}\left[\frac{\lambda(\lambda-1)\cos f}{e} - \frac{2r}{a}\right]\Delta V_r + \frac{\lambda(\lambda-1)(2+e\cos f)\sin f}{nae(1+e\cos f)}\Delta V_t - \Delta\Omega\cos i \tag{6-51}$$

式中　$\lambda = \sqrt{1-e^2}$ 。

从式（6－50）知，只有沿轨道平面法线方向的冲量才能使 Ω 有变化。在从星的轨道角 $\theta=\pm 90°$时，沿轨道法线方向施以冲量 ΔV_n，如式（6－51）所示。但该冲量也会使 ω 变化 $\Delta\Omega\cos i$，由 Ω 引起的 ω 的变化也需补偿。

$$\Delta V_n = \frac{na_{\mathrm{f}}^2\lambda_{\mathrm{f}}\sin i_{\mathrm{f}}}{r_{\mathrm{f}}\sin\theta_{\mathrm{f}}}\Delta\Omega \tag{6-52}$$

在远地点 $f=180°$沿从星径向施 以冲量 ΔV_r

$$\Delta V_r = \frac{n_f a_f^2 e_f (\Delta\omega + \Delta M + \Delta\Omega\cos i_f - n_f)}{a_F \lambda_f (\lambda_f - 1)\cos f - 2 r_f e_f} \tag{6-53}$$

这样，轨道保持所需总冲量 ΔV 为

$$\Delta V = |\Delta V_r| + |\Delta V_n| = \left|\frac{n_f a_f^2 \lambda_f \sin i_f}{r_f \sin\theta_f}\Delta\Omega\right| + \left|\frac{n_f a_f^2 e_f (\Delta\omega + \Delta M + \Delta\Omega\cos i_f - n_f)}{a_f \lambda_f (\lambda_f - 1)\cos \mathrm{f} - 2 r_f e_f}\right| \tag{6-54}$$

如果同时有几个轨道根数都需要修正，本节的方法不是最优的方法。但该方法简单且以轨道根数误差的形式给出控制冲量，可以用来粗略地估计保持编队队形所需要的能量。

6.3.5 小结

本节详细分析了 J_2 摄动对编队卫星相对运动的影响。首先给出了 J_2 摄动对主从星轨道根数差的影响。从长期影响来看，J_2 摄动对主从星轨道根数差 Δa、Δe、Δi 没有影响，只会使 $\Delta\Omega$、$\Delta\omega$、ΔM 发生变化。其次，分析了 J_2 摄动对相对轨道要素的影响，指出相对轨道要素中只有 $B, \tilde{i}, \tilde{\Omega}$ 随时间变化。然后，利用相对轨道要素对相对轨道进行摄动分析，指出相对轨道构形的变化由三部分组成：一是椭圆柱的漂移导致相对轨道中心的漂移，二是平面法线的章动和进动引起相对轨道平面的转动，三是章动和进动引起相对轨道的变形。同时还给出了 J_2 摄动下相对轨道构形的漂移速度及章动角速度、进动角速度的解析公式，分析了主从星轨道根数差的变化对相对轨道变化的影响。推导了主从星沿小偏心率轨道运行情况下相对轨道的最小 J_2 摄动条件。如果编队卫星满足最小 J_2 摄动条件，那么可最大限度地减小 J_2 摄动对相对运动的影响，卫星可长期保持编队飞行。在选取的主从星轨道根数之差为小量的前提下，给出了最小 J_2 摄动条件的 1 阶近似表达式。仿真结果表明，当编队卫星的相对运动满足最小 J_2 摄动的 1 阶近似条件时，卫星相对轨道构形的漂移明显减少。最后，本节给出了队形保持所需冲量的估计方法。

6.4　队形设计与队形品质分析

在卫星编队飞行中，为了完成指定的任务，各卫星须组成一定的队形，这就需要根据队形要求设计卫星的初始轨道根数，本节给出了卫星编队队形设计方法，该方法简单易算。空间的编队队形在卫星运行过程中很难一直保持，尽管在不考虑摄动时编队队形保持不变，但考虑摄动后队形却会变形，为了评定编队队形的保持情况，本节给出了评定队形变形情况的方法，称为队形品质分析。最后，本节还分析了如何减少摄动对编队队形的影响。

6.4.1　基于相对轨道要素的队形设计

本章在6.2节中给出了用相对轨道要素 $A, B, D, \tilde{i}, \tilde{\Omega}, M_x$ 描述的编队卫星相对运动方程。队形设计时，根据队形的初始条件，如相对轨道在某一平面内投影的形状、方位以及从星的初始相位角等，计算相对运动方程中的相对轨道要素，然后再将相对轨道要素转化为主从星的轨道根数差，这样就根据任务的要求得到了从星的轨道根数。队形设计过程如图6－18所示。

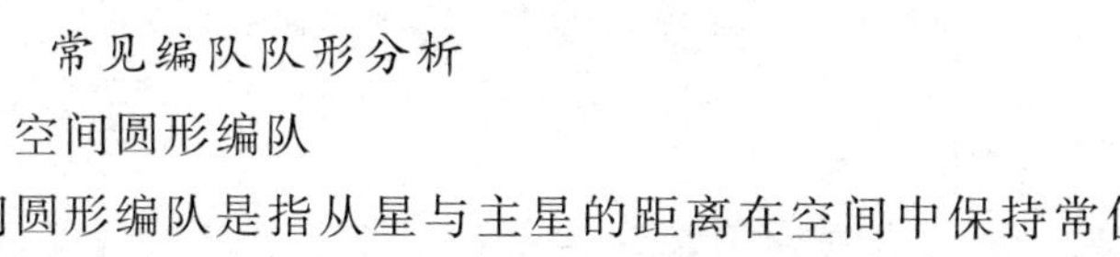

图6－18　编队队形设计框图

6.4.1.1　常见编队队形分析

（1）空间圆形编队

空间圆形编队是指从星与主星的距离在空间中保持常值，相对轨道构型为一圆形，因此相对轨道应满足约束条件 $x^2+y^2+z^2=R^2$，同时相对运动又满足式（3－31），由此可确定空间圆形编队的相对轨道要素为

$$D=0,\ B=0,\ \tilde{i}\in\left\{\frac{\pi}{3},\ \frac{2\pi}{3}\right\},\ \tilde{\Omega}\in\left\{\frac{\pi}{2},\ \frac{3\pi}{2}\right\},\ A=\frac{R}{2} \tag{6-55}$$

M_x由从星在相对轨道上的初始相位角所定。这样确定相对运动所需的参数均已确定。

该圆形编队队形的特点是，其是由椭圆柱 $x^2/A^2+y^2/(4A^2)=1R^2$ 和平面 $z=\pm 3^{0.5}x$ 相交所得的曲线。相对轨道满足条件 $x^2+y^2+z^2=4A^2$，相对轨道的相对倾角为 π/3 或者 2π/3，相应的相对升交点赤经为 π/2 或者 3π/2。图 6－19 为半径 10 km 的空间圆编队队形。

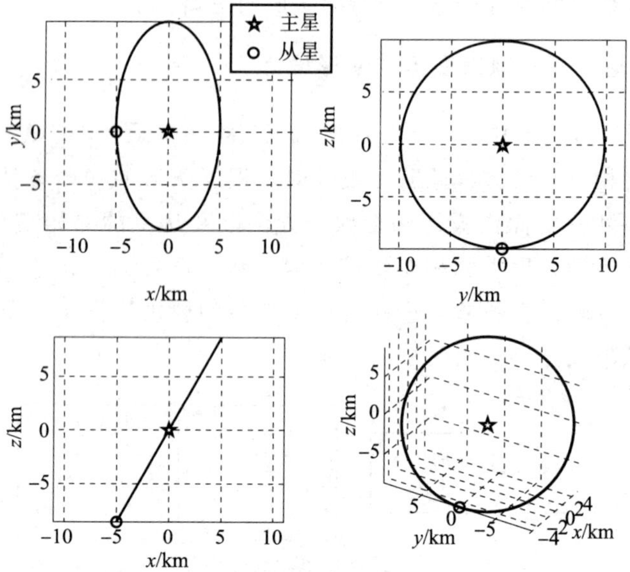

图 6－19　半径为 10 km 的空间圆编队队形及投影

（2）投影为圆的编队

投影为圆的编队与圆形编队在设计上类似，区别在于投影为圆的编队只是在所要求的平面内从星与主星的距离为固定值。

①$y-z$ 面的投影

$y-z$ 面的投影圆轨道满足的条件是 $y^2+z^2=R^2$，把式（3－31）

的后两个式子代入该条件中，可得相应的相对轨道要素为

$$D=0,\ B=0,\ \tilde{i}\in\left\{\arccos\frac{\sqrt{5}}{5},\pi-\arccos\frac{\sqrt{5}}{5}\right\},$$

$$\tilde{\Omega}\in\left\{\frac{\pi}{2},\frac{3\pi}{2}\right\},\quad A=\frac{R}{2} \tag{6-56}$$

M_x同样需要由从星在相对轨道上的初始相位角所定。

在 y - z 面投影为圆的相对轨道所在平面方程变为 $z=\pm 2x$，约束条件为 $y^2+z^2=4A^2$，相对轨道的相对倾角 $\tilde{i}=\arccos\frac{\sqrt{5}}{5}$ 或者 $\tilde{i}=\pi-\arccos\frac{\sqrt{5}}{5}$，相应的相对升交点赤经为 $\pi/2$ 或者 $3\pi/2$。图 6 - 20 为半径 10 km 的 y - z 面投影圆编队队形。

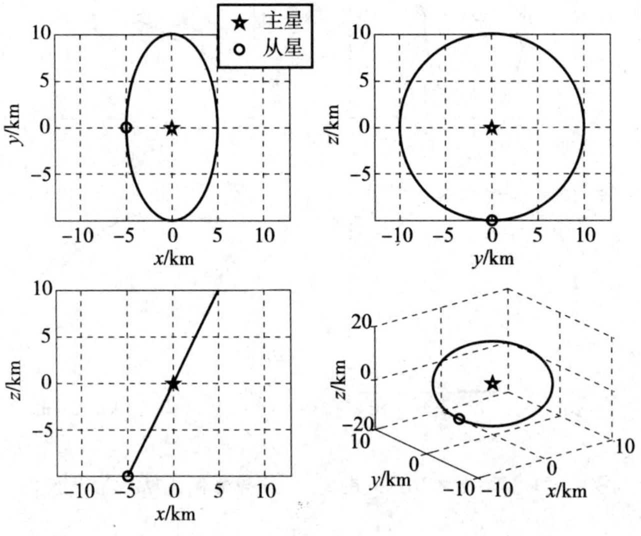

图 6 - 20　半径为 10 km 的 y - z 面投影圆编队队形及投影

②x - z 面的投影

x - z 面投影圆轨道应满足的条件是 $x^2+z^2=R^2$，把式（3 - 31）的第 1 个式子和第 3 个式子代入该条件中，可得相应的相对轨道要素

$$D=0, B=0, \tilde{i} \in \left\{\arccos \frac{2\sqrt{5}}{5}, \pi - \arccos \frac{2\sqrt{5}}{5}\right\},$$

$$\tilde{\Omega} \in \left\{\frac{\pi}{2}, \frac{3\pi}{2}\right\}, \quad A=R \tag{6-57}$$

对于这种情况而言，相对轨道所在平面方程为 $z=\pm y/2$，相对轨道在 $y-z$ 面的投影为圆 $x^2+z^2=R^2$，相对轨道的相对倾角为 $\tilde{i}=\arccos \frac{2\sqrt{5}}{5}$ 或者 $\tilde{i}=\pi-\arccos \frac{2\sqrt{5}}{5}$，相对升交点赤经为 $\tilde{\Omega}=0$ 或者 $\tilde{\Omega}=\pi$。图 6－21 为半径 10 km 的 $x-z$ 面投影圆编队队形。

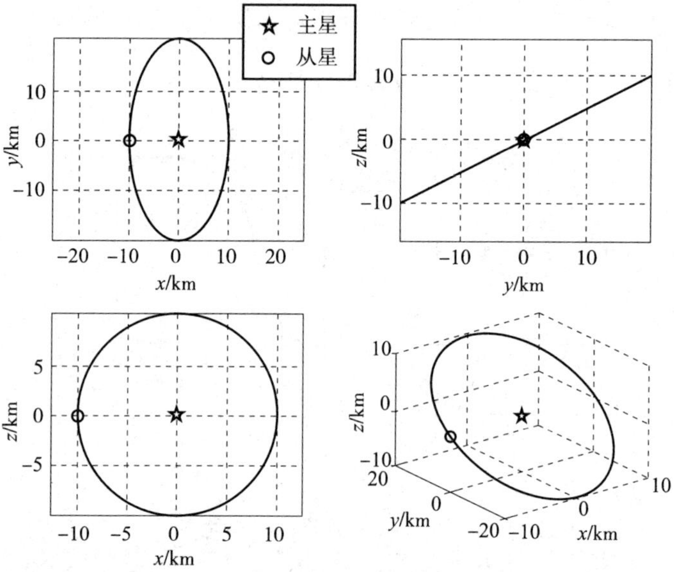

图 6－21　半径为 10 km 的 $x-z$ 面投影圆编队队形及投影

（3）共面椭圆编队

如果相对轨道平面的相对倾角 $\tilde{i}=0$，那么编队卫星的相对轨道方程为

$$\begin{cases}\left(\dfrac{x-D}{A}\right)^2+\left(\dfrac{y-B}{2A}\right)^2=1\\ z=0\end{cases}\tag{6-58}$$

此时，相对轨迹为主星轨道平面内偏心率为 $\sqrt{3}/2$ 的椭圆，长半轴平行于 y 轴（$D\neq0$）或在 y 轴上（$D=0$）。图 6-22 为长半轴为 10 km 的共面椭圆编队队形，“o”表示从星的初始位置。

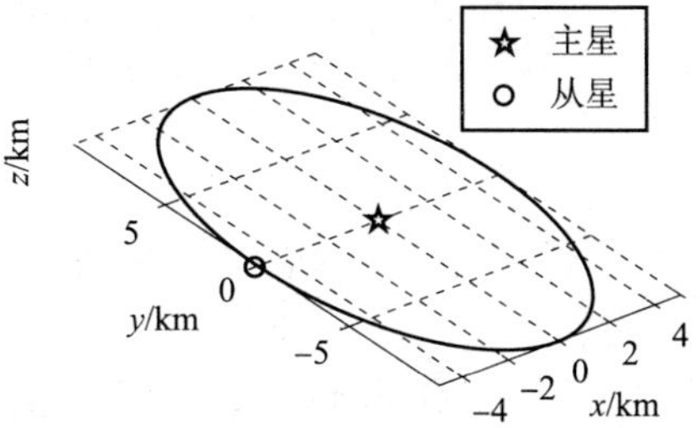

图 6-22　长半轴为 10 km 的共面椭圆编队队形

6.4.1.2　由相对轨道要素计算主从星的轨道根数差

从上面的分析知道，根据初始时刻编队卫星的相对位置或者相对运动轨迹以及从星的初始相位角，可以求出初始时刻的相对轨道要素。下面给出相对轨道要素和主从星轨道根数差的关系。这样根据编队任务要求，就可以得到主从星的轨道根数差，进而完成队形设计任务。

由式（3-31）得初始时刻编队卫星的相对位置为

$$\begin{cases}x_0=D_0+A_0\cos(M_0-M_{x0})\\ y_0=B_0-2A_0\sin(M_0-M_{x0})\\ z_0=C_0\cos(M_0-M_{x0}+\alpha_0)\end{cases}\tag{6-59}$$

其中相关系数的表达式见式（3-31），需要注意的是要将量 ΔM、M_x 和 M_z 换成其初始时刻的值 ΔM_0、M_{x0} 和 M_{z0}。

首先由初始时刻编队卫星的相对位置求出初始时刻的相对轨道要素 $A_0,B_0,D_0,\tilde{i}_0,\tilde{\Omega}_0,M_{x0}$，然后根据式（6-59）得到如下关系式

$$\begin{cases}\Delta a=D_0\\ \Delta i=\dfrac{C_0}{a}\sin M_{z0}\\ \Delta\Omega=-\dfrac{C_0}{a\sin i}\cos M_{z0}\\ \Delta M_0=\arctan\left(\dfrac{A_0\sin M_{x0}}{ea-A_0\cos M_{x0}}\right)\\ \Delta e=\dfrac{A_0\sin M_{x0}}{e\sin(\Delta M_0)}-e\\ \Delta\omega=\dfrac{B_0}{a}-\Delta M_0-\Delta\Omega\cos i\end{cases}\tag{6-60}$$

上式为相对轨道要素和主从星轨道根数差的关系式。仔细观察发现，求 Δe 的公式中分母含有 e，因此当 $e=0$ 时，该式没有意义。

下面推导 $e=0$ 时的相对轨道要素与主从星轨道根数差的关系式。由式（6－59）中有关 A_0 的表达式得

$$(\Delta e)^2=\left(\frac{A_0}{a}\right)^2\tag{6-61}$$

由式（6－59）中有关 M_{x0} 的表达式得

$$\cos(\Delta M)=\frac{-A_0\cos M_{x0}}{a\Delta e},\ \sin(\Delta M)=\frac{A_0\sin M_{x0}}{a\Delta e}\tag{6-62}$$

因此，Δe 的符号任意给定。当 $\Delta e>0$ 时，$\Delta M_0=\pi-M_x$；当 $\Delta e<0$ 时，$\Delta M_0=2\pi-M_x$。于是得到了 $e=0$ 时的相对轨道要素与主从星轨道根数差的关系式

$$\begin{cases}\Delta a=D_0\\ \Delta i=\dfrac{C_0}{a}\sin M_{z0}\\ \Delta\Omega=-\dfrac{C_0}{a\sin i}\cos M_{z0}\\ \Delta\omega=\dfrac{B_0}{a}-\Delta M_0-\Delta\Omega\cos i\\ \begin{cases}\Delta e=\dfrac{A_0}{a}\\ \Delta M_0=\pi-M_{x0}\end{cases}\text{或者}\begin{cases}\Delta e=-\dfrac{A_0}{a}\\ \Delta M_0=2\pi-M_{x0}\end{cases}\end{cases}\tag{6-63}$$

6.4.1.3 编队队形设计

下面应用式（6 - 60）和式（6 - 63）来进行队形设计。

（1）三维编队飞行组成侦察卫星

①编队队形要求[19]

4 颗小卫星形成圆形编队，圆的中心有 1 颗主星，在圆周均匀分布 3 颗从星。这 4 颗小卫星组成 3 组，每组 2 颗卫星，采用地面雷达辐射源到这组卫星的时间差和频差的复合定位方法得出地面雷达三维位置。轨道高度为 500 km，倾角为 63.4°，圆形编队的半径为 5 km。

主星的轨道根数：$[a, e, i, \Omega, \omega, t_p] = [6\ 878\ \text{km}, 0.003, 63.4°, 30°, 0°, 0\ \text{s}]$。

②编队任务分析

由于主星轨道偏心率为小偏心率，因此可用式（6 - 60）中的关系式求出主从星的轨道根数差，进而得到从星的轨道根数。由队形设计要求知该编队的空间相对构型为圆。根据 6.4.1.1 节的结论知，该情况下的相对轨道要素为

$$D_0 = 0,\ B_0 = 0,\ \theta_0 = \frac{\pi}{3}, \psi_0 = \frac{\pi}{2},\ \alpha_0 = 0,$$

$$A_0 = 2.5\ \text{km},\quad C_0 = \frac{5\sqrt{3}}{2}\ \text{km}$$

3 颗从星分别记为“1，2，3”，令从星 1 的初始相位角（与 z 轴的夹角）为 60°，从星 2 和 3 的初始相位角分别为 180°和 300°。

③主从星轨道根数差的求解

由式（3 - 31）得

$$\begin{cases} (M_0 - M_{x0})_1 = 60° \\ (M_0 - M_{x0})_2 = 180° \\ (M_0 - M_{x0})_3 = 300° \end{cases}$$

各颗从星的相对轨道要素 M_{x0} 求出后，再根据 $\alpha_0 = \omega - M_{z0} + M_{x0}$，求得相应的 M_{z0}，这样求解主从星轨道根数差所需的参数均已得到，由式（6 - 60）得 3 颗从星与主星的轨道根数差，结果如表

6-5所示，卫星编队的队形及在各投影面的投影如图 6-23 所示。

表 6-5 主从星的轨道根数差

根数差	从星 1	从星 2	从星 3
Δa/km	0	0	0
Δe	$-1.642\ 139\times10^{-4}$	$3.634\ 778\times10^{-4}$	$-1.642\ 139\times10^{-4}$
Δi/rad	$-5.452\ 166\times10^{-4}$	0	$5.452\ 166\times10^{-4}$
$\Delta\Omega$/rad	$-3.520\ 432\times10^{-4}$	$7.040\ 865\times10^{-4}$	$-3.520\ 432\times10^{-4}$
$\Delta\omega$/rad	$1.113\ 899\times10^{-1}$	$-3.152\ 611\times10^{-4}$	$-1.110\ 747\times10^{-1}$
ΔM_0/rad	$-1.112\ 323\times10^{-1}$	0	$1.112\ 323\times10^{-1}$

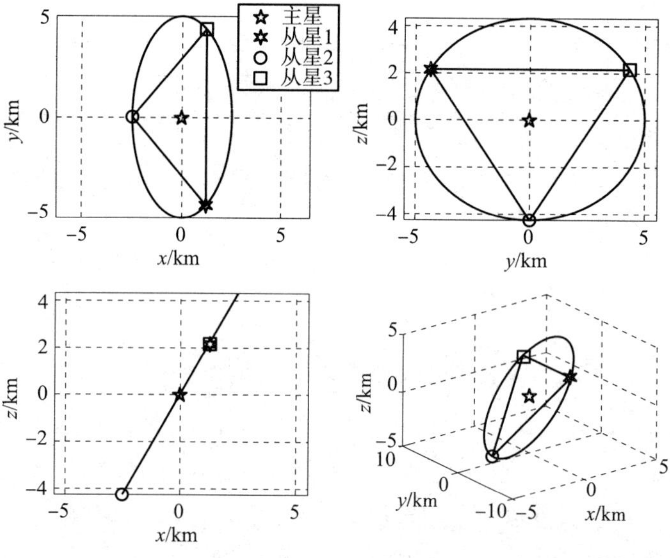

图 6-23 半径为 5 km 的空间圆编队队形及投影

（2） 水平面内圆编队

①编队队形要求

5 颗小卫星在水平面内形成圆形编队，圆的中心有 1 颗主星，在圆周均匀分布 4 颗从星。这 4 颗从星构成正方形，圆形编队的半径为 10 km。

主星的轨道根数：$[a,\ e,\ i,\ \Omega,\ \omega,\ t_p]=[7\ 378\ \text{km},\ 0.0,\ 45°,\ 30°,\ 0°,\ 0\ \text{s}]$。

②编队任务分析

由主星轨道根数知主星轨道为圆轨道，因此可用式（6-63）中的关系式求出主从星的轨道根数差，进而得到从星的轨道根数。由队形设计要求知该编队为在 y-z 平面投影为圆的编队，队形示意图如图6-24所示。根据6.4.1.1节的结论知，该情况下的相对轨道要素为

$$E_1=E_2=E_3=E_4=-\frac{a_4}{\mu} \tag{6-64}$$

4颗从星分别记为“1，2，3，4”，令从星1的初始相位角（与 z 轴的夹角）为0°，从星2、3和4的初始相位角分别为90°、180°和270°。

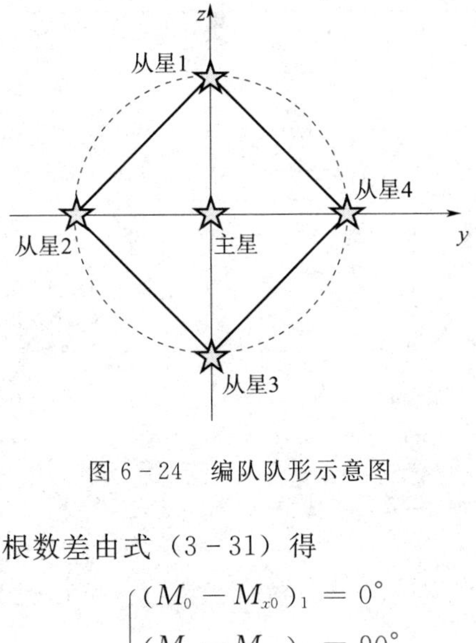

图6-24　编队队形示意图

主从星轨道根数差由式（3-31）得

$$\begin{cases}(M_0-M_{x0})_1=0°\\(M_0-M_{x0})_2=90°\\(M_0-M_{x0})_3=180°\\(M_0-M_{x0})_4=270°\end{cases}$$

各颗从星的相对轨道要素 M_{x0} 求出后，再根据 $\alpha_0 = \omega - M_{z0} + M_{x0}$ 求得相应的 M_{z0}，这样求解主从星轨道根数差所需的参数均已得到，由式（6-63）得到 4 颗从星与主星的轨道根数差，结果如表6-6所示。

表 6-6 主从星的轨道根数差

根数差	从星 1	从星 2	从星 3	从星 4
Δa/km	0	0	0	0
Δe	$6.776\,904\times10^{-4}$	$6.776\,904\times10^{-4}$	$6.776\,904\times10^{-4}$	$6.776\,904\times10^{-4}$
Δi/rad	$-9.583\,990\times10^{-4}$	0	$9.583\,990\times10^{-4}$	$9.583\,990\times10^{-4}$
$\Delta\Omega$/rad	$-1.071\,850\times10^{-3}$	$1.071\,850\times10^{-3}$	$1.071\,850\times10^{-3}$	$-1.071\,850\times10^{-3}$
$\Delta\omega$/rad	$-7.849\,182\times10^{-1}$	$-9.583\,990\times10^{-4}$	$7.858\,781\times10^{-1}$	$7.858\,781\times10^{-1}$
ΔM_0/rad	$7.853\,982\times10^{-1}$	$-7.853\,982\times10^{-1}$	$7.853\,982\times10^{-1}$	$-7.853\,982\times10^{-1}$

卫星编队队形及在各投影面的投影如图 6-25 所示。

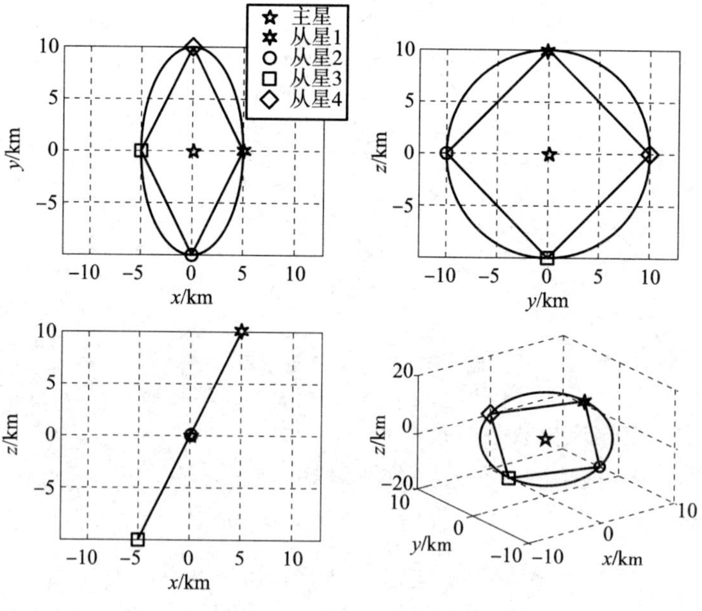

图 6-25 水平面投影为圆的编队队形及投影（半径为 10 km）

6.4.2　编队队形的摄动影响

考虑摄动后，编队中每颗卫星的轨道都会发生变化，因此在上一小节中所设计的队形如空间圆编队和投影为圆的编队都会变形，导致无法保持队形。本节首先给出刻画编队队形保持情况的参数，然后通过具体算例分析 J_2 摄动和大气阻力摄动对编队队形的影响。

6.4.2.1　队形品质的概念

本节把刻画队形保持情况的参数称为队形品质。队形品质与编队队形的几何形状及各卫星之间的距离有关。编队队形的变化分为两类：一是队形形状发生改变，二是队形的形状不变，但队形的尺寸发生变化。因此我们用两个参数分别描述队形的这两种变化。

参数 1：C_1——反映编队队形形状的不规则度，如式（6－65）所示。

$$C_1 = \sqrt{\frac{\sum_{i=1}^{n} (l_i - \bar{l})^2}{m}} \tag{6-65}$$

式中　$\bar{l} = \frac{1}{m}\sum_{i=1}^{m} l_i$；

m——编队从星的个数，也是队形的边数；

l_i——任意时刻第 i 条边的长度。

参数 2：C_2——反映与初始时刻长度相比编队队形各边长度的变化，如式（6－66）所示。

$$C_2 = \frac{1}{m}\sum_{i=1}^{m} \frac{l_i - l_{i0}}{l_{i0}} \tag{6-66}$$

其中　l_{i0}——初始时刻第 i 条边的长度。

C_1 和 C_2 的值越接近零，说明该队形品质越好，越接近理想的编队队形。

6.4.2.2　J_2 摄动和大气阻力摄动下编队队形的变化

本节算例中主从星的轨道根数取 6.4.1.3 节中算例（1）的数

值，卫星运行 50 个周期。编队卫星初始时刻的队形如图 6－23 所示。在 J_2摄动和大气阻力摄动的影响下，每颗从星的相对运动轨迹都发生变化，但由于 3 颗从星的轨道根数不相同，所以 J_2摄动和大气阻力摄动对每颗从星相对主星的相对运动轨迹的影响不同，主从星间距离发生变化（如图 6－26 所示），导致了空间圆编队无法保持，图 6－27 所示为第 50 周期的队形。从图 6－27 中很难看出 3 颗从星构成的队形到底发生了哪些变化，下面通过队形品质的分析来研究该队形的变化规律。

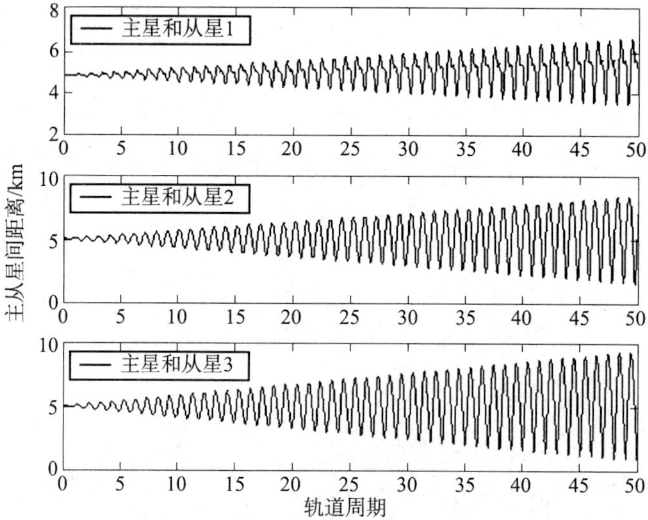

图 6－26　主从星之间的距离

图 6－28 所示为 J_2摄动和大气阻力摄动下 3 颗从星之间距离的变化。从星之间的距离在初始距离附近周期变化，但周期变化的振幅随着时间的增加而增大，也就是说随着时间的增加，从星间距离最大值和最小值都在变化，但其平均值却仍在初始距离附近。图 6－29所示为描述队形品质的参数随时间的变化规律。从式（6－65）知，C_1是描述从星间组成三角形规则度的参数。在图 6－29 的上图中，初始时刻 $C_1=0$，随着时间的增加，C_1的值越来越大。这表明，

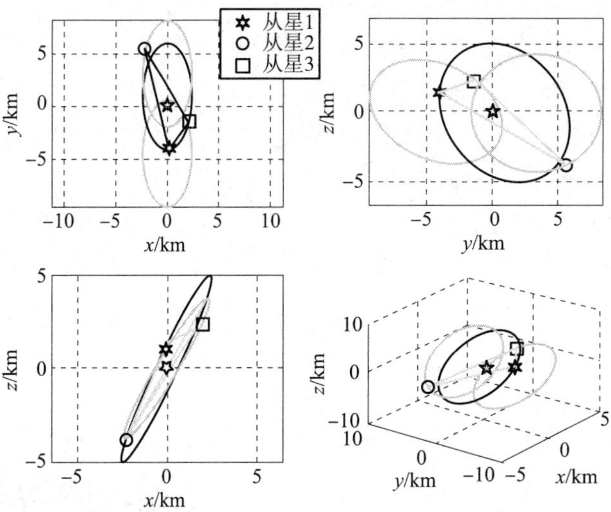

图 6-27　第 50 个轨道周期的相对轨道构形

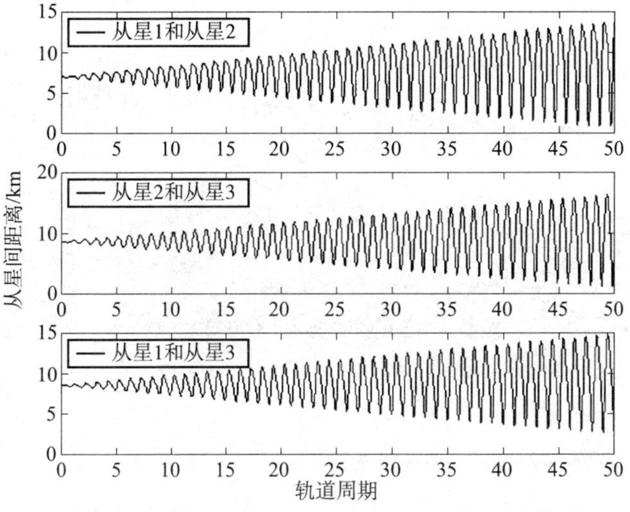

图 6-28　从星之间的距离

三角形的形状变得越来越不规则，当某一时刻三角形的一条边长大于另外两条边长之和时，该时刻三角形队形将不存在。C_2是描述从星间的距离（也是三角形各边长）的变化。从图 6－29 的下图中看出，三角形各边长是在初始长度周围振动，但振动的振幅越来越大。图 6－28 的分析也证明了这点。

从上面的分析得到如下结论：J_2摄动和大气阻力摄动使得正三角形编队队形发生了变形。随着时间的增加，三条边长的最大值和最小值都在变化，但平均值仍在初始边长附近。由于三条边长增大或减小并不同步，因此导致三角形的形状变得越来越不规则，最终无法构成三角形编队。

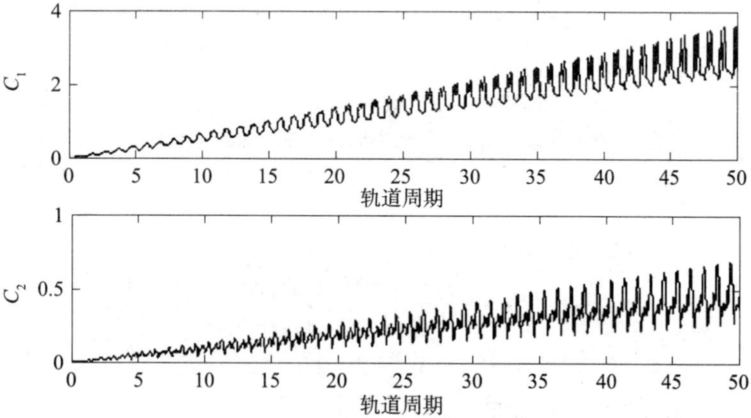

图 6－29　描述队形品质的参数

6.4.2.3　减小摄动影响的队形设计准则

考虑摄动后，本节给出的几种队形如空间圆、投影圆都无法保持，即这些队形在摄动的影响下不稳定。下面分析如何在队形设计中减少摄动的影响。

（1）减少大气阻力摄动的影响

大气阻力摄动为耗散力，影响大气阻力摄动对相对轨道影响的因素主要有两方面：一是轨道高度，二是主从星的弹道系数之差。因此，在编队队形设计中，尽量使编队卫星轨道高度高于 600 km，主从星的弹道系数尽量相等，即可忽略大气阻力摄动的影响。

（2）减少 J_2摄动的影响

①主从星之间满足半长轴、偏心率、轨道倾角分别相等

编队各从星和主星之间满足半长轴、偏心率、轨道倾角分别相等时，可保证卫星间轨道根数差的变化率为零，保证最大程度地减少 J_2摄动的影响。满足该条件的编队如同星下点轨迹编队[20]。

②编队各从星和主星之间满足最小 J_2摄动条件

由 6.3 节知，当主从星轨道根数差满足最小 J_2摄动条件的 1 阶近似表达式（6-47）和式（6-48）时可极大地减少 J_2摄动的影响。也就是说，先根据队形任务要求由式（6-60）计算出主从星的初始轨道根数，然后根据式（6-47）和式（6-48）来修正倾角之差 Δi 和半长轴之差 Δa。由于偏心率之差 Δe 对相对轨道构型的大小影响较大，所以应尽量先确定 Δe，然后再由最小 J_2摄动条件确定 Δi 和 Δa。

仍以 6.4.1.3 节中的算例（1）为例，6.4.2.2 节分析了 J_2摄动和大气阻力摄动下该队形的变化。下面根据最小 J_2摄动条件来修正 Δi 和 Δa，得到的队形如图 6-30 所示。可以看出尽管主从星及各从

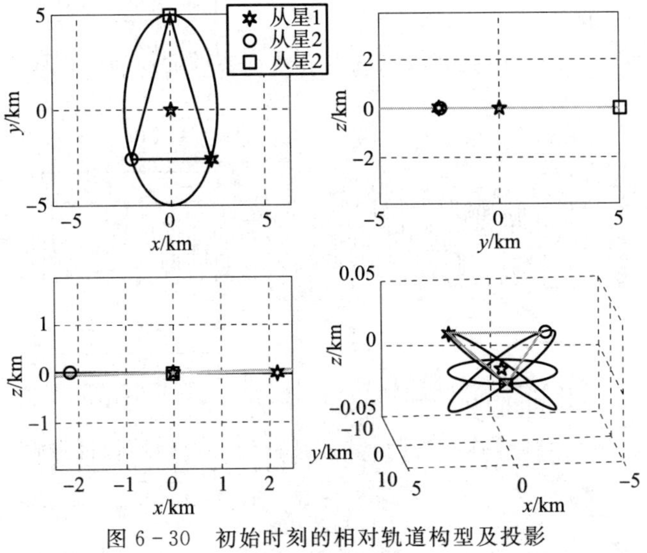

图 6-30　初始时刻的相对轨道构型及投影

星间距离受 J_2 摄动的影响很小，如图 6－31 和图 6－32 所示，但队形的形状已完全改变，得到 $x-y$ 面投影为 2∶1椭圆的编队队形。

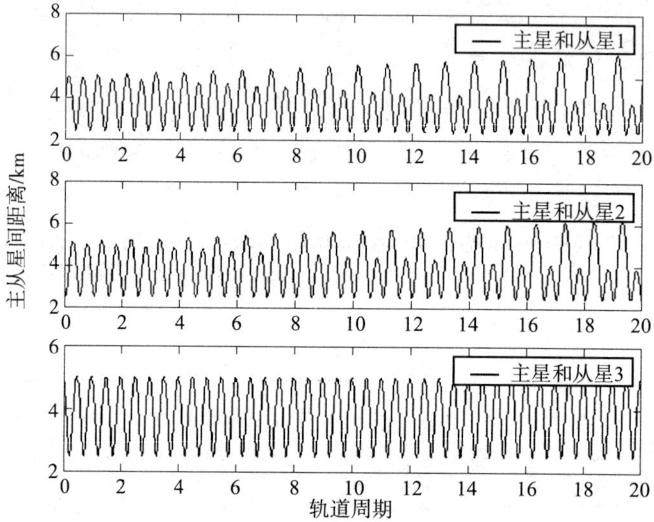

图 6－31　主从星之间的距离

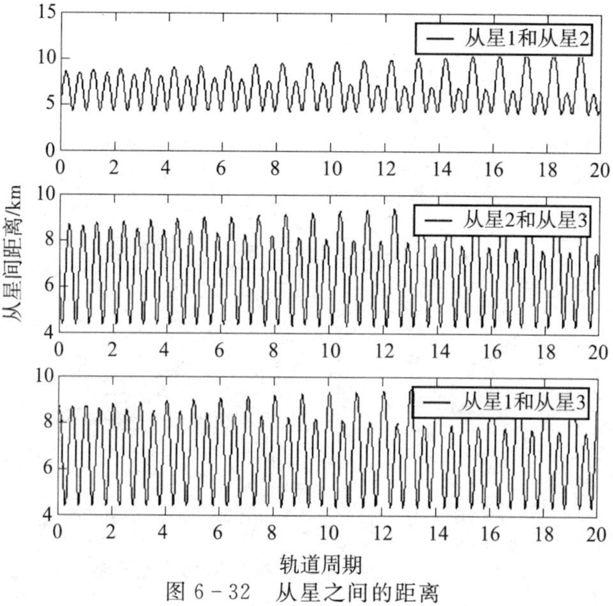

图 6－32　从星之间的距离

③减小轨道倾角之差

6.3.1 节分析 $\delta\dot{\omega}$,$\delta\dot{\Omega}$,$\delta\dot{M}$ 数量级时指出，含有 Δi 的项对 $\delta\dot{\omega}$,$\delta\dot{\Omega}$,$\delta\dot{M}$ 的影响最大，因此，主从星的轨道倾角越小，$\Delta\omega$，$\Delta\Omega$，ΔM 的变化越小，队形保持越好。

6.4.1.1 节中的共面椭圆编队满足主从星的倾角之差为零，所以受 J_2 摄动影响很小，其编队队形及各卫星间距离的变化规律和图 6-30 至图 6-32 极为相似，在此不再赘述。

6.4.3　三维编队队形设计

6.4.2 节研究的卫星编队队形都是平面构型，如相对轨道为一特定的平面构型，或者相对轨道在某一坐标面内的投影构成特定形状，此时不关心相对轨道的空间构型如何。但有时三维的相对轨道构型对于科学研究是非常有用的，如正四面体的编队构型非常有利于磁层空间的研究。对于空间研究任务，所观察的区域参数多为粒子（质点）群、电场及磁场，它们都随时间和空间的不同而变化，因此为了得到更精确的研究结果需在同一时间在不同空间对该区域进行观测和研究。

对于三维的编队队形而言（以最简单的正四面体为例），队形的保持很重要。不考虑摄动的情况下，平面的编队队形（如空间圆编队和投影圆编队）可以一直保持，但三维的编队队形在一个轨道周期内都很难一直保持。以正四面体编队队形为例，选择其中任意一颗卫星为主星，则其他卫星位于以主星为中心的球面上，各卫星相对主星的运动应满足约束条件 $x^2+y^2+z^2=R^2$。由式（3-31）知，满足该约束的编队队形只有空间圆形编队，空间球编队是不存在的。因此，这种情况下，在一个轨道周期内只需要三维编队队形在进行研究的空间区域能保持队形即可，而不必强求三维队形一直保持。为了使三维队形正好在研究的空间区域能保持，我们需要判断变形后的三维队形是否满足任务要求，以及在一个周期的轨迹内，在多长的轨迹上满足任务要求的近似三维队形能保持。

6.4.3.1　三维编队队形的设计

本节以正四面体为例，具体分析如何设计三维编队队形。

主星的轨道根数由编队任务所定，由任务可知正四面体的边长 d 及希望队形保持为理想队形时的主星所对应的真近点角 f_0。主星可以为正四面体队形中的一颗，也可是一颗虚拟卫星。编队卫星的运动轨迹有多种选择，不同的运动轨迹所对应的队形品质不同。比如一种设计为，卫星 1、2、3 均匀分布在以虚拟卫星 S_0 为中心的空间圆编队中，它们的轨道根数由 6.4.1.3 节中的设计方法给出，卫星 S_4 与这 3 颗卫星构成正四面体，初始时刻编队队形如图 6－33 所示。

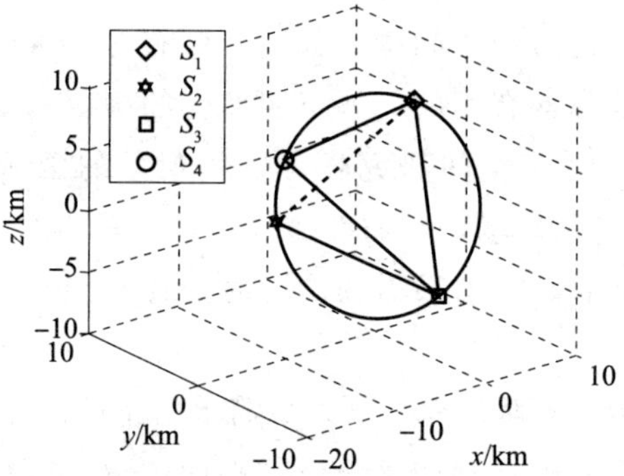

图 6－33　正四面体队形

卫星 S_4 的位置由卫星 S_1、S_2 和 S_3 的位置所决定，而它的速度却可以任意给定，不同的速度就对应着不同的运动轨迹，编队卫星的运动轨迹不同时，编队队形保持的情况也不同，因此需对不同卫星初始参数下的编队队形进行队形品质分析，找到在指定区域编队队形保持最好的一组参数。

下面给出另外一种正四面体队形的设计方法，并用一组算例设计正四面体队形及队形品质分析。

6.4.3.2　具体算例分析

（1）主星的确定

任选卫星 S_4 为主星，以该星质心为原点建立主星质心轨道坐标系 S_4xyz，其他各卫星到 S_4 的初始距离相等，在该坐标系下初始相对轨道构型为正四面体。卫星 S_4 的轨道根数由任务要求所定。

卫星 S_4 的轨道根数：$[a, e, i, \Omega, \omega, t_p] = [7\,378\ \text{km}, 0.01, 10°, 45°, 0°, 0\ \text{s}]$。

（2）编队各卫星的初始位置及速度

在主星质心轨道坐标系 S_4xyz 中各卫星的初始位置坐标如下

$$\boldsymbol{S}_1 = \begin{bmatrix} d & 0 & 0 \end{bmatrix}$$

$$\boldsymbol{S}_2 = \begin{bmatrix} \dfrac{d}{2} & \dfrac{\sqrt{3}d}{2} & 0 \end{bmatrix}$$

$$\boldsymbol{S}_3 = \begin{bmatrix} \dfrac{d}{2} & \dfrac{\sqrt{3}d}{6} & \dfrac{\sqrt{6}d}{3} \end{bmatrix}$$

$$\boldsymbol{S}_4 = \begin{bmatrix} 0 & 0 & 0 \end{bmatrix}$$

其中，d 为各卫星之间初始距离，$d = 15$ km。在地心赤道坐标系 $OXYZ$ 下，4 颗卫星的位置为

$$\begin{cases} \boldsymbol{R}_1 = \boldsymbol{R}_4 + \boldsymbol{A}_{\text{ES}}\boldsymbol{S}_1 \\ \boldsymbol{R}_2 = \boldsymbol{R}_4 + \boldsymbol{A}_{\text{ES}}\boldsymbol{S}_2 \\ \boldsymbol{R}_3 = \boldsymbol{R}_4 + \boldsymbol{A}_{\text{ES}}\boldsymbol{S}_3 \\ \boldsymbol{R}_4 = \boldsymbol{R}_4 \end{cases} \tag{6-67}$$

式中，$\boldsymbol{A}_{\text{ES}}$ 为从 S_4xyz 到 $OXYZ$ 的转换矩阵，R_4 由 S_4 的初始轨道根数确定，这样就得到了编队中各卫星的初始位置。下面求各卫星的初始速度。

由正四面体编队的已知条件只能得出编队卫星的位置，而无法确定各卫星的速度。本节假设编队卫星初始时刻速度均与卫星 S_4 速度的方向相同，所有卫星半长轴相等。卫星 S_4 的初始速度的方向为

$$\boldsymbol{e}_v = \frac{\boldsymbol{v}_4}{\| v_4 \|} \tag{6-68}$$

编队中 4 颗卫星的轨道半长轴相等，因此卫星 S_1、S_2 和 S_3 的机械能与 S_4 的机械能相等，为

$$E_1 = E_2 = E_3 = E_4 = -\frac{a_4}{\mu} \tag{6-69}$$

而卫星的机械能还可写为

$$E = \frac{1}{2}v^2 - \frac{\mu}{\|\boldsymbol{R}\|} \tag{6-70}$$

由上式得

$$v = \sqrt{2(E + \frac{\mu}{R})} \tag{6-71}$$

因此 4 颗卫星初始速度为

$$v_1 = \sqrt{2\left(E_4 + \frac{\mu}{R_1}\right)}, v_2 = \sqrt{2\left(E_4 + \frac{\mu}{R_2}\right)}, v_3 = \sqrt{2\left(E_4 + \frac{\mu}{R_3}\right)} \tag{6-72}$$

$$\boldsymbol{v}_1 = \boldsymbol{v}_1\boldsymbol{e}_v, \quad \boldsymbol{v}_2 = \boldsymbol{v}_2\boldsymbol{e}_v, \quad \boldsymbol{v}_3 = \boldsymbol{v}_3\boldsymbol{e}_v, \quad \boldsymbol{v}_4 = \boldsymbol{v}_4\boldsymbol{e}_v \tag{6-73}$$

这样就得到了编队各卫星的初始位置及速度。由这些参数得到的初始时刻正四面体队形如图 6-34 所示。

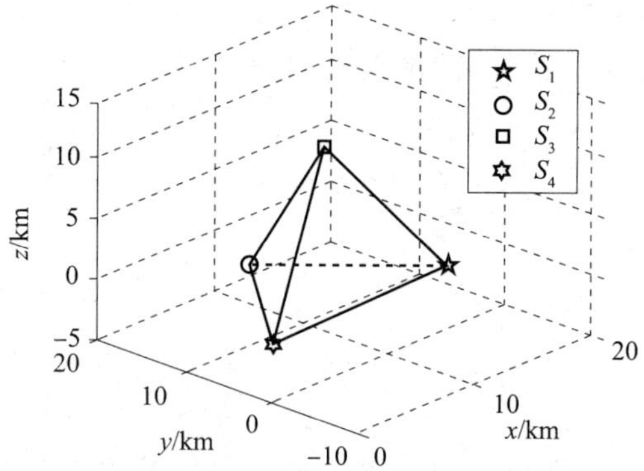

图 6-34　正四面体队形

下面分析该队形的队形品质。

从图 6-35 中可知，该算例中当主星真近点角在 $f=147°$附近

时，正四面体的 6 条边长都接近 $d=15$ km，主星真近点角为其他值时边长的变化范围从 10 km 到 43 km。从图 6-36 中可看出在 $f=147°$附近，$C_1\approx 0$，队形的形状保持最好，而在该区域内，$C_2\approx 0$，队形各边长度也接近理想长度。从上面的分析知道，当主星轨道所对应的真近点角至少在 $137°\leqslant f\leqslant 157°$范围内时，正四面体队形可以保持得很好。因此在用该正四面体队形执行任务时，需使任务所关心的区域在主星真近点角为 $f=147°$时的覆盖区内，这样才能使执行任务时编队卫星的队形品质最好。

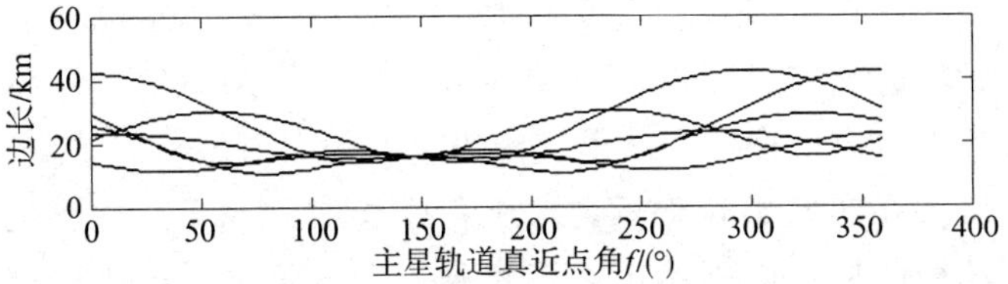

图 6-35　正四面体队形的 6 个边长

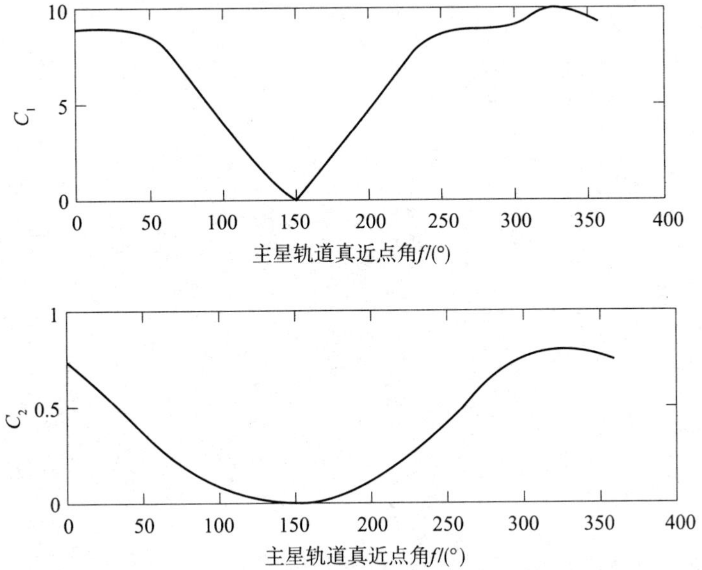

图 6-36　描述队形品质的参数

6.4.4 小结

本节主要研究卫星编队飞行的队形设计及队形品质分析。

1）介绍了用相对轨道要素设计编队队形的方法，分析了常见编队队形的相对轨道要素的特点，如何用相对轨道要素计算主从星轨道根数差，以及通过具体算例来介绍编队队形的设计方法。

2）分析了 J_2 摄动和大气阻力摄动对编队队形的影响，给出了队形品质的概念，来刻画编队队形的保持情况，队形品质与编队队形的几何形状及各卫星之间的距离有关，通过分析队形品质，可以研究编队队形的变化规律。J_2 摄动和大气阻力摄动会使编队队形发生变形。随着时间的增加，队形各条边长的最大值和最小值都在变化，但平均值仍在初始边长附近。由于各边长增大或减小并不同步，导致编队队形的形状变得越来越不规则。最后给出了减少摄动影响的编队队形设计准则。

3）介绍了三维编队队形的设计方法，并分析了三维队形的队形品质。

参 考 文 献

[1] 李俊峰，雪丹．编队卫星相对运动描述方法综述．宇航学报，2008，29 (6)：1689－1694.

[2] CLOHESSY W，WILTSHIRE R. Terminal guidance system for satellite rendezvous. Journal of the Astronautical Sciences，1960，27 (9)：653－678.

[3] HILL G W. Researches in the lunar theory. American Journal of Mathematics，1878，1 (1)：5－26.

[4] LAWDEN D F. Optimal trajectories for space navigation. Butterworths，London，1963：79－86.

[5] TSCHAUNER J，HEMPEL P. Rendezvous with a target in an elliptical orbit. Astronautica Acta，1965，11 (2)：104－109.

[6] GIM D W，ALFRIEND K T. The state transition matrix of relative motion for the perturbed non－circular reference orbit. Journal of Guidance，Control and Dynamics，2003，26 (6)：956－971.

[7] 高云峰．卫星编队飞行相对轨道运动动力学研究．北京：清华大学，2004.

[8] JIANG F H，LI J F，BAOYIN H X. Approximate analysis for relative motion of satellite formation flying in elliptical orbits. Celestial Mechanics and Dynamical Astronomy，2007，98 (1)：31－66.

[9] 孟鑫．基于相对轨道要素的卫星编队飞行设计及摄动研究．北京：清华大学，2005.

[10] 陈雯雯，邵晓巍，段登平．基于DEM和GMTI的收发同置分布式InSAR编队构型设计．上海航天，2012 (01)：12－18，46.

[11] 陈雯雯，邵晓巍，段登平．LL－SST的重力场测量类空间圆编队构型设计．空间科学学报，2010 (06)：547－553.

[12] 数学手册编写组．数学手册．北京：高等教育出版社，1979.

[13] JIANG F H，LI J F，BAOYIN H X，et al. Study on relative orbit geometry of spacecraft formations in elliptical reference orbits. Journal of Guid-

ance, Control, and Dynamics, 2008, 31 (1): 123 - 133.

[14] JIANG F H, LI J F BAOYIN H X. Approximate analysis for relative motion of satellite formation flying in elliptical orbits. Celestial Mechanics and Dynamical Astronomy, 2007, 98 (1): 31 - 66.

[15] 肖峰．人造地球卫星轨道摄动理论．长沙：国防科技大学出版社，1995.

[16] 孟鑫，李俊峰，高云峰．一种便于摄动分析的编队飞行卫星相对运动的描述．应用数学和力学，2005，26（11）：1328 - 1336.

[17] 李响，李俊峰，高云峰．卫星编队飞行中的相对轨道构形．清华大学学报，2002，42（11）：1496 - 1499.

[18] 刘林．航天器轨道理论．北京：国防工业出版社，2000.

[19] 林来兴．绕飞轨道（绕飞角＞360°）动力学和控制策略——微小卫星一种新的应用概念．宇航学报，2000，21（4）：100 - 106.

[20] SABOL C, BURNS R, MCLAUGHLIN C A. Satellite formation flying design and evolution. Journal of Spacecraft and Rockets, 2001, 38 (2): 270 - 278.

第7章　基于参照轨道要素的卫星编队

李俊峰　王虎妹　蒋方华

7.1　概述

描述相对运动方法中的轨道要素法有多种形式，关于这些描述方法的综述见参考文献［1］。本章将要介绍的参照轨道要素方法就是其中一种。该方法将主星轨道视为参照轨道，定义参照轨道要素，用来描述从星运动在主星轨道坐标系中的分量。本章首先推导了用参照轨道要素描述的相对运动精确方程，基于此方程分析了相对运动的一般特性。然后对现有相对运动描述方法和参照轨道要素描述方法进行了比较。最后用来进行编队队形的设计，以及分析编队队形的几何特性。

7.2　参照轨道要素方法介绍[2-5]

本节介绍的方法将主星轨道称为参照轨道，以主星运动为基准研究从星的相对运动。

7.2.1　参照轨道要素定义

参照轨道要素方法的核心思想就是在地心天球中观察主从星的轨道，以天球上的弧长和角度来描述它们之间的相对运动。详细的定义和介绍见3.4.1节。以主星轨道面为基准定义从星的参照轨道要素。相对轨道倾角 i^r 为主从星轨道面的夹角。从两轨道交点到主星的瞬时位置的弧长 Ω^r 称为相对升交点赤经（这里采用参考文献

[5] 中的定义，与参考文献 [2] 的定义相反)，两轨道交点到从星的瞬时位置的弧长 θ^{r} 称为相对轨道角。θ^{r} 与 Ω^{r} 之差定义为相对平赤经 l^{r}。

7.2.2 参照轨道要素与经典轨道要素的转换

(1) 球面三角形的六元组

对任意球面$\triangle A_1A_2A_3$（图 7-1)，用六元符号（A_1，A_2，A_3；α_1，α_2，α_3）表示$\triangle A_1A_2A_3$ 的 6 个元素（3 个内角及 3 个对边)。以三元符号（α_1，α_2，α_3)$_m$（$m=1$，2，3）表示：已知$\triangle A_1A_2A_3$ 三边，求边 α_m 对应的内角，例如（α_1，α_2，α_3)$_1$ 表示边 α_1 对应的内角 A_1。已知三角形的三边可通过式（7-1）求得对应的内角

$$(\alpha_1, \alpha_2, \alpha_3)_1 = \arccos\left(\frac{\cos\alpha_1 - \cos\alpha_2\cos\alpha_3}{\sin\alpha_2\sin\alpha_3}\right) \tag{7-1}$$

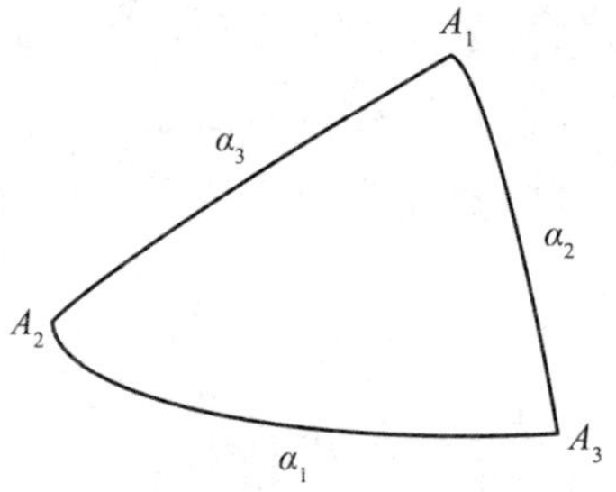

图 7-1 球面三角形六元素

(2) 交点三角形的 4 种类型

若 $i \cdot i_f \neq 0$，$\Delta\Omega \neq 0$，则交点三角形 NN_fM 的 6 个元素均不为零，将其称为正常三角形。反之，若 $i \cdot i_f = 0$ 或 $\Delta\Omega = 0$，则为非正常三角形。根据 i，i_f，$\Delta\Omega$ 可判断$\triangle NN_fM$ 的类型。

用符号 $T_D =$ [sgn ($\Delta\Omega$)，sgn (Δi)] 表示 $\Delta\Omega$ 和 Δi 的符号，可用来表征主、从星轨道和赤道的相对位置。依据 T_D 将交点$\triangle NN_fM$ 分为图 7-2 所示的 4 种类型，对应的 T_D 依次为：(1，1)，(−1，−1)，(1，−1)，(−1，1)。将 i^{r}，η_f，η，$\Delta\Omega$ 视为有符号

量，4 类 NN_fM 的六元组分别为

$$\begin{cases}(i,\pi-i_f,i^r;\eta_f,\eta,\Delta\Omega)\\(\pi-i,i_f,-i^r;\eta_f,\eta,-\Delta\Omega)\\(\pi-i,i_f,-i^r;-\eta_f,-\eta,\Delta\Omega)\\(i,\pi-i_f,i^r;-\eta_f,-\eta,-\Delta\Omega)\end{cases}\tag{7-2}$$

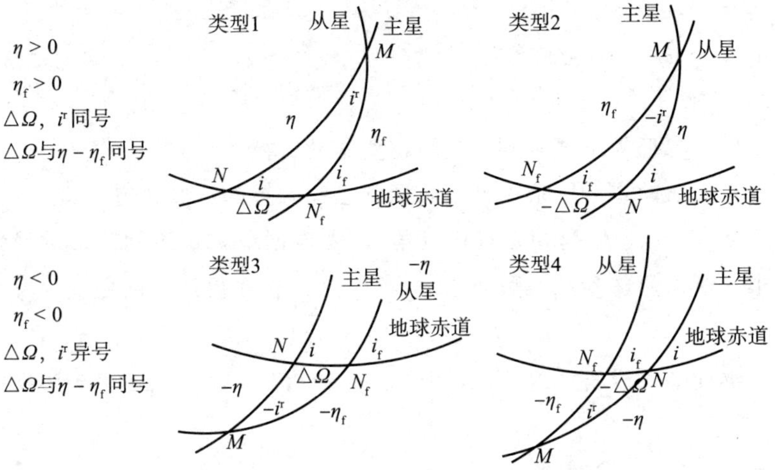

图 7-2　交点$\triangle NN_fM$的 4 种类型

（3）变量值域

由球面几何知识知：球面三角形的三边和大于 π 小于 2π，三角和大于 π 小于 3π，由此可确定各变量的值域。辅助变量：η_f，$\eta\in(\pi,\pi]$；参照轨道要素：$i^r\in(\pi/2,\pi/2]$，θ^r，$\Omega^r\in(\pi,\pi]$。

（4）经典轨道要素到参照轨道要素的转换

设$\triangle NN_fM$ 的六元组为（i，i_f，i^r；η，η_f，$\Delta\Omega$），则由 i，i_f，$\Delta\Omega$ 解算 i^r，η，η_f 的公式为

$$\cos i^r=-\cos i\cos i_f+\sin i\sin i_f\cos\Delta\Omega\tag{7-3}$$

$$\sin\eta=\frac{\sin i_f\sin\Delta\Omega}{\sin i^r},\quad \sin\eta_f=\frac{\sin i\sin\Delta\Omega}{\sin i^r}\tag{7-4}$$

根据交点三角形的不同类型，用相应的六元组对应地做变量代

换代入式（7－4）解得有符号量 i^{r}，η，η_{f}，进而按式（3－50）确定从星的参照轨道要素 θ^{r}，Ω^{r}。

若 $i\cdot i_{f}=0$ 或 $\Delta\Omega=0$，则 $\triangle NN_{f}M$ 为非正常三角形。此时需对辅助变量 i^{r}，η，η_{f} 进行特殊定义，如式（7－5）所示

$$\begin{cases}\Delta\Omega=0,\pi: & i^{r}=i_{2}\pm i_{1}; & \eta_{1}=0/\pi; & \eta_{2}=0\\ i_{1}=0,\Delta\Omega\neq 0: & i^{r}=i_{2}; & \eta_{1}=\Delta\Omega; & \eta_{2}=0\\ i_{1}\neq 0,i_{2}=0,\Delta\Omega\neq 0: & i^{r}=-i_{1}; & \eta_{1}=0; & \eta_{2}=-\Delta\Omega\end{cases} \tag{7-5}$$

（5）参照轨道要素到经典轨道要素的转换

在编队轨道和队形设计中，通常已知主星的经典轨道要素 a，e，f_{0}，Ω，i，ω（f_{0} 为初始真近点角），需根据编队轨道和队形的设计要求求解从星的参照轨道要素 i^{r}，θ^{r}，Ω^{r}。首先得到辅助变量 η 为

$$\eta=\theta-\Omega^{r}=(\omega+f_{0})-\Omega^{r} \tag{7-6}$$

继而通过求解$\triangle NN_{f}M$，由 i，η，i^{r} 得到 i_{f}，η_{f}，$\Delta\Omega$，其转换式为

$$\begin{cases}\tan\dfrac{\Delta\Omega+\eta_{f}}{2}=\tan\left(\dfrac{\eta}{2}\right)\cos\dfrac{i^{r}-i}{2}/\cos\left(\dfrac{i^{r}+i}{2}\right)\\ \tan\dfrac{\Delta\Omega-\eta_{f}}{2}=\tan\left(\dfrac{\eta}{2}\right)\sin\dfrac{i^{r}-i}{2}/\sin\left(\dfrac{i^{r}+i}{2}\right)\\ \tan\dfrac{i_{f}}{2}=\cot\left(\dfrac{i^{r}+i}{2}\right)\cos\left(\dfrac{\Delta\Omega-\eta_{f}}{2}\right)/\cos\left(\dfrac{\Delta\Omega+\eta_{f}}{2}\right)\end{cases} \tag{7-7}$$

同样将 η，i^{r}，η_{f}，$\Delta\Omega$ 均视为有符号量，用相应的六元组对应做变量代换代入式（7－7）得到 i_{f}，η_{f}，$\Delta\Omega$。对圆参照轨道编队，从星真近点角 f_{f0} 通过编队成员在编队轨道上的初始相位确定；对椭圆参照轨道编队，从星真近点角 f_{f0} 需要根据主星 f_{0} 和编队尺度来确定。

进一步得到从星的绝对轨道要素

$$\omega_{f}=\theta^{r}-f_{f0}+\eta_{f},\quad \Omega_{f}=\Omega+\Delta\Omega \tag{7-8}$$

至此确定了从星的经典轨道要素 a，e_{f}，f_{f0}，Ω_{f}，i_{f}，ω_{f}。

7.2.3　相对运动的参照轨道要素描述

由从星的轨道坐标系到主星的轨道坐标系的坐标转换可以通过3－1－3的三次欧拉转动实现，详细的推导见 3.4.1.2 节。最后可得相对运动（包括相对位置和相对速度）的完整描述，称这种相对运动描述方法为参照轨道要素方法。

参照轨道要素方法给出的相对运动方程以 r，r_{f}，θ^{r}，i^{r} 和 Ω^{r} 为变量，形式简单，适合于圆参照轨道和椭圆参照轨道的精确运动描述。其不但适合于描述近距离和近地卫星的相对运动，而且适合于描述远距离的相对运动。

7.2.4　相对运动描述方法的比较

以下分别从运动描述的出发点、相对运动方程特点、方程适用性等多个方面，将本节提出的参照轨道要素方法与较常见的 C－W 方程、Lawden 方程、轨道要素差方法、相对轨道要素方法等 4 种相对运动描述方法进行比较。

C－W 方程及推广和 Lawden 方程两类直角坐标描述方法均从相对动力学方程积分得到与初始相对位置和速度有关的相对运动，难于直接建立相对运动轨道特征与初始参数的确定关系并用于编队轨道设计。而参照轨道要素方法、轨道要素差方法和相对轨道要素方法 3 类轨道要素描述方法，直接给出相对运动学描述，可定性和（半）定量分析轨道参数与编队构型的关系。

参照轨道要素方法的相对运动方程与其他轨道要素描述的相对运动方程相比[6-9]，关键区别有两点：1）参照轨道要素方法直接以主星轨道面为基准描述从星相对运动，而其他方法均以赤道面为基准，分别描述主星与从星的运动，经过坐标变换得到相对运动；2）参照轨道要素方法定义新的轨道要素，即参照轨道要素，它们均有明确的几何意义，而其他方法采用主从星经典轨道要素的差作为变量，这些变量没有明确几何意义。

由于参照轨道要素的几何意义明确，方便建立与相对运动特征的关系，包括运动尺度、轨迹形状和大小等，因而参照轨道要素方法在揭示相对运动一般特征上比其他相对运动描述方法更简单且更精确[13]。

7.3 理想编队队形设计

编队设计的基础是相对运动特征分析。本节利用参照轨道要素描述的精确相对运动方程，通过对相对运动一般特性的分析，得到了理想编队必要条件、z 方向精确运动特征、均匀编队和非均匀编队两种情况下的运动主项等与参照轨道偏心率无关的一般结论。在此基础上，分别针对圆参照轨道和椭圆参照轨道，分析了轨道参数与相对运动轨道特征的定量关系，找到适用于编队应用的具有特殊几何特征的相对运动轨迹，即编队轨道，并给出理想编队轨道和队形的一般设计方法。对于椭圆参考轨道的理想编队队形设计问题，只能对一些特殊情况进行设计及队形保持的控制，可见参考文献 [10－12]。

7.3.1 引言

由于椭圆轨道编队飞行可以将热点区域对应为编队轨道的远地点，以延长编队飞行对热点区域的观测时间，获得更全面、准确的资料，因而具有广泛应用性。目前，对圆参照轨道编队的相对运动特性、轨道保持与控制的研究已经有了比较完善的结果；对椭圆参照轨道编队飞行问题的研究主要集中在椭圆轨道保持和控制，而对椭圆参照轨道编队的队形设计方法还缺乏定量分析。这是因为椭圆参照轨道编队时，参照轨道角速度不再为常数，现有方法不管是直角坐标方法还是轨道要素方法，都很难建立轨道参数与编队轨道和队形特征间的定量关系，因而很难建立椭圆编队轨道和队形设计的一般方法。

7.3.1.1　编队轨道和队形设计

编队设计是指从编队的相对运动学和动力学出发，考察无摄动情况（理想编队情形）和有摄动情况（自然编队情形）下相对运动的特征，寻找各编队成员的编队轨道和编队建立时的初始相位，并求解各成员星的初始状态参数。

理想编队设计不考虑各种摄动及外加控制，此时各颗卫星沿各自的开普勒轨道运动，通过适当选择各成员星的轨道参数初值，使各成员星处于其理想编队轨道的特定位置/相位，共同形成特定的编队构型。理想编队设计过程可分为以下 3 个步骤。

1）编队轨道设计：由相对运动的特点寻找特殊的相对运动轨道。

2）编队队形设计：确定各成员星在相对运动周期内的相位。

3）编队参数确定：确定轨道要素或绝对位置/速度或相对位置/速度等初始轨道参数。

7.3.1.2　编队参数

为方便描述，定义表征编队大小和形状的参数。用 $k=x$，y，z 表示各运动方向。定义 k 方向运动的最大与最小值的差的一半为 k 方向相对运动的尺度

$$D_k = (k_{\max} - k_{\min})/2 \tag{7-9}$$

k 方向相对运动尺度与主星半长轴之比为该方向的无量纲运动尺度

$$d_k = D_k/a \tag{7-10}$$

将 k 方向运动的最大值和最小值的平均值定义为 k 方向运动偏置 b_k，表征该方向偏离原点（中心主星）的距离

$$b_k = (k_{\max} + k_{\min})/2 \tag{7-11}$$

若 x，y，z 三个方向相对运动尺度的量级相同，则称为均匀编队。若某方向运动尺度与其他两个方向相对运动尺度差别很大，比如 z 方向与 x，y 方向运动尺度相差很大，则称此种编队为非均匀

编队。

7.3.1.3　编队尺度

卫星编队飞行中，卫星间的距离相比地心距（或半长轴）很小，需要根据不同相对运动范围的编队进行编队尺度分析。以近地轨道编队为例，设 $a=8\ 000$ km，编队尺度分析见表 7-1。

表 7-1　编队飞行轨道/队形的尺度

按距离分类	运动尺度 D_k	无量纲尺度 d_k
长距离编队	5～50 km	$d_k \in (6.25\times10^{-3},\ 6.25\times10^{-4})$
中短距离编队	1～5 km	$d_k \in (1.25\times10^{-4},\ 6.25\times10^{-4})$
近距离编队	1 km 以内	$d_k < 1.25\times10^{-4}$

由表 7-1 不难看出，典型的编队飞行尺度的量级为 $d_k \sim O(10^{-3})$。由此可知，由于编队飞行的无量纲尺度很小，这就决定了在使用各种简化方案对精确相对运动方程进行简化分析时，必须特别考虑简化掉的部分与剩余各项的相对量级关系。若简化不当，可能导致简化的运动方程精度很低，得到的相对运动特征存在偏差，无法用于编队设计。

7.3.2　相对运动的一般特点

7.3.2.1　相对运动方程的特点

精确相对运动方程可改写为

$$\boldsymbol{\rho} = \begin{bmatrix} x \\ y \\ z \end{bmatrix} = r_{\mathrm{f}} \begin{bmatrix} \cos\Omega^{\mathrm{r}}\cos\theta^{\mathrm{r}} + \sin\Omega^{\mathrm{r}}\sin\theta^{\mathrm{r}}\cos i^{\mathrm{r}} \\ -\sin\Omega^{\mathrm{r}}\cos\theta^{\mathrm{r}} + \cos\Omega^{\mathrm{r}}\sin\theta^{\mathrm{r}}\cos i^{\mathrm{r}} \\ \sin\theta^{\mathrm{r}}\sin i^{\mathrm{r}} \end{bmatrix} - r\begin{bmatrix} 1 \\ 0 \\ 0 \end{bmatrix}$$

$$= r_{\mathrm{f}} \begin{bmatrix} (1 - r/r_{\mathrm{f}}) + (\cos l^{\mathrm{r}} - 1) - [\sin\Omega^{\mathrm{r}}\sin\theta^{\mathrm{r}}(1-\cos i^{\mathrm{r}})] \\ \sin l^{\mathrm{r}} - \cos\Omega^{\mathrm{r}}\sin\theta^{\mathrm{r}}(1-\cos i^{\mathrm{r}}) \\ \sin\theta^{\mathrm{r}}\sin i^{\mathrm{r}} \end{bmatrix}$$

$$
= \begin{bmatrix} \delta_{x1} + \delta_{x2} + \delta_{x3} \\ \delta_{y1} + \delta_{y2} \\ \delta_z \end{bmatrix} \tag{7-12}
$$

其中：r，r_f，分别为主、从星地心距，满足轨道方程。δ_{x1}，δ_{x2}，δ_{x3} 和 δ_{y1}，δ_{y2} 分别表示 x 方向和 y 方向相对运动的各个分量，定义为

$$
\begin{cases} \delta_{x1} = r_f - r \\ \delta_{x2} = r_f(\cos l^r - 1) \\ \delta_{x3} = - r_f[\sin\Omega^r \sin\theta^r (1 - \cos i^r)] \\ \delta_{y1} = r_f \sin l^r \\ \delta_{y2} = - r_f \cos\Omega^r \sin\theta^r (1 - \cos i^r) \end{cases} \tag{7-13}
$$

式（7-12）具有以下特点：

1）通过从星参照轨道要素 i^r，l^r，θ^r，Ω^r 将主从星的独立运动结合起来。

2）未做任何简化，是从星相对运动的精确运动学描述。

3）与参照轨道的偏心率无关，适于分析相对运动的一般特性。

4）对无摄动二体轨道，i^r 为定值，θ^r 和 Ω^r 分别为随 f 和 f_f 变化的周期函数，而 $l^r = \theta^r + \Omega^r$ 的变化决定于 Δf。

7.3.2.2　z 方向的精确相对运动

由式（7-12）可知，轨道面即 xy 面内的运动与离面的 z 方向运动是弱耦合的。首先考虑 z 方向运动，将（7-12）中的 z 向运动改写为

$$
z = r_f \sin\theta^r \sin i^r = \frac{a(1 - e_f^2)}{1 + e_f \cos f_f} \sin(f_f + \omega_f - \eta_f) \sin i^r \equiv z'(a \sin i^r) \tag{7-14}
$$

其中

$$
z' = (1 - e_f^2)\sin(f_f + \omega_f - \eta_f)/(1 + e_f \cos f_f) \tag{7-15}
$$

由式（7-15）中的周期函数 z' 可知：z' 随从星真近点角 f_f 变化，$\omega^r = \omega_f - \eta_f$ 的调制作用使 z' 的变化范围即正负幅值不等。当 ω^r 为特殊角度时，z' 变化范围仅与从星偏心率有关，即

$$\begin{cases}\omega^{\mathrm{r}}=\pi/2, & z'\in[-(1+e_{\mathrm{f}}),(1-e_{\mathrm{f}})]\\ \omega^{\mathrm{r}}=-\pi/2, & z'\in[-(1-e_{\mathrm{f}}),(1+e_{\mathrm{f}})]\\ \omega^{\mathrm{r}}=0,\pi, & z'\in[-1,1]\end{cases} \tag{7-16}$$

求式（7-15）中 z' 关于 f_{f} 的极值，将结果代入式（7-14），由 z 向运动尺度 d_z 和偏置 b_z 的定义式（7-10）和式（7-11）得到它们的精确表达式

$$\begin{cases}d_z=(z_{\max}-z_{\min})/(2a)=\sqrt{1-e_{\mathrm{f}}^2\cos^2\omega^{\mathrm{r}}}\sin i^{\mathrm{r}}\\ b_z=(z_{\max}+z_{\min})/2=-(a\sin i^{\mathrm{r}})e_{\mathrm{f}}\sin\omega^{\mathrm{r}}\end{cases} \tag{7-17}$$

由式（7-17）可知：

1）z 向运动尺度与相对轨道倾角的正弦值成正比，与从星偏心率和相对近地点幅角 ω^{r} 有关。

2）若 ω^{r} 不等于 0 和 π，z 向运动存在偏置；尤其在偏心率比较大时，这种非对称性很明显。

7.3.2.3 理想编队必要条件

若要长期保持编队，即 x，y，z 三方向运动始终须保持在编队尺度量级。由式（7-17）知，z 向运动尺度与 i^{r} 相关。考察式（7-12）中的 y 向运动，y 向运动尺度与相对平赤经 l^{r} 近似有正比关系。l^{r} 的定义如下

$$l^{\mathrm{r}}=\Delta\theta-\Delta\eta=\Delta\omega-\Delta\eta+\Delta f\approx\Delta\omega-\Delta\eta+\Delta M_0+\Delta n(t-t_{\mathrm{p}}) \tag{7-18}$$

其中 $\Delta n=n_{\mathrm{f}}-n$ 为主从星平运动速度之差。显然，欲使 $r_{\mathrm{f}}\sin l^{\mathrm{r}}$ 始终比较小，式（7-18）中的长期项系数必须为零，即 $\Delta n=0$，由此得到不考虑摄动时，保证长期编队的理想编队必要条件为

$$a_{\mathrm{f}}=a \tag{7-19}$$

7.3.2.4 均匀编队的相对运动分析

由编队尺度 $d_k\sim O(10^{-3})$ 和 z 向运动特性式（7-17），可知相对轨道倾角的量级应为

$$d_z\approx|\sin i^{\mathrm{r}}|\sim O(10^{-3}) \tag{7-20}$$

从而有

$$1-\cos i^{r}\sim O(10^{-6}) \tag{7-21}$$

对常用的各方向尺度相当的编队（称为均匀编队），由于 d_x, d_y，d_z 量级相同，由式（7-12）和式（7-20），不难得到相对平赤经 l^r 的量级

$$|\sin l^{r}|\sim O(10^{-3}) \tag{7-22}$$

从而有

$$1-\cos l^{r}\sim O(10^{-6}) \tag{7-23}$$

由式（7-21）、式（7-23）可知，i^r、l^r 与编队尺度量级相当，即

$$i^{r}, l^{r}\sim O(d_k)\sim O(10^{-3}) \tag{7-24}$$

均匀编队中各方向运动分量满足

$$\delta_{x1}\gg\delta_{x2},\delta_{x3};\quad \delta_{y1}\gg\delta_{y2} \tag{7-25}$$

从而可用 x/y 方向运动主项 δ_{x1}，δ_{y1} 代表 x/y 方向运动，省略的小量比主项小 3 个量级，得到均匀编队的相对运动方程

$$\begin{cases}x\approx\delta_{x1}=r_{\mathrm{f}}-r=a_{\mathrm{f}}[2e\sin(\Delta E/2)\sin(E_{\mathrm{f}}-\Delta E/2)-\Delta e\cos E_{\mathrm{f}}]\\ y\approx\delta_{y1}=r_{\mathrm{f}}\sin l^{r}=r_{\mathrm{f}}\sin(\Delta\omega-\Delta\eta+\Delta f)\\ z=r_{\mathrm{f}}\sin\theta^{r}\sin i^{r}=r_{\mathrm{f}}\sin(\omega_{\mathrm{f}}-\eta_{\mathrm{f}}+f_{\mathrm{f}})\sin i^{r}\end{cases} \tag{7-26}$$

由式（7-26）中 x/y 方向的运动可知，运动尺度 d_x 与 Δe 和 $e\sin$（$\Delta E/2$）有关，d_y 与 $\sin l^r$ 有关，即

$$\begin{cases}d_x\approx\sqrt{\Delta e^2+[2e\sin(\Delta E/2)]^2}\sim O(10^{-3})\\ d_y\approx\sin l^{r}\sim O(10^{-3})\end{cases} \tag{7-27}$$

由以上分析可得，偏心率差 Δe、相对轨道倾角 i^r、相对平赤经 l^r 和辅助量 $e\sin$（$\Delta E/2$）决定了编队尺度的大小。

7.3.2.5　非均匀编队的相对运动分析

若 $0\approx\sin l^{r}\ll(1-\cos i^{r}), e_1\Delta M_0\approx 0$ 且 $\Delta e=0$，则

$$d_z\approx|\sin i^{r}|;\quad d_x, d_y\approx 1-\cos i^{r};\quad |\sin i^{r}|\gg|\sin l^{r}|\approx 0 \tag{7-28}$$

此时，x/y 方向相对运动的主项分别为 δ_{x3}，δ_{y2}，x 和 y 方向相对运动尺度远远小于 z 方向尺度，是非均匀编队情况，相对运动方程化为

$$\begin{cases} x \approx r_f\delta_{x3} = -r_f[\sin\Omega^r\sin\theta^r(1-\cos i^r)] = r_f\sin^2(i^r/2)(1-\cos2\theta^r) \\ y \approx r_f\delta_{y2} = -r_f\cos\Omega^r\sin\theta^r(1-\cos i^r) = -r_f\sin^2(i^r/2)\sin2\theta^r \\ z = r_f\sin\theta^r\sin i^r \end{cases} \tag{7-29}$$

由式（7－29）可得到非均匀编队的特征：

1）平面内的相对运动近似为过原点、周期为 π 的圆周运动；一个轨道周期（2π）内的两个圆周半径不等，比值为（$1+e$）/（$1-e$）。

2）x/y 方向与 z 方向运动尺度相差较大

$$d_y \approx d_x \approx d_z^2/2 \ll d_z \tag{7-30}$$

3）从空间看相对运动轨迹近似为一条直线段。

4）它是一种极端情况下的特殊编队轨道，各方向的相对运动均由 i^r 引起。任何参照轨道下，均存在此特殊编队轨道，只是平面内的相对运动稍有差异。

非均匀编队的具体编队设计可见 7.3.4 节中的编队算例。非均匀编队可用于特殊的轨道面内伴飞，利用此轨道可以构成三星等相位差的旋转编队。

在其他方法进行方程简化时，非均匀编队轨道中的 x/y 向的主项已被作为小量忽略，因而这些方法均无法得到此种轨道。这也从一个侧面证明了在运动特征分析方面，参照轨道要素方法比其他方法更方便，也能获得更高精度的相对运动。

本节所得到的相对运动的一般特点对一般的椭圆参照轨道均适用。本章后续部分将从运动方程式（7－26）出发，分别针对圆参照轨道和椭圆参照轨道分析均匀编队的相对运动，找出理想编队轨道解，并用于理想编队轨道和队形设计。

7.3.3 圆参照轨道队形设计方法

7.3.3.1 圆参照轨道相对运动的特点

参照轨道为圆，即主星偏心率为 0 时，可对相对运动方程进行简化，进而分析相对运动轨迹/编队轨道的一些简单的特性，可列举 5 条，详见 3.4.2 节。

7.3.3.2 圆参照轨道理想编队轨道解

当参照轨道为圆时，从星轨道也近似为圆，引起各方向相对运动的因素为 i^{r} 和 Δe ：只要相对轨道倾角、偏心率差及初始相对平赤经满足一定的条件，就可获得某种形式的理想编队轨道。

由圆参照轨道编队轨道的特征可知，理想编队轨道的设计集合是空间内的椭圆族。多星编队时，在此集合中选择各星的理想编队轨道，组成理想编队队形。比如，所有从星相对主星在同一个平面内沿相同半径的圆周运动，或两组从星在 yz 平面内分别沿圆形轨道顺时针和逆时针转动。实际应用较多的是，多星在 yz 平面内的圆形编队轨道或空间的圆形编队轨道内呈等相位差分布，构成旋转多边形编队。

7.3.3.3 圆参照轨道编队队形设计

由任务给定的编队轨道/队形特征和主星的轨道参数，利用式（3－78）进行理想编队设计，计算编队成员的轨道参数（包括轨道要素、参照轨道要素）。

（1）圆参照轨道理想编队队形设计步骤

由上节中相对运动的特征分析知，对圆参照轨道的编队设计，需要确定如下三类参数。

1）主星轨道参数：$\boldsymbol{\sigma}_0=[a_0, e_0, i_0, \Omega_0, \omega_0, M_{00}]$。

2）编队轨道特征参数：

某个平面内或空间的形状参数 k_{yz}, φ_{yz} 或 k_{xz}, φ_{xz} ；

尺度参数 $|\sin i^{r}|$；

位置参数 $b_y = a(\Delta\theta_0 - \Delta\eta)$；

运动方向参数为顺时针或逆时针。

3）编队队形特征参数：各星在各自编队轨道上的初始相位 $y(0), z(0)$。

针对具体编队应用，可根据任务对编队构型的要求，确定编队轨道和队形特征参数，依据以上各式建立编队设计方程组。

（2）地球同步卫星群的编队轨道设计实例

利用位于地球同步轨道的小卫星编队，可构成大型静止侦察卫星。主星轨道为地球静止轨道，3 颗从星的编队轨道相同：在 yz 平面内以主星为圆心的半径 10 km 的圆周，3 颗从星等相位差均布于圆周上。从星作为收集器，把观测光反射到作为合成器的主星，组成多孔径光干涉静止侦察卫星。由任务得到如下参数。

1）主星轨道参数：

$$a = r_s = 42\ 164.17\ \text{km}, e_0 = 0, i_0 = 0, \Omega_0 = 0, \omega_0 = 0, M_{00} = 0 \tag{7-31}$$

2）编队轨道特征：yz 平面绕主星 10 km 圆周顺时针转动

$$\begin{cases} D_y = 2a\Delta e = 10 \\ D_z = a\left|\sin i^{r}\right| = 10 \\ \omega_j^{r} = \pm\dfrac{\pi}{2} \\ y_{0j} = \Delta(M_0 + \omega - \eta) \\ \quad = (M_{0j} + \omega_j - \eta_{2j}) - (M_{01} + \omega_1 - \eta_{1j}) = 0 \end{cases} \tag{7-32}$$

3）编队队形特征：从星在圆周上的初始相位依次相差 $2\pi/3$

$$\begin{cases} \sin M_{0j} = -1, 0.5, 0.5 \\ \operatorname{sgn}(i^{r}) \cdot \sin(M_{0j} + \omega_i^{r}) = 0, -\sqrt{3}/2, \sqrt{3}/2 \end{cases} \tag{7-33}$$

其中，sgn（i^r）为 i^r 的符号函数。

4）球面三角形 N_1N_2M 特征：由式（7-5）确定非正常三角形情况下的参照轨道要素及其他轨道参数

$$\begin{cases}\eta_j = \Delta\Omega_j \text{ 或 } \eta_j = \pi - \Delta\Omega_j \\ \eta_{fj} = 0 \\ |i_j^r| = i_j\end{cases} \tag{7-34}$$

在式（7－31）～式（7－34）各式中，用脚标 $j=1\sim3$ 标记 3 颗从星的轨道要素/参照轨道要素。联立式（7－31）～式（7－34），解得 3 颗从星的轨道要素及其他轨道参数，列于表 7－2，表中的两组数据分别对应 yz 平面内顺时针转动和逆时针转动的编队轨道。由表中所列结果可得：1）各从星的偏心率 e_j 和相对轨道倾角 $|i_j^r|$ 均相等，且满足 $2e_j = |\sin i_j^r|$；2）相对轨道倾角为负表明三角形 N_1N_2M 的 N_2 为从星降交点；3）主、从星的平赤经 $l_j=\Omega_j+\omega_j+M_{0j}$ 均相等。

表 7－2　地球同步卫星群的轨道参数

星号		$e/10^{-4}$	$i/(°)$	$\Omega/(°)$	$\omega/(°)$	$M/(°)$	$\sin l^r/10^{-4}$	$\eta_1/(°)$	$\eta_2/(°)$
顺时针转动	1	1.186	0.014	0.0	90.0	90.0	2.372	0.0	0.0
	2	1.186	0.014	120.0	90.0	−30.0	−2.372	−60.0	0.0
	3	1.186	0.014	−120.0	90.0	−150.0	−2.372	60.0	0.0
逆时针转动	1	1.186	0.014	180.0	−90.0	90.0	−2.372	0.000	0.0
	2	1.186	0.014	60.0	−90.0	−150.0	2.372	60.0	0.0
	3	1.186	0.014	−60.0	−90.0	−30.0	2.372	−60.0	0.0

将主、从星轨道要素代入精确方程，得到相对运动轨迹：图 7－3 为相对运动在 xy 、yz 平面上的投影；图 7－4 左图和右图分别为 yz 平面内顺时针、逆时针转向的两种编队在 xz 平面上的投影；图 7－5为两种转向分别对应的空间构型。各颗从星的编队轨道重合，而初始相位不同。图中用 1,2,3 表示 3 颗从星的位置（以下章节图中表示各平面内相对运动投影的结果均采用此表示方法，不再赘述)。为表示相对轨迹的转动方向，图中用“★”表示从星初始位置，用“○”表示下一个位置。

参照轨道为圆时，用简化的相对运动方程设计 6 颗从星的轨道参数，实现从星在对地观测面（ yz 面）内的平面圆形编队。不考虑摄动时，用参照轨道要素方法设计卫星编队轨道，简单方便，且具有很高的精度。

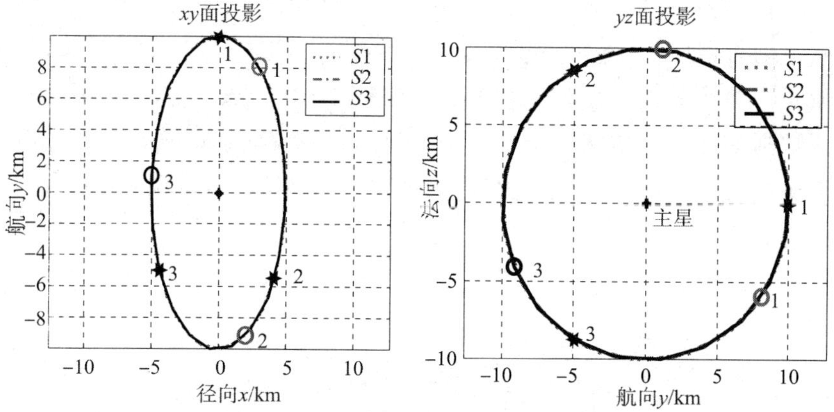

图 7-3　相对运动在 xy/yz 平面上的投影

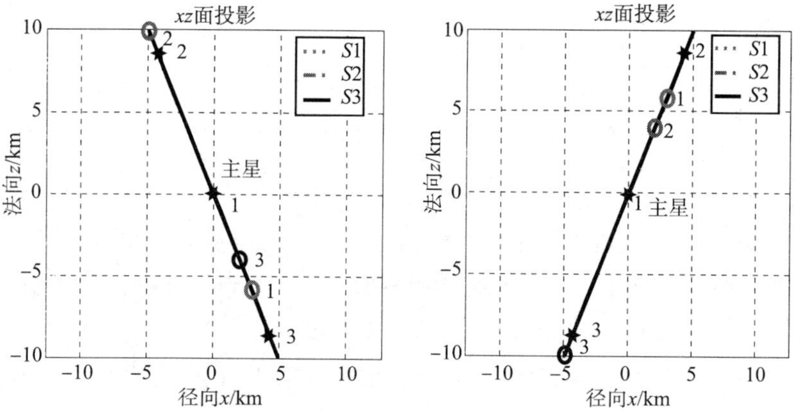

图 7-4　相对运动在 xz 平面上的投影（左右分别为顺逆时针）

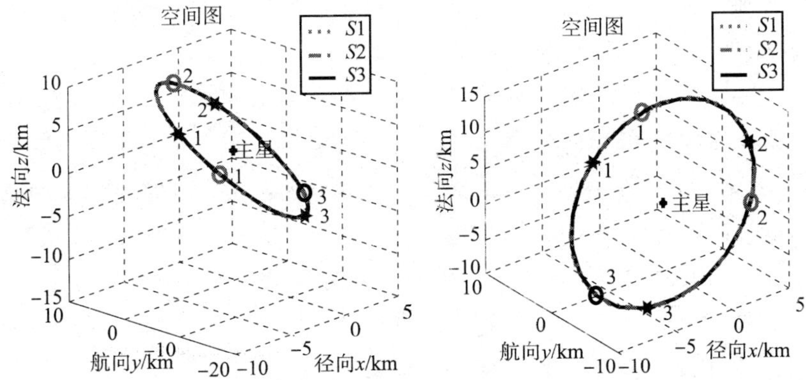

图 7－5　相对运动空间构型（左右分别为顺逆时针）

7.3.4　椭圆参照轨道队形设计方法

实际上，只要参照轨道为近圆轨道，主星偏心率 e 的量级小于编队的无量纲尺度 d_k（通常为 O（10^{-3}）），就可利用 7.3.3 节圆参照轨道简化运动方程进行运动分析和编队设计。

很多编队应用的参照轨道并不为圆而是偏心率比较大的椭圆轨道。正如椭圆轨道的单星任务一样，椭圆轨道的编队应用有诸如过境时间长等优点，这对于高纬度地区应用和全球覆盖应用都很重要。

7.3.4.1　椭圆轨道特性分析

（1）椭圆轨道按偏心率大小的分类

按偏心率的量级和大小，将椭圆轨道分为 4 类，如表 7－3 所示。

表 7－3　椭圆轨道分类

轨道分类	近圆轨道	小偏心率轨道	中等偏心率轨道	大偏心率轨道
偏心率量级	$e\sim O(10^{-4})$	$e\in(0.001,0.1)$	$e\in(0.1,0.3)$	$e>0.3$
f 的近似阶次	f_M^0，f_M^1	f_M^1，f_M^2	f_M^3	$f_M^4\cdots$

（2）不同偏心率下，3 个近点角的近似关系

相比圆轨道，椭圆轨道最大的不同就在于真近点角 f 和偏近点

角 E 随时间的非匀速变化。任一时刻，它们与匀速变化的平近点角 M 之间的偏差与偏心率关系密切。

实际应用中，常用 M 的级数展开式表示 f 和 E。取不同阶数的级数项作为 f 和 E 的 j 阶近似（$j=0$，1，2，…）。针对不同的偏心率 e，选择适当阶次的近似值表示 f 和 E，选取标准是该近似值与精确值之间的偏差小于编队尺度。

（3）近点角差与偏心率的相关性分析

对位于中等偏心率的椭圆轨道上的主从星，若初始平近点角之差 ΔM_0 较大（即使它们的偏心率差 Δe 很小），则 f_1 和 f_2 出现不同步的非匀速变化，导致 Δf 变化剧烈。

图 7－6 给出了中等偏心率如 $e=0.1$ 时，由初始平近点角差 ΔM_0 引起的真近点角偏差 Δf 的变化：$\Delta M_0=1°\approx0.017\,5$ rad，相应的 Δf 在一个轨道周期内变化，最大可达到 0.02。

由以上分析可知，对椭圆参照轨道，需要针对参照轨道偏心率用 M 不同阶次的展开式作为 f 和 E 的近似，才能比较准确地反映 f，Δf 和 E，ΔE 的变化。

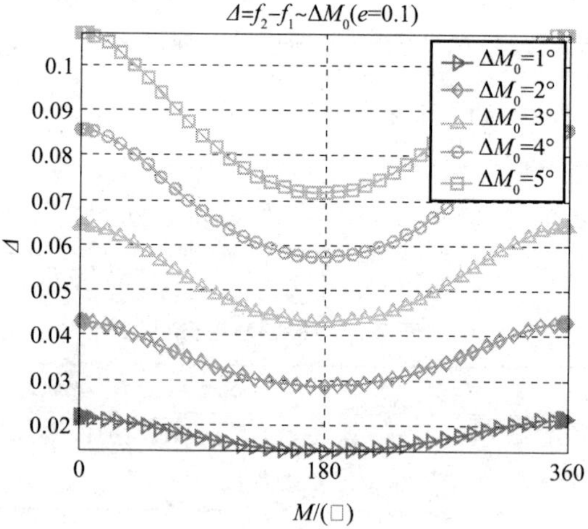

图 7－6　$e=0.1$ 时不同的 ΔM_0 引起的 Δf

7.3.4.2　椭圆参照轨道相对运动分析

由 7.3.1 节的分析知，偏心率差 Δe 、相对轨道倾角 i^{r} 、相对平赤经 l^{r} 和辅助量 $e\sin(\Delta E/2)$ 决定了椭圆参照轨道编队尺度的大小。其中，l^{r} 和 $e\sin(\Delta E/2)$ 的变化均取决于初始平近点角差 ΔM_0 。这表明，对不同的参照轨道偏心率 e，需对与 l^{r} 和 $e_1\sin(\Delta E/2)$ 相关的 f_1, f_2, E_1, E_2 等进行不同的简化。

以小偏心率 $e < 0.01$ 为例。对 f_i 采用 1 阶近似 $f_{Mi}^{(1)} = M_i + 2e_i\sin M_i (i = 1,2)$

$$\begin{aligned}\Delta f^{(1)} &\approx f_{M2}^{(1)} - f_{M1}^{(1)} = \Delta M_0 + 2[\Delta e\sin M_f + e\Delta(\sin M)]\\ &= \Delta M_0 + 2\Delta e\sin M_f + 4e_1\sin(\Delta M/2)\cos(M_f - \Delta M/2)\end{aligned} \tag{7-35}$$

将式（7-35）中 1 阶近似的 $\Delta f^{(1)}$ 代入式（7-26），得到 x / y 方向运动的简化形式

$$\begin{cases}x = -a_f[\Delta e\cos E_f - 2e\sin(\Delta E/2)\sin(E_f - \Delta E/2)] = -d_x\sin(E_f - \varphi_x)\\ y = r_f\sin l^{r} \approx r_f(\Delta\omega - \Delta\eta + \Delta M_0) + 2r_f[\Delta e\sin M_f + \\ \qquad 2e\sin(\Delta M/2)\cos(M_f - \Delta M/2)]\\ \quad = r_f b_y + d_y\sin(M_f + \varphi_y)\\ z = r_f\sin\theta^{r}\sin i^{r} = r_f\sin(\omega_f - \eta_f + f_f)\sin i^{r}\end{cases} \tag{7-36}$$

其中，d_x 、d_y 为 x 、y 方向尺度，φ_x 、φ_y 为 x 、y 的初始相位，形式如下

$$\begin{cases}d_x \approx a\sqrt{(\Delta e)^2 + [2e\sin(\Delta E/2)]^2}\\ d_y \approx 2a(1 - e_f^2)\sqrt{(\Delta e)^2 + [2e\sin(\Delta M/2)]^2}\\ \varphi_x \approx \arctan\left[\dfrac{\Delta e}{2e\sin(\Delta E/2)}\right]\\ \varphi_y \approx \arctan\left[\dfrac{2e\sin(\Delta M/2)}{\Delta e}\right]\end{cases} \tag{7-37}$$

由式（7-36）、式（7-37）可知：当偏心率较大从而使 $e_1\Delta E$ 和 $e_1\Delta M$ 与 Δe 的量级可比时，由于 Δf 与 ΔM 的不同步变化，将引

起编队尺度在一轨道周期内的很大变化。由此可得到结论：只有 Δf 始终很小，即真近点角 f_1 与 $(y_0, z_0) = [(a, a), (-a, a), (-a, -a), (a, -a)]$ 基本保持同步时，才能实现中短距离编队。

7.3.4.3　椭圆参照轨道相对运动的特点

由式（7-36）、式（7-37）不难得到椭圆参照轨道相对运动的特点：

1）z 方向相对运动和 x / y 方向相对运动是半解耦的。z 方向为近似简谐运动，尺度 $d_z = \sqrt{1-e_f^2\cos^2\omega^r}\sin i^r$，正向偏置 $b_z = -(a\sin i^r)e_f\sin\omega^r$。

2）x 方向为关于 E_f 的近简谐周期运动。运动尺度与 Δe 和 $2e\sin(\Delta E/2)$ 有关，初始相位 $\varphi_x \approx \arctan\left[\dfrac{\Delta e}{2e\sin(\Delta E/2)}\right]$。

3）y 方向为关于 M_f 的近简谐运动。尺度与 Δe 和 $2e\sin(\Delta M/2)$ 有关，相位 $\varphi_y \approx \arctan[2e\sin(\Delta M/2)/\Delta e]$，偏置 $r_f b_y = r_f(\Delta\omega - \Delta\eta + \Delta M_0)$。

4）均匀编队时，x / y 方向为 2π 周期运动，两方向运动尺度近似为 1∶2。

5）特别地，在 $\Delta e \neq 0, e\Delta M_0 = 0$ 和 $\Delta e = 0, e\Delta M_0 \neq 0$ 两种情况下，xy 平面内为 1∶2 的椭圆，短轴长分别为：$d_x = a(1-e_f^2)\Delta e$ 和 $d_x = a(1-e_f^2)e\Delta M_0$，$yz$ 平面的运动取决于 $\omega^r = \omega_f - \eta_f$。

$$\begin{cases}\omega_f - \eta_f = \pm\pi/2, & \text{近似为直线} \\ \omega_f - \eta_f = \text{其他}, & \text{近似为斜椭圆} \\ \omega_f - \eta_f = 0/\pi, & \text{近似为两轴比为 } k \text{ 的椭圆 / 圆}\end{cases} \tag{7-38}$$

其中：“±”号对应 yz 平面内相对主星沿近似椭圆顺/逆时针转动。

以上总结了主从星轨道参数与编队轨道特征，包括编队尺度、某平面内运动形状、偏置和相位等的关系。

相比圆参照轨道，椭圆参照轨道编队的相对运动变得很复杂，但同时相对运动轨迹的形态更多，编队轨道和队形都更加丰富。在下节中所设计的第 3 种编队就是圆参照轨道未能实现的编队形式。

7.3.4.4　椭圆参照轨道编队队形设计

（1）椭圆参照轨道理想编队队形设计步骤

由上节关于椭圆参照轨道相对运动特征与编队参数关系知，椭圆参照轨道的编队设计，同样需要确定如下 3 类参数。

1）主星轨道参数：$\boldsymbol{\sigma}_0=[a_0,e_0,i_0,\Omega_0,\omega_0,M_{00}]$。

2）编队轨道特征参数：

某个平面内或空间的形状参数 k_{yz}，φ_{yz} 或 k_{xz}，φ_{xz}；

尺度参数 $|\Delta e|$ 和 $2e\sin(\Delta M/2)$；

位置参数 $b_y=a(\Delta\theta_0-\Delta\eta)$；

运动方向参数为顺时针或逆时针。

3）编队队形特征参数：

编队轨道上的初始相位 $y(0)$，$z(0)$。

针对具体编队应用，确定编队轨道和队形特征参数，建立编队设计方程组。

（2）几种特殊的椭圆编队队形设计实例

利用 7.3.4.3 节的椭圆参照轨道相对运动特点，分析设计出编队尺度为 $D_k=5$ km 的 3 种理想编队队形。

已知 $\boldsymbol{\sigma}_0=[a_0,e_0,i_0,\Omega_0,\omega_0,M_{00}]=[8\ 000\ \text{km},0.1,20°,0°,0°,0°]$，由编队构型特征给出参照轨道要素/经典轨道要素的设计方程，利用 7.2.2 节给出的参照轨道要素到轨道要素的转换，求解各编队成员的经典轨道要素初始值。将 3 种编队的构型特征、编队的应用、设计方程等详细列于表 7 - 5，求解得到的从星轨道参数列于表 7 - 4。图 7 - 7 至图 7 - 9 分别图示了 3 种编队在 xy 或 yz 面内的典型特征。3 种编队的队形特征分别为：

1）yz 平面内 3 星各自沿平行的直线（段）编队轨道，作同向或异向运动，3 星始终保持在一条直线上，构成同向扫描或异向旋转扫描。

2）xy 平面内，两星位于 x 轴两侧的圆形轨道，第 3 颗星在原点，3 星始终位于同一条直线，直线在 xy 平面内摇摆扫描。

3）3 星各自位于非均匀编队轨道上，在 xy 平面内的相位差 120°，构成旋转三角形编队。

（3）关于 3 种编队的轨道和队形设计的讨论

①3 种队形的特性分析

队形 1：当偏心率比较大时，并不像圆参照轨道编队那样得到 yz 平面内的直线编队轨道，而是很狭长“8”字形，是近似的直线段。由式（7-36）可知，这种“8”字形正是由 $\sin f$ 与 $\sin M$ 非同步变化引起的（二者在 $M=0$ 和 $M=\pi$ 时相等，对应于“8”字形的中间部分）。但正是这种“8”字形轨道，有利于多星对地观测时的数据融合，从而扩大带状扫描的编队整体的覆盖区域。

队形 2：xy 平面内的圆形编队轨道。这是圆参照轨道编队时无法得到的一种编队轨道（见 7.3.3.1 节分析：xy 平面内为由 Δe 形成的投影形状固定为长短轴比为 2∶1的顺时针椭圆）。两个分别位于主星前后的两颗星各沿圆形编队轨道运动，与中心主星共同构成位于一条绕中心摆动的直线编队队形。需要说明，两个圆形编队轨道距离中心的位置与参照轨道的偏心率有关。

队形 3：xy 平面内具有 π 周期运动特征的非均匀编队，这种特殊编队在 xy 平面内的大小仅与偏心率有关。其他方法无法得到此种编队。

这 3 种均由 3 颗星组成的编队队形具有典型的几何特征，可分别用于轨道面内的绕飞或伴飞和地平面内的遥感观测。

②与其他椭圆轨道编队设计方法的比较

文献中对主星轨道为圆的编队队形设计讨论较多，但对椭圆参照轨道的编队队形设计少有涉及。Inalhan 等基于 Lawden 方程，用筛选式的半解析方法确定从星的初始相对位置和相对速度，得到具有某种几何特征的相对运动轨道[14]，用此方法设计的编队轨道，往往不能满足所有卫星长半轴相等的理想编队必要条件，而且能建立的理想编队类型较少且求解过程复杂。

表 7-4　从星的轨道要素和参照轨道要素

类型		e	i/(°)	Ω/(°)	ω/(°)	M_0/(°)	$\sin i^r$	η_1/(°)	η_2/(°)
编	1	0.100 7	21.392	−6.094	5.702	0.000	0.0447	−60.000	−54.298
队	2	0.100 7	22.563	0.000	0.000	0.000	0.0447	0.000	0.000
1	3	0.100 7	21.392	6.094	−5.702	0.000	0.0447	60.000	54.298
编	1	0.1	20.000	0.084	−0.079	−0.286	−0.0005	−90.000	−90.079
队	2	0.1	20.000	0.000	0.000	0.000	0.000	−90.000	−90.000
2	3	0.1	20.000	−0.084	0.079	0.286	0.0005	−90.000	−89.921
编	1	0.1	22.028	−8.393	7.838	0.000	0.06321	−60.000	−52.162
队	2	0.1	23.624	0.000	0.000	0.000	0.06321	0.000	0.000
3	3	0.1	22.028	8.393	−7.838	0.000	0.06321	60.000	52.162

表 7-5　三种编队队形设计

<table>
<tr><td colspan="2">编队特征</td><td>编队 1</td><td>编队 2</td><td>编队 3</td></tr>
<tr><td colspan="2">编队名称</td><td>地平面内：
同向区域扫描编队</td><td>轨道面内：
摇摆直线编队</td><td>轨道面内：
旋转三角形编队</td></tr>
<tr><td colspan="2">编队应用</td><td>进行同相位扫描，获得复合的覆盖面积</td><td>3 星始终保持在一条摇摆扫描的直线上</td><td>轨道面内的圆形绕飞</td></tr>
<tr><td rowspan="3">编队特征</td><td rowspan="2">编队轨道</td><td>yz 平面内为近似直线段（图 7—7）</td><td>xy 平面内 2π 周期圆形编队（图 7-8）</td><td>xy 平面内 π 周期圆形编队（图 7-9）</td></tr>
<tr><td>xz 平面内为近似圆形</td><td>xz 平面内为圆</td><td>xz/yz 平面内为近似直线</td></tr>
<tr><td>编队队形</td><td>在轨道面 yz 内，3 颗成员星分别沿 3 条等倾、等距直线段运动，三者始终位于同一直线上</td><td>轨道面内，一颗成员星作为主星，两颗成员星沿偏置于 y 两侧的两个同向旋转的圆轨道运动</td><td>轨道平面内 3 星沿 3 个基本相同的 π 周期圆形轨道运动，相互间保持 $2\pi/3$ 相位差，构成旋转三角形</td></tr>
<tr><td colspan="2">初始相位</td><td>$\omega_j - \eta_j + M_{0j} = 0$</td><td>—</td><td>$\Delta\varphi_{xy} = \eta$
$= -\pi/3, 0, \pi/3$</td></tr>
<tr><td colspan="2">编队尺寸</td><td>$D_y = 2a\Delta e = 5$
$D_z = a\sin i^r \sqrt{1-e_f^2}$
$= 5$</td><td>$D_z = 2ae_1\Delta M_0 = 5$
$D_z = a\sin i^r = 5$</td><td>$D_x = a\sin^2(i^r/2) = 5$
$D_x = D_y$</td></tr>
</table>

续表

编队特征	编队 1	编队 2	编队 3
y 向偏置	$b_y = \Delta(\omega - \eta + M_0)$ $= -5, 0, 5$	$b_y = -\Delta M_0$	$b_y = \Delta(\omega - \eta) = 0$
两方向相位差	$\Delta\varphi_{zy} = \omega^{\mathrm{r}}$ $= \omega_{\mathrm{f}} - \eta_{\mathrm{f}} = 0$	$\Delta\varphi_{xy} = \omega^{\mathrm{r}}$ $= \omega_{\mathrm{f}} - \eta_{\mathrm{f}} = \pi/2$	$\Delta\varphi_{xy} = \eta$ $= -\pi/3, 0, \pi/3$
其他条件	$\Delta M_0 = b_y/(2a)$	$\Delta e = 0$	$\Delta M_0 = 0$，$\Delta e = 0$

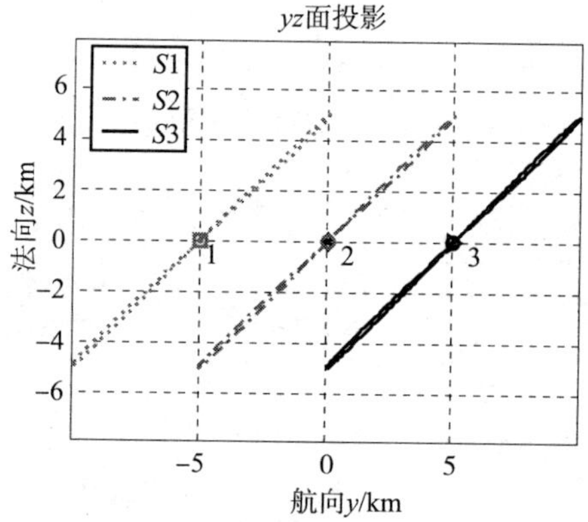

图 7-7　yz 平面内的近似直线

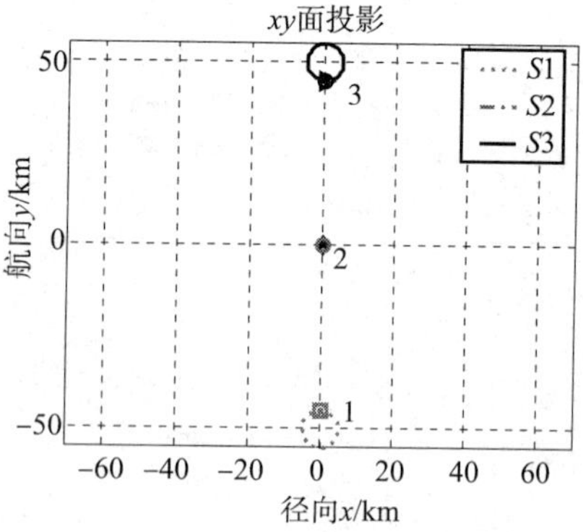

图 7-8　xy 平面内 2π 周期圆形

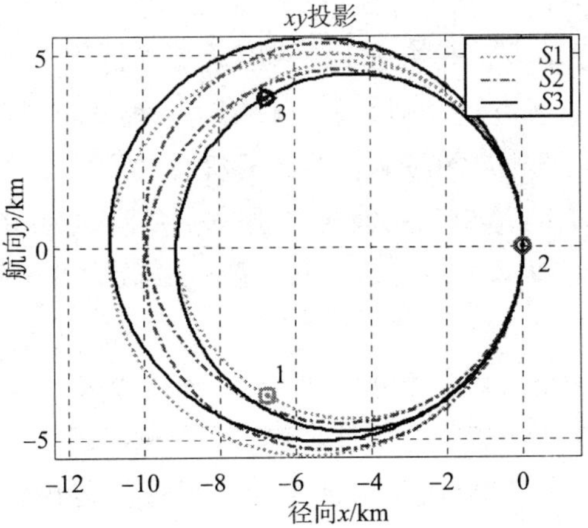

图 7-9　xy 平面内 π 周期圆形

7.3.5　小结

本节利用参照轨道要素方法的相对运动方程，分别对圆和椭圆参照轨道进行了相对运动特性分析，并研究了编队轨道和队形的一般设计方法。

对于近圆参照轨道的编队飞行，不但能得到其他方法得到的所有结论（包括平面内编队、星下点圆形编队和空间圆形编队等 3 种特殊的编队队形），还推导出一种特殊形式的编队轨道，并对可能的编队应用进行了探讨。

对于椭圆参照轨道的编队飞行，分别就面外运动和面内运动进行运动特征分析，给出了不同参数条件下的运动方程的简化形式。通过 3 种特殊编队队形的初始化设计，明确了椭圆参照轨道的理想编队队形的设计过程。结果表明：利用参照轨道要素方法能方便地找到可能存在的理想编队轨道和队形，并解出相应的轨道要素；为设计有实际价值的考虑摄动的自然编队轨道和进行编队初始化提供了科学的依据。

在理想编队设计问题上，与其他相对运动描述方法相比，参照轨道要素方法在以下几个方面得到了新的或更好的结果：

1）相对运动方程既能用于圆参照轨道，也能用于椭圆参照轨道相对运动分析，简化的相对运动方程突出了编队轨道的特征。

2）对圆参照轨道的编队，得到了所有理想编队轨道和理想编队队形的设计集合。给出编队轨道特性与主从星轨道参数的精确定量关系，建立由编队轨道特征求解从星轨道参数的编队轨道/队形的一般设计方法。

3）参照轨道为椭圆时，初始平近点角差（实际上为 $2e\sin(\Delta M/2)$）成为决定各方向相对运动尺度的重要因素之一。在椭圆编队的轨道设计中，需要满足主从星初始平近点角比较接近，以保证 $2e\sin(\Delta M/2)$ 与编队尺度相当。

4）与圆参照轨道相比，椭圆参照轨道的编队特征及相应的轨道和队形设计比较复杂，但可设计得到的编队构型也更加丰富。利用本节的椭圆编队轨道的分析和设计方法，既能根据编队轨道和队形要求定量求解从星参数，又能得到多种新的编队轨道。

7.4 自然编队队形设计

本节利用摄动分析理论，通过研究参照轨道要素的摄动特征，得到摄动对相对运动的影响。针对对近地编队影响最大的地球形状1阶 J_2 项摄动（$J_2=0.001\ 08$），分析摄动下相对运动规律，得到在 J_2 项摄动下能长期保持稳定或具有某种稳定特征的自然编队轨道的解集合。

7.4.1 引言

给定主星轨道参数，可设计出丰富的理想编队构型。但摄动使相对轨迹发生漂移和变化。通常利用摄动分析理论研究摄动下卫星运动特征。对卫星编队，相对运动的变化与编队成员受到的摄动力的差有关（以下简称为差动摄动）。通过研究参照轨道要素的摄动特征，可以得到差动摄动对相对运动的影响。

7.4.2　绝对运动的 J_2 摄动分析

7.4.2.1　平均要素法

影响人造地球卫星运动的摄动因素多种多样：有地球非球形引力，日/月摄动、太阳光压摄动、大气阻力摄动等。

用 σ 代表一组轨道要素，比如经典轨道要素组：$\boldsymbol{\sigma}=[a, e, i, \Omega, \omega, M]$。$\sigma_j$（$j=1, 2, \cdots, 6$）代表 $\boldsymbol{\sigma}$ 中的一个元素，摄动运动方程的一般形式为

$$\frac{\mathrm{d}\sigma_j}{\mathrm{d}t}=F_{j0}(n)+F_{j1}(J_2;\boldsymbol{\sigma})+F_{j2}(J_3,J_4,\cdots;R_{\mathrm{D}};R_{\mathrm{Lun}};R_{\mathrm{Sun}};R_{\mathrm{R}};\boldsymbol{\sigma}) \tag{7-39}$$

其中：右端函数 F_{j0}，F_{j1}，F_{j2} 分别为 0 阶项，1 阶小量项，2 阶小量项。F_{j2} 中的 R_{D}，R_{Lun}，R_{Sun} 和 R_{R} 分别表示大气阻力摄动、月球引力摄动、太阳引力摄动和太阳辐射压摄动。特别地，对轨道要素组 $\boldsymbol{\sigma}=[a, e, i, \Omega, \omega, M]$，零阶项 F_{j0} 为

$$F_{j0}(n)=\begin{cases}0, & (j=1,2,3,4,5)\\ n, & (j=6)\end{cases} \tag{7-40}$$

轨道要素的摄动运动方程（7-39）无法解析求解，一般用平均化方法求解。平均化方法给出的平均要素对于研究摄动下的卫星运动规律有很大应用价值。

轨道要素 $\sigma(t)$ 的摄动变化分为 3 类：与半长轴 a，偏心率 e，轨道倾角 i 有关的长期项 $\Delta\sigma_{\mathrm{sec}}$，与近地点辐角 ω 有关的长周期项 $\Delta\sigma_{\mathrm{l}}$ 和与卫星运动周期即真近点角 f（或 E，M）有关的短周期项 $\Delta\sigma_{\mathrm{s}}$。

t 时刻瞬时轨道要素（Osculating Orbital Elements，OOE）$\sigma(t)$ 表达成以下形式

$$\sigma(t)=\bar{\sigma}(t)+\Delta\sigma_{\mathrm{l}}+\Delta\sigma_{\mathrm{s}} \tag{7-41}$$

平均要素法通过轨道平均方法给出任意时刻的平均要素 $\bar{\sigma}(t)$，

以慢变量 $\bar{\sigma}(t)$ 为展开点进行级数展开得到瞬时轨道要素。根据摄动方程所考虑的摄动类型和阶次，可得到多种轨道运动解析模型。模型考虑的摄动因素越多，所得到的平均要素 $\bar{\sigma}(t)$ 的波动越小，轨道分析解的精度越高，但相应平均要素的求解公式越复杂。

近地卫星常用的轨道运动解析模型，将地球的非球形摄动中的带谐项 J_2 项作为 1 阶小量，其他摄动因素（包括其他带谐项和主要田谐项，大气阻力、太阳辐射压、日月摄动等）作为 2 阶小量即 $O(J_2^2)$ 处理。

将式（7-41）中与 J_2 有关的摄动变化作为 1 阶项，与 J_3，J_4 等有关的项作为 2 阶项。用 $\Delta_1\sigma_{sec}$，$\Delta_2\sigma_{sec}$ 分别表示 1 阶和 2 阶长期项，$\Delta_1\sigma_l$，$\Delta_2\sigma_l$ 分别表示 1 阶和 2 阶长周期项，$\Delta_1\sigma_s$，$\Delta_2\sigma_s$ 分别表示 1 阶和 2 阶短周期项。因而，瞬时轨道要素 σ（t）的分析解又可表示为

$$\sigma(t)=\bar{\sigma}(t)+\Delta_1\sigma_1(t)+\Delta_2\sigma_1(t)+\cdots+\Delta_1\sigma_s(t)+\Delta_2\sigma_s(t)+\cdots \tag{7-42}$$

其中 $\bar{\sigma}(t)$ 为 t 时刻的平均轨道要素（*Mean Orbital Elements*，*MOE*），它与初始 t_0 时刻的平均要素 $\bar{\sigma}_0$ 的关系为

$$\bar{\sigma}(t)=\bar{\sigma}_0+(\Delta_1\sigma_{sec}+\Delta_2\sigma_{sec}+\cdots)(t-t_0) \tag{7-43}$$

而初始平均要素 $\bar{\sigma}_0=\bar{\sigma}(t_0)$，满足

$$\bar{\sigma}_0=\sigma_0-[\Delta_1\sigma_s(t_0)+\Delta_2\sigma_s(t_0)+\cdots+\Delta_1\sigma_1(t_0)+\Delta_2\sigma_1(t_0)+\cdots] \tag{7-44}$$

其中 $\sigma_0=\sigma(t_0)$ 为初始瞬时轨道要素。

完整的近地轨道运动的 1 阶分析解是指包含了 1 阶和 2 阶长期项，1 阶长、短周期项的解。

7.4.2.2 轨道要素的 J_2 项摄动分析

考虑各颗卫星外形和结构参数基本相同的编队应用，J_2 差动摄动成为影响编队队形稳定的重要因素。本节仅考虑 J_2 摄动下的平均轨道要素。

J_2 引起 σ（t）的 1 阶长期项 $\Delta_1\sigma_{sec}$，也称为轨道要素的平均摄

动，记为$\dot{\sigma}$

$$[\dot{a},\dot{e},\dot{i},\dot{\Omega},\dot{\omega},\dot{m}]=-\frac{3}{4}\frac{nJ_2R_e^2}{p^2}[0,0,0,2\cos i,1-5\cos^2 i,\rho(1-3\cos^2 i)] \tag{7-45}$$

其中 $\dot{m}$ 为 $\dot{M}$ 的 1 阶项，$\dot{M}=n+\dot{m}$，$n=\sqrt{\mu/a^3}$ 为平运动速度，$\rho=\sqrt{1-e^2}$，$p=a(1-e^2)$ 为椭圆半通径。

式（7－45）表明，a，e，i 的平均摄动为零，即平均要素 $\bar{a},\bar{e},\bar{i}$ 不变；$\bar{\Omega}$ 和 $\bar{\omega}$ 分别以 1 阶摄动速率 $\dot{\bar{\Omega}}$ 和 $\dot{\bar{\omega}}$ 漂移；$\bar{M}$ 除了有零阶平运动速度外，还有 1 阶漂移速度 $\dot{\bar{m}}$。需要特别指出，等式右端的 a，e，i 均用它们的平均要素代入。

图 7－10 中前 6 幅图显示了 J_2 摄动下，瞬时轨道要素 a，e，i，Ω，ω，m＝M－nt 在 5 个轨道周期内的变化。可见，a 的短周期项使 a 呈现 O（aJ_2）量级的振荡；e，i 的长短周期项之和为 O（J_2）量级；Ω，ω，m 由于存在长期项，存在 O（J_2）的漂移。后 3 幅图中 Ω′，ω′，m′分别为 Ω，ω，m 减去各自平均要素后的分量，即它们的长短周期项之和。显然，Ω，ω，m 的长短周期项之和同样为 O（J_2）量级；长周期项的存在使 Ω′，ω′，m′不但具有振荡特征，在短时间内还显示漂移特征。

7.4.2.3　平均轨道要素和瞬时轨道要素的 1 阶转换

要刻画卫星的长期运动，需要在平均轨道要素空间内分析相对运动特征，这样才能去掉长短周期项的周期振荡对轨道的影响，突出编队轨道的长期变化特征。基于相对运动的摄动分析给出的自然编队设计，建立了平均轨道要素与编队参数的关系，要最终确定卫星的初始轨道参数时，还需要将平均轨道要素转化为相应的瞬时轨道要素。本节直接采用 *Brouwer*[15] 理论给出的经典轨道要素的瞬时要素与平均要素的 1 阶转换公式，实现平均轨道要素与瞬时轨道要素的相互转换，具体转换公式见参考文献［16］。

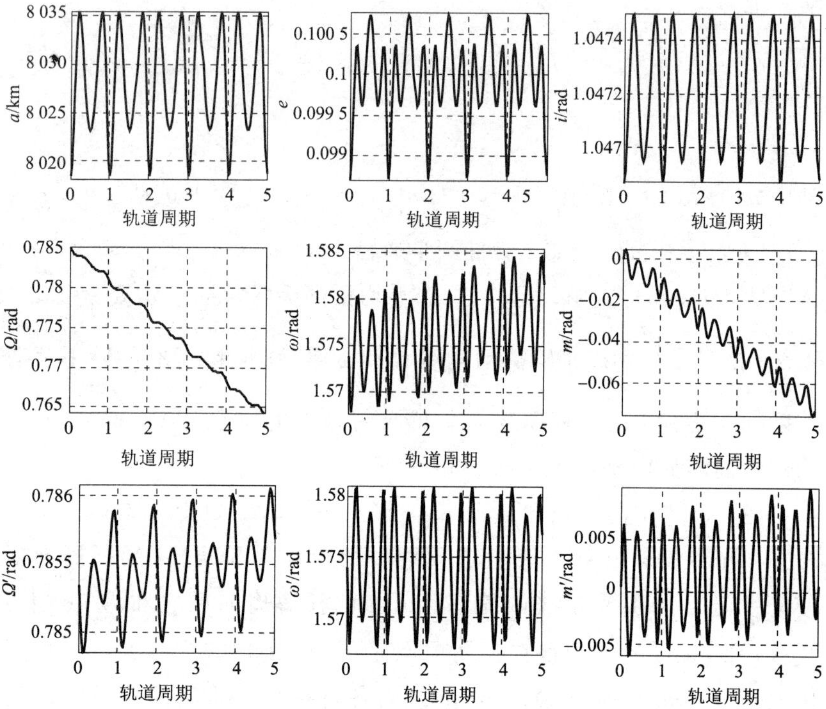

图 7－10　J_2 摄动下的瞬时轨道要素

7.4.3　相对运动的 J_2 摄动分析

回顾第 7.2 节中的从星相对运动方程

$$
\begin{cases}
x \approx r_{\mathrm{f}} - r = a_{\mathrm{f}}[2e\sin(\Delta E/2)\sin(E_{\mathrm{f}} - \Delta E/2) - \Delta e\cos E_{\mathrm{f}}] \\
y \approx r_{\mathrm{f}}\delta_{y1} = r_{\mathrm{f}}\sin l^{\mathrm{r}} = r_{\mathrm{f}}\sin(\Delta\omega - \Delta\eta + \Delta f) \\
z = r_{\mathrm{f}}\sin\theta^{\mathrm{r}}\sin i^{\mathrm{r}} = r_{\mathrm{f}}\sin(\omega_{\mathrm{f}} - \eta_{\mathrm{f}} + f_{\mathrm{f}})\sin i^{\mathrm{r}}
\end{cases}
\tag{7-46}
$$

考虑摄动时，同经典轨道要素一样，参照轨道要素成为时变的，称为瞬时参照轨道要素。

7.4.3.1　参照轨道要素的摄动分析

对参照轨道要素 i^r，θ^r，Ω^r，l^r 进行摄动分析，由其变化特征得到摄动下相对运动的一般特征。

在 $\triangle N_1N_2M$ 中，辅助轨道参数与主从星轨道参数满足球面三角形余弦定理

$$\cos i^r = \cos i\cos i_f + \sin i\sin i_f\cos\Delta\Omega \tag{7-47}$$

由于 $\bar{i}$，$\bar{i}_f$ 不变，故仅 $\Delta\bar{\Omega}$ 引起 i^r 的变化。若 $\Delta\bar{\Omega}$ 不变，则 $\bar{i}^r$ 也将不变。由球面三角形正弦定理

$$\frac{\sin\eta}{\sin i_f} = \frac{\sin\eta_f}{\sin i} = \frac{\sin\Delta\Omega}{\sin i^r} \tag{7-48}$$

经过一系列推导，得到

$$\sin(\eta - \eta_f) = \frac{\sqrt{1-\kappa^2}}{1+\kappa\cos(\Delta\Omega)}\sin(\Delta\Omega) \tag{7-49}$$

其中

$$0 < \kappa = \frac{\sin i\sin i_f}{1+\cos i\cos i_f} < 1 \tag{7-50}$$

由式（7-49）可知，$\Delta\bar{\eta} = \bar{\eta}_f - \bar{\eta}$ 的变化也仅取决于 $\Delta\bar{\Omega}$ 的变化。若 $\Delta\bar{\Omega}$ 不变，则 $\bar{\eta}$ 和 $\bar{\eta}_f$ 也保持不变。

定义两个轨道参数 $l=\omega+f-\eta$ 和 $l'=\omega+M-\eta$，由平均要素法，将 $\bar{\theta}^r$ 和 $\bar{l}^r$ 用它们的平均要素 $\bar{l}$，$\bar{l}'$和平均摄动 $\dot{\bar{l}}$，$\dot{\bar{l}}'$表示为

$$\bar{\theta}^r = \bar{\theta}_f - \bar{\eta}_f \approx \bar{\theta}_{f0} - \bar{\eta}_{f0} + (\dot{\bar{\omega}}_f + \dot{\bar{M}}_f - \dot{\bar{\eta}}_f)(t-t_0) + 2\bar{e}_f\sin\bar{M}_f$$

$$\equiv \bar{l}_{f0} + \dot{\bar{l}}'_f(t-t_0) + 2\bar{e}_f\sin\bar{M}_f$$

$$\bar{l}^r = \Delta\bar{\theta} - \Delta\bar{\eta} = \Delta l \approx \Delta\bar{l}'_0 + \Delta\dot{\bar{l}}'(t-t_0) + 2\Delta\bar{e}\sin\bar{M} + 2\bar{e}\Delta(\sin\bar{M}) \tag{7-51}$$

由式（7-48）和式（7-51）不难看出，i^r，θ^r，Ω^r，l^r 的平均要素与主从星轨道要素的平均摄动的差 $\Delta\dot{\bar{\sigma}}$ 有关。具体地说，$\bar{i}^r$（和 $\Delta\bar{\eta}$）依赖于 $\Delta\bar{\Omega}$，$\bar{l}^r$ 依赖于 $\Delta\bar{l} = \bar{l}_2 - \bar{l}_1$，只有 $\bar{\theta}^r$ 仅依赖于从星轨道参数 $\bar{l}_2$。

7.4.3.2 相对运动的 J_2 项摄动分析

以均匀编队为例，分析 J_2 摄动下相对运动的变化特征。回顾式（7－12）中相对运动的主项为 δ_{x1}，δ_{y1}，δ_{z1}，运动方程的 1 阶简化式（即式（7－36））为

$$\begin{cases} x = -a_f[\Delta e\cos E_f - 2e\sin(\Delta E/2)\sin(E_f - \Delta E/2)] \\ \quad \approx -D_x\sin(E_f - \varphi_x) \\ y = r_f\sin l^r \approx r_f(\Delta\omega - \Delta\eta + \Delta M_0) + 2r_f[\Delta e\sin M_f + \\ \quad\quad 2e\sin(\Delta M/2)\cos(M_f - \Delta M/2)] \approx r_f b_y + 2D_y\sin(M_f + \varphi_y) \\ z = r_f\sin\theta^r\sin i^r = r_f\sin(\omega_f - \eta_f + f_f)\sin i^r \end{cases} \tag{7-52}$$

将式（7－48）、式（7－51）代入式（7－52），得到摄动下相对运动的特点：

1）若 $\Delta\dot{\Omega}\neq 0$，i^r 随 $\Delta\Omega$ 的漂移而增大，z 向成为变幅值的近似简谐运动。

2）若 $\Delta\dot{l}'\neq 0$，y 方向为近似简谐运动和线性漂移运动的叠加。y 方向运动的偏置 $r_f b_y = r_f\,[\Delta l'_0 + \Delta\dot{l}'\,(t - t_0)]$ 随时间不断增大，相对轨道中心沿 y 向漂移，同时 y 方向的编队尺度 d_y 不断放大。

3）若 $\Delta\dot{M}\neq 0$，则 x 方向的编队尺度 d_x 不断放大。

4）若 $\dot{\omega}^r\neq 0$，y，z 方向相位差 $\Delta\varphi_{yz}\approx\omega^r - \varphi_y$ 的变化引起 yz 面内椭圆形状演化和主轴转动。

7.4.3.3 J_2 项摄动下的相对运动变化

摄动下相对运动轨道可能发生 4 种变化：x 向尺度增大、y 向尺度增大、y 向漂移和变形。抑制这 4 种摄动变化的充分条件用平均轨道要素描述为：

1）尺度增大抑制要求 d_z 不随摄动变化，由式（7－48）和式（7－52）得到

$$\Delta\dot{\Omega} = 0 \text{ 或 } \dot{\Omega}_2 = \dot{\Omega}_1 \tag{7-53}$$

2）轨道漂移抑制要求 y 向运动不发生漂移，应有

$$\Delta \dot{\bar{l}}' = 0 \text{ 或} (\dot{\bar{\omega}}_{\mathrm{f}} + \dot{\bar{M}}_{\mathrm{f}} - \dot{\bar{\eta}}_{\mathrm{f}}) = (\dot{\bar{\omega}} + \dot{\bar{M}} - \dot{\bar{\eta}}) \tag{7-54}$$

3）尺度增大抑制要求 d_x，d_y 不随摄动变化，有

$$\Delta \dot{\bar{M}} = 0 \text{ 或} \dot{\bar{M}}_{\mathrm{f}} = \dot{\bar{M}} \tag{7-55}$$

4）轨道变形抑制要求 y，z 方向相位差不因摄动发生漂移，则

$$\Delta \dot{\bar{\varphi}}_{yz} \approx \dot{\bar{\omega}}^{\mathrm{r}} = 0 \text{ 或} \dot{\bar{\omega}}_{\mathrm{f}} - \dot{\bar{\eta}}_{\mathrm{f}} = 0 \tag{7-56}$$

7.4.4　自然编队轨道解

式（7－53）至式（7－56）的 4 个摄动抑制条件是关于主、从星平均轨道要素的约束方程组。将满足所有 4 个约束或部分约束的编队轨道称为自然编队轨道解（对应主从星平均轨道要素的某个集合）。根据对约束方程组的满足程度，将自然编队轨道解分为 3 类：

1）满足 4 个等式的编队轨道称为自然编队轨道的精确解；

2）仅满足前 3 个等式的编队轨道称为自然编队轨道的第 1 类近似解；

3）仅满足前两个等式的编队轨道称为自然编队轨道的第 2 类近似解。

7.4.4.1　精确解

式（7－53）至式（7－56）的 4 个等式约束是自然编队需满足的必要条件（要构成自然编队，还需满足作为初始化条件的理想编队条件），4 个等式约束实际等价于

$$\Delta \dot{\bar{\Omega}} = \Delta \dot{\bar{\omega}} = \Delta \dot{\bar{M}} = 0, \quad \dot{\bar{\omega}}_{\mathrm{f}} = 0 \tag{7-57}$$

即主从星的非零平均摄动分别相等，且从星的轨道倾角为临界倾角（满足 $\cos \bar{i}_f = \sqrt{0.2}$）。结合式（7－53）至式（7－56）和式(7－57)得：$\bar{a} = \bar{a}_f$，$\bar{e} = \bar{e}_f$，$\bar{i} = \bar{i}_f$。

由 *Brouwer* 所给出的平均轨道要素与瞬时轨道要素的 1 阶转换知：只有主从星的所有 6 个平均要素都分别相等，才能得到所有的

瞬时轨道要素均相等，即两星完全重合。若只有 $\bar{a}$，$\bar{e}$，$\bar{i}$ 分别相等，而 $\bar{\Omega}$，$\bar{\omega}$，$\bar{M}_0$ 并不满足分别相等，则主从星的两组瞬时轨道要素就不同。从而，主从星可能形成尺度由 $\Delta\Omega$，ΔM_0 决定的周期相对运动，即构成某种在摄动下能长期保持的自然编队轨道。后面的数值仿真结果印证了这个结论。

至此，将自然编队轨道的必要条件记为

$$\bar{a} = \bar{a}_f,\quad \bar{e} = \bar{e}_f,\quad \bar{i} = \bar{i}_f = \arccos(\sqrt{2}) \tag{7-58}$$

7.4.4.2 第 1 类近似解

将条件式（7－58）对主从星轨道倾角的苛刻要求放松，除 $\bar{a} = \bar{a}_f$，$\bar{e} = \bar{e}_f$ 外，仅要求 $\bar{i} = \bar{i}_f$，即

$$\bar{a} = \bar{a}_f,\quad \bar{e} = \bar{e}_f,\quad \bar{i} = \bar{i}_f \tag{7-59}$$

而不要求 $\bar{i} = \bar{i}_f = arccos(\sqrt{2})$。对应摄动抑制条件，相当于仅满足方程式（7－53）至式（7－55）。称这种编队轨道为自然编队轨道的第 1 类近似解。

满足式（7－59）的编队轨道由于不满足 $\Delta\dot{\bar{\varphi}}_{yz} = 0$，具有以下特点：

1）在 y，z 两方向运动的相位差将发生缓慢漂移。

2）在 xz，yz 平面内，近似椭圆运动发生从椭圆到直线的演化。

3）三维空间内的轨道的范围无很大变化，绕中心点以较长周期 T_r 转动。该周期 T_r 是由 y，z 两方向的差频运动引起的。

由此可推论：多颗从星编队，通过合理设计使各从星初始时处于转动周期 T_r 内的不同相位，从任意时刻来看，多星在空间构成三维椭球形编队。

7.4.4.3 第 2 类近似解

若仅满足条件式（7－53）和式（7－54），称这种编队轨道为自然编队轨道的第 2 类近似解。该解不满足 $\dot{\bar{M}}_f = \dot{\bar{M}}$，$J_2$ 摄动下 xy 平面内，相对运动轨道沿 y 轴缓慢漂移，同时 x，y 方向运动尺度缓慢增大。

由式（7－45）可将式（7－53）和式（7－54）的两个等式化为

$$\begin{cases}\dfrac{\cos i_{\mathrm{f}}}{A_{\mathrm{f}}^{7}\cdot\rho_{\mathrm{f}}^{4}}=\dfrac{\cos i}{A^{7}\cdot\rho^{4}}\\ \dfrac{(1+C_{\mathrm{f}}D_{\mathrm{f}})}{(1+CD)}=\dfrac{n}{n_{\mathrm{f}}}=\left(\dfrac{A_{\mathrm{f}}}{A}\right)^{3}\end{cases}\tag{7-60}$$

其中 $A=\sqrt{a/R_e}$，$C\equiv 0.75J_2\ (R_e/p)^2$，$D=\ (3\rho+5)\ cos^2 i-\ (1+\rho)$。

式（7－60）给出了关于主从星的两组 a_i，e_i，i_i 的两个非线性约束方程。对初步设计，用 $a+\Delta a$，$e+\Delta e$，$i+\Delta i$ 替代式（7－60）中 a_f，e_f，i_f，将非线性方程线性化为关于 a，e，i；Δa，Δe，Δi 的线性方程，结合确定偏心率差 Δe 的公式，解得 1 阶意义上满足式（7－60）的 a_f，e_f，i_f。

7.4.5　自然编队队形设计

7.4.5.1　自然编队轨道设计的一般步骤

通过对参照轨道要素进行摄动分析，在平均意义上得到参照轨道要素的摄动变化，从而反映出相对运动的摄动变化特征。利用参照轨道要素方法进行相对运动摄动分析和自然编队轨道设计的步骤概括如下。

1）利用摄动分析理论得到经典/参照轨道要素的平均摄动。

2）基于平均经典轨道要素和平均参照轨道要素考察相对运动特征。

3）由参照轨道要素的摄动变化特征引出摄动抑制条件。

4）求解自然编队解，得到从星初始的平均轨道要素。

根据任务要求确定主星的轨道参数，并将其视为平均轨道要素。如果轨道倾角为临界轨道，则可以选择设计精确解轨道自然编队；否则，只能设计近似解轨道的自然编队。

抽取编队轨道的特征，利用理想编队设计方法并结合自然编队解的约束方程式（7－58）或式（7－59）或式（7－60）得到从星的初始平均轨道要素。

5）利用 *Brouwer* 转换，由主从星的初始平均轨道要素得到瞬时轨道要素。

7.4.5.2 自然编队设计算例

本节分别针对自然编队的精确解和第1近似解，给出设计算例：设计在yz平面内y向偏置均为零的5 *km*圆形自然编队轨道。

给定主星初始平均要素*MOE* _ 1：$\bar{a}=8\ 000\ km$，$\bar{e}=0.1$，$\bar{\Omega}=45°$和$\bar{M}=0°$；分别取主星轨道倾角：$\bar{i}=63.36°$和$\bar{i}=45°$。

抽取编队轨道几何特征，利用7.3.4.4节中的椭圆轨道编队设计方法得到从星的初始平均要素*MOE* _ 2和主星的$\bar{\omega}$。然后利用*Brouwer*转换得到主从星的初始瞬时要素*OOE* _ 1和*OOE* _ 2，初始化编队轨道。利用考虑J_2项摄动的相对运动的数值积分方法得到摄动下随时间变化的相对运动轨迹，以此检验自然编队轨道的稳定性和设计方法的有效性。

表7-6列出了主星的*OOE* _ 1和*MOE* _ 1，以及由自然编队轨道的精确解和第1近似解得到的主从星要素的差：Δ（*OOE*）、Δ（*MOE*）。

表7-6 自然编队轨道解的初始轨道要素

自然编队	轨道要素	a/km	e	i/（°）	Ω/（°）	ω/（°）	M_0/（°）
精确解	MOE _ 1	8 000.000	0.100 00	63.36	45	90.188	0
	OOE _ 1	7 990.560	0.097 49	63.49	41.397	90.965	0.819 1
	Δ（MOE）	0.000	0.000 00	0	4.006×10^{-2}	−0.197 0	0.179 0
	Δ（OOE）	7.165×10^{-5}	5.301×10^{-8}	3.141×10^{-6}	4.002×10^{-2}	−0.199 5	0.181 6
近似解	MOE _ 1	8 000.000	0.100 00	45	45	90.197	0
	OOE _ 1	7 994.827	0.099 74	44.983	45.000	90.191	6.063×10^{-3}
	Δ（MOE）	0.000	0.000 00	0	5.064×10^{-2}	−0.214 9	0.179 0
	Δ（OOE）	1.458×10^{-5}	7.398×10^{-9}	1.019×10^{-8}	5.060×10^{-2}	−0.215 3	0.179 6

图7-11显示了在400个周期（约33天）内精确解对应的相对运动轨迹（为清晰起见图中仅显示最初和最终一个周期）。可以看到

精确解轨道在 1 个月内基本保持不变。

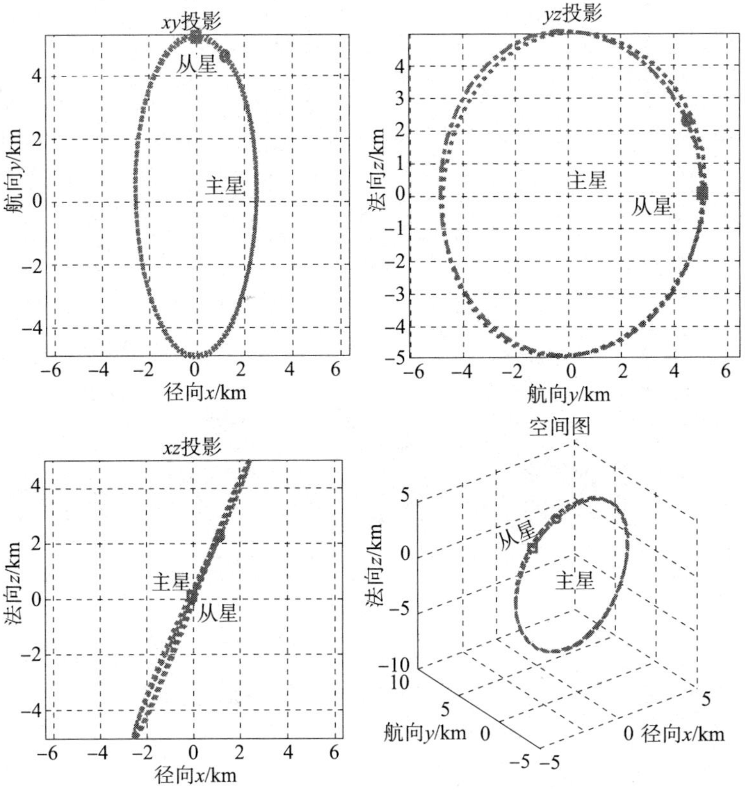

图 7－11　精确解编队轨道的演化（400 个周期）

图 7－12 显示了第 1 近似解轨道在 1 263 个周期内的变化（为清晰起见图中仅显示第 1、500、1 000 和 1 263 个轨道周期内的相对运动轨迹）。摄动下编队轨道没有发生明显的 y 向漂移，但 xz 和 yz 平面内最初的圆形轨迹却发生了从椭圆到直线然后再到椭圆的缓慢演化。这种变化是由于第 1 近似解不满足式（7－56），即 y 和 z 两方向运动频率存在与近地点幅角的平均摄动有关的差频$\dot{\bar{\omega}}$，导致 yz 平面内的运动轨迹在经过 $T_r \approx 2\pi/\dot{\bar{\omega}}_2$ 的内秉周期后（相当于 $N_r = T_r/T \approx$ 1 263个轨道周期），回复到初始时的状态。数值仿真证实了这个结论。

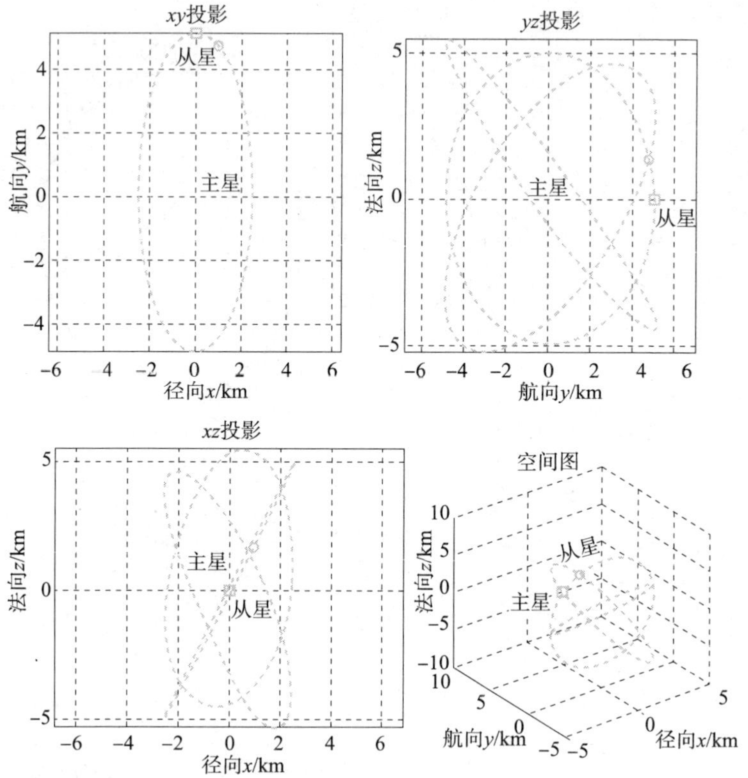

图 7-12 第 1 近似解编队轨道的演化（1 263 个周期）

7.4.5.3 与其他自然编队轨道设计方法的比较

利用直角坐标方法无法解析地研究地球形状摄动下的相对运动特征，因此无法用于自然编队轨道设计。

轨道要素类方法利用摄动理论，通过研究轨道要素的摄动特征，利用平均要素描述摄动对卫星相对运动的影响。高云峰等采用相对轨道要素方法研究了 J_2 摄动下的相对运动变化，但没有对变化特征作出定量分析，也未提出自然编队的设计方法。

Alfriend 小组[7,9]采用轨道要素差方法，通过对轨道要素的摄动分析，得出 J_2 摄动下相对轨道不发生漂移的条件：J_2 引起的两星平均升交点和平均轨道角的漂移率分别相等，即 $\dot{\Omega}=\dot{\Omega}_f$，$\dot{\omega}+\dot{f}=\dot{\omega}_f+$

$\dot{f}_{\mathrm{f}}$。通过对这两个方程的 1 阶变分得到关于两星平均要素差 $\delta\bar{a}$、$\delta\bar{e}$ 和 $\delta\bar{i}$ 的两个线性约束方程，将满足这两个约束方程设计的编队称为“J_2 不变（J_2 invariant）相对轨道”。由 7.4.3.3 节中的分析和式（7－53）至式（7－56）、式（7－60）可知，Alfriend 等人的“J_2 不变相对轨道”实际上对应于本节所给出的自然编队的第 2 类近似解，这类解在摄动下存在缓慢漂移。但由于其所基于的理想编队设计方程为 1 阶近似，因而得到的自然编队轨道的精度较低，也无法根据编队特征的要求进行定量设计。

相比其他编队设计方法，参照轨道要素方法凸显了相对运动的运动学特征，便于进行摄动分析，在寻找和构建自然编队方面具有显著优势。用参照轨道要素描述相对运动方程，可直接利用摄动理论定量地分析 J_2 摄动对相对轨道的影响，由导出的摄动抑制条件可构建 J_2 不变轨道或满足某些特征不变的自然编队轨道。数值仿真结果表明，这类自然编队轨道在 J_2 摄动下可长期保持良好的稳定性。应该指出，这类自然编队轨道是 1 阶意义上的摄动不变轨道，若在轨道要素和参照轨道要素的摄动分析中考虑 J_3，J_4 等高阶摄动，则可以设计更高精度、队形保持时间更长的自然编队轨道。

7.4.6 小结

本节用摄动分析理论研究参照轨道要素的摄动特征，将摄动下相对轨道的变化分为 3 类：尺度增大、漂移和变形。针对不同应用，以平均要素空间内的自然编队轨道精确解、第 1 类近似解或第 2 类近似解为基础，通过合理选择主从星的初始平均轨道要素抑制编队轨道的 3 类摄动变化，建立无需控制或仅需很少控制即能长期保持的自然编队轨道。

通过恰当的编队轨道/队形设计，一方面可以大大减少对编队轨道/队形保持与控制的需求；另一方面，可以为队形保持/控制寻找到高精度的期望轨道，对于增强控制的鲁棒性、减少燃料消耗等具有重要意义。采用自然编队轨道的编队能最大程度地利用摄动对编队的积极影响，为编队的低能耗保持提供可能。因而对于编队飞行任务的顺利实现，具有广泛的理论指导和实际意义。

7.5 编队队形的几何特性分析

编队设计的一个重要方面是根据任务对编队空间几何特征及编队轨道摄动下稳定性的要求，设计理想编队或自然编队。这还包括选择合适的评价指标并建立评价体系，对设计的编队轨道/队形进行评价，并依据评价结果来优化编队轨道/队形设计。本节针对对地观测类编队飞行应用，给出描述编队队形空间几何特性和编队覆盖性能的指标，利用参照轨道要素给出了这些指标的求解公式。

7.5.1 引言

对同一区域进行观测的地面遥感卫星编队飞行任务，要求编队各成员卫星可见的重叠区域即可视区域的交集尽可能大。另一方面，也期望成员星可视区域的并集尽可能大。这就对编队卫星分布的空间几何的量度和评价提出了要求。本节借用卫星星座应用中覆盖性能评价的思想和方法，提出使用编队卫星分布面积和覆盖重叠面积表征卫星编队覆盖性能。

卫星编队的地面覆盖特征与编队分布的空间几何直接相关。可用三种维度描述编队的空间几何特性，分别是一维的星间角距，二维的编队分布面积、编队覆盖重叠面积（指重叠区域的球面面积）或三维的编队空间分布体积。

编队卫星星下点的球面距离仅与它们的星间角距有关，以星间角距为空间几何特性的一维表征。将编队分布面积定义为包括所有卫星星下点的最小凸球面多边形的面积，用来表征编队成员的星下点的分布范围。将编队覆盖重叠面积定义为所有卫星覆盖圆的重叠区域的面积，用来刻画编队成员的共同可视的地面范围。用平均星间角距、分布面积、覆盖重叠面积作为编队覆盖性能的量度。

通常，编队任务更关心编队整体在轨道周期内的覆盖特征，由

此可定义两个轨道平均意义上的覆盖性能指标

$$\begin{cases} W_\beta = \dfrac{1}{T}\displaystyle\int_0^T \dfrac{1}{\lambda_s}\sum_{i=1}^{N-1}\sum_{j=i+1}^{N}\omega_\beta(\beta_{ij})\,dt \\ W_A = \dfrac{1}{T}\displaystyle\int_0^T [\omega_{A_O}(A_O)+\omega_{A_D}(A_D)]\,dt \end{cases} \tag{7-61}$$

式中　$\lambda_s = N(N-1)/2$，为星间角距的个数；

ω_β，ω_{A_O}，ω_{A_D}——分别为星间角距 β_{ij}，重叠面积 A_O 和分布面积 A_D 的权函数；

W_β——所有 β_{ij} 的加权和的轨道平均；

W_A——A_D 和 A_O 加权和的轨道平均。

从编队轨道设计出发，计算星间角距和编队分布面积。选择适当的指标函数，对编队覆盖性能做出评价；反过来，用评价结果指导编队轨道和队形设计，达到覆盖性能优化的目标。

7.5.2　从星矢径的 4 种描述方法

7.5.2.1　4 种描述方法

本节从主从星的球面几何关系出发，给出了从星矢量在主星地心轨道坐标系 $Ox_Ly_Lz_L$ 中 4 种列阵形式。

（1）参照轨道要素描述

从星矢量在主星地心轨道坐标系 $Ox_Ly_Lz_L$ 中分别可用参照轨道要素（ROE）简洁地表示出来。从星矢量可用推广的轨道要素组（i^r，η，η_f，θ，θ_f）和参照轨道要素（i^r，θ^r，Ω^r）表示为

$$\boldsymbol{r}_{fC}^{1} = \begin{bmatrix} r_{fCX} \\ r_{fCY} \\ r_{fCZ} \end{bmatrix} = r_f \begin{bmatrix} \cos(\theta-\eta)\cos(\theta_f-\eta_f)+\sin(\theta-\eta)\sin(\theta_f-\eta_f)\cos i^r \\ -\sin(\theta-\eta)\cos(\theta_f-\eta_f)+\cos(\theta-\eta)\sin(\theta_f-\eta_f)\cos i^r \\ \sin(\theta_f-\eta_f)\sin i^r \end{bmatrix}$$

$$= r_f \begin{bmatrix} \cos\Omega^r\cos\theta^r+\sin\Omega^r\sin\theta^r\cos i^r \\ -\sin\Omega^r\cos\theta^r+\cos\Omega^r\sin\theta^r\cos i^r \\ \sin\theta^r\sin i^r \end{bmatrix} \tag{7-62}$$

（2）星经/星纬描述

类似卫星经度和纬度的定义，定义从星相对于主星的星经和星纬。如图 7－13 所示，其中下标 1、2 分别表示主、从星相关的量，任意时刻从星 F 在主星 L 轨道面大圆上的投影为 Q，相对升交点 M 与 Q 构成直角$\triangle MFQ$。从星星经 α_s 为定义从主星矢径到从星投影位置的角度，对应大圆弧长 LQ。从星星纬 δ_s 定义为大圆弧长 QF。将大圆上的 F，L，M，Q 等各点的相互位置关系示于图 7－13，图中每两点之间的线段均为大圆弧。其中点 M'是主从星轨道面大圆的另一个交点，点 L'是坐标系 $Ox_Ly_Lz_L$ 的 y_L 轴与天球的交点。

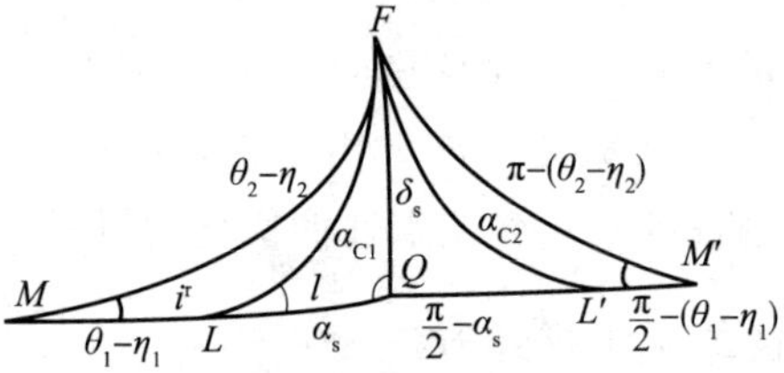

图 7－13　从星在主星大圆上的投影

利用星经 α_s/星纬 δ_s（Satellite Latitude and Longitude，SLL）容易写出 $\boldsymbol{r}_f$ 在 $Ox_Ly_Lz_L$ 上的分量形式为

$$\boldsymbol{r}_{fC}^2 = r_f \begin{bmatrix} \cos\alpha_s \cos\delta_s \\ \sin\alpha_s \cos\delta_s \\ \sin\delta_s \end{bmatrix} \tag{7-63}$$

（3）方向角描述

$\boldsymbol{r}_{fC}$在 $Ox_Ly_Lz_L$ 中的分量是 $\boldsymbol{r}_f$ 分别与 $Ox_Ly_Lz_L$ 的 3 个坐标轴点乘的结果，对应于 3 个方向余弦 $\cos\alpha_{C1}$，$\cos\alpha_{C2}$，$\cos\alpha_{C3}$。α_{C1}，α_{C2}，α_{C3} 称为 $\boldsymbol{r}_f$ 在 $Ox_Ly_Lz_L$ 中的方向角，用（r_2，α_{C1}，α_{C2}，α_{C3}）表示的分量形式为

$$\boldsymbol{r}_{fC}^2 = r_f \begin{bmatrix} \cos\alpha_{C1} \\ \cos\alpha_{C2} \\ \cos\alpha_{C3} \end{bmatrix} \tag{7-64}$$

3 个方向角只有两个独立，三者满足约束

$$\cos^2\alpha_{C1}+\cos^2\alpha_{C2}+\cos^2\alpha_{C3}=1$$

（4）编队轨道角描述

如图 7－13，任意时刻通过主星 L 和从星 F 的大圆与主星轨道面的夹角为 l，定义为编队轨道角。LF 对应的弧长为方向角 α_{C1}。$\boldsymbol{r}_{fC}$ 在 $Ox_Ly_Lz_L$ 中用（r_f，α_{C1}，l）表示的分量形式

$$\boldsymbol{r}_{fC}^4=r_f\begin{bmatrix}\cos\alpha_{C1}\\ \sin\alpha_{C1}\cos l\\ \sin\alpha_{C1}\sin l\end{bmatrix}\tag{7-65}$$

式（7－62）至式（7－65）给出了从星矢径 $\boldsymbol{r}_f$ 在 $Ox_Ly_Lz_L$ 中的 4 种等价描述，4 套描述参数可以相互转换。对不同的问题选择适当的描述方式，可使问题的描述和求解简化。本章 7.5.5 节中，利用 ROE 确定任意两颗星的星间角距，用代数方式表征星下点的距离，利用 SLL 描述方式描述编队卫星星下点的几何坐标。

推广主从星之间的 ROE 和 SLL 的定义，对任何两星均可视其中一颗为主星，另一颗为从星，定义其中一颗相对另一颗星的 ROE 和 SLL。由任意两颗星的初始 OE，利用 OE 与 ROE 的转换，得到任意两颗从星间的 ROE 和 SLL。

7.5.2.2　4 种描述方法的等价关系推证

分别使用轨道要素/参照轨道要素、星经/星纬、方向角、编队轨道角等 4 组变量描述的从星在主星轨道坐标系中的分量 $\boldsymbol{r}_{fC}^k$（$k=1\sim4$），以下依次推证 4 种描述的等价关系。

（1）轨道要素与方向角描述等价的推证

考虑图 7－13 的 $\triangle MFL$，应用余弦定理，可得到从星矢径与 $Ox_Ly_Lz_L$ 的 x_L 轴的夹角余弦与轨道要素的关系

$$\begin{aligned}\cos\alpha_{C1}&=\cos(\eta-\theta)\cos(\theta_f-\eta_f)-\sin(\eta-\theta)\sin(\theta_f-\eta_f)\cos j\\&=\cos\Omega^r\cos\theta^r+\sin\Omega^r\sin\theta^r\cos i^r\end{aligned}\tag{7-66}$$

考虑 $\triangle M'F'L'$，应用余弦定理，可得到从星矢径与 y_L 轴的夹角

余弦与轨道要素的关系

$$\cos\alpha_{C2} = \cos\left[\frac{\pi}{2} - (\theta - \eta)\right]\cos[\pi - (\theta_f - \eta_f)] + \sin\left[\frac{\pi}{2} - (\theta - \eta)\right]\sin[\pi - (\theta_f - \eta_f)]\cos i^r$$
$$= -\sin(\theta - \eta)\cos(\theta_f - \eta_f) + \cos(\theta - \eta)\cos(\theta_f - \eta_f)\cos i^r$$
$$= -\sin\Omega^r\cos\theta^r + \cos\Omega^r\sin\theta^r\cos i^r \tag{7-67}$$

考虑直角$\triangle M'F'L'$，其中，L''是 z_L 与天球的交点（图 7－13 中未标出）。可得到从星矢径与 z_L 轴的夹角余弦与轨道要素的关系

$$\cos\alpha_{C3} = \sin(\theta_f - \eta_f)\sin j = \sin\theta^r\sin i^r \tag{7-68}$$

（2）轨道要素与编队轨道角描述等价的推证

考虑$\triangle MFL$，分别应用余弦定理、五元素公式和正弦定理等恒等关系可直接得到轨道要素与编队轨道角描述等价的 3 个恒等式

$$\begin{bmatrix} \cos\alpha_{C1} \\ \sin\alpha_{C1}\cos l \\ \sin\alpha_{C1}\sin l \end{bmatrix} = \begin{bmatrix} \cos\Omega^r\cos\theta^r + \sin\Omega^r\sin\theta^r\cos i^r \\ -\sin\Omega^r\cos\theta^r + \cos\Omega^r\sin\theta^r\cos i^r \\ \sin\theta^r\sin i^r \end{bmatrix} \tag{7-69}$$

（3）编队轨道角与星经/星纬描述等价的推证

利用直角$\triangle LFQ$ 的边角关系，可推证编队轨道角与星经/星纬描述等价，即

$$\begin{bmatrix} \cos\alpha_{C1} \\ \sin\alpha_{C1}\cos l \\ \sin\alpha_{C1}\sin l \end{bmatrix} = \begin{bmatrix} \cos\alpha_s\cos\delta_s \\ \sin\alpha_s\cos\delta_s \\ \sin\delta_s \end{bmatrix} \tag{7-70}$$

综上可见 4 种描述均是等价的。根据问题的需要，适当地选择任一种描述，均可求出对应的其他 3 种描述的参数组。

7.5.3 星间角距与编队分布面积

本节利用 ROE 解析地表达星间角距 β_{ij}，进一步利用 β_{ij}，给出了最小凸球面多边形的判定算法和编队分布面积的计算公式。

7.5.3.1 星间角距计算

两星的星间角距 β_{ij} 等于两星矢径 $\boldsymbol{r}_i$，$\boldsymbol{r}_j$ 的夹角，即

$$\beta_{ij} = \frac{\arccos(\boldsymbol{r}_i \cdot \boldsymbol{r}_j)}{|\boldsymbol{r}_i||\boldsymbol{r}_j|} \tag{7-71}$$

由式（7-67），β_{ij} 可用两星的 ROE 解析地表示为

$$\begin{aligned}\beta_{ij} &= \alpha_1 = \arccos(\cos\Omega^{\mathrm{r}}\cos\theta^{\mathrm{r}} - \sin\Omega^{\mathrm{r}}\sin\theta^{\mathrm{r}}\cos i^{\mathrm{r}}) \\ &= \arccos[\cos(\eta_j - \theta_j)\cos(\theta_i - \eta_i) - \sin(\eta_j - \theta_j)\sin(\theta_i - \eta_i)\cos i^{\mathrm{r}}]\end{aligned} \tag{7-72}$$

对二体轨道，只要给定经典 OE 的初值，由于$\triangle N_1N_2M$不变，只需利用开普勒方程得到任意时刻的真近点角 f_i，就可由式（7-72）得到任意时刻的 ROE 和星间角距 β_{ij}。

7.5.3.2　正常点集合和正常三角形集合

根据每两星的星间角距 β_{ij}，β_{ik}，β_{jk}，可判断任何 3 颗星 i，j，k 的星下点 S_i，S_j，S_k 是否能组成球面三角形。对 β_{ij}，β_{ik}，β_{jk}，当满足：1）均不等于零；2）任意二者和大于第三者时，才构成正常的球面三角形。当出现：1）任一边如 β_{ij} 等于 0；或 2）三边满足 $\beta_{ij} = \beta_{ik} + \beta_{jk}$ 时，3 星星下点构成非正常三角形。分别判定：1）星下点 S_i 和 S_j 重合，将 S_j 视为非正常点；2）S_j 在 S_i 和 S_k 的大圆上，将 S_j 视为非正常点。

以所有星下点为全集，所有非正常点构成非正常点集合 P_{inn}，非正常点集合的补集定义为正常点集合 P_n。不包括任何非正常点的三角形构成的集合称为正常三角形集合 T_n。

7.5.3.3　最小凸球面多边形确定

计算编队分布面积 A_{D} 需要首先确定包括所有卫星星下点的最小凸球面多边形。对于 $N \geqslant 3$ 颗卫星的编队情况，只需用任何两星的星间角距 β_{ij}，通过求解星下点组成的球面三角形，确定包围所有星下点的最小凸球面多边形的顶点和连接顺序，并进而得到最小凸多边形的面积。

1）计算任意两星的星间角距 β_{ij}。

2）对任意 3 个星间距，确定是否能构成正常的球面三角形。若是，由公式求此三角形的 3 个内角；若否，找到其中的非正常点。

判断完所有三角形，得到非正常点的集合 P_{inn} 及其补集 P_n，及正常三角形集合 T_n。

3）在集合 T_n 中，设包括 S_i 的 $\triangle S_m S_i S_n$ 一共有 n_i 个，求以 S_i 为顶点的 n_i 个顶角的最大值，记为 $\max\angle S_m S_i S_n = \angle S_b S_i S_e$。用 i：$(\angle S_b S_i S_e, S_b S_i, S_i S_e)$ 表示此角及其夹边，称为正常点 S_i 的点特征组。用 flag（$S_i S_j$）表示边 $S_i S_j$ 在各个点特征组中被记录的次数，称为边 $S_i S_j$ 的边特征值（值域：2，1，0）。根据各边的边特征值，可确定各边两端点的性质，并最终确定最小凸多边形的顶点及其连接顺序。若 flag（$S_i S_j$）=2，表明 $S_i S_j$ 为凸多边形的边界，两端点为凸多边形的顶点；对应 flag（$S_i S_j$）=1 的边数一定为偶数，且两两有公共端点，公共端点为多边形的内点。

4）确定凸多边形各顶点、各边的连接顺序和各个元素（边、角）的大小。

以图 7-14 所示的七星编队为例。由步骤 2）确定点 6 为非正常点，所有包含点 6 的三角形构成 P_{inn}，其补集为 P_n=（1，2，3，4，5，7）。由步骤 3）确定各点特征组：1：（∠415，14，15），2：（∠425，24，25），3：（∠437，34，37），4：（∠143，14，35），5：（∠157，15，57），7：（∠375，37，57）和边特征组：flag（[14，34，37，57]，[24，25]，[…]）=2，1，0。由边特征组可判断：点 2 为内点，点 1，3，4，5，7 为顶点。进而判断凸多边形为 Γ=143751。

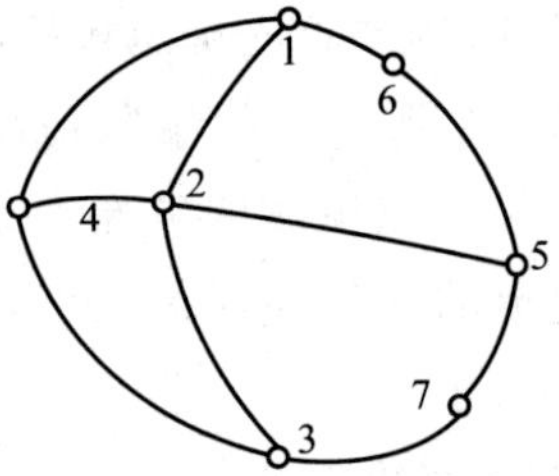

图 7-14　最小凸球面多边形

7.5.3.4　编队分布面积计算

编队分布面积定义为最小凸球面多边形的面积，它的计算公式为

$$A_{凸} = R_e^2[p - (n_p - 2)\pi] \tag{7-73}$$

式中　R_e——地球平均半径；

n_p——最小凸球面多边形的顶点数；

p——多边形内角和。

7.5.4　编队覆盖面积

以下通过空间几何分析，无需像式（7－70）那样求解各时刻卫星矢径，而是直接利用覆盖圆的中心角和星间角距得到编队重叠面积的解析表达。

7.5.4.1　单星覆盖的空间几何

假设地球为球形，S_i（$i=1$，2，…，N）表示 N 颗卫星的星下点，第 i 颗卫星的覆盖几何如图 7－15 所示。其中，γ_i 为卫星的半视场角（FOV）。不失一般性，设每颗星的半视场角都等于 γ。α_i 为第 i 颗卫星覆盖圆的中心角。ε_i 为覆盖圆边界点处的仰角。由式（7－74）可解得 $\alpha_i=\alpha_i$（k_i，γ）。

$$\begin{cases} k_i = \dfrac{r_i}{R_e} = \dfrac{\cos\varepsilon_i}{\sin\gamma} \\ \alpha_i = \dfrac{\pi}{2} - \gamma - \varepsilon_i = \dfrac{\pi}{2} - \gamma - \arccos(k_i\sin\gamma) \end{cases} \tag{7-74}$$

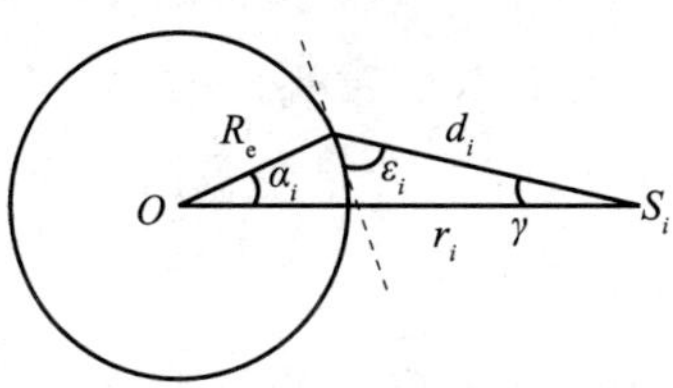

图 7－15　单星覆盖的空间几何

7.5.4.2 覆盖重叠判断

为实现对同一区域的多点观测或者合成多点观测结果，多星编队要对同一区域的构成多重覆盖。将围成重叠覆盖区域的覆盖圆交点称为覆盖重叠区域的顶点。若重叠区域的顶点超过 3 个，无法得到计算覆盖重叠面积解析计算公式。而对于顶点小于等于 3 个的重叠区域，可以解析地得到覆盖重叠面积。

对于顶点小于等于 3 个的重叠区域，按重叠面积的确定方式可将覆盖重叠几何分为图 7－16 所示的 3 种形式，重叠面积分别记为 A_{O1}，A_{O2}，A_{O3}（图 7－16 中阴影部分所示）。

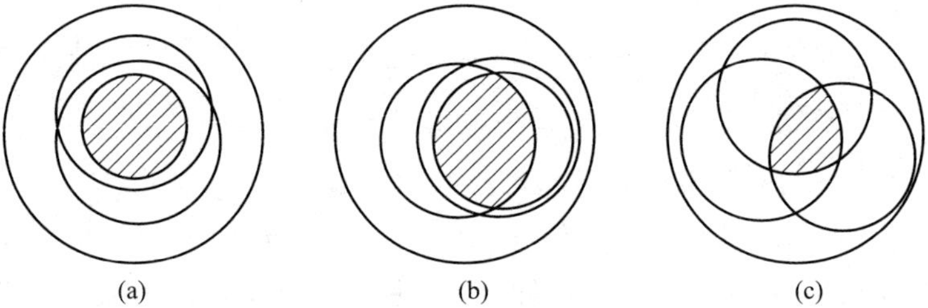

图 7－16　三种形式的覆盖面积

利用两星覆盖圆的中心角 α_i，α_j 和星间角距 β_{ij}，给出不同覆盖重叠形式的判断条件。

1）若 $\beta_{ij} \geqslant \alpha_i + \alpha_j$，两星覆盖圆相离或相切，没有覆盖重叠。

2）若 $\beta_{ij} < \alpha_i + \alpha_j$，两星有覆盖重叠：

设 $\alpha_j > \alpha_i$，若 $\beta_{ij} + \alpha_i \leqslant \alpha_j$，第 i 颗星的覆盖圆在第 j 颗星的覆盖圆内，发生图 7－16（a）方式的重叠；

设 $\alpha_j > \alpha_i$，若 $\beta_{ij} + \alpha_i > \alpha_j$，两星覆盖圆相交，发生图 7－16（b）方式的重叠。

7.5.4.3 覆盖重叠面积的计算

重叠面积 A_{O1} 仅与最小的中心角 $\alpha_{\min} = \min(\alpha_i)$ 有关

$$A_{O1} = 2\pi R_e^2 (1 - \cos\alpha_{\min}) \tag{7-75}$$

重叠面积 A_{O2} 等于两覆盖圆相交成的两个半月形球面面积之和。考虑如图 7－17 所示的 i，j 两星的覆盖重叠几何。两覆盖圆交于 T_i，T_j。中心角 α_i，α_j 和两星的角距 β_{ij} 为 $\triangle S_iS_jT_i$ 的 3 条边；对应的 3 个角为 $\angle T_iS_iS_j$，$\angle T_iS_jS_i$，$\angle S_iT_iS_j$。利用球面三角形面积公式，可得重叠面积 A_{O2} 的计算公式为

$$A_{O2} = 2R_e^2[\pi - \cos\alpha_i \angle T_iS_iS_j - \cos\alpha_j \angle T_iS_jS_i - \angle S_iT_iS_j] \tag{7-76}$$

利用 7.2.2 节中的球面三角形的三元符号，将式（7－76）中的角度用三角形的边 α_i，α_j 和 β_{ij} 表示为

$$A_{O2} = 2R_e^2[\pi - (\alpha_i, \alpha_j, \beta_{ij})_2 \cos\alpha_i - (\alpha_i, \alpha_j, \beta_{ij})_1 \cos\alpha_j - (\alpha_i, \alpha_j, \beta_{ij})_3] \tag{7-77}$$

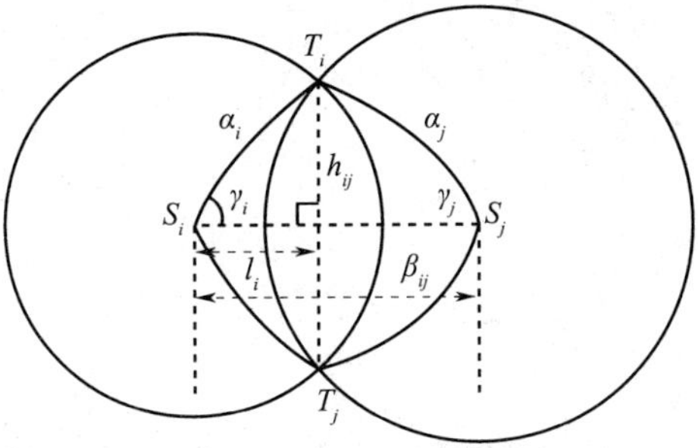

图 7－17　两星覆盖重叠的球面关系

如图 7－18（a）所示的 3 星 i，j，k 的覆盖重叠几何，T_i，T_j，T_k 为覆盖重叠区域的顶点。重叠面积 A_{O3} 等于 3 覆盖圆相交成的 3 段小圆弧围成的球面面积。将 A_{O3} 分为内外两部分 A_{inner} 和 A_{outer}：A_{inner} 为球面 $\triangle T_iT_jT_k$ 的面积，A_{outer} 为 3 个半月形球面面积 A_{outer}^i，A_{outer}^j，A_{outer}^k 之和。

首先解交点 $\triangle T_iT_jT_k$。用 t_i，t_j，t_k 表示 $\triangle T_iT_jT_k$ 的 3 条边，以边 $t_i = T_jT_k$ 为例。考虑如图 7－18（b）所示的 $\triangle T_jS_iT_k$，简记 $\angle S_iT_jT_k = a$，$\angle T_jS_iT_k = b$。a 和 b 由 3 颗星的中心角 α_i 和星间角距 β_{ij} 表达为

$$\begin{cases} b = \angle T_j S_i T_k = \angle S_j S_i T_k + \angle T_j S_i S_k - \angle S_j S_i S_k \\ \quad = (\alpha_i, \alpha_j, \beta_{ij})_2 + (\alpha_i, \alpha_k, \beta_{ik})_2 - (\beta_{ik}, \beta_{jk}, \beta_{ij})_2 \\ a = \operatorname{arccot}[\cos\alpha_i \tan(b/2)] \end{cases} \tag{7-78}$$

进而得到 A_{outer}^i 和 t_i

$$\begin{cases} A_{\text{outer}}^i = R_e^2(\pi - 2\angle S_i T_j T_k - \angle T_j S_i T_k \cos\alpha_i) = R_e^2(\pi - 2a - b\cos\alpha_i) \\ t_i = 2\arcsin[\sin\alpha_i \sin(b/2)] \end{cases} \tag{7-79}$$

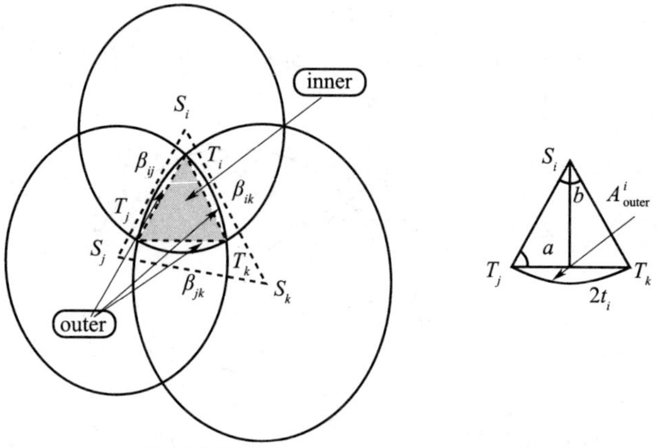

(a)三覆盖圆相交　　(b)$\triangle T_iS_iT_k$局部

图 7-18　三星覆盖重叠的球面关系

类似式（7-78）和式（7-79）的分析得到面积 A_{outer}^j，A_{outer}^k 及 $\triangle T_iT_jT_k$ 的另外两条边 t_j，t_k，从而 $A_{\text{outer}} = \sum_m A_{\text{outer}}^m$。最后由 $\triangle T_iT_jT_k$ 的 3 条边 t_i，t_j，t_k 得到 3 内角 T_i，T_j，T_k 和 $\triangle T_iT_jT_k$ 的面积

$$A_{\text{inner}} = R_e^2\left(\sum_m^{1,2,3} T_m - \pi\right) \tag{7-80}$$

由式（7-78）至式（7-80），可得到 3 个顶点的覆盖重叠区域面积 $A_{O3} = A_{\text{outer}} + A_{\text{inner}}$。由式（7-75）至式（7-80）看到，图 7-16 所示的三类重叠面积都仅与 α_i，α_j，β_{ij} 有关。

7.5.5　编队分布几何量度

以高分辨率合成孔径雷达的编队任务为例，通过计算平均星间角距和星下点分布面积，对多星编队星下点分布几何特征进行量度。任务特定要求包括如下内容。

1）参照轨道参数（主星轨道参数）（下标为 0）

$$\boldsymbol{\sigma}_0 = [a_0, e_0, i_0, \Omega_0, \omega_0, M_{00}] = [8\ 000\ \text{km}, 10^{-4}, 45°, 0°, 0°, 30°] \tag{7-81}$$

2）任务对 4 颗从星星间角距的要求：星下点距离要求最佳工作距离 $d_{s1}=15$ km；为避免碰撞，$d_{s2}>1$ km；考虑星间通信，$d_{s3}<50$ km。由此可知，主从星间的星间角距应满足

$$\frac{d_{s2}}{R_e} < \beta_{k0} = \frac{d_{s1}}{R_e} < \frac{d_{s3}}{R_e} \tag{7-82}$$

3）4 颗卫星沿各自编队轨道顺时针运动，在地平面（yz 面）内等角距分布，实现共同对地观测。

由式（7-82），结合相对运动方程得到各从星的相对平赤经满足的条件：$l_i^r \approx \beta_{k0} = d_{s1}/R_e = 2.352\times10^{-3}$。由编队特征，设计 4 颗从星相对主星的参照轨道要素和各从星经典轨道要素的初始值列于表 7-7。

表 7-7　卫星的初始参照轨道要素与绝对轨道要素

从星	$e/10^{-3}$	$i/(°)$	$\Omega/(°)$	$\omega/(°)$	$M_0/(°)$	$\sin i^r/10^{-3}$	$l^r/(°)$	$\Omega^r/(°)$	$\theta^r/(°)$
1	1.225	44.936	−0.158	−29.888	90.0	−2.25	0.13	−0.010	0.14
2	1.225	45.112	−0.091	60.064	0.0	−2.25	−0.01	−90.010	90.00
3	1.225	45.065	0.158	149.889	270.0	−2.25	−0.13	−0.010	359.86
4	1.225	44.888	0.091	−120.065	180.0	2.25	−0.01	−90.010	90.00

由各从星的经典轨道要素，利用参照轨道要素与经典轨道要素的转换关系（见 7.2.2 节），得到任意时刻、每两颗从星之间的 ROE，继而由式（7-72）得到它们的星间距 $\beta_{ij}(t)$。由 7.5.3.3 节中的最小凸球面多边形算法确定任意时刻的星下点分布，由式（7-

73）计算任意时刻的编队分布面积 A_D。为了以平面方式显示主从星星下点的相对几何，由式（7－62）和式（7－63）得到从星相对主星的星经 α_s/星纬 δ_s。分别以 α_s 和 δ_s 为星下点的横坐标和纵坐标，图7－19 显示了一个轨道周期内 3 个时刻的最小凸球面多边形的形状。

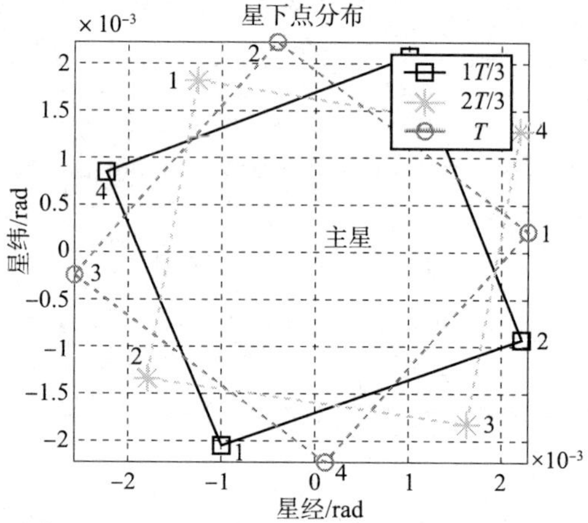

图 7－19　编队的星下点几何

求解各时刻主从星的星间角距 β_{k0}（$k=1$，2，3，4）与平均星间角距 $\beta_{ave}=\sum_{k=1}^{4}\beta_{k0}$，用 max（$\beta_{ave}$）对 β_{k0} 和 β_{ave} 进行归一化处理。求解各时刻最小凸球面多边形的面积 A_D，并用 max（A_D）进行归一化处理。图 7－20 显示了归一化后 β_{k0}、β_{ave} 和 A_D 在一个轨道周期内的变化曲线，由图可知：在轨道周期内，β_{k0} 存在微小变化，而两种编队几何特征参数 β_{ave} 与 A_D 基本保持不变，这就表明地平面内的编队构型具有规则的形状，这与各时刻星下点多边形基本保持不变的特性一致。

7.5.6　小结

本节讨论了利用参照轨道要素确定卫星编队几何特征的方法，

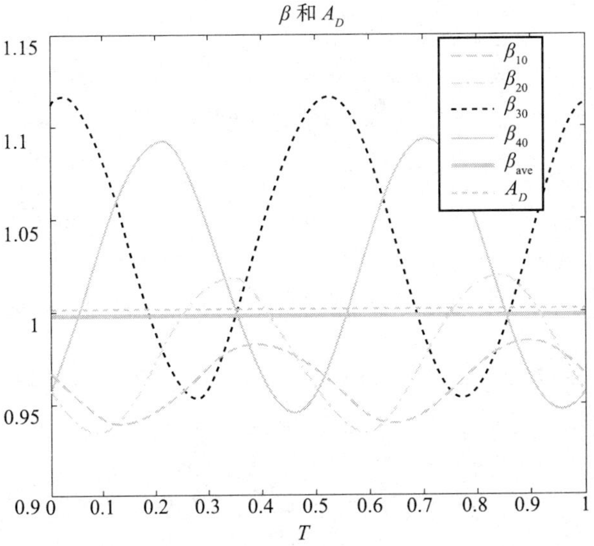

图 7-20　平均星间角距与编队分布面积

给出了平均星间角距和卫星群分布面积的计算公式。该方法无需求解各时刻的星下点，通过求解球面三角形得到各星下点的球面几何分布，利用星经 α_s 和星纬 δ_s 可将卫星群的星下点分布几何用平面图形方式显示出来。卫星编队设计和分布面积计算的实例发现：当平均星间角距与编队分布面积基本保持不变且高度相关时，卫星群的相位始终均布，保持良好的相对几何特征。

若要在更复杂的覆盖性能约束条件下进行编队队形优化设计，可利用式（7-61）所示的性能评价函数，适当构造其中的 ω_β，ω_{A_O} 和 ω_{A_D}，以反映编队任务对编队构型的要求/约束，以参照轨道要素为优化变量，采用一定的优化算法，进行编队队形的优化设计。

参 考 文 献

[1] 李俊峰，雪丹．编队卫星相对运动描述方法综述．宇航学报，2008，29(6)：1689－1694.

[2] 王虎妹．卫星编队飞行的参照轨道要素方法及应用．北京：清华大学，2005.

[3] WANG H M，LI J F，Yang W. Solution Set on the Natural Satellite Formation Orbits under First-order Earth's Non-spherical Perturbation. Acta Mechanica Sinica，2005，21(5)：503－510.

[4] 蒋方华．航天器编队飞行相对运动研究．北京：清华大学，2009.

[5] JIANG F H，LI J F，BAOYIN H X. Approximate analysis for relative motion of satellite formation flying in elliptical orbits. Celestial Mechanics and Dynamical Astronomy，2007，98(1)：31－66.

[6] 高云峰．卫星编队飞行相对轨道运动动力学研究．北京：清华大学，2004.

[7] ALFRIEND K T，SCHAUB H，GIM D W. Gravitational perturbations，nonlinearity and circular orbit assumption effects on formation flying control strategies. AAS：00－012.

[8] SCHAUB H，ALFRIEND K T. J_2 invariant relative orbits for spacecraft formations. Flight Mechanics Symposium，NASA GSFC，Greenbelt，MD，1999：125－139.

[9] VADALI S R，SCHAUB H，ALFRIEND K T. Initial conditions and fuel-optimal control for formation flying of satellites. AIAA Guidance，Navigation and Control Conference，Portland OR，Aug. 1999：AIAA 99－4265.

[10] 崔海英．基于Lawden方程的卫星编队队形设计和控制研究．北京：清华大学，2005.

[11] CUI H Y，LI J F，GAO Y F. An orbital design method for satellite formation flying. Journal of Mechanical Science and Technology，2006，20

(2)：177－184.

[12] 崔海英，李俊峰，高云峰．基于 Lawden 方程的理想编队队形设计．清华大学学报（自然科学版），2006，46（2）：271－275.

[13] 王虎妹．卫星编队飞行相对运动模型的比较．北京：清华大学，2001.

[14] INALHAN G，TILLERSON M，HOW J P. Relative dynamics and control of spacecraft formations in eccentric orbits. AIAA J. of Guidance，Control and Dynamics，2002，25（1）：43－53.

[15] BROUWER D，CLEMENCE G M. Methods of celestial mechanics. New York ，London：Academic Press，1961.

[16] 袁建平，和兴锁，等．航天器轨道机动动力学．北京：中国宇航出版社，2010.

第8章 多臂空间机器人相对运动

刘宏 刘业超

8.1 概述

现代机器人的应用首先是从工业机器人开始的，目前已广泛用于制造、医疗、农业、电力、水下作业、精密加工、作战任务及一些高危行业，并已进入太空。在空间应用中，由于发射成本的限制以及空间操作复杂度的要求，具有高负载自重比、体积小、质量轻且具有自主规划和力矩感知功能的多自由度轻型机械臂得到了世界各航天强国的高度重视。

由于机器人应用的广度和深度的极大增长和一些特种场合的需求，使得机器人在结构设计及控制上具有新的发展。很多机器人具有复杂的多自由度运动机构、多传感器感知功能、位置/力矩以及阻抗等多种控制功能。在传动系统上，谐波减速器大量应用于这类机器人。然而，谐波减速器和关节力矩传感器的使用给机械臂带来了关节柔性，这使得该类机械臂的建模和控制与工业机器人相比都要复杂得多。因此，本章将重点研究具有柔性关节特性的机器人的建模及控制，特别是相对运动问题。

8.2 柔性关节空间机器人动力学建模

8.2.1 柔性关节的数学表征

为了推导适合于控制的柔性关节动力学模型，需要对实际中的机器人关节作如下合理假设[1]。

假设 8.1：电机转子是轴对称的刚体并且其旋转轴线与关节轴线同轴。

假设 8.2：与机械动力学相比，关节的电气动力学足够快，因此柔性关节模型中不考虑电气动力学的影响。

该假设表示可以将电机看作理想的力矩源，第 i 个关节的电机力矩可表示为 $\tau_{\mathrm{motor},i}$ 。为了简化模型中的符号表示，假设第 i 关节的减速比为 N_i ，引入变量 $\tau_{\mathrm{m},i}$ 和 θ_i 来分别表示经过减速比之后的电机力矩及电机转角。即

$$\tau_{\mathrm{m},i} = N_i \tau_{\mathrm{motor},i}, \quad \theta_i = \theta_{\mathrm{m},i}/N_i \quad (i = 1,2,\cdots,n) \tag{8-1}$$

因此，对于多关节机器人方程中的变量用矢量形式表示如下

$$\boldsymbol{\theta} = [\theta_1 \quad \cdots \quad \theta_n]^{\mathrm{T}} \in \mathbf{R}^n, \quad \boldsymbol{\tau}_{\mathrm{m}} = [\tau_{\mathrm{m}\,1} \quad \cdots \quad \tau_{\mathrm{m}n}]^{\mathrm{T}} \in \mathbf{R}^n \tag{8-2}$$

假设 8.3：关节柔性模型可看作是介于电机转子和下一个连杆之间的线性弹簧。

根据该假设，若定义与关节 i 连接的下一个连杆的位置用 q_i 表示，则由关节柔性产生的关节力矩满足关系 $\tau_i = K_i(\theta_i - q_i)$ ，其中 K_i 为该虚拟弹簧的刚度系数，即关节刚度。因此，由该虚拟弹簧产生的弹性势能可以表示为

$$V_{\mathrm{k},i}(q_i,\theta_i) = K_i\,(\theta_i - q_i)^2/2 \tag{8-3}$$

8.2.2 柔性关节机器人的动力学建模

为了利用拉格朗日-欧拉法推导动力学方程，需要列出机器人系统的动能及势能表达式。与刚性机器人不同的是，对于具有 n 个柔性关节的机器人来说，需要考虑 $2n$ 个刚体的动能：n 个刚性连杆的动能和 n 个电机转子的动能；在势能表达上，除重力势能外，尚需考虑由于关节柔性产生的弹性势能[2]。

由于连杆的速度不受电机转子速度的影响，因此，很容易写出连杆动能的表达式为

$$T_1(\boldsymbol{q},\dot{\boldsymbol{q}}) = \frac{1}{2}\dot{\boldsymbol{q}}^{\mathrm{T}}\boldsymbol{M}_1(\boldsymbol{q})\dot{\boldsymbol{q}} \tag{8-4}$$

式中 $\boldsymbol{q}$——连杆的位置矢量；

$\boldsymbol{M}_{\mathrm{l}}(\boldsymbol{q})$——连杆的惯量矩阵。

对于第 i 个关节的电机来说，其转子的绝对速度由两部分组成：前 $i-1$ 个连杆运行所带来的牵连速度和它自身相对于第 $i-1$ 个连杆的相对速度。因此，第 i 个转子绝对速度可表示为

$$\boldsymbol{V}_{\mathrm{r},i}^{0}=\boldsymbol{J}_{\mathrm{r},i}^{0}(\boldsymbol{q})\dot{\boldsymbol{q}}+(0\quad 0\quad 0\quad 0\quad 0\quad 1)^{\mathrm{T}}\,\dot{\boldsymbol{\theta}}_{\mathrm{m},i} \tag{8-5}$$

式中 $\boldsymbol{J}_{\mathrm{r},i}^{0}(\boldsymbol{q})$ 为从第 i 个关节到基坐标系的雅可比矩阵。由于第 i 个转子的速度仅受它之前的 $i-1$ 个连杆速度影响，因此该矩阵的后 $n-i+1$ 列全为零元素。转子的动能可以按照下式计算

$$T_{\mathrm{r}}(\dot{\boldsymbol{\theta}},\boldsymbol{q},\dot{\boldsymbol{q}})=\frac{1}{2}\sum_{i=1}^{n}(\boldsymbol{V}_{\mathrm{r},i}^{0})^{\mathrm{T}}\boldsymbol{M}_{\mathrm{r},i}\,\boldsymbol{V}_{\mathrm{r},i}^{0} \tag{8-6}$$

式中 $\boldsymbol{M}_{\mathrm{r},i}$——第 i 个转子的广义惯量矩阵。

将上式写成矢量形式可表示为

$$T_{\mathrm{r}}(\dot{\boldsymbol{\theta}},\boldsymbol{q},\dot{\boldsymbol{q}})=\frac{1}{2}\begin{pmatrix}\dot{\boldsymbol{q}}\\ \dot{\boldsymbol{\theta}}\end{pmatrix}^{\mathrm{T}}\begin{bmatrix}\boldsymbol{M}_{\mathrm{r}}(\boldsymbol{q}) & \boldsymbol{S}(\boldsymbol{q})\\ \boldsymbol{S}(\boldsymbol{q})^{\mathrm{T}} & \boldsymbol{J}\end{bmatrix}\begin{pmatrix}\dot{\boldsymbol{q}}\\ \dot{\boldsymbol{\theta}}\end{pmatrix} \tag{8-7}$$

式中 $\boldsymbol{M}_{\mathrm{r}}(\boldsymbol{q})$——转子广义惯量矩，$\boldsymbol{M}_{\mathrm{r}}(\boldsymbol{q})=\sum_{i=1}^{n}\boldsymbol{J}_{\mathrm{r},i}^{0}(\boldsymbol{q})^{\mathrm{T}}\boldsymbol{M}_{\mathrm{r},i}\boldsymbol{J}_{\mathrm{r},i}^{0}(\boldsymbol{q})$；

$\boldsymbol{J}$——转子经减速比后的转动惯量矩阵，$\boldsymbol{J}=\mathrm{diag}(N^{2}J_{\mathrm{m}i})\in\mathbf{R}^{n\times n}$；

$\boldsymbol{S}(\boldsymbol{q})$——耦合部分的惯量矩阵，属于严格的上三角阵且只与减速比和转子转动惯量有关。

综上所述，柔性关节机器人完整的动能方程可表示为

$$\begin{aligned}T(\boldsymbol{q},\dot{\boldsymbol{q}},\dot{\boldsymbol{\theta}})&=T_{\mathrm{l}}(\boldsymbol{q},\dot{\boldsymbol{q}})+T_{\mathrm{r}}(\dot{\boldsymbol{\theta}},\boldsymbol{q},\dot{\boldsymbol{q}})\\&=\frac{1}{2}\begin{pmatrix}\dot{\boldsymbol{q}}\\ \dot{\boldsymbol{\theta}}\end{pmatrix}^{\mathrm{T}}\begin{bmatrix}\boldsymbol{M}_{\mathrm{r}}(\boldsymbol{q})+\boldsymbol{M}_{\mathrm{l}}(\boldsymbol{q}) & \boldsymbol{S}(\boldsymbol{q})\\ \boldsymbol{S}(\boldsymbol{q})^{\mathrm{T}} & \boldsymbol{J}\end{bmatrix}\begin{pmatrix}\dot{\boldsymbol{q}}\\ \dot{\boldsymbol{\theta}}\end{pmatrix}\end{aligned} \tag{8-8}$$

势能方程可以表示为

$$V_{\mathrm{p}}(\boldsymbol{q},\boldsymbol{\theta})=\frac{1}{2}(\boldsymbol{\theta}-\boldsymbol{q})^{\mathrm{T}}\boldsymbol{K}(\boldsymbol{\theta}-\boldsymbol{q})+V_{\mathrm{g}}(\boldsymbol{q}) \tag{8-9}$$

将上述能量表达式带入拉格朗日方程，整理可得

$$\boldsymbol{H}(\boldsymbol{q})\begin{pmatrix}\ddot{\boldsymbol{q}}\\ \ddot{\boldsymbol{\theta}}\end{pmatrix}+\boldsymbol{\Gamma}(\boldsymbol{q},\dot{\boldsymbol{q}})\begin{pmatrix}\dot{\boldsymbol{q}}\\ \dot{\boldsymbol{\theta}}\end{pmatrix}+\begin{pmatrix}\boldsymbol{g}(\boldsymbol{q})-\boldsymbol{K}(\boldsymbol{\theta}-\boldsymbol{q})\\ \boldsymbol{K}(\boldsymbol{\theta}-\boldsymbol{q})\end{pmatrix}=\begin{pmatrix}\boldsymbol{\tau}_{\text{ext}}\\ \boldsymbol{\tau}_{\text{m}}\end{pmatrix} \tag{8-10}$$

式中　$\boldsymbol{H}(\boldsymbol{q})$—— 完整模型的惯量矩阵，

$$\boldsymbol{H}(\boldsymbol{q})=\begin{bmatrix}\boldsymbol{M}_{\text{r}}(\boldsymbol{q})+\boldsymbol{M}_{\text{l}}(\boldsymbol{q}) & \boldsymbol{S}(\boldsymbol{q})\\ \boldsymbol{S}(\boldsymbol{q})^{\text{T}} & \boldsymbol{J}\end{bmatrix};$$

$\boldsymbol{g}(\boldsymbol{q})$—— 重力项，$\boldsymbol{g}(\boldsymbol{q})=\left(\dfrac{\partial V_{\text{g}}(\boldsymbol{q})}{\partial \boldsymbol{q}}\right)^{\text{T}}$。

由于完整模型中耦合项 $\boldsymbol{S}(\boldsymbol{q})$ 的存在，增加了动力学模型的复杂度，并且有些时候考虑耦合项是不必要的。为了将完整模型更进一步化简，对柔性关节机器人系统作如下假设。

假设 8.4：转子旋转部分的动能仅由转子相对于前一连杆的速度决定。

假设 8.5：在许多大减速比、小转子惯量机器人中是普遍成立的。对于电机转子转动惯量远小于连杆转动惯量或减速比较高的机器人来说，由于连杆运动所影响的那部分转子动能完全可以忽略，此时，令 $\boldsymbol{S}(\boldsymbol{q})=0$，可以得到简化后的动力学方程为

$$\boldsymbol{M}(\boldsymbol{q})\ddot{\boldsymbol{q}}+\boldsymbol{C}(\boldsymbol{q},\dot{\boldsymbol{q}})\dot{\boldsymbol{q}}+\boldsymbol{g}(\boldsymbol{q})=\boldsymbol{K}(\boldsymbol{\theta}-\boldsymbol{q})+\boldsymbol{\tau}_{\text{ext}} \tag{8-11}$$

$$\boldsymbol{J}\ddot{\boldsymbol{\theta}}+\boldsymbol{K}(\boldsymbol{\theta}-\boldsymbol{q})=\boldsymbol{\tau}_{\text{m}} \tag{8-12}$$

在后续的章节中，所有关于柔性关节机器人的研究都是基于该简化模型进行的。对于该模型，具有如下基本性质。

性质 1：惯量矩阵 $\boldsymbol{M}(\boldsymbol{q})$ 是正定对称的。

性质 2：矩阵 $\dot{\boldsymbol{M}}(\boldsymbol{q})-2\boldsymbol{C}(\boldsymbol{q},\dot{\boldsymbol{q}})\in\mathbf{R}^{n\times n}$ 是反对称阵，即对任意矢量 $\boldsymbol{x}$ 都有

$$\boldsymbol{x}^{\text{T}}[\dot{\boldsymbol{M}}(\boldsymbol{q})-2\boldsymbol{C}(\boldsymbol{q},\dot{\boldsymbol{q}})]\boldsymbol{x}=0$$

性质 3：惯量矩阵 $\boldsymbol{M}(\boldsymbol{q})$ 的特征值是严格正且有界的，即

$$0<\lambda_{m,M}\leqslant\lambda_i(\boldsymbol{M}(\boldsymbol{q}))\leqslant\lambda_{M,M}<\infty,\quad i=1,2,\cdots,n$$

其中

$$\lambda_{m,M}=\inf\lambda_{\min}(\boldsymbol{M}(\boldsymbol{q})),\quad \lambda_{M,M}=\sup\lambda_{\max}(\boldsymbol{M}(\boldsymbol{q}))$$

性质 4：重力矩 $\boldsymbol{g}(\boldsymbol{q})$ 是重力势能 V_{g} 的梯度矢量，即 $\boldsymbol{g}(\boldsymbol{q})=$

$(\partial V_g(\boldsymbol{q})/\partial \boldsymbol{q})^{\mathrm{T}}$ ，并且对于重力势能的赫氏矩阵

$$\boldsymbol{H}(\boldsymbol{q}) = \partial^2 V_g(\boldsymbol{q})/\partial \boldsymbol{q}^2 = \partial \boldsymbol{g}(\boldsymbol{q})/\partial \boldsymbol{q} \tag{8-13}$$

的任意范数，总存在正数 $\alpha > 0$ ，使得 $\| \boldsymbol{H}(\boldsymbol{q}) \| = \| \partial \boldsymbol{g}(\boldsymbol{q})/\partial \boldsymbol{q} \| < \alpha$ 成立。

8.2.3 自由飘浮空间机器人建模

8.2.3.1 空间机器人系统一般运动学方程

空间大型机械臂系统是由 n 自由度串联型机械臂和载体（空间站）组成的典型单臂空间机器人系统，其简化模型如图 8-1 所示[3]。为了方便分析，假设各个组成部分均为刚体，整个空间机器人系统则可以视为由 $n+1$ 个刚体杆件组成，其中下标 0 表示载体，转动关节 J_i 固连在杆件 B_i 上，用于连接杆件 B_{i-1} 和杆件 B_i 。另外，若不特别指出，各矢量均为在惯性系中表示。

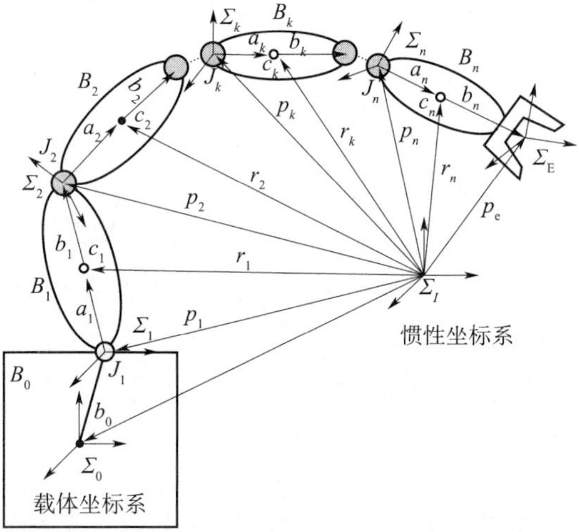

图 8-1 单臂串联型空间机器人常规简化模型

由图 8-1 中矢量定义可知，机械臂各连杆的质心 c_i 的位置矢量 $\boldsymbol{r}_i$ 和机械臂末端点位置矢量 $\boldsymbol{p}_e$ 在惯性坐标系中可分别表示为

$$\boldsymbol{r}_i = \boldsymbol{r}_0 + \boldsymbol{b}_0 + \sum_{k=1}^{i-1}(\boldsymbol{a}_k + \boldsymbol{b}_k) + \boldsymbol{a}_i \tag{8-14}$$

$$\boldsymbol{p}_e = \boldsymbol{r}_0 + \boldsymbol{b}_0 + \sum_{k=1}^{n}(\boldsymbol{a}_k + \boldsymbol{b}_k) \tag{8-15}$$

式中　$\boldsymbol{r}_0$ ——为载体质心的位置矢量；

$\boldsymbol{a}_i$ ——为由关节 $\boldsymbol{J}_i$ 指向连杆质心 c_i 的位置矢量，$\boldsymbol{a}_i \in \mathbf{R}^3$ ；

$\boldsymbol{b}_i$ ——为由连杆质心 c_i 指向关节 J_{i+1} 的位置矢量，$\boldsymbol{b}_i \in \mathbf{R}^3$ 。

对式（8－14）和式（8－15）分别进行微分，可得机械臂连杆质心的线速度 $\boldsymbol{v}_i$ 和机械臂末端的线速度 $\boldsymbol{v}_e$ 为

$$\boldsymbol{v}_i = \dot{\boldsymbol{r}}_i = \boldsymbol{v}_0 + \boldsymbol{\omega}_0 \times (r_i - \boldsymbol{r}_0) + \sum_{k=1}^{i}[\boldsymbol{k}_k \times (\boldsymbol{r}_i - \boldsymbol{p}_k)]\dot{\boldsymbol{\theta}}_k \tag{8-16}$$

$$\boldsymbol{v}_e = \dot{\boldsymbol{p}}_e = \boldsymbol{v}_0 + \boldsymbol{\omega}_0 \times (\boldsymbol{p}_e - \boldsymbol{r}_0) + \sum_{k=1}^{n}[\boldsymbol{k}_k \times (\boldsymbol{p}_e - \boldsymbol{p}_k)]\dot{\boldsymbol{\theta}}_k \tag{8-17}$$

式中　$\boldsymbol{\omega}_0$ ——载体质心的角速度矢量，$\boldsymbol{\omega}_0 \in \mathbf{R}^3$ ；

$\boldsymbol{v}_0$ ——载体质心的线速度矢量，$\boldsymbol{v}_0 \in \mathbf{R}^3$ ；

$\boldsymbol{\theta}_i$ ——关节 J_i 的旋转角度，$\boldsymbol{\theta}_i \in \mathbf{R}^3$ ；

$\boldsymbol{k}_i$ ——关节 J_i 的旋转方向的单位矢量；

$\boldsymbol{p}_i$ ——关节 J_i 的位置矢量。

另外，机械臂连杆质心角速度 $\boldsymbol{\omega}_i$ 和机械臂末端角速度 $\boldsymbol{\omega}_e$ 可分别表示如下

$$\boldsymbol{\omega}_i = \boldsymbol{\omega}_0 + \sum_{k=1}^{i}\boldsymbol{k}_k\dot{\boldsymbol{\theta}}_k \tag{8-18}$$

$$\boldsymbol{\omega}_e = \boldsymbol{\omega}_0 + \sum_{k=1}^{n}\boldsymbol{k}_k\dot{\boldsymbol{\theta}}_k \tag{8-19}$$

结合式（8－17）和式（8－19）可得到如下矩阵表达形式

$$\begin{bmatrix}\boldsymbol{v}_e\\ \boldsymbol{\omega}_e\end{bmatrix} = \boldsymbol{J}_s\begin{bmatrix}\boldsymbol{v}_0\\ \boldsymbol{\omega}_0\end{bmatrix} + \boldsymbol{J}_m\dot{\boldsymbol{\Theta}} = \begin{bmatrix}\boldsymbol{J}_{sv}\\ \boldsymbol{J}_{s\omega}\end{bmatrix}\begin{bmatrix}\boldsymbol{v}_0\\ \boldsymbol{\omega}_0\end{bmatrix} + \begin{bmatrix}\boldsymbol{J}_{mv}\\ \boldsymbol{J}_{m\omega}\end{bmatrix}\dot{\boldsymbol{\Theta}} \tag{8-20}$$

式（8－20）通常称为空间机器人系统一般运动学方程，其中 $\boldsymbol{J}_s$

为与载体运动相关的雅可比矩阵，如式（8－21）所示；$\boldsymbol{J}_{\mathrm{m}}$ 为与机械臂运动相关的雅可比矩阵，如式（8－23）所示。

$$\boldsymbol{J}_{\mathrm{s}}=\begin{bmatrix}\boldsymbol{J}_{\mathrm{s}v}\\ \boldsymbol{J}_{\mathrm{s}\omega}\end{bmatrix}=\begin{pmatrix}\boldsymbol{E} & -\widetilde{\boldsymbol{p}}_{0\mathrm{e}}\\ \boldsymbol{O} & \boldsymbol{E}\end{pmatrix}\in\mathbf{R}^{6\times 6},\quad \boldsymbol{p}_{0\mathrm{e}}=\boldsymbol{p}_{\mathrm{e}}-\boldsymbol{r}_0 \tag{8-21}$$

式中 $\boldsymbol{J}_{\mathrm{s}v}$，$\boldsymbol{J}_{\mathrm{s}\omega}$——$\boldsymbol{J}_{\mathrm{s}}$ 的分块矩阵，分别与线速度和角速度相关；

$\boldsymbol{E}$——单位矩阵；

$\boldsymbol{O}$——$m\times n$ 的 0 矩阵。

另外，式（8－21）中定义矢量 $\boldsymbol{r}=[x\quad y\quad z]$ 的操作 $\widetilde{\boldsymbol{r}}$ 为

$$\widetilde{\boldsymbol{r}}=\begin{bmatrix}0 & -z & y\\ z & 0 & -x\\ -y & x & 0\end{bmatrix} \tag{8-22}$$

$$\boldsymbol{J}_{\mathrm{m}}=\begin{bmatrix}\boldsymbol{k}_1\times(\boldsymbol{p}_{\mathrm{e}}-\boldsymbol{p}_1) & \cdots & \boldsymbol{k}_n\times(\boldsymbol{p}_{\mathrm{e}}-\boldsymbol{p}_n)\\ \boldsymbol{k}_1 & \cdots & \boldsymbol{k}_n\end{bmatrix}=\begin{bmatrix}\boldsymbol{J}_{\mathrm{m}v}\\ \boldsymbol{J}_{\mathrm{m}\omega}\end{bmatrix}\in\mathbf{R}^{6\times n} \tag{8-23}$$

式中 $\boldsymbol{J}_{\mathrm{m}v}$，$\boldsymbol{J}_{\mathrm{m}\omega}$——$\boldsymbol{J}_{\mathrm{m}}$ 的分块矩阵，分别与载体线速度和角速度相关。

可见 $\boldsymbol{J}_{\mathrm{m}}$ 的表达式与地面采用固定基座的机械臂雅可比矩阵表达式相同。

8.2.3.2 自由飘浮空间机器人系统运动学方程

对于空间机械臂系统，由于机械臂和载体之间存在着较为复杂的动力学耦合关系，不能独立求出 $\boldsymbol{v}_0$、$\boldsymbol{\omega}_0$ 和 $\dot{\boldsymbol{\theta}}$ 等系统状态变量，而受整个系统的动量守恒方程所约束。当空间机械臂系统工作在自由飘浮模式时，由于载体的姿态和位置都不加以控制，所以整个系统的线动量和角动量均保持守恒。

首先，假设空间机器人系统的初始线动量为 $\boldsymbol{O}$，依据动量守恒定律有

$$\boldsymbol{P}=\sum_{i=0}^{n}m_i\dot{\boldsymbol{r}}_i=\boldsymbol{O} \tag{8-24}$$

对式（8－24）进行积分可得

$$\int_0^t \sum_{i=0}^{n} m_i \dot{\boldsymbol{r}}_i \mathrm{d}t = \sum_{i=0}^{n} m_i \boldsymbol{r}_i(t) - \sum_{i=0}^{n} m_i \boldsymbol{r}_i(0) = \boldsymbol{O} \tag{8-25}$$

式（8－25）的物理意义表示系统的质心相对于初始状态保持不变，因此线动量守恒约束为完整约束。

其次，将式（8－16）代入式（8－24）可得

$$\boldsymbol{P} = \begin{bmatrix} M\boldsymbol{E} & M\tilde{\boldsymbol{r}}_{0g}^{\mathrm{T}} \end{bmatrix} \begin{bmatrix} v_0 \\ \boldsymbol{\omega}_0 \end{bmatrix} + \boldsymbol{J}_{\mathrm{T}w}\dot{\boldsymbol{\Theta}} = \boldsymbol{O} \tag{8-26}$$

其中

$$\boldsymbol{J}_{\mathrm{T}w} = \sum_{i=1}^{n} (m_i \boldsymbol{J}_{\mathrm{T}i}) \in \mathbf{R}^{3\times n} \tag{8-27}$$

$$\boldsymbol{J}_{\mathrm{T}i} = [\boldsymbol{k}_1 \times (\boldsymbol{r}_i - \boldsymbol{p}_1) \quad \boldsymbol{k}_2 \times (\boldsymbol{r}_i - \boldsymbol{p}_2) \quad \cdots \quad \boldsymbol{k}_i \times (\boldsymbol{r}_i - \boldsymbol{p}_i) \quad 0 \quad \cdots \quad 0] \in \mathbf{R}^{3\times n} \tag{3-28}$$

然后，假设整个系统初始角动量为 $\boldsymbol{O}$，则整个系统还满足如下非完整约束

$$\boldsymbol{L} = \sum_{i=0}^{n} (\boldsymbol{I}_i \boldsymbol{\omega}_i + \boldsymbol{r}_i \times m_i \dot{\boldsymbol{r}}_i) = \boldsymbol{O} \tag{8-29}$$

进一步将式（8－16）和式（8－18）代入式（8－29）得

$$\boldsymbol{L} = \begin{bmatrix} M\tilde{\boldsymbol{r}}_{g} & \boldsymbol{I}_w \end{bmatrix} \begin{bmatrix} \boldsymbol{v}_0 \\ \boldsymbol{\omega}_0 \end{bmatrix} + \boldsymbol{I}_{\varphi}\dot{\boldsymbol{\Theta}} = \boldsymbol{O} \tag{8-30}$$

其中

$$\boldsymbol{I}_w = \sum_{i=1}^{n} (\boldsymbol{I}_i - m_i \tilde{\boldsymbol{r}}_i \tilde{\boldsymbol{r}}_{0i}) + \boldsymbol{I}_0 \tag{8-31}$$

$$\boldsymbol{I}_{\varphi} = \sum_{i=1}^{n} (\boldsymbol{I}_i \boldsymbol{J}_{\mathrm{R}i} + m_i \tilde{\boldsymbol{r}}_i \boldsymbol{J}_{\mathrm{T}i}) \tag{8-32}$$

$$\boldsymbol{J}_{\mathrm{R}i} = [\boldsymbol{k}_1 \quad \boldsymbol{k}_2 \quad \cdots \quad \boldsymbol{k}_i \quad 0 \quad \cdots \quad 0] \in \mathbf{R}^{3\times n} \tag{8-33}$$

$$\boldsymbol{r}_{0i} = \boldsymbol{r}_i - \boldsymbol{r}_0 \tag{8-34}$$

如果用 $\boldsymbol{L}_0$ 表示整个系统相对于载体质心的角动量，则有

$$\boldsymbol{L} = \boldsymbol{L}_0 + \boldsymbol{r}_0 \times \boldsymbol{P} \tag{8-35}$$

由于整个空间机械臂系统的线动量 $\boldsymbol{P}$ 和角动量都为 $\boldsymbol{O}$，则有

$$\boldsymbol{L}_0 = \begin{bmatrix} M\tilde{\boldsymbol{r}}_{0g} & \boldsymbol{H}_w \end{bmatrix} \begin{bmatrix} v_0 \\ \boldsymbol{\omega}_0 \end{bmatrix} + \boldsymbol{H}_{w\varphi}\dot{\boldsymbol{\Theta}} = \boldsymbol{O} \tag{8-36}$$

式中

$$\boldsymbol{H}_w = \sum_{i=1}^{n} (\boldsymbol{I}_i + m_i \tilde{\boldsymbol{r}}_{0i}^{\mathrm{T}} \tilde{\boldsymbol{r}}_{0i}) + \boldsymbol{I}_0 \in \mathbf{R}^{3\times 3} \tag{8-37}$$

$$\boldsymbol{H}_{w\varphi} = \sum_{i=1}^{n} (\boldsymbol{I}_i \boldsymbol{J}_{\mathrm{R}i} + m_i \tilde{\boldsymbol{r}}_{0i} \boldsymbol{J}_{\mathrm{T}i}) \in \mathbf{R}^{3\times n} \tag{8-38}$$

$$\boldsymbol{r}_{0\mathrm{g}} = \boldsymbol{r}_{\mathrm{g}} - \boldsymbol{r}_0 \tag{8-39}$$

式（8-26）和式（8-36）相组合即可得自由漂浮空间机械臂系统的动量守恒方程

$$\begin{bmatrix} \boldsymbol{P} \\ \boldsymbol{L}_0 \end{bmatrix} = \begin{pmatrix} M\boldsymbol{E} & M\tilde{\boldsymbol{r}}_{0\mathrm{g}}^{\mathrm{T}} \\ M\tilde{\boldsymbol{r}}_{0\mathrm{g}} & \boldsymbol{H}_w \end{pmatrix} \begin{bmatrix} \boldsymbol{v}_0 \\ \boldsymbol{\omega}_0 \end{bmatrix} + \begin{bmatrix} \boldsymbol{J}_{\mathrm{T}w} \\ \boldsymbol{H}_{w\varphi} \end{bmatrix} \dot{\boldsymbol{\Theta}} = 0 \tag{8-40}$$

根据式（8-40）可以进一步得出

$$\boldsymbol{v}_0 = -\tilde{\boldsymbol{r}}_{0\mathrm{g}}^{\mathrm{T}} \boldsymbol{\omega}_0 - \frac{\boldsymbol{J}_{\mathrm{T}w}}{M} \dot{\boldsymbol{\Theta}} = \tilde{\boldsymbol{r}}_{0\mathrm{g}} \boldsymbol{\omega}_0 - \frac{\boldsymbol{J}_{\mathrm{T}w}}{M} \dot{\boldsymbol{\Theta}} \tag{8-41}$$

$$(M\tilde{\boldsymbol{r}}_{0\mathrm{g}} \tilde{\boldsymbol{r}}_{0\mathrm{g}} + \boldsymbol{H}_w)\boldsymbol{\omega}_0 + (\boldsymbol{H}_{w\varphi} - \tilde{\boldsymbol{r}}_{0\mathrm{g}} \boldsymbol{J}_{\mathrm{T}w})\dot{\boldsymbol{\Theta}} = 0 \tag{8-42}$$

如果令

$$\boldsymbol{H}_{\mathrm{s}} = (M\tilde{\boldsymbol{r}}_{0\mathrm{g}} \tilde{\boldsymbol{r}}_{0\mathrm{g}} + \boldsymbol{H}_w) \in \mathbf{R}^{3\times 3} \tag{8-43}$$

$$\boldsymbol{H}_{\Theta} = \boldsymbol{H}_{w\varphi} - \tilde{\boldsymbol{r}}_{0\mathrm{g}} \boldsymbol{J}_{\mathrm{T}w} \in \mathbf{R}^{3\times n} \tag{8-44}$$

那么，式（8-42）可表示成如下矩阵形式

$$\boldsymbol{H}_{\mathrm{s}} \boldsymbol{\omega}_0 + \boldsymbol{H}_{\Theta} \dot{\boldsymbol{\Theta}} = 0 \tag{8-45}$$

可以证明 $\boldsymbol{H}_{\mathrm{s}}$是非奇异的，进而载体的线速度和角速度可表示为

$$\begin{bmatrix} \boldsymbol{v}_0 \\ \boldsymbol{\omega}_0 \end{bmatrix} = \begin{bmatrix} -(\boldsymbol{J}_{\mathrm{T}w}/M + \tilde{\boldsymbol{r}}_{0\mathrm{g}} \boldsymbol{H}_{\mathrm{s}}^{-1} \boldsymbol{H}_{\Theta}) \\ -\boldsymbol{H}_{\mathrm{s}}^{-1} \boldsymbol{H}_{\Theta} \dot{\boldsymbol{\Theta}} \end{bmatrix} \dot{\boldsymbol{\Theta}} = \boldsymbol{J}_{\mathrm{bm}} \dot{\boldsymbol{\Theta}} = \begin{bmatrix} \boldsymbol{J}_{\mathrm{bm\_}v} \\ \boldsymbol{J}_{\mathrm{bm\_}\omega} \end{bmatrix} \dot{\boldsymbol{\Theta}} \tag{8-46}$$

式中，$\boldsymbol{J}_{\mathrm{bm}}$为载体一机械臂雅可比矩阵，表示机械臂关节速度与载体线速度和角速度之间的转换关系。其中 $\boldsymbol{J}_{\mathrm{bm_}v}$和 $\boldsymbol{J}_{\mathrm{bm_}\omega}$分别为 $\boldsymbol{J}_{\mathrm{bm}}$的分块矩阵，分别对应线速度和角速度项。

进一步，将式（8-46）代入式（8-20），即可得到自由漂浮空间机械臂系统的运动学方程

$$\begin{bmatrix} \boldsymbol{v}_e \\ \boldsymbol{\omega}_e \end{bmatrix} = \boldsymbol{J}_b \begin{bmatrix} \boldsymbol{v}_0 \\ \boldsymbol{\omega}_0 \end{bmatrix} + \boldsymbol{J}_m \dot{\boldsymbol{\Theta}} = [\boldsymbol{J}_m + \boldsymbol{J}_b \boldsymbol{J}_{bm}] \dot{\boldsymbol{\Theta}}$$

$$= \boldsymbol{J}_g(\boldsymbol{\Psi}_0, \boldsymbol{\Theta}, m_i, \boldsymbol{I}_i) \dot{\boldsymbol{\Theta}} = \begin{bmatrix} \boldsymbol{J}_{g\_v} \\ \boldsymbol{J}_{g\_\omega} \end{bmatrix} \dot{\boldsymbol{\Theta}} \tag{8-47}$$

式中，$\boldsymbol{J}_g$ 为空间机械臂系统的广义雅可比矩阵，它是关于载体姿态、机械臂关节角度以及各个刚体质量、惯量的函数。其中 $\boldsymbol{J}_{g\_v}$ 和 $\boldsymbol{J}_{g\_\omega}$ 分别为 $\boldsymbol{J}_g$ 的分块矩阵，同样也分别对应线速度和角速度项。

8.3 多臂机器人相对运动的路径规划

路径规划问题是机器人实现操作任务的核心问题之一，主要解决在有障碍物的环境中，寻找一条从给定起点到终点适当的运动路径，使其能在运动过程中安全、无碰地绕过障碍物。传统的路径规划有多边形拟合法、遗传算法、栅格法、人工势能法等。但这些方法都需要在一个确定性空间内对障碍物进行确定的建模和描述，计算复杂度与机器人自由度成指数关系，不适合解决多自由度机器人在复杂环境中的规划。

与传统方法不同，基于采样的运动规划方法通过对状态空间中的采样点进行碰撞检测来获取障碍物信息，避免了对空间的建模，能够有效解决高维空间和复杂约束的运动规划问题。因此，本节介绍基于采样的方法实现机器人的运动规划。

8.3.1 机械臂相对运动奇异问题研究

8.3.1.1 自由漂浮空间机器人动力学奇异

对于地面固定基座机器人来说，奇异是指由某一个关节单独运动所产生的末端执行器速度矢量与其他某关节单独产生的末端执行器速度矢量相平行时，无法计算运动学逆解的问题。地面固定基座机器人的奇异位置发生在机械臂的工作空间边缘以及机械臂伸直的位置，可以通过 $\det[\boldsymbol{J}(\boldsymbol{\theta})]=0$ 求解奇异位置所对应的关节角，只要所规划的机械臂末端路径不经过奇异点就可以避免奇异现象的发生。

对于自由漂浮空间机器人来说，第 8.2.3.2 节中推导了空间机器人的广义雅可比矩阵 $\boldsymbol{J}_g$ 的表达式，如式（8－47）所示。若将式（8－20）、式（8－24）、式（8－29）中的矢量、张量均在载体坐标系 Σ_0 中表示时，式（8－47）可以表示为

$$\begin{bmatrix} {}^0\boldsymbol{v}_e \\ {}^0\boldsymbol{\omega}_e \end{bmatrix} = {}^0\boldsymbol{J}_g(\boldsymbol{\theta}_i, \boldsymbol{m}_i, \boldsymbol{I}_i)\dot{\boldsymbol{\theta}} \tag{8-48}$$

引入如下变换

$$\boldsymbol{v}_e = \boldsymbol{A}_0 \cdot {}^0\boldsymbol{v}_e, \qquad \boldsymbol{\omega}_e = \boldsymbol{A}_0 \cdot {}^0\boldsymbol{\omega}_e \tag{8-49}$$

式中 $\boldsymbol{A}_0$——载体坐标系 Σ_0 相对于惯性系的姿态变换矩阵；

${}^0\boldsymbol{v}_e$，${}^0\boldsymbol{\omega}_e$——分别为机械臂末端线速度与角速度矢量在载体坐标系 Σ_0 中的表示。

根据式（8－48）和式（8－49）可得

$$\begin{bmatrix} \boldsymbol{v}_e \\ \boldsymbol{\omega}_e \end{bmatrix} = \mathrm{diag}(\boldsymbol{A}_0, \boldsymbol{A}_0)\,{}^0\boldsymbol{J}_g(\boldsymbol{\theta}, \boldsymbol{m}_i, \boldsymbol{I}_i)\boldsymbol{\theta} \tag{8-50}$$

由于 $\boldsymbol{A}_0$ 为非奇异矩阵，因此广义雅可比矩阵 $\boldsymbol{J}_g$ 奇异与 ${}^0\boldsymbol{J}_g$ 奇异等价，与载体的姿态无关，而仅与机械臂的关节角以及系统的动力学参数有关。因此称空间机器人的广义雅可比矩阵奇异为动力学奇异。

与地面固定基座机器人不同，自由漂浮空间机器人工作空间中的一个点可以对应多个机械臂关节角及多个载体姿态，即笛卡儿空间上的点是否为奇异点与机械臂的运动历史有关。根据式（8－47）可以看出，机械臂末端执行器速度是两部分的合成。一部分是由机械臂关节运动所产生的速度，另一部分是由于机械臂与载体动力学耦合使载体位姿发生变化而产生的末端速度。因此，空间机器人的动力学奇异在物理上可以解释为某些关节单独运动所产生的动力学耦合后的机械臂末端速度矢量是相互平行的。对于非冗余自由度空间机器人系统，动力学奇异表现为无论各关节角如何运动都无法使机械臂末端执行器沿某一方向运动。对于冗余自由度空间机器人系统，动力学奇异表现为系统至少失去一个自由度。

6 自由度空间机器人系统为非冗余自由度空间机器人系统，$\boldsymbol{J}_g$ 为 6×6 矩阵，当 $\boldsymbol{J}_g$ 奇异时，如果仍然采用广义雅可比求逆的方法规划关节角度将导致关节角度无限大或无法计算。通常可以在奇异点附近对设计路径作微小改变以达到控制可实现性，对于路径的偏离可以采用反馈控制方法在空间机器人系统通过奇异位置后逐渐消除。

8.3.1.2　阻尼最小二乘法

利用阻尼最小二乘法（Damped Least Squares，DLS）可以实现自由漂浮空间机器人的动力学奇异回避。这种方法最早由 Wampler 引入到机器人运动学中。它的思想是在跟踪精度和关节速度之间作一个折中，极小化目标为

$$\| \boldsymbol{J}_g\dot{\boldsymbol{\theta}} - \dot{\boldsymbol{x}} \| + \lambda^2 \| \dot{\boldsymbol{\theta}} \| \tag{8-51}$$

其中 $\dot{\boldsymbol{x}}$ 为末端速度矢量

$$\dot{\boldsymbol{x}} = \begin{bmatrix} \boldsymbol{v}_e(t) \\ \boldsymbol{\omega}_e(t) \end{bmatrix} \tag{8-52}$$

λ^2 是阻尼因子，可理解为 $\| \boldsymbol{J}_g\dot{\boldsymbol{\theta}} - \dot{\boldsymbol{x}} \|$ 项与 $\| \dot{\boldsymbol{\theta}} \|$ 的相对权重。通过解相应的法方程

$$\begin{bmatrix} \boldsymbol{J}_g \\ \lambda\boldsymbol{I} \end{bmatrix}\dot{\boldsymbol{\theta}} = \begin{bmatrix} \dot{\boldsymbol{x}} \\ \boldsymbol{0} \end{bmatrix} \tag{8-53}$$

可以得到使式(8-53)极小化的唯一解

$$\dot{\boldsymbol{\theta}} = \boldsymbol{J}^{\mathrm{T}}\ (\boldsymbol{J}\boldsymbol{J}^{\mathrm{T}} + \lambda^2\boldsymbol{I})^{-1}\dot{\boldsymbol{x}} \tag{8-54}$$

8.3.1.3　基于奇异值分解的笛卡儿避奇异算法

将广义雅可比矩阵 $\boldsymbol{J}_g$ 进行奇异值分解，可得

$$\boldsymbol{J}_g = \sigma_1\boldsymbol{u}_1\boldsymbol{v}_1^{\mathrm{T}} + \sigma_2\boldsymbol{u}_2\boldsymbol{v}_2^{\mathrm{T}} + \cdots + \sigma_r\boldsymbol{u}_r\boldsymbol{v}_r^{\mathrm{T}} \tag{8-55}$$

式中 σ_i（$i=1,2,\cdots,r$）为 $\boldsymbol{J}_g$ 的奇异值；$\boldsymbol{u}_i$，$\boldsymbol{v}_i$（$i=1,2,\cdots,r$）为 $\boldsymbol{J}_g$ 的奇异矢量。于是

$$\boldsymbol{J}_g^{\mathrm{T}}\boldsymbol{J}_g + \lambda^2\boldsymbol{I} = \sum_{i=1}^{r}(\sigma_i^2 + \lambda^2)\boldsymbol{u}_i\boldsymbol{v}_i^{\mathrm{T}} \tag{8-56}$$

将式(8-56)代入式(8-54)中，得

$$\dot{\boldsymbol{\theta}}^{(\lambda)} = (\boldsymbol{J}_{g}^{T}\boldsymbol{J}_{g} + \lambda^{2}\boldsymbol{I})^{-1}\boldsymbol{J}_{g}^{T}\begin{bmatrix}\boldsymbol{v}_{e}(t)\\ \boldsymbol{\omega}_{e}(t)\end{bmatrix} = \sum_{i=1}^{r}\frac{\sigma_{i}}{\sigma_{i}^{2}+\lambda^{2}}\boldsymbol{v}_{i}\boldsymbol{u}_{i}^{T}\begin{bmatrix}\boldsymbol{v}_{e}(t)\\ \boldsymbol{\omega}_{e}(t)\end{bmatrix} \tag{8-57}$$

将机械臂末端速度矢量 $\begin{bmatrix}\boldsymbol{v}_{e}(t)\\ \boldsymbol{\omega}_{e}(t)\end{bmatrix}$ 表示为输出矢量 $\boldsymbol{u}_i$ 的线性组合

$$\begin{bmatrix}\boldsymbol{v}_{e}(t)\\ \boldsymbol{\omega}_{e}(t)\end{bmatrix} = \sum_{i=1}^{r}\dot{\boldsymbol{x}}_{i}\boldsymbol{u}_{i} \tag{8-58}$$

因为 $u_i, u_j\ (i \neq j)$ 相互正交，则

$$\dot{\boldsymbol{x}}_{i} = \boldsymbol{u}_{i}^{T}\begin{bmatrix}\boldsymbol{v}_{e}(t)\\ \boldsymbol{\omega}_{e}(t)\end{bmatrix} \tag{8-59}$$

将式（8－59）代入式（8－57）中，得

$$\dot{\boldsymbol{\theta}}^{(\lambda)} = \sum_{i=1}^{r}\frac{\sigma_{i}}{\sigma_{i}^{2}+\lambda^{2}}\boldsymbol{v}_{i}\dot{\boldsymbol{x}}_{i} \tag{8-60}$$

令 $\dot{\boldsymbol{\theta}}_{i}^{(\lambda)} = \frac{\sigma_{i}}{\sigma_{i}^{2}+\lambda^{2}}\boldsymbol{v}_{i}\dot{\boldsymbol{x}}_{i}$，则 $\dot{\boldsymbol{\theta}}^{(\lambda)} = \sum_{i=1}^{r}\dot{\boldsymbol{\theta}}_{i}^{(\lambda)}$，显然 $\dot{\boldsymbol{\theta}}_{i}^{(\lambda)}$ 之间相互正交，所以有

$$\|\dot{\boldsymbol{\theta}}^{(\lambda)}\|^{2} = \sum_{i=1}^{r}\|\dot{\boldsymbol{\theta}}_{i}^{(\lambda)}\|^{2} = \sum_{i=1}^{r}\left(\frac{\sigma_{i}}{\sigma_{i}^{2}+\lambda^{2}}\right)^{2}\dot{\boldsymbol{x}}_{i}^{2} \tag{8-61}$$

因此，得到跟踪误差为

$$\left\|\begin{bmatrix}\boldsymbol{v}_{e}\\ \boldsymbol{\omega}_{e}\end{bmatrix} - \boldsymbol{J}_{g}\dot{\boldsymbol{\theta}}^{(\lambda)}\right\|^{2} = \sum_{i=1}^{r}\dot{\boldsymbol{x}}_{i}^{2}\left(\frac{\lambda^{2}}{\sigma_{i}^{2}+\lambda^{2}}\right)^{2} + \sum_{i=r+1}^{m}\dot{\boldsymbol{x}}_{i}^{2} \tag{8-62}$$

式中 r 和 m 分别为广义雅可比矩阵降秩和满秩时矩阵的秩。式（8－62）中误差由两部分组成，其中 $\sum_{i=r+1}^{m}\dot{\boldsymbol{x}}_{i}^{2}$ 是对应奇异值为零且输出速度也为零引起的，即不论关节速度多大，在机械臂末端 $\boldsymbol{u}_i$（$r<i<m$）方向上也不会产生速度，进而造成的跟踪误差。这部分误差是客观存在的，理论上不能克服。而 $\sum_{i=1}^{r}\dot{\boldsymbol{x}}_{i}^{2}\left(\frac{\lambda^{2}}{\sigma_{i}^{2}+\lambda^{2}}\right)^{2}$ 则可以通过调整阻尼 λ 来减少误差。

综合考虑末端速度的连续性以及尽量减小跟踪误差，引入一个

动态变化的阻尼因子 λ

$$\lambda=\begin{cases}\lambda_{\max}[1+\cos(\pi\sigma_i/\varepsilon)]/2, & \sigma_i<\varepsilon\\ 0, & \sigma_i\geqslant\varepsilon\end{cases} \tag{8-63}$$

式（8-63）中 $\lambda_{\max}$ 为最大阻尼因子，ε 为空间机器人广义雅可比矩阵接近奇异，且需要引入阻尼时的 σ_i 值。该方法与传统阻尼最小二乘方法不同的是，并不是对每一个 σ_i 都引入阻尼 λ，只是对小到一定程度的奇异值引入阻尼。$\lambda_{\max}$ 和 ε 的选取原则是尽量使关节速度平滑过渡且跟踪误差尽量小。如果 $\lambda_{\max}$ 选得过大，虽然奇异得到了有效的克服，但引入了较大的跟踪误差；相反，奇异得不到有效的解决，系统运动平滑性不好。一般需要反复调整得到比较合适的值。通常 $\lambda_{\max}$ 和 ε 在同一个数量级上。

图 8-2 为引入了避奇异算法的空间机器人笛卡儿连续轨迹规划流程图[4]。

8.3.2　基于快速扩展随机树算法的机器人避障路径规划

快速扩展随机树（rapidly exploring random tree，RRT）算法的特点是能够快速有效地搜索高维空间，通过状态空间的随机采样点，把搜索导向空白区域，从而寻找到一条从起始点到目标点的规划路径，适合于解决多自由度机器人在复杂环境下和变化场景中的运动规划。本节利用此方法来实现机器人在有障碍物环境中的运动规划。

8.3.2.1　RRT 算法的基本原理

RRT 算法是一种在多维空间中有效率的规划算法。每次规划是以状态空间中的一个初始点作为根节点，通过随机采样，逐渐增加叶节点的方式，生成一个随机扩展树。当随机树的叶节点中包含了目标点或目标区域中的点，便可在随机树中找到一条以树节点组成的从初始点到目标点的规划路径。

设 C 是环境中一个刚体或系统的状态空间，且 $C\in\mathbf{R}^N$ 。在 2D 的工作空间，$N=3$，其中包括机器人的位置坐标和方向角度。快速扩展随机树的构建过程如图 8-3 所示：T_k 为一个拥有 k 个节点扩展

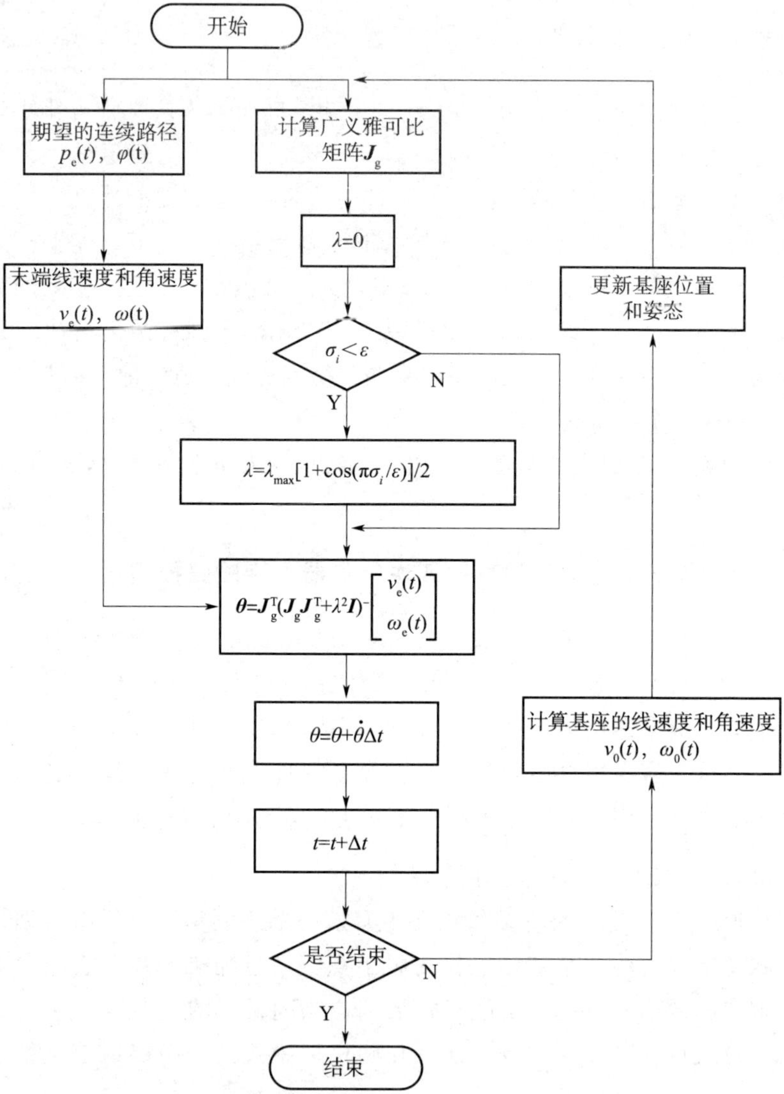

图 8-2　空间机器人笛卡儿避奇异轨迹规划算法流程

树，x 为 T_k 的节点，且 $T_k \in C_{free}$，C_{free} 为与障碍物无碰撞的机器人自由状态空间。同时定义 x_{init} 为初始节点（起点），x_{goal} 为目标节点（终点），$X_{goal} \subset C_{free}$ 为目标区域。令 x_{rand} 为 C 空间中一个随机选取的位姿状态，且 $x_{rand} \in C_{free}$。在 T_k 中找出距离 x_{rand} 最近的节点 x_{near}。设 $p,q \in C_{free}$，令 $\mathrm{Dis}(p,q)$ 代表两个位姿状态间的几何距离，则 x_{rand} 与 x_{near} 的关系可表示为：$\mathrm{Dis}(x_{near},x_{rand}) \leqslant \mathrm{Dis}(x,x_{rand})$。在 x_{near} 与 x_{rand} 的连线上求 x_{new}，x_{new} 必须满足 $x_{new} \in C_{free}$ 且 $\mathrm{Dis}(x_{near},x_{new}) = \rho$ 的条件，其中 $\rho > 0$，为 RRT 生长的最小单位长度，称为步长。如果存在 x_{new}，则 T_k 增加一个新节点。令 T_{k+1} 表示新的 RRT，则 $T_{k+1} = T_k + x_{new}$。否则重新选取 x_{rand}，重复以上过程，直到扩展到目标节点 x_{goal}。其节点的计算公式为

$$x_{new} = x_{near} + l \cdot (x_{rand} - x_{near})/(\| x_{rand} - x_{near} \|) \quad (8-64)$$

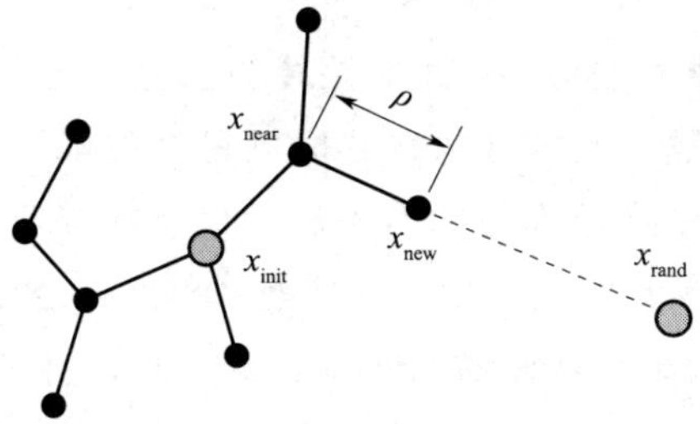

图 8-3　RRT 的构建

但是 RRT 算法也存在问题。由于利用随机采样生成扩展树，这将导致对同一任务重复规划会产生不同的路径，使机器人在完成同一任务时，可重复性比较差。同时用于寻找路径的扩展树由随机采样点生成，所以规划出的路径经常远离最短路径。

8.3.2.2　改进的 RRT 算法[5]

由于 RRT 算法中扩展树生长时，是以规划起点 x_{init} 作为树的根节点，在自由空间中随机采样 x_{rand}，根据式（8-64）来确定新的叶节点 x_{new}，直到树的叶节点包含了 x_{goal} 为止。x_{rand} 选取的任意性，导致了扩展树的生长形状具有随机性，从而导致从树的根节点 x_{init} 到

叶节点 x_{goal} 规划的路径有时接近最短路径，有时远离最短路径，也存在随机性。并且对同一任务的规划缺乏可重复性。

为减少路径规划的随机性，使扩展树具有向目标点生长的特性，在 RRT 算法的基础上，通过引入 A^* 搜索算法来寻找最短路径。A^* 搜索算法的核心思想是在路径中的任何一个节点 n，都有一个估价函数，可表示为：$f(n)=g(n)+h(n)$，其中 $f(n)$ 是节点 n 从初始点到目标点的估价函数，$g(n)$ 是在状态空间中从初始节点到 n 点的实际代价，$h(n)$ 是从 n 目标节点最佳路径的估计代价。A^* 搜索算法是沿着到目标节点估价值 $f(n)$ 最小的方向进行扩展。估价函数中 $h(n)$ 的选取影响求解最优路径的效率和结果。为保证找到最短路径（最优解的）条件，对于 2D 环境来说，一般取两节点间欧几里得距离（直线距离）作为估价值，即 $f(n)=g(n)+\mathrm{sqrt}((dx-nx)*(dx-nx)+(dy-ny)*(dy-ny))$。

根据 A^* 搜索算法中寻找最短路径的思想，在构建扩展树时引入了启发式估价函数，使扩展树构建时既可绕过障碍物，又可朝着目标点方向生长。在路径规划中引入启发信息能提高搜索的效率，有利于减少扩展树生长的随机性，并使规划出的路径接近最短路径。

对 RRT 算法中扩展树增加叶节点 x_{new} 时，引入了启发函数，通过计算每个节点到目标点的估价值来选取新增的叶节点，即在扩展树生长时，选取一定量的随机采样点 x_{rand}，并分别计算出新的临时节点 x_{tmp}。计算公式为

$$x_{tmp}=x_{parent}+l\cdot(x_{rand}-x_{parent})/(\|x_{rand}-x_{parent}\|) \tag{8-65}$$

其中 x_{parent} 为本次采样距离扩展树上最近的叶节点，为 x_{tmp} 的父节点。然后选取到目标点估价值最小的节点作为 x_{new} 加入扩展树中。由于 $f(n)$ 中 $g(n)$ 表示从初始节点到 n 点的实际代价，生成扩展树时，$g(n)$ 为

$$g(n)=g(n-1)+l\cdot(x_{rand}-x_{parent})/(\|x_{rand}-x_{parent}\|) \tag{8-66}$$

式中 $g(n-1)$ 代表父节点的实际代价。这样以启发因子 $f(n)$ 为扩展树生长的启发因子，削弱了选取叶节点 x_{new} 的随机性，保证了扩展树具有向着目标节点生长的特性。

由于 RRT 算法中在扩展树生长时，融入了导向目标节点的启发因子，新的叶节点总是选取离目标最近的节点，这会使路径寻找过程中遇到局部极小值问题[6]。解决的方法是如果新的临时节点 x_{tmp} 是与其父节点 x_{parent} 距离的 1.2 倍，小于 x_{tmp} 与扩展树上节点的最近距离，即 $1.2\rho(x_{\text{parent}}, x_{\text{tmp}}) < \rho(x_{\text{near}}, x_{\text{tmp}})$，此临时节点将被保留；否则，将被取消。其中 x_{near} 为扩展树上除去其父节点 x_{parent} 后，距离 x_{tmp} 最近的叶节点。这样有利于扩展树的叶节点向着空旷未探索过的地带发展，使规划的路径既可向着目标点方向进行探索，同时又可绕开障碍物，避免局部极小值问题的发生。

8.3.3　相对运动中基座扰动最小的路径规划

机械臂的运动会对其载体产生反作用。对于载体姿态受控的空间机器人，机械臂产生的扰动会增加姿态控制系统的压力，反作用力优化的目标是减少姿态控制的压力；而对于自由漂浮空间机器人，其载体姿态不受控，反作用力矩产生的姿态偏移会影响到系统的通信能力，甚至使载体发生翻转，自由漂浮空间机器人反作用优化的目标是减少载体姿态的偏移量[7]。

8.3.3.1　载体姿态受控空间机器人反作用力矩优化

机器人对基座产生的反作用力/力矩可以通过牛顿-欧拉法求出。该方法从运动学角度出发求得加速度，并消去各内作用力，从而得到机器人各关节的驱动力矩以及机器人对其载体的反作用力和力矩。对杆件 k，根据牛顿-欧拉方程，从机械臂的末端向基座进行递推。

首先根据牛顿第二定律，各个杆件的惯性力和惯性力矩可以表示为

$$\begin{cases} \boldsymbol{F}_k = \boldsymbol{m}_k \dot{\boldsymbol{v}}_k \\ \boldsymbol{N}_k = \boldsymbol{I}_k \dot{\boldsymbol{\omega}}_k + \boldsymbol{\omega}_k \times (\boldsymbol{I}_k \boldsymbol{\omega}_k) \end{cases} \tag{8-67}$$

式中 $\boldsymbol{F}_k$——杆件 k 所受惯性力在惯性系下的矢量；

$\boldsymbol{N}_k$——杆件 k 所受惯性力矩在惯性系下的矢量。

其次，根据动态平衡原理，惯性系中第 k 关节处受自 k 杆的力和力矩为

$$\begin{cases} \boldsymbol{f}_k = \boldsymbol{F}_k + \boldsymbol{f}_{k+1} \\ \boldsymbol{n}_k = \boldsymbol{N}_k + ({}^I\boldsymbol{a}_k \times \boldsymbol{F}_k) + {}^I\boldsymbol{l}_k \times \boldsymbol{f}_{k+1} + \boldsymbol{n}_{k+1} \end{cases} \tag{8-68}$$

式中 $\boldsymbol{f}_{k+1}$——惯性系中第 $k+1$ 关节处受来自 $k+1$ 杆的力矢量；

$\boldsymbol{n}_{k+1}$——惯性系中第 $k+1$ 关节处受来自 $k+1$ 杆的力矩矢量；

${}^I\boldsymbol{a}_k$——惯性系中关节 k 到第 k 杆质心的矢量（$k=1, 2, \cdots, n$）；

${}^I\boldsymbol{l}_k$——惯性系中关节 k 到关节 $k+1$ 或者末端执行器的矢量（$k=1, 2, \cdots, n$）。

从末端向机械臂本体递推，第 $k+1$ 关节处受来自 $k+1$ 杆的力和力矩被传递到杆件 k，成为杆件 k 所受来自杆件 $k+1$ 的力和力矩作用。

最后考虑末端特殊情况，获得惯性系中第 k 关节处受来自 k 杆的力和力矩的统一表达式如下

$$\begin{cases} \boldsymbol{f}_k = \begin{cases} \boldsymbol{F}_k + \boldsymbol{f}_e, & (k = n) \\ \boldsymbol{F}_k + \boldsymbol{f}_{k+1}, & (k < n) \end{cases} \\ \boldsymbol{n}_k = \begin{cases} \boldsymbol{N}_k + ({}^I\boldsymbol{l}_{ke} \times \boldsymbol{f}_e + \boldsymbol{n}_e) + ({}^I\boldsymbol{a}_k \times \boldsymbol{F}_k), & (k = n) \\ \boldsymbol{N}_k + ({}^I\boldsymbol{l}_k \times \boldsymbol{f}_{k+1} + \boldsymbol{n}_{k+1}) + ({}^I\boldsymbol{a}_k \times \boldsymbol{F}_k), & (k < n) \end{cases} \end{cases} \tag{8-69}$$

式中 $\boldsymbol{f}_e$——惯性系中机械臂末端执行器所受外力的矢量；

$\boldsymbol{n}_e$——惯性系中机械臂末端执行器所受外力矩的矢量；

${}^I\boldsymbol{l}_{ke}$——惯性系中关节 k 到机械臂末端执行器的矢量，当 $k = n$ 时。

通过上述分析，当递推到机械臂基座时，关节 1 所受的力和力矩将传递到机械臂载体，形成的干扰力和干扰力矩分别为

$$\begin{cases} \boldsymbol{F}_0 = \boldsymbol{f}_1 \\ \boldsymbol{N}_0 = \boldsymbol{c}_{01} \times \boldsymbol{f}_1 + \boldsymbol{n}_1 \end{cases} \tag{8-70}$$

式中 $\boldsymbol{c}_{01}$——基座质心到第 1 个关节的矢量。

载体姿态受控机器人的载体姿态受到反作用飞轮的控制而保持不变。飞轮角动量的增量始终与外扰角动量相等，这时载体的角动量将保持恒定。但由于利用飞轮的姿态控制会消耗载体上有限的能源，因此在机械臂运动过程中减少干扰力矩的积分可以有效降低姿态控制的代价，延长系统工作寿命。

另一方面，为了防止因飞轮的力矩发生饱和而造成的基座姿态失控现象，还需要对反作用力矩进行峰值优化。同时对于反作用力矩峰值的优化还有利于系统协调控制，降低飞轮的控制力矩要求，甚至在原来姿态控制力矩不提高的情况下完成以前不能完成的任务。

根据方程（8－70）可得到空间机器人载体所受合力矩为

$$N = \sqrt{\boldsymbol{N}_0 \, \boldsymbol{N}_0^{\mathrm{T}}} \tag{8-71}$$

因此，反作用力矩对于时间积分的形式可以表达为

$$B_{N\mathrm{q}} = \int_{t_0}^{t_\mathrm{f}} N(t)\,\mathrm{d}t \tag{8-72}$$

目标函数为捕获过程中反作用力矩的峰值可以表达为

$$B_{N\mathrm{f}} = \max \| \boldsymbol{N}_0(t) \| \tag{8-73}$$

通常情况下，需要同时考虑全局反作用力矩和峰值反作用力矩的影响，因此需要进行反作用力矩的综合优化。为了让两个目标函数在同一个数量级，用整个过程平均反作用力矩作为目标函数值来代替全局反作用力矩

$$B_{N\mathrm{a}} = \int_{t_0}^{t_\mathrm{f}} \frac{N(t)}{T}\,\mathrm{d}t \tag{8-74}$$

$$B_N = w_1 B_{N\mathrm{a}} + w_2 B_{N\mathrm{f}} \tag{8-75}$$

式中，w_1、w_2 为权重系数。通过权重系数的引入，将多目标优化问题转化为单目标优化问题。根据对与优化目标的关节程度，适当选择 w_1、w_2，在全局反作用力矩和峰值反作用力矩之间作一个平衡，这样可以达到两个参数同时优化的目的。

8.3.3.2　自由漂浮空间机器人的载体姿态扰动优化

在空间机器人的目标捕获过程中，为了节省燃料，延长系统工

作时间，避免碰撞，通常让系统处于自由漂浮状态。对于这类空间机器人，载体在其运动过程中自由浮动，不进行姿态控制。此时评价其反作用力矩积分值和峰值失去了直接的实际意义。由于机械臂运动产生的载体姿态偏移会影响到系统的性能，减少机械臂在运动后产生的对基座姿态偏移量可以防止对地姿态变化过大和通信中断，所以把基座最终的位姿偏移作为浮动类反作用优化目标的评价函数更具现实意义。

姿态运动是载体角动量的表现形式，根据角动量守恒方程（8-45），在机械臂的运动过程中载体的角速度为

$$\omega_0(t) = -H_s^{-1} H_\Theta \dot{\theta}(t) \tag{8-76}$$

定义范数 $\|\boldsymbol{x}\| = \mathrm{sqrt}(\boldsymbol{x}^{\mathrm{T}}\boldsymbol{x})$，则载体姿态随规划时间变化函数为

$$B_\omega(t) = \left\| \int_{t_0}^{t} \boldsymbol{\omega}_0(t)\mathrm{d}t \right\| \tag{8-77}$$

因此在机械臂运动终止时载体姿态相对于初始时刻的姿态变化量可以定义为如式（8-77），即姿态全局优化的目标函数。

$$B_{\omega q} = B_\omega(t_f) = \left\| \int_{t_0}^{t_f} \boldsymbol{\omega}_0(t)\mathrm{d}t \right\| \tag{8-78}$$

值得注意的是，这里的最终位姿偏移大小并不能表征过程中载体姿态偏移的全部信息，载体在某个方向上的偏移量的最大值并非一定在结束时刻。考虑到载体姿态对通信的影响，一般要求载体的姿态变化不能超出某一个特定范围，因此需要考虑姿态变化峰值的影响。这里引入姿态峰值优化的目标函数，即

$$B_{\omega f} = \max \| B_\omega(t) \| \tag{8-79}$$

同样地，引入权重系数 w_3、w_4，得到自由漂浮模式载体姿态优化的目标函数 B_a 为

$$B_a = w_3 B_{\omega q} + w_4 B_{\omega f} \tag{8-80}$$

8.3.3.3 基于遗传算法的基座扰动最小优化过程[8]

由于空间机械臂对于基座的反作用与众多因素有关，目标函数

计算比较复杂，有的存在数值积分部分，没有显式的数学表达式，而传统的牛顿迭代方法需要梯度信息，不适于此类优化应用。遗传算法以生物遗传进化过程为背景，是一种全局优化算法，而且不需要梯度信息，因而具有广泛的适应性。

（1）笛卡儿轨迹参数化

利用多项式余弦参数化方法给出了基于 5 次多项式函数和余弦函数进行参数化设计的方程（8－81），利用该方程分别对描述机械臂末端轨迹的 4 维状态变量 $P^k(t)$（$k=1, 2, 3, 4$）进行参数化设计，能够产生一种类似于螺旋形状的运动轨迹。

$$P^k(t) = (a_5^k t^5 + a_4^k t^4 + a_3^k t^3 + a_2^k t^2 + a_1^k t + a_0^k)\cos\left(\frac{2\pi t}{T^k} + \omega^k\right) + P_0^k \tag{8-81}$$

式中　T^k，ω^k ——余弦函数的周期和相位参数；

a_0^k，…，a_5^k ——5 次多项式系数；

P_0^k ——机械臂末端状态变量的初始值。

对式（8－81）分别进行 1 次、2 次求导，可得其速度和加速度表达式

$$\begin{aligned}\dot{P}^k(t) = {} & (5a_5^k t^4 + 4a_4^k t^3 + 3a_3^k t^2 + 2a_2^k t + a_1^k)\cos\left(\frac{2\pi t}{T^k} + \omega^k\right) - \\ & 2\pi(a_5^k t^5 + a_4^k t^4 + a_3^k t^3 + a_2^k t^2 + a_1^k t + a_0^k)\sin\left(\frac{2\pi t}{T^k} + \omega^k\right)/T^k\end{aligned} \tag{8-82}$$

$$\begin{aligned}\ddot{P}^k(t) = {} & (20a_5^k t^3 + 12a_4^k t^2 + 6a_3^k t + 2a_2^k)\cos\left(\frac{2\pi t}{T^k} + \omega^k\right) - \\ & 4\pi(5a_5^k t^4 + 4a_4^k t^3 + 3a_3^k t^2 + 2a_2^k t + a_1^k)\sin\left(\frac{2\pi t}{T^k} + \omega^k\right)/T^k - \\ & 4\pi^2(a_5^k t^5 + a_4^k t^4 + a_3^k t^3 + a_2^k t^2 + a_1^k t + a_0^k)\cos\left(\frac{2\pi t}{T^k} + \omega^k\right)/(T^k)^2\end{aligned} \tag{8-83}$$

由式（8－81）可知，要确定状态变量 $P^k(t)$ 的轨迹，需要确定 $a_0^k \sim a_5^k$、T^k、ω^k 共 8 个待定系数，根据轨迹两端点的位置、速度

和加速度等 6 个边界条件，可以确定 6 个待定系数，因此将 T^k 和 ω^k 作为参数，将 $a_0^k \sim a_5^k$ 表示为 T^k 和 ω^k 的函数。

为了满足运动起始点机械臂末端速度和加速度连续的要求，通常定义如下边界条件

$$P^k(0)=P_0^k,\ \dot{P}^k(0)=0,\ \ddot{P}^k(0)=0 \tag{8-84}$$

假设通过合理选择 T^k 和 ω^k 可令 $0<\cos\left(\frac{2\pi t}{T^k}+\omega^k\right)<1$，那么将式（8－84）带入式（8－81）～式（8－83）可得

$$a_0^k = a_1^k = a_2^k = 0 \tag{8-85}$$

进一步根据目标点位置、速度、加速度 3 个边界条件可求出 $a_3^k \sim a_5^k$ 关于 T^k 和 ω^k 的表达式。如果假设目标点速度和加速度都为 0，如式（8－86）所示，则可计算得到 $a_3^k \sim a_5^k$ 系数，如式（8－87）所示。

$$P(t_f)=P_e^k,\ \dot{P}^k(t_f)=0,\ \ddot{P}^k(t_f)=0 \tag{8-86}$$

式中 P_e^k ——机械臂末端目标位置（m）；

t_f ——规划总的运动时间（s）。

$$\begin{cases} a_3^k = \dfrac{D^k}{(T^k)^2 t_f^3 \cos^3\psi}[10(T^k)^2\cos^2\psi - 8\pi t_f T^k \sin\psi\cos\psi + \\ \quad 2\pi^2 t_f^2(\sin^2\psi+1)] \\ a_4^k = \dfrac{-D^k}{(T^k)^2 t_f^4 \cos^3\psi}[15(T^k)^2\cos^2\psi - 14\pi t_f T^k \sin\psi\cos\psi + \\ \quad 4\pi^2 t_f^2(\sin^2\psi+1)] \\ a_5^k = \dfrac{2D^k}{(T^k)^2 t_f^5 \cos^3\psi}[3(T^k)^2\cos^2\psi - 3\pi t_f T^k \sin\psi\cos\psi + \\ \quad \pi^2 t_f^2(\sin^2\psi+1)] \end{cases} \tag{8-87}$$

其中

$$\psi = \frac{2\pi t_f}{T^k}+\omega^k,\ D^k = P_e^k - P_0^k \tag{8-88}$$

总之，经过多项式余弦函数参数化后机械臂末端轨迹状态函数中仅包含 T^k，ω^k（$k=1\sim4$）共 8 个参数，改变这些参数就可以得到不同的笛卡儿轨迹。

（2）基于遗传算法的基座扰动最小优化

根据上述目标函数和约束条件，基于遗传算法的优化流程如图 8-4 所示。

1）生成待定参数的初始化种群。

遗传算法首先要根据设置的待定参数取值范围，随机产生初始化种群，如果设定种群个体数目为 N，就会随机产生 N 组待定参数，根据所应用的参数化方程就能够得出 N 条空间机械臂期望运动轨迹。

2）计算个体适应度。

根据优化的具体目标函数计算初始种群中每个个体的适应度值，即待定参数所对应的目标函数 B。

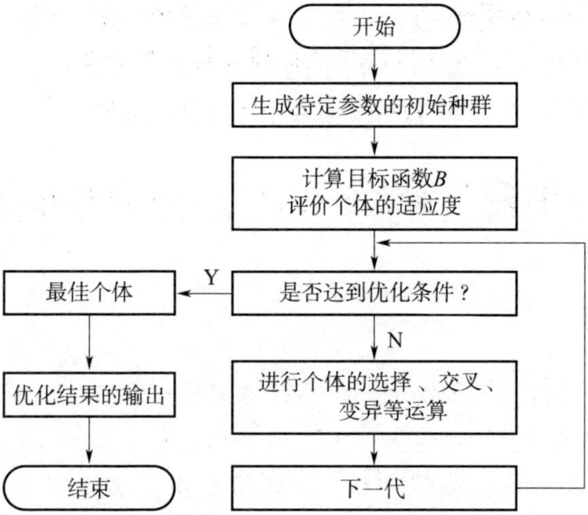

图 8-4　遗传算法优化流程

3）选择。

选择运算的目的是将优化的个体直接遗传到子代，或者经过交叉运算产生新的个体后再遗传到子代。选择运算是以个体适应度值为基础，采用最简单、常用的轮盘赌选择方法。父代种群中的个体遗传到子代的概率等于其自身的适应度值跟父代种群中所有个体适应度值之和的比值

$$P_i = \frac{S_i}{\sum_{k=1}^{N} S_k} \tag{8-89}$$

式中 S_i——父代个体 i 的适应度值。

个体的适应度值越大，选择概率就越大，被选择的次数就越多，该个体的遗传基因就能够在种群中逐渐扩大；否则就会逐渐被淘汰。

4）交叉。

交叉运算是指在选择运算所产生的种群中随机地选择两个个体，并在随机产生的位置点上进行部分结构互换，从而生成两个新的子代个体。交叉运算在遗传算法中起核心作用，主要用于实现全局搜索。

5）变异。

变异运算是指根据设定变异概率对种群个体的二进制基因码进行小概率翻转操作，变异运算用于加速向最优解收敛。

重复步骤 2）～5）直到求出满足条件的最优解。

8.4 多臂机器人物体空间相对运动协调阻抗控制

8.4.1 引言

基于多臂机器人的协调操作由任务规划层和控制层结合而实现。由于任务规划层的计算量大（多关节规划、视觉等），规划时间较长（秒级），所以通常由离线完成，并很难应用于实际环境。单臂机器人的控制层主要包括阻抗控制和混合力/位置控制两种方式。后者应用于大多数的物体操作控制，但其基于接触的特性使得在机器人臂与被操作物体接触的过程中稳定性价差。而前者在操作的整个过程——自由空间运动→非接触/接触过程→稳定接触（抓取）——能够保持一致稳定性。在自由空间运动时，机器人臂在控制的作用下收

敛于稳态点（目标位置）；在与无源性环境接触时，机械臂在控制器的作用下则稳定于虚拟稳态点和目标接触力，因此，阻抗控制策略在实现多臂机器人操作任务的过程中具有一定优势。

任务规划层与控制层的接口可以是关节层、单臂末端点笛卡儿空间层（TCP），以及物体操作空间层。分别对应的控制层控制策略为：关节控制阻抗控制、笛卡儿空间末端阻抗控制及以物体姿态和位置为控制目标的多臂物体层空间协调阻抗控制。机器人所采用的控制层越低，控制器稳定性高，计算量要求低，但任务规划层的计算量将成几何倍数增长。而在现有的传感器及硬件条件下，控制层所选取的控制策略层次越高，任务规划层的计算量越小，有可能实现真正意义上的实时任务规划，从而在复杂的实际环境中完成多臂协调操作任务。因此，本节将基于无源性控制原理，提出以物体操作空间位置和姿态为控制目标的多臂协调物体层空间阻抗控制策略[9]。

8.4.2 多机械臂-被抓取物体相对运动的系统动力学模型

本节首先对多臂机器人及被抓取物体所构成的机器人系统建立系统模型。假设具有 n 个机器人臂，总共 m 个自由度的机器人动力学模型和被抓取物体的多体动力学模型可由下式表示

$$\boldsymbol{M}_{\mathrm{h}}(\boldsymbol{\theta})\ddot{\boldsymbol{\theta}}+\boldsymbol{C}_{\mathrm{h}}(\boldsymbol{q},\dot{\boldsymbol{\theta}})\dot{\boldsymbol{\theta}}+\boldsymbol{g}_{\mathrm{h}}(\boldsymbol{\theta},\dot{\boldsymbol{\theta}})=\boldsymbol{\tau}_{m}-\boldsymbol{\tau}_{\mathrm{f}}+\boldsymbol{\tau}_{\mathrm{ext}} \tag{8-90}$$

$$\boldsymbol{M}_{\mathrm{o}}(\boldsymbol{x}_{\mathrm{o}})\ddot{\boldsymbol{x}}_{\mathrm{o}}+\boldsymbol{C}_{\mathrm{o}}(\boldsymbol{x}_{\mathrm{o}},\dot{\boldsymbol{x}}_{\mathrm{o}})\dot{\boldsymbol{x}}_{\mathrm{o}}+\boldsymbol{g}_{\mathrm{o}}(\boldsymbol{x}_{\mathrm{o}},\dot{\boldsymbol{x}}_{\mathrm{o}})=\boldsymbol{w}_{\mathrm{ext}}+\boldsymbol{w}_{\mathrm{f}} \tag{8-91}$$

式中 $\boldsymbol{M}_{\mathrm{h}}(\boldsymbol{\theta})\in\mathbf{R}^{m\times m}$ ——机器人臂的对称正定惯量矩阵；

$\boldsymbol{M}_{\mathrm{o}}(\boldsymbol{x}_{\mathrm{o}})\in\mathbf{R}^{6\times 6}$ ——抓取目标物体的对称正定惯量矩阵；

$\boldsymbol{C}_{\mathrm{h}}(\boldsymbol{\theta},\dot{\boldsymbol{\theta}})\dot{\boldsymbol{\theta}}\in\mathbf{R}^{m}$ ——机器人臂的离心力及科氏力项；

$\boldsymbol{C}_{\mathrm{o}}(\boldsymbol{x}_{\mathrm{o}},\dot{\boldsymbol{x}}_{\mathrm{o}})\dot{\boldsymbol{x}}_{\mathrm{o}}\in\mathbf{R}^{6}$ ——抓取目标物体的离心力项；

$\boldsymbol{g}_{\mathrm{h}}(\boldsymbol{\theta})\in\mathbf{R}^{m}$ ——机器人重力项；

$\boldsymbol{g}_{\mathrm{o}}\in\mathbf{R}^{6}$ ——目标物体的重力项；

$\boldsymbol{\theta}\in\mathbf{R}^{m}$ —— $\boldsymbol{\theta}=[\boldsymbol{\theta}_{f1},\cdots,\boldsymbol{\theta}_{fn}]$为 n 个机器人臂的广义位置；

$\boldsymbol{x}_{\mathrm{o}} \in \mathbf{R}^6$ ——物体层空间坐标系原点在基坐标系中的位置；

$\boldsymbol{\tau}_m \in \mathbf{R}^m$ ——广义驱动力矩，即控制输入；

$\boldsymbol{\tau}_{\mathrm{ext}}$ ——关节空间机器人的广义外力；

$\boldsymbol{w}_{\mathrm{ext}} \in \mathbf{R}^6$ ——施加在被操作物体上的广义外力；

$\boldsymbol{w}_{\mathrm{f}}$ ——机器人末端与物体之间的广义接触力/力矩。

由于机器人臂与被抓取物体之间存在抓取约束

$$\boldsymbol{J}_{\mathrm{H}}(\boldsymbol{\theta},\boldsymbol{x}_o)\dot{\boldsymbol{\theta}} = \boldsymbol{G}^{\mathrm{T}}\dot{\boldsymbol{x}}_{\mathrm{o}}^{b} \tag{8-92}$$

式中 $\boldsymbol{G}$——表示抓取映射，将机器人臂施加于物体的接触力映射为物体所受的合力。

多机器人臂及被抓取物体构成一个完整系统，对式（8－90）和式（8－91）应用拉格朗日-阿尔伯特公式，可以得到整个系统的动力学模型为

$$\tilde{\boldsymbol{M}}(\boldsymbol{q})\ddot{\boldsymbol{x}}_{\mathrm{o}} + \tilde{\boldsymbol{C}}(\boldsymbol{q},\dot{\boldsymbol{q}})\dot{\boldsymbol{x}}_{\mathrm{o}} + \tilde{\boldsymbol{g}}(\boldsymbol{q},\dot{\boldsymbol{q}}) = \boldsymbol{F} + \boldsymbol{F}_{\mathrm{ext}} \tag{8-93}$$

式中

$$\tilde{\boldsymbol{M}} = \boldsymbol{M}_{\mathrm{o}} + \boldsymbol{G}\boldsymbol{J}_{\mathrm{H}}^{-\mathrm{T}}\boldsymbol{M}_{\mathrm{h}}\boldsymbol{J}_{\mathrm{H}}^{-1}\boldsymbol{G}^{\mathrm{T}} \tag{8-94}$$

$$\tilde{\boldsymbol{C}} = \boldsymbol{C}_{\mathrm{o}} + \boldsymbol{G}\boldsymbol{J}_{\mathrm{H}}^{-\mathrm{T}}\left[\boldsymbol{C}_{\mathrm{h}}\boldsymbol{J}_{\mathrm{H}}^{-1}\boldsymbol{G}^{\mathrm{T}} + \boldsymbol{M}_{\mathrm{h}}\frac{\mathrm{d}}{\mathrm{d}t}(\boldsymbol{J}_{\mathrm{H}}^{-1}\boldsymbol{G}^{\mathrm{T}})\right] \tag{8-95}$$

$$\tilde{\boldsymbol{g}} = \boldsymbol{g}_{\mathrm{o}} + \boldsymbol{G}\boldsymbol{J}_{\mathrm{H}}^{-\mathrm{T}}\boldsymbol{g}_{\mathrm{h}} \tag{8-96}$$

$$\tilde{\boldsymbol{F}} = \boldsymbol{G}\boldsymbol{J}_{\mathrm{H}}^{-\mathrm{T}}(\boldsymbol{\tau}_m - \boldsymbol{\tau}_{\mathrm{f}}) \tag{8-97}$$

本节中，$\boldsymbol{H}_{X,Y} = [\boldsymbol{R}_{X,Y}, \boldsymbol{p}_{X,Y}] \in \mathrm{SE}(3)$ 表示一个位置坐标由坐标系 Y 到坐标系 X 的坐标变换，其中包括坐标旋转量 $\boldsymbol{R}_{X,Y} \in \mathrm{SO}(3)$ 及坐标平移量 $\boldsymbol{p}_{X,Y} \in \mathbf{R}^3$。如果只有一个脚标，如 $\boldsymbol{H}_X$，则该坐标变换矩阵为相对于基坐标系的变换矩阵 $\boldsymbol{H}_{1,X}$，即相对于基坐标系的 $\boldsymbol{H}_X$ 坐标系。$\boldsymbol{H}_X$ 可表示为实际坐标 $\boldsymbol{x}_X \in \mathbf{R}^6$。力螺旋矢量 $\boldsymbol{w}_X = (\boldsymbol{f}_X^{\mathrm{T}} \quad \boldsymbol{m}_X^{\mathrm{T}})^{\mathrm{T}}$ 由作用于坐标系 $\boldsymbol{H}_X$ 中心的广义力 $\boldsymbol{f}_X \in \mathbf{R}^3$ 及广义力矩 $\boldsymbol{m}_X \in \mathbf{R}^3$ 组成，并表示于物体坐标系中。假设机器人臂操作物体的模型为具有摩擦力的点接触模型（PCWF），同时假定以下抓取条件：

1）被操作物体表面为凸集，或者抓取点为凸集；

2）所有机器人臂均在非奇异姿态中运动；

3）操作物体时仅机器人末端点与被操作物体有接触，其他部分没有接触；

4）抓取内力足够大，以获得末端点与被操作物体之间足够的摩擦力，保证 PCWF 模型没有相对滑动；

5）操作过程中机器人末端点与被抓取物体的位姿没有相对变化，即没有相对滚动。

$\boldsymbol{J}_{\mathrm{H}}(\boldsymbol{\theta},\boldsymbol{x}_{\mathrm{o}})$ 在整个系统的雅可比矩阵中引入了被抓取物体的位置 x_{o}。为消除 x_{o}的影响，整个系统的雅可比矩阵 $\boldsymbol{J}_{\mathrm{h}}(\boldsymbol{\theta})$ 可以定义为

$$\boldsymbol{J}_{\mathrm{h}}(\boldsymbol{\theta})=\frac{\partial\ \boldsymbol{x}_{\mathrm{f}}(\boldsymbol{\theta})}{\partial\ \boldsymbol{\theta}^{\mathrm{T}}} \tag{8-98}$$

$\boldsymbol{J}_{\mathrm{h}}(\boldsymbol{\theta})$ 将关节空间的角速度映射为笛卡儿空间位移速度，其具体形式可表示为

$$\boldsymbol{J}_{\mathrm{h}}(\boldsymbol{\theta})=\begin{bmatrix}\boldsymbol{J}_{\mathrm{f1}} & & 0\\ & \ddots & \\ 0 & & \boldsymbol{J}_{\mathrm{f}n}\end{bmatrix} \tag{8-99}$$

其中

$$\boldsymbol{J}_{\mathrm{f}i}=\frac{\partial\ \boldsymbol{x}_{\mathrm{f}i}(\boldsymbol{\theta})}{\partial\ \boldsymbol{\theta}} \tag{8-100}$$

为第 i 个机器人臂的雅可比矩阵。第 i 个机器人臂的末端点的笛卡儿空间位置由 $\boldsymbol{x}_{\mathrm{f}i}(\boldsymbol{\theta}_{\mathrm{f}i})\in\mathbf{R}^3$ 表示。机器人臂末端点笛卡儿坐标位置 $\boldsymbol{x}_{\mathrm{f}}(\boldsymbol{\theta}_{\mathrm{f}})=[\boldsymbol{x}_{\mathrm{f1}}^{\mathrm{T}}\cdots\boldsymbol{x}_{\mathrm{f}n}^{\mathrm{T}}]$ 及其位姿可由变换矩阵 $\boldsymbol{H}_{\mathrm{f}i}=[\boldsymbol{R}_{\mathrm{f}i}(\boldsymbol{\theta}_{\mathrm{f}i})\quad \boldsymbol{p}_{\mathrm{f}i}(\boldsymbol{\theta}_{\mathrm{f}i})]$ 计算而得。由于不考虑机械臂的奇异构型，因此，整个系统的雅可比矩阵的逆存在：$\boldsymbol{J}_{\mathrm{h}}^{-1}(\boldsymbol{\theta})$。第 i 个机械臂的接触力为 $\boldsymbol{f}_{\mathrm{f}i}$，末端点的速度为 $\dot{\boldsymbol{x}}_{\mathrm{f}i}$。所有机械臂的力和速度可集合表示为 $\boldsymbol{f}_{\mathrm{f}}=(\boldsymbol{f}_{\mathrm{f1}}^{\mathrm{T}}\quad\cdots\quad\boldsymbol{f}_{\mathrm{f}n}^{\mathrm{T}})^{\mathrm{T}}$ 和 $\dot{\boldsymbol{x}}_{\mathrm{f}}=(\boldsymbol{x}_{\mathrm{f1}}^{\mathrm{T}}\quad\cdots\quad\boldsymbol{x}_{\mathrm{f}n}^{\mathrm{T}})^{\mathrm{T}}$。由此可以得到抓取约束在惯性系中的表达式为

$$\boldsymbol{J}_{\mathrm{h}}(\boldsymbol{\theta})\dot{\boldsymbol{\theta}}=\boldsymbol{G}_{\mathrm{h}}^{T}(\boldsymbol{\theta},\boldsymbol{x}_{\mathrm{o}})\boldsymbol{J}_{x}^{-1}\dot{\boldsymbol{x}}。 \tag{8-101}$$

$$\boldsymbol{w}_{\mathrm{f}} = \boldsymbol{G}_{\mathrm{h}} \boldsymbol{f}_{\mathrm{f}} \tag{8-102}$$

$$\boldsymbol{G}_{\mathrm{h}}^{\mathrm{T}} \dot{x}_{\mathrm{o}} = \dot{\boldsymbol{x}}_{\mathrm{f}} \tag{8-103}$$

这里抓取映射 $\boldsymbol{G}_{\mathrm{h}} \in \mathbf{R}^{6\times 3n}$ 将表示在惯性坐标系中的末端抓取力 $\boldsymbol{f}_{\mathrm{f}} \in \mathbf{R}^{3n}$ 映射为被抓取物体的力螺旋 $\boldsymbol{w}_{\mathrm{f}}$，如图 8－5 所示。$J_x$将机器人臂末端点坐标系中表示的被操作物体速度映射到惯性坐标系中。并且

$$\boldsymbol{G}_{\mathrm{h}} = [\boldsymbol{A}\,\boldsymbol{d}_{H_{\mathrm{o}},\mathrm{f}_1}^{\mathrm{T}}\boldsymbol{B} \quad \cdots \quad \boldsymbol{A}\,\boldsymbol{d}_{H_{\mathrm{o}},\mathrm{f}_n}^{\mathrm{T}}\boldsymbol{B}]\boldsymbol{R}_{\mathrm{f}} \tag{8-104}$$

$$\boldsymbol{R}_{\mathrm{f}} = \begin{bmatrix} \boldsymbol{R}_{\mathrm{f}_1} & & 0 \\ & \ddots & \\ 0 & & \boldsymbol{R}_{\mathrm{f}_n} \end{bmatrix} \tag{8-105}$$

$$\boldsymbol{B} = [\boldsymbol{I}_{3\times 3} \ \ \mathbf{0}_{3\times 3}]^{\mathrm{T}} \tag{8-106}$$

$\boldsymbol{H}_{\mathrm{o},\mathrm{f}_i}$ 表示第 i 个机械臂末端接触坐标系到物体坐标系的坐标变换。$\boldsymbol{B} \in \mathbf{R}^{6\times 3}$ 表示力螺旋基，以得到具有摩擦力的点接触模型。$\boldsymbol{R}_{\mathrm{f}_i}^{\mathrm{T}}$ 将惯性坐标系中的接触力 $\boldsymbol{f}_{\mathrm{f}i}$映射到末端坐标系中。$\boldsymbol{A}\,\boldsymbol{d}_{H_{x,y}}^{\mathrm{T}}$ 表示与坐标变换 $\boldsymbol{H}_{x,y}$ 相关的伴随矩阵

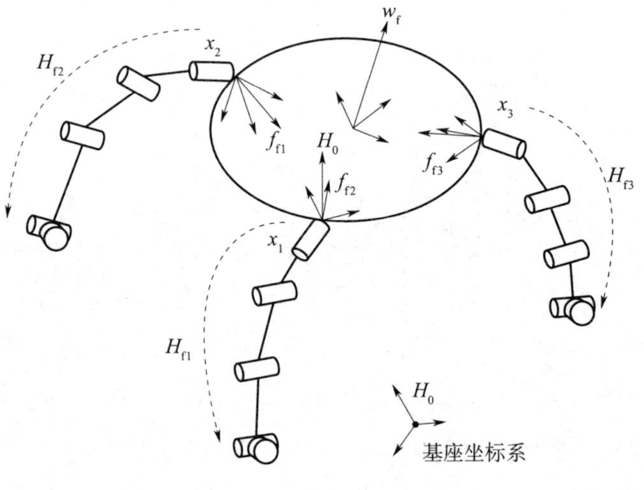

图 8－5　多臂机器人操作模型

$$\boldsymbol{Ad}_{H_{x,y}} = \begin{bmatrix} \boldsymbol{R}_{x,y} & \hat{\boldsymbol{p}}_{x,y}\boldsymbol{R}_{x,y} \\ \boldsymbol{0} & \boldsymbol{R}_{x,y} \end{bmatrix} \tag{8-107}$$

其中，$\hat{\bullet}$（$\bullet \in \mathbf{R}^3$）为反对称操作符 $\mathbf{R}^3 \rightarrow \mathbf{R}^{3\times 3}$

$$\hat{\bullet} = \begin{bmatrix} 0 & -\bullet_3 & \bullet_2 \\ \bullet_3 & 0 & -\bullet_1 \\ -\bullet_2 & \bullet_1 & 0 \end{bmatrix} \tag{8-108}$$

基于惯性坐标系的抓取约束及相关的映射关系，将拉格朗日-阿尔伯特公式应用于式（8－90）和式（8－91），可以得到以下基于惯性坐标系的多机械臂-被操作物体系统的动力学模型为

$$\tilde{\boldsymbol{M}}(\bar{\boldsymbol{x}})\ddot{\boldsymbol{x}}_{\mathrm{f}} + \tilde{\boldsymbol{C}}(\bar{\boldsymbol{x}},\dot{\bar{\boldsymbol{x}}})\dot{\boldsymbol{x}}_{\mathrm{f}} + \tilde{\boldsymbol{g}}(\bar{\boldsymbol{x}}) = \boldsymbol{F} + \boldsymbol{F}_{\mathrm{ext}} \tag{8-109}$$

其中 $\bar{\boldsymbol{x}} = (\boldsymbol{\theta}, \boldsymbol{x}_{\mathrm{o}})$，并且

$$\tilde{\boldsymbol{M}} = (\boldsymbol{G}_{\mathrm{h}}^{\mathrm{T}}\boldsymbol{M}_{\mathrm{o}}^{-1}\boldsymbol{G}_{\mathrm{h}})^{-1} + \boldsymbol{J}_{\mathrm{h}}^{-\mathrm{T}}\boldsymbol{M}_{\mathrm{h}}\boldsymbol{J}_{\mathrm{h}}^{-1} \tag{8-110}$$

$$\tilde{\boldsymbol{C}} = \boldsymbol{G}_{\mathrm{h}}^{+}\boldsymbol{C}_{\mathrm{o}}\boldsymbol{G}_{\mathrm{h}}^{+\mathrm{T}} - (\boldsymbol{G}_{\mathrm{h}}^{\mathrm{T}}\boldsymbol{M}_{\mathrm{o}}^{-1}\boldsymbol{G}_{\mathrm{h}})^{-1}\dot{\boldsymbol{G}}_{\mathrm{h}}(\boldsymbol{G}_{\mathrm{h}}^{+})^{\mathrm{T}} + \boldsymbol{J}_{\mathrm{h}}^{-\mathrm{T}}(\boldsymbol{C}_{\mathrm{h}}\boldsymbol{J}_{\mathrm{h}}^{-1} + \boldsymbol{M}_{\mathrm{h}}\dot{\boldsymbol{J}}_{\mathrm{h}}^{-1}) \tag{8-111}$$

$$\tilde{\boldsymbol{g}} = \boldsymbol{G}_{\mathrm{h}}^{+}\boldsymbol{g}_{\mathrm{o}} + \boldsymbol{J}_{\mathrm{h}}^{-\mathrm{T}}\boldsymbol{g}_{\mathrm{h}} \tag{8-112}$$

$$\tilde{\boldsymbol{F}} = \boldsymbol{J}_{\mathrm{h}}^{-\mathrm{T}}(\boldsymbol{\tau}_m - \boldsymbol{\tau}_{\mathrm{f}}) \tag{8-113}$$

式中　$\boldsymbol{G}_{\mathrm{h}}^{+}$ ——抓取映射的伪逆矩阵；

$\boldsymbol{F}_{\mathrm{ext}} \in \mathbf{R}^{3\times 3}$ ——机械臂-被操作物体系统所受的广义外力。

8.4.3　物体空间坐标系

物体空间坐标系建立的目标是将控制物体的空间姿态转化为控制机械臂末端点的笛卡儿位置及姿态。如上节所述，假设机械臂末端与被操作物体之间没有相对滑动和滚动，物体坐标系中心 $\boldsymbol{x}_{\mathrm{o}}$的建立可以与物体质心不重合。将 $\boldsymbol{x}_{\mathrm{o}}$考虑为被操作物体上的一点，坐标系 $\boldsymbol{H}_{\mathrm{o}}$随被操作物体移动或者转动，这样该物体空间坐标系的位置和速度就与被操作物体一致。因此，可将 $\boldsymbol{x}_{\mathrm{o}}$定义为 n 个机械臂末端笛卡儿位置矢量 $\boldsymbol{x}_i$（相对于惯性系）的中心

$$\boldsymbol{x}_o = \frac{\boldsymbol{x}_1 + \boldsymbol{x}_2 + \cdots + \boldsymbol{x}_n}{n} \tag{8-114}$$

式中　$\boldsymbol{x}_i(\boldsymbol{\theta})$——第 i 个机械臂末端笛卡儿位置。

基于物体抓取力各机械臂平均分配的原则，物体坐标系 $\boldsymbol{H}_o = [\boldsymbol{R}_o, \boldsymbol{x}_o] \in \mathrm{SE}(3)$ 由各机械臂末端笛卡儿位置线性生成。坐标系姿态矩阵 $\boldsymbol{R}_o = [\boldsymbol{ro}_1, \boldsymbol{ro}_2, \boldsymbol{ro}_3]$，其中第 1 轴 $\boldsymbol{ro}_1$ 可表示为

$$\boldsymbol{ro}_1 = \frac{\boldsymbol{v}_1 + \boldsymbol{v}_2}{\| \boldsymbol{v}_1 + \boldsymbol{v}_2 \|} \tag{8-115}$$

其中

$$\boldsymbol{v}_1 = \sum_{i=0}^{n} (-1)^i \frac{x_{2i+1} - x_o}{\| x_{2i+1} - x_o \|} \tag{8-116}$$

$$\boldsymbol{v}_2 = \sum_{i=1}^{n} (-1)^{i+1} \frac{x_{2i} - x_o}{\| x_{2i} - x_o \|} \tag{8-117}$$

这里值得注意的是，$\boldsymbol{ro}_1$ 为整个物体坐标系的基轴，因此它的确包含了所有机械臂末端点的笛卡儿坐标信息。物体坐标系第 3 轴 $\boldsymbol{ro}_3$ 垂直于矢量 $\boldsymbol{v}_1$ 和 $\boldsymbol{v}_2$ 所线性生成的平面

$$\boldsymbol{ro}_3 = \frac{\hat{\boldsymbol{v}}_1 \boldsymbol{v}_2}{\| \hat{\boldsymbol{v}}_1 \boldsymbol{v}_2 \|} \tag{8-118}$$

其中反对称矩阵 $\hat{\boldsymbol{v}}: \mathbf{R}^3 \to \mathbf{R}^{3\times 3}$，物体坐标系第 2 轴 $\boldsymbol{ro}_2$ 可表示为

$$\boldsymbol{ro}_2 = \widehat{\boldsymbol{ro}}_3 \boldsymbol{ro}_1 \tag{8-119}$$

由此建立了多臂机器人的物体空间坐标系。物体坐标系建立如图 8-6 所示。

关于该物体空间坐标系有以下几点需要注意：

1）该坐标系的建立仅基于机械臂末端点笛卡儿位置 $\boldsymbol{x}_i$，而与物体本身位置无关，因此，将对被操作物体位置和姿态的控制转化为对机械臂末端笛卡儿坐标位置 $\boldsymbol{x}_i$ 的控制，由此可以进行物体空间协调阻抗控制的设计。

2）在物体空间坐标系中，控制目标为被操作物体的期望位置和姿态。基于物体空间坐标系的控制策略面向物体的空间 6 维位姿，

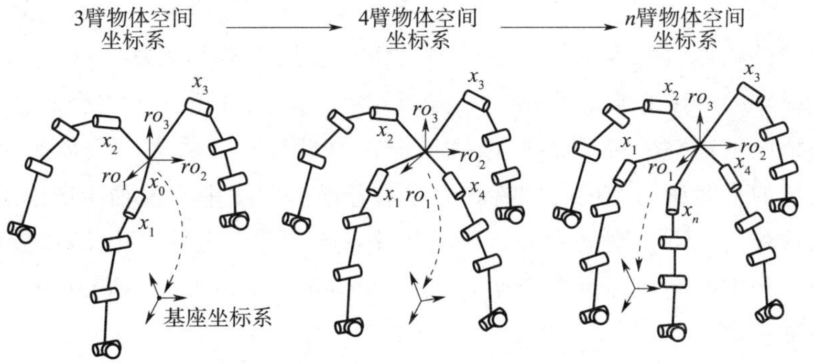

图 8－6　多臂系统物体空间坐标系

但并不对单个机械臂或关节的独立自由度形成额外约束。因此，基于物体空间坐标系的控制策略可充分利用多臂操作的多自由度和灵活性，进行物体空间中的物体操作和灵巧控制。

8.4.4　物体空间 6 维相对运动的虚拟弹簧表示

阻抗控制是一种非直接式的力控制策略。通过力/力矩传感器，阻抗控制在机器人操作端位置和接触力之间建立动态平衡关系，从而实现对力的控制，也就是机械弹簧关系（平移弹簧和旋转弹簧）。这个弹簧柔顺关系可由质量矩阵、阻尼矩阵和刚度矩阵来表示。

考虑附着于两个刚体的坐标系$\Sigma\boldsymbol{o}$和$\Sigma\boldsymbol{d}$，如图 8－7 所示。$\Sigma\boldsymbol{o}$和$\Sigma\boldsymbol{d}$两个坐标系的稳态位置（平移和旋转）重合，如果坐标系$\Sigma\boldsymbol{o}$相对于$\Sigma\boldsymbol{d}$有无穷小的旋转量$\delta\boldsymbol{x}_{od}^{d}$存在，并在坐标系$\Sigma\boldsymbol{d}$中表示。该旋量将产生作用于刚体 d，即坐标系$\Sigma\boldsymbol{d}$的力螺旋$\boldsymbol{w}_{d}^{d}$

$$\boldsymbol{w}_{d}^{d}=\boldsymbol{K}\delta\boldsymbol{x}_{od}^{d}=\begin{bmatrix}\boldsymbol{K}_{\mathrm{t}} & \boldsymbol{K}_{\mathrm{c}}\\ \boldsymbol{K}_{\mathrm{c}}^{\mathrm{T}} & \boldsymbol{K}_{\mathrm{o}}\end{bmatrix}\delta\boldsymbol{x}_{od}^{d}\tag{8-120}$$

以上线性映射关系描述了两个坐标系在稳态点附近的柔顺动态关系。式（8－120）中$\boldsymbol{K}\in\mathbf{R}^{6\times6}$为正定对称的刚度矩阵。$\boldsymbol{K}_{\mathrm{t}}\in\mathbf{R}^{3\times3}$为平移刚度矩阵，$\boldsymbol{K}_{\mathrm{o}}\in\mathbf{R}^{3\times3}$为旋转刚度矩阵，均为正定对称矩阵。$\boldsymbol{K}_{\mathrm{c}}\in\mathbf{R}^{3\times3}$为对称耦合矩阵，表示平移和旋转之间的耦合关系。坐标系$\Sigma\boldsymbol{o}$和Σ

$\boldsymbol{d}$ 的稳态中心即刚度中心点。$\boldsymbol{C}=\boldsymbol{K}^{-1}$ 被称为柔顺矩阵，表示空间弹簧的柔顺性。若柔顺矩阵中的非对角矩阵块为对称矩阵，则同理可以找到柔顺中心点。柔顺中心点与刚度中心点并不一定重合。在某些情况下，空间弹簧的平移项和旋转项没有耦合关系，也就是说，刚体的平移所引起的力螺旋，为力沿着通过刚度中心的轴所产生的。在这种情况下，刚度中心点和柔顺中心点重合。这种退耦结构在机械结构中的实现即远中心柔顺机构（Romote Center of Compliance，RCC）。

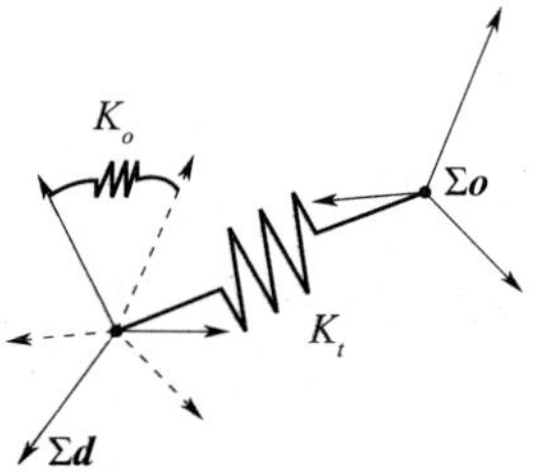

图 8-7　空间虚拟弹簧

为了达到空间 6 维弹簧—柔顺动态关系，物体空间阻抗控制策略可以基于由目标位姿 $\Sigma \boldsymbol{d}$ 和机器人操作器端位姿 $\Sigma \boldsymbol{o}$ 之间位移差和姿态差所产生的弹性力螺旋来生成机器人驱动力矩，从而实现物体空间阻抗控制。这里仅考虑平移弹簧力和旋转弹簧力无耦合情况，并用实际的位移差 $\Delta \boldsymbol{p}_{od}$ 和姿态差 $\Delta \boldsymbol{\varphi}_{od}$ 来代替无穷小的位移差 $\delta \boldsymbol{x}_{od}$

$$\Delta \boldsymbol{p}_{od} = \boldsymbol{p}_o - \boldsymbol{p}_d \tag{8-121}$$

$$\Delta \boldsymbol{\varphi}_{od} = \boldsymbol{\varphi}_o - \boldsymbol{\varphi}_d \tag{8-122}$$

式中　$\Delta \boldsymbol{\varphi}_{od}$——以欧拉角表示的旋转姿态差。

为保证控制器的李雅普诺夫渐进稳定性，平移弹性势能和旋转弹性势能方程可以分别选择为

$$V_t = \frac{1}{2}\Delta \boldsymbol{p}_{od}^{\mathrm{T}} \boldsymbol{K}_t \Delta \boldsymbol{p}_{od} \tag{8-123}$$

$$V_o = \frac{1}{2}\Delta \boldsymbol{\varphi}_{od}^{\mathrm{T}} \boldsymbol{K}_o \Delta \boldsymbol{\varphi}_{od} \tag{8-124}$$

则空间弹簧总能量 $V = V_t + V_o$。对式（8-123）取时间导数，可得

$$\dot{V}_{t} = \boldsymbol{f}_{t}^{T} \Delta \dot{\boldsymbol{p}}_{od} \tag{8-125}$$

其中

$$\boldsymbol{f}_{t} = \boldsymbol{K}_{t} \Delta \boldsymbol{p}_{od} \tag{8-126}$$

为弹性驱动力。$\boldsymbol{K}_t$ 为正定平移刚度矩阵，可以表示成以下的解耦形式

$$\boldsymbol{K}_{t} = \boldsymbol{U}_{t} \boldsymbol{\Gamma} \boldsymbol{U}_{t}^{T} \tag{8-127}$$

式中　$\boldsymbol{\Gamma} = \mathrm{diag}\{\gamma_{t1} \quad \gamma_{t2} \quad \gamma_{t3}\}$——表示特征值矩阵；

$\boldsymbol{U}_{t} = [u_{t1} \quad u_{t2} \quad u_{t3}]$——表示特征矢量。

如果考虑沿第 i 个特征矢量的物体空间位移差 λ，其所产生的物体空间弹性力为

$$\boldsymbol{f}_{e} = \boldsymbol{K}_{t} \Delta \boldsymbol{p}_{od} = \boldsymbol{\gamma}_{ti} \boldsymbol{\lambda} \boldsymbol{u}_{ti} \tag{8-128}$$

上式实际代表了沿 $\boldsymbol{u}_{ti}$ 方向的弹性力。以上分析表明，平移刚度矩阵可以由 3 个不同方向的刚度参数 $\boldsymbol{\gamma}_{ti}$ 来表示，这 3 个方向可由 $\boldsymbol{u}_{ti}$ 表示，即平移弹性力在任务操作空间的几何统一性。

对于旋转弹性势能，同理可对式（8-124）取时间导数

$$\dot{V}_{o} = \Delta \boldsymbol{\varphi}_{od}^{T} \boldsymbol{K}_{o} \Delta \dot{\boldsymbol{\varphi}}_{od} \tag{8-129}$$

这里注意到定义弹性力时的物理意义，与之类似可定义弹性力矩 $\boldsymbol{m}_o$ 和角速度 $\boldsymbol{\omega}_{od}$ 所导致的功率

$$\dot{V}_{o} = \boldsymbol{m}_{o}^{T} \Delta \boldsymbol{\omega}_{od} \tag{8-130}$$

结合欧拉角时间导数和物体空间角速度之间的关系

$$\boldsymbol{\omega} = \boldsymbol{T}(\boldsymbol{\varphi})\dot{\boldsymbol{\varphi}} \tag{8-131}$$

可以得到

$$\boldsymbol{m}_{o}^{T} \Delta \boldsymbol{\omega}_{od} = \Delta \boldsymbol{\varphi}_{od}^{T} \boldsymbol{K}_{o} \boldsymbol{T}^{-1}(\boldsymbol{\varphi}_{o}) \Delta \boldsymbol{\omega}_{od} \tag{8-132}$$

其中 $\boldsymbol{T}$ 为坐标变换矩阵。如果机器人的工作空间不出现奇异点，式（8-132）可进一步得到弹性力矩表达式

$$\boldsymbol{m}_{o} = \boldsymbol{T}^{T}(\boldsymbol{\varphi}_{o}) \boldsymbol{K}_{o} \Delta \boldsymbol{\varphi}_{od} \tag{8-133}$$

对于刚性关节机器人

$$\boldsymbol{\Lambda}(\boldsymbol{\theta})\dot{\boldsymbol{v}}_{o} + \boldsymbol{\Gamma}(\boldsymbol{\theta}, \dot{\boldsymbol{\theta}}) \boldsymbol{v}_{o} + \boldsymbol{N}(\boldsymbol{\theta}) = \boldsymbol{w}_{c} - \boldsymbol{w}_{ext} \tag{8-134}$$

式中　$\boldsymbol{v}_o=(\dot{\boldsymbol{p}}_o^{\mathrm{T}},\boldsymbol{\omega}_o^{\mathrm{T}})^{\mathrm{T}}\in\mathbf{R}^{1\times 6}$，为描述机器人广义速度的旋量；

$\dot{\boldsymbol{p}}_o$——平移速度；

$\boldsymbol{\omega}_o$——角速度。

式（8-134）表示在操作空间的刚性关节机器人动力学方程。该机器人旋量可由机器人雅克比矩阵 $\boldsymbol{J}\in\mathbf{R}^{6\times 6}$ 从机器人关节速度 $\boldsymbol{\theta}$ 线性映射得到：$\boldsymbol{v}_o=\boldsymbol{J}(\boldsymbol{\theta})\dot{\boldsymbol{\theta}}$。机器人末端所受由环境施加的力螺旋 $\boldsymbol{w}_{\mathrm{ext}}=(\boldsymbol{f}_{\mathrm{ext}}^{\mathrm{T}},\boldsymbol{m}_{\mathrm{ext}}^{\mathrm{T}})$ 由外力 $\boldsymbol{f}_{\mathrm{ext}}$ 和外力矩 $\boldsymbol{m}_{\mathrm{ext}}$ 构成。$\boldsymbol{\Lambda}(\boldsymbol{\theta})=(\boldsymbol{JM}(\boldsymbol{\theta})^{-1}\boldsymbol{J}^{\mathrm{T}})^{-1}$ 为表示在操作空间的惯量矩阵，$\boldsymbol{\Gamma}(\boldsymbol{\theta},\dot{\boldsymbol{\theta}})=\boldsymbol{J}^{-\mathrm{T}}\boldsymbol{C}(\boldsymbol{\theta},\dot{\boldsymbol{\theta}})\boldsymbol{J}^{-1}-\boldsymbol{\Lambda}(\boldsymbol{\theta})\dot{\boldsymbol{J}}\boldsymbol{J}^{-1}$。$\boldsymbol{N}(\boldsymbol{\theta})=\boldsymbol{J}^{-\mathrm{T}}\boldsymbol{g}(\boldsymbol{\theta})$ 为重力项在操作空间的力螺旋表达式。$\boldsymbol{w}_{\mathrm{c}}=\boldsymbol{J}^{-\mathrm{T}}\boldsymbol{\tau}$ 为控制输入在操作空间的力螺旋表达。

结合式（8-126）和式（8-133），可以得到空间6维弹簧所产生的弹性驱动力螺旋 $\boldsymbol{w}_{\Delta}$

$$\boldsymbol{w}_{\Delta}=\boldsymbol{AK}\Delta\boldsymbol{x}_{od}=\underbrace{\begin{bmatrix}\boldsymbol{I} & 0\\ 0 & \boldsymbol{T}(\boldsymbol{\varphi}_o)\end{bmatrix}}_{A}\underbrace{\begin{bmatrix}\boldsymbol{K}_{\mathrm{t}} & 0\\ 0 & \boldsymbol{K}_{\mathrm{o}}\end{bmatrix}}_{K}\underbrace{\begin{bmatrix}\Delta\boldsymbol{p}_{od}\\ \Delta\boldsymbol{\varphi}_{od}\end{bmatrix}}_{\Delta x_{od}}\tag{8-135}$$

其中 $\Delta\boldsymbol{x}_{od}=(\boldsymbol{p}_{od}^{\mathrm{T}},\boldsymbol{\varphi}_{od}^{\mathrm{T}})^{\mathrm{T}}$ 为广义相对位移。结合阻尼项和重力补偿项，6维空间阻抗控制器可以由下式表示

$$\boldsymbol{w}_{\mathrm{c}}=-\boldsymbol{AK}\Delta\boldsymbol{x}_{od}-\boldsymbol{K}_{\mathrm{D}}\boldsymbol{v}_o+\boldsymbol{N}(\boldsymbol{q})\tag{8-136}$$

对空间阻抗控制器的稳定性分析基于闭环系统的动能和弹性势能方程，可采用正定李雅普诺夫方程

$$U=\frac{1}{2}\boldsymbol{v}_o^{\mathrm{T}}\boldsymbol{\Lambda}(\boldsymbol{\theta})\boldsymbol{v}_o+\frac{1}{2}\Delta\boldsymbol{x}_{od}\boldsymbol{K}\Delta\boldsymbol{x}_{od}\tag{8-137}$$

对式（8-137）沿闭环系统的状态轨迹求导可得

$$\dot{U}=-\boldsymbol{v}_o^{\mathrm{T}}\boldsymbol{K}_{\mathrm{D}}\boldsymbol{v}_o\tag{8-138}$$

在无外力的情况下（$\boldsymbol{w}_{\mathrm{ext}}=0$），可以得到稳态点 $\boldsymbol{v}_{\mathrm{o}}=0$，$\Delta\boldsymbol{x}_{od}=0$。由LaSalle不变集原理[10]，基于6维空间虚拟弹簧的控制器式（8-136）具有渐进稳定性。在具有外力 $\boldsymbol{w}_{\mathrm{ext}}$ 的情况下，使用同样的李雅普诺夫方程，可以得到不同的渐进稳态点

$$\Delta\boldsymbol{x}_{od}=\boldsymbol{K}^{-1}\boldsymbol{A}^{\mathrm{T}}(\boldsymbol{\varphi}_o)\boldsymbol{w}_{\mathrm{ext}}\tag{8-139}$$

式（8－139）实际上意味着在稳态下，机器人末端位移差及位姿差与所受外力和力矩成比例关系。

8.4.5　物体空间相对运动协调阻抗控制策略

通过力矩负反馈，可以对单机械臂进行阻抗控制建立机械臂末端点位置 $\boldsymbol{x}_i$ 与外力 $\boldsymbol{\tau}_{\mathrm{ext}}$ 之间的柔顺控制关系，即虚拟弹簧-阻尼系统。单机械臂阻抗柔顺关系可以在关节空间和笛卡儿空间分别实现。多臂协调阻抗控制则是要在物体空间坐标系中实现被操作物体位置，即物体空间坐标系中心 $\boldsymbol{x}_{\mathrm{o}}$ 与外力 $\boldsymbol{F}_{\mathrm{ext}}$ 之间的阻抗柔顺关系。物体空间坐标系中的阻抗控制基于空间 6 维虚拟弹簧（包括平移虚拟弹簧和旋转虚拟弹簧）实现。由于物体空间坐标系是基于各机械臂的笛卡儿坐标位置 $\boldsymbol{x}_i$，空间 6 维虚拟弹簧驱动力最终可以转换为各机械臂关节空间驱动力，从而实现物体空间协调阻抗柔顺关系。

基于空间虚拟弹簧的 6 维空间阻抗控制器满足无源性[11]条件，具有很好的渐进稳定性。物体空间阻抗控制器能够在自由空间中追踪目标位置和姿态，而在与无源环境接触时，物体空间阻抗控制器能够保持稳定的接触力和力矩，更为重要的是它在非接触→接触的碰撞过程中能保持稳定。如前一节所述，通过弹簧势能方程可以得到空间 6 维阻抗控制器在机器人操作空间的表达式。为实现多臂协调阻抗控制，则需要将基于空间虚拟弹簧的驱动力/力矩映射到各机械臂的关节空间，并设计合理的阻尼项，以获得被操作物体的 6 维物体空间柔顺操作。

为此，需要引入物体空间坐标系 $\boldsymbol{H}_{\mathrm{o}}=[\boldsymbol{R}_{\mathrm{o}},\boldsymbol{x}_{\mathrm{o}}]\in \mathrm{SE}(3)$，$\boldsymbol{H}_{\mathrm{o}}$由各机械臂末端笛卡儿位置线性生成。多臂物体空间协调阻抗控制器由当前物体坐标系 $\boldsymbol{H}_{\mathrm{o}}$和目标坐标系 $\boldsymbol{H}_{\mathrm{d}}$之间 6 维空间虚拟弹簧的弹性能量生成，由物体空间平移弹簧、物体空间旋转弹簧和物体空间连接弹簧 3 个虚拟弹簧结构构成。其中平移和旋转弹簧的意义，实际上代表了被操作物体的位移差和姿态差与所受力/力矩（力螺旋）的动态关系。在抓取及操作过程中，为保证多臂与被操作物体之间的稳定接触和物体的被抓取状态，引入了空间连接弹簧结构，整个虚拟弹簧结构在物体空间坐标系中的表示如图 8－8 所示。

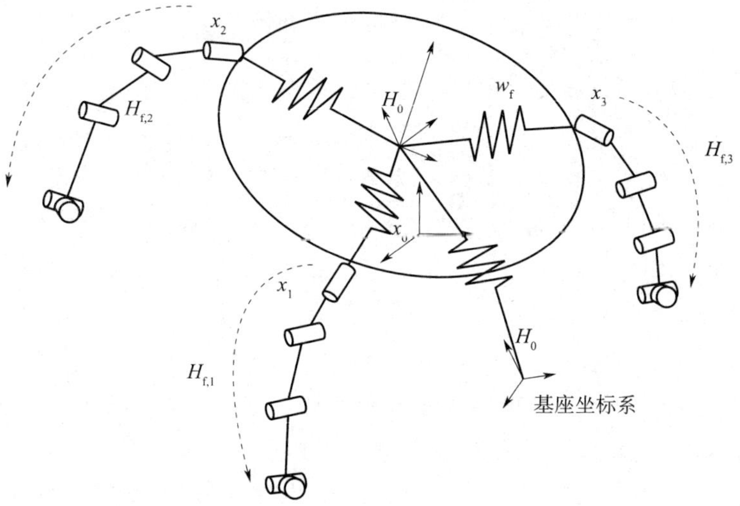

图 8－8　基于物体空间坐标系的空间虚拟弹簧

8.4.5.1　物体空间平移虚拟刚度弹簧

为保证控制器的渐进稳定性，多臂一被操作物体系统的物体空间虚拟平移弹簧的弹性能量方程基于物体空间坐标系 $\boldsymbol{H}_o$来确定，可以选择为

$$V_t = \frac{1}{2}\Delta \boldsymbol{x}_{od}^{oT} \boldsymbol{K}_t \Delta \boldsymbol{x}_{od}^{o} \tag{8-140}$$

其中 $\Delta \boldsymbol{x}_{od}^{o} = \boldsymbol{R}_o^{T}(\boldsymbol{x}_o - \boldsymbol{x}_d)$ 为当前物体坐标系 $\boldsymbol{H}_o$与目标坐标系 $\boldsymbol{H}_d$的目标位移差。注意，这里目标位移差 $\Delta\boldsymbol{x}_{od}$ 是表示在当前物体坐标系 $\boldsymbol{H}_o$中。在实际操作过程中，代表被操作物体位移和位姿的物体坐标系 $\boldsymbol{H}_o$相对于初始位置的相对位移，比其相对于惯性系的绝对位移更有实际意义，因此将目标位移差定义在当前物体坐标系 $\boldsymbol{H}_o$中。$\boldsymbol{K}_t = k_t\boldsymbol{I}$ 为平移刚度对角矩阵，其空间几何意义与式（8－127）类似。实际上，式（8－140）还可以写成

$$V_{\mathrm{t}}=\frac{1}{2}(\boldsymbol{R}_o^{\mathrm{T}}\Delta\boldsymbol{x}_{od})^{\mathrm{T}}\boldsymbol{K}_{\mathrm{t}}\boldsymbol{R}_o^{\mathrm{T}}\Delta\boldsymbol{x}_{od}=\frac{1}{2}\Delta\boldsymbol{x}_{od}^{\mathrm{T}}\boldsymbol{R}_o\boldsymbol{K}_{\mathrm{t}}\boldsymbol{R}_o^{\mathrm{T}}\Delta\boldsymbol{x}_{od}\tag{8-141}$$

上式可以清楚看到本节中能量方程的构成。同时可以看出在物体坐标系中的平移刚度矩阵即在惯性系中刚度矩阵的对角元素，通过坐标转换矩阵 $\boldsymbol{R}_{\mathrm{o}}$ 即得到惯性系中的平移刚度矩阵 $\boldsymbol{R}_{\mathrm{o}}\boldsymbol{K}_{\mathrm{t}}\boldsymbol{R}_{\mathrm{o}}^{\mathrm{T}}$。

对物体空间平移弹簧的能量方程 V_t 相对于时间取导数可以得到

$$\dot{V}_{\mathrm{t}}=\Delta\boldsymbol{x}_{od}^{o\mathrm{T}}\boldsymbol{K}_{\mathrm{t}}(\boldsymbol{R}_o^{\mathrm{T}}\dot{\boldsymbol{x}}_o+\dot{\boldsymbol{R}}_o^{\mathrm{T}}\Delta\boldsymbol{x}_{od})=\Delta\boldsymbol{x}_{od}^{o\mathrm{T}}\boldsymbol{K}_{\mathrm{t}}\boldsymbol{R}_o^{\mathrm{T}}\dot{\boldsymbol{x}}_o+\Delta\boldsymbol{x}_{od}^{o\mathrm{T}}\boldsymbol{K}_{\mathrm{t}}\dot{\boldsymbol{R}}_o^{\mathrm{T}}\Delta\boldsymbol{x}_{od}\tag{8-142}$$

上式右端第 1 项为物体空间平移弹簧平移力 $\boldsymbol{f}_{\mathrm{t}}^o=\boldsymbol{K}_{\mathrm{t}}\Delta\boldsymbol{x}_{od}^o$ 和相对平移速度 $\Delta\dot{\boldsymbol{x}}_{od}^o=\boldsymbol{R}_o^{\mathrm{T}}\dot{\boldsymbol{x}}_o$ 所产生的功率，注意到这里的物体空间弹簧平移力及相对平移速度均表示在物体空间坐标系 $\boldsymbol{H}_{\mathrm{o}}$ 中。第 2 项是表示在物体空间坐标系中的空间平移弹簧力 $\boldsymbol{f}_{\mathrm{t}}^o$ 所产生的在惯性系中的力矩与旋转角速度所构成的功率项。为对第 2 项进行进一步的阐述，考虑物体空间坐标系相对于惯性系的角速度 $\boldsymbol{\omega}_o^o$，注意该角速度表示在物体空间坐标系中

$$\hat{\boldsymbol{\omega}}_o^o=\boldsymbol{R}_o^{\mathrm{T}}\dot{\boldsymbol{R}}_o\tag{8-143}$$

同时注意到反对称矩阵的性质

$$\hat{\boldsymbol{w}}^{\mathrm{T}}=-\hat{\boldsymbol{w}}\tag{8-144}$$

$$\hat{\boldsymbol{w}}\boldsymbol{v}=-\hat{\boldsymbol{v}}\boldsymbol{w}\tag{8-145}$$

其中 $\boldsymbol{v}$，$\boldsymbol{w}\in\mathbf{R}^3$ 均为矢量。结合式（8－143）至式（8－145），能量导数方程（8－142）可重新写为

$$\begin{aligned}\dot{V}_{\mathrm{t}}&=\Delta\boldsymbol{x}_{od}^{o\mathrm{T}}\boldsymbol{K}_{\mathrm{t}}\boldsymbol{R}_o^{\mathrm{T}}\dot{\boldsymbol{x}}_o-\Delta\boldsymbol{x}_{od}^{o\mathrm{T}}\boldsymbol{K}_{\mathrm{t}}\hat{\boldsymbol{\omega}}_o^o\boldsymbol{R}_o^{\mathrm{T}}\Delta\boldsymbol{x}_{od}\\&=\underbrace{\Delta\boldsymbol{x}_{od}^{o\mathrm{T}}\boldsymbol{K}_{\mathrm{t}}}_{f_{\mathrm{t}}^{o\mathrm{T}}}\underbrace{\boldsymbol{R}_o^{\mathrm{T}}\dot{\boldsymbol{x}}_o}_{\Delta\dot{x}_{od}^o}+\underbrace{\Delta\boldsymbol{x}_{od}^{o\mathrm{T}}\boldsymbol{K}_{\mathrm{t}}(\Delta\boldsymbol{x}_{od}^{o\mathrm{T}})^{\wedge}}_{m_{\mathrm{t}}^{o\mathrm{T}}}\boldsymbol{\omega}_o^o=\boldsymbol{f}_{\mathrm{t}}^{o\mathrm{T}}\Delta\dot{\boldsymbol{x}}_{od}^o+\boldsymbol{m}_{\mathrm{t}}^{o\mathrm{T}}\boldsymbol{\omega}_o^o\end{aligned}\tag{8-146}$$

式中　$\boldsymbol{f}_{\mathrm{t}}^{o}$ ——表示在物体空间坐标系中的空间平移弹簧弹性力；

$\boldsymbol{m}_{\mathrm{t}}^{o}$ ——表示在物体空间坐标系中的空间平移弹簧弹性力矩。

惯性系中的弹性力和弹性力矩可以表示为

$$\boldsymbol{f}_{\mathrm{t}} = \underbrace{\boldsymbol{R}_{o}\boldsymbol{K}_{\mathrm{t}}\boldsymbol{R}_{o}^{\mathrm{T}}}_{K'_{\mathrm{t}}}\Delta\boldsymbol{x}_{od} \tag{8-147}$$

$$\boldsymbol{m}_{\mathrm{t}} = \underbrace{\boldsymbol{R}_{o}\left(\left(\Delta\boldsymbol{x}_{od}^{o\mathrm{T}}\right)^{\wedge}\right)^{\mathrm{T}}\boldsymbol{K}_{\mathrm{t}}\boldsymbol{R}_{o}^{\mathrm{T}}}_{\boldsymbol{K}''_{\mathrm{t}}}\Delta\boldsymbol{x}_{od} \tag{8-148}$$

多机械臂-被操作物体系统的物体空间阻抗控制由各机械臂协调完成，因此需要将空间平移弹簧所产生的弹性力/力矩映射到各机械臂关节力矩空间中，从而得到物体空间平移弹簧的控制驱动力矩。为此，首先进行物体空间坐标系角速度 $\boldsymbol{\omega}_{o}^{o}$ 相对于关节角速度 $\dot{\boldsymbol{\theta}}$ 的实际表达式推导。考虑反对称矩阵操作符 ∧ 的反操作符 ∨，$\boldsymbol{Y}^{\vee}$：$\mathbf{R}^{3\times3}\rightarrow\mathbf{R}^{3}$

$$\forall\boldsymbol{Y} = \begin{bmatrix} y_{11} & y_{12} & y_{13} \\ y_{21} & y_{22} & y_{23} \\ y_{31} & y_{32} & y_{33} \end{bmatrix} \in \mathbf{R}^{3\times3},\quad \boldsymbol{Y}^{\vee} = \begin{bmatrix} -y_{32} \\ y_{13} \\ -y_{21} \end{bmatrix} \in \mathbf{R}^{3}$$

式（8－143）重新写为

$$\boldsymbol{\omega}_{o}^{o} = \left(\boldsymbol{R}_{o}^{\mathrm{T}}\dot{\boldsymbol{R}}_{o}\right)^{\vee} = \left(\boldsymbol{R}_{o}^{\mathrm{T}}\frac{\partial\boldsymbol{R}_{o}}{\partial\boldsymbol{x}^{\mathrm{T}}}\frac{\partial\boldsymbol{x}}{\partial\boldsymbol{\theta}}\frac{\mathrm{d}\boldsymbol{\theta}}{\mathrm{d}t}\right)^{\vee} = \left(\boldsymbol{R}_{o}^{\mathrm{T}}\frac{\partial\boldsymbol{R}_{o}}{\partial\boldsymbol{x}^{\mathrm{T}}}\boldsymbol{J}_{\mathrm{h}}(\boldsymbol{\theta})\dot{\boldsymbol{\theta}}\right)^{\vee} \tag{8-149}$$

式中 $\boldsymbol{x} = \left(\boldsymbol{x}_{1}^{\mathrm{T}}\quad\cdots\quad\boldsymbol{x}_{n}^{\mathrm{T}}\right)^{\mathrm{T}}$ 为各机械臂笛卡儿空间坐标位置矢量。

$\boldsymbol{J}_{\mathrm{h}}(\boldsymbol{\theta})$ 的定义如式（8－99）所示，此处重写为

$$\boldsymbol{J}_{\mathrm{h}}(\boldsymbol{\theta}) = \frac{\partial\boldsymbol{x}}{\partial\boldsymbol{\theta}^{\mathrm{T}}} \tag{8-150}$$

注意到 $\boldsymbol{R}_{o} = [\boldsymbol{ro}_{1}\quad\boldsymbol{ro}_{2}\quad\boldsymbol{ro}_{3}]$，以及 $\dot{\boldsymbol{\theta}}$ 与式（8－149）中其余部分的线性关系，式（8－149）可进一步写为

$$\boldsymbol{\omega}_{o}^{o} = \left[\boldsymbol{R}_{o}^{\mathrm{T}}\frac{\partial\boldsymbol{ro}_{1}}{\partial\boldsymbol{x}^{\mathrm{T}}}\boldsymbol{J}_{\mathrm{h}}(\boldsymbol{\theta})\dot{\boldsymbol{\theta}}\ \boldsymbol{R}_{o}^{\mathrm{T}}\frac{\partial\boldsymbol{ro}_{2}}{\partial\boldsymbol{x}^{\mathrm{T}}}\boldsymbol{J}_{\mathrm{h}}(\boldsymbol{\theta})\dot{\boldsymbol{\theta}}\ \boldsymbol{R}_{o}^{\mathrm{T}}\frac{\partial\boldsymbol{ro}_{3}}{\partial\boldsymbol{x}^{\mathrm{T}}}\boldsymbol{J}_{\mathrm{h}}(\boldsymbol{\theta})\dot{\boldsymbol{\theta}}\right]^{\vee}$$

$$= \boldsymbol{R}_o^{\mathrm{T}} \underbrace{\begin{bmatrix} -\left(\dfrac{\partial \boldsymbol{ro}_2}{\partial \ \boldsymbol{x}^{\mathrm{T}}}\right)_3 \\ \left(\dfrac{\partial \boldsymbol{ro}_1}{\partial \ \boldsymbol{x}^{\mathrm{T}}}\right)_2 \\ -\left(\dfrac{\partial \boldsymbol{ro}_3}{\partial \ \boldsymbol{x}^{\mathrm{T}}}\right)_1 \end{bmatrix} \boldsymbol{J}_{\mathrm{h}}(\boldsymbol{\theta})}_{\boldsymbol{J}_{o\omega}} \dot{\boldsymbol{\theta}} = \boldsymbol{J}_{o\omega}\dot{\boldsymbol{\theta}} \tag{8-151}$$

由此，物体空间平移弹簧能量导数方程（8－142）可以表示为

$$\begin{aligned} \dot{V}_{\mathrm{t}} &= \Delta \boldsymbol{x}_{od}^{o\mathrm{T}} \boldsymbol{K}_{\mathrm{t}} (\boldsymbol{R}_o^{\mathrm{T}} \dot{\boldsymbol{x}}_o + (\Delta \boldsymbol{x}_{od}^{o\mathrm{T}})^{\wedge} \boldsymbol{\omega}_o^o) \\ &= \Delta \boldsymbol{x}_{od}^{o\mathrm{T}} \boldsymbol{K}_{\mathrm{t}} \left(\boldsymbol{R}_o^{\mathrm{T}} \frac{\partial \ \boldsymbol{x}_o}{\partial \ \boldsymbol{x}^{\mathrm{T}}} \frac{\partial \ \boldsymbol{x}}{\partial \ \boldsymbol{\theta}^{\mathrm{T}}} + (\Delta \boldsymbol{x}_{od}^{o\mathrm{T}})^{\wedge} \boldsymbol{J}_{o\omega}\right)\dot{\boldsymbol{\theta}} \\ \Rightarrow \frac{\partial V_{\mathrm{t}}}{\partial \ \boldsymbol{\theta}^{\mathrm{T}}} &= \underbrace{\Delta \boldsymbol{x}_{od}^{o\mathrm{T}} \boldsymbol{K}_{\mathrm{t}}}_{f_{\mathrm{t}}^{o\mathrm{T}}} \left(\boldsymbol{R}_o^{\mathrm{T}} \frac{\partial \ \boldsymbol{x}_o}{\partial \ \boldsymbol{x}^{\mathrm{T}}} \underbrace{\frac{\partial \ \boldsymbol{x}}{\partial \ \boldsymbol{\theta}^{\mathrm{T}}}}_{J_{\mathrm{h}}(\theta)} + (\Delta \boldsymbol{x}_{od}^{o\mathrm{T}})^{\wedge} \boldsymbol{J}_{o\omega}\right) \end{aligned} \tag{8-152}$$

其中

$$\frac{\partial \ \boldsymbol{x}_o}{\partial \ \boldsymbol{x}^{\mathrm{T}}} = \frac{1}{n} \frac{\partial \sum\limits_{i=1}^{n} \boldsymbol{x}_i(\boldsymbol{\theta})}{\boldsymbol{x}^{\mathrm{T}}} = \frac{1}{n} \boldsymbol{I}_{3n\times 3} \tag{8-153}$$

式中 $\boldsymbol{I}$ 代表单位矩阵。

由此得到物体空间平移弹簧弹性力 $\boldsymbol{f}_{\mathrm{t}}^o$ 和弹性力矩 $\boldsymbol{m}_{\mathrm{t}}^o$ 到各机械臂关节空间控制力矩 $\boldsymbol{\tau}_{\mathrm{t}}$ 的完整映射

$$\boldsymbol{\tau}_{\mathrm{t}} = \boldsymbol{J}_{\mathrm{t}}^{\mathrm{T}} \boldsymbol{f}_{\mathrm{t}}^o, \quad \boldsymbol{J}_{\mathrm{t}} = \boldsymbol{R}_o^{\mathrm{T}} \frac{\partial \ \boldsymbol{x}_o}{\partial \ \boldsymbol{x}^{\mathrm{T}}} \frac{\partial \ \boldsymbol{x}}{\partial \ \theta^{\mathrm{T}}} + (\Delta \boldsymbol{x}_{od}^{o\mathrm{T}})^{\wedge} \boldsymbol{J}_{o\omega} \tag{8-154}$$

虽然式（8－154）中只有 $\boldsymbol{f}_{\mathrm{t}}$ 的表达式，但是表示物体空间坐标系弹性力/力矩到关节空间力矩的广义雅可比映射 $\boldsymbol{J}_{\mathrm{t}}$ 实际上包含两项，分别对应弹性力 $\boldsymbol{f}_{\mathrm{t}}$ 和弹性力矩 $\boldsymbol{m}_{\mathrm{t}}$ 到关节空间力矩的映射。这从另一方面说明了弹性力和弹性力矩对物体的影响可以相互转换。

8.4.5.2　物体空间旋转虚拟刚度弹簧

基于单位四元数[12]的空间坐标系旋转姿态差表示方式，物体空间旋转弹簧储存的能量可以选择为

$$V_o = 2\boldsymbol{\varepsilon}_{od}^{oT}\boldsymbol{K}_o\boldsymbol{\varepsilon}_{od}^{o} \tag{8-155}$$

式中　$\boldsymbol{\varepsilon}_{od}^{o} = \boldsymbol{R}_o^{T}\boldsymbol{\varepsilon}_{od}$，表示在物体空间坐标系 $\boldsymbol{H}_o$ 中的坐标系旋转姿态差。

而 $\boldsymbol{\varepsilon}_{od}$ 为单位四元数 $\{\eta_{od}, \varepsilon_{od}^{o}\}$ 的矢量部分，可由 $\boldsymbol{R}_o^{T}\boldsymbol{R}_d$ 得到。$\boldsymbol{R}_o$ 和 $\boldsymbol{R}_d$ 分别表示当前物体空间坐标系 $\boldsymbol{H}_o$ 和目标坐标系 $\boldsymbol{H}_d$ 的空间旋转姿态。$\boldsymbol{K}_o = k_o\boldsymbol{I}$ 为旋转刚度对角矩阵。空间旋转弹簧所产生的驱动力矩可由其能量的导数得到。注意到目标坐标系旋转角速度 $\boldsymbol{\omega}_d^{o} = 0$，对式（8－155）求导得

$$\dot{V}_o = 4\boldsymbol{\varepsilon}_{od}^{oT}\boldsymbol{K}_o\dot{\boldsymbol{\varepsilon}}_{od}^{o} = 2\boldsymbol{\varepsilon}_{od}^{oT}\boldsymbol{K}_o\boldsymbol{R}_o^{T}\boldsymbol{E}(\eta_o, \boldsymbol{\varepsilon}_o)\boldsymbol{\omega}_o^{o} = \underbrace{2\boldsymbol{\varepsilon}_{od}^{oT}\boldsymbol{K}_o\boldsymbol{R}_o^{T}(\eta_o\boldsymbol{I} - \varepsilon_o)}_{m_r^{oT}}\boldsymbol{\omega}_o^{o} \tag{8-156}$$

其中 $\boldsymbol{m}_r^{o}$ 为由物体空间旋转虚拟弹簧所产生的相对于物体空间坐标系的旋转驱动力矩。惯性系中的旋转驱动力矩可以写为

$$\boldsymbol{m}_r = \underbrace{2(\eta_o\boldsymbol{I} - \hat{\boldsymbol{\varepsilon}}_o)^{T}\boldsymbol{R}_o\boldsymbol{K}_o\boldsymbol{R}_o^{T}}_{K'_o}\boldsymbol{\varepsilon}_{od} \tag{8-157}$$

式（8－156）中的 $\boldsymbol{\omega}_o^{o} = (\boldsymbol{R}_o^{T}\dot{\boldsymbol{R}}_o)^{\vee}$ 为相对于物体空间坐标系的旋转角速度，结合式（8－151），式（8－156）可重新写成

$$\dot{V}_o = 2\varepsilon_{od}^{oT}\boldsymbol{K}_o\boldsymbol{R}_o^{T}(\eta_o\boldsymbol{I} - \hat{\varepsilon}_o)\boldsymbol{J}_{o\omega}\dot{\boldsymbol{\theta}} \tag{8-158}$$

$$\frac{\partial V_o}{\partial\boldsymbol{\theta}^{T}} = \underbrace{2\boldsymbol{\varepsilon}_{od}^{oT}\boldsymbol{K}_o\boldsymbol{R}_o^{T}(\eta_o\boldsymbol{I} - \hat{\boldsymbol{\varepsilon}}_o)}_{m_r^{oT}}\boldsymbol{J}_{o\omega} \tag{8-159}$$

上式将物体空间旋转虚拟弹簧所产生的弹性力矩 $\boldsymbol{m}_r^{o}$ 映射到各机械臂的关节空间中，即得到物体空间旋转弹簧储存能量所产生的关节空间驱动力矩

$$\boldsymbol{\tau}_r = \boldsymbol{J}_r^{T}\boldsymbol{m}_r^{o}, \quad \boldsymbol{J}_r = \boldsymbol{J}_{o\omega} \tag{8-160}$$

观察上式和式（8－151）可知，$\boldsymbol{J}_{o\omega}^{T}$ 将物体空间坐标系中的弹性力矩

映射到关节空间驱动力矩，而 $\boldsymbol{J}_{o\omega}$ 将关节空间角速度映射到物体空间坐标系中的角速度，因此，$\boldsymbol{J}_{o\omega}$ 具有雅可比矩阵的传统意义，即完成不同空间坐标系中力和速度的转换。

8.4.5.3 物体空间连接虚拟刚度弹簧

8.4.5.1 和 8.4.5.2 节所建立的物体空间平移弹簧和物体空间旋转弹簧实现了被操作物体与目标坐标系的动态柔顺关系，所以平移和旋转虚拟弹簧也可被视为被操作物体和多机械臂系统的姿态/位置弹簧。在多臂机器人抓取和操作任务的执行过程中，除姿态/位置弹簧及驱动力外，还需要有适当的驱动力来完成机械臂对被操作物体的稳定抓握，并保持一定的抓取力。传统的抓取规划策略主要是根据被抓取物体的特征（形状、大小、刚度、质量等）对机械臂末端抓取力和抓取位置进行规划，然后采用直接力控制或者力/位置混合控制进行抓取操作。然而由于被抓取物体的特征信息不总是能够完全获取，而且在实际操作过程中存在各种误差（物体特征信息误差、控制误差、模型误差等），直接力控制和力/位置混合控制在物体的刚度和摩擦系数存在误差时会出现不稳定的情况。另外，在抓取物体时的接触→非接触过程中，直接力控制和力/位置混合控制也不能完全满足要求，因为单纯的力控制在机械臂与被操作物体或环境没有接触时没有意义。

为此，本节将基于系统能量塑造原理建立各机械臂之间的物体空间连接虚拟弹簧，并结合适当的阻尼项，从而获得在操作物体时的控制渐进稳定性及在自由空间中的直接可控性。具有 n 个机械臂的多臂系统需要 n 个物体空间连接虚拟弹簧以构成基于其弹性力的稳定抓取控制器。完整的空间虚拟弹簧结构如图 8－8 所示，n 个机械臂总共具有 $n+1$ 个空间虚拟弹簧，其中第 $n+1$ 个物体空间虚拟弹簧为姿态/位置虚拟弹簧，包括前两节所建立的物体空间平移和旋转虚拟弹簧。

物体空间连接弹簧结构的中心选择为物体空间坐标系 $\boldsymbol{H}_o$ 的中心 $\boldsymbol{x}_o$，即各机械臂连接弹簧是对称结构。对于具有对称外形的被操作物体，对称连接弹簧结构可以获得稳定对称的抓取力。但考虑到多臂系统各机械臂的布置不一定对称，并且更多数的被抓取物体具有非对称的外形，因此对不同机械臂设定一个虚拟弹簧剩余长度 l_{di}。根据为保证稳定抓取所需的不同机械臂的不同最小抓取力，不同机械臂的虚拟弹簧剩余长度 l_{di} 也不相同，如图 8－9 所示。具有不同剩余长度的物体空间连接虚拟弹簧结构实际上构成了一个虚拟弹簧－虚拟被操作物体系统。各机械臂与被操作物体之间的物体空间连接弹簧通过其柔顺性来间接控制抓取内力，从而在获得稳定抓取的同时，不产生过大的内力而引起系统的不稳定或损坏机器人和被抓取物体。注意这里的虚拟弹簧中心为 $\boldsymbol{x}_o$，因此虚拟抓取点 $\bar{\boldsymbol{x}}_i$ 由实际抓取点 $\boldsymbol{x}_i$ 决定，随着实际抓取点 $\boldsymbol{x}_i$ 变化而变化。

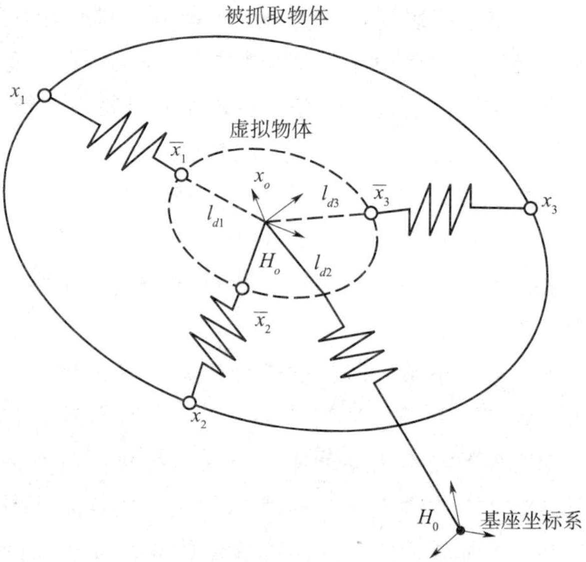

图 8－9　物体空间虚拟连接弹簧及其剩余长度

n 个机械臂的多臂系统的物体空间连接虚拟弹簧储存能量可以选择为

$$V_c = \frac{1}{2}\sum_{i=0}^{n} k_{ci} \left(\| \Delta \boldsymbol{x}_i \| - l_{di} \right)^2 \tag{8-161}$$

式中　$\Delta\boldsymbol{x}_i = \boldsymbol{x}_i - \boldsymbol{x}_o$，为第 i 个机械臂的物体空间连接弹簧的空间位移差；

k_{ci}——第 i 个物体空间虚拟连接弹簧的刚度；

l_{di}——物体空间虚拟弹簧的剩余长度，根据所需稳定抓取力选取。

物体空间连接弹簧的空间位移差即虚拟弹簧的压缩长度，并由此产生弹性驱动力完成抓取。物体空间连接弹簧空间连接弹簧所产生的驱动力矩可由其能量的导数得到，将式（8－161）对时间进行求导，同时用 $\boldsymbol{K}_c = \boldsymbol{k}_{ci}\boldsymbol{I}_{n\times n}$ 表示物体空间虚拟连接弹簧系统的对角刚度矩阵

$$\dot{V}_c = \sum_{i=0}^{n} k_{ci} \left(\| \Delta \boldsymbol{x}_i \| - l_{di} \right) \cdot \| \Delta \dot{\boldsymbol{x}}_i \| = \underbrace{\boldsymbol{K}_c \begin{pmatrix} (\| \Delta \boldsymbol{x}_1 \| - l_{d1}) \\ \vdots \\ (\| \Delta \boldsymbol{x}_n \| - l_{dn}) \end{pmatrix}}_{f_c^{\mathrm{T}}} \cdot \begin{pmatrix} \| \Delta \dot{\boldsymbol{x}}_1 \| \\ \vdots \\ \| \Delta \dot{\boldsymbol{x}}_n \| \end{pmatrix} \tag{8-162}$$

其中

$$\boldsymbol{f}_c = \boldsymbol{K}_c \begin{pmatrix} (\| \Delta \boldsymbol{x}_1 \| - l_{d1}) \\ \vdots \\ (\| \Delta \boldsymbol{x}_n \| - l_{dn}) \end{pmatrix} \tag{8-163}$$

为 n 个物体空间虚拟连接弹簧所产生的驱动力合力。而

$$\| \Delta \dot{\boldsymbol{x}}_i \| = \left\| \frac{\mathrm{d}(\boldsymbol{x}_i - \boldsymbol{x}_o)}{\mathrm{d}t} \right\| \tag{8-164}$$

实际上表示物体空间连接弹簧方向上机械臂末端位置与物体空间坐标系中心的相对速度。如果将每个物体空间连接弹簧方向都看做一个单轴坐标系，则 $\| \Delta \dot{\boldsymbol{x}}_i \|$ 表示该坐标系中空间连接弹簧两端点的相对速度，由此可以看出式（8－162）中 $\dot{V}_c$ 的能量意义。由于 $\| \Delta$

$x_i\| = (\Delta x_i^{\mathrm{T}} \cdot \Delta x_i)^{1/2}$，式（8-162）可进一步写为

$$\dot{V}_c = \boldsymbol{K}_c \begin{pmatrix} (\|\Delta \boldsymbol{x}_1\| - l_{d1}) \\ \vdots \\ (\|\Delta \boldsymbol{x}_n\| - l_{dn}) \end{pmatrix} \cdot \begin{pmatrix} \dfrac{\partial (\Delta \boldsymbol{x}_1^{\mathrm{T}} \Delta \boldsymbol{x}_1)^{1/2}}{\partial \boldsymbol{x}^{\mathrm{T}}} \dfrac{\partial \boldsymbol{x}}{\partial \boldsymbol{\theta}^{\mathrm{T}}} \dot{\boldsymbol{\theta}} \\ \vdots \\ \dfrac{\partial (\Delta \boldsymbol{x}_n^{\mathrm{T}} \Delta \boldsymbol{x}_n)^{1/2}}{\partial \boldsymbol{x}^{\mathrm{T}}} \dfrac{\partial \boldsymbol{x}}{\partial \boldsymbol{\theta}^{\mathrm{T}}} \dot{\boldsymbol{\theta}} \end{pmatrix}$$

$$= \boldsymbol{K}_c \begin{pmatrix} (\|\Delta \boldsymbol{x}_1\| - l_{d1}) \\ \vdots \\ (\|\Delta \boldsymbol{x}_n\| - l_{dn}) \end{pmatrix} \cdot \begin{pmatrix} \dfrac{\Delta \boldsymbol{x}_1}{\|\Delta \boldsymbol{x}_1\|} \dfrac{\partial \Delta \boldsymbol{x}_1}{\partial \boldsymbol{x}^{\mathrm{T}}} \\ \vdots \\ \dfrac{\Delta \boldsymbol{x}_n}{\|\Delta \boldsymbol{x}_n\|} \dfrac{\partial \Delta \boldsymbol{x}_n}{\partial \boldsymbol{x}^{\mathrm{T}}} \end{pmatrix} \dfrac{\partial \boldsymbol{x}}{\partial \boldsymbol{\theta}^{\mathrm{T}}} \dot{\boldsymbol{\theta}} \tag{8-165}$$

$$\frac{\partial V_c}{\partial \boldsymbol{\theta}^{\mathrm{T}}} = \underbrace{\boldsymbol{K}_c \begin{pmatrix} (\|\Delta \boldsymbol{x}_1\| - l_{d1}) \\ \vdots \\ (\|\Delta \boldsymbol{x}_n\| - l_{dn}) \end{pmatrix}}_{f_c} \cdot \begin{pmatrix} \dfrac{\Delta \boldsymbol{x}_1}{\|\Delta \boldsymbol{x}_1\|} \dfrac{\partial \Delta \boldsymbol{x}_1}{\partial \boldsymbol{x}^{\mathrm{T}}} \\ \vdots \\ \dfrac{\Delta \boldsymbol{x}_n}{\|\Delta \boldsymbol{x}_n\|} \dfrac{\partial \Delta \boldsymbol{x}_n}{\partial \boldsymbol{x}^{\mathrm{T}}} \end{pmatrix} \underbrace{\frac{\partial \boldsymbol{x}}{\partial \boldsymbol{\theta}^{\mathrm{T}}}}_{\boldsymbol{J}_{\mathrm{h}}(\boldsymbol{\theta})} \tag{8-166}$$

其中

$$\frac{\partial \Delta \boldsymbol{x}_i}{\partial \boldsymbol{x}^{\mathrm{T}}} = \frac{\partial \left(\boldsymbol{x}_i - \dfrac{\boldsymbol{x}_1 + \cdots + \boldsymbol{x}_n}{n} \right)}{\partial \boldsymbol{x}^{\mathrm{T}}} = \left[\left(1 - \frac{1}{n}\right) \boldsymbol{I} \cdots \left(1 - \frac{1}{n}\right) \boldsymbol{I} \right] \tag{8-167}$$

式中 $\boldsymbol{I}$——3×3 的单位矩阵。

式（8-166）将物体空间虚拟连接弹簧所产生的弹性驱动力由单轴坐标系映射到多臂机器人各机械臂的关节空间中，即得到物体空间虚拟连接弹簧所产生的各臂关节空间驱动力矩 $\boldsymbol{\tau}_c$

$$\boldsymbol{\tau}_c = \boldsymbol{J}_c^{\mathrm{T}} \boldsymbol{f}_c, \quad \boldsymbol{J}_c = \begin{pmatrix} \dfrac{\Delta \boldsymbol{x}_1}{\|\Delta \boldsymbol{x}_1\|} \dfrac{\partial \Delta \boldsymbol{x}_1}{\partial \boldsymbol{x}^{\mathrm{T}}} \\ \vdots \\ \dfrac{\Delta \boldsymbol{x}_n}{\|\Delta \boldsymbol{x}_n\|} \dfrac{\partial \Delta \boldsymbol{x}_n}{\partial \boldsymbol{x}^{\mathrm{T}}} \end{pmatrix} \boldsymbol{J}_{\mathrm{h}}(\boldsymbol{\theta}) \tag{8-168}$$

注意这里的雅可比矩阵 $\boldsymbol{J}_c$ 与传统意义上的机器人雅可比矩阵不同，它将两个空间坐标系的相对速度和力映射到各机械臂的关节空间中。这意味着物体空间连接虚拟弹簧所产生的弹性力是不再局限于某一个运动空间坐标系相对定坐标系的控制量，而可以适用于两个或多个坐标系的相对运动控制量。

8.4.5.4　多臂机器人物体空间相对运动的协调阻抗控制器

前文建立基于物体空间虚拟弹簧结构的阻抗控制策略刚度项，为了获得更好的动态性能，还需要在目标刚度的基础上加上与系统惯性性质相配合的阻尼项。由式（8－154)、式（8－160）和式（8－168）可知，$\boldsymbol{J}_t$，$\boldsymbol{J}_r$ 和 $\boldsymbol{J}_c$ 分别将关节空间速度 $\dot{\boldsymbol{\theta}}$ 映射为物体空间坐标系中的物体速度 $\dot{\boldsymbol{x}}_o,\boldsymbol{\omega}_o$ 和连接弹簧方向上的相对速度 $\|\Delta\dot{\boldsymbol{x}}\|$。将以上物体空间坐标系中的速度写为广义物体空间速度 $\boldsymbol{v}_o=(\dot{\boldsymbol{x}}_o^{\mathrm{T}}\quad\boldsymbol{\omega}_o^{\mathrm{T}}\quad\|\Delta\dot{\boldsymbol{x}}\|^{\mathrm{T}})^{\mathrm{T}}$，可以得到以下的速度映射

$$\boldsymbol{v}_o=\dot{\bar{\boldsymbol{x}}}=\underbrace{\begin{pmatrix}\boldsymbol{J}_t\\\boldsymbol{J}_r\\\boldsymbol{J}_c\end{pmatrix}}_{\boldsymbol{J}_o}\dot{\boldsymbol{\theta}}\tag{8-169}$$

式中　$\boldsymbol{J}_o$——物体空间广义速度到关节空间速度的广义雅克比矩阵；

$\bar{\boldsymbol{x}}$——物体空间广义位移。

同理可以得到物体空间坐标系的广义力矩 $\boldsymbol{f}_o=(\boldsymbol{f}_t^{\mathrm{T}}\quad\boldsymbol{f}_r^{\mathrm{T}}\quad\boldsymbol{f}_c^{\mathrm{T}})^{\mathrm{T}}$ 和关节空间力矩 $\boldsymbol{\tau}_o=\boldsymbol{\tau}_t+\boldsymbol{\tau}_r+\boldsymbol{\tau}_c$ 的映射

$$\boldsymbol{\tau}_o=\boldsymbol{J}_o^{\mathrm{T}}\cdot\boldsymbol{f}_o\tag{8-170}$$

采用物体空间平移弹簧驱动力式（8－154)、物体空间旋转弹簧驱动力式（8－160）和物体空间连接弹簧驱动力式（8－168）以及基于相对物体空间坐标系的系统广义速度 v_o 的阻尼项，可以得到以下基于物体空间弹簧结构的多臂物体空间协调阻抗控制器

$$\boldsymbol{u}=-\boldsymbol{J}_o^{\mathrm{T}}(\boldsymbol{f}_o+\boldsymbol{D}_o\boldsymbol{v})=-\underbrace{(\boldsymbol{\tau}_t+\boldsymbol{\tau}_r+\boldsymbol{\tau}_c)}_{\boldsymbol{\tau}_o}-\underbrace{\boldsymbol{J}_o^{\mathrm{T}}\boldsymbol{D}_o\boldsymbol{J}_o}_{\boldsymbol{D}(\boldsymbol{\theta})}\dot{\boldsymbol{\theta}}$$
$$=-\frac{\partial(V_t+V_r+V_c)}{\partial\boldsymbol{\theta}}(\boldsymbol{\theta})-\boldsymbol{D}(\boldsymbol{\theta})\dot{\boldsymbol{\theta}} \tag{8-171}$$

由于上式中的能量函数 V_t，V_r和 V_c均为正定，因此具有控制器式（8－171）的为无源性控制，整个闭环系统具有无源性，由此可以基于 LaSalle 原理得出系统的渐进稳定性。利用各机械臂的关节力矩负反馈，可以进一步得到关节空间中电机控制力矩

$$\boldsymbol{\tau}_m=\boldsymbol{K}_\tau\boldsymbol{u}+(\boldsymbol{I}-\boldsymbol{K}_\tau)\boldsymbol{\tau} \tag{8-172}$$

式中 $\boldsymbol{u}$——阻抗控制器；

$\boldsymbol{K}_\tau=\boldsymbol{J}\boldsymbol{J}_c^{-1}$ 为关节力矩负反馈系数。

为进行物体空间协调阻抗控制器阻尼系数 $\boldsymbol{D}_o$的设计，首先需要将关节空间的质量矩阵 $\boldsymbol{M}$（$\boldsymbol{\theta}$）映射到物体空间坐标系中。考虑机器人关节空间的简化动力学方程

$$\boldsymbol{M}(\boldsymbol{\theta})\ddot{\boldsymbol{\theta}}=\boldsymbol{\tau}_o \tag{8-173}$$

由式（8－169）和式（8－170）

$$\ddot{\boldsymbol{x}}=\boldsymbol{J}_o\ddot{\boldsymbol{\theta}}+\dot{\boldsymbol{J}}_o\dot{\boldsymbol{\theta}}=\boldsymbol{J}_o\boldsymbol{M}(\boldsymbol{\theta})^{-1}\boldsymbol{\tau}_o+\dot{\boldsymbol{J}}_o\dot{\boldsymbol{\theta}}=\underbrace{\boldsymbol{J}_o\boldsymbol{M}(\boldsymbol{\theta})^{-1}\boldsymbol{J}_o^{\mathrm{T}}}_{\boldsymbol{M}_o(\theta)^{-1}}\boldsymbol{f}_o+\dot{\boldsymbol{J}}_o\dot{\boldsymbol{\theta}} \tag{8-174}$$

由上式可以得到

$$\boldsymbol{M}_o(\boldsymbol{\theta})\ddot{\boldsymbol{x}}=\boldsymbol{f}_o+\boldsymbol{M}_o(\boldsymbol{\theta})\dot{\boldsymbol{J}}_o\dot{\boldsymbol{\theta}} \tag{8-175}$$

$$\boldsymbol{M}_o(\boldsymbol{\theta})=(\boldsymbol{J}_o\boldsymbol{M}(\boldsymbol{\theta})^{-1}\boldsymbol{J}_o^{\mathrm{T}})^{-1} \tag{8-176}$$

式中 $\boldsymbol{M}_o$（$\boldsymbol{\theta}$）——在广义物体空间位以上的质量矩阵。

考虑到被抓取物体质量 $\boldsymbol{M}_{\mathrm{object}}$只在平移和旋转方向位移有质量作用，而在连接弹簧的相对位移方向上没有质量作用，因此整个多臂机器人/被操作物体系统在物体空间中的质量矩阵可以表示为

$$\boldsymbol{M}_{\bar{x}}=\boldsymbol{M}_o+\begin{bmatrix}\boldsymbol{I}_{6\times6}\\ \boldsymbol{0}_{n\times6}\end{bmatrix}\boldsymbol{M}_{\mathrm{object}}\begin{bmatrix}\boldsymbol{I}_{6\times6} & \boldsymbol{0}_{n\times6}\end{bmatrix} \tag{8-177}$$

物体空间的广义刚度矩阵可以表示为

$$\boldsymbol{K}_o = \begin{bmatrix} \boldsymbol{K}_t & \boldsymbol{0} & \boldsymbol{0} \\ \boldsymbol{0} & \boldsymbol{K}_r & \boldsymbol{0} \\ \boldsymbol{0} & \boldsymbol{0} & \boldsymbol{K}_c \end{bmatrix} \tag{8-178}$$

结合 $\boldsymbol{K}_o$和$\boldsymbol{M}_{\bar{x}}$ 采用双对角化方法[13]可以得到阻尼项

$$\boldsymbol{D}_o(\boldsymbol{\theta}) = \boldsymbol{D}(\boldsymbol{M}_o(\boldsymbol{\theta}), \boldsymbol{K}_o, \xi) \tag{8-179}$$

式中　$\xi \in [0, 1]$ ——阻尼项设计系数。

由于在多臂系统的实际控制中，$\boldsymbol{K}_o$和$\boldsymbol{M}_{\bar{x}}$矩阵中都只有对角线上元素对控制过程有实际影响，因此可以使用以下的对角化阻尼项设计，并对阻尼项设置饱和值以防止过大阻尼影响控制稳定性

$$\boldsymbol{D}_{o,ii}(\boldsymbol{\theta}) = 2\xi_i\ (\boldsymbol{M}_{\bar{x},ii}\,\boldsymbol{K}_{o,ii})^{-1/2} \tag{8-180}$$

8.5　本章小结

本章针对多臂机器人相对运动问题，重点研究了具有柔性关节空间机器人的建模及控制问题。首先基于能量法及对关节柔性线性弹簧的假设建立了具有固定基座的柔性关节机器人的动力学方程，针对空间机器人的特殊问题，基于动量守恒原理推导了自由漂浮机器人的运动学及动力学方程，给出自由漂浮机器人广义雅可比的表达形式。其次，针对机器人运动规划问题，给出了基于快速扩展随机树的避障运动规划算法和基座扰动最优的路径规划算法，改进的算法使扩展树在启发函数的引导下可快速地向目标扩展，减少了采样点的数目，提高了规划的效率；同时减少了路径规划的随机性，有利于规划出接近于最短路径的次优路径。最后，针对多臂机器人的操作控制问题，基于物体空间虚拟弹簧结构建立了多臂空间 6 自由度协调阻抗控制策略，并进行了阻尼项设计以改善动态性能。通过建立物体空间和关节空间的映射关系，该策略可直接控制被操作物体的目标期望位置和姿态，给上层运动规划提供了一个简单直观的控制接口，极地地方便了机器人任务的定义和规划。

参考文献

[1] SPONG M W. Modeling and Control of Elastic Joint Robots. Journal of Dynamics Systems, Measurement, and Control, 1987, 109 (1): 310—319.

[2] 刘业超．柔性关节机械臂控制策略的研究．哈尔滨：哈尔滨工业大学，2009.

[3] 徐文福．自由漂浮空间机器人的笛卡儿连续路径规划．控制与决策，2008，23 (3)：278—282.

[4] 吴剑威，史士财，刘宏，等．空间机器人目标捕获过程中的载体姿态扰动优化．机器人，2011，33 (1)：16—27.

[5] 王滨．机器人臂/手抓取及操作规划的研究．哈尔滨：哈尔滨工业大学，2007.

[6] KALISIAK M, PANNE M. RRT - Blossom: RRT with a Local Flood - fill Behavior. Proceedings of IEEE International Conference on Robotics and Automation. 2006: 1237 - 1242.

[7] 黎田．柔性关节机械臂运动学标定及残余振动抑制的研究．哈尔滨：哈尔滨工业大学，2011.

[8] 郭闯强．空间大型机械臂关节控制系统及轨迹规划研究．哈尔滨：哈尔滨工业大学，2012.

[9] 陈兆芃．多指灵巧手控制系统及阻抗控制策略研究．哈尔滨：哈尔滨工业大学，2012.

[10] SLOTINE J J, LI W. 应用非线性控制．程代展，等，译．北京：机械工业出版社，2006.

[11] KHALIL H K. 非线性系统．第三版．朱义胜，董辉，李作洲，等，译．北京：电子工业出版社，2005.

[12] SICILIANO B, SCIAVICCO L, VILLANI L, et al. Robotics: Modeling, Planning and Control. Springer - Verlag London Limited, 2009.

[13] OTT C, ALBU - SCHAFFER A, KUGI A, et al. On the Passivity - Based Impedance Control of Flexible Joint Robots. IEEE Transactions on Robotics, 2008, 24 (2): 416 - 429.

第9章　星座构型及巡游运动

荆武兴

为了保证星座的正常工作，人们提出了对卫星的在轨检测、维修、加注、维护和替换等需求。为此一种名为“卫星遍历巡游”的问题引起人们的重视。卫星遍历巡游问题是研究在燃料受约束的前提下，如何能够使航天器对目标星座中的所有卫星逐一接近的问题。对航天器遍历巡游目标问题的研究，将有助于对己方星座中的卫星进行在轨检测、维修、加注、维护和替换等工作，同时也可以对敌方卫星星座进行探测、侦察、干扰、拦截或打击提供参考。卫星遍历巡游问题从宏观上又可以归结为空间交会对接领域中的一个分支。

9.1　星座的基本概念

卫星星座是指由若干颗在轨运行的卫星构成的，在给定的坐标系内通过保持固定的时空关系来协同完成某类任务的卫星群。给定的坐标系通常为地心赤道惯性坐标系，在此坐标系下，无摄动作用的星座中卫星的轨道有5个为常值，一个快变轨道参数也可以形成固定偏差，从而使得星座个体形成固定的空间关系。另外一个坐标系是相对地球固联的球坐标系，应用上又以经度和纬度构成的坐标平面为主，协同完成某类任务的核心是建立星座与经纬度平面上的点或者区域之间的关系，包括时间上的关系和位置上的关系。由于地球自转是均匀的，卫星运动又具有周期性，因此相对于地球固联的球坐标系，某种固定的时空关系是存在的。这种固定的时空关系是星座为人类长期稳定服务的基础。

9.1.1　描述星座的基本参数

星座的基本参数包括星座单颗卫星的轨道参数和卫星之间的相对轨道参数。单颗卫星的轨道参数有 20 多种描述形式[1]，最基本的几何描述形式是经典的轨道 6 要素：轨道半长轴 a，偏心率 e，轨道倾角 i，升交点赤经 Ω，近地点幅角 ω，真近点角 θ（或纬度幅角 u）。在二体问题假设下，前 5 个要素为常数（它们的变化率为零），第 6 个要素的变化率为正的常数，但在摄动情况下，它们均为时变的。在任意时刻的轨道要素称为瞬时轨道要素，定义为

$$a = \frac{\mu r}{2\mu - r v^2} \tag{9-1}$$

$$\begin{cases} \boldsymbol{e} = \left(\dfrac{v^2}{\mu} - \dfrac{1}{r}\right) r - \dfrac{1}{\mu}(\boldsymbol{r} \cdot \boldsymbol{v})\boldsymbol{v} \\ e = |\boldsymbol{e}| \\ \boldsymbol{h} = \boldsymbol{r} \times \boldsymbol{v} \\ \boldsymbol{n} = \boldsymbol{Z} \times \boldsymbol{h} / |\boldsymbol{Z} \times \boldsymbol{h}| \end{cases} \tag{9-2}$$

$$i = \arccos(\boldsymbol{h} \cdot \boldsymbol{Z} / h) \tag{9-3}$$

$$\begin{cases} \cos\Omega = \boldsymbol{n} \cdot \boldsymbol{X} \\ \sin\Omega = \boldsymbol{n} \cdot \boldsymbol{Y} \end{cases} \tag{9-4}$$

$$\begin{cases} \cos\omega = \left\{\left(\dfrac{v^2}{\mu} - \dfrac{1}{r}\right)\boldsymbol{r} - \dfrac{1}{\mu}(\boldsymbol{r} \cdot \boldsymbol{v})\boldsymbol{v}\right\} \cdot \boldsymbol{n}/e \\ \sin\omega = \left\{\left(\dfrac{v^2}{\mu} - \dfrac{1}{r}\right)\boldsymbol{r} - \dfrac{1}{\mu}(\boldsymbol{r} \cdot \boldsymbol{v})\boldsymbol{v}\right\} \cdot (\boldsymbol{h} \times \boldsymbol{n})/(eh) \end{cases} \tag{9-5}$$

$$\begin{cases} \cos u = \boldsymbol{r} \cdot \boldsymbol{n}/r \\ \sin u = \boldsymbol{r} \cdot (\boldsymbol{h} \times \boldsymbol{n})/(hr) \end{cases} \tag{9-6}$$

$$\theta = u - \omega \tag{9-7}$$

其中，μ，r，v，h，$\boldsymbol{X}$，$\boldsymbol{Y}$，$\boldsymbol{Z}$ 分别为地球引力常数，卫星地心距，卫星绝对速度，单位质量的轨道角动量，地心赤道惯性坐标系（一般取为 J2000 坐标系）的 3 个轴向单位矢量。如果倾角为 0°或 180°，定义升交点赤经 Ω 的值为 0°，如果偏心率为 0，定义近地点幅角 ω 的

值为 0°。另外，瞬时轨道的半正焦弦 p 满足如下关系

$$\begin{cases} p = h^2/\mu \\ p = a(1-e^2) \end{cases} \tag{9-8}$$

由式（9－2）可知，在任意时刻，圆锥曲线方程亦成立

$$r = \frac{p}{1+e\cos\theta} \tag{9-9}$$

升交点赤经 Ω 和轨道倾角 i 刻画了卫星轨道平面的方位运动，纬度幅角 u 刻画了卫星在轨道平面内的运动。在地球非球形 J_2 项的影响下，它们的变化率方程为[2]

$$\dot{\Omega} = -\frac{2k_{J_2}\cos i\sin^2 u}{hr^3} \tag{9-10}$$

$$\dot{i} = -\frac{k_{J_2}\sin 2i\sin 2u}{2hr^3} \tag{9-11}$$

$$\dot{u} = \frac{h}{r^2} + \frac{2k_{J_2}\cos^2 i\sin^2 u}{hr^3} \tag{9-12}$$

$$\ddot{r} = -\frac{\mu}{r^2} + \frac{h^2}{r^3} - \frac{k_{J_2}}{r^4}(1-3\sin^2 i\sin^2 u) \tag{9-13}$$

$$\dot{h} = -\frac{k_{J_2}\sin^2 i\sin 2u}{r^3} \tag{9-14}$$

式中 $k_{J_2} = 3\mu J_2 R_e^2/2$，$J_2$ 为 2 阶带谐项系数，$J_2 = 1.082\ 63\times10^{-3}$；

R_e ——地球赤道平均半径，$R_e = 6\ 378.137$ km 。

式（9－10）至式（9－14）是封闭的方程，可以积分。

由式（9－10）可以看出，当 $i<90°$时，升交点赤经变化率为负，表明轨道有向西进动的趋势；当 $i>90°$时，升交点赤经变化率为正，表明轨道有向东进动的趋势。

卫星连续两次通过升交点的时间间隔是描述星座中个体卫星的重要参数，对星座卫星相对相位稳定性分析起着重要作用，称为交点周期 T_Ω 。由式（9－12）不难得到

$$T_\Omega = \int_{2k\pi}^{2(k+1)\pi} \frac{hr^3}{h^2 r + 2k_{J_2}\cos^2 i\sin^2 u}\mathrm{d}u \tag{9-15}$$

由于纬度幅角的变化规律比较复杂，每一圈的升交时间间隔会不一样，在平均意义下，交点周期 T_{Ω} 可以用下式计算[3]

$$T_{\Omega}=2\pi\sqrt{\frac{\bar{a}^3}{\mu}}\left\{1+\frac{3}{4}J_2\left[\frac{R_e}{\bar{a}(1-\bar{e}^2)}\right]^2\left[(1-5\cos^2\bar{i})+\sqrt{1-\bar{e}^2}(1-3\cos^2\bar{i})\right]\right\} \tag{9-16}$$

其中带“—”的轨道要素为平均轨道要素。

赤道上静止的观察者连续两次通过卫星升交点的时间间隔称为“交点日”T_d 。T_d 可以表示为

$$T_d=\frac{2\pi}{\omega_e-\dot{\Omega}} \tag{9-17}$$

式中　ω_e ——地球自转角速率，$\omega_e=7.292\,115\times10^{-5}$ rad/s。

“交点日”对于分析地球上的点与卫星轨道平面的时间关系十分重要。对于二体问题，星座中卫星的轨道平面在恒星空间是固定的，因此赤道上静止的观察者连续两次通过卫星升交点的时间间隔为一个恒星日，但在摄动情况下，星座中卫星的轨道平面发生缓慢的进动，赤道上静止的观察者连续两次通过卫星升交点的时间间隔与恒星日不同。当 $i<90°$时，由于轨道向西进动，“交点日”小于恒星日；当 $i>90°$时，由于轨道向东进动，“交点日”大于恒星日。由式(9-10)可以看出，升交点赤经变化率比较复杂，含有明显的非线性，因此，“交点日”是不均匀的。

尽管升交点赤经变化率比较复杂，含有非线性，但是其线性部分起主导作用，在平均意义下，升交点赤经平均变化率可以表示为[3]

$$\dot{\Omega}=-\frac{3}{2}J_2\sqrt{\frac{\mu}{\bar{a}^3}}\left[\frac{R_e}{\bar{a}(1-\bar{e}^2)}\right]^2\cos\bar{i}\cdot\left\{1+\frac{J_2}{16}\left[\frac{R_e}{\bar{a}(1-\bar{e}^2)}\right]^2\left[5-12\eta-9\eta^2+(35+36\eta+5\eta^2)\cos^2\bar{i}\right]\right\} \tag{9-18}$$

式中　$\eta=\sqrt{1-e^2}$ 。

为了说明轨道倾角、交点周期、交点日的时变性，举下面的一个数值算例，取初始时刻的轨道要素为

$$a=7\ 200\ \text{km},\qquad e=0.01$$
$$i=43^\circ,\qquad \Omega=120^\circ$$
$$\omega=0^\circ,\qquad \theta=0^\circ$$

积分方程式（9－10）至式（9－14），70 天的历程见图 9－1 至图 9－4。轨道倾角具有幅值 0.035°的振荡特征（图 9－1），升交点赤经具有线性变化的特征（图 9－2），纬度幅角每增加 360°所经历的时间间隔整体上呈现周期振荡趋势（图 9－3），平均值为 6 065.6 s，振荡幅值为 0.25 s。“交点日”整体上亦呈现周期振荡趋势（图 9－4），平均值 85 037 s，振荡幅值为 1.5 s。

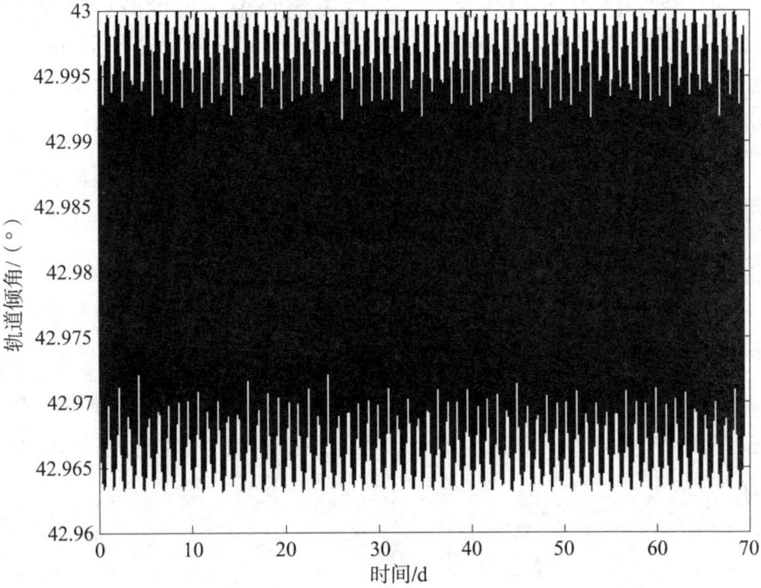

图 9－1　轨道倾角的变化历程

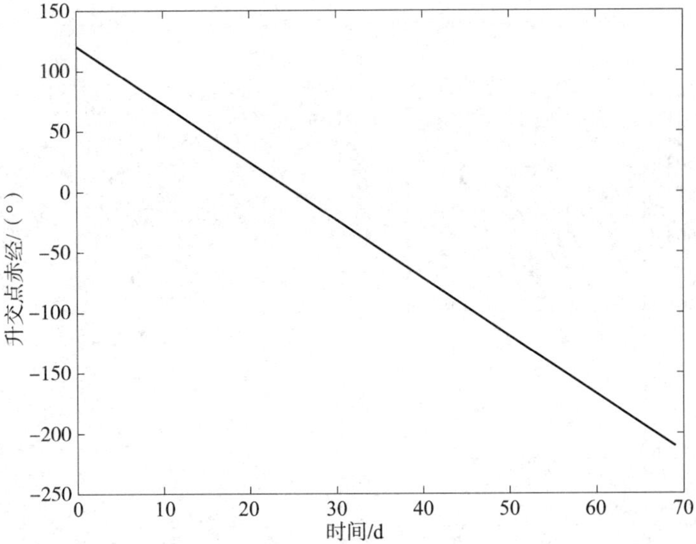

图 9-2　升交点赤经的变化历程

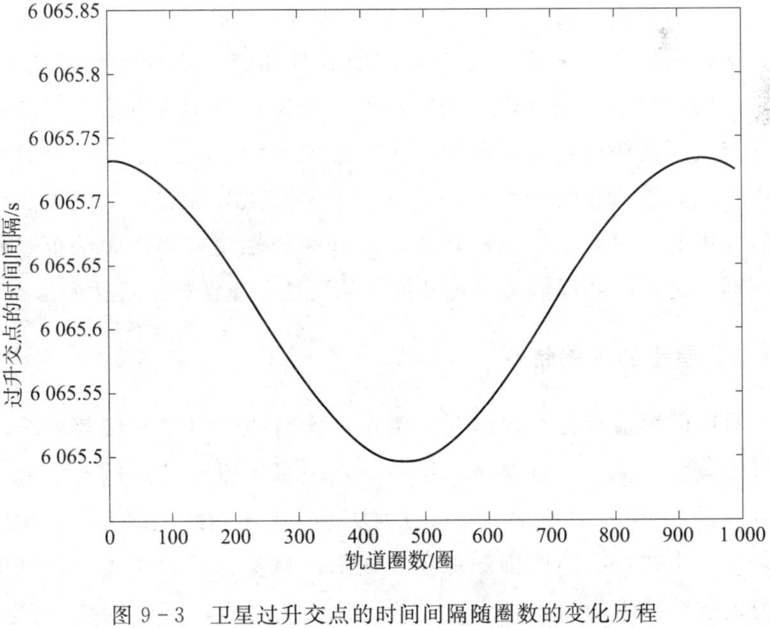

图 9-3　卫星过升交点的时间间隔随圈数的变化历程

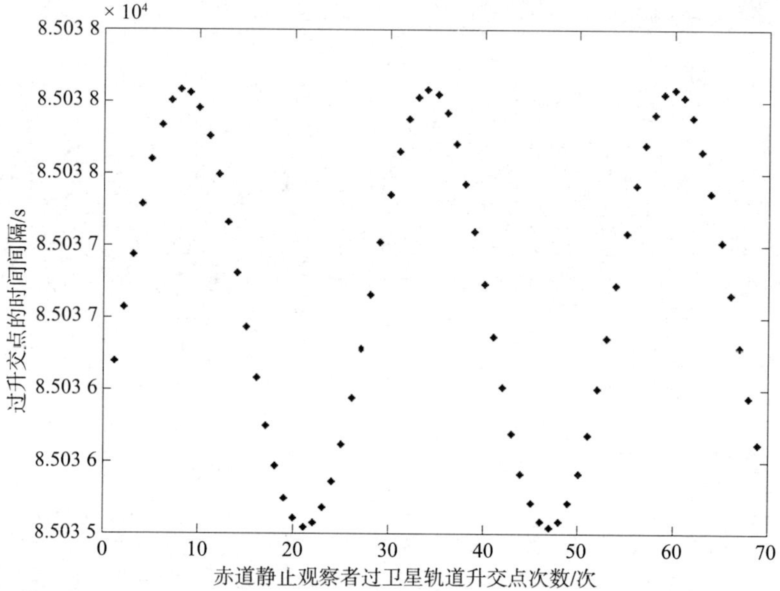

图 9-4　赤道上静止观察者过升交点的时间间隔随通过次数的变化历程

从仿真结果上看，单颗卫星的交点日和交点周期虽然不均匀，但它们的变化具有周期性，因此星座中任意两颗卫星的交点日之差和交点周期之差也具有周期性。从解析式（9-16）、式（9-18）中可以看出，轨道倾角和半长轴是决定卫星交点日和交点周期的关键因素。因此，可以设计卫星轨道倾角和半长轴使得星座中的卫星轨道面同步进动，纬度幅角呈现共振，从而使星座保持有规律的形态。

9.1.2　星座的覆盖特性

星座的覆盖特性对星座为人类服务十分重要，星座覆盖由全体卫星的覆盖组成。假设地球为圆球，从卫星上看到的地球上的最大区域如图 9-5（a）所示。任意时刻从卫星上看到的地球上的区域边界是一个小圆，小圆所围的地球表面的区域称为瞬时覆盖。若以卫星为顶点，圆锥的角半径为ζ_0；若以地心为顶点，圆锥的角半径为

η_0，则有

$$\sin\zeta_0 = \cos\eta_0 = \frac{R_e}{r} \tag{9-19}$$

式中　R_e，r——分别为地球半径和卫星的地心距。

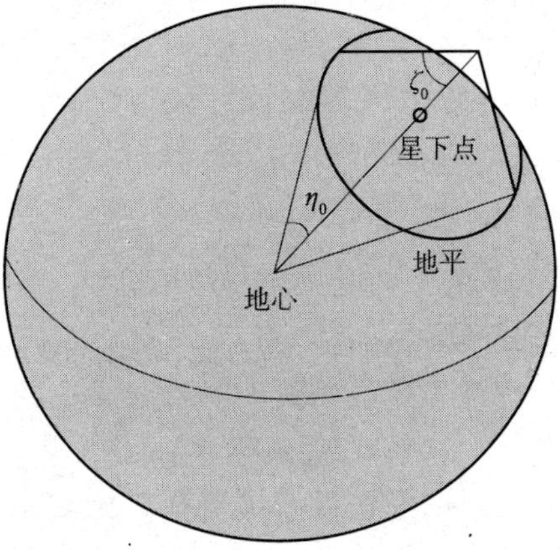

(a) 仰角为零的情况

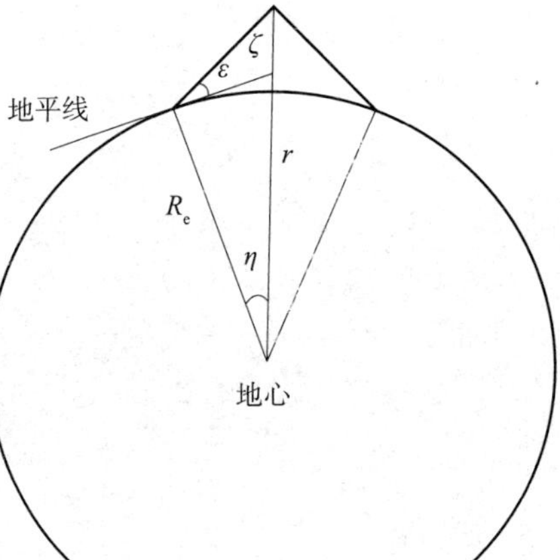

(b) 仰角大于零的情况

图 9－5　从卫星和地心看地球圆盘角半径之间的关系

对于好的观测效果而言，覆盖边沿上看卫星一般需要一个正的仰角 ε ，称为最小覆盖仰角。此时的覆盖为有效覆盖。根据正弦定理

$$\frac{R_e}{\sin\zeta}=\frac{r}{\sin(90^\circ+\varepsilon)}=\frac{r}{\cos\varepsilon}$$

和

$$90^\circ+\varepsilon+\zeta+\eta=180^\circ$$

得到有效覆盖的地心角半径为

$$\eta=\arccos\left(\frac{R_e}{r}\cos\varepsilon\right)-\varepsilon \tag{9-20}$$

式中 r ——卫星的地心距。

地球表面上的点与星下点的地心张角只要小于上述角半径，该点就能被卫星观察到。

计算瞬时覆盖边界的经纬度，可以在二维地图上清晰地了解覆盖轮廓。设任意时刻卫星的星下点地心经度、纬度分别为 λ_{e0} 和 φ_{e0} ，给定最小覆盖仰角 ε ，由式（9－20）可以计算出有效覆盖的地心角半径 η ，构造如下两个矢量

$$\boldsymbol{r}_0=R_e\cos\eta\begin{bmatrix}\cos\lambda_{e0}\cos\varphi_{e0}\\ \sin\lambda_{e0}\cos\varphi_{e0}\\ \sin\varphi_{e0}\end{bmatrix} \tag{9-21}$$

$$\boldsymbol{r}_1=\begin{cases}R_e\begin{bmatrix}\cos\lambda_{e0}\cos(\varphi_{e0}-\eta)\\ \sin\lambda_{e0}\cos(\varphi_{e0}-\eta)\\ \sin(\varphi_{e0}-\eta)\end{bmatrix},(\varphi_{e0}>0)\\ R_e\begin{bmatrix}\cos\lambda_{e0}\cos(\varphi_{e0}+\eta)\\ \sin\lambda_{e0}\cos(\varphi_{e0}+\eta)\\ \sin(\varphi_{e0}+\eta)\end{bmatrix},(\varphi_{e0}<0)\end{cases} \tag{9-22}$$

覆盖边界上任意点的地心经度、地心纬度分别为 λ_e 和 φ_e ，由球坐标表示的该点的位置矢量为

$$\boldsymbol{r} = R_{\mathrm{e}} \begin{bmatrix} \cos\lambda_{\mathrm{e}} \cos\varphi_{\mathrm{e}} \\ \sin\lambda_{\mathrm{e}} \cos\varphi_{\mathrm{e}} \\ \sin\varphi_{\mathrm{e}} \end{bmatrix} \tag{9-23}$$

由空间几何关系，$\boldsymbol{r}$ 满足下式

$$\boldsymbol{r} = \boldsymbol{r}_0 + (\boldsymbol{r}_1 - \boldsymbol{r}_0)\cos\tau + \frac{\sin\tau}{R_{\mathrm{e}}\cos\eta}(\boldsymbol{r}_0 \times \boldsymbol{r}_1) \tag{9-24}$$

其中，$\tau \in [0,2\pi)$ 。当 τ 从 0 到 2π 变动，覆盖边界上的点从 $\boldsymbol{r}_1$ 沿以卫星地心矢量为中心线，以有效覆盖地心角半径 η 为半锥角，以母线长度为地球半径的圆锥底边运动一圈，从而形成覆盖边界。

任给 $\tau \in [0,2\pi)$ ，从式（9-24）可以反解出地心经度 λ_{e} 和地心纬度 φ_{e} ，从而得到地心经度 λ_{e} 和地心纬度 φ_{e} 随变量 τ 的变化曲线，形成覆盖边界在经纬度平面上的轨迹。图 9-6 给出了最小覆盖仰角为 20°，卫星地心距为 7 200 km，星下点为 A（东经 60°，北纬 10°）、B（东经 180°，北纬 50°）、C（西经 130°，南纬 20°）、D（西经 5°，南纬 50°）时的瞬时覆盖区。

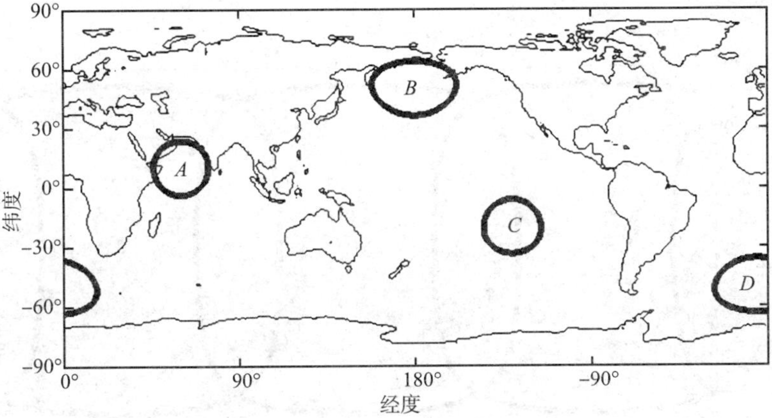

图 9-6　经纬度平面上的瞬时覆盖区

在经纬度平面上，给定时刻的星座中卫星 k 的覆盖区域为 G_k，如果经纬度平面上任一点 S 属于 n 个覆盖区域的交集，即

$$S \in \bigcap G_{k_i}, (i = 1, 2, \cdots, n)$$

称星座在该时刻对 S 点具有 n 重瞬时覆盖。如果任意时刻 S 点至少被星座1重覆盖，称星座对该点具有连续时间覆盖。如果任意时刻 S 点至少被星座 n 重瞬时覆盖，称星座对该点具有连续时间 n 重覆盖。

在给定时刻，如果经纬度平面上任一点 S 至少被星座 1 重瞬时覆盖，称该时刻星座对全球瞬时覆盖。如果任意时刻星座对全球瞬时覆盖，称星座对全球连续时间覆盖。

在地球赤道上空静止轨道上按均匀间隔排列的 3 颗卫星组成的星座，能够连续覆盖除地球两极之外的地区。图 9－7 给出了最小覆盖仰角为 0°，卫星地心距为 42 164 km，卫星 A 星下点为（东经 60°，北纬 0°）、卫星 B 星下点为（东经 180°，北纬 0°）、卫星 C 星下点为（西经 60°，北纬 0°）时的星座覆盖情况。可见除两极少数区域之外，地球表面被 3 星星座连续覆盖。

Walker[4] 在 1971 年指出，适当地选择半长轴 a、偏心率 e、倾角 i，对于具有轨道保持能力的卫星只要 5 颗星就能提供单重全球连续覆盖。

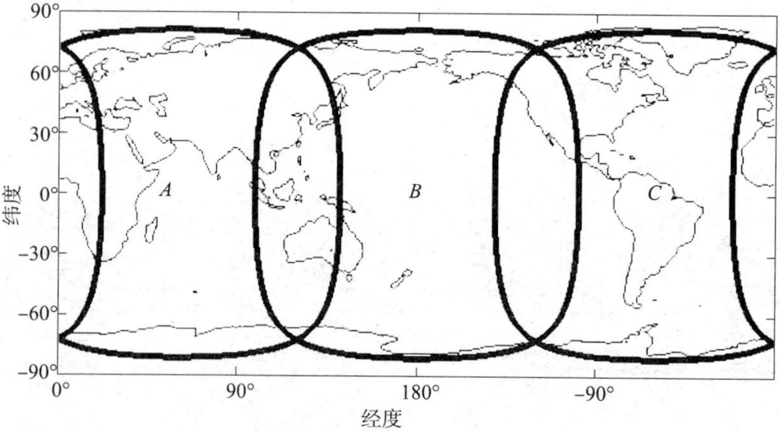

图 9－7　静止轨道卫星在经纬度平面上瞬时覆盖区

1980 年，Ballard[5] 发表了全球多重连续覆盖的著名定理：

为保证全球 n 重连续覆盖，用等周期圆轨道卫星组成星座，至少需要 $2n+3$ 颗卫星。不过，这种星座轨道高度太高，并不实用。

9.1.3　典型的星座构型

(1) Walker - δ 星座

1984 年，Walker[6] 提出的 δ 星座得到了普遍的承认和广泛应用，通常称为 Walker - δ 星座。δ 星座 的特点：由具有相同轨道半长轴 a 的 T 个圆轨道卫星组成；T 个卫星均匀分布在 P 个轨道平面，所有轨道平面相对于某一参考平面有相同的倾角 δ，并且按升交点（相对于参考平面的升交点）均匀分布；每个轨道平面内均匀分布 S 颗卫星，满足关系 $T=P\times S$；不同轨道平面卫星的相对相位保持一定关系，使相邻轨道平面的卫星分别通过其升交点的时间间隔相等。

由于地球的非球形影响，卫星的轨道平面存在进动，式（9 - 18）表明，这种进动受轨道平均运动角速率和轨道倾角的直接影响，因此欲使星座轨道平面保持稳定的构型，卫星的半长轴和轨道倾角通常分别选取相同。等高度、等轨道倾角的圆轨道卫星组成的星座是实用的。Walker 在参考文献［4］中提出一种标记这种星座的符号，在星座轨道设计领域被广泛采用，称为 Walker - δ 星座符号。具体为

$$\text{Walker}-\delta\{i:T/P/F\} \tag{9-25}$$

式中　Walker - δ ——等高度、等轨道倾角；

i ——轨道倾角；

T——卫星的个数；

P——升交点均匀分布的轨道平面数；

F——相邻轨道平面卫星之间的相对相位数，取值范围是 0 ～ $(P-1)$ 之间的整数。

定义 $S=T/P=$ 每个平面的卫星数；

定义星座相位单位 $\text{PU}=360(^\circ)/T$；

轨道升交点角距为 $S\times\text{PU}$；

每个轨道平面内相邻卫星的角距为 $P \times \mathrm{PU}$ 。

当某个轨道面内的一颗卫星刚好通过其升交点时，在它东面与其相邻的轨道面内的最近一颗卫星恰好通过了升交点一个大小为 $F \times \mathrm{PU}$ 的相位角（即纬度幅角），相位参数 F 的取值范围是 0 ～（P －1）之间的整数。

如果星座中基准星的升交点赤经为 Ω_0 ，纬度幅角为 u_0 ，所有卫星的升交点和纬度幅角可以如下确定

$$\begin{cases} \Omega_j = \Omega_0 + (j-1)\dfrac{360^\circ}{P} \\ u_{jk} = u_0 + (j-1)\dfrac{360^\circ}{T}F + (k-1)\dfrac{360^\circ}{S} \end{cases} \tag{9-26}$$

其中，$j = 1,2,\cdots,P;k = 1,2,\cdots,S$ 。

例如，Walker－δ｛55°:24/6/0｝星座，在 6 个轨道平面内共有 24 颗卫星，每个轨道面内的卫星数 $S = 24/6 = 4$ ，PU＝360°/24＝15°，升交点间距＝15°×4＝60°，轨道面内相邻卫星间距＝15°×6＝90°，相邻平面的相位差＝PU× F ＝15°×1＝15°。假设某时刻，春分点的地理经度为 0°，第一个轨道面的升交点赤经为 0°，此轨道面中的第 1 颗卫星正好通过升交点；第 2 个轨道面升交点为 60°，第 2 个轨道面中的第 1 颗卫星也处在其升交点上；第 3 个轨道面升交点为 120°；第 3 个轨道面中的第 1 颗卫星也处在其升交点上；依次类推，在经纬度平面上，星座分布如图 9－8 所示。可见，星座对全球达到了很好的均匀覆盖，而且形成了至少 4 重均匀覆盖。

（2）σ 星座

σ 星座是 δ 星座的子星座。σ 星座的特点是：所有卫星的地面轨迹重合并且这条轨迹线不自相交。显然，σ 星座所有卫星的轨道都是回归轨道（地面轨迹重复）。在二体情况下，假设卫星经过 M 个恒星日运行 L 圈之后地面轨迹开始重复（M 和 L 为互质数），为了满足地面轨迹不自相交的要求，必须使 $L-M=1$。这一要求同时也决定了可以选择的轨道周期，如 $L=2$，$M=1$ 时，轨道周期为 12 h；$L=3$，$M=2$ 时，轨道周期为 16 h 等。

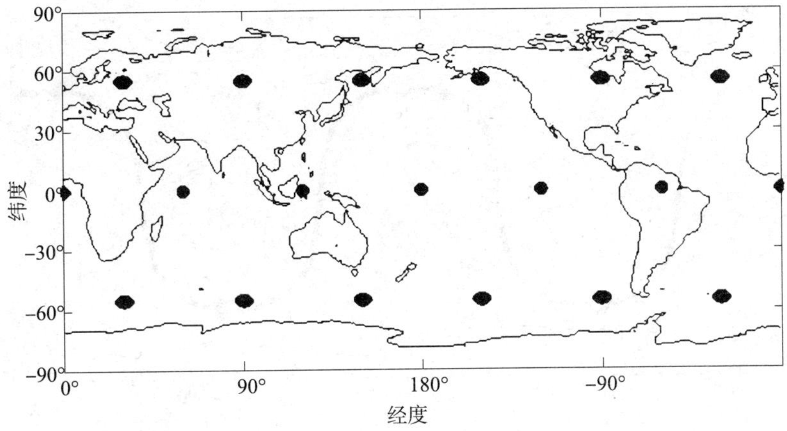

图 9－8　典型 Walker－δ 星座星下点在经纬度平面上的分布

σ 星座的描述符号为 T/M，其中 T 为卫星数目，M 为轨迹重复周期，一般取为 1，2，3，4，5。由 T 和 M 可以求得 δ 星座的 P 和 F

$$P = \frac{T}{H[T,M]} \tag{9-27}$$

$$F = \frac{T}{PM}(kP - M - 1) \tag{9-28}$$

其中，$H[T,M]$ 表示 T 和 M 的最大公因数。相位参数 F 的取值范围是 $0 \sim (P-1)$ 之间的整数。k 可以由式（9－28）唯一确定。例如 13/2 描述的 σ 星座，$H[T,M]=1$，由式（9－27），$P=13$，再由式（9－28）可得 $k=1, F=5$。因此 13/2 描述的 σ 星座是 13/13/5 描述的 δ 星座。

σ 星座所有卫星的地面轨迹重合在一起，形成一条类似正弦曲线的不自相交的封闭曲线，如图 9－9 所示，A、B、C、D4 颗卫星等时间间隔分布在同一条星下点轨迹上。各卫星的星下点均匀分布在这条曲线上，不可能出现卫星相互靠拢的情况，因而 σ 星座的覆盖特性均匀，覆盖性能很高，是非常好的星座构型。

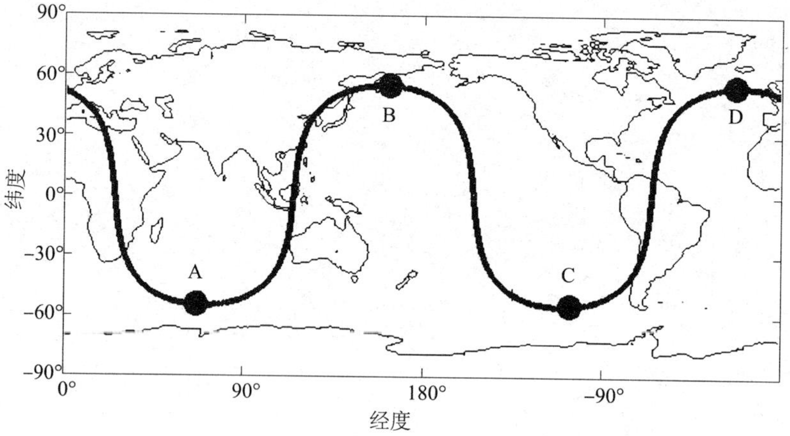

图 9-9　典型 σ 星座星下点在经纬度平面上的分布

（3）玫瑰星座

玫瑰星座是 δ 星座中 $P=T$ 的一种特殊星座，也就是每个轨道平面内只有一颗卫星的 δ 星座。由于轨道面比较多，在地心赤道惯性系中观察整个星座的轨道面，就像一朵盛开的玫瑰，因此得名。星座中任一颗卫星在天球上的位置可以用 3 个欧拉角来描述，这 3 个欧拉角是升交点赤径 Ω、轨道倾角 i 和相位角 u。

设 T 个卫星的玫瑰星座中基准星的升交点赤经为 Ω_0，纬度幅角为 u_0，所有卫星的升交点和纬度幅角可以如下确定

$$\begin{cases} \Omega_j = \Omega_0 + (j-1)\dfrac{360^\circ}{T} \\ u_j = u_0 + (j-1)\dfrac{360^\circ}{T}F \end{cases} \tag{9-29}$$

其中，$j=1,2,\cdots,T$；$F=0,1,2,\cdots,T-1$。

图 9-10 给出了 Walker-δ｛55°：24/24/1｝的玫瑰星座星下点分布（图中的“*”代表星下点，假设此时的春分点经度为 0°），可见星座具有很好的覆盖特性。这样的星座可以作为导航星座来用，也可以用作全球通信星座。

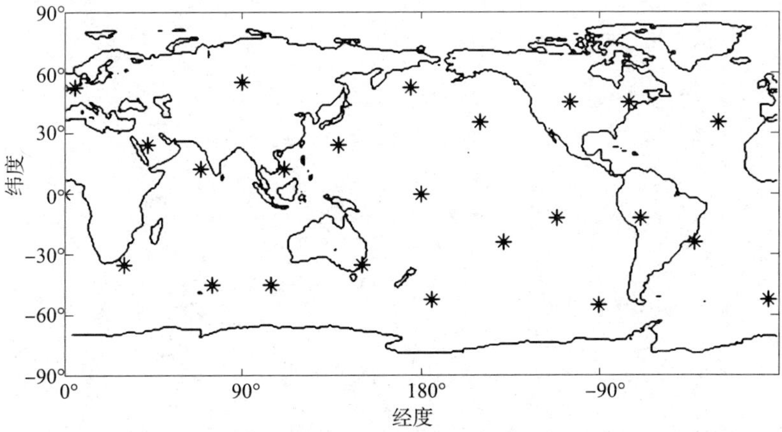

图 9-10　典型玫瑰星座星下点分布

但玫瑰星座对于一箭多星发射是不利的，因为星座中任意两个卫星轨道平面都存在异面角，对于共同的轨道倾角 i，当两个卫星的轨道升交点赤经相差 $\Delta\Omega$ 时，根据球面三角的知识，两个轨道的异面角 A 为

$$A = \arccos(\cos^2 i + \sin^2 i \cos\Delta\Omega) \tag{9-30}$$

对于上面的玫瑰星座，两个相邻的轨道平面夹角为 12.27°。如果实施异面变轨，消耗的速度脉冲将是轨道速度的 21%。

(4) ω 星座

如果 δ 星座或玫瑰星座（$P=T$ 的 δ 星座）的卫星总数 T 可分解因子，则可将该星座看做是由几个 δ 子星座或玫瑰子星座所组成。在这些子星座中去掉一个子星座以后，剩下的非均匀星座叫做 ω 星座。

在分阶段构造星座的航天任务中，星座的性能是逐渐提高的，选择合适的中间 ω 星座，可以使 δ 星座和 σ 星座的性能台阶最优，提高了星座的经济效益。图 9-11 给出了全球导航星座第 1 个轨道平面 4 颗卫星形成的星下点轨迹，可以看出已经形成很好的覆盖带。如果相邻的东侧轨道平面上 4 颗卫星再发射成功，形成的星下点轨迹如图 9－12 所示，可以看出覆盖密度更大，覆盖重数增加，可以达到间断导航。交点日长度为 0.997 159 个平太阳日，也是星下点轨迹回归周期。可见，ω 星座在建立过程中就可以完成有限使命。

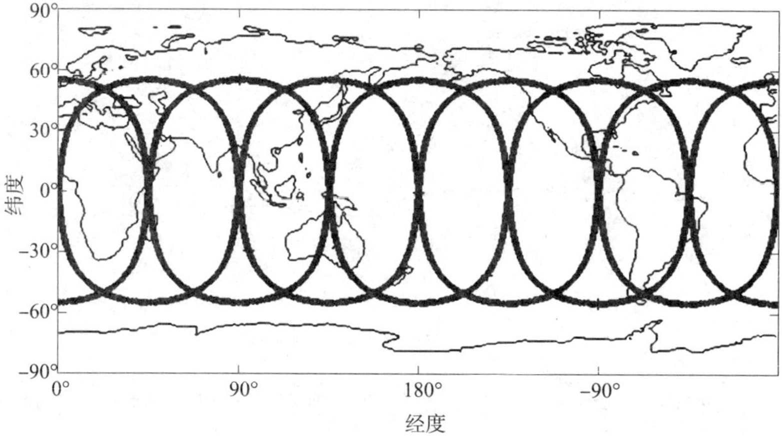

图 9－11　全球导航星座第 1 个轨道平面 4 颗卫星形成的星下点轨迹

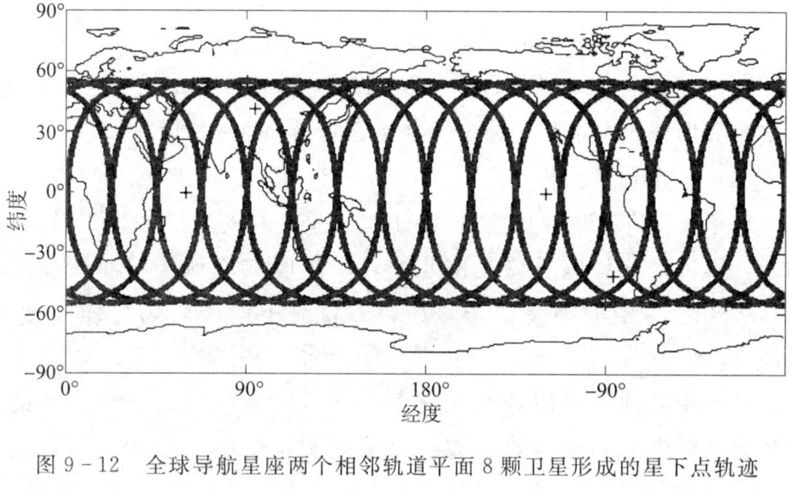

图 9－12　全球导航星座两个相邻轨道平面 8 颗卫星形成的星下点轨迹

9.2　星座设计

9.2.1　星座设计准则

J. R. Wertz 和 W. J. Larson 在参考文献［7］中给出如下的星座设计准则。

（1）基本覆盖与纬度的关系

不同仪表和不同工作模式的覆盖特性最好用覆盖和纬度的关系来表示。平均响应时间是综合覆盖度量的最好指标。平均响应时间是指从接受到要观测某点的请求开始到可以观测到该点为止的统计平均时间。没有解析公式可以做这一工作，仿真计算是经常采取的手段。如果一颗卫星在给定的时间步长内位于该点的视场内，则该步长的响应时间为零。如果该点在某个覆盖间隙中，则响应时间是到覆盖间隙终点的时间。全球连续覆盖的响应时间为零。一个好的星座决策应当基于覆盖特性与纬度的关系曲线综合做出的。

地面覆盖要求是选用多颗卫星的主要理由。一个星座比单颗卫星能提供更多的观测和通信时间。覆盖目标给定后，设计星座要在覆盖率与卫星个数之间进行折中权衡，也就是在性能和成本之间进行权衡。较大的星座其轨道高度可能较低，轨道倾角可能较小，因而发射成本较低。轨道平面个数是影响覆盖的重要因素，对称的星座结构要求每个轨道平面内有相同的卫星个数。由于轨道平面之间的机动需要的推进剂大大多于同平面内机动所需的推进剂，因此将卫星送入较少的轨道平面是有利的。在星座故障状态下，可以经济地多次重新定相。

（2）性能增长和降级

在星座设计时要求星座提供不同的性能台阶，并且在个别卫星失效时仍能降级可靠运行。理想情况下，希望第一颗卫星入轨时就能达到一定的性能水平，随后每当一颗卫星送入轨道后系统性能不断提高。性能不断提高有很多优点，首先因为每颗卫星都是十分昂贵的，因此总要制造并发射 1 到 2 颗卫星来检验系统方案和星座最终能否适用。如果这时系统就能高效的运行，无疑这是一个很大的优点。

轨道平面数较少的星座在个别卫星失效时系统仍能可靠运行，但系统性能有所下降。如果由于某种原因一颗卫星失效，可以用较少的推进剂使星座重新定相，维持星座原有的性能。如果轨道平面数较多做这项工作就比较困难。但是轨道平面数较少对于空间攻防安全是不利的，因为敌对方可能用较少的反卫星武器破坏星座构型。

在多轨道平面星座中，相对赤道的轨道倾角是一个重要的参数。轨道升交点的进动是轨道高度和倾角的函数，如果轨道高度相同而轨道倾角不同，则轨道的进动速度就不同，这样，最初彼此具有给定几何关系的轨道平面，其几何关系将随时间而改变。维持原来的几何关系要消耗大量推进剂，这是不经济的。因此设计星座时一般使得轨道倾角相同。

（3）轨道高度台阶

覆盖不但与星座结构有关，而且与轨道高度有密切关系，因此星座性能也存在高度台阶。采用不同的轨道高度可以实现完全不同的星座轨道设计。例如一个星座如果对给定仪表的幅宽为 90°地心角，只要用 2 个轨道平面即可得到全球覆盖。而幅宽小于 90°的地心角实现全球覆盖至少需要 3 个轨道平面，这些高度台阶特性使得设计产生实质变化，因此应当关注轨道高度台阶。

实现上述指标通常需要迭代过程，形成设计文件，通过综合分析尚能得到最后结论。

9.2.2　星座设计模型及摄动在星座设计中的考虑

描述星座轨道的参数最直观的是升交点赤经 Ω 、轨道倾角 i 、纬度幅角 u ，如果再补充卫星径距 r 、径距变化率 v_r 和单位质量轨道角动量 h ，则可以形成完整的星座轨道要素组。星座构型设计一般按照二体问题假设开展，但是这是几何特征，摄动情况下的动力学演化特征并不清楚，而动力学演化特征取决于轨道要素的初始条件。下面介绍初始条件的求取问题。

在地球非球形 J_2 项影响下，上述轨道要素的动力学方程具有下面的非奇异形式

$$\dot{\Omega}=-\frac{2k_{J_2}\cos i\sin^2 u}{hr^3} \tag{9-31}$$

$$\dot{i}=-\frac{k_{J_2}\sin 2i\sin 2u}{2hr^3} \tag{9-32}$$

$$\dot{u}=\frac{h}{r^2}+\frac{2k_{J_2}\cos^2 i\sin^2 u}{hr^3} \tag{9-33}$$

$$\dot{r}=v_r \tag{9-34}$$

$$\dot{v}_r=-\frac{\mu}{r^2}+\frac{h^2}{r^3}-\frac{k_{J_2}}{r^4}(1-3\sin^2 i\sin^2 u) \tag{9-35}$$

$$\dot{h}=-\frac{k_{J_2}\sin^2 i\sin 2u}{r^3} \tag{9-36}$$

式中　$k_{J_2}=3\mu J_2R_e^2/2$，J_2 为 2 阶带谐项系数，$J_2=1.082\ 63\times10^{-3}$；

R_e——地球赤道平均半径，$R_e=6\ 378.137$ km。

如果已知经典轨道 6 要素中剩余的 4 个参数即半长轴 a、偏心率 e、近地点幅角 ω、真近点角 θ，则

$$u=\omega+\theta \tag{9-37}$$

$$r=\frac{a(1-e^2)}{1+e\cos\theta} \tag{9-38}$$

$$v_r=\mathrm{sign}(\sin\theta)\sqrt{\frac{2\mu}{r}-\frac{\mu}{a}-\frac{\mu a(1-e^2)}{r^2}} \tag{9-39}$$

$$h=\sqrt{\mu a(1-e^2)} \tag{9-40}$$

对于 Walker－δ 型星座，同轨道平面内的卫星轨道初始参数可以首先确定主星的轨道参数，主星定义为平面中纬度幅角最小的卫星，然后确定其余卫星的轨道参数。

主星轨道参数中偏心率可以设为零，近地点幅角也设为零，半长轴是关键的量，为了使得地面覆盖在时间上有规律，我们考虑星下点轨迹的回归性。设回归特性为 M 个“交点日”恰好卫星运行 N

圈回归，则交点日 T_{d} 和交点周期 T_{Ω} 必须满足

$$MT_{\mathrm{d}} = NT_{\Omega} \tag{9-41}$$

由于计算交点周期和“交点日”的公式需要的是平均轨道要素，而瞬时轨道要素是工程上关心的，为此构建下面的一个算法。

假设开始时刻主星的升交点赤经 Ω_{s} 、轨道倾角 i_{s} 、纬度幅角 u_{s} 由式（9-26）确定，由于星座设计成圆轨道类型，则偏心率 $e_{\mathrm{s}}=0$ ，近地点幅角 $\omega_{\mathrm{s}}=0$ ，猜测一个半长轴的值为 a_0 ，满足如下近似关系

$$86\ 164M = 2\pi N\sqrt{\frac{a_0^3}{\mu}} \tag{9-42}$$

假设任意时刻格林尼治恒星时角为 θ_{g} ，根据式（9-31）至式（9-40）计算卫星的轨道，并记录相邻两次发生 $\cos[\theta_{\mathrm{g}}(t)-\Omega(t)]=1$ 的时间间隔 $T_{\mathrm{d}0}$ 和相邻两次发生 $\cos u=1$ 的时间间隔 $T_{\Omega 0}$ ，作如下的回归残差函数

$$f(a_0) = MT_{\mathrm{d}0} - NT_{\Omega 0} \tag{9-43}$$

为了使得式（9-41）成立，修正后的半长轴为

$$a_1 = a_0 - \frac{f(a_0)}{f'(a_0)} \tag{9-44}$$

其中的 $f'(a_0)$ 用差分计算。从而构建如下迭代算法

$$a_k = a_{k-1} - \frac{f(a_{k-1})}{f'(a_{k-1})},\quad (k=1,2,\cdots) \tag{9-45}$$

一般地，迭代计算 3 次即可得到高精度的半长轴值。至此，选定的轨道面内主星的瞬时轨道参数完全确定。

同平面中其他任意一颗卫星 S_j ，设其纬度幅角为 u_j ，由式（9-31）至式（9-36）得到

$$\Omega(t) = \Omega_{\mathrm{s}} - \int_{t_0}^{t} \frac{2k_{J_2}\cos i\sin^2 u}{hr^3}\mathrm{d}t \tag{9-46}$$

$$i(t) = i_{\mathrm{s}} - \int_{t_0}^{t} \frac{k_{J_2}\sin 2i\sin 2u}{2hr^3}\mathrm{d}t \tag{9-47}$$

$$u(t) = u_{\mathrm{s}} + \int_{t_0}^{t} \frac{h}{r^2} + \frac{2k_{J_2}\cos^2 i\sin^2 u}{hr^3}\mathrm{d}t \tag{9-48}$$

$$r(t)=r_s+\int_{t_0}^{t} v_r \mathrm{d}t \tag{9-49}$$

$$v_r(t)=v_{rs}+\int_{t_0}^{t}\left[-\frac{\mu}{r^2}+\frac{h^2}{r^3}-\frac{k_{J_2}}{r^4}(1-3\sin^2 i\sin^2 u)\right]\mathrm{d}t \tag{9-50}$$

$$h(t)=h_s-\int_{t_0}^{t}\frac{k_{J_2}\sin^2 i\sin 2u}{r^3}\mathrm{d}t \tag{9-51}$$

式（9-48）中的 $u(t)$ 是单调递增的，因为 $u_j>u_s$，必然存在 t_f，使得 $u(t_f)=u_j$。卫星 S_j 在开始时刻的状态设置为

$$[i_j,\Omega_j,u_j,r_j,v_{r\ j},h_j]=[i(t_f),\Omega_j(t_f),u(t_f),r(t_f),v_r(t_f),h(t_f)] \tag{9-52}$$

卫星 S_j 的经典轨道要素如下计算

$$a_j=\frac{\mu}{\dfrac{2\mu}{r(t_f)}-\left[v_r^2+\dfrac{h^2(t_f)}{r^2(t_f)}\right]} \tag{9-53}$$

$$e_j=\sqrt{1-\frac{h^2(t_f)}{\mu a_j}} \tag{9-54}$$

$$\theta_j=\begin{cases}\arccos\left[\dfrac{a_j(1-e_j^2)}{e_j r(t_f)}-\dfrac{1}{e_j}\right], & v_r\geqslant 0\\ -\arccos\left[\dfrac{a_j(1-e_j^2)}{e_j r(t_f)}-\dfrac{1}{e_j}\right], & v_r<0\\ u_j, & e_j=0\end{cases} \tag{9-55}$$

$$\omega_j=\theta_j-u_j$$

对于其他轨道平面内的卫星可以同样计算它们的初始轨道参数。上述计算充分考虑了地球非球形摄动 J_2 项的影响，可以保证同平面内的卫星以近似恒定相位运行（因为还有其他摄动因素未考虑）。

我们用一个算例验证上述过程的正确性。假定 Walker-δ 星座中某轨道面内有 4 颗卫星，主星的轨道要素为

$$e_s=0.0,\ i_s=55°,\ \omega_s=0°,\ \Omega_s=120°,\ u_s=0°$$

要求主星具有 1 天 2 圈的回归特性，利用上述理论，得到主星的半长轴为

$$a_s=2.656\ 061\ 9\mathrm{e}{+}004\ (\mathrm{km})$$

同平面中的另一颗卫星称为副星，相位超前主星 90°，利用上述理论，计算得到副星的初始状态如下

$$i_f = 54.997°,\ \Omega_f = 119.995°,\ u_f = 90°,\ r_f = 26\,558.688\,2\ \text{km}$$

$$v_{rf} = -2.004\,954\text{e}-004(\text{km/s}),\ h_f = 102\,887.039\,7\ \text{km}^2/\text{s}$$

9.3 星座的保持

组网时，星座中每一颗卫星可能用不同的运载工具送入轨道，而且由多发运载火箭在不同时间发射入轨，因此尽管在入轨时要求具有相同的入轨精度，但实际上总存在入轨误差，而且每次发射的误差均不相同。半长轴误差、偏心率误差和倾角误差都可以破坏初始组网，以及组网后轨道面的等间隔性和同平面内卫星相位的等间隔性。另外在运行过程中，所受摄动力的不同也会使卫星发生不对称的漂移，使得卫星之间的相对位置不断发生变化，从而导致整个星座构型的变化，星座工作性能出现下降，因此需要对星座构型进行保持控制。

当部分卫星出现故障，而且又没有备份卫星，需要对星座进行重新布局，发挥星座的最大性能，这涉及星座的重构问题，参考文献［8］对此有深入的讨论，本节只研究星座保持问题。

9.3.1 星座的稳定性分析

星座的稳定性分析对星座的保持控制十分重要，如果星座本身具有良好的稳定性，保持操作就可以省去，星座的服务就不会因控制而间断。但是空间环境的复杂性，以及发射入轨条件的多样性，使得星座运行的动态特性呈现与设计的标称状态不一致，这种不一致可能是周期振荡的，也可能是发散的，而且周期振荡只限于少量的初始条件下才出现。星座的稳定性分析实际上是分析星座对若干设计指标随时间变化的发散程度，设计指标可以是星间相位的平均间隔，或者是轨道升交点赤经的平均间隔，也可以是星下点轨迹的平均漂移。如果这些指标在给定的时间内不超出允许值，我们就说星座是稳定的，否则星座就是不稳定的，为了保障星座的服务，在

给定时间内就需要控制。这些指标就是星座系统的平衡点。稳定性分析必须明确指定平衡点。

星座中卫星相位的等间隔性可以用它们的交点周期相等来描述，轨道升交点赤经的等间隔性可以用它们的“交点日”相等来描述。因此“交点日”和交点周期可以作为描述星座稳定性的关键函数。当卫星轨道为圆轨道时，由式（9－16）得到交点周期

$$T_{\Omega} = 2\pi\sqrt{\frac{\bar{a}^3}{\mu}}\left[1+\frac{3}{4}J_2\left(\frac{R_e}{\bar{a}}\right)^2(2-8\cos^2\bar{i})\right] \tag{9-56}$$

式中　$\bar{a}$—— 平均半长轴；

$\bar{i}$—— 平均轨道倾角；

R_e ——地球赤道半径。

结合式（9－17）和式（9－18）并忽略高阶摄动项，可以得到当卫星轨道为圆轨道时的“交点日”为

$$T_d = \frac{2\pi}{\omega_e + \frac{3}{2}J_2\sqrt{\frac{\mu}{\bar{a}^3}}\left(\frac{R_e}{\bar{a}}\right)^2\cos\bar{i}} \tag{9-57}$$

式中　ω_e ——地球自转角速率。

式（9－56）和式（9－57）表明，交点周期和“交点日”主要受平均轨道半长轴和平均轨道倾角的影响，因此决定星座稳定性的变量主要就是轨道平均半长轴和平均轨道倾角。

记 Walker－δ 星座中第 j 个轨道面内的第 k 颗卫星的交点周期为 $T_{\Omega jk}$ ，其“交点日”为 T_{djk} ，取它们的平均值为

$$\bar{T}_{\Omega} = \frac{1}{PS}\sum_{k=1}^{S}\sum_{j=1}^{P}T_{\Omega jk} \tag{9-58}$$

$$\bar{T}_d = \frac{1}{PS}\sum_{k=1}^{S}\sum_{j=1}^{P}T_{djk} \tag{9-59}$$

式中　P,S ——分别为星座的轨道平面数和平面内的卫星数。

$\bar{T}_{\Omega}$ ，$\bar{T}_d$ 称为星座的平均交点周期和星座的平均“交点日”。平均交点周期和平均“交点日”可以认为是一颗卫星运动形成的，此卫星称为星座的“虚拟主星”。

定义最大离差为

$$\Delta T_{\Omega\max} = \max_{j=1}^{P}\{\max_{k=1}^{S}(\,|\,T_{\Omega jk} - \bar{T}_{\Omega}\,|\,)\} \tag{9-60}$$

$$\Delta T_{\mathrm{d}\max} = \max_{j=1}^{P}\{\max_{k=1}^{S}(\,|\,T_{\mathrm{d}jk} - \bar{T}_{\mathrm{d}}\,|\,)\} \tag{9-61}$$

如果 $\Delta T_{\Omega\max} = 0$，则所有卫星与虚拟主星具有相同的交点周期，这种情况下，星座的相位间隔将是等幅振荡的。如果 $\Delta T_{\mathrm{d}\max} = 0$，则所有卫星与虚拟主星具有相同的“交点日”，由于地球自转是均匀的，则所有卫星的轨道升交点赤经与虚拟主星的轨道升交点赤经间隔也将是等幅振荡的。上述情况是很特殊的，一般情况下，两种最大离差不为零，我们关心的是 $\Delta T_{\Omega\max} \neq 0, \Delta \mathrm{T}_{\mathrm{d}\max} \neq 0$ 的情况。考察一个给定的时间长度 $\Delta T_{\max}$，它可以是几十个或几百个“交点日”，如果在开始时刻某颗卫星的升交点赤经与虚拟主星升交点赤经之差为 $\Delta\Omega_{jk}(t_0)$，纬度幅角与虚拟主星纬度幅角之差为 $\Delta u_{jk}(t_0)$，则经过 $\Delta T_{\max}$ 时间后，在 $t_0 + \Delta T_{\max}$ 时刻有

$$\begin{cases} |\,\Delta\Omega_{jk}(t_0 + \Delta T_{\max}) - \Delta\Omega_{jk}(t_0)\,| \leqslant 360^\circ T_{\max}\dfrac{\Delta T_{\mathrm{d}\max}}{\bar{T}_{\mathrm{d}}^2},\ (j = 1,2,\cdots,P) \\ |\,\Delta u_{jk}(t_0 + \Delta T_{\max}) - \Delta u_{jk}(t_0)\,| \leqslant 360^\circ T_{\max}\dfrac{\Delta T_{\Omega\max}}{\bar{T}_{\Omega}^2},\ (k = 1,2,\cdots,S) \end{cases} \tag{9-62}$$

于是，第 j 个平面内第 k 颗卫星与第 m 个平面内第 n 颗卫星的升交点赤经之差和纬度幅角之差经过时间长度 $\Delta T_{\max}$ 后，漂移量为

$$\begin{aligned} &|\,[\Omega_{jk}(t_0 + \Delta T_{\max}) - \Omega_{mn}(t_0 + \Delta T_{\max})] - [\Omega_{jk}(t_0) - \Omega_{mn}(t_0)]\,| \leqslant \\ &|\,\Delta\Omega_{jk}(t_0 + \Delta T_{\max}) - \Delta\Omega_{jk}(t_0)\,| + \left|\begin{matrix}\Delta\Omega_{mn}(t_0 + \Delta T_{\max}) - \\ \Delta\Omega_{mn}(t_0)\end{matrix}\right| \leqslant \\ &360^\circ\Delta T_{\max}\frac{2\Delta T_{\mathrm{d}\max}}{\bar{T}_{\mathrm{d}}^2} \left|\begin{matrix}[u_{jk}(t_0 + \Delta T_{\max}) - u_{mn}(t_0 + \Delta T_{\max})] - \\ [u_{jk}(t_0) - u_{mn}(t_0)]\end{matrix}\right| \leqslant \\ &|\,\Delta u_{jk}(t_0 + \Delta T_{\max}) - \Delta u_{jk}(t_0)\,| + \left|\begin{matrix}\Delta u_{mn}(t_0 + \Delta T_{\max}) - \\ \Delta u_{mn}(t_0)\end{matrix}\right| \leqslant \\ &360^\circ\Delta T_{\max}\frac{2\Delta T_{\Omega\max}}{\bar{T}_{\Omega}^2} \end{aligned} \tag{9-63}$$

显然，式（9-63）给出了任意两颗卫星升交点赤经间隔和纬度幅角间隔在给定时间区间内的最大漂移，如果该最大漂移在允许的范围之内，我们就认为星座构型在给定时间区间内是稳定的，否则就是不稳定的。

可以看到，升交点赤经和纬度幅角的等间隔性主要取决于“交点日”的最大离差和交点周期的最大离差。从式（9-60）至式（9-62）还可以得到启发：如果等间隔性遭到破坏，那些“交点日”和交点周期离虚拟主星的“交点日”和交点周期最远的卫星应当首先得到控制。控制的变量为轨道平均半长轴和平均轨道倾角。

为了说明式（9-63）在稳定性分析中的作用，下面以 Walker-$\delta\{50°:6/2/1\}$ 星座为例进行验证。

第 1 个轨道平面的第 1 颗卫星 S_{11} 的瞬时经典轨道要素：

$\{a = 26\ 005\ \text{km}, e = 0.001, i = 50.6°, \Omega = 0°, \omega = 0°, u = 10°\}$

第 1 个轨道平面的第 2 颗卫星 S_{12} 的瞬时经典轨道要素：

$\{a = 26\ 010\ \text{km}, e = 0.002, i = 50.2°, \Omega = 0°, \omega = 0°, u = 130°\}$

第 1 个轨道平面的第 3 颗卫星 S_{13} 的瞬时经典轨道要素：

$\{a = 25\ 995\ \text{km}, e = 0, i = 49.8°, \Omega = 0°, \omega = 0°, u = 250°\}$

第 2 个轨道平面的第 1 颗卫星 S_{21} 的瞬时经典轨道要素：

$\{a = 26\ 003\ \text{km}, e = 0.001, i = 50.4°, \Omega = 180°, \omega = 0°, u = 70°\}$

第 2 个轨道平面的第 2 颗卫星 S_{22} 的瞬时经典轨道要素：

$\{a = 26\ 007\ \text{km}, e = 0, i = 50.3°, \Omega = 180°, \omega = 0°, u = 190°\}$

第 2 个轨道平面的第 3 颗卫星 S_{23} 的瞬时经典轨道要素：

$\{a = 25\ 998\ \text{km}, e = 0.002, i = 49.7°, \Omega = 180°, \omega = 0°, u = 310°\}$

使用动力学方程式（9-31）至式（9-36），通过数值积分可以求得每颗卫星的“交点日”T_{dij} 和交点周期 $T_{\Omega ij}$ 如下

$$T_{\Omega_{11}} = 41\ 728.671\ 305\ \text{s}, \qquad T_{d11} = 86\ 153.068\ 867\ \text{s}$$
$$T_{\Omega_{12}} = 41\ 744.670\ 329\ \text{s}, \qquad T_{d_{12}} = 86\ 153.271\ 822\ \text{s}$$
$$T_{\Omega_{13}} = 41\ 710.548\ 692\ \text{s}, \qquad T_{d_{13}} = 86\ 152.574\ 247\ \text{s}$$
$$T_{\Omega_{21}} = 41\ 730.028\ 028\ \text{s}, \qquad T_{d_{21}} = 86\ 152.821\ 029\ \text{s}$$

$$T_{\Omega_{22}} = 41\ 733.439\ 672\ \mathrm{s}, \qquad T_{d_{22}} = 86\ 152.871\ 978\ \mathrm{s}$$

$$T_{\Omega_{23}} = 41\ 715.634\ 908\ \mathrm{s}, \qquad T_{d_{23}} = 86\ 153.195\ 107\ \mathrm{s}$$

考察时间长度为 100 天，即 $\Delta T_{max} = 100 \times 86\ 400\ \mathrm{s}$，计算得到

$$360^\circ \Delta T_{max} \frac{2\Delta T_{dmax}}{\bar{T}_d^2} = 0.329\ 3^\circ$$

$$360^\circ \Delta T_{max} \frac{2\Delta T_{\Omega max}}{\bar{T}_\Omega^2} = 62.541\ 3^\circ$$

这说明，经过 100 天后，轨道升交点赤经间隔改变最大为 0.329 3°，卫星相对相位改变最大为 62.541 3°。显然上述星座是不稳定的。

详细的相位变化见图 9－13。比较大的相对相位变化发生在第 1 轨道面内的第 2 颗卫星与同轨道面内的第 3 颗卫星之间，第 1 轨道面内的第 2 颗卫星与第 2 轨道面内的第 3 颗卫星之间，第 2 轨道面内的第 1 颗卫星与同轨道面内的第 2 颗卫星之间；变化最大达到 61.5°，与上面的理论预测值接近。可以看到星座构型发生很大的变化，如果要求 100 天之内最大相对相位变化不超过 1°作为评价指标，则星座在给定时间区间是不稳定的。

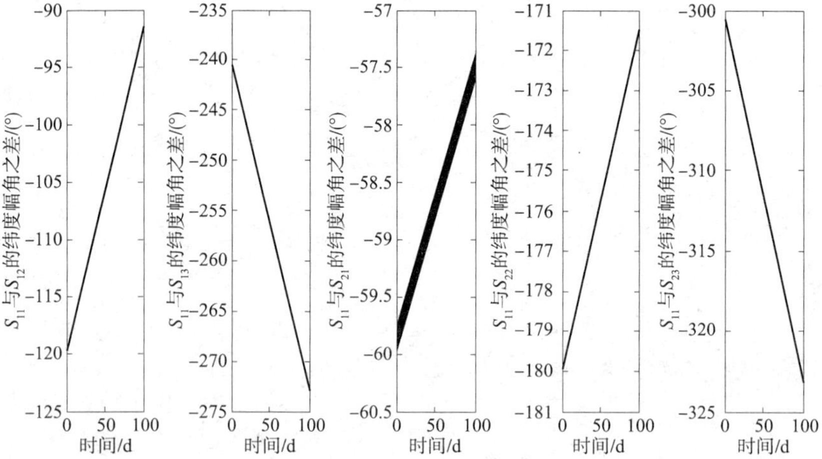

图 9－13　星座中 6 颗卫星相互之间纬度幅角之差变化的历程

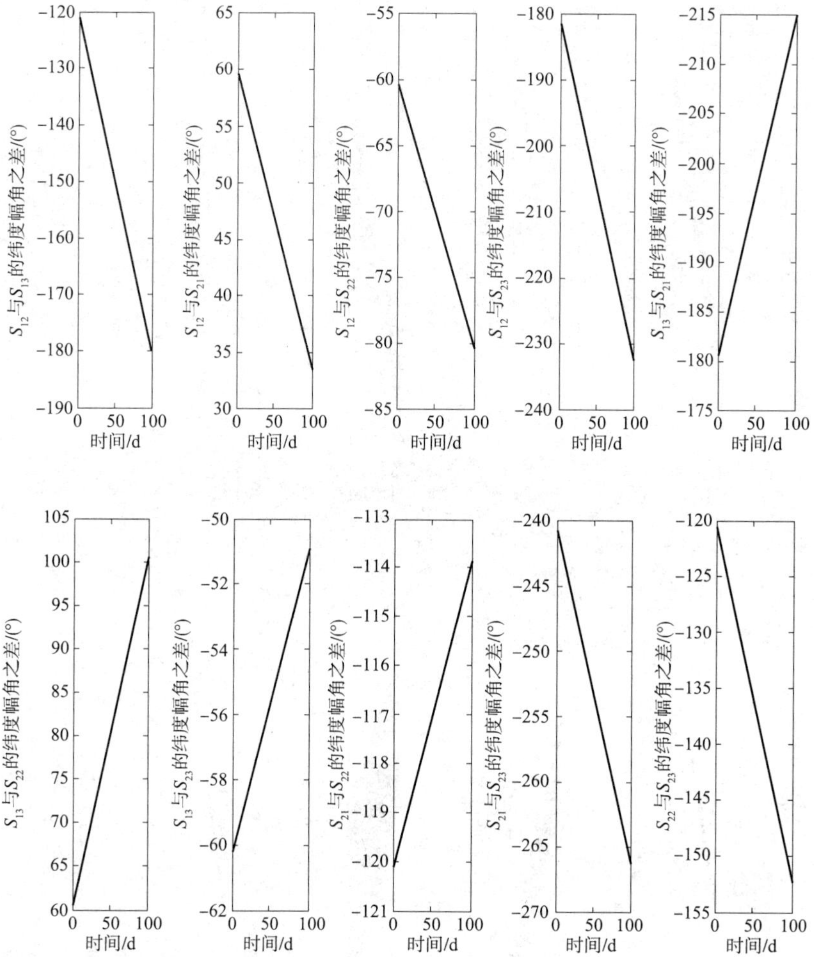

图 9-13　星座中 6 颗卫星相互之间纬度幅角之差变化的历程（续）

S_{ij} 代表第 i 个平面的第 j 颗卫星

升交点赤经的相对变化如图 9-14 所示，升交点赤经相对变化最大不超过 0.1°。可见，轨道平面进动保持比较好的同步性。构型改变主要是相位改变，轨道平面构型一般不容易破坏，除非轨道倾角有很大的差异。

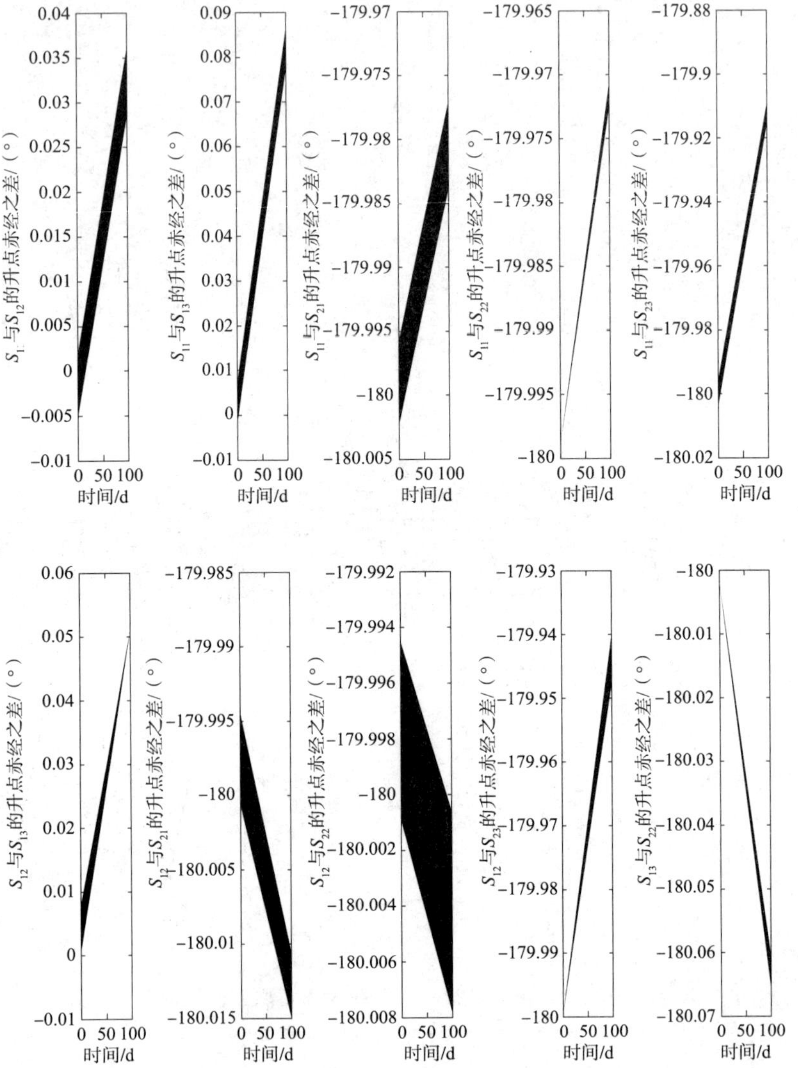

图 9-14　星座中 6 颗卫星相互之间升交点赤经之差变化的历程

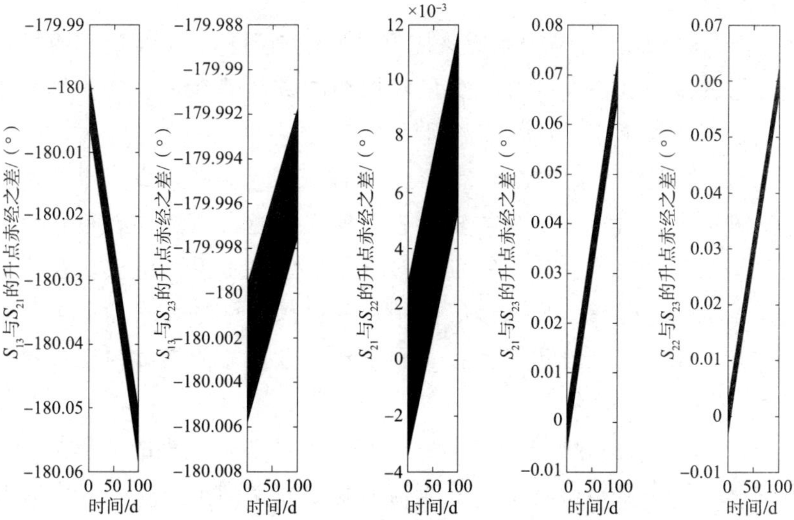

图 9-14 星座中 6 颗卫星相互之间升交点赤经之差变化的历程（续）

S_{ij} 代表第 i 个平面的第 j 颗卫星

9.3.2 星座构型的最优恢复

9.3.2.1 虚拟星座概念

由于入轨误差和轨道摄动的影响，经过一定时间的运行，星座偏离设计的构型，如果不进行控制，星座的整体服务性能将越来越低。因此，星座构型破坏后必须进行构型规范化。这需要对各个卫星进行轨道控制，以便使得星座恢复到预设构型。设计星座恢复与保持策略一般应遵循下面的要求[9]。

1）同时控制的卫星数目应该保证星座对目标区域服务性能的稳定性，特别是对于重点目标区域。星座构型控制应该不影响目标区域内使用，至少应该能够满足最低降阶服务性能。

2）星座构型保持控制应该保证各卫星燃料消耗的一致性。即要均匀构型保持任务，使每颗卫星的燃料消耗速度基本一致，从而保证所有卫星燃料消耗的工作寿命也是基本一致的，确保星座能够满站位运行。

3）星座构型保持控制应该使卫星推进剂消耗是最少的。通过设计合适的策略和控制律，减少星座构型推进剂消耗量，从燃料消耗角度达到延长星座设计寿命的目的。

4）星座构型保持控制过程中应该保证卫星轨道修正对星座性能的影响最小。由于在卫星的轨道修正期间，通常卫星都必须离开星座暂停服务来完成修正，特别是对于导航星座卫星，由于轨道修正改变了卫星的位置，那么继续为用户提供满足任务需求的服务，必须在修正完成后经过重新测控、刷新导航数据才能继续为用户提供服务。

5）星座构型保持控制应该优先保证对破坏最严重的卫星位置漂移的修正。在摄动影响下，星座构型稳定性受到了破坏，其中有些卫星更容易受到这种破坏，其具体表现为卫星升交点赤经和沿迹角的长期变化率比其他卫星要更大，因此，在同时出现多颗卫星偏离标称位置超过最大容许漂移量的情况下，应该优先修正长期变化率最大的卫星，这样能够在该卫星修正完成后，最大限度地降低星座构型的稳定性破坏速度，使星座构型保持控制的燃料消耗得到降低。

由于圆轨道卫星的“交点日”和交点周期近似为不变量，对于 Walker－δ 星座，当构型遭到破坏时，恢复构型用上面提到的“虚拟主星”概念以及下面介绍的虚拟星座概念。假设在某时刻整个星座各个卫星的状态已知，它们的交点周期和“交点日”可以按照式（9－56）和式（9－57）计算，也可以数值计算得出。虚拟主星的“交点日”和交点周期取为所有卫星的“交点日”平均值和交点周期平均值，表达式为式（9－58）和式（9－59）。

虚拟主星的瞬时轨道倾角取为所有卫星的瞬时倾角的平均值，虚拟主星的偏心率取为零，其近地点幅角亦为零。虚拟主星的升交点赤经和纬度幅角以及半长轴需要优化。

为了使得燃料消耗均匀，我们将星座构型破坏的不均匀性平均分配到每个卫星上，将虚拟主星升交点赤经和纬度幅角选在星座第一颗卫星附近。

假设虚拟主星的升交点赤经为 $\bar{\Omega}_{11}$，纬度幅角为 $\bar{u}_{11}$，构造 Walker－δ 星座的虚拟星座为

$$\text{Walker}-\delta\{\bar{i}:T/P/F\}$$

式中　$\bar{i}$ ——所有卫星的瞬时倾角的平均值；

T,P,F ——为真实星座的描述符。

虚拟星座中单颗卫星的升交点赤经和纬度幅角为

$$\begin{cases}\bar{\Omega}_{jk}=\bar{\Omega}_{11}+(j-1)\dfrac{360^\circ}{P}\\ \bar{u}_{jk}=\bar{u}_{11}+(j-1)\dfrac{360^\circ}{T}F+(k-1)\dfrac{360^\circ}{S}\end{cases} \tag{9-64}$$

其中，$j=1,2,\cdots,P;k=1,2,\cdots,S$。

可见只要虚拟主星的升交点赤经和纬度幅角能够求出，虚拟星座中其他卫星的升交点赤经和纬度幅角就可以求出。为了使虚拟星座与真实星座整体上接近，我们建立如下最小二乘指标

$$J_\Omega=\sum_{k=1}^{S}\sum_{j=1}^{P}(\Omega_{jk}-\bar{\Omega}_{jk})^2 \tag{9-65}$$

$$J_u=\sum_{k=1}^{S}\sum_{j=1}^{P}(u_{jk}-\bar{u}_{jk})^2 \tag{9-66}$$

式中　Ω_{jk}，u_{jk} ——真实星座中对应卫星的升交点赤经和纬度幅角。

分别求式（9－65）和式（9－66）的最小二乘解，即可得到虚拟主星的升交点赤经和纬度幅角，进而由式（9－64）求出虚拟星座其他卫星的升交点赤经和纬度幅角。

虚拟主星的半长轴需要迭代求取。作如下的函数

$$\begin{aligned}f(\tilde{a}_{11})=&\left[\tilde{T}_{\Omega 11}(\tilde{a}_{11},\tilde{i}_{11})-\frac{1}{PS}\sum_{k=1}^{S}\sum_{j=1}^{P}T_{\Omega jk}\right]^2+\\&\left[\tilde{T}_{d11}(\tilde{a}_{11},\tilde{i}_{11})-\frac{1}{PS}\sum_{k=1}^{S}\sum_{j=1}^{P}T_{djk}\right]^2\end{aligned} \tag{9-67}$$

其中，$\tilde{T}_{\Omega 11}(\tilde{a}_{11},\tilde{i}_{11})$，$\tilde{T}_{d11}(\tilde{a}_{11},\tilde{i}_{11})$ 分别为虚拟主星的交点周期和交点日；$\tilde{i}_{11}$ 为虚拟主星的倾角，取为所有卫星轨道倾角的平均值；$\tilde{a}_{11}$

为待定的虚拟主星半长轴。根据牛顿迭代算法不难求得虚拟主星的半长轴的最优值 $\tilde{a}_{11}^{*}$ 为

$$\tilde{a}_{11}^{*} = a_{11} - \frac{f(a_{11})}{f'(a_{11})} \tag{9-68}$$

其中，a_{11} 为真实星座对应的主星的半长轴，$f'(a_{11})$ 用差分计算。

至此，虚拟主星的经典轨道要素完全确定。其他虚拟卫星的初始轨道要素求取步骤如下：

1）由式（9－64）求取各个虚拟卫星的升交点赤经和纬度幅角；

2）各颗虚拟卫星的偏心率均设置为零；

3）各颗虚拟卫星的近地点幅角均设置为零；

4）各颗虚拟卫星的轨道倾角取为主星的轨道倾角；

5）各颗虚拟卫星的半长轴根据使其交点周期与虚拟主星的交点周期相等的要求，进行迭代求取。

为了防止构型的进一步恶化，那些交点周期与虚拟主星的交点周期偏离最大的应当首先得到控制。其次是那些轨道倾角与虚拟主星的轨道倾角偏离最大的也应当重点关注，加以控制。

由于每一颗卫星都在其对应的虚拟卫星附近运动，我们通过控制真实卫星与虚拟卫星软交会的方法，达到星座构型恢复的控制目的。

9.3.2.2 基于虚拟星座概念的构型恢复

为了建立轨道控制策略，需要建立真实卫星相对于对应的虚拟卫星的轨道动力学模型。将虚拟卫星考虑为单位质量的质点。这里考虑作用在虚拟卫星上的 J_2 项摄动。定义虚拟卫星的轨道坐标系为 $Oxyz$，原点在虚拟卫星上，Ox 由地心指向虚拟卫星方向，Oz 为虚拟卫星轨道角动量矢量方向，Oy 由右手定则确定。显然，Ox、Oy 平面就是虚拟卫星的瞬时轨道平面。在 J_2 项摄动的影响下，虚拟卫星轨道坐标系的绝对角速度在 Ox、Oy 和 Oz 轴方向的分量分别为

$$
\begin{cases}
\omega_{tx} = \dot{\Omega}\sin i\sin u + \dot{i}\cos u \\
\omega_{ty} = \dot{\Omega}\sin i\cos u - \dot{i}\sin u \\
\omega_{tz} = \dot{\Omega}\cos i + \dot{u}
\end{cases}
\tag{9-69}
$$

其中 Ω、i、u 分别为虚拟卫星的升交点赤经、轨道倾角和纬度幅角。定义如下常数

$$
k_{J_2} = 3\mu J_2 R_e^2/2 \tag{9-70}
$$

式中　J_2 ——2 阶带谐项系数，$J_2 = 1.08263 \times 10^{-3}$ ；

$R_e = 6\ 378.137$ km 为地球赤道平均半径。

将式（9-31）至式（9-33）代入到式（9-69）得到

$$
\omega_{tx} = -\frac{k_{J_2}\sin 2i\sin u}{hR^3} \tag{9-71}
$$

$$
\omega_{ty} = 0 \tag{9-72}
$$

$$
\omega_{tz} = \frac{h}{R^2} \tag{9-73}
$$

式中　R，h ——分别为虚拟卫星的地心距和轨道角动量。

对上式求导，可得虚拟卫星轨道角速度的变化率为

$$
\alpha_x = \dot{\omega}_{tx} = -\frac{k_{J_2}\sin 2i\cos u}{R^5} + \frac{3\dot{R}k_{J_2}\sin 2i\sin u}{R^4 h} - \frac{8k_{J_2}^2\sin^3 i\cos i\sin^2 u\cos u}{R^6 h^2} \tag{9-74}
$$

$$
\alpha_z = \dot{\omega}_{tz} = -\frac{2h\dot{R}}{R^3} - \frac{k_{J_2}\sin^2 i\sin 2u}{R^5} \tag{9-75}
$$

由拉格朗日方程可知，对于真实卫星有下式成立

$$
\frac{\mathrm{d}}{\mathrm{d}t}\left(\frac{\partial L_c}{\partial \dot{\boldsymbol{q}}_c}\right) - \left(\frac{\partial L_c}{\partial \boldsymbol{q}_c}\right) = 0 \tag{9-76}
$$

式中　L_c ——真实卫星的拉格朗日函数，

$L_c = K_c - U_c$（K_c 为动能，U_c 为势能）；

$\boldsymbol{q}_c = [x \quad y \quad z]^{\mathrm{T}}$，为真实卫星在虚拟卫星轨道坐标系中的相对位置坐标矢量。

因为势能 U_c 与时间无关，所以式（9－76）可表示为如下表达式

$$\frac{\mathrm{d}}{\mathrm{d}t}\left(\frac{\partial K_c}{\partial \dot{\boldsymbol{q}}_c}\right)-\frac{\partial K_c}{\partial \boldsymbol{q}_c}+\frac{\partial U_c}{\partial \boldsymbol{q}_c}=0 \tag{9-77}$$

真实卫星的单位质量动能为

$$K_c=\frac{1}{2}v_c\cdot v_c=\frac{1}{2}(\dot{R}+\dot{x}-y\omega_{tz})^2+\frac{1}{2}[\dot{y}+(R+x)\omega_{tz}-z\omega_{tx}]^2+\frac{1}{2}(\dot{z}+y\omega_{tx})^2 \tag{9-78}$$

真实卫星的单位质量势能为

$$U_c=-\frac{\mu}{r}-\frac{k_{J_2}}{3r^3}+\frac{k_{J_2}r_Z^2}{r^5} \tag{9-79}$$

式中　r ——真实卫星距离地心的距离，

$$r=\sqrt{(R+x)^2+y^2+z^2}\ ;$$

r_Z ——真实卫星地心矢量 $\boldsymbol{r}$ 在惯性坐标系 OZ 轴上的分量，

$$r_Z=(R+x)\sin i\sin u+y\sin i\cos u+z\cos i\ 。$$

将式（9－78）和式（9－79）代入式（9－77）即可求得真实卫星相对于虚拟卫星的非线性相对运动动力学方程如下

$$\begin{cases}\ddot{x}=2\dot{y}\omega_{tz}-x(\eta_c{}^2-\omega_{tz}^2)+y\alpha_z-z\omega_{tx}\omega_{tz}-(\zeta_c-\zeta)\sin i\sin u-R(\eta_c{}^2-\eta^2)+f_{cx}\\ \ddot{y}=-2\dot{x}\omega_{tz}+2\dot{z}\omega_{tx}-x\alpha_z-y(\eta_c{}^2-\omega_{tz}^2-\omega_{tx}^2)+z\alpha_x-(\zeta_c-\zeta)\sin i\cos u+f_{cy}\\ \ddot{z}=-2\dot{y}\omega_{tx}+2\dot{z}\omega_{tx}-x\omega_{tx}\omega_{tz}-y\alpha_x-z(\eta_c{}^2-\omega_{tx}^2)-(\zeta_c-\zeta)\cos i+f_{cz}\end{cases} \tag{9-80}$$

其中，f_{cx}，f_{cy}，f_{cz} 为作用在真实卫星上的控制加速度。ζ 和 ζ_c 为 J_2 带谐项在虚拟卫星和真实卫星上引起的摄动加速度，η 和 η_c 为 J_2 带谐项摄动下虚拟卫星和真实卫星的轨道角速度，其值分别为

$$\zeta=\frac{2k_{J_2}\sin i\sin u}{R^4} \tag{9-81}$$

$$\zeta_c=\frac{2k_{J_2}r_Z}{r^5} \tag{9-82}$$

$$\eta = \sqrt{\frac{\mu}{R^3} + \frac{k_{J_2}}{R^5} - \frac{5k_{J_2}\ \sin^2 i \sin^2 u}{R^5}} \tag{9-83}$$

$$\eta_c = \sqrt{\frac{\mu}{r^3} + \frac{k_{J_2}}{r^5} - \frac{5k_{J_2} r_Z^2}{r^5}} \tag{9-84}$$

$$\dot{\Omega} = -\frac{2k_{J_2} \cos i \sin^2 u}{hR^3} \tag{9-85}$$

$$\dot{i} = -\frac{k_{J_2} \sin 2i \sin 2u}{2hR^3} \tag{9-86}$$

$$\dot{u} = \frac{h}{R^2} + \frac{2k_{J_2}\ \cos^2 i \sin^2 u}{hR^3} \tag{9-87}$$

$$\dot{R} = v_r \tag{9-88}$$

$$\dot{v}_r = -\frac{\mu}{R^2} + \frac{h^2}{R^3} - \frac{k_{J_2}}{R^4}(1 - 3 \sin^2 i \sin^2 u) \tag{9-89}$$

$$\dot{h} = -\frac{k_{J_2}\ \sin^2 i \sin 2u}{R^3} \tag{9-90}$$

式中　$k_{J_2} = 3\mu J_2 R_e^2/2$，$J_2$ 为 2 阶带谐项系数，$J_2 = 1.082\ 63 \times 10^{-3}$；

R_e ——地球赤道平均半径。

式（9-80）充分考虑了虚拟卫星的轨道进动，在 J_2 项作用下是精确的方程。给定真实卫星和虚拟卫星的初始条件，可以计算出相对状态 $[x_0, y_0, z_0, \dot{x}_0, \dot{y}_0, \dot{z}_0]^T$，在无推力情况下式（9-80）的解可以表示为

$$\begin{cases} x = x(x_0, y_0, z_0, \dot{x}_0, \dot{y}_0, \dot{z}_0, t_0, t) \\ y = y(x_0, y_0, z_0, \dot{x}_0, \dot{y}_0, \dot{z}_0, t_0, t) \\ z = z(x_0, y_0, z_0, \dot{x}_0, \dot{y}_0, \dot{z}_0, t_0, t) \\ \dot{x} = \dot{x}(x_0, y_0, z_0, \dot{x}_0, \dot{y}_0, \dot{z}_0, t_0, t) \\ \dot{y} = \dot{y}(x_0, y_0, z_0, \dot{x}_0, \dot{y}_0, \dot{z}_0, t_0, t) \\ \dot{z} = \dot{z}(x_0, y_0, z_0, \dot{x}_0, \dot{y}_0, \dot{z}_0, t_0, t) \end{cases} \tag{9-91}$$

假定交会时间为 t_f，欲达到真实卫星与虚拟卫星软交会（相对

速度和相对位置均为零)，需要下式成立

$$\begin{cases} x(x_0,y_0,z_0,\dot{x}_0,\dot{y}_0,\dot{z}_0,t_0,t_f)=0 \\ y(x_0,y_0,z_0,\dot{x}_0,\dot{y}_0,\dot{z}_0,t_0,t_f)=0 \\ z(x_0,y_0,z_0,\dot{x}_0,\dot{y}_0,\dot{z}_0,t_0,t_f)=0 \end{cases} \tag{9-92}$$

迭代求解上述非线性方程可以得到指令相对速度为

$$[\dot{\hat{x}}_0 \quad \dot{\hat{y}}_0 \quad \dot{\hat{z}}_0]^{\mathrm{T}} \tag{9-93}$$

从而得到开始时刻的第 1 次速度脉冲为

$$\Delta \boldsymbol{V}_1=\begin{bmatrix} \dot{\hat{x}}_0-\dot{x}_0 \\ \dot{\hat{y}}_0-\dot{y}_0 \\ \dot{\hat{z}}_0-\dot{z}_0 \end{bmatrix} \tag{9-94}$$

第 2 次速度脉冲在末端施加，第 2 次速度脉冲为

$$\Delta \boldsymbol{V}_2=\begin{bmatrix} -\dot{x}(x_0,y_0,z_0,\dot{\hat{x}}_0,\dot{\hat{y}}_0,\dot{\hat{z}}_0,t_0,t_f) \\ -\dot{y}(x_0,y_0,z_0,\dot{\hat{x}}_0,\dot{\hat{y}}_0,\dot{\hat{z}}_0,t_0,t_f) \\ -\dot{z}(x_0,y_0,z_0,\dot{\hat{x}}_0,\dot{\hat{y}}_0,\dot{\hat{z}}_0,t_0,t_f) \end{bmatrix} \tag{9-95}$$

两次脉冲的间隔 t_f-t_0 影响总的速度脉冲，可以对 t_f 进行优化，使得燃料消耗最优。

$$t_f^*=\min_{t_0<t_f<T_f}\{\|\Delta \boldsymbol{V}_2\|+\|\Delta \boldsymbol{V}_1\|\} \tag{9-96}$$

式中 T_f ——为设定的星座构型恢复最大允许时间。

为了说明上述步骤和算法的可行性，以第 9.3.1 节介绍的 Walker－$\delta\{50°:6/2/1\}$ 星座为例，仿真它们的构型恢复控制过程。

由式（9－65)、式（9－66）和式（9－58）计算得到虚拟星座参数如下。

第 1 个轨道平面的第 1 颗虚拟卫星（虚拟主星）的瞬时经典轨道要素：

$$\{\tilde{a}_{11}=26\ 004.404\ 076\ \mathrm{km},\tilde{e}_{11}=0,\tilde{i}_{11}=50.166\ 7°,$$
$$\tilde{\Omega}_{11}=0°,\tilde{\omega}_{11}=0°,\tilde{u}_{11}=10°\}$$

第 1 个轨道平面的第 2 颗虚拟卫星的瞬时经典轨道要素：

$$\{\tilde{a}_{12} = 26\,002.736\,158\ \text{km}, \tilde{e}_{12} = 0, \tilde{i}_{12} = 50.166\,7°,$$

$$\tilde{\Omega}_{12} = 0°, \tilde{\omega}_{12} = 0°, \tilde{u}_{12} = 130°\}$$

第 1 个轨道平面的第 3 颗虚拟卫星的瞬时经典轨道要素：

$$\{\tilde{a}_{13} = 26\,001.848\,557\ \text{km}, \tilde{e}_{13} = 0, \tilde{i}_{13} = 50.166\,7°,$$

$$\tilde{\Omega}_{13} = 0°, \tilde{\omega}_{13} = 0°, \tilde{u}_{13} = 250°\}$$

第 2 个轨道平面的第 1 颗虚拟卫星的瞬时经典轨道要素：

$$\{\tilde{a}_{21} = 26\,001.848\,485\ \text{km}, \tilde{e}_{21} = 0, \tilde{i}_{21} = 50.166\,7°,$$

$$\tilde{\Omega}_{21} = 180°, \tilde{\omega}_{21} = 0°, \tilde{u}_{21} = 70°\}$$

第 2 个轨道平面的第 2 颗虚拟卫星的瞬时经典轨道要素：

$$\{\tilde{a}_{22} = 26\,004.403\,882\ \text{km}, \tilde{e}_{22} = 0, \tilde{i}_{22} = 50.166\,7°,$$

$$\tilde{\Omega}_{22} = 180°, \tilde{\omega}_{22} = 0°, \tilde{u}_{22} = 190°\}$$

第 2 个轨道平面的第 3 颗虚拟卫星的瞬时经典轨道要素：

$$\{\tilde{a}_{23} = 26\,002.736\,114\ \text{km}, \tilde{e}_{23} = 0, \tilde{i}_{23} = 50.166\,7°,$$

$$\tilde{\Omega}_{23} = 180°, \tilde{\omega}_{23} = 0°, \tilde{u}_{23} = 310°\}$$

限制构型恢复控制在一天内完成，则结果如下。

第 1 个轨道平面的第 1 颗卫星与对应的第 1 颗虚拟卫星交会需要的最优速度增量为 30.22 m/s；最优交会时间为 19 305 s。交会之后，卫星的交点周期为 41 727.167 s，“交点日”为 86 152.967 s。

第 1 个轨道平面的第 2 颗卫星与对应的第 2 颗虚拟卫星交会需要的速度增量为 10.050 m/s；最优交会时间为 33 780 s。交会之后，卫星的交点周期为 41 727.263 s，“交点日”为 86 153.260 s。

第 1 个轨道平面的第 3 颗卫星与对应的第 3 颗虚拟卫星交会需要的速度增量为 25.715 m/s；最优交会时间为 75 285 s。交会之后，卫星的交点周期为 41 727.245 s，“交点日”为 86 152.673 s。

第 2 个轨道平面的第 1 颗卫星与对应的第 1 颗虚拟卫星交会需要的速度增量为 18.276 m/s；最优交会时间为 12 435 s。交会之后，卫星的交点周期为 41 727.135 s，“交点日”为 86 152.763 s。

第 2 个轨道平面的第 2 颗卫星与对应的第 2 颗虚拟卫星交会需

要的速度增量为 30.22 m/s；最优交会时间为 19 305 s。交会之后，卫星的交点周期为 41 727.265 s，“交点日”为 86 152.833 s。

第 2 个轨道平面的第 3 颗卫星与对应的第 3 颗虚拟卫星交会需要的速度增量为 37.615 m/s；最优交会时间为 27 530 s。交会之后，卫星的交点周期为 41 727.325 s，“交点日”为 86 153.303 s。

仿真结果表明，在一天之内完成星座构型恢复后，所有卫星的交点周期之差不超过 0.5 s，“交点日”之差也不超过 0.5 s。这样，经过一年，任意两颗卫星之间升交点赤经间隔漂移不超过 0.02°，纬度幅角间隔漂移不超过 0.1°，构型得到保持。

9.4 空间目标巡游

对空间中某一给定目标的逼近，通常是采取轨道机动的方法，使追踪航天器变轨与目标交会。当前国内外的大多数研究也是基于此来设计追踪航天器轨道的。但当选取某些特殊构型的星座（如 *Walker* 型星座）作为要接近的目标时，由于此类星座中的卫星之间存在特殊的相位关系，则在空间中有可能存在某些特定轨道，当航天器在这些特定轨道上运行时，恰好能够逐次与目标星座中的多颗卫星接近。若能够找出这样的轨道，那么无需变轨就可以使得航天器达到在无燃料消耗情况下对空间目标的巡游。本节以相位同构星座（*Walker* 星座）为研究对象，从轨道设计的角度出发，根据相位同构星座的性质，讨论航天器与星座中多颗卫星交会的条件，给出被动巡游情况下的航天器轨道求解算法和主动巡游的轨道设计方法。本节将追踪航天器称为巡游飞行器。

9.4.1 星座的零燃料消耗巡游轨道设计方法

给定目标星座为 *Walker* $-\delta$ 型星座，表达式由式（9 - 25）给出。欲达到对星座多颗卫星进行巡游，巡游飞行器的轨道高度也必须与星座中目标卫星的轨道高度相同，且为圆轨道。这样，巡游飞行器轨道参数偏心率、半长轴、近地点幅角都是已知的，只有升交点赤经、轨道倾角和纬度幅角是未知的。设计巡游飞行器的轨道，就是寻找巡游轨道升交点赤经、巡游轨道倾角和巡游飞行器的纬度幅角，使得巡游飞行器与多颗目标卫星遭遇。在单位球面上研究这种问题是比较方便的。假设开始时刻，星座中任意一颗目标卫星的轨道升交点赤经、轨道倾角和其纬度幅角分别为 Ω_{jk}，i_{jk}，和 u_{jk}，此时，巡游飞行器的轨道升交点赤经、轨道倾角和其纬度幅角分别为 Ω_{c}，i_{c}，和 u_{c}，在单位球面上，目标星坐标矢量 $\boldsymbol{R}_{jk}$ 和巡游飞行器的坐标矢量 $\boldsymbol{r}_{c}$ 分别为

$$\boldsymbol{R}_{jk} = \begin{bmatrix} \cos\Omega_{jk}\cos u_{jk} - \sin\Omega_{jk}\sin u_{jk}\cos i_{jk} \\ \sin\Omega_{jk}\cos u_{jk} + \cos\Omega_{jk}\sin u_{jk}\cos i_{jk} \\ \sin u_{jk}\sin i_{jk} \end{bmatrix} \tag{9-97}$$

$$\boldsymbol{r}_{jk} = \begin{bmatrix} \cos\Omega_{c}\cos u_{c} - \sin\Omega_{c}\sin u_{c}\cos i_{c} \\ \sin\Omega_{c}\cos u_{c} + \cos\Omega_{c}\sin u_{c}\cos i_{c} \\ \sin u_{c}\sin i_{c} \end{bmatrix} \tag{9-98}$$

经过相同的时间后，目标星和巡游飞行器的纬度幅角增加相同，记增加的纬度幅角为 Δu，此时，目标星和巡游飞行器的坐标矢量的夹角为

$$\alpha = \arccos\left[\boldsymbol{R}_{jk}^{\mathrm{T}}(\Delta u) \cdot \boldsymbol{r}_{c}(\Delta u)\right] \tag{9-99}$$

其中

$$\boldsymbol{r}_{c}(\Delta u) = \begin{bmatrix} \cos\Omega_{c}\cos(u_{c} + \Delta u) - \sin\Omega_{c}\sin(u_{c} + \Delta u)\cos i_{c} \\ \sin\Omega_{c}\cos(u_{c} + \Delta u) + \cos\Omega_{c}\sin(u_{c} + \Delta u)\cos i_{c} \\ \sin(u_{c} + \Delta u)\sin i_{c} \end{bmatrix}$$

$$\boldsymbol{R}_{jk}(\Delta u) = \begin{bmatrix} \cos\Omega_{jk}\cos(u_{jk} + \Delta u) - \sin\Omega_{jk}\sin(u_{jk} + \Delta u)\cos i_{jk} \\ \sin\Omega_{jk}\cos(u_{jk} + \Delta u) + \cos\Omega_{jk}\sin(u_{jk} + \Delta u)\cos i_{jk} \\ \sin(u_{jk} + \Delta u)\sin i_{jk} \end{bmatrix}$$

随着 Δu 的增加，目标星的坐标矢量和巡游飞行器的坐标矢量的夹角 α 呈现周期变化，而且存在最小值，该最小值称为巡游飞行器的巡游脱靶量 α^{*}，即

$$\alpha^{*} = \min_{0 \leqslant \Delta u < 2\pi} \left[\arccos \{ \boldsymbol{R}_{jk}^{\mathrm{T}}(\Delta u) \cdot r_{\mathrm{c}}(\Delta u) \right] \} \tag{9-100}$$

例如，目标星的轨道升交点赤经、轨道倾角和其纬度幅角分别为 100°，50°和 140°，巡游飞行器的轨道升交点赤经、轨道倾角和其纬度幅角分别为 20°，10°和 50°，目标星的坐标矢量和巡游飞行器的坐标矢量的夹角 α 随 Δu 的变化如图 9－15 所示，可见，α 呈现周期特性，且存在极小值，一个周期内有两个相等的极小值。一个发生在 Δu ＝135.312 8°，一个发生在 Δu ＝315.312 8°，两者相差 180°。目标星的坐标矢量和巡游飞行器的坐标矢量的夹角极小值为 129.014 8°。这是给定初始条件下，目标星和巡游飞行器最近的角距离。

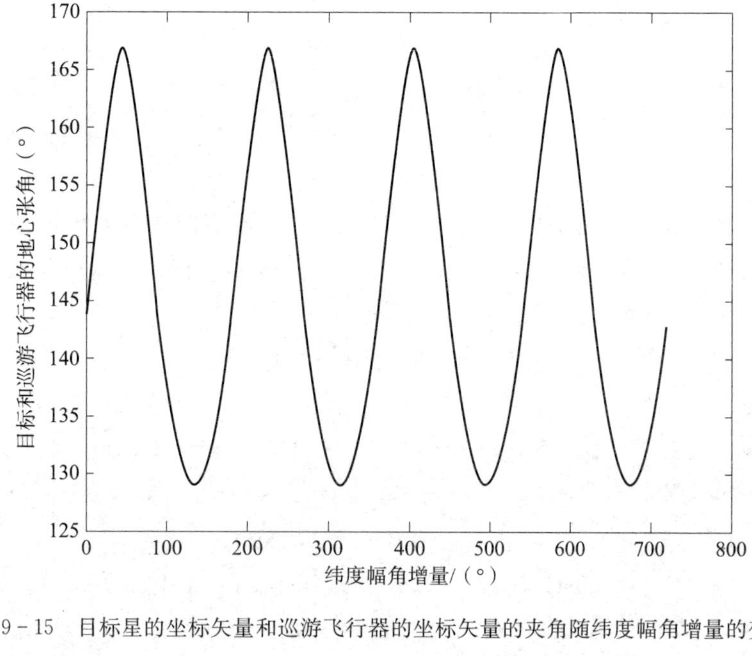

图 9－15　目标星的坐标矢量和巡游飞行器的坐标矢量的夹角随纬度幅角增量的变化

当巡游飞行器的轨道倾角和升交点赤经确定后，巡游脱靶量与巡游飞行器的纬度幅角有密切关系，可以设计合适的初始纬度幅角，使得巡游飞行器与目标完全遭遇。为此给定巡游飞行器的纬度幅角

的初始猜测 u_{c0}，求下面的方程和不等式的联合解

$$\frac{d\alpha^*}{du_c}=0,\ \frac{d^2\alpha^*}{du_c^2}>0 \tag{9-101}$$

即得到巡游脱靶量为零的最佳纬度幅角。

例如，目标星的轨道升交点赤经、轨道倾角和其纬度幅角分别为 100°，50°和 140°，巡游飞行器的轨道升交点赤经和轨道倾角分别为 20°和 10°，通过求解得到巡游飞行器的纬度幅角为 215.431°。目标星的坐标矢量和巡游飞行器的坐标矢量的夹角 α 随 Δu 的变化如图 9-16 所示。巡游飞行器一圈内两次与目标遭遇。

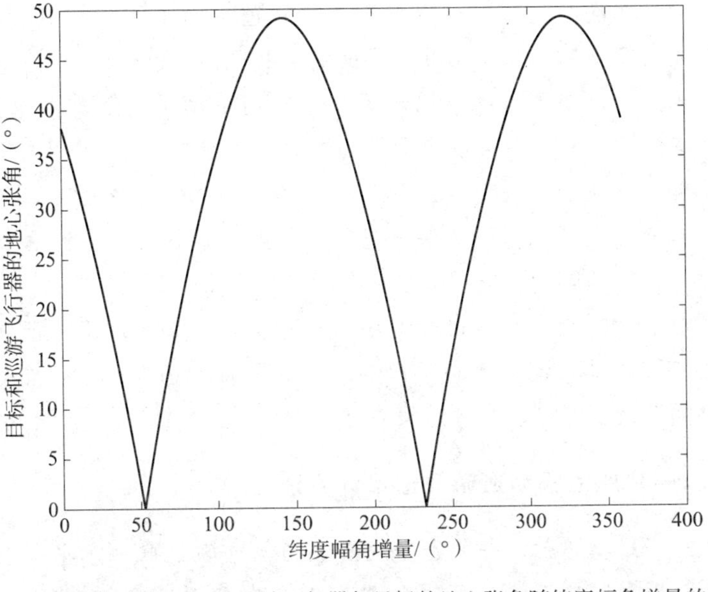

图 9-16　与目标遭遇情况下的巡游飞行器与目标的地心张角随纬度幅角增量的变化

对于 $Walker-\delta$ 型星座，由于其构型的特殊性，显然在一个轨道平面与目标逆行的巡游飞行器能够与该平面所有的卫星遭遇。该巡游飞行器能否与其他平面中的卫星遭遇呢？如果能遭遇，遭遇的卫星个数是多少？完成整个星座的巡游需要几个巡游飞行器？

考虑 $Walker-\delta\{i=55°:24/6/1\}$ 星座，按照上述理论途径，我

们可以按照轨道平面搜索，搜索得到的巡游飞行器轨道参数为

$$\{i_{s1}=125^\circ, \Omega_{s1}=180^\circ, u_{s1}=150^\circ\}$$

$$\{i_{s2}=125^\circ, \Omega_{s2}=240^\circ, u_{s2}=60^\circ\}$$

$$\{i_{s3}=125^\circ, \Omega_{s3}=0^\circ, u_{s3}=240^\circ\}$$

$$\{i_{s4}=125^\circ, \Omega_{s4}=60^\circ, u_{s4}=330^\circ\}$$

第 1 个巡游飞行器可以与第 1 个轨道平面中的所有卫星、第 3 个平面的第 2 颗卫星、第 6 个平面的第 1 颗卫星遭遇。

第 2 个巡游飞行器可以与第 2 个轨道平面中的所有卫星、第 3 个平面的第 1 颗卫星、第 6 个平面的第 4 颗卫星遭遇。

第 3 个巡游飞行器可以与第 4 个轨道平面中的所有卫星、第 3 个平面的第 3 颗卫星、第 6 个平面的第 2 颗卫星遭遇。

第 4 个巡游飞行器可以与第 5 个轨道平面中的所有卫星、第 3 个平面的第 4 颗卫星、第 6 个平面的第 3 颗卫星遭遇。

可见，对于 $Walker-\delta\{i=55^\circ{:}24/6/1\}$ 星座，只需要 4 个巡游飞行器就完全可以对整个星座进行无燃料消耗的巡游。这种被动巡游对用较少的航天器监视众多的空间目标有重要意义。

对于不同轨道面的目标卫星，参考文献［10］理论上证明了单颗巡游飞行器不消耗燃料可以与 3 个异面目标遭遇。是否能与更多的异面轨道目标被动交会还没有结论。

9.4.2　星座的机动巡游轨道设计方法

对于星座巡游，一般先令巡游飞行器逆轨拦截一个平面的所有目标卫星，这样巡游飞行器的升交点赤经和轨道倾角就已经确定。根据上一节的方法，可以设计巡游飞行器的纬度幅角，使得巡游飞行器至少可以再拦截一个异面目标卫星，而那些不能与巡游飞行器遭遇的目标，只有通过轨道机动才能达到巡游的目的。这种巡游实际上是拦截行为。

假设巡游飞行器的初始轨道和一个不能被动拦截的目标轨道均已知，巡游飞行器在初始轨道 1 上运动，目标在轨道 2 上运动，为

了完成对目标的拦截，需要确定巡游飞行器的轨道机动策略。由于异面变轨消耗燃料比较多，巡游飞行器携带燃料有限，在空间最优拦截中一般不作异面轨道机动。因此对任意初始轨道和目标轨道的情况，我们给出如图 9－17 所示的方案。这种方案考虑了巡游飞行器轨道高度与目标轨道高度有差别的情况。如果 A 点在目标轨道上，则可令 B 点与 A 点重合，这种情况下不需要拦截轨道。

首先在初始轨道上的 A 点施加切向冲量Δv_1，拦截器进入一个调相轨道，在调相轨道上经过若干圈运行后，再次测定巡游飞行器和目标的轨道，然后施加拦截机动切向冲量Δv_2，使得巡游飞行器进入拦截轨道，经过中程制导和末制导到达 B 点与目标遭遇。

由于轨道摄动的影响，巡游飞行器轨道和目标轨道的节线在空间变动，因此 A、B 两点是漂移的，准确计算 A 点的位置及巡游飞行器通过此点的时刻，并计算出调相机动冲量Δv_1 和拦截机动冲量Δv_2，是一个十分关键的问题。

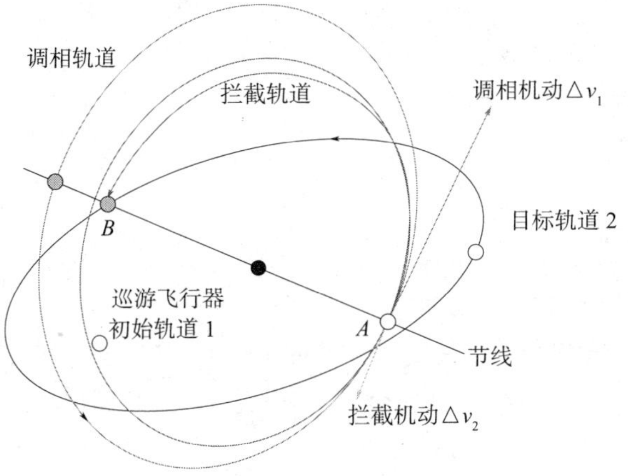

图 9－17　机动巡游轨道机动轮廓

当巡游器第一次升交到达节线时，利用上面的总体规划，沿着切向施加的调相机动冲量假设为Δv_1，在施加冲量之前，导航系统给出的巡游飞行器在 A 点的位置和速度分别为 r 和 v，调相轨道半长轴

a 可以计算为

$$a = \frac{\mu}{2\mu/r - (v + \Delta v_1)^2} \tag{9-102}$$

式中 μ ——地球引力常数。

进而计算出调相轨道周期 T

$$T = 2\pi\sqrt{\frac{a^3}{\mu}} \tag{9-103}$$

巡游飞行器在调相轨道上至少运行 N 圈，以便满足需要的定轨时间。巡游飞行器到达 B 点用的时间为

$$N \cdot T + T_{AB} \tag{9-104}$$

其中 T_{AB} 为巡游飞行器在拦截轨道上运行的时间。如果巡游飞行器运行到 A 点时已经在目标轨道上，可以令 T_{AB} 为零。

目标轨道偏心率矢量为

$$\boldsymbol{e}_1 = \frac{\boldsymbol{v}_1 \times \boldsymbol{h}_1}{\mu} - \frac{\boldsymbol{r}_1}{r_1} \tag{9-105}$$

式中 $\boldsymbol{r}_1$—— 目标的位置矢量；

$\boldsymbol{v}_1$—— 目标的速度矢量；

$\boldsymbol{h}_1$—— 目标的轨道角动量矢量。

B 点的单位地心矢量为

$$\boldsymbol{r}_B = \frac{\boldsymbol{h} \times \boldsymbol{h}_1}{|\boldsymbol{h} \times \boldsymbol{h}_1|} \tag{9-106}$$

式中 $\boldsymbol{h}$——巡游飞行器的轨道角动量。

由目标轨道偏心率矢量和 B 点的单位地心矢量不难算出 B 点在目标轨道上的真近点角，计为 θ_B 。其平均近点角由开普勒公式计算为

$$M_B = E_B - e_1 \sin(E_B) \tag{9-107}$$

其中

$$E_B = 2\arctan\left[\sqrt{\frac{1-e_1}{1+e_1}}\tan(\theta_B/2)\right]$$

当巡游飞行器到达 A 点时，目标的真近点角计为 θ_t ，其平均近点角为

$$M_t = E_t - e_1 \sin(E_t) \tag{9-108}$$

其中

$$E_t = 2\arctan\left[\sqrt{\frac{1-e_1}{1+e_1}}\tan(\theta_t/2)\right]$$

目标的轨道周期计为 T_t，经过时间 $N \cdot T + T_{AB}$ 后，目标的平均近点角为

$$M_{t1} = M_t + \frac{2\pi}{T_1}(N \cdot T + T_{AB}) \tag{9-109}$$

利用上面的公式，可以计算出目标经过时间 $N \cdot T + T_{AB}$ 后与 B 点的平均近点角差 ΔM

$$\Delta M = M_{t1} - M_B - 2\pi〚(M_{t1} - M_B)/(2\pi)〛 \tag{9-110}$$

其中，〚 * 〛为取不大于 * 的整数。

对于给定的调相轨道圈数，平均近点角差 ΔM 是调相机动冲量 Δv_1 的函数，利用牛顿打靶法可以迭代求解需要的调相机动冲量 Δv_1。令 $x = \Delta v_1$，迭代格式为

$$x_i = x_{i-1} - \left(\frac{\mathrm{d}\Delta M}{\mathrm{d}x}\right)^{-1} \Delta M \tag{9-111}$$

迭代直到平均近点角差 ΔM 足够小时终止。

逐步增大调相轨道圈数 N，得到对应的调相机动冲量序列 $\{\mathrm{d}v_1\}_N$ 最佳的调相机动冲量策略为

$$\Delta v^*{}_1 = \min_N \{\mathrm{d}v_1\}_N \tag{9-112}$$

可以看到调相轨道圈数 N 直接影响燃料消耗。增大调相轨道圈数 N，燃料消耗会减少，但是拦截时间相应变长。

拦截冲量 Δv_2 如下计算。

设 $\boldsymbol{h}$、$\boldsymbol{h}_1$ 分别为目标和巡游飞行器的轨道角动量，节线矢量可以表示为

$$\boldsymbol{S} = \boldsymbol{h} \times \boldsymbol{h}_1 \tag{9-113}$$

利用新的轨道要素计算巡游飞行器的位置矢量 $\boldsymbol{r}$，当 $\boldsymbol{r}$ 和 S 平行且两者同向时，此时的 $\boldsymbol{r}$ 即为 A 点的位置。同样，利用新轨道要素计算目标的位置矢量 $\boldsymbol{r}_1$，当 $\boldsymbol{r}_1$ 和 S 平行且两者异向时，此时的 $\boldsymbol{r}_1$ 即

为 B 点的位置。

$$\boldsymbol{h}=\begin{bmatrix}\bar{q}_0^2+\bar{q}_1^2-\bar{q}_2^2-\bar{q}_3^2 & 2\bar{q}_1\bar{q}_2+2\bar{q}_0\bar{q}_3 & 2\bar{q}_1\bar{q}_3-2\bar{q}_0\bar{q}_2\\ 2\bar{q}_1\bar{q}_2-2\bar{q}_0\bar{q}_3 & \bar{q}_0^2+\bar{q}_2^2-\bar{q}_1^2-\bar{q}_3^2 & 2\bar{q}_2\bar{q}_3+2\bar{q}_0\bar{q}_1\\ 2\bar{q}_1\bar{q}_3+2\bar{q}_0\bar{q}_2 & 2\bar{q}_2\bar{q}_3-2\bar{q}_0\bar{q}_1 & \bar{q}_0^2+\bar{q}_3^2-\bar{q}_1^2-\bar{q}_2^2\end{bmatrix}^{\mathrm{T}}\begin{bmatrix}0\\0\\1\end{bmatrix} \tag{9-114}$$

$$\boldsymbol{h}_1=\begin{bmatrix}q_0^2+q_1^2-q_2^2-q_3^2 & 2q_1q_2+2q_0q_3 & 2q_1q_3-2q_0q_2\\ 2q_1q_2-2q_0q_3 & q_0^2+q_2^2-q_1^2-q_3^2 & 2q_2q_3+2q_0q_1\\ 2q_1q_3+2q_0q_2 & 2q_2q_3-2q_0q_1 & q_0^2+q_3^2-q_1^2-q_2^2\end{bmatrix}^{\mathrm{T}}\begin{bmatrix}0\\0\\1\end{bmatrix} \tag{9-115}$$

有关符号见 4.4 节。对于仿真计算，上两式对于计算节点的位置是重要的。

拦截轨道初始速度 $\boldsymbol{V}$ 直接影响拦截轨道末端高度，我们构造一个迭代算法计算 $\boldsymbol{V}$ 及从 A 点到 B 点的时间。

B 点的半径记为 $\boldsymbol{r}_B$，拦截轨道末端仍然在节线上，末端半径为 $\boldsymbol{r}'_B$，它为 $\boldsymbol{V}$ 的函数。为了叙述清楚起见，令 $x=\boldsymbol{V}$，猜测一个初始速度 x_{i-1}，对应的末端半径为 $\boldsymbol{r}'_B$，迭代过程如下

$$x_i=x_{i-1}-\left(\frac{\partial\,\boldsymbol{r}_B}{\partial\,x}\right)^{-1}(\boldsymbol{r}'_B-\boldsymbol{r}_B)$$

迭代终止后，得到拦截轨道初始速度 $\boldsymbol{V}$，拦截轨道参数可以确定，从而可以计算出巡游飞行器在拦截轨道上的运行时间 T_{AB}，为上一节调相轨道设计提供了条件。调相轨道在 A 点的速度记为 $\boldsymbol{V}_A$，则进入拦截轨道的机动策略为

$$\Delta\boldsymbol{V}_2=\boldsymbol{V}-\boldsymbol{V}_A$$

上述方案适用于巡游飞行器初始轨道高度与目标轨道高度不同的情况，而且可以方便地考虑摄动影响。

在上一节被动巡游的算例中，假设星座轨道半径为 26 000 km，我们让巡游第 1 个轨道面中的目标卫星的巡游飞行器巡游第 5 个平面中的第 1 颗目标卫星。如果不机动，两者的巡游脱靶量为 21.1°。也就是说，当巡游飞行器到达该目标星轨道平面时，目标已经离开两个平面

的节线，在二体问题情况下，经过计算，目标位于节线前方 30.1°。由于巡游飞行器运动到目标轨道平面时已经在目标轨道上，没有必要施加拦截冲量，经过调相巡游飞行器可以直接与目标遭遇。假定巡游飞行器调相圈数为一圈，巡游飞行器拦截目标需要 100.2 m/s 的速度增量。

可以增大调相圈数，主动巡游消耗的燃料相应减少，但是巡游时间增加，因此机动巡游需要在燃料限制和巡游总时间之间折中。

参 考 文 献

[1] HINTZ G R. Survey of Orbit Element Sets. Journal of Guidance, Control, and Dynamics, 2008,31(3):785－790.

[2] 陈伟跃．摄动椭圆参考轨道附近的相对运动控制研究．哈尔滨:哈尔滨工业大学,2011.

[3] 杨威廉．关于卫星运动的交点周期．航天器工程,1997,12(3):34－38.

[4] WALKER J G. Some Circular Othit Pattens Providing Continuous Whole Earth Coverage. Joumal of the British Interplanet Soeiety,1971,24:369-384.

[5] BALLARD A H. Rosette constellations of earth satellites. IEEE Transactions on Aerospace and Electronic Systems,1980,16 (5):656-673.

[6] WALKER J G. Satellite Constellations. Joumal of the British Interplanet Soeiety,1984,37:559-572.

[7] WERTZ J R, LARSON W J. Space Mission. Third Edition. Microcosm Press nd Kluwer Academic Publishers,1999.

[8] 张育林,范丽,张艳,等．卫星星座理论与设计．北京:科学出版社,2008.

[9] 项军华．卫星星座构形控制与设计研究．长沙:国防科学技术大学,2007.

[10] 张敬,郗晓宁,王威．单航天器无需变轨与 Walker 星座多星交会的充分条件及特性分析．国防科技大学学报,2010,32(6):87-92.

第10章　航天器远程协同交会

冯维明　王泽锋　周冲

10.1　概述

两个航天器空间交会通常采用主被动交会方式，即主动航天器实施一系列的轨道机动动作达到与目标航天器会合[22]。本章将提出协同交会（或双主动交会）方式，即两个航天器都实施机动，改变原有轨道，协同完成交会任务。当执行在轨维修、太空垃圾处理、在轨卫星的回收、多航天器集结以进行编队飞行、合作目标的太空加注、执行悬浮/悬停任务等一定要保证燃料最优的情况下进行交会，卫星应急问题的处理、空间协同作战和拦截撞击等一定要保证时间最优的情况下进行交会。在两航天器质量接近的情况下，我们将验证：与传统的主被动式交会相比，协同交会具有显著减少燃料消耗或缩短交会所需时间的优点。

在实际工程中，航天器轨道设计及优化有很多种，本章主要对以下两方面问题进行研究：

1）基于交会任务的远程快速机动；

2）协同机动（包括共面和异面）。

交会问题总过程一般分为3个阶段：远程机动（地面引导段）、自主导航（自主寻的段）、最后逼近段。本章主要讨论第1阶段的策略和最优控制问题。

10.2　连续推力轨道动力学建模

10.2.1　坐标系选取及转换

对地球轨道航天器取地心赤道直角坐标系 $OXYZ$ 作为惯性参考系。坐标原点 O 位于地球质心；OZ 轴为地球自转轴；XY 平面为地球赤道面；OX 轴指向春分点，令 $\boldsymbol{i}_x$、$\boldsymbol{i}_y$、$\boldsymbol{i}_z$ 为沿 OX 轴、OY 轴、OZ 轴的单位矢量。建立航天器轨道平面坐标系，其原点位于航天器质心，沿其坐标轴的单位矢量以 $\boldsymbol{i}_r$、$\boldsymbol{i}_u$、$\boldsymbol{i}_h$ 表示，这里 $\boldsymbol{i}_r$ 沿径向指向地心；$\boldsymbol{i}_u$ 在轨道平面内与 $\boldsymbol{i}_r$ 垂直，$\boldsymbol{i}_h$ 沿轨道法向，$\boldsymbol{i}_r$ 与 $\boldsymbol{i}_u$ 及 $\boldsymbol{i}_h$ 满足右手螺旋法。惯性参考系及轨道平面坐标系如图 10－1 所示。

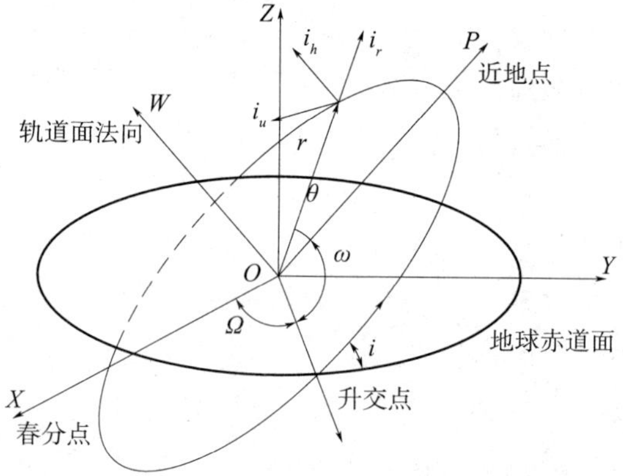

图 10－1　惯性坐标系及轨道平面坐标系

惯性参考系可由轨道平面坐标系通过两次变换得到，即

$$[\boldsymbol{i}_x \quad \boldsymbol{i}_y \quad \boldsymbol{i}_z] = \mathbf{A}_2\mathbf{A}_1[\boldsymbol{i}_r \quad \boldsymbol{i}_u \quad \boldsymbol{i}_h] \tag{10-1}$$

式中，变换矩阵 $\mathbf{A}_1$ 与 $\mathbf{A}_2$ 表示为

$$\mathbf{A}_1 = \begin{bmatrix} \cos u & -\sin u & 0 \\ \sin u & \cos u & 0 \\ 0 & 0 & 1 \end{bmatrix} \tag{10-2}$$

$$\boldsymbol{A}_2=\begin{bmatrix}\cos\Omega & -\sin\Omega\cos i & \sin\Omega\sin i\\ \sin\Omega & \cos\Omega\cos i & -\cos\Omega\sin i\\ 0 & \sin i & \cos i\end{bmatrix} \tag{10-3}$$

变换矩阵中，$u=\omega+\theta$。

向径矢量 $\boldsymbol{r}$ 与速度矢量 $\boldsymbol{v}$ 可以列矩阵表示。在惯性坐标系($\boldsymbol{i}_x,\boldsymbol{i}_y,\boldsymbol{i}_z$) 中，$\boldsymbol{r}$ 和 $\boldsymbol{v}$ 分别表示为$[r_x \quad r_y \quad r_z]^{\mathrm{T}}$ 与$[v_x \quad v_y \quad v_z]^{\mathrm{T}}$；在轨道平面坐标系($\boldsymbol{i}_r,\boldsymbol{i}_u,\boldsymbol{i}_h$) 中 $\boldsymbol{r}$ 和 $\boldsymbol{v}$ 分别表示为$[r \quad 0 \quad 0]^{\mathrm{T}}$ 与$[v_r \quad v_u \quad 0]^{\mathrm{T}}$。

10.2.2　惯性坐标系下的连续推力动力学方程

航天器轨道机动问题经常使用地心惯性坐标

$$\begin{cases}\dfrac{\mathrm{d}\boldsymbol{r}}{\mathrm{d}t}=\boldsymbol{v}\\ \dfrac{\mathrm{d}\boldsymbol{v}}{\mathrm{d}t}=-\dfrac{\mu}{r^3}\boldsymbol{r}+\dfrac{T_{\max}u}{m}\boldsymbol{\alpha}\\ \dfrac{\mathrm{d}m}{\mathrm{d}t}=-\dfrac{T_{\max}u}{I_{\mathrm{sp}}g_0}\end{cases} \tag{10-4}$$

式中　$T_{\max}$——发动机最大推力幅值；

I_{sp}——发动机比冲；

g_0——海平面重力加速度；

μ——地球引力系数；

m——航天器的实时质量；

$\boldsymbol{r}$，$\boldsymbol{v}$——航天器在地心惯性坐标系中的位置矢量和速度矢量；

$\boldsymbol{\alpha}$—— 单位方向矢量($\|\boldsymbol{\alpha}\|=1$)；

u——实际推力幅值 T 与最大推力幅值 $T_{\max}$ 之比值($u\in[0,1]$)。

方程(10-4) 中第 3 式为质量消耗方程，$\boldsymbol{\alpha}$ 和 u 均为控制变量。

10.2.3　经典轨道根数动力学方程及改进

为方便描述，航天器受推力 T 作用下在轨道平面坐标系($\boldsymbol{i}_r,\boldsymbol{i}_u,\boldsymbol{i}_h$) 中的加速度分量用仰俯角 β 和偏航角 γ 表示为(图 10-2)

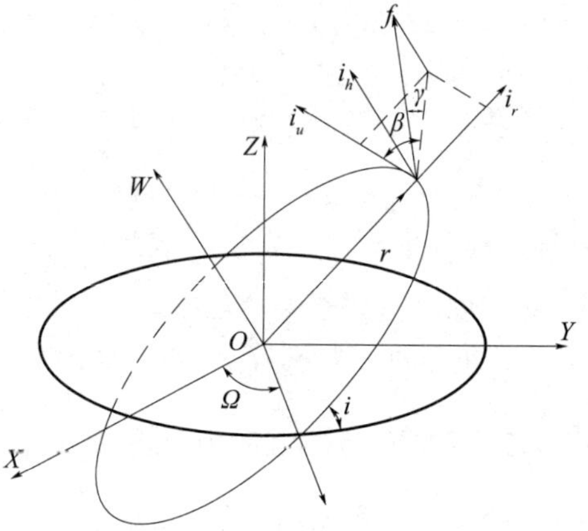

图 10-2　推力仰俯角和偏航角图

$$\boldsymbol{f}=[f_r \quad f_u \quad f_h]^{\mathrm{T}}=\frac{T}{m}[\sin\beta\cos\gamma \quad \cos\beta\cos\gamma \quad \sin\gamma]^{\mathrm{T}} \tag{10-5}$$

则在（$\boldsymbol{i}_r,\boldsymbol{i}_u,\boldsymbol{i}_h$）坐标系中航天器轨道根数方程为

$$\begin{cases}\dfrac{\mathrm{d}a}{\mathrm{d}t}=\dfrac{2a^2}{h}\left(e\sin\theta f_r+\dfrac{p}{r}f_u\right)\\ \dfrac{\mathrm{d}e}{\mathrm{d}t}=\dfrac{p}{h}\left\{\sin\theta f_r+\left[\cos\theta+\dfrac{r}{p}(\cos\theta+e)\right]f_u\right\}\\ \dfrac{\mathrm{d}i}{\mathrm{d}t}=\dfrac{r\cos(\omega+\theta)}{h}f_h\\ \dfrac{\mathrm{d}\Omega}{\mathrm{d}t}=\dfrac{r\sin(\omega+\theta)}{h\sin i}f_h\\ \dfrac{\mathrm{d}\omega}{\mathrm{d}t}=\dfrac{1}{he}[-p\cos\theta f_r+(p+r)\sin\theta f_u]-\dfrac{r}{h}\sin(\omega+\theta)\cot i f_h\\ \dfrac{\mathrm{d}\theta}{\mathrm{d}t}=\dfrac{h}{r^2}+\dfrac{1}{he}[pf_r\cos\theta-(p+r)f_u\sin\theta]\\ \dfrac{\mathrm{d}m}{\mathrm{d}t}=-\dfrac{T}{I_{\mathrm{sp}}g_0}\end{cases} \tag{10-6}$$

补充方程为

$$\begin{cases} p = a(1-e^2) \\ h = \sqrt{\mu p} \\ r = \dfrac{p}{1+e\cos\theta} \end{cases} \tag{10-7}$$

经典轨道根数方程在偏心率和轨道倾角为零时，会出现奇异，而赤道在新坐标系中的各变量是普遍性的速度和位置，没有实际的代表性意义，且由速度转化为经典根数会有多解现象，不利于计算机自动化处理数据。而改进春分点轨道根数方程可消除上述奇异并且可以很容易地转化为经典根数。因此，本节选用改进春分点轨道根数方程作为优化模型的基础。选择轨道平面坐标系（$\boldsymbol{i}_r, \boldsymbol{i}_u, \boldsymbol{i}_h$）作为基准坐标系，改进春分点轨道动力学模型进行数学建模，以此来推导极大值原理。设状态变量 $[p \quad f \quad g \quad h \quad k \quad L]^{\mathrm{T}}$，改进春分点轨道根数和经典轨道根数的关系为

$$\begin{cases} p = a(1-e^2) \\ f = e\cos(\omega+\Omega) \\ g = e\sin(\omega+\Omega) \\ h = \tan(i/2)\cos\Omega \\ k = \tan(i/2)\sin\Omega \\ L = (\theta+\omega+\Omega) \end{cases} \tag{10-8}$$

由式（10-6）中的经典轨道根数动力学方程得到改进春分点轨道根数形式的动力学方程组，并将其表示为矩阵形式

$$\begin{cases} \dot{\boldsymbol{x}} = \boldsymbol{M}\dfrac{T}{m}\boldsymbol{\alpha} + \boldsymbol{D} \\ \dot{m} = -\dfrac{T}{g_0 I_{\mathrm{sp}}} \end{cases} \tag{10-9}$$

其中

$$\boldsymbol{x} = [p \quad f \quad g \quad h \quad k \quad L]^{\mathrm{T}} \tag{10-10}$$

$$\boldsymbol{\alpha} = [\sin\beta\cos\gamma \quad \cos\beta\cos\gamma \quad \sin\gamma]^{\mathrm{T}} \tag{10-11}$$

$\boldsymbol{M}$ 为 6×3 矩阵，$\boldsymbol{D}$ 为 6×1 矩阵，其表达式分别为

$$\boldsymbol{M}=\begin{bmatrix} 0 & \dfrac{2p}{w}\sqrt{\dfrac{p}{\mu}} & 0 \\ \sqrt{\dfrac{p}{\mu}}\sin L & \sqrt{\dfrac{p}{\mu}}[(w+1)\cos L+f]\dfrac{1}{w} & -\sqrt{\dfrac{p}{\mu}}[h\sin L-k\cos L]\dfrac{g}{w} \\ -\sqrt{\dfrac{p}{\mu}}\cos L & \sqrt{\dfrac{p}{\mu}}[(w+1)\sin L+g]\dfrac{1}{w} & \sqrt{\dfrac{p}{\mu}}[h\sin L-k\cos L]\dfrac{f}{w} \\ 0 & 0 & \sqrt{\dfrac{p}{\mu}}\dfrac{s^2}{2w}\cos L \\ 0 & 0 & \sqrt{\dfrac{p}{\mu}}\dfrac{s^2}{2w}\sin L \\ 0 & 0 & \dfrac{1}{w}\sqrt{\dfrac{p}{\mu}}(h\sin L-k\cos L) \end{bmatrix} \tag{10-12}$$

$$\boldsymbol{D}=[0\quad 0\quad 0\quad 0\quad 0\quad \sqrt{\mu p}(w/p)^2]^{\mathrm{T}} \tag{10-13}$$

10.3 轨道动力学方程的极值原理

10.3.1 惯性坐标系下动力学方程的极值原理

通常，最优控制问题以剩余质量最大化或燃料消耗最小化为指标，其表达式为

$$J=\frac{T_{\max}}{I_{\mathrm{sp}}g_0}\int_{t_0}^{t_f}u\mathrm{d}t \tag{10-14}$$

其中 t_0 和 t_f 分别表示初始和结束时刻，均固定。考虑最简单的情况，初始质量、初始状态和末端状态都固定，即末端条件为

$$\boldsymbol{r}(t_0)=\boldsymbol{r}_0,\ \boldsymbol{v}(t_0)=\boldsymbol{v}_0,\ m(t_0)=1 \tag{10-15}$$

$$\boldsymbol{r}(t_f)=\boldsymbol{r}_f,\ \boldsymbol{v}(t_f)=\boldsymbol{v}_f \tag{10-16}$$

求解此最优控制问题可以通过运用极大值原理和变分法将之转化为求解两点边值问题。首先，通过引入函数拉格朗日乘子 $\boldsymbol{\lambda}\triangleq(\boldsymbol{\lambda}_r;\boldsymbol{\lambda}_v;\boldsymbol{\lambda}_m)$，也叫协态变量，构建哈密顿函数

$$H=\boldsymbol{\lambda}_r\cdot\boldsymbol{v}+\boldsymbol{\lambda}_v\cdot\left(-\frac{\mu}{r^3}\boldsymbol{r}+\frac{T_{\max}u}{m}\boldsymbol{\alpha}\right)-\frac{\lambda_m T_{\max}u}{I_{sp}g_0}+\frac{T_{\max}}{I_{sp}g_0}u \tag{10-17}$$

由极大值原理可知，最优控制律使哈密顿函数取最小值，对于 $0\leqslant u\leqslant 1$，从而可得最优控制力的方向为

$$\boldsymbol{\alpha}=-\frac{\boldsymbol{\lambda}_v}{\|\boldsymbol{\lambda}_v\|} \tag{10-18}$$

将式（10-18）代入到哈密顿方程式（10-17）并稍加整理可得

$$H=\boldsymbol{\lambda}_r\cdot\boldsymbol{v}-\boldsymbol{\lambda}_v\cdot\frac{\mu}{r^3}\boldsymbol{r}+\frac{T_{\max}}{I_{sp}g_0}\left(1-\frac{\|\boldsymbol{\lambda}_v\|I_{sp}g_0}{m}-\lambda_m\right)u \tag{10-19}$$

上式中，设 u 开关函数为 ρ，则有

$$\rho=\frac{\partial \boldsymbol{H}}{\partial u}=\frac{T_{\max}}{I_{sp}g_0}\left(1-\frac{\|\boldsymbol{\lambda}_v\|I_{sp}g_0}{m}-\lambda_m\right) \tag{10-20}$$

从而可得最优控制力的大小为

$$\begin{cases}u=0, & \rho>0\\ u=1, & \rho<0\\ u\in(0,1), & \rho=0\end{cases} \tag{10-21}$$

通常，开关函数 ρ 只会在有限个孤立点处为零，因而，归一化的最优控制力幅值 u 很少会在有限长度的时间区间上取介于 0 和 1 之间的值，此种属性的控制力即为 bang-bang 控制。如哈密顿函数 H 存在极小值，则有

$$\begin{cases}\dot{\boldsymbol{\lambda}}_r=-\dfrac{\partial \boldsymbol{H}}{\partial \boldsymbol{r}}=\dfrac{\mu}{r^3}\boldsymbol{\lambda}_v-\dfrac{3\mu\boldsymbol{r}\cdot\boldsymbol{\lambda}_v}{r^5}\boldsymbol{r}\\ \dot{\boldsymbol{\lambda}}_v=-\dfrac{\partial \boldsymbol{H}}{\partial \boldsymbol{v}}=-\boldsymbol{\lambda}_r\\ \dot{\lambda}_m=-\dfrac{\partial \boldsymbol{H}}{\partial m}=-\dfrac{T_{\max}u}{m^2}\|\boldsymbol{\lambda}_v\|\end{cases} \tag{10-22}$$

上述协态变量微分方程也称为欧拉-拉格朗日方程。由于最优控制力幅值 u 的 bang-bang 性质，微分方程式（10-4）和式（10-22）的右端项不连续。由横截条件可知，当端点状态固定时，其对应的

协态变量在端点处的值是任意的；反之，当端点状态自由时，其对应的协态变量在端点处的值为零。因此，由于末端质量自由，则质量的协态变量的末端值为零，即

$$\lambda_m(t_f)=0 \tag{10-23}$$

然而，由于已经给定的状态变量的初值 $[\boldsymbol{r}(t_0)\quad \boldsymbol{v}(t_0)\quad m(t_0)]$，只要给定协状态变量的初值 $[\boldsymbol{\lambda}_r(t_0)\quad \boldsymbol{\lambda}_v(t_0)\quad \lambda_m(t_0)]$，通过对动力学微分方程式(10-4)和协态变量微分方程式(10-22)数值积分就可以得到末端时刻的状态变量和协状态变量的值，它们必须满足横截条件。因此，最小值原理问题转变为一个满足上述微分方程的两点边值问题

$$\boldsymbol{\Phi}(x)=[\boldsymbol{r}(t_f,\boldsymbol{x})-\boldsymbol{r}_f\quad \boldsymbol{v}(t_f\quad \boldsymbol{x})-\boldsymbol{v}_f\quad \lambda_m(t_f,\boldsymbol{x})]^T=\boldsymbol{0} \tag{10-24}$$

其中 $\boldsymbol{\Phi}$ 叫做打靶方程，$\boldsymbol{x}\triangleq[\boldsymbol{\lambda}_r(t_0)\quad \boldsymbol{\lambda}_v(t_0)\quad \lambda_m(t_0)]$ 表示未知的初始协态变量的集合，叫做打靶量。

10.3.2 改进春分点的轨道根数动力学方程的极值原理

选取性能指标为燃料消耗，为

$$J=\varphi=-m_{t_f}=\int_{t_0}^{t_f}T(t)\mathrm{d}t-m_0 \tag{10-25}$$

其哈密顿函数为

$$H=\boldsymbol{\lambda}^T\boldsymbol{M}\frac{T}{m}\boldsymbol{\alpha}+\boldsymbol{\lambda}^T\boldsymbol{D}-\lambda_m\frac{T}{g_e I_{sp}} \tag{10-26}$$

最优控制矢量使 $\frac{\partial \boldsymbol{H}}{\partial \boldsymbol{\alpha}}=0$ 且满足约束 $\|\boldsymbol{\alpha}^*\|=1$，则由此得到最优控制为

$$\boldsymbol{\alpha}^*=-\frac{[\boldsymbol{\lambda}^T\boldsymbol{M}]^T}{\|\boldsymbol{\lambda}^T\boldsymbol{M}\|} \tag{10-27}$$

将哈密顿函数分别对各状态变量求偏导可得协态方程为

$$\begin{cases}\dot{\boldsymbol{\lambda}}=-\dfrac{\partial H}{\partial \boldsymbol{x}}=-\boldsymbol{\lambda}^T\dfrac{\partial \boldsymbol{M}}{\partial \boldsymbol{x}}\dfrac{T}{m}\boldsymbol{\alpha}-\boldsymbol{\lambda}^T\dfrac{\partial \boldsymbol{D}}{\partial \boldsymbol{x}}\\ \dot{\lambda}_m=-\dfrac{\partial H}{\partial m}=\boldsymbol{\lambda}^T\boldsymbol{M}\dfrac{T}{m^2}\boldsymbol{\alpha}=-\|\boldsymbol{\lambda}^T\boldsymbol{M}\|\dfrac{T}{m^2}\end{cases} \tag{10-28}$$

式（10－28）中的 $\dfrac{\partial \boldsymbol{M}}{\partial \boldsymbol{x}}$ 为 6×3×6 矩阵，详细表达式请见本章附录。

开关机次序由下列开关函数决定

$$S=\frac{\partial H}{\partial T}=\boldsymbol{\lambda}^{\mathrm{T}}\boldsymbol{M}\frac{1}{m}\boldsymbol{\alpha}^{*}-\lambda_m\frac{1}{g_{\mathrm{e}}I_{\mathrm{sp}}}=-\frac{\|\boldsymbol{\lambda}^{\mathrm{T}}\boldsymbol{M}\|}{m}-\frac{\lambda_m}{g_{\mathrm{e}}I_{\mathrm{sp}}} \tag{10-29}$$

从而可得最优控制力值

$$\begin{cases}T=0, & S>0\\ T=T_{\max}, & S<0\\ 0<T<T_{\max}, & S=0\end{cases} \tag{10-30}$$

终端物理约束为

$$\boldsymbol{\Psi}[\boldsymbol{x}(t_{\mathrm{f}})\quad m(t_{\mathrm{f}})\quad t_{\mathrm{f}}]=\mathbf{0} \tag{10-31}$$

协状态横截条件为

$$\boldsymbol{\lambda}(t_{\mathrm{f}})=\left.\frac{\partial \phi}{\partial \boldsymbol{X}}\right|_{t=t_{\mathrm{f}}}+\boldsymbol{\varphi}^{\mathrm{T}}\left.\frac{\partial \boldsymbol{\Psi}}{\partial \boldsymbol{X}}\right|_{t=t_{\mathrm{f}}} \tag{10-32}$$

对于终端时间不固定问题，则有变时间条件

$$\left[\frac{\partial \phi}{\partial t}+\left(\frac{\partial \boldsymbol{\Psi}}{\partial t}\right)^{\mathrm{T}}\boldsymbol{\varphi}+H\right]_{t=t_{\mathrm{f}}}=\mathbf{0} \tag{10-33}$$

其中 $\boldsymbol{\varphi}=[\varphi_x\quad \varphi_m]^{\mathrm{T}}$ 为拉格朗日乘子。

10.4　近圆开普勒轨道多脉冲协同交会

10.4.1　三脉冲协同交会数学模型[34]

设两航天器初始轨道为同一平面内近圆轨道，而且过渡轨道也在此平面内，Hohmann 轨道转移则为燃料最节省轨道转移。现在讨论共面轨道卫星间的双椭圆转移。

双椭圆转移的过程如下（见图 10－3）：在圆轨道 C_1 的点 P_1，产生脉冲 Δv_1，使轨道变为椭圆 E_1，它的近地点就是 P_1；然后在椭圆 E_1 的远地点 A（其地心距为 r_A）产生第 2 个脉冲 Δv_2，使轨道变为椭

圆 E_2，它的远地点地心距也是 r_A，而近地点地心距为 r_2；最后在 E_2 的近地点 P_2 沿飞行反方向产生第 3 个脉冲 Δv_3，使轨道变为半径为 r_2 的圆 C_2。这种转移需要 3 次脉冲，所以又称为 3 脉冲转移。

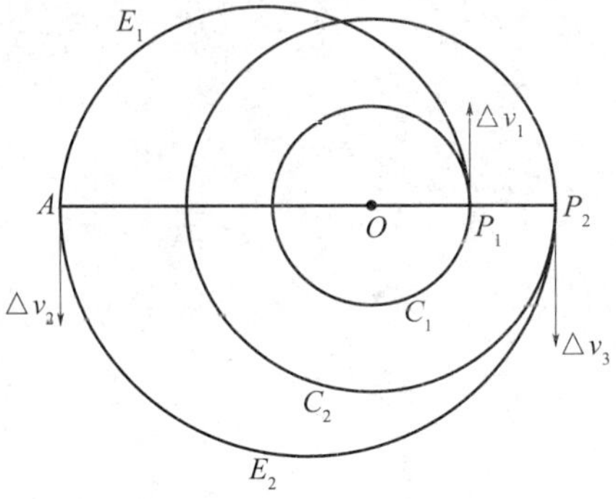

图 10－3　航天器双椭圆变轨转移交会示意图

双椭圆轨道转移的特征速度为

$$\begin{cases} \Delta v_1 = \sqrt{2\mu \dfrac{r_A}{r_1(r_1+r_A)}} - \sqrt{\dfrac{\mu}{r_1}} \\ \Delta v_2 = \sqrt{2\mu \dfrac{r_2}{r_A(r_2+r_A)}} - \sqrt{2\mu \dfrac{r_1}{r_A(r_1+r_A)}} \\ \Delta v_3 = \sqrt{2\mu \dfrac{r_A}{r_2(r_A+r_2)}} - \sqrt{\dfrac{\mu}{r_2}} \end{cases} \tag{10-34}$$

式中　μ——地球引力常数，$\mu = 398\ 600.44\ \text{km}^3/\text{s}^2$。

总的特征速度为

$$\begin{aligned} \Delta v_\Sigma &= \Delta v_1 + \Delta v_2 + \Delta v_3 \\ &= \sqrt{2\mu \frac{r_A}{r_1(r_1+r_A)}} - \sqrt{\frac{\mu}{r_1}} + \sqrt{2\mu \frac{r_2}{r_A(r_2+r_A)}} - \\ &\quad \sqrt{2\mu \frac{r_1}{r_A(r_1+r_A)}} + \sqrt{2\mu \frac{r_A}{r_2(r_2+r_A)}} - \sqrt{\frac{\mu}{r_2}} \end{aligned} \tag{10-35}$$

用双椭圆转移实现航天器交会。在初始时刻 t_0，目标航天器在半径为 r_2 的目标轨道的 P_0 点，追踪航天器在半径为 r_1 的停泊轨道的 A_0 点，且 P_0 超前于 A_0 一个相位角 θ_H，如图 10－4 所示。在此时刻追踪航天器开始进行双椭圆转移，期望在 R 点与目标航天器会合。交会的条件是：目标航天器从 P_0 沿目标轨道运行到 R 的时间应等于追踪航天器沿椭圆 E_1 从 A_0 运行到 B，然后沿椭圆 E_2 运动到 R 的时间，即

$$\frac{2\pi-\theta_H}{2\pi}\frac{2\pi}{\sqrt{\mu}}r_2^{3/2}=\frac{\pi}{\sqrt{\mu}}\left(\frac{r_1+r_A}{2}\right)^{3/2}+\frac{\pi}{\sqrt{\mu}}\left(\frac{r_2+r_A}{2}\right)^{3/2} \tag{10-36}$$

由此得到实现交会 r_A 和 θ_H 必须符合的条件为

$$\theta_H=\pi\left[2-\left(\frac{r_1+r_A}{2r_2}\right)^{3/2}-\left(\frac{r_2+r_A}{2r_2}\right)^{3/2}\right] \tag{10-37}$$

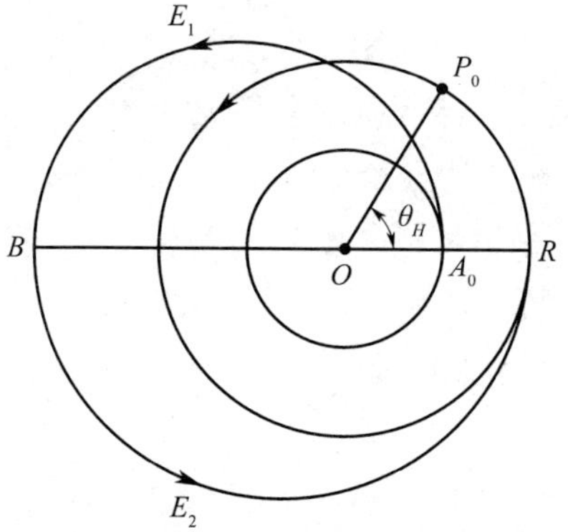

图 10 - 4　航天器双椭圆变轨转移交会位置图

10.4.2　集群小卫星协同交会数学模型

10.4.2.1　集群小卫星多主动交会的特征速度

仅讨论同平面轨道航天器之间通过切向脉冲变轨，变轨方式遵循开普勒定律。我们暂不去考虑近地点与远地点（通称为地心距）。当航天器点火时，若运行到半周期时的地心距大于点火时的地心距，则航天器为增速，反之为减速。当然，无论增速还是减速都要消耗燃料，我们所关心的其实是其速度变化量的绝对值。另外我们还关心脉冲特征速度与何值有关，除去引力常数 μ，它与 3 个地心距有

关：变轨前的椭圆轨道的两个地心距（或称为远地点和近地点）和变轨后的椭圆轨道的两个地心距，由于其中一个地心距为两椭圆轨道共同的，则脉冲速度和 3 个地心距有关，当变轨由圆轨道变为椭圆轨道时（或椭圆轨道变为圆轨道时），则脉冲速度仅与两个地心距有关。因此，地心距之间的差异决定特征速度的大小。

下面我们就普遍意义下的双椭圆变轨特征速度表达式进行阐述。设变轨前的椭圆轨道两地心距分别为 r_a 和 r_b，变轨后的椭圆轨道的两地心距分别为 r_b 和 r_c。不难证明，当 $r_c > r_a$ 时，$\Delta v > 0$，为增速，反之为减速。设每颗卫星通过 3 脉冲变轨，累计特征速度是其绝对值之和。

设有 n 个航天器在各自圆轨道上运行，设第 i 个航天器的运行轨道的半径为 r_{ai}，经 3 脉冲变轨到半径为 r_m 的交会圆轨道，获第 1 次脉冲速度后经半周期到达点的地心距为 r_{bi}，则 3 脉冲与上述 3 个值 r_{ai}、r_{bi}、r_m 有关。根据特征速度公式（10－35），第 i 个航天器经 3 脉冲变轨所消耗的总特征速度为

$$\begin{aligned}\Delta v_{\Sigma i} &= |\Delta v_{i1}| + |\Delta v_{i2}| + |\Delta v_{i3}| \\ &= \left|\sqrt{2\mu\frac{r_{bi}}{r_{ai}(r_{ai}+r_{bi})}} - \sqrt{\frac{\mu}{r_{ai}}}\right| + \left|\sqrt{2\mu\frac{r_m}{r_{bi}(r_m+r_{bi})}} - \right. \\ &\quad \left.\sqrt{2\mu\frac{r_{ai}}{r_{bi}(r_{ai}+r_{bi})}}\right| + \left|\sqrt{\frac{\mu}{r_m}} - \sqrt{2\mu\frac{r_{bi}}{r_m(r_m+r_{bi})}}\right|\end{aligned} \tag{10-38}$$

10.4.2.2 集群小卫星协同交会的时间历程

当交会轨道上交会点确定后，变轨时间与原轨道半径 r_{ai}、过渡椭圆轨道长半径 r_{bi} 和目标轨道半径 r_m 均有关系，由于 r_{ai} 为确定的，则航天器变轨时间可由 r_{bi} 和 r_m 进行调节，以达到同一地点同一时刻以同一速度矢量交会。另外，认为航天器绕地球沿同一方向转动，则航天器变轨到交会轨道时，必须提前（圆心角 $\theta_i \leqslant \pi$）或是恰好到达交会点，然后滑行到交会点，若超过交会点则意味着要滑行大于 π 的圆心角对应的轨道。航天器从接到命令到到达交会点所消耗的时间为

$$t_i = \frac{\pi}{\sqrt{\mu}}\left(\frac{r_{ai} + r_{bi}}{2}\right)^{\frac{3}{2}} + \frac{\pi}{\sqrt{\mu}}\left(\frac{r_m + r_{bi}}{2}\right)^{\frac{3}{2}} + \frac{\theta_i}{\sqrt{\mu}} r_m^{\frac{3}{2}} \quad (10-39)$$

上式中 θ_i 即为变轨到交会轨道时与该轨道交会点所对应的圆心角，上式中第 1 项为第 1 脉冲后在第 1 个椭圆轨道运行的时间，第 2 项为第 2 脉冲后在第 2 个椭圆轨道运行的时间，第 3 项为航天器在交会轨道滑行到交会点的时间。当然，也可选择先在初始轨道上滑行，再在合适的窗口点火变轨，变轨结束时恰好在交会轨道交会点上，这样只需将式（10-39）中第 3 项中的 r_m 改为 r_{ai} 即可，即

$$t_i = \frac{\pi}{\sqrt{\mu}}\left(\frac{r_{ai} + r_{bi}}{2}\right)^{\frac{3}{2}} + \frac{\pi}{\sqrt{\mu}}\left(\frac{r_m + r_{bi}}{2}\right)^{\frac{3}{2}} + \frac{\theta_i}{\sqrt{\mu}} r_{ai}^{\frac{3}{2}} \quad (10-40)$$

10.4.2.3　优化目标函数及其约束条件

既然要求每一航天器同一时刻到达交会位置进行交会，则必有变轨耗时表达式（10-40）中的交会时间 t_i 为同一值，设 $t_i = T(i = 1,2,\cdots,n)$，或

$$\frac{\pi}{\sqrt{\mu}}\left(\frac{r_{ai} + r_{bi}}{2}\right)^{\frac{3}{2}} + \frac{\pi}{\sqrt{\mu}}\left(\frac{r_m + r_{bi}}{2}\right)^{\frac{3}{2}} + \frac{\theta_i}{\sqrt{\mu}} r_m^{\frac{3}{2}} = T, \quad (i = 1,2,\cdots,n) \quad (10-41)$$

上式即为等式约束条件。

交会时间 T 必须合理地设定取值范围，T 的下限是确定的，即距交会轨道最远的停留轨道上的航天器以最快的方式（Hohmann 变轨）到达交会轨道的交会点的时间 T_0，而其上限理论上讲是无穷大的。T_0 由下式决定

$$T_0 = \frac{\pi}{\sqrt{\mu}}\left(\frac{r_{ak} + r_m}{2}\right)^{\frac{3}{2}} + \frac{\pi}{\sqrt{\mu}}(r_m)^{\frac{3}{2}} \quad (10-42)$$

式中，$r_{ak} \geqslant r_i (i = 1,2,\cdots,n)$，因此有不等式约束条件如下

$$T \geqslant T_0 \quad (10-43)$$

理论上讲应有 $r_{bi}, r_m \geqslant 0$，但在工程意义上讲航天器应在大气层以外，即

$$r_{bi}, r_m \geqslant 6\ 450\ \text{km} \quad (10-44)$$

上式为另一不等式约束条件。

设 n 个航天器接到交会命令时同时启动，由式（10－38）可知，总特征速度应为

$$\Delta v_{\Sigma} = \sum_{i=1}^{n} |\Delta v_{i1}| + |\Delta v_{i2}| + |\Delta v_{i3}|$$
$$= \sum_{i=1}^{n}\left[\left|\sqrt{2\mu\frac{r_{bi}}{r_{ai}(r_{ai}+r_{bi})}}-\sqrt{\frac{\mu}{r_{ai}}}\right|+\left|\sqrt{2\mu\frac{r_{m}}{r_{bi}(r_{m}+r_{bi})}}-\sqrt{2\mu\frac{r_{ai}}{r_{bi}(r_{ai}+r_{bi})}}\right|+\left|\sqrt{\frac{\mu}{r_{m}}}-\sqrt{2\mu\frac{r_{bi}}{r_{m}(r_{m}+r_{bi})}}\right|\right] \quad (10-45)$$

最节省燃料即总特征速度最小是我们的目标，因此式（10－45）为非线性目标函数，可表示为 $\min f(r_{b1},r_{b2},\cdots,r_{bn},r_{m})$。方程式中原运行轨道半径 r_{ai} 为已知，则过渡点（暂这样称谓）地心距 $r_{bi}(i=1,2,\cdots,n)$ 和交会轨道半径 r_{m} 是未定的变量，称之为决策变量，它决定了总特征速度的大小，这样，目标函数中有 $n+1$ 个变量。式（10－41）为 n 个非线性等式约束条件，约束条件式中，r_{ai}、θ_i 均为初始条件式（10－43）和式（10－44）为非等式约束条件。综上所述，数学模型为带有非线性等式和不等式约束的非线性目标规划问题。

设有 4 颗共面圆轨道卫星，其各自初始轨道参数如表 10－1 所示。

表 10－1　4 星初始轨道参数

项目	卫星 A	卫星 B	卫星 C	卫星 D
轨道半径/km	6 600	7 200	8 000	10 000
相位差角/rad	π/6	π/4	π/3	π/2

首先用遗传算法进行全局搜索，找到可能的极值点，考虑到遗传算法的不稳定性，选取遗传算法大于 10 次的结果作为局部搜索的初始矢量进行计算，4 星决策变量则过渡点地心距 $r_{bi}(i=1,2,3,4)$ 在两个极值点范围附近振荡

$$[r_{b1}\quad r_{b2}\quad r_{b3}\quad r_{b4}\quad r_{m}] \approx [13\,000\quad 12\,100\quad 11\,500\quad 9\,000\quad 9\,999]$$
$$[r_{b1}\quad r_{b2}\quad r_{b3}\quad r_{b4}\quad r_{m}] \approx [11\,000\quad 10\,000\quad 10\,000\quad 7\,000\quad 9\,300]$$

这两个极值点范围的振幅并不是很大，以这两个极值点处的解

作为初始矢量进行局部寻优得到的最优解列入表 10－2。

表 10－2　以遗传算法解为初始矢量得到的寻优结果

轨道过渡点地心距/km				交会轨道半径/km	总特征速度 /(m/s)	交会时间/s
卫星 A	卫星 B	卫星 C	卫星 D			
11 134	10 403	9 424	6 557	9 429	4 977	9 787

表 10－2 中总特征速度为 4 个航天器计 12 次脉冲的总和。事实上，计算上的误差不足以使 4 个航天器产生理论上的交会，但在一定精度内可以使航天器汇集在确定的交会区内，再通过近程导引完成编队飞行、悬浮/悬停、太空加注、轨道拦截等空间操作。

10.4.3　集群小卫星轨道拦截优化

拦截也应属交会的一种形式，但在约束条件上仅要求在同一时刻位置相同，并不要求速度相同。因此拦截会比交会对接问题更简单一些。以单一卫星拦截或攻击敌对卫星的命中率很低，以低廉的集群小卫星拦截确定目标，提高拦截的命中率是我们研究的目的。

对于确定轨道上的目标，我们可对攻击目标的路线进行预测，确定其运动轨迹或经过点，然后在接到拦截命令后，集群小卫星以燃料消耗最省的方式同时拦截目标（即同时进入交会轨道），由于各小卫星轨道和相位角不同，为达到燃料最省的优化目的，各卫星的点火时机一般不会同时进行。为了配合各个卫星同时拦截目标，各卫星必须按优化的要求在各自轨道上滑行，寻找最佳点火窗口。另外集群小卫星到达集结点后的目的就是拦截或攻击，而不是在目标轨道上对接或编队飞行，因此，在目标轨道上的速度大小和方向并没有约束（即不必相同），因此，第 3 脉冲速度就没有任何意义，2 脉冲即可完成集群拦截任务，燃料消耗也随之降低。由式（10－45），数学模型更改为

$$\Delta v_{\Sigma} = \sum_{i=1}^{n} |\Delta v_{i1}| + |\Delta v_{i2}|$$

$$= \sum_{i=1}^{n} \left[\left| \sqrt{2\mu \frac{r_{bi}}{r_{ai}(r_{ai}+r_{bi})}} - \sqrt{\frac{\mu}{r_{ai}}} \right| + \left| \sqrt{2\mu \frac{r_m}{r_{bi}(r_m+r_{bi})}} - \sqrt{2\mu \frac{r_{ai}}{r_{bi}(r_{ai}+r_{bi})}} \right| \right] \tag{10-46}$$

时间方程的表达式事实上就是拦截策略的体现，若发现同平面某轨道上的目标卫星，各卫星与目标卫星间的相位角 $\theta_i(i=1,2,\cdots,n)$（这里要注意，拖后目标卫星的相位角为正值，超前目标卫星的相位角为负值），被拦截目标卫星转过相位角为 $2\pi+\theta_m$，这样时间约束方程（拦截时间表达式）为

$$\frac{\pi}{\sqrt{\mu}}\left(\frac{r_{ai}+r_{bi}}{2}\right)^{\frac{3}{2}} + \frac{\pi}{\sqrt{\mu}}\left(\frac{r_m+r_{bi}}{2}\right)^{\frac{3}{2}} + \frac{\theta_m+\theta_i}{\sqrt{\mu}} r_{ai}^{\frac{3}{2}} = T \tag{10-47}$$

从上式发现，为达到同时拦截的目的，拦截卫星的滑行只能在各自初始轨道上进行。对于目标卫星来说，在被拦截前也运行了时间 T，可得

$$T = \frac{(2\pi+\theta_m)}{\sqrt{\mu}}(r_m)^{\frac{3}{2}} \tag{10-48}$$

理论上讲，寻找最佳（燃料最优）拦截窗口在时间上是无限制的，但事实上，对拦截问题往往是快速完成，因此有 $0\leqslant\theta_m\leqslant 2\pi$，这也成为约束条件之一。联立式（10-47）和式（10-48）可推出拦截点相位角函数式为

$$\theta_m = \frac{2\pi(r_m)^{\frac{3}{2}} - \theta_i(r_{ai})^{\frac{3}{2}} - \pi\left(\frac{r_{ai}+r_{bi}}{2}\right)^{\frac{3}{2}} - \pi\left(\frac{r_m+r_{bi}}{2}\right)^{\frac{3}{2}}}{(r_{ai})^{\frac{3}{2}} - (r_m)^{\frac{3}{2}}} \tag{10-49}$$

注意，θ_m 是一个控制变量，它通过非线性约束条件确定了过渡轨道地心距 r_{bi}，而 r_{bi} 必须满足 $\Delta v_\Sigma = \min f(r_{b1}, r_{b2}, \cdots, r_{bn})$ 的优化，时间 T、地心距 r_{bi} 的约束条件不变。一旦 θ_m 确定，目标卫星被拦截位置就确定了。此问题属于 $n+1$ 个变量的多目标非线性规划问题。

我们假设有 8 颗微小卫星在各自轨道巡航，当发现目标卫星并确定其所在轨道和位置时，发出拦截指令，在接到指令时，设 8 颗

微小拦截卫星与目标卫星的相位角差为 $\theta_i(i=1,2,\cdots,8)$，假设目标轨道半径为 10 250 km，拦截卫星的初始条件如表 10-3 所示。

表 10-3　8 颗拦截卫星的初始条件

项目	卫星 1	卫星 2	卫星 3	卫星 4	卫星 5	卫星 6	卫星 7	卫星 8
初始轨道半径/km	7 000	7 100	8 000	8 100	9 500	9 800	10 850	11 230
相位角差/rad	π/6	π/23	π/4	7π/12	π/18	π/50	π/11	π/7

为使图线表达清晰，在图 10-5 中仅将 4 颗追踪小卫星 3、4、7、8 画出，图中虚线为其初始轨道，实线为被拦截卫星轨道。放宽等式约束条件的遗传算法进行全局选优搜索，再用这一模糊的近似结果作为序列二次法的初始矢量，进行局部搜索，结果如表 10-4 所示。

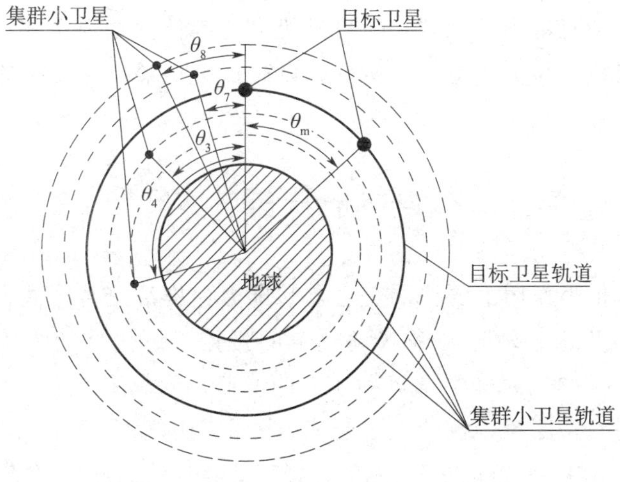

图 10-5　集群卫星轨道拦截初始位置图

表 10－4 拦截过程优化结果

项目	拦截点相位角 θ_m/rad	总特征速度 /(m/s)	任务耗时/s
结果	0.848 6	5 912	11 772

各航天器优化轨道及燃料消耗如表 10－5 所示。

表 10－5 8 颗拦截卫星的初始条件

项目	卫星 1	卫星 2	卫星 3	卫星 4	卫星 5	卫星 6	卫星 7	卫星 8
过度轨道半径/km	12 004	12 399	10 753	9 003.4	10 485	10 468	9 103.9	8 349.4
特征速度/(m/s)	1 520	1 512	891.7	573	276.5	174.2	361.6	602.1

为提高拦截概率，我们要求拦截卫星同一时刻到达拦截点，同前述交会对接一样，集群微小卫星会通过快速机动变轨集结在目标卫星周围的一个确定范围内，通过空间测量确定最有位置优势的拦截卫星实施二次机动进行拦截。若非合作目标做规避机动，使一颗或几颗拦截卫星失去位置，但也有机会使其他拦截卫星获得优势位置。二次机动应为“应变”机动，以确保拦截效率，发挥集群微小卫星的优势。

10.5 连续推力作用下的协同交会

连续推力作用下的协同交会，其推力为推滑交替形式，其过渡轨道为非开普勒轨道与开普勒轨道的拼接，优化复杂程度远大于 10.5 节中多脉冲推力下开普勒轨道的情形，从而使单一的人工智能算法变得非常困难，且使人工智能算法中的缺陷凸显。采用两种或两种以上人工智能算法进行混合，确保各自算法的缺陷可相互改进，不失为好的策略。

10.5.1　差分粒子群法串联同伦算法的优化仿真分析

10.5.1.1　人工智能算法的应用（差分粒子群法串联同伦算法）

同伦方法可简单解释为：从易求解的问题出发通过迭代的方式求解棘手的问题。例如为了求解方程 $f(x)=0$，构建一个同伦：$(1-\varepsilon)f(x)+\varepsilon g(x)$，其中 $g(x)=0$ 容易求解，而 $f(x)=0$ 很难求解。以 $g(x)=0$ 的解为初值，从 $\varepsilon=1$ 开始，逐渐减少 ε 的值并以上一步的解为初值求解新构建的方程的解，则当 ε 减少到 0 时，可求得 $f(x)=0$ 的解。为此，根据地心赤道惯性坐标系下的动力学方程的求解，对性能指标方程进行了修改[10,33]

$$J=\frac{\lambda_0 T_{\max}}{I_{\mathrm{sp}} g_0}\int_{t_0}^{t_{\mathrm{f}}}[u-\varepsilon u(1-u)]\mathrm{d}t \tag{10-50}$$

当 ε 从 1 逐渐减少到 0 时，就从易求解的能量最优问题通过迭代转化为较难求解的燃料最优问题。由于同伦算法的结果严重依赖协态变量的初值猜测，因此考虑利用差分法和粒子群混合算法（简称 PSODE）全局粗略搜索能量最优问题的解，获得一组收敛的协状态初始猜测值，再利用同伦方法求解燃料最优问题的收敛解。交会轨道将分为非确定轨道和确定轨道两种，非确定轨道是通过燃料或时间最优来得到交会轨道和交会位置，对于确定轨道是指事先指定交会轨道（又称任务轨道），但交会位置需要通过优化得到。

10.5.1.2　数学模型的相关处理

（1）构建双适应度函数

根据同伦方法的平滑技术修改后的性能指标，对于 $\varepsilon=1$ 能量最优控制问题，构建如下双适应度函数，其一为目标函数

$$\text{fitness}=\frac{T_{\max}}{I_{\mathrm{sp}} g_0}\int_{t_0}^{t_{\mathrm{f}}} u^2\,\mathrm{d}t \tag{10-51}$$

其二为约束条件

$$\begin{aligned}\text{violation}=p_{\mathrm{f}}\times[&(r_{1x}-r_{2x})^2+(r_{1y}-r_{2y})^2+(r_{1z}-r_{2z})^2+\\&(v_{1x}-v_{2x})^2+(v_{1y}-v_{2y})^2+(v_{1z}-v_{2z})^2]\end{aligned} \tag{10-52}$$

拦截问题只需满足约束方程中的前 3 项，上式为对接问题的约束条件。所求问题的约束条件（打靶方程的残差）从而变成无约束的优化问题，其中 p_{f} 为调节系数，取值为10^{-6}。

（2）模型的归一化处理

无论是地心赤道惯性坐标系下的动力学方程组中还是改进春分点轨道根数形式的动力学方程组中，由于各个变量的物理意义和单位的不同，导致了它们在数量级上差别很大。根据计算数学方法中的稳定性理论，两个量级相差很大的数值放在一起做四则运算和积分运算，会使问题陷入“病态”，影响轨道积分的积分和效率，并且计算带来的舍入误差会影响问题的收敛。因此有必要对参与计算的变量和参数进行单位归一化（无量纲化）处理。

对于近地轨道上运行的卫星，相应的距离单位 DU，相应的时间单位 TU 和质量单位 MU，相应的速度单位 VU=DU/TU，各值分别取为

$$\begin{cases} 1\ \mathrm{DU} = R_{\mathrm{e}} \\ 1\ \mathrm{TU} = \sqrt{\dfrac{R_{\mathrm{e}}^{3}}{\mu}} \\ 1\ \mathrm{MU} = m_0 \\ 1\ \mathrm{VU} = \sqrt{\dfrac{\mu}{R_{\mathrm{e}}}} \end{cases} \tag{10-53}$$

式中　R_{e}——地球赤道半径；

　　　m_0——卫星的初始质量。

10.5.1.3　共面非开普勒轨道的远程交会优化分析（差分粒子群法串联同伦算法）

首先我们考虑远程协同交会的问题。设两航天器的初始轨道参数如表 10－6 所示。

两航天器初始质量均为 1 000 kg，航天器发动机采用连续推力，最大推力为 120 N，发动机比冲为 400 s。

表 10－6　两航天器共面协同交会的初始轨道参数

经典轨道根数	航天器 1	航天器 2
a/km	8 000	14 000
e	0.02	0.02
Ω/(°)	0	0
i/(°)	18	18
ω/(°)	0	0
θ/(°)	0	65

首先，利用 PSODE 全局粗略搜索能量最优问题（$\varepsilon=1$）得出一组能使本算例收敛的协状态和最终飞行时间初始猜测值，仿真数值如表 10－7 所示。

表 10－7　PSODE 全局能量最优问题（ε=1）初始猜测值

	ε	λ_0	$[\lambda_r(t_0)\quad\lambda_v(t_0)\quad\lambda_m(t_0)]$	t_f/s
航天器 1	1	0.99 260	[−0.00 256，−0.007 69，−0.000 63，−0.000 41，−0.000 44，−0.001 72，0.120 82]	19 608
航天器 2	1	0.994 63	[−0.037 45，0.007 39，0.013 23，−0.021 74，−0.011 53，−0.016 03，0.090 56]	19 608

以表 10－7 结果为初值，锁定交会时间，利用同伦算法求解燃料最优问题（$\varepsilon\to0$）得出一组能使本算例收敛的协状态值，仿真数值如表 10－8 所示。

表 10－8　同伦算法求解燃料最优问题（$\varepsilon\to0$）收敛解

	ε	λ_0	$[\lambda_r(t_0)\quad\lambda_v(t_0)\quad\lambda_m(t_0)]$	t_f/s
航天器 1	1.0×10^{-16}	0.931 97	[0.196 21，−0.040 55，−0.009 20，0.006 95，−0.053 32，−0.015 89，0.296 73]	19 608
航天器 2	1.0×10^{-16}	0.975 876	[0.036 77，0.039 23，−0.013 93，0.001 28，−0.125 03，−0.045 23，0.164 01]	19 608

两航天器双主动交会总飞行时间为 23.204 TU（正则时间单位），相当于 19 608 s。航天器 1 燃料消耗占初始质量的 23.88%，相当于消耗燃料 238.8 kg；航天器 2 燃料消耗占初始质量的 15.52%，相当于消耗燃料 155.2 kg，即双主动交会一共消耗燃料为 394.0 kg。两航天器交会后轨道参数如表 10－9 所示。

由表 10－6 可知，两航天器最终实现交会，且具有较高的交会精度。两航天器轨道参数仿真结果时间历程如图 10－6 至图 10－9所示。

表 10－9　共面双主动交会的终端轨道参数

经典轨道根数	航天器 1	航天器 2
a/km	11 133	11 132
e	0.094	0.093
Ω/(°)	0.048 7	0.048 4
i/(°)	17.993	17.993
ω/(°)	31.764	31.521
θ/(°)	148.132	148.357

由图 10－6、图 10－7 和图 10－10 可以看出航天器 1 的飞行轨迹由 3 个最大推力弧段和 3 个零推力弧段组成；航天器 2 的飞行轨迹由 2 个最大推力弧段和 2 个零推力弧段组成。

现在我们考虑确定轨道的交会，为方便比较，仍然按表 10－6 所提供的初始参数，交会轨道指定为航天器 2 所在的轨道，其实这种交会也称为主被动交会，即航天器 2 无动力飞行（开普勒轨道），称为被动航天器；航天器 1 在推力下运动（非开普勒轨道），称为主动（或追踪）航天器。为方便比较，将交会时间进行限制，确定为与远程协同交会时间一致，即 19 608 s。

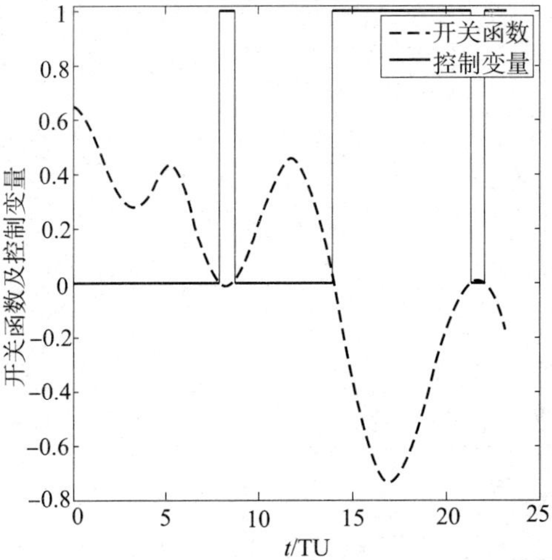

图 10-6　共面交会航天器 1 开关函数及推力时间历程

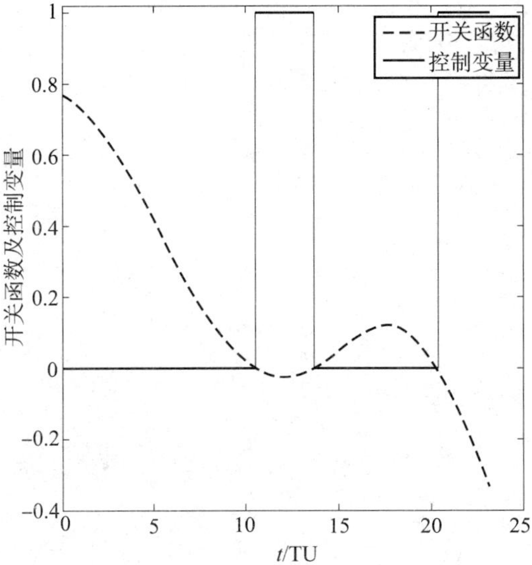

图 10-7　共面交会航天器 2 开关函数及推力时间历程

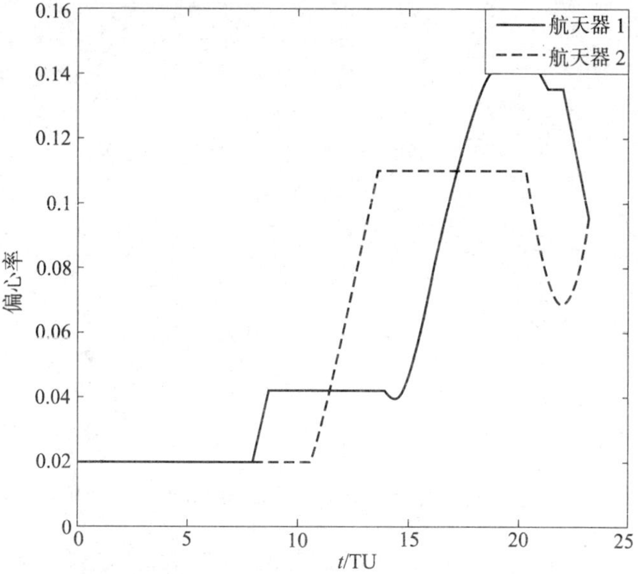

图 10-8　共面交会偏心率时间历程

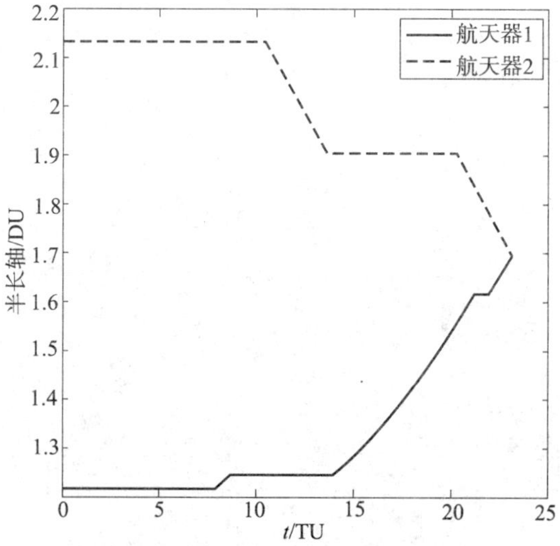

图 10-9　共面交会半长轴时间历程

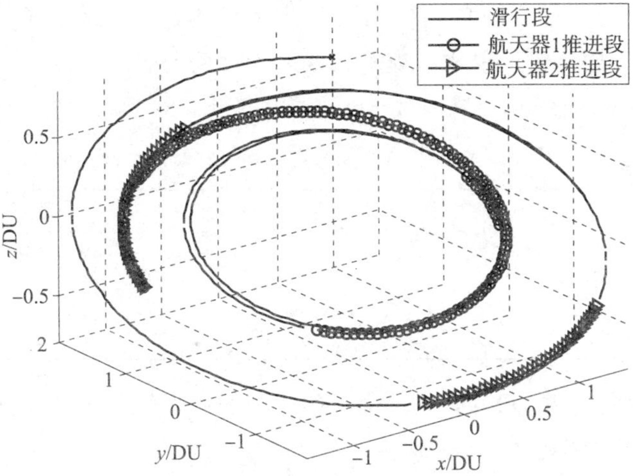

图 10－10 共面远程协同交会飞行轨迹

从计算结果得到主动航天器燃料消耗占初始质量的 44.1%，相当于消耗燃料 441 kg，被动航天器是没有燃料消耗的。主动航天器运行轨迹如图 10－11 所示。

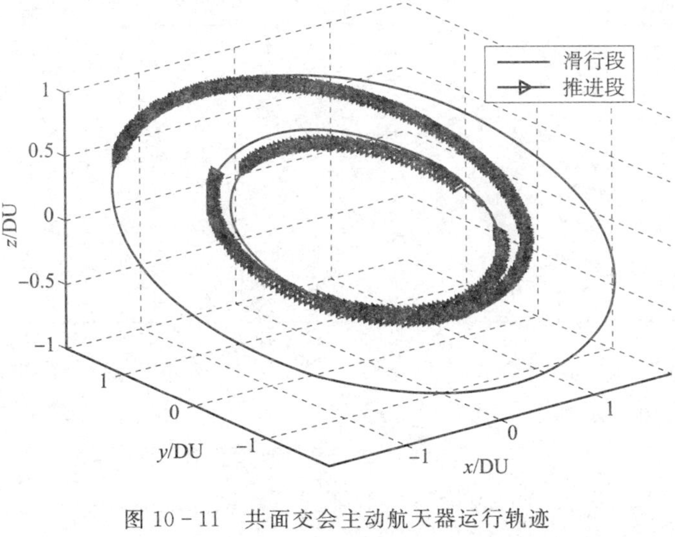

图 10－11 共面交会主动航天器运行轨迹

由图 10－11 也可以看出主动航天器的飞行轨迹由 3 个推力弧段和 3 个零推力弧段组成。为了将两航天器共面远程协同交会与远程主被动交会的仿真结果作对比，将最终优化结果列入表 10－10。

表 10－10　共面不同形式交会下燃料消耗对比

形式	航天器 1 燃料消耗/kg	航天器 2 燃料消耗/kg	t_f/s	消耗总质量/kg
双主动交会	238.81	155.15	19 608	393.96
主被动交会	441.0	0	19 608	441.0
比较				11.94%

由表 10－10 可知，在交会时间相同的情形下，主被动交会比双主动交会多消耗 11.94%燃料。

10.5.1.4　异面非开普勒轨道的远程交会优化分析（差分粒子群法串联同伦算法）

下面给出一个异面远程协同交会算例。两航天器的初始轨道参数见表 10－11。

表 10－11　两航天器异面交会的初始轨道参数

经典轨道根数	航天器 1	航天器 2
a/km	8 000	13 000
e	0.1	0.1
Ω/(°)	18	18
i/(°)	28	42
ω/(°)	0	0
θ/(°)	−40	20

两航天器质量均为 1 000 kg，发动机为最常用的液体火箭发动机，采用连续推力，最大推力均为 120 N，发动机比冲均为 400 s。

首先，利用 PSODE 全局粗略搜索能量最优问题（$\varepsilon=1$）得出一组能使本算例收敛的协状态和最终飞行时间初始猜测值，仿真数值如表 10－12 所示。

表 10－12　PSODE 全局能量最优问题（$\varepsilon=1$）初始猜测值

	ε	λ_0	$[\lambda_r(t_0)\quad\lambda_v(t_0)\quad\lambda_m(t_0)]$	t_f/s
航天器 1	1	0.841 1	[－0.086 72，－0.013 24，0.007 61，－0.038 4，－0.003 78，0.034 50，0.531 0]	21 766
航天器 2	1	0.855 1	[－0.009 81，0.003 435，－0.007 72，－0.013 2，－0.018 3，0.080 3，0.511 44]	21 766

以表 10－12 结果为初值，锁定交会时间，利用同伦算法求解燃料最优问题（$\varepsilon\rightarrow 0$）得出一组能使本算例收敛的协状态值，仿真数值如表 10－13 所示。

表 10－13　同伦算法求解燃料最优问题（$\varepsilon\rightarrow 0$）收敛解

	ε	λ_0	$[\lambda_r(t_0)\quad\lambda_v(t_0)\quad\lambda_m(t_0)]$	t_f/s
航天器 1	1.0×10^{-16}	0.708 62	[0.081 88，－0.248 72，0.433 8，－0.058 84，0.172 63，－0.327 0，0.317 4]	217 66
航天器 2	1.0×10^{-16}	0.625 67	[0.015 042，－0.164 15，0.163 2，0.130 20，－0.469 25，0.553 01，0.108 358]	217 66

由表 10－13 可知，两航天器双主动交会总飞行时间为 25.757 8 TU（正则时间单位），相当于 21 766 s。航天器 1 燃料消耗占初始质量的 37.058%，相当于消耗燃料 370.58 kg；航天器 2 燃料消耗占初始质量的 16.134%，相当于消耗燃料 161.34 kg，即异面远程协同交会一共消耗燃料为 531.92 kg。两航天器交会后轨道参数如表 10－14 所示。

表 10－14　异面双主动交会终端轨道参数

经典轨道根数	航天器 1	航天器 2
a/km	12 183	12 245
e	0.013 5	0.016 9
Ω/(°)	20.538	20.611
i/(°)	36.12	36.11
ω/(°)	21.44	40.67
θ/(°)	142.46	123.06

由表 10-14 可知两航天器最终实现交会，且具有较高的交会精度。各轨道根数仿真结果时间历程如图 10-12 至图 10-19 所示。

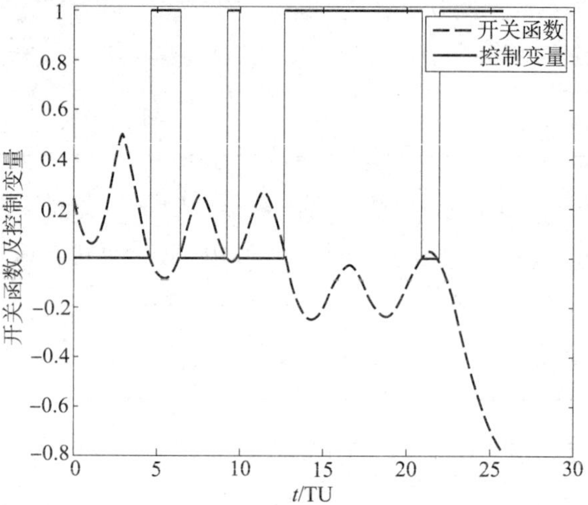

图 10-12　异面交会航天器 1 开关函数及推力时间历程

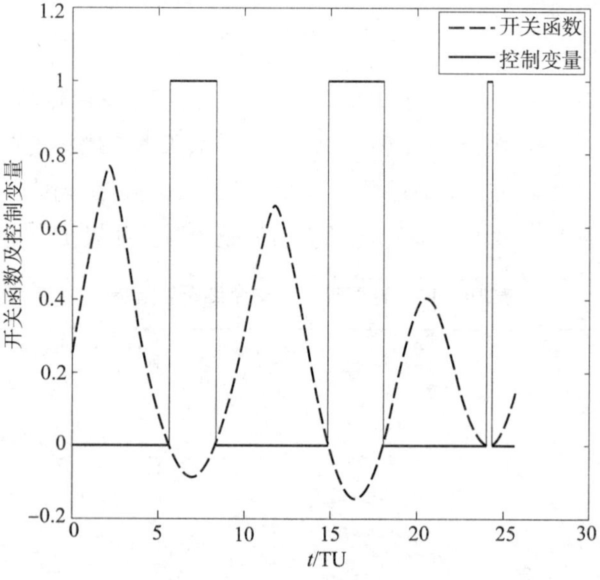

图 10-13　异面交会航天器 2 开关函数及推力时间历程

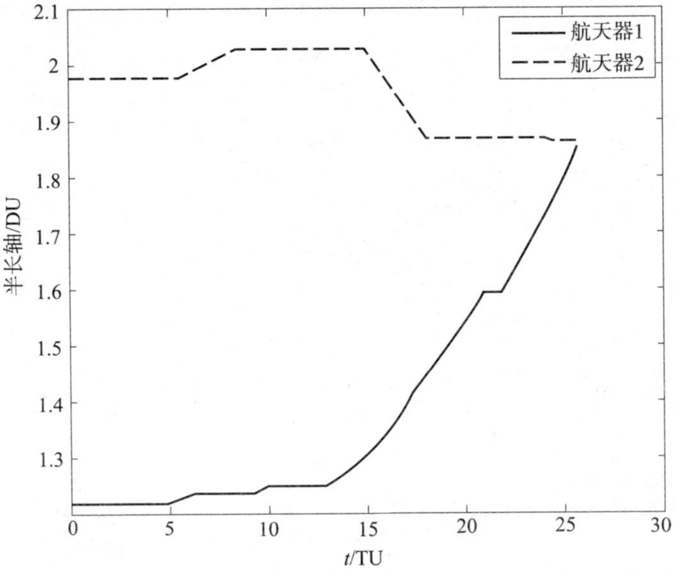

图 10 - 14　异面交会半长轴时间历程

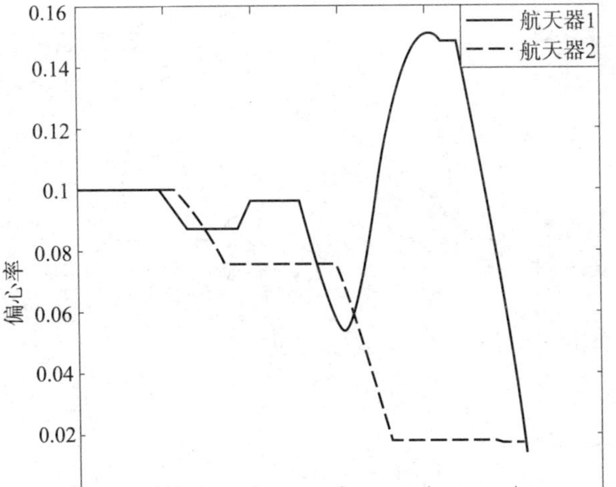

图 10 - 15　异面交会偏心率时间历程

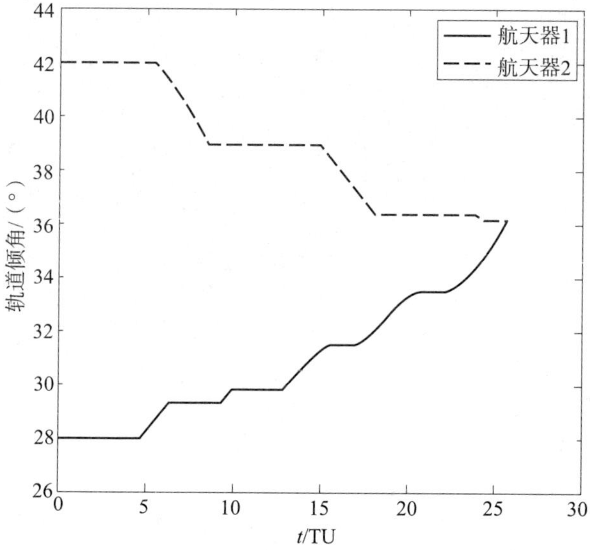

图 10-16　异面交会轨道倾角时间历程

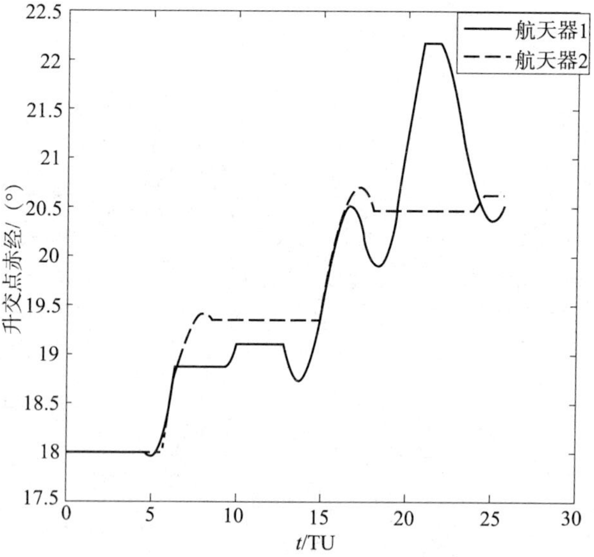

图 10-17　异面交会升交点赤经时间历程

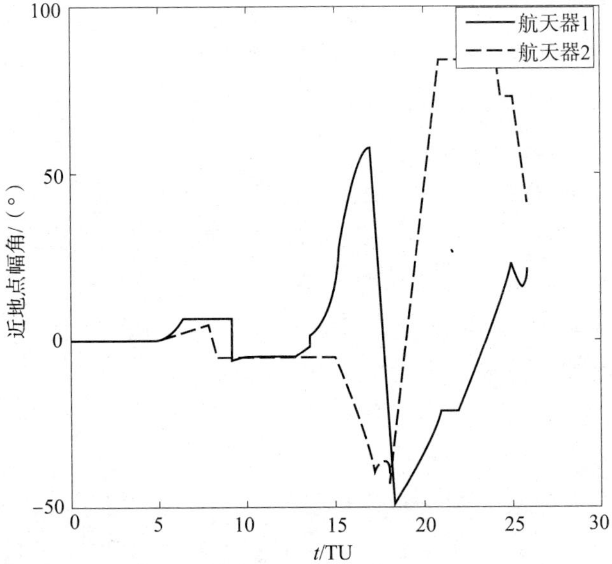

图 10-18　异面交会近地点幅角时间历程

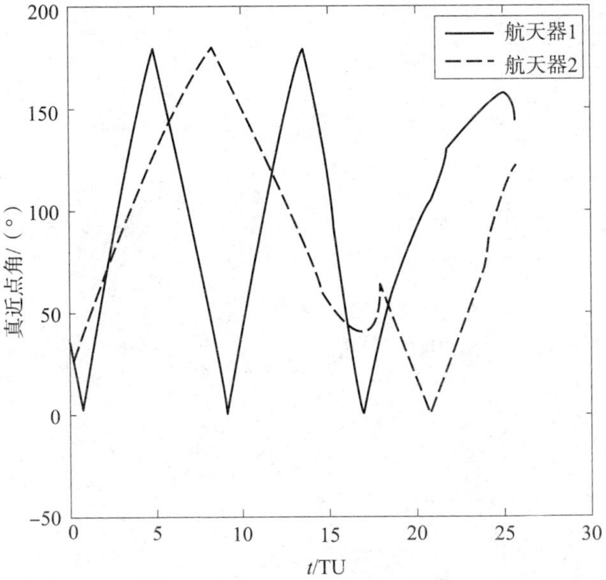

图 10-19　异面交会真近点角时间历程

由图 10－12、图 10－13 和图 10－20 可以发现，航天器 1 的飞行轨迹由 4 个最大推力弧段和 4 个零推力弧段组成；航天器 2 的飞行轨迹由 3 个最大推力弧段和 4 个零推力弧段组成。由图 10－14 至图 10－18 可以看出两航天器的偏心率、半长轴、轨道倾角、升交点赤径和近地点幅角变化规律与两航天器开关推力时间历程相对应。图 10－16、图 10－17 和表 10－14 还表明，交会完成后，两航天器所在轨道的轨道倾角和升交点赤径几乎相同，保证了两航天器基本运行在同一轨道平面内。从图 10－18、图 10－19 和表 10－14 上我们又发现两航天器的交会位置近地点幅角和真近点角相差较大，其实这并不影响交会精度，其一，两航天器的交会轨道偏心率很小，轨道为近圆轨道；其二，两航天器的轨道角（近地点幅角与真近点角之和）非常接近，这就意味着两航天器交会点比较接近。由于本部分讨论是以地心惯性坐标系下的动力学方程为数学模型，其约束条件也是在上述坐标系下表述，因此，看似两航天器有不同的轨道根数，仍然满足位置矢量与速度矢量的约束条件。

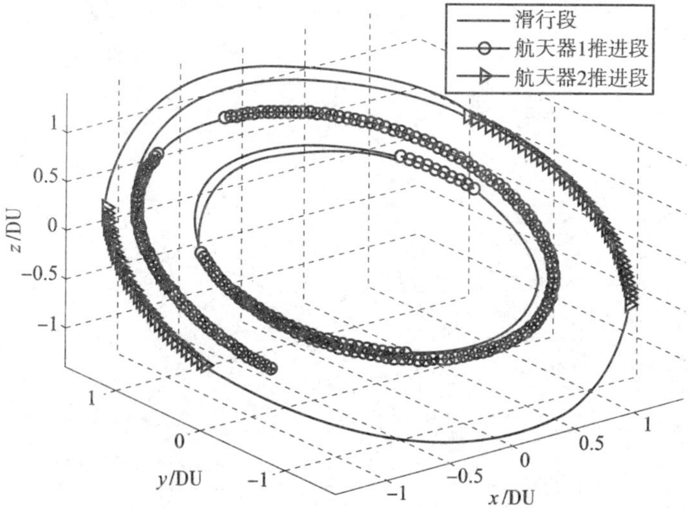

图 10－20　异面远程协同交会飞行轨迹

下面给出一个同样初始条件下（表 10－11）异面远程主被动交会算例。设置航天器 1 为主动航天器，采用连续推力，最大推力为 120 N，发动机比冲为 400 s。

此例中不再对时间进行确定。首先，利用 PSODE 全局粗略搜索能量最优问题（$\varepsilon=1$）得出一组能使本算例收敛的协状态和最终飞行时间初始猜测值，再利用同伦算法求解燃料最优问题（$\varepsilon\rightarrow0$）得出两航天器主被动交会耗时为 33.820 2 TU（正则时间单位），相当于 28 579 s。主动航天器燃料消耗占初始质量的 44.104%，相当于消耗燃料 440.14 kg。

主被动交会同样保持较高的精度，限于篇幅，下面只列出图 10－21 推力时间历程和图 10－22 主被动交会轨迹图。

图 10－21 表示，主动航天器的飞行轨迹由 7 个推力弧段和 7 个零推力弧段组成。为了将两航天器共面远程协同交会与远程主被动交会的仿真结果作对比，将最终优化结果列入表 10－15 中。

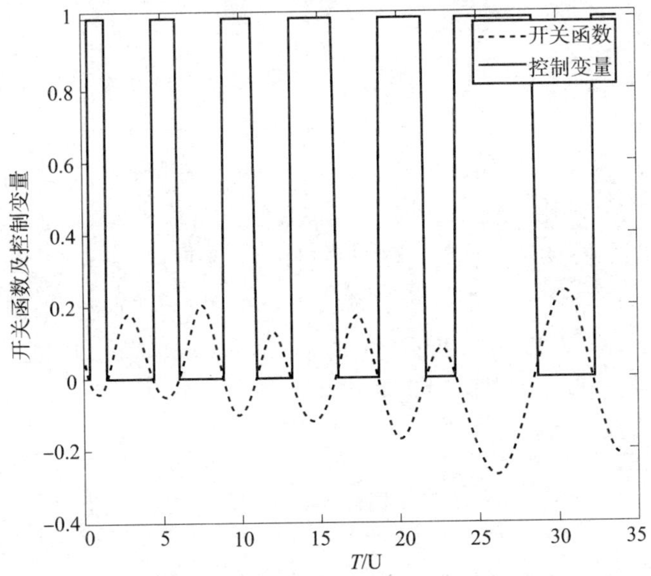

图 10－21　异面主被动交会主动航天器开关函数及推力时间历程

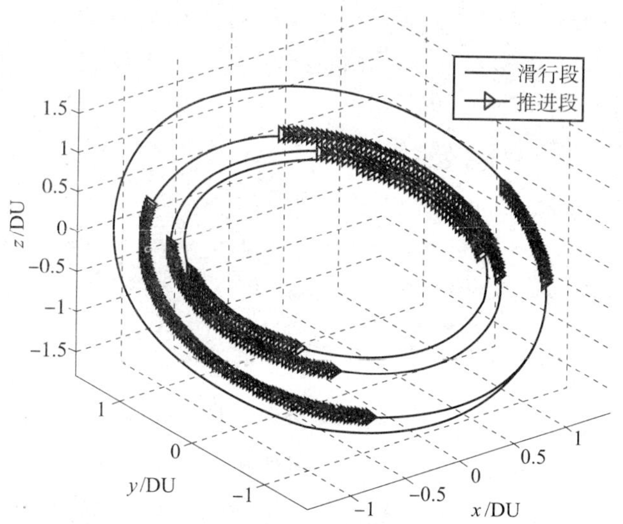

图 10－22　主被动交会飞行轨迹

表 10－15　异面不同形式交会下燃料与时间消耗对比

	航天器 1 消耗质量/kg	航天器 2 消耗质量/kg	t_f/s	消耗总质量/kg
双主动交会	370.6	161.3	21 766	531.9
主被动交会	441.0	0	28 579	441
比较			31.30%	−17.09%

由表 10－15 可知，在上述优化过程中对于异面主被动交会与远程协同交会相比，耗时上增加了 31.30%，但燃料消耗却降低了 17.09%。在本次优化中，我们将燃料和时间同时作为优化目标，事实上这是两个矛盾因素，如果我们按照共面问题的方式限制主被动交会的时间，相信还会出现类似的结果（即主被动交会比协同交会更耗费燃料）。当然被限制的主被动交会多了一个约束条件，其在某种意义上并非是最优。

10.5.2　差分粒子群法串联遗传算法的优化仿真分析

10.5.2.1　人工智能算法的应用（差分粒子群法串联遗传算法）

本部分优化的数学模型将基于经典轨道根数下的动力学方程

(10.2.3 节)，其优化过程基于 10.3.2 节中的极值原理。

由于遗传算法全局搜索能力强于局部搜索能力，因此，在搜索的后期，接近最优解时，计算最优解往往并不能完全收敛于真实最优解，总会或多或少的在其附近振荡。但是在降低精度要求的情况下，采用小种群快速遗传算法，可以很快地得到近似全局最优解，为了适应这一特点，首先降低精度要求，采用微分粒子法求得近似最优，再将初值代入到快速遗传算法进行寻优，得到的结果再由局部优化算法进行微调细化搜索以达到精度要求，这样既满足精度方面要求又能提高计算速度。

遗传算法的推滑段是事先确定的，其推滑时机与时间历程是通过优化控制的。通常设定为推—滑—推，而本设定为两滑两推，且以滑开始，事实上这就增加了一个点火窗口的优化。本节归一化问题同 10.5.1.2 节所述，此处不再赘述。

10.5.2.2　共面非开普勒轨道的远程交会优化分析（差分粒子群法串联遗传算法）

在没有特殊要求时，一般情况下要求目标为燃料消耗最少。则终端约束可表述为

$$\boldsymbol{\Psi}(\boldsymbol{R}_{t_f},\boldsymbol{R}_{0t_f}) = \left|\boldsymbol{R}_{t_f} - \boldsymbol{R}_{0t_f}\right| \leqslant \boldsymbol{\varepsilon} \qquad (10-54)$$

这里的 $\boldsymbol{\varepsilon}$ 为容许的误差限矢量，其值在自主导的最大搜索范围内。算例指标为燃料最优。首先考虑共面主被动交会情景目标航天器和追踪航天器的初始轨道参数见表 10-16。

表 10-16　航天器共面交会的初始参数

经典轨道根数	航天器 1	航天器 2
a/km	10 000	16 000
e	0.02	0.02
Ω/rad	0.3	0.3
i/rad	0.5	0.5
ω/rad	0	0
θ/rad	−0.5	1.0

航天器初始质量均为 1 000 kg，设航天器 1 为主动航天器，最大推力为 300 N，发动机设为最常用的液体火箭发动机，比冲 $I_{sp}=326.53$ s；航天器 2 为目标航天器，这也就意味着航天器 2 所在的轨道为交会轨道。

首先降低精度要求，采用微分粒子群混合方法求解，得出一组能使本算例收敛的协状态矢量

$$\boldsymbol{\lambda}_1=[-0.015\,729\,492\,589\,233\,8 \quad -0.542\,865\,335\,992\,772 \quad 1.811\,346\,265\,985\,34 \quad -0.102\,961\,297\,783\,506 \quad -0.100\,878\,548\,094\,391 \quad 0.749\,659\,075\,221\,342]$$

$$\boldsymbol{\lambda}_2=[-0.087\,630\,806\,005\,214\,8 \quad -2.197\,663\,076\,047\,63 \quad 1.708\,216\,362\,669\,31 \quad 0.261\,530\,687\,940\,94 \quad -0.034\,705\,313\,045\,289\,7 \quad -0.786\,529\,456\,137\,155]$$

再将其结果作为初值代入到快速遗传算法进行寻优，并通过局部优化算法进行微调细化搜索以达到精度要求。最终计算出总飞行时间为 9.253 4 TU，约合 7 451 s，最大推力段为 5.299 2 TU，燃料消耗占初始质量的 40.0%，相当于 400 kg 燃料。各仿真结果曲线见图 10－23 和图 10－24。

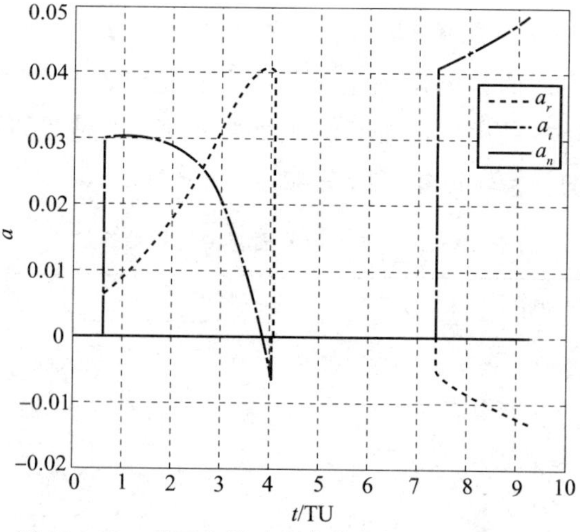

图 10－23　共面主被动交会各向加速度时间历程

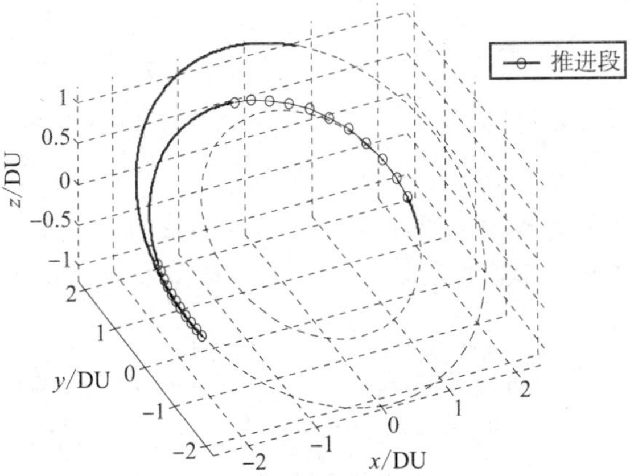

图 10-24　共面主被动交会飞行轨迹

图 10-23 为径向减速度 a_r、切向减速度 a_t 和法向加速度 a_n 的时间历程，由图可见法向加速度始终为零，这也符合共面交会性质，也验证了仿真结果的准确性。

我们一直认为，航天器远程协同交会具有时间和燃料消耗上的优势。但凡事都有两面性，协同交会优化过程变量加倍，这使得问题的维数增加，从而使问题的复杂性也相应大大增加，不收敛、早熟、收敛于局部解等一系列问题都比以前更为突出；另一方面，由于两航天器都作机动，所要优化过程的积分量也相应加倍，这使得计算量大增。

为了验证算法在优化仿真协同交会这种任务下的稳定性和可行性，下面给出一个协同交会的算例。为方便比较，协同交会的两航天器初始参数同主被动交会的一致，即如表 10-16 所示。其航天器初始质量、最大推力和发动机比冲也保持一致。

首先降低精度要求，采用微分粒子群混合方法求解，得出一组能使本算例收敛的协状态矢量

$$\boldsymbol{\lambda}_{11}=[-0.397\,459\,915\,429\,315 \quad -1.125\,099\,175\,012\,62 \quad -0.341\,089\,925\,647\,889 \quad 1.137\,037\,693\,618\,26 \quad -0.625\,532\,975\,428\,900 \quad -1.080\,302\,381\,905\,79]$$

$\boldsymbol{\lambda}_{12}$ = [2.138 833 496 450 33　1.222 993 845 779 54
1.033 045 297 053 25　1.870 577 925 538 23
1.421 471 591 152 99　−0.016 204 640 957 607 8]

$\boldsymbol{\lambda}_{21}$ = [−0.395 341 154 909 119　−2.838 684 567 097 78
0.312 418 913 179 004　0.176 900 404 237 460
0.450 048 194 335 776　1.016 057 092 802 58]

$\boldsymbol{\lambda}_{22}$ = [0.026 510 644 626 022 7　1.294 538 289 220 88
−0.590 727 658 207 376　1.498 717 684 308 98
−1.043 765 634 369 30　−1.382 885 980 636 17]

上述协状态变量的第 1 个下标表示所指定的航天器，第 2 个下标表示推力的段次。再将其结果作为初值代入到快速遗传算法进行寻优，并通过局部优化算法进行微调细化搜索以达到精度要求。仿真结果：总飞行时间为 8.850 6 TU，约合 7 128 s；两航天器的轨迹均分为两个滑行段和两个最大推力段。其中航天器 1 的最大推力段总共为 2.996 4 TU，燃料消耗占初始质量的 22.62%；航天器 2 的最大推力段为 2.047 9 TU，燃料消耗占初始质量的 15.46%。总的开机时间为 5.044 3 TU，换算为航天器的质量，则相当于消耗燃料为 380.812 4 kg。各仿真结果曲线见图 10 - 25 至图 10 - 27。

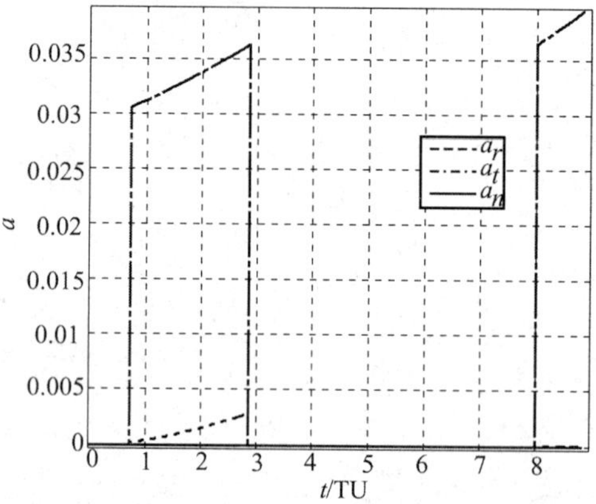

图 10 - 25　共面协同交会航天器 1 各向加速度时间历程

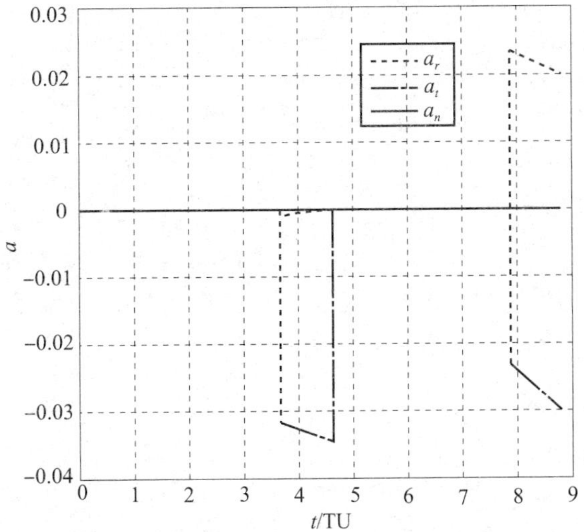

图 10－26　共面协同交会航天器 2 各向加速度时间历程

为了将两航天器共面远程主被动交会与协同交会的仿真结果作对比，将已得到的共面交会仿真结果列到表 10－17 中，并作比较。

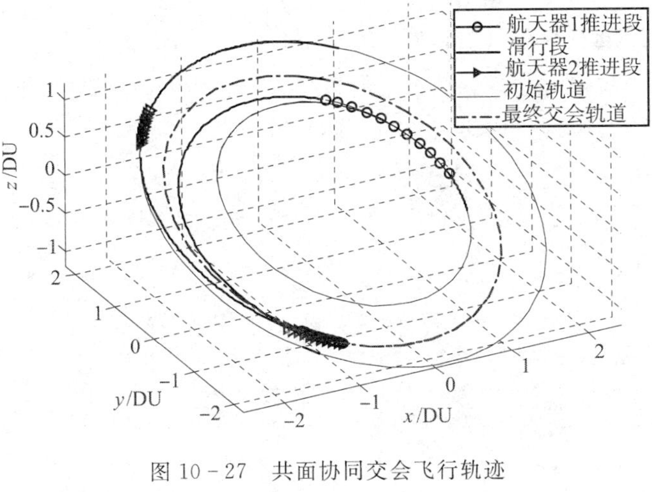

图 10－27　共面协同交会飞行轨迹

表 10 - 17　共面不同形式交会下燃料与时间消耗对比

交会形式	航天器 1 消耗质量/kg	航天器 2 消耗质量/kg	t_f/s	消耗总质量/kg
双主动	226.2	154.6	7 128	380.8
主被动	400	0	7 451	400
比较			4.35%	4.80%

相对于主被动交会，协同（或双主动）交会可以节省燃料 4.80%，以 10 t 重高轨航天器为例，燃料总共节省 192 kg，以每千克有效载荷运费 5 万美元来计算，可节省 960 万美元，合人民币 6 000多万元，这部分节省的燃料也可以延长航天器的在轨寿命，因此效益相当可观。协同交会总的耗时为 8.850 6 TU，相对于主被动交会所用的 9.253 4 TU，总时间节省 4.55%。由此可以看出，协同交会策略可以节省总的燃料消耗，同时也比主被动交会更省时间，更重要的是，它将燃料的消耗分配到了两个航天器上，不至于使单一航天器的燃料消耗过大。

10.5.2.3　异面非开普勒轨道的远程交会优化分析（差分粒子群法串联遗传算法）

上面给出的是两航天器共面情形下的算例，而异面轨道的交会是较为普遍的一种交会形式，下面给出一个异面交会的算例。

航天器初始质量均为 1 000 kg，设航天器 1 为主动航天器，最大推力为 300 N，发动机设为最常用的液体火箭发动机，比冲 I_{sp} = 326.53 s，航天器 2 为目标航天器。两航天器异面交会的初始轨道参数如表 10 - 18 所示。

表 10 - 18　两航天器异面交会的初始轨道参数

经典轨道根数	航天器 1	航天器 2
a/km	14 000	16 000
e	0.02	0.02
Ω/rad	0.3	0.3
i/rad	0.5	0.7
ω/rad	0	0
θ/rad	1.2	1.6

类似共面优化的方法，首先降低精度要求，采用微分粒子群混合方法求解，得出一组能使本算例收敛的协状态矢量，再将其结果作为初值代入到快速遗传算法进行寻优，并通过局部优化算法进行微调、细化、搜索，得到仿真结果，总飞行时间为 16.764 5 TU，约合 13 501 s，分为两个滑行段和两个最大推力段。其中关机滑行时间段为 11.547 1 TU，最大推力时间段为 5.217 4 TU，燃料消耗占初始质量的 52.36%，相当于 526.3 kg 燃料。仿真结果曲线见图 10-28 和图 10-29。

通过对比，前面算例中两共面航天器轨道高度差达到 6 000 km，而本算例中的轨道高度差只有 2 000 km，但追踪航天器所消耗的燃料却比共面情形增加了 30%以上，这也说明改变轨道倾角所消耗的能量要远远大于共面下改变轨道高度所消耗的能量。另外，交会耗时也增加了近一倍。

经过大量计算可知，在近地轨道上，轨道倾角改变 1°，就需要大约 135 m/s 的 ΔV，而圆轨道高度提高 100 km 也仅需 58 m/s 的 ΔV，前者是后者的 2 倍多，因此在天空对抗中，应该尽量避免异面

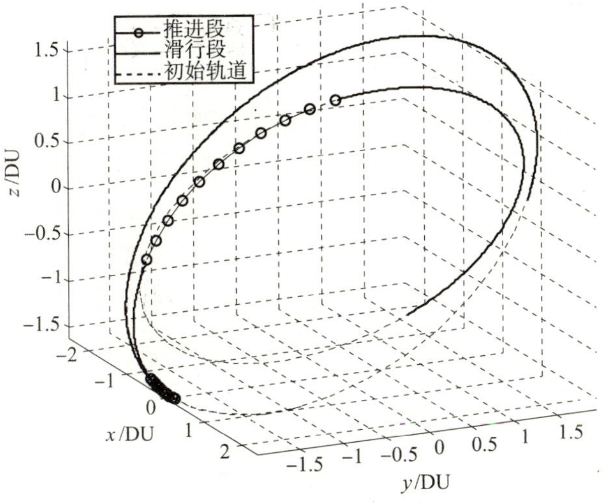

图 10-28　异面主被动交会飞行轨迹

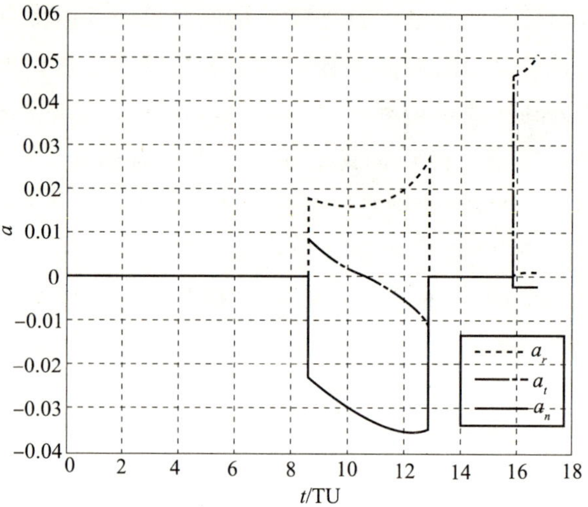

图 10－29　异面主被动交会各向加速度时间历程

打击，同样交会中，后发射的航天器也应该在发射时初始轨道就尽量与目标航天器保持共面，这样的燃料消耗会大大减少。这也与工程中的实际不谋而合，我国最近在海南岛新建的航天发射场，就是为了使地球同步轨道卫星在发射时就尽量接近地球同步轨道，减小轨道倾角，以减少燃料的消耗，增加有效载荷。

对于异面交会带来的高燃料消耗和高耗时的情形，更需协同交会来降低燃料和时间消耗。针对异面主被动交会的实例（表 10－18），考虑协同交会的优化仿真。首先降低精度要求，采用微分粒子群混合方法求解，得出一组能使本算例收敛的协状态矢量，再将其结果作为初值代入到快速遗传算法进行寻优，并通过局部优化算法进行微调、细化、搜索，以达到精度要求。仿真结果是：总飞行时间为 7.231 6 TU，约合 5 824 s，两航天器的轨迹均分为两个滑行段和两个最大推力段。其中航天器 1 的最大推力时间段共为 2.763 6 TU，燃料消耗占初始质量的 21.04％；航天器 2 的最大推力时间段共为 2.707 5 TU，燃料消耗占初始质量的 20.62％。总的开机时间为 5.471 1 TU，则相当于消耗燃料为 416.6 kg。各仿真结果曲线见图10－30 至图 10－32。

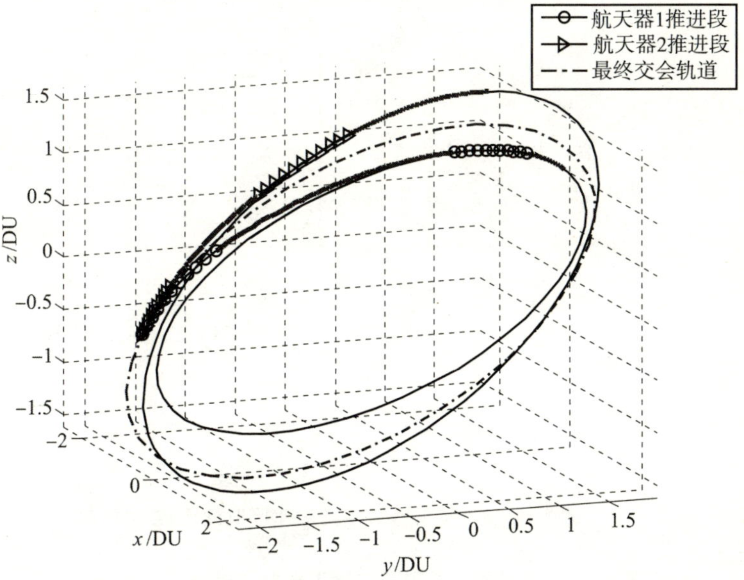

图 10－30　异面远程交会飞行轨迹

为了将两航天器异面远程主被动交会与协同交会的仿真结果作对比，将已得到的异面交会仿真结果列到表 10－19 中，并作比较。

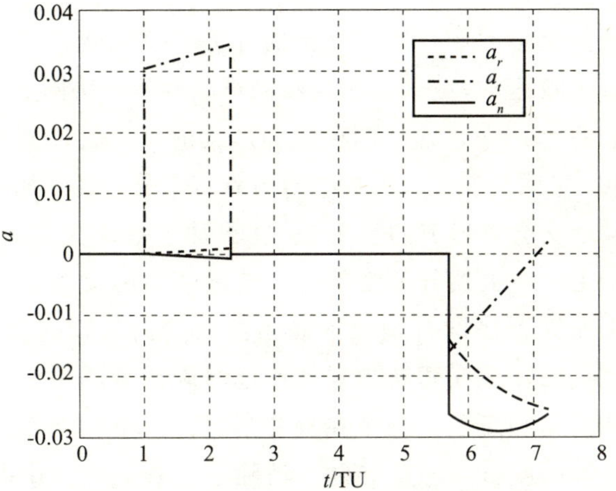

图 10－31　航天器 1 各向加速度时间历程

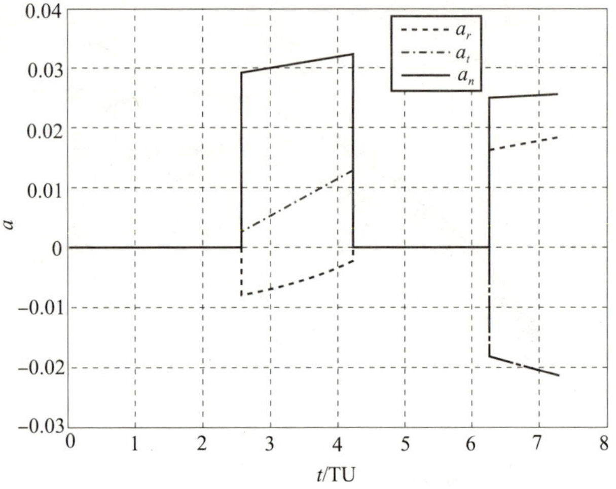

图 10－32　航天器 2 各向加速度时间历程

表 10－19　异面不同形式交会下燃料与时间消耗对比

交会形式	航天器 1 消耗质量/kg	航天器 2 消耗质量/kg	t_f/s	消耗总质量/kg
双主动	210.4	206.2	5 824	416.6
主被动	523.6	0	13 501	523.6
比较			56.86%	20.09%

对于异面交会问题，协同交会的优势一览无余，与主被动交会相比，节省时间达 56.86%，其实在同样条件下，协同交会耗时仅为主被动交会的 43.1%，这从两种交会形式的飞行轨迹图（图 10－28 和图 10－30）可明显看出。另外燃料节省也十分可观，协同交会燃料消耗比主被动交会情形节约了 1/5。在异面主被动交会仿真结果中，我们曾分析道，航天器异面变轨时，轨道倾角的改变将严重消耗能量，当两个航天器协同分担轨道倾角的改变时，能耗会显著降低。另一方面，我们发现在两航天器加速度时间历程图中，切向加速度方向在第 2 段是相反的，一个在加速追赶，一个在刹车减速，这是一个多么美妙的配合，正是如此，消除了主被动交会中既耗时又费力一味追赶的情形。另外，并不是所有协同交会一定会像本例那样

比主被动交会如此大量节省交会时间，从两种不同交会加速度历程图可以分析出，主被动交会有大量滑行时间。这是因为在寻找最佳点火窗口的缘故。在本例中，追踪航天器运行到超过总交会时间的一半以上后（8 TU，参见图 10－29）开始首次点火，如果两星初始参数非常接近最优点火窗口，或许交会时间会大量节省。而双主动交会中，寻找到最优点火窗口的机会较多，航天器 1 仅滑行了 1 个正则单位时间就寻找到最优点火窗口（如图 10－31 所示），而航天器 2 也只滑行了 2.52 TU（如图 10－32 所示）。

但以上的结论都基于一个出发点，即两参与协同机动的航天器质量相差不是很悬殊。当两者质量相差较大时，一个典型的例子就是货运飞船与空间站的交会对接，很明显，空间站参与机动是很没有效益的一个方案，这时的协同交会便退化为主被动交会。

10.6　本章附录

$$\frac{\partial M_{11}}{\partial p}=\frac{\partial M_{11}}{\partial f}=\frac{\partial M_{11}}{\partial g}=\frac{\partial M_{11}}{\partial h}=\frac{\partial M_{11}}{\partial k}=\frac{\partial M_{11}}{\partial L}=0$$

$$\frac{\partial M_{12}}{\partial p}=\frac{3}{w}\sqrt{\frac{p}{v}}$$

$$\frac{\partial M_{12}}{\partial f}=-\frac{\cos L}{w}M_{12}$$

$$\frac{\partial M_{12}}{\partial g}=-\frac{\sin L}{w}M_{12}$$

$$\frac{\partial M_{12}}{\partial h}=\frac{\partial M_{12}}{\partial k}=0$$

$$\frac{\partial M_{12}}{\partial L}=-\frac{2p}{w}\sqrt{\frac{p}{\mu}}(-f\sin L+g\cos L)$$

$$\frac{\partial M_{13}}{\partial p}=\frac{\partial M_{13}}{\partial f}=\frac{\partial M_{13}}{\partial g}=\frac{\partial M_{13}}{\partial h}=\frac{\partial M_{13}}{\partial k}=\frac{\partial M_{13}}{\partial L}=0$$

$$\frac{\partial M_{21}}{\partial p}=\frac{1}{2p}M_{21}$$

$$\frac{\partial M_{21}}{\partial f}=\frac{\partial M_{21}}{\partial g}=\frac{\partial M_{21}}{\partial h}=\frac{\partial M_{21}}{\partial k}=0$$

$$\frac{\partial M_{21}}{\partial L}=\sqrt{\frac{p}{\mu}}\cos L$$

$$\frac{\partial M_{22}}{\partial p}=\frac{1}{2p}M_{22}$$

$$\frac{\partial M_{22}}{\partial f}=\sqrt{\frac{p}{\mu}}\left\{(\cos^2 L+1)\frac{1}{w}-\frac{1}{w^2}\cos L[(w+1)\cos L+f]\right\}$$

$$\frac{\partial M_{22}}{\partial g}=\sqrt{\frac{p}{\mu}}\left\{\sin L\ \cos L\ \frac{1}{w}-\frac{1}{w^2}\sin L[(w+1)\cos L+f]\right\}$$

$$\frac{\partial M_{22}}{\partial h}=\frac{\partial M_{22}}{\partial k}=0$$

$$\frac{\partial M_{22}}{\partial L}=\sqrt{\frac{p}{u}}\ [\cos L\ (-f\sin L+g\cos L)\ -\ (w+1)\ \sin L]\ \frac{1}{w}-$$
$$\sqrt{\frac{p}{u}}\frac{1}{w^2}(-f\sin L+g\cos L)[(w+1)\cos L+f]$$

$$\frac{\partial M_{23}}{\partial p}=\frac{1}{2p}M_{23}$$

$$\frac{\partial M_{23}}{\partial f}=-\frac{\cos L}{w}M_{23}$$

$$\frac{\partial M_{23}}{\partial g}=\sqrt{\frac{p}{\mu}}\ (h\sin L-k\cos L)\ \left(\frac{g}{w^2}\cos L-\frac{1}{w}\right)$$

$$\frac{\partial M_{23}}{\partial h}=\sqrt{\frac{p}{\mu}}\sin L\ \frac{g}{w}$$

$$\frac{\partial M_{23}}{\partial k}=\sqrt{\frac{p}{\mu}}\cos L\ \frac{g}{w}$$

$$\frac{\partial M_{23}}{\partial L}=-\sqrt{\frac{p}{\mu}}\ (h\cos L+k\sin L)\ \frac{g}{w}+\sqrt{\frac{p}{\mu}}\frac{g}{w^2}\ (-f\sin L+$$
$$g\cos L)\ (h\sin L-k\cos L)$$

$$\frac{\partial M_{31}}{\partial p}=\frac{1}{2p}M_{31}$$

$$\frac{\partial M_{31}}{\partial f}=\frac{\partial M_{31}}{\partial g}=\frac{\partial M_{31}}{\partial h}=\frac{\partial M_{31}}{\partial k}=0$$

$$\frac{\partial M_{31}}{\partial L}=\sqrt{\frac{p}{\mu}}\sin L$$

$$\frac{\partial M_{32}}{\partial p}=\frac{1}{2p}M_{32}$$

$$\frac{\partial M_{32}}{\partial f}=\sqrt{\frac{p}{\mu}}\left\{\cos L\sin L\,\frac{1}{w}-\frac{1}{w_2}\cos L\,[(w+1)\sin L+g]\right\}$$

$$\frac{\partial M_{32}}{\partial g}=\sqrt{\frac{p}{\mu}}\left\{(\sin^2 L+1)\,\frac{1}{w}-\frac{1}{w_2}\sin L\,[(w+1)\sin L+g]\right\}$$

$$\frac{\partial M_{32}}{\partial h}=\frac{\partial M_{32}}{\partial k}=0$$

$$\frac{\partial M_{32}}{\partial L}=\sqrt{\frac{p}{\mu}}\,[\sin L\,(-f\sin L+g\cos L)+w\cos L+\cos L]\,\frac{1}{w}-$$
$$\sqrt{\frac{p}{\mu}}\frac{1}{w^2}\,(-f\sin L+g\cos L)\,[(w+1)\sin L+g]$$

$$\frac{\partial M_{33}}{\partial p}=\frac{1}{2p}M_{33}$$

$$\frac{\partial M_{33}}{\partial f}=\sqrt{\frac{p}{\mu}}\,(h\sin L-k\cos L)\,\frac{f}{w^2}\cos L+\sqrt{\frac{p}{\mu}}\,(h\sin L-k\cos L)\,\frac{1}{w}$$

$$\frac{\partial M_{33}}{\partial g}=-\frac{\sin L}{w}M_{33}$$

$$\frac{\partial M_{33}}{\partial h}=\sqrt{\frac{p}{\mu}}\sin L\,\frac{f}{w}$$

$$\frac{\partial M_{33}}{\partial k}=-\sqrt{\frac{p}{\mu}}\cos L\,\frac{f}{w}$$

$$\frac{\partial M_{33}}{\partial L}=\sqrt{\frac{p}{\mu}}\,(h\cos L+k\sin L)\,\frac{f}{w}-\sqrt{\frac{p}{\mu}}\frac{f}{w^2}\,(-f\sin L+$$
$$g\cos L)\,(h\sin L-k\cos L)$$

$$\frac{\partial M_{41}}{\partial p}=\frac{\partial M_{41}}{\partial f}=\frac{\partial M_{41}}{\partial g}=\frac{\partial M_{41}}{\partial h}=\frac{\partial M_{41}}{\partial k}=\frac{\partial M_{41}}{\partial L}=0$$

$$\frac{\partial M_{42}}{\partial p}=\frac{\partial M_{42}}{\partial f}=\frac{\partial M_{42}}{\partial g}=\frac{\partial M_{42}}{\partial h}=\frac{\partial M_{42}}{\partial k}=\frac{\partial M_{42}}{\partial L}=0$$

$$\frac{\partial M_{43}}{\partial p}=\frac{1}{2p}M_{43}$$

$$\frac{\partial M_{43}}{\partial f}=-\frac{\cos L}{w}M_{43}$$

$$\frac{\partial M_{43}}{\partial g}=-\frac{\sin L}{w}M_{43}$$

$$\frac{\partial M_{43}}{\partial h}=\sqrt{\frac{p}{u}}\frac{h}{w}\cos L$$

$$\frac{\partial M_{43}}{\partial k}=\sqrt{\frac{p}{u}}\frac{k}{w}\cos L$$

$$\frac{\partial M_{43}}{\partial L}=-\sqrt{\frac{p}{\mu}}\frac{s^2}{2w}\sin L-\frac{1}{w^2}\sqrt{\frac{p}{\mu}}\frac{s^2}{2}\cos L\ (-f\sin L+g\cos L)$$

$$\frac{\partial M_{51}}{\partial p}=\frac{\partial M_{51}}{\partial f}=\frac{\partial M_{51}}{\partial g}=\frac{\partial M_{51}}{\partial h}=\frac{\partial M_{51}}{\partial k}=\frac{\partial M_{51}}{\partial L}=0$$

$$\frac{\partial M_{52}}{\partial p}=\frac{\partial M_{52}}{\partial f}=\frac{\partial M_{52}}{\partial g}=\frac{\partial M_{52}}{\partial h}=\frac{\partial M_{52}}{\partial k}=\frac{\partial M_{52}}{\partial L}=0$$

$$\frac{\partial M_{53}}{\partial p}=\frac{1}{2p}M_{53}$$

$$\frac{\partial M_{53}}{\partial f}=-\frac{\cos L}{w}M_{53}$$

$$\frac{\partial M_{53}}{\partial g}=-\frac{\sin L}{w}M_{53}$$

$$\frac{\partial M_{53}}{\partial h}=\sqrt{\frac{p}{\mu}}\frac{h}{w}\sin L$$

$$\frac{\partial M_{53}}{\partial k}=\sqrt{\frac{p}{\mu}}\frac{k}{w}\sin L$$

$$\frac{\partial M_{53}}{\partial L}=\sqrt{\frac{p}{\mu}}\frac{s^2}{2w}\cos L-\frac{1}{w^2}\sqrt{\frac{p}{\mu}}\frac{s^2}{2}\sin L\ (-f\sin L+g\cos L)$$

$$\frac{\partial M_{61}}{\partial p}=\frac{\partial M_{61}}{\partial f}=\frac{\partial M_{61}}{\partial g}=\frac{\partial M_{61}}{\partial h}=\frac{\partial M_{61}}{\partial k}=\frac{\partial M_{61}}{\partial L}=0$$

$$\frac{\partial M_{62}}{\partial p}=\frac{\partial M_{62}}{\partial f}=\frac{\partial M_{62}}{\partial g}=\frac{\partial M_{62}}{\partial h}=\frac{\partial M_{62}}{\partial k}=\frac{\partial M_{62}}{\partial L}=0$$

$$\frac{\partial M_{63}}{\partial p}=\frac{1}{2p}M_{63}$$

$$\frac{\partial M_{63}}{\partial f}=-\frac{\cos L}{w}M_{63}$$

$$\frac{\partial M_{63}}{\partial g}=-\frac{\sin L}{w}M_{63}$$

$$\frac{\partial M_{63}}{\partial h}=\frac{1}{w}\sqrt{\frac{p}{\mu}}\sin L$$

$$\frac{\partial M_{63}}{\partial k}=-\frac{1}{w}\sqrt{\frac{p}{\mu}}\cos L$$

$$\frac{\partial M_{63}}{\partial L}=\frac{1}{w^2}\left(-f\sin L+g\cos L\right)\sqrt{\frac{p}{\mu}}\left(h\sin L-k\cos L\right)+\frac{1}{w}\sqrt{\frac{p}{\mu}}\left(h\cos L+k\sin L\right)$$

参考文献

[1] CHANG D, CHICHKA D, MARSDEN J. Lyapunov based transfer between elliptic Keplerian orbits. Discrete and Continuous Dynamical Systems (Series B), 2002, 2 (1): 57 - 67.

[2] MCINNES C R. Dynamics Stability and Control of displaced non-Keplerian orbits. Journal. of Guidance, Control, and Dynamics, 1998, 21 (5): 799 - 805.

[3] PONTRYAGIN L S, BOLTYANSKII V G, GAMKRELIZE R V, et al. The Mathematical Theory of Optimal Processes, Wiley, New York, 1962, Chap. 2.

[4] KECHICHIAN J A. Optimal low thrust orbit geostationary Earth-orbit intermediate acceleration orbit transfer. Journal of Guidance, Control, and Dynamics, 1997, 20 (4): 803 - 811.

[5] RANIERI C L, OCAMPO C A. Indirect optimization of three-dimensional finite - burning interplanetary transfers including spiral dynamics. Journal of Guidance, Control, and Dynamics, 2009, 32 (2): 444 - 454.

[6] HARGRAVES C, PARIS S. Direct Trajectory Optimization Using Nonlinear Programming and Collocation. Journal of Guidance, Control, and Dynamics, 1987, 10 (4): 338 - 342.

[7] ENRIGHT P J, CONWAY B A. Discrete Approximations to Optimal Trajectories Using Direct Transcription and Nonlinear Programming. Journal of Guidance, Control, and Dynamics, 1992, 15 (4): 994 -1002.

[8] ILGEN M R. Hybrid Method for Computing Optimal Low Thrust OTV Trajectories. Advances in the Astronautical Sciences, 1992, 87 (2): 941 -958.

[9] HOLLAND J. Adaptation in Natural and Artificial Systems . Ann Arbor, MI: University of Michigan Press, 1975.

[10] BERTRAND R, EPENOY R. New smoothing techniques for solving bang—bang optimal control problems— numerical results and statistical interpretation. Optimal Control Applications and Methods, 2002, 23: 171-197.

[11] HABERKORN T, MARTINON P, GERGAUD J. Low—Thrust Minimum—Fuel Orbital Transfer: A Homotopic Approach. Journal of Guidance, Control, and Dynamics, 2004, 27 (6): 1046-1060.

[12] EPENOY R, BERTRAND R. Optimal control and smoothing techniques for computing minimum fuel orbital transfers and rendezvous. Proceedings of the 18th International Symposium on Space Flight Dynamics, 2004, 548: 131-136.

[13] BERTRAND R, FOLIARD J. Low—thrust optimal trajectories for rendezvous with near earth asteroids. Proceedings of the 18th International Symposium on Space Flight Dynamics, 2004, 548: 481-486.

[14] BONNARD B, CAILLAU J, DUJOL R. Energy minimization of single input orbit transfer by averaging and continuation. Bulletin Des Sciences Mathematiques, 2006, 130 (8): 707-719.

[15] MARTINON P, GERGAUD J. Using switching detection and variational equations for the shooting method. Optimal Control Applications and Methods, 2007, 28: 95-116.

[16] GERGAUD J, HABERKORN T. Orbital transfer: Some links between the low— thrust and the impulse cases. Acta Astronautica, 2007, 60: 649-657.

[17] THEVENET J, EPENOY R. Minimum—Fuel Deployment for Spacecraft Formations via Optimal Control. Journal of Guidance, Control, and Dynamics, 2008, 31 (1): 101-113.

[18] BONNANS F, MARTINON P, TRÉLAT E. Singular arcs in the generalized. Goddard's problem. Journal of Optimization Theory and Applications, 2008, 139: 439-461.

[19] MARTINON P, BONNANS F, LAURENT— VARIN J. Numerical Study of Optimal Trajectories with Singular Arcs for an Ariane 5

Launcher. Journal of Guidance, Control, and Dynamics, 2009, 32 (1): 51 - 55.

[20] GRAICHEN K, PETIT N. Constructive Methods for Initialization and Handling Mixed State-Input Constraints in Optimal Control. Journal of Guidance, Control, and Dynamics, 2008, 31 (5): 1334 - 1343.

[21] KENNEDY J, EBERHART R. Particle Swarm Optimization. In Proceedings of IEEE International Conference on Neural Networks, Piscataway, NJ, 1995: 1942 - 1948.

[22] 朱仁璋．航天器交会对接技术．北京：国防工业出版社，2007.

[23] EBERHART R, KENNEDY J. A new optimizer using particle swarm theory. Proceedings of the International Symposium on Micro Machine and Hum an Science, Piscataw ay, N J, USA: IEEE, 1995, 39 - 43.

[24] MEHDI NEYESTANI, MALIHE M FARSANGI. Hossein Nezamabadi - pour. A modified particle swarm optimization for economic dispatch with non-smooth cost functions. Engineering Applications of Artificial Intelligence, 2010, 23 (7): 1121 - 1126.

[25] HORNG - LIN SHIEH, CHENG - CHIEN KUO, CHIN - MING CHIANG. Modified particle swarm optimization algorithm with simulated annealing behavior and its numerical verification. Applied Mathematics and Computation, 2011, 218 (8): 4365 - 4383.

[26] SHI Y, EBERHART R. A modified particle swarm optimizer. In IEEE World Congress on Computational Intelligence, Piscataway, NJ, IEEE Press, 1998: 69 - 73.

[27] DAS S, ABRAHAM A, KONAR A. Particle Swarm Optimization and Differential Evolution Algorithms: Technical Analysis, Applications and Hybridization Perspectives. Advances of Computational Intelligence in Industrial Systems, Liu, Y. et al (Eds.) Studies in Computational Intelligence, Springer Verlag, Germany, 2008, 1 - 34.

[28] PRICE K V. Differential evolution: A fast and simple numerical optimizer. Proceedings of the 1996 Biennial Conference of the North American Fuzzy Information Processing Society.

[29] 邓泽喜，曹敦虔，刘晓冀，等．一种新的差分进化算法．计算机工程与

应用，2008，44（24）：40－42.

[30] POWELL D，SKOLNICK M. Using Genetic Algorithms in Engineering Design Optimization with Nonlinear Constraints. Proceedings of the 5th International Conference on Genetic Aigorithms. San Francisco，CA：Morgan Kaufmann Publishers，1993，424－430.

[31] GOLDBERG D. Genetic algorithms in search，optimization and machine learning. Boston：Addison－Wesley，1989.

[32] FRENZEL J F. Genetic algorithms. IEEI Potentials，1993，12（3）：21－24.

[33] JIANG FANGHUA，BAOYIN HEXI，LI JUNFENG. Practical Techniques for Low－Thrust Trajectory Optimization with Homotopic Approach. Journal of Guidance，Control，and Dynamics，2012，35（1）：245－258.

[34] 冯维明，王泽锋．航天器双主动交会策略研究．空间控制技术与应用，2011，37（1）：1－5.

第 11 章　航天器悬停/悬浮轨道动力学

冯维明　赵俊峰　王炳雷

11.1　概述

随着地面测控能力的增强，天基空间目标辨识、空间自主操作以及轨道机动能力提高，悬停/悬浮将成为未来航天应用的重要支撑技术。所谓航天器悬停/悬浮，是指通过力和力矩控制，保持主动航天器相对目标航天器的位置始终保持不变，在目标航天器的质心轨道坐标系中，主动航天器相对目标航天器仿佛是静止“悬停/悬浮”于某个固定点上。悬停/悬浮轨道是指在连续推力作用下，主动航天器相对于目标航天器在一段时间内相对位置保持不变的轨道。为了分析方便，将用于悬停/悬浮的航天器称作主动航天器。

航天器区间悬停/悬浮是为了适应未来的在轨服务和空间对抗需求而提出的一项新的技术任务。与传统航天器任务相比，航天器近距离区间悬停/悬浮具有航天器飞行关联性强、任务约束条件多等特点，因此对主动航天器的飞行任务进行规划与仿真是航天器近距离悬停/悬浮研究的重要手段。

11.2　航天器悬停/悬浮轨道动力学分析

11.2.1　轨道动力学方程

为了对航天器悬停/悬浮的轨道动力学进行分析，首先建立主动航天器与目标航天器之间的相对运动关系，通常涉及 J2000 平赤道

地心惯性参考系 O_eXYZ 和目标航天器质心轨道坐标系 $Oxyz$ ，如图 11－1 所示。

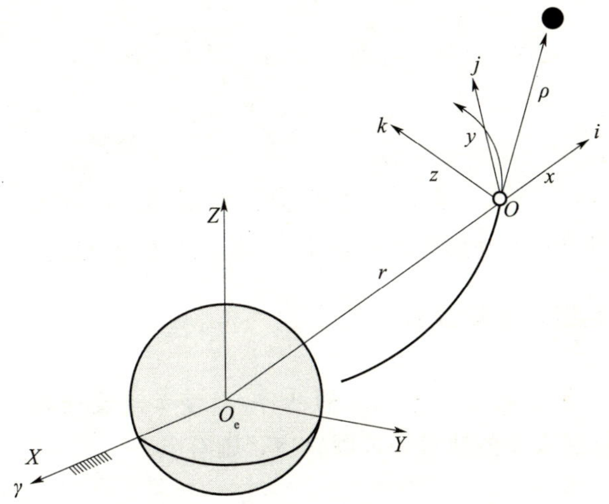

图 11－1 主动航天器和目标航天器的空间关系示意图

对于 J2000 平赤道地心惯性坐标系 O_eXYZ 与本书 2.1.1 节的坐标系相同。对于目标航天器质心轨道坐标系 $Oxyz$ ，也称为相对运动坐标系或 Hill 坐标系，与本书 2.1.2 节的轨道坐标系不相同，但满足以下条件

$$x = -z',\quad y = -y',\quad z = x' \tag{11-1}$$

对于航天器的悬停/悬浮任务，由于相对静止的特点，主动航天器在目标航天器质心轨道坐标系中的相对速度以及相对加速度均等于零，即

$$\dot{\hat{\boldsymbol{\rho}}} = 0,\quad \ddot{\hat{\boldsymbol{\rho}}} = 0 \tag{11-2}$$

在目标航天器质心轨道坐标系中，则有

$$\begin{cases} \dot{x} = \dot{y} = \dot{z} = 0 \\ \ddot{x} = \ddot{y} = \ddot{z} = 0 \end{cases} \tag{11-3}$$

将方程（11－1）以及方程（11－3）代入 2.2.1 节方程（2－6）

中，则得到悬停/悬浮航天器轨道应该满足的动力学方程为

$$\begin{cases} f_x + \omega_t^2 x + \dot{\omega}_t y + \dfrac{\mu}{r_t^2} - \dfrac{\mu(r_t + x)}{r_c^3} = 0 \\ f_y - \dot{\omega}_t x + \omega_t^2 y - \dfrac{\mu}{r_c^3} y = 0 \\ f_z - \dfrac{\mu}{r_c^3} z = 0 \end{cases} \tag{11-4}$$

方程（11－4）为航天器悬停/悬浮时应满足的动力学方程。根据该方程可以对主动航天器的悬停/悬浮问题进行分析。

11.2.2 轨道加速度分析

11.2.2.1 基于近圆参考轨道的悬停/悬浮加速度分析

若目标航天器的轨道为近圆轨道，则有

$$\omega_t = \dot{\theta} \approx n = \sqrt{\frac{\mu}{r_t^3}} = \sqrt{\frac{\mu}{a^3}},\quad \dot{\omega}_t = \ddot{\theta} \approx 0 \tag{11-5}$$

将方程（11－3）和方程（11－5）代入 C－W 方程中，则主动航天器推力加速度的 1 阶近似表达式为

$$\begin{cases} f_x = -3n^2 x \\ f_y = 0 \\ f_z = n^2 z \end{cases} \tag{11-6}$$

由方程（11－6）可知，主动航天器的轨道加速度在各个方向上均保持为常值，且加速度分量与对应的相对距离分量成正比，主动航天器距离目标航天器越远，悬停/悬浮时所需轨道加速度就越大。若悬停/悬浮的相对位置仅在 y 方向有分量时，轨道加速度的大小均为零。这是由于目标航天器和主动航天器的轨道角速度近似相等，无需推力就可以实现悬停/悬浮。若悬停/悬浮的相对位置仅在径向有分量时，轨道加速度在径向为常值。若悬停/悬浮的相对位置仅在轨道面的法线方向有分量时，轨道加速度在法线方向为常值。若主动航天器悬停/悬浮相同的距离，则法线方向的轨道加速度分量仅为径向轨道加速度分量的三分之一。

11.2.2.2　基于椭圆参考轨道的悬停/悬浮加速度分析

若目标航天器的轨道为椭圆轨道，则以真近点角 θ 为自变量可以得到形式比较简单的悬停/悬浮控制加速度方程。记 a 、e 、n 、θ 分别表示目标航天器轨道的半长轴、偏心率、平均角速度以及真近点角，则有

$$n=\sqrt{\frac{\mu}{a^3}},\ r_t=\frac{a(1-e^2)}{1+e\cos\theta},\ \omega_t=\dot{\theta}=\frac{n\ (1+e\cos\theta)^2}{(1-e^2)^{3/2}},$$

$$\dot{\omega}_t\doteq\ddot{\theta}=-\frac{2n^2e\sin\theta\ (1+e\cos\theta)^3}{(1-e^2)^3} \tag{11-7}$$

同时，将方程（11－3）以及方程（11－7）代入 T－H 方程中，则主动航天器轨道加速度的 1 阶近似表达式为

$$\begin{Bmatrix} f_x \\ f_y \\ f_z \end{Bmatrix}=\frac{n^2\ (1+e\cos\theta)^3}{(1-e^2)^3}\begin{Bmatrix} -(3+e\cos\theta)\cdot x+2e\sin\theta\cdot y \\ -2e\sin\theta\cdot x-e\cos\theta\cdot y \\ z \end{Bmatrix} \tag{11-8}$$

根据方程（11－8）可知，椭圆轨道的控制加速度是关于目标航天器偏心率和真近点角的函数。假设目标航天器的轨道根数如表 11－1 所示。

表 11－1　目标航天器的轨道根数（椭圆轨道时加速度分析）

长半轴 a /km	偏心率 e	轨道倾角 i /（°）	近地点幅角 ω /（°）	升交点赤经 Ω/（°）	真近点角 θ /（°）
27 000	0.7	60	270	－30	0

主动航天器在目标航天器正下方悬停时，即 $y=z=0$ ，且悬停的距离 x 分别为 1 km、5 km 和 10 km，主动航天器的控制加速度随真近点角的变化规律如图 11－2、图 11－3 所示。主动航天器在目标航天器正后方悬浮时，即 $x=z=0$ ，且悬浮的距离 y 分别为 1 km、5 km 和 10 km，主动航天器的控制加速度随真近点角的变化规律如图 11－4、图 11－5 所示。主动航天器在目标航天器正侧方悬浮时，即 $x=y=0$ ，且悬浮距离 z 分别为 1 km、5 km 和 10 km 时，主动

航天器的控制加速度随真近点角的变化规律如图 11－6 所示。

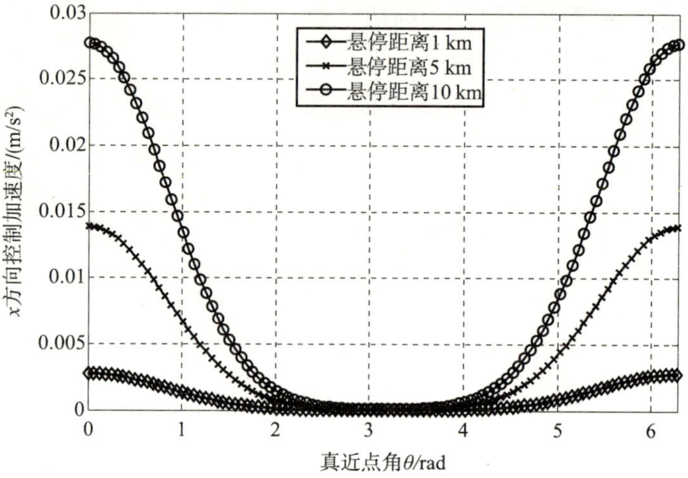

图 11－2　主动航天器正下方悬停时 x 方向的控制加速度随真近点角的变化规律

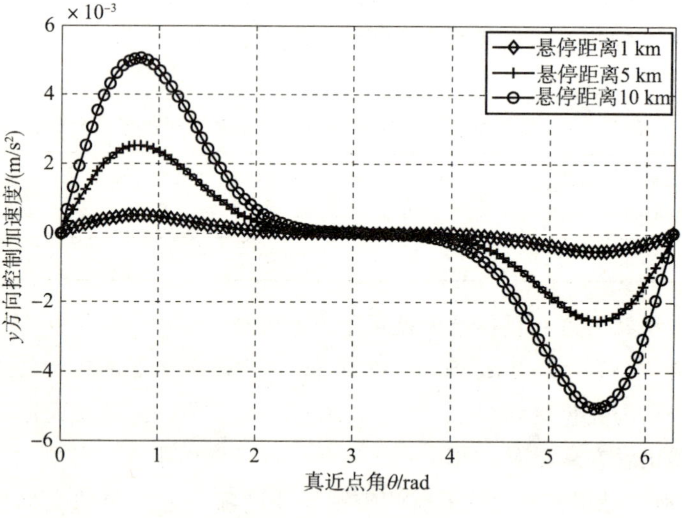

图 11－3　主动航天器正下方悬停时 y 方向的控制加速度随真近点角的变化规律

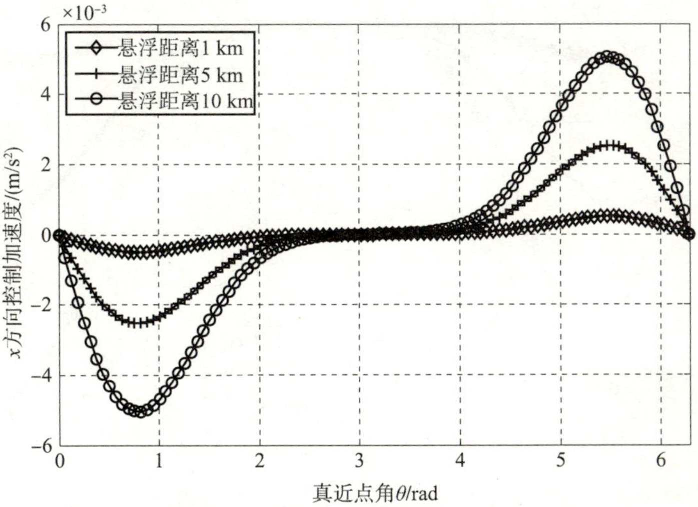

图 11-4　主动航天器正后方悬浮时 x 方向的控制加速度随真近点角的变化规律

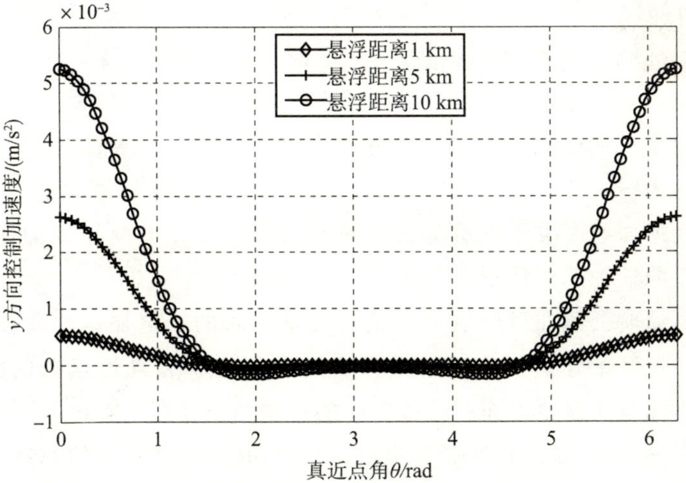

图 11-5　主动航天器正后方悬浮时 y 方向的控制加速度随真近点角的变化规律

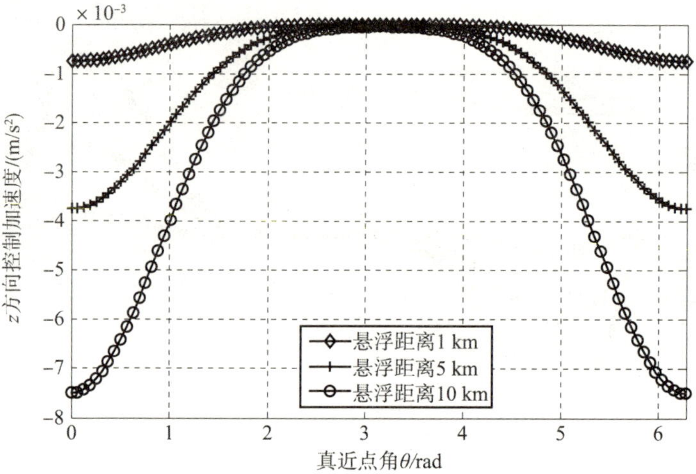

图 11-6　主动航天器正侧方悬浮时 z 方向的控制加速度随真近点角的变化规律

主动航天器在目标航天器正下方悬停时的轨道加速度在径向和 y 方向都存在分量，并且是目标航天器偏心率和真近点角的函数，而在目标航天器轨道面的法线方向的控制加速度恒为零。由图 11-2 和图 11-3 可知，主动航天器在近地点处径向加速度最大，y 方向加速度为零；在远地点处径向加速度最小，y 方向加速度为零。当真近点角为 $\pm 45°$时，主动航天器的 y 方向加速度达到最大值。同时，径向轨道加速度关于轨道的长轴对称分布，而 y 方向控制加速度关于轨道的长轴反对称分布。

主动航天器在目标航天器正后方悬浮时的轨道加速度在径向和 y 方向都存在分量，并且是目标航天器偏心率和真近点角的函数，而在目标航天器轨道面的法线方向的控制加速度恒为零。由图 11-4 和图 11-5 可知，主动航天器在近地点处 y 方向控制加速度最大，径向控制加速度为零；在远地点处径向加速度为零。当真近点角为 $\pm 45°$时，主动航天器的径向控制加速度达到最大值。当真近点角为 $\pm 90°$时，主动航天器的 y 方向控制加速度为零。同时，径向控制加速度关于轨道的长轴反对称分布，而 y 方向控制加速度关于轨道的长轴对称分布。

主动航天器在目标航天器正侧方悬浮时的轨道加速度在目标航天器轨道面法线方向存在分量，并且是目标航天器偏心率和真近点角的函数，而在径向和 y 方向的控制加速度恒为零。由图 11－6 可知，主动航天器在近地点处轨道面法线方向的控制加速度最大；在远地点处轨道面法线方向的控制加速度最小。同时，法向控制加速度关于轨道长轴对称分布。

11.2.3　轨道速度增量分析

11.2.3.1　基于近圆参考轨道的悬停/悬浮速度增量分析

对于目标航天器的轨道为近圆轨道，且轨道周期为 T，则有 $T=2\pi/n$。根据方程（11－6），主动航天器在一个轨道周期内，维持悬停/悬浮轨道所需要的速度增量可表示为

$$\begin{Bmatrix}\Delta v_x\\ \Delta v_y\\ \Delta v_z\end{Bmatrix}=\int_{t_0}^{t}\begin{Bmatrix}f_x\\ f_y\\ f_z\end{Bmatrix}\mathrm{d}t=\int_{\theta_0}^{\theta}\begin{Bmatrix}f_x\\ f_y\\ f_z\end{Bmatrix}\frac{\mathrm{d}\theta}{n}=\int_{\theta_0}^{\theta}n\begin{Bmatrix}-3x\\ 0\\ z\end{Bmatrix}\mathrm{d}\theta=n(\theta-\theta_0)\begin{Bmatrix}-3x\\ 0\\ z\end{Bmatrix} \tag{11-9}$$

总的速度增量为

$$\Delta v_T(\theta)=\sqrt{\Delta v_x^2+\Delta v_y^2+\Delta v_z^2}=n(\theta-\theta_0)\sqrt{9x^2+z^2} \tag{11-10}$$

由方程（11－10）可知，主动航天器的速度增量在一个周期内为常数，且主动航天器距离目标航天器越远，悬停/悬浮时的速度增量也越大。若悬停/悬浮的相对位置仅在 y 方向有分量时，悬停/悬浮的速度增量为零。若悬停/悬浮的相对位置仅在径向有分量时，主动航天器的速度增量在径向为常数。若悬停/悬浮的相对位置仅在轨道面的法线方向有分量时，主动航天器的速度增量在法线方向为常值，并且主动航天器相对速度增量仅为径向速度增量的三分之一。

假定目标航天器处于不同高度的圆轨道时，主动航天器在目标航天器的正下方悬停，且悬停的距离为 1 km、5 km 和 10 km，悬停一个轨道周期的速度增量随目标航天器轨道半径不同的变化规律如图 11－7 所示。

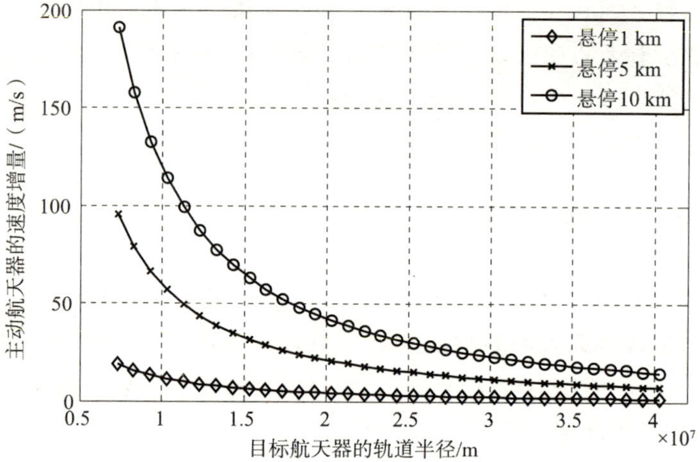

图 11－7　悬停一个轨道周期的速度增量随目标航天器轨道半径不同的变化规律

由图 11－7 可知，主动航天器在目标航天器正下方悬停时，在目标航天器的轨道半径一定的情况下，主动航天器悬停的距离越大，在一个轨道周期的速度增量也越大。在悬停距离保持不变的情况下，目标航天器的轨道半径越大，主动航天器在一个轨道周期内的速度增量就越小。

假定目标航天器处于不同高度的圆轨道时，主动航天器悬浮在距离目标航天器为 1 km、5 km 和 10 km 的正侧方时，悬浮一个轨道周期的速度增量随目标航天器轨道半径不同的变化规律如图 11－8 所示。

由图 11－7 和图 11－8 可知，主动航天器悬停/悬浮的相对位置仅在径向和轨道面的法线方向有分量时，主动航天器的速度增量与悬停/悬浮的区间长度有关，悬停/悬浮的区间长度越长，主动航天

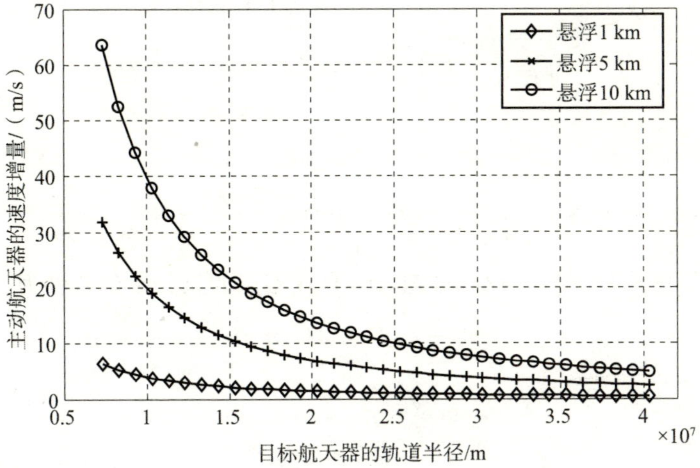

图 11-8　悬浮一个轨道周期的速度增量随目标航天器轨道半径不同的变化规律

器的速度增量也就越大。当径向和轨道面的法线方向悬停/悬浮的距离相同时，主动航天器在轨道面的法线方向悬浮的速度增量只占径向悬停时的速度增量的三分之一，即主动航天器执行悬停/悬浮任务时，悬浮于目标航天器的两侧相对有利。

11.2.3.2　基于椭圆参考轨道的悬停/悬浮速度增量分析

若目标航天器的轨道为椭圆轨道，且轨道周期为 T，则有 $T = 2\pi/n$。根据方程（11-8），主动航天器在一个轨道周期内，维持悬停/悬浮轨道所需要的速度增量可表示为

$$
\begin{Bmatrix} \Delta v_x \\ \Delta v_y \\ \Delta v_z \end{Bmatrix} = \int_0^T \begin{Bmatrix} f_x \\ f_y \\ f_z \end{Bmatrix} \mathrm{d}t = \int_0^{2\pi} \begin{Bmatrix} f_x \\ f_y \\ f_z \end{Bmatrix} \frac{\mathrm{d}\theta}{\dot{\theta}} =
$$

$$
\int_0^{2\pi} \frac{n(1+e\cos\theta)}{(1-e^2)^{3/2}} \begin{Bmatrix} -(3+e\cos\theta)\cdot x + 2e\sin\theta\cdot y \\ -2e\sin\theta\cdot x - e\cos\theta\cdot y \\ z \end{Bmatrix} \mathrm{d}\theta \tag{11-11}
$$

1）当 $x \neq 0$ 时，设 $y = kx$，则方程（11-11）可改写为

$$\begin{Bmatrix} \Delta v_x \\ \Delta v_y \\ \Delta v_z \end{Bmatrix} = \int_0^{2\pi} \frac{n(1+e\cos\theta)}{(1-e^2)^{3/2}} \begin{Bmatrix} -\left[3-e\sqrt{1+4k^2}\sin(\theta-\theta_x)\right]\cdot x \\ -e\sqrt{4+k^2}\sin(\theta+\theta_y)\cdot x \\ z \end{Bmatrix} \mathrm{d}\theta \tag{11-12}$$

式中，$\theta_x = \arcsin\dfrac{1}{\sqrt{1+4k^2}}$，$\theta_y = \arcsin\dfrac{k}{\sqrt{4+k^2}}$。

根据方程（11-12）可知，f_x 存在零点的充分必要条件为

$$3 - e\sqrt{1+4k^2} \leqslant 0 \tag{11-13}$$

即

$$k^2 \geqslant \frac{9-e^2}{4e^2} \tag{11-14}$$

令

$$\theta_{x0} = \arcsin\frac{3}{e\sqrt{1+4k^2}} \tag{11-15}$$

若方程（11-14）成立，则 f_x 存在两个零点，记为 $\theta=\theta_{x1}$，$\theta=\theta_{x2}$，则有

$$\theta_{x1} = \theta_{x0} + \theta_x,\ \theta_{x2} = \pi - \theta_{x0} + \theta_x \tag{11-16}$$

根据方程（11-12）可知，f_y 存在两个零点，记为 $\theta=\theta_{y1}$，$\theta=\theta_{y2}$，则有

$$\theta_{y1} = \pi - \theta_y,\ \theta_{y2} = 2\pi - \theta_y \tag{11-17}$$

方程（11-11）的积分表达式可改写为

$$\begin{aligned} \Delta v_x = & \frac{n}{(1-e^2)^{3/2}}\int_0^{\theta_{x1}} (1+e\cos\theta)\left[-(3+e\cos\theta)\cdot x + 2e\sin\theta\cdot y\right]\mathrm{d}\theta - \\ & \frac{n}{(1-e^2)^{3/2}}\int_{\theta_{x1}}^{\theta_{x2}} (1+e\cos\theta)\left[-(3+e\cos\theta)\cdot x + 2e\sin\theta\cdot y\right]\mathrm{d}\theta + \\ & \frac{n}{(1-e^2)^{3/2}}\int_{\theta_{x2}}^{2\pi} (1+e\cos\theta)\left[-(3+e\cos\theta)\cdot x + 2e\sin\theta\cdot y\right]\mathrm{d}\theta \end{aligned} \tag{11-18}$$

$$\begin{aligned} \Delta v_y = & \frac{ne}{(1-e^2)^{3/2}}\int_0^{\theta_{y1}} (1+e\cos\theta)(-2\sin\theta\cdot x - \cos\theta\cdot y)\mathrm{d}\theta - \\ & \frac{ne}{(1-e^2)^{3/2}}\int_{\theta_{y1}}^{\theta_{y2}} (1+e\cos\theta)(-2\sin\theta\cdot x - \cos\theta\cdot y)\mathrm{d}\theta + \end{aligned}$$

$$\frac{ne}{(1-e^2)^{3/2}}\int_{\theta_{y2}}^{2\pi}(1+e\cos\theta)(-2\sin\theta\cdot x-\cos\theta\cdot y)\mathrm{d}\theta \tag{11-19}$$

$$\Delta v_z=\frac{|z|n}{(1-e^2)^{3/2}}\int_0^{2\pi}(1+e\cos\theta)\mathrm{d}\theta \tag{11-20}$$

对方程（11-18）和方程（11-19）积分，同时考虑方程（11-16）和方程（11-17），则有

$$\Delta v_x=-2n(1-e^2)^{-\frac{3}{2}}(6+e^2)\theta_{x0}x-16ex\cos\theta_{x0}\sin\theta_x-8ney(1-e^2)^{-\frac{3}{2}}\cos\theta_{x0}\cos\theta_x-n(1-e^2)^{-\frac{3}{2}}e^2x[\sin2(\theta_{x0}-\theta_x)+\sin2(\theta_{x0}+\theta_x)]/2+2e^2ny(1-e^2)^{-\frac{3}{2}}[\cos^2(\theta_{x0}-\theta_x)-\cos^2(\theta_{x0}+\theta_x)] \tag{11-21}$$

$$\Delta v_y=-4ne(1-e^2)^{-\frac{3}{2}}(y\sin\theta_y+2x\cos\theta_y) \tag{11-22}$$

对于方程（11-20），积分得

$$\Delta v_z=2\pi n(1-e^2)^{-\frac{3}{2}}|z| \tag{11-23}$$

2）若 f_x 存在零点的条件不成立，即方程（11-14）不成立，则径向的速度增量为

$$\Delta v_x=-\sqrt{\pi}n(1-e^2)^{-\frac{3}{2}}(6+e^2)x \tag{11-24}$$

3）若 $x=0$，但 $y\neq0$，则 $y=kx$ 不成立，此时主动航天器在径向方向和 y 方向的速度增量为

$$\Delta v_x=8en(1-e^2)^{-\frac{3}{2}}y \tag{11-25}$$

$$\Delta v_y=-4ne(1-e^2)^{-\frac{3}{2}}y \tag{11-26}$$

为了分析主动航天器悬停/悬浮不同距离时，主动航天器速度增量的变化规律，假定目标航天器的轨道参数如表 11-2 所示。

表 11-2　目标航天器的轨道参数（椭圆轨道时速度增量分析）

近地点半径 r_{p}/km	偏心率 e	轨道倾角 i/(°)	近地点幅角 ω/(°)	升交点赤经 Ω/(°)	真近点角 θ/(°)
7 300	0～0.9	60	270	−30	0

主动航天器在目标航天器正下方的悬停距离分别为 1 km、5 km

和 10 km 时，主动航天器的速度增量随目标航天器偏心率的变化规律如图 11 - 9 所示。主动航天器在目标航天器正后方的悬浮距离为 1 km、5 km和 10 km 时，主动航天器的速度增量随目标航天器偏心率的变化规律如图 11 - 10 所示。主动航天器在目标航天器正侧方的悬浮距离为 1 km、5 km 和 10 km 时，主动航天器的速度增量随目标航天器偏心率的变化规律如图 11 - 11 所示。

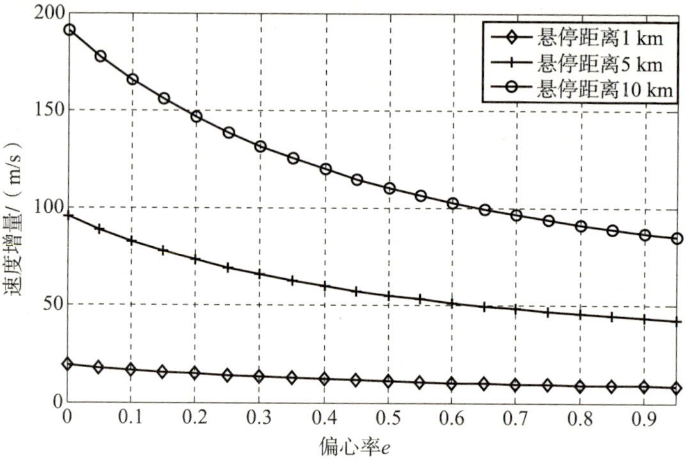

图 11 - 9　正下方悬停时速度增量随偏心率的变化规律

由图 11 - 9 可知，主动航天器在目标航天器的正下方悬停时，速度增量随偏心率的增大而减小，在悬停距离较大的情况下，速度增量随偏心率的增大改变显著，在悬停距离较小的情况下，速度增量随偏心率的增大改变趋于平缓；同时，速度增量随悬停距离的增大而增大。

主动航天器在目标航天器的正后方悬浮时，由方程（11 - 25）和方程（11 - 26）可知，在目标航天器的偏心率保持不变的情况下，主动航天器的速度增量与悬浮的距离成正比，悬浮的距离越大，速度增量也越大。由图 11 - 10 可知，当目标航天器的偏心率增大时，主动航天器的速度增量也显著增大，当悬浮距离较小时，速度增量

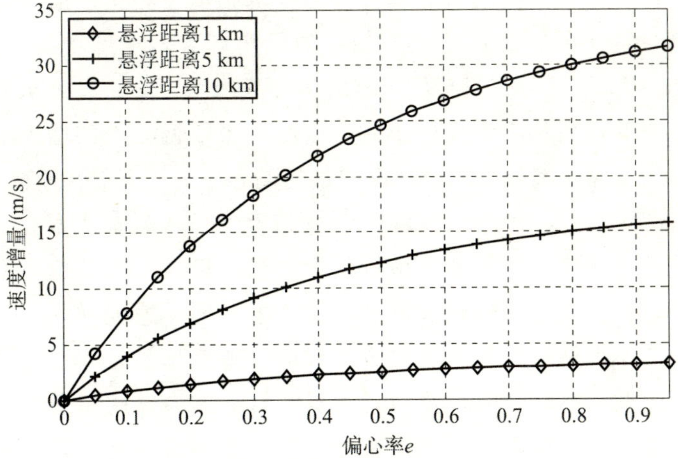

图 11 - 10　正后方悬浮时速度增量随偏心率的变化规律

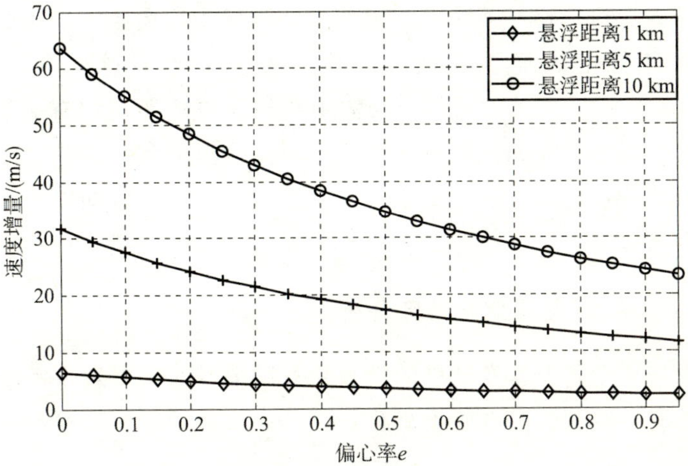

图 11 - 11　侧方悬浮时速度增量随偏心率的变化规律

随偏心率的增大而缓慢增大；当悬浮距离较大时，速度增量随偏心率的增大而快速增大。

主动航天器在目标航天器的正侧方悬浮时，由方程（11 - 23）

可知，在目标航天器的偏心率保持不变的情况下，主动航天器的速度增量与悬浮的距离成正比，悬浮的距离越大，速度增量也越大。由图 11-11 可知，当目标航天器的偏心率增大时，主动航天器的速度增量降低，当悬浮距离较小时，速度增量随偏心率的增大而缓慢减小；当悬浮距离较大时，速度增量随偏心率的增大而快速减小。

由图 11-9、图 11-10 和图 11-11 可知，主动航天器在目标航天器的正下方悬停时，速度增量最大。当目标航天器的偏心率较小时，主动航天器在目标航天器的正后方悬浮时，速度增量最小，主动航天器在目标航天器的正侧方悬浮时，速度增量也较小。当目标航天器的偏心率较大时，主动航天器在目标航天器的正后方和正侧方的速度增量相差不大。主动航天器悬浮的相对位置在径向和法向都有分量时，主动航天器的速度增量随偏心率的增大而减小。而在 y 方向有分量时，主动航天器的速度增量随偏心率的增大而增大。若条件式（11-14）不满足，则速度增量仅为径向距离的函数，随径向距离的增大而线性增大，并且关于原点对称。若条件式(11-14)满足，则速度增量与径向距离和 y 方向距离均有关系，此时，速度增量与径向位置密切相关，径向位置为负时的速度增量比径向位置为正时的速度增量小，两者之间的差距随径向距离的增大而显著增大。

11.2.4 悬停/悬浮燃料消耗分析

由于主动航天器发动机的推力为有限值，在一个轨道周期内主动航天器所需总的推力加速度为

$$f = \sqrt{f_x^2 + f_y^2 + f_z^2} \tag{11-27}$$

为了实现主动航天器的悬停/悬浮飞行的需求，主动航天器必须获得附加的速度增量。主动航天器在发动机推力加速度的作用下，所获得的加速度大小为

$$f = -\frac{I_{sp} g_0}{m} \frac{dm}{dt} \tag{11-28}$$

式中　I_{sp} ——火箭发动机的比冲（s）；

g_0 ——地球海平面的平均重力加速度，其值为 9.806 65 m/s^2 。

对方程（11-28）分离变量有

$$\int_{t_0}^{t_1} f\mathrm{d}t = - I_{sp} g_0 \int_{m_0}^{m_1} \frac{\mathrm{d}m}{m} \tag{11-29}$$

式中　m_0 ——航天器初始质量；

m_1 ——航天器机动后的质量。

若在悬停/悬浮过程中，航天器的速度改变量为 Δv ，则有

$$\Delta v = - I_{sp} g_0 \ln \frac{m_1}{m_0} \tag{11-30}$$

航天器的瞬时质量为

$$m_1 = m_0 \exp\left(-\frac{\Delta v}{I_{sp} g_0}\right) \tag{11-31}$$

航天器的燃料消耗为

$$\Delta m = m_0 - m_1 = m_0 \left[1 - \exp\left(-\frac{\Delta v}{g_0 I_{sp}}\right)\right] \tag{11-32}$$

若已经确定出航天器的加速度变化规律或速度的改变量，则根据方程（11-32）可计算出航天器的燃料消耗。主动航天器悬停/悬浮时消耗的总燃料占初始悬停/悬浮的初始质量的占比为

$$\delta = \frac{m_0 - m}{m_0} \times 100\ \% \tag{11-33}$$

11.2.4.1　基于近圆参考轨道的悬停/悬浮燃料消耗分析

对于目标航天器的轨道为近圆轨道时，根据方程（11-10）和方程（11-32）可知，主动航天器相对于目标航天器悬浮时，主动航天器所消耗的燃料为

$$\begin{aligned}\Delta m(\theta) &= m_0 \left\{1 - \exp\left[-\frac{\Delta v_T(\theta)}{I_{sp} g_0}\right]\right\} = \\ &m_0 \left\{1 - \exp\left[-\frac{n\sqrt{9x^2 + z^2}}{I_{sp} g_0}(\theta - \theta_0)\right]\right\}\end{aligned} \tag{11-34}$$

根据方程（11-34）可知，主动航天器的燃料消耗与悬停/悬浮的区间长度有关，悬停/悬浮的区间长度越长，主动航天器所消耗的

燃料也就越多。若悬停/悬浮的相对位置仅在 y 方向有分量时，主动航天器悬停/悬浮的燃料消耗为零。

假定目标航天器处于不同高度的圆轨道时，主动航天器在目标航天器的正下方悬停，且悬停的距离为 1 km、5 km 和 10 km。主动航天器初始质量为 2 000 kg，火箭发动机的比冲为 400 s，悬停一个轨道周期的燃料消耗随目标航天器轨道半径不同的变化规律如图 11－12所示。

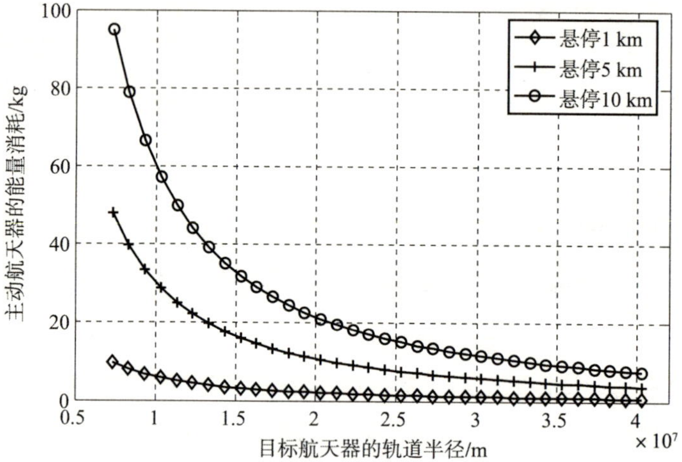

图 11－12　悬停一个轨道周期的能量消耗随目标航天器轨道半径不同的变化规律

由图 11－12 可知，主动航天器在目标航天器正下方悬停时，在目标航天器的轨道半径一定的情况下，主动航天器悬停的距离越大，在一个轨道周期内所消耗的燃料越多。在悬停距离保持不变的情况下，目标航天器的轨道半径越大，主动航天器在一个轨道周期内所消耗的燃料越少。

假定目标航天器处于不同高度的圆轨道时，主动航天器悬浮在距离目标航天器为 1 km、5 km 和 10 km 的正侧方。主动航天器初始质量为 2 000 kg，火箭发动机的比冲为 400 s，悬浮一个轨道周期的燃料消耗随目标航天器轨道半径不同的变化规律如图 11－13 所示。

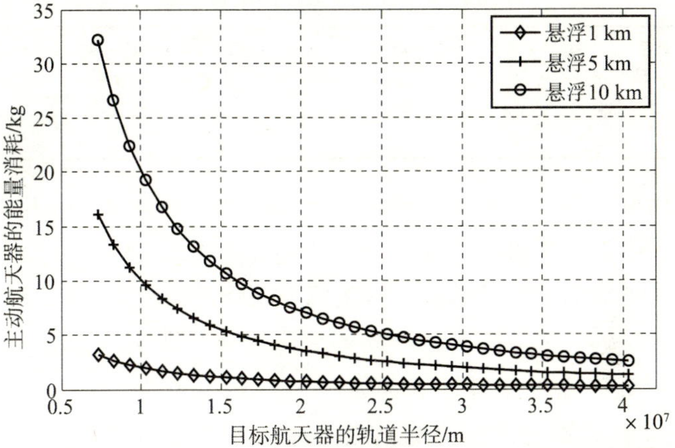

图 11－13　悬浮一个轨道周期的能量消耗随目标航天器轨道半径不同的变化规律

由图 11－12 和图 11－13 可知，主动航天器悬停/悬浮的相对位置仅在径向和轨道面的法线方向有分量时，主动航天器的燃料消耗与悬停/悬浮的区间长度有关，悬停/悬浮的区间长度越长，主动航天器所消耗的燃料也越多。当径向和轨道面的法线方向悬停/悬浮的距离相同时，主动航天器在轨道面的法线方向悬浮的燃料消耗比径向悬停时的能量消耗少 50%左右，即主动航天器执行悬停/悬浮任务时，悬浮于目标航天器的两侧相对有利。

11.2.4.2　基于椭圆参考轨道的悬停/悬浮燃料消耗分析

对于目标航天器的轨道为椭圆轨道时，根据方程（11－11），主动航天器相对于目标航天器悬停/悬浮时，主动航天器速度的总增量为

$$\Delta v = \sqrt{\Delta v_x^2 + \Delta v_y^2 + \Delta v_z^2} \tag{11-35}$$

由方程（11－35）和方程（11－32），即可得到目标航天器的轨道为椭圆轨道时，主动航天器的燃料消耗。目标航天器的轨道参数

如表 11 - 3 所示。

表 11 - 3　目标航天器的轨道参数

近地点半径 r_p /km	偏心率 e	轨道倾角 i / (°)	近地点幅角 ω / (°)	升交点赤经 Ω / (°)	真近点角 θ / (°)
7 300	0.2，0.5，0.7	60	270	−30	0

主动航天器在目标航天器正下方的悬停距离为 1 km 和 10 km，主动航天器的总推力随真近点角的变化规律如图 11 - 14、图 11 - 15 所示。主动航天器在目标航天器正后方的悬浮距离为 1 km 和10 km，主动航天器的总推力随真近点角的变化规律如图 11 - 16、图11 - 17 所示。主动航天器在目标航天器正侧方的悬浮距离为 1 km 和 10 km，主动航天器的总推力随真近点角的变化情况如图 11 - 18、图 11 - 19 所示。

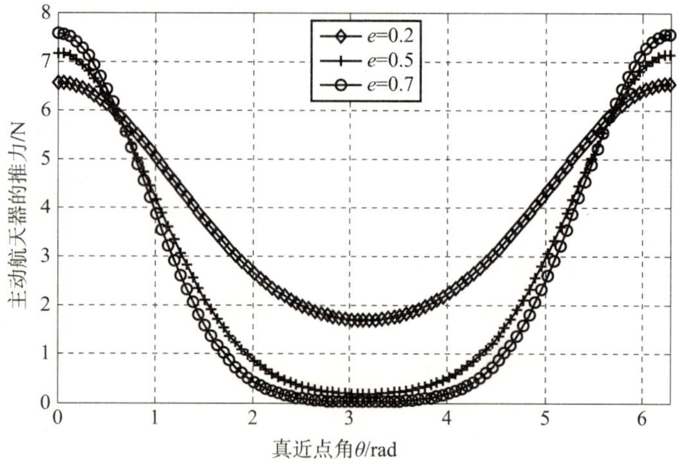

图 11 - 14　正下方悬停 1 km 时总的推力随真近点角的变化规律

由图 11 - 14 和图 11 - 15 可知，当目标航天器的偏心率越大，主动航天器悬停的距离越大，主动航天器在近地点所需的推力也越大。当目标航天器的偏心率分别为 0.2、0.5 和 0.7 时，主动航天器悬停 1 km 所消耗的燃料分别为 7.48 kg、5.66 kg 和 4.97 kg，质量占比

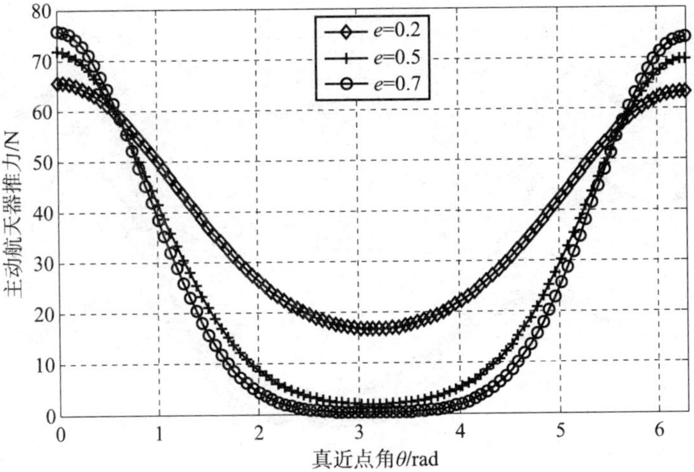

图 11-15　正下方悬停 10 km 时总的推力随真近点角的变化规律

分别为 0.37%、0.28% 和 0.25%。主动航天器悬停 10 km 所消耗的燃料分别为 73.45 kg、55.82 kg 和 49.13 kg，质量占比分别为 3.67%、2.79% 和 2.46%。

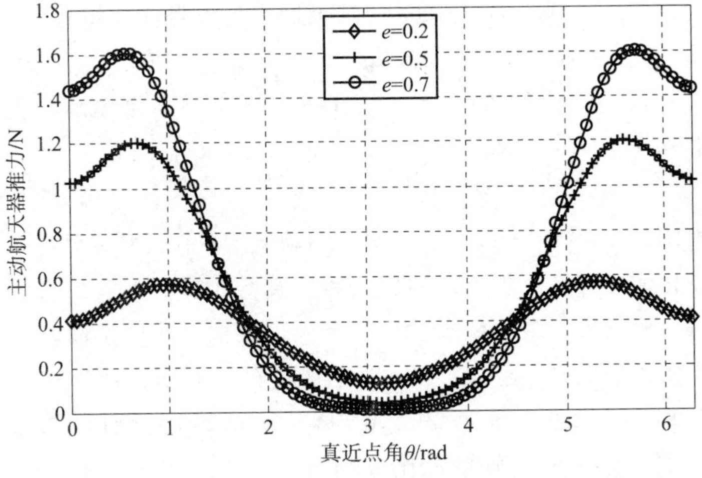

图 11-16　正后方悬浮 1 km 时总的推力随真近点角的变化规律

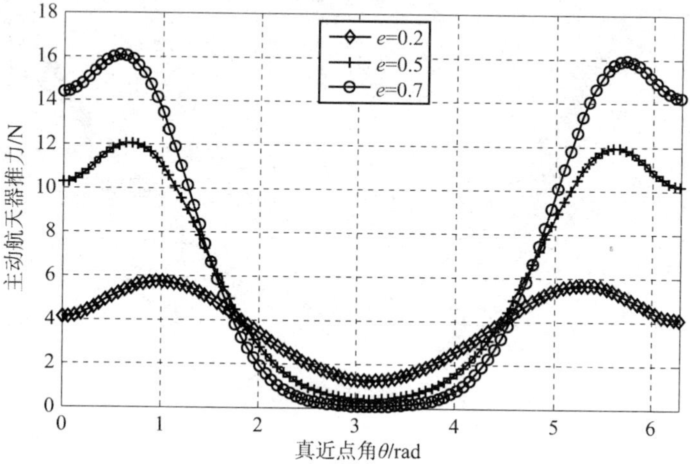

图 11-17　正后方悬浮 10 km 时总的推力随真近点角的变化规律

由图 11-16 和图 11-17 可知，主动航天器在真近点角为 ±45° 时所需的推力最大，目标航天器的偏心率越大，主动航天器悬浮的距离越大，主动航天器所需的推力也越大。当目标航天器的偏心率分别为 0.2、0.5 和 0.7 时，主动航天器正后方悬浮 1 km 所消耗的燃料分别为 0.76 kg、1.36 kg 和 1.58 kg，质量占比分别为 0.038%、0.068% 和 0.079%。主动航天器后方悬浮 10 km 所消耗的燃料分别为 7.60 kg、13.58 kg 和 15.75 kg，质量占比分别为 0.38%、0.68% 和 0.79%。

由图 11-18 和图 11-19 可知，主动航天器在正侧方悬浮时，推力的变化情况与在正下方悬停时的推力变化情况近似。当目标航天器的偏心率越大，主动航天器侧向悬浮的距离越大，主动航天器在近地点所需的推力也越大。当目标航天器的偏心率分别为 0.2、0.5 和 0.7 时，主动航天器悬停 1 km 所消耗的燃料分别为 2.47 kg、1.77 kg 和 1.46 kg，质量占比分别为 0.12%、0.09% 和 0.07%。主动航天器侧向悬浮 10 km 所消耗的燃料分别为 24.55 kg、17.60 kg 和 14.60 kg，质量占比分别为 1.23%、0.88% 和 0.73%。

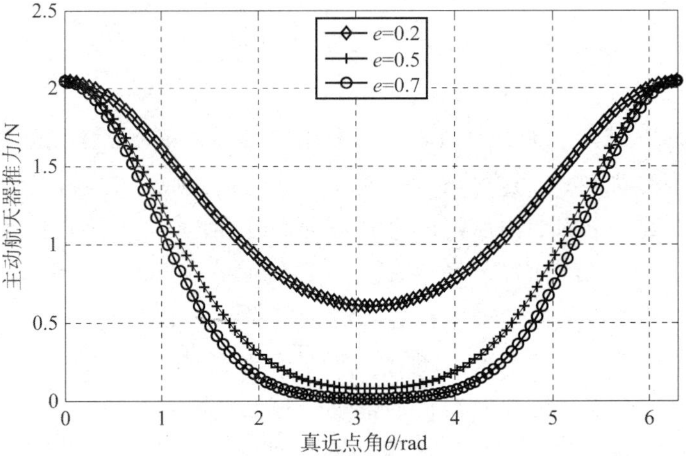

图 11 - 18　正侧方悬浮 1 km 时总的推力随真近点角的变化规律

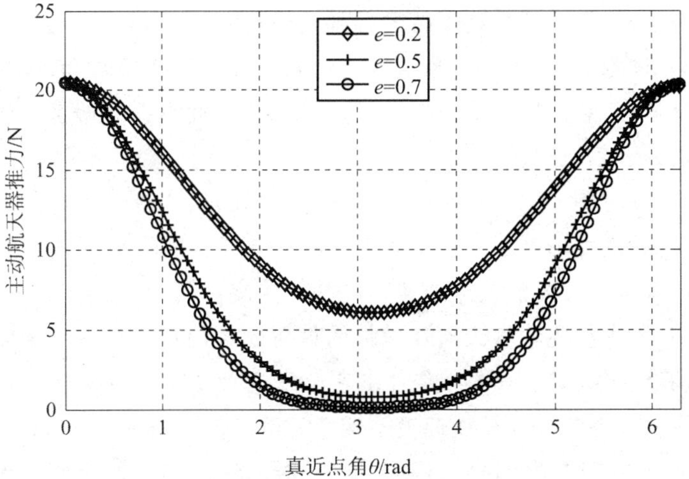

图 11 - 19　正侧方悬浮 10 km 时总的推力随真近点角的变化规律

通过以上燃料消耗分析，主动航天器在径向悬停时，所消耗的燃料最多，而在 y 方向和轨道面法向方向所消耗的能量相对较少。

11.3　多脉冲悬停/悬浮轨道动力学

11.2节从航天器的相对运动理论出发，首先根据主动航天器的相对运动动力学方程得到主动航天器所需的连续推力加速度，通过积分得到一个周期内所需的燃料消耗。这种基于连续推力作用而使主动航天器始终保持在预定悬停/悬浮轨道上的运动，在实际中较难实现，主要因为连续推力在任意时刻都对推力的大小和方向提出了严格的要求。不管是太阳能电推进（SEP）、太阳帆（Solar Sail）推进还是依靠液态燃料发动机的推进，对推力的大小和方向进行精确控制都较难实现。因此，为弥补连续推力方式实现悬停/悬浮的不足，本节基于分段脉冲推力的思想从而使主动航天器达到悬停/悬浮的目的。基本思路如下。

1）目标航天器始终保持开普勒轨道运动。

2）确定虚拟的悬停/悬浮轨道位置。根据任务要求和偏置距离，计算出悬停/悬浮轨道的位置。主动航天器在此虚拟的偏置轨道周围做分段开普勒轨道运动。

3）在时刻 $t=0$，主动航天器与虚拟的偏置轨道某点位置重合（有一初始速度）；经历时间间隔 τ 后，又与虚拟的偏置轨道上的另一点位置重合，显然此刻的速度与初始速度不同。

4）为了使主动航天器在虚拟的偏置轨道附近运动，在 τ 时刻需对主动航天器施加一脉冲推力使其速度变为初始时刻的速度，但是位置不变，即位移连续而速度不连续。

5）以 τ^+ 时刻的速度（等于 $t=0$ 时的速度）为初始速度重复上面1）～4）的过程。经过 N 次循环后主动航天器完成一个周期在偏置轨道附近的分段开普勒轨道运动，即实现相对目标航天器的悬停/悬浮运动。

6）把 N 次循环施加的脉冲相加就可得到主动航天器在一个周期内悬停/悬浮所需的总的速度改变量。

通过分段脉冲实现悬停/悬浮的优点是主动航天器无需进行连续机动，只在某些设定时刻进行脉冲机动即可，避免了连续机动时推力方向控制精确度的不足。

11.3.1　目标航天器轨道为近圆轨道的多脉冲悬停/悬浮轨道

首先回顾一下主动航天器的相对运动速度关系的表达式

$$\dot{\boldsymbol{r}}_c = \dot{\boldsymbol{r}}_t + \boldsymbol{\omega}_t \times \boldsymbol{\rho} + \hat{\dot{\boldsymbol{\rho}}} \tag{11-36}$$

式中　$\boldsymbol{r}_t$ ——目标航天器的位置矢量；

$\boldsymbol{r}_c$ ——主动航天器的位置矢量；

$\boldsymbol{\rho}$ ——两航天器之间的相对矢量；

$\boldsymbol{\omega}_t$ ——目标航天器的角速度矢量。

方程（11-36）两边对时间求导，则有

$$\ddot{\boldsymbol{r}}_c = \ddot{\boldsymbol{r}}_t + \dot{\boldsymbol{\omega}}_t \times \boldsymbol{\rho} + \boldsymbol{\omega}_t \times (\boldsymbol{\omega}_t \times \boldsymbol{r}) + 2\,\boldsymbol{\omega}_t \times \dot{\boldsymbol{\rho}} + \ddot{\boldsymbol{\rho}} \tag{11-37}$$

为了研究主动航天器的多脉冲悬停/悬浮轨道，首先定义两个坐标系：地心赤道坐标系 O_eXYZ 和地心轨道坐标系 O_exyz ，如图 11-20所示。两坐标系原点重合并且地心轨道坐标系以角速度 $\boldsymbol{\omega} = (0 \quad 0 \quad \omega_0)$ 相对地心赤道坐标系绕 Z 轴转动。

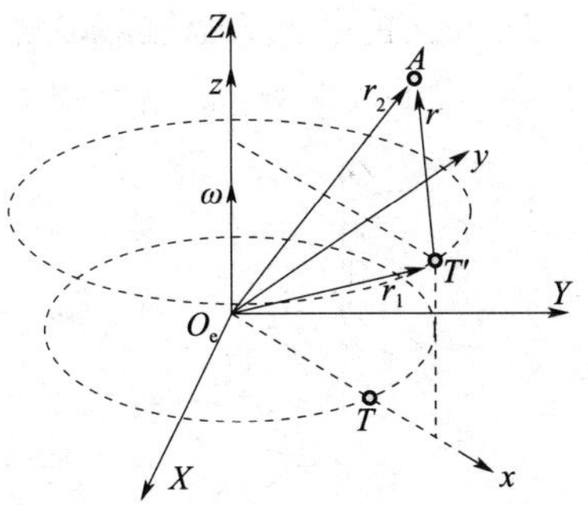

图 11-20　主动航天器与目标航天器的相对位置示意图

对于受中心引力作用而做开普勒运动的目标航天器（质量为 m，矢径为 $\boldsymbol{r}_1$），其角速度为 ω_0 ，在 O_eXYZ 坐标系中绕 Z 轴转动。因此，可以认为目标航天器固结在 O_exyz 坐标系中且矢径为 $\boldsymbol{r}_1$ 保持不变，而随着 O_exyz 坐标系一起转动。在 O_exyz 坐标系中的坐标为 $\boldsymbol{r}_1(x_1, 0, 0)$。因此，目标航天器运动的动力学方程为

$$\frac{\mathrm{d}^2\boldsymbol{r}_1}{\mathrm{d}t^2}+2\boldsymbol{\omega}\times\frac{\mathrm{d}\boldsymbol{r}_1}{\mathrm{d}t}+\boldsymbol{\omega}\times(\boldsymbol{\omega}\times\boldsymbol{r}_1)=-\nabla\boldsymbol{\Phi}(\boldsymbol{r}_1) \quad (11-38)$$

式中　$\boldsymbol{\Phi}=-\mu/\|\boldsymbol{r}\|$ 是引力势。

由于 $\boldsymbol{r}_1$ 保持不变，因此式（11－38）等号左边前两项为零，目标航天器的动力学方程化简为

$$\boldsymbol{\omega}\times(\boldsymbol{\omega}\times\boldsymbol{r}_1)=-\nabla\boldsymbol{\Phi}(\boldsymbol{r}_1) \quad (11-39)$$

根据悬停/悬浮任务要求，主动航天器相对目标航天器存在某一固定偏置距离 $\delta\boldsymbol{r}=(\mathrm{d}x,\mathrm{d}y,\mathrm{d}z)$。由于 O_exyz 坐标系绕着 O_eXYZ 坐标系中的 Z 轴转动，不妨设 $\mathrm{d}y=0$，即 xO_ey 平面与开普勒轨道和偏置轨道的两交点一一对应。因此，在 O_exyz 坐标系中开普勒轨道上的点 $(x_1, 0, 0)$ 对应于偏置轨道上的点的坐标为 $(x_1+\mathrm{d}x, 0, \mathrm{d}z)$，记为 (x_0, y_0, z_0)。如果采用连续推力，则主动航天器可以保持在偏置轨道上实现相对于目标航天器的悬停/悬浮任务。实际工程中在很多情况下，主动航天器无需与目标航天器（开普勒运动）保持一确定的距离，只要在其周围的一定变化范围内即可。因此，可以把偏置轨道看做某一虚拟轨道，主动航天器在偏置轨道附近沿分段的开普勒轨道运动即可，如图 11－21 所示。当主动航天器沿一段开普勒

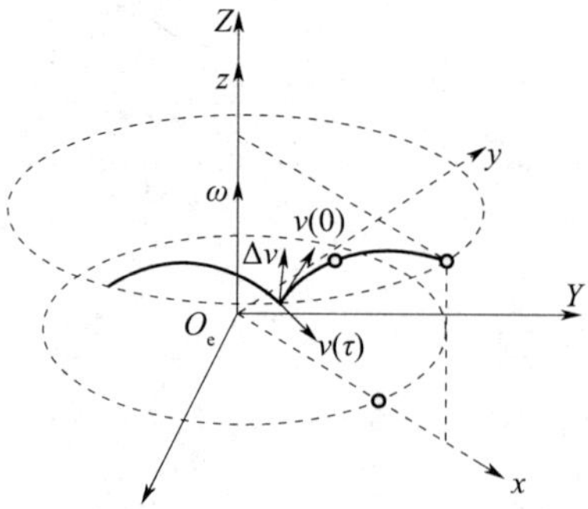

图 11－21　分段脉冲推力下主动航天器轨迹示意图

轨道运行一定距离后，主动航天器施加一脉冲推力后使其再沿着另一段开普勒轨道运动。因此，在施加脉冲推力点主动航天器的位移连续而速度不连续。

假设主动航天器在惯性坐标系中的矢径为 $\boldsymbol{r}_2$，与目标航天器的相对距离为 $\boldsymbol{r}=\boldsymbol{r}_2-\boldsymbol{r}_1$。由于主动航天器的轨道也是开普勒轨道，根据航天器的动力学方程（11－38），则主动航天器的动力学方程为

$$\frac{\mathrm{d}^2(\boldsymbol{r}_1+\boldsymbol{r})}{\mathrm{d}t^2}+2\boldsymbol{\omega}\times\frac{\mathrm{d}(\boldsymbol{r}_1+\boldsymbol{r})}{\mathrm{d}t}+\boldsymbol{\omega}\times[\boldsymbol{\omega}\times(\boldsymbol{r}_1+\boldsymbol{r})]=-\nabla\boldsymbol{\Phi}(\boldsymbol{r}_1+\boldsymbol{r}) \tag{11-40}$$

由于 $\boldsymbol{r}_1$ 关于时间的导数项均为零，方程（11－40）简化为

$$\frac{\mathrm{d}^2\boldsymbol{r}}{\mathrm{d}t^2}+2\boldsymbol{\omega}\times\frac{\mathrm{d}\boldsymbol{r}}{\mathrm{d}t}+\boldsymbol{\omega}\times(\boldsymbol{\omega}\times\boldsymbol{r})=-\nabla\boldsymbol{\Phi}(\boldsymbol{r}_1+\boldsymbol{r})-\boldsymbol{\omega}\times(\boldsymbol{\omega}\times\boldsymbol{r}_1) \tag{11-41}$$

对于 $r\ll r_1$ 的情况，方程（11－41）中势能的梯度可以展开成级数形式

$$\nabla\boldsymbol{\Phi}(\boldsymbol{r}_1+\boldsymbol{r})=\nabla\boldsymbol{\Phi}(\boldsymbol{r}_1)+\left[\frac{\partial\ \nabla\boldsymbol{\Phi}}{\partial\boldsymbol{r}}\right]_{r=r_1}\boldsymbol{r}+\cdots \tag{11-42}$$

如果只保留 1 阶项，方程（11－41）可改写为

$$\begin{aligned}\frac{\mathrm{d}^2\boldsymbol{r}}{\mathrm{d}t^2}+2\boldsymbol{\omega}\times\frac{\mathrm{d}\boldsymbol{r}}{\mathrm{d}t}+\boldsymbol{\omega}\times(\boldsymbol{\omega}\times\boldsymbol{r})&=\\-\nabla\boldsymbol{\Phi}(\boldsymbol{r}_1)-\left[\frac{\partial\ \nabla\boldsymbol{\Phi}}{\partial\boldsymbol{r}}\right]_{r=r_1}\boldsymbol{r}-\boldsymbol{\omega}\times(\boldsymbol{\omega}\times\boldsymbol{r}_1)&\end{aligned} \tag{11-43}$$

方程（11－43）可以进一步写为矩阵的形式

$$\frac{\mathrm{d}^2\boldsymbol{r}}{\mathrm{d}t^2}-\boldsymbol{N}\frac{\mathrm{d}\boldsymbol{r}}{\mathrm{d}t}-\boldsymbol{M}\boldsymbol{r}=\boldsymbol{Q} \tag{11-44}$$

式中

$$\boldsymbol{N}=\begin{bmatrix}0 & 2\omega_0 & 0\\-2\omega_0 & 0 & 0\\0 & 0 & 0\end{bmatrix} \tag{11-45}$$

$$\boldsymbol{M}=\begin{bmatrix}\Phi_{xx}+\omega_0^2 & \Phi_{xy} & \Phi_{xz}\\\Phi_{yx} & \Phi_{yy}+\omega_0^2 & \Phi_{yz}\\\Phi_{zx} & \Phi_{zy} & \Phi_{zz}\end{bmatrix} \tag{11-46}$$

$$
\begin{cases}
\Phi_{xx} = \dfrac{3\mu x_0^2}{(x_0^2 + z_0^2)^{5/2}} - \dfrac{\mu}{(x_0^2 + z_0^2)^{3/2}} \\
\Phi_{xz} = \Phi_{zx} = \dfrac{3\mu x_0 z_0}{(x_0^2 + z_0^2)^{5/2}} \\
\Phi_{yy} = -\dfrac{\mu}{(x_0^2 + z_0^2)^{3/2}} \\
\Phi_{zz} = \dfrac{3\mu z_0^2}{(x_0^2 + z_0^2)^{5/2}} - \dfrac{\mu}{(x_0^2 + z_0^2)^{3/2}} \\
\Phi_{xy} = \Phi_{yx} = 0 \\
\Phi_{yz} = \Phi_{zy} = 0
\end{cases}
\tag{11-47}
$$

非齐次项为

$$
\begin{cases}
Q_1 = -\dfrac{\mu x_0}{(x_0^2 + z_0^2)^{3/2}} + x_0 \omega_0^2 \\
Q_2 = 0 \\
Q_3 = -\dfrac{\mu z_0}{(x_0^2 + z_0^2)^{3/2}}
\end{cases}
\tag{11-48}
$$

方程（11－44）与质量-弹簧-阻尼系统的动力学方程在形式上是一致的，故可以考虑采用振动力学中的振型分解法来求解，首先对系数矩阵进行对角化（即解耦），然后根据常微分方程的求解方法求解初值问题。

定义 $\boldsymbol{X} = (\boldsymbol{r}, \dot{\boldsymbol{r}})^{\mathrm{T}}$ ，方程（11－44）可以转化为状态方程

$$
\frac{\mathrm{d}\boldsymbol{X}}{\mathrm{d}t} = \boldsymbol{AX} + \boldsymbol{B} \tag{11-49}
$$

式中

$$
\boldsymbol{A} = \begin{bmatrix}
0 & 0 & 0 & 1 & 0 & 0 \\
0 & 0 & 0 & 0 & 1 & 0 \\
0 & 0 & 0 & 0 & 0 & 1 \\
\Phi_{xx} + \omega_0^2 & 0 & \Phi_{xz} & 0 & 2\omega_0^2 & 0 \\
0 & \Phi_{yy} + \omega_0^2 & 0 & -2\omega_0^2 & 0 & 0 \\
\Phi_{zx} & 0 & \Phi_{zz} & 0 & 0 & 0
\end{bmatrix} \tag{11-50}
$$

$$
\boldsymbol{B} = [0 \quad 0 \quad 0 \quad Q_1 \quad 0 \quad Q_3]^{\mathrm{T}} \tag{11-51}
$$

矩阵 $\boldsymbol{A}$ 的特征值 $\lambda_i(i=1,6)$ 通过特征方程 $\|\boldsymbol{AX}-\lambda\boldsymbol{I}\|=0$ 确定。6 个特征值中有两对共轭的复数特征值和两个实特征值，对应的 6 个特征矢量组成的特征矢量矩阵为

$$\boldsymbol{V}=[\boldsymbol{v}_1 \quad \boldsymbol{v}_2 \quad \boldsymbol{v}_3 \quad \boldsymbol{v}_4 \quad \boldsymbol{v}_5 \quad \boldsymbol{v}_6] \tag{11-52}$$

利用特征矢量矩阵 $\boldsymbol{V}$，矩阵 $\boldsymbol{A}$ 可以变为对角矩阵 $\boldsymbol{D}=\boldsymbol{V}^{-1}\boldsymbol{AV}$

$$\boldsymbol{D}=\begin{bmatrix}\lambda_1 & & \\ & \ddots & \\ & & \lambda_6\end{bmatrix} \tag{11-53}$$

定义 $\boldsymbol{U}=\boldsymbol{V}^{-1}\boldsymbol{X}$，方程（11-49）就可以得到解耦形式的方程组，即可以采用求解 1 阶常微分方程的解法求解下式

$$\frac{\mathrm{d}\boldsymbol{U}}{\mathrm{d}t}=\boldsymbol{DU}+\boldsymbol{V}^{-1}\boldsymbol{B} \tag{11-54}$$

方程（11-54）的解为

$$\boldsymbol{X}(t)=\boldsymbol{V}(\boldsymbol{E}-\boldsymbol{I})\boldsymbol{D}^{-1}\boldsymbol{V}^{-1}\boldsymbol{B}+\boldsymbol{VEV}^{-1}\boldsymbol{X}(0) \tag{11-55}$$

式中，$\boldsymbol{I}$ 是单位对角矩阵，$\boldsymbol{E}$ 定义为

$$\boldsymbol{E}=\begin{bmatrix}e^{\lambda_1 t} & & \\ & \ddots & \\ & & e^{\lambda_6 t}\end{bmatrix} \tag{11-56}$$

方程（11-55）可以写成更为简单的形式

$$\boldsymbol{X}(t)=\boldsymbol{\Psi}(t)\boldsymbol{X}(0)+\boldsymbol{\Gamma} \tag{11-57}$$

式中　$\boldsymbol{\Gamma}=\boldsymbol{V}(\boldsymbol{E}-\boldsymbol{I})\boldsymbol{D}^{-1}\boldsymbol{V}^{-1}\boldsymbol{B}$；

$\boldsymbol{\Psi}(t)=\boldsymbol{VEV}^{-1}$ 。

将 $\boldsymbol{\Psi}(t)$ 和 $\boldsymbol{\Gamma}$ 表示为分块矩阵的形式，即

$$\boldsymbol{\Psi}(t)=\begin{bmatrix}\boldsymbol{\Psi}_{11}(t) & \boldsymbol{\Psi}_{12}(t)\\ \boldsymbol{\Psi}_{21}(t) & \boldsymbol{\Psi}_{22}(t)\end{bmatrix} \tag{11-58}$$

$$\boldsymbol{\Gamma}=\begin{bmatrix}\boldsymbol{\Gamma}_1\\ \boldsymbol{\Gamma}_2\end{bmatrix} \tag{11-59}$$

系统的解可以重新表示为

$$\begin{bmatrix}\boldsymbol{r}(t)\\ \dot{\boldsymbol{r}}(t)\end{bmatrix}=\begin{bmatrix}\boldsymbol{\Psi}_{11}(t) & \boldsymbol{\Psi}_{12}(t)\\ \boldsymbol{\Psi}_{21}(t) & \boldsymbol{\Psi}_{22}(t)\end{bmatrix}\begin{bmatrix}\boldsymbol{r}(0)\\ \dot{\boldsymbol{r}}(0)\end{bmatrix}+\begin{bmatrix}\boldsymbol{\Gamma}_1\\ \boldsymbol{\Gamma}_2\end{bmatrix} \tag{11-60}$$

根据方程（11－60）中的第1式，则有

$$\boldsymbol{r}(t)=\boldsymbol{\Psi}_{11}(t)\boldsymbol{r}(0)+\boldsymbol{\Psi}_{12}(t)\dot{\boldsymbol{r}}(0)+\boldsymbol{\Gamma}_1 \tag{11-61}$$

如图11－21所示，假设初始时刻（$t=0$）主动航天器在虚拟的悬浮轨道上某点开始沿开普勒轨道运动，在经历时间间隔τ后又回到虚拟的悬浮轨道上的另一点，即满足条件$r(\tau)=r(0)=0$，由方程（11－61），主动航天器初始时刻的速度为

$$\dot{\boldsymbol{r}}(0)=-\boldsymbol{\Psi}_{12}^{-1}(\tau)\boldsymbol{\Gamma}_1 \tag{11-62}$$

当主动航天器经过时间间隔τ后，再次回到虚拟的悬浮轨道时的速度可由方程（11－60）第2式得到

$$\dot{\boldsymbol{r}}(\tau)=\boldsymbol{\Psi}_{22}(\tau)\dot{\boldsymbol{r}}(0)+\boldsymbol{\Gamma}_2 \tag{11-63}$$

此时，对主动航天器施加一脉冲推力而使其速度重新变为$\dot{\boldsymbol{r}}(0)$，主动航天器又重新运行在下一次的开普勒轨道上。因此，速度的增量为

$$\Delta\boldsymbol{V}=\dot{\boldsymbol{r}}(0)-\dot{\boldsymbol{r}}(\tau)=[\boldsymbol{\Psi}_{22}(\tau)\boldsymbol{\Psi}_{12}^{-1}(\tau)-\boldsymbol{\Psi}_{12}^{-1}(\tau)]\boldsymbol{\Gamma}_1-\boldsymbol{\Gamma}_2 \tag{11-64}$$

方程（11－64）即为主动航天器在时间区间$0\sim\tau$保持在虚拟的悬停/悬浮轨道周围所需的速度增量。如果把近圆轨道等分成N段，即存在如下关系

$$\tau=T/N \tag{11-65}$$

式中　T——目标航天器的轨道周期。

故，一个轨道周期内主动航天器保持悬停/悬浮所需总的速度增量为

$$\Delta V_T=N\cdot\Delta V \tag{11-66}$$

由推导过程可知，采用分段脉冲推力可以使主动航天器在预设的虚拟悬停/悬浮轨道（非开普勒轨道）周围沿分段的开普勒轨道运动而实现悬停/悬浮的任务。

下面采用一实例来说明分段脉冲如何实现悬停/悬浮任务。若静地航天器在离地心42 164 km的高空以圆轨道绕地球旋转，如图11－20所示，若静地航天器为目标航天器，悬停/悬浮轨道相对静地航天

器距离分别为：$dx = 35\ \text{km}$，$dz = 35\ \text{km}$，即图 11－20 中 T' 位置。如果采用连续推力，主动航天器将从 T' 处开始沿着图 11－20 中的黑色的虚线圆轨道（称为虚拟悬浮轨道）而运动。但是如果采用脉冲推动，主动航天器 A 在 T' 位置周围运动，如图 11－21 所示。当 $t = 0$ 时，主动航天器速度为 $\boldsymbol{v}(0)$，主动航天器与 T' 重合。当 $t = \tau$ 时，主动航天器返回到虚拟的偏置轨道上，又与 T' 重合，速度为 $\boldsymbol{v}(\tau)$。此时，对主动航天器施加一脉冲推力 $\Delta\boldsymbol{v} = \boldsymbol{v}(0) - \boldsymbol{v}(\tau)$ 后，其速度又变为 $\boldsymbol{v}(0)$。然后再以 $\boldsymbol{v}(0)$ 的速度重复 $t \in (0,\tau)$ 的开普勒轨道运动。图 11－22 给出了悬停/悬浮一周的脉冲推力随着分段数的变化曲线。

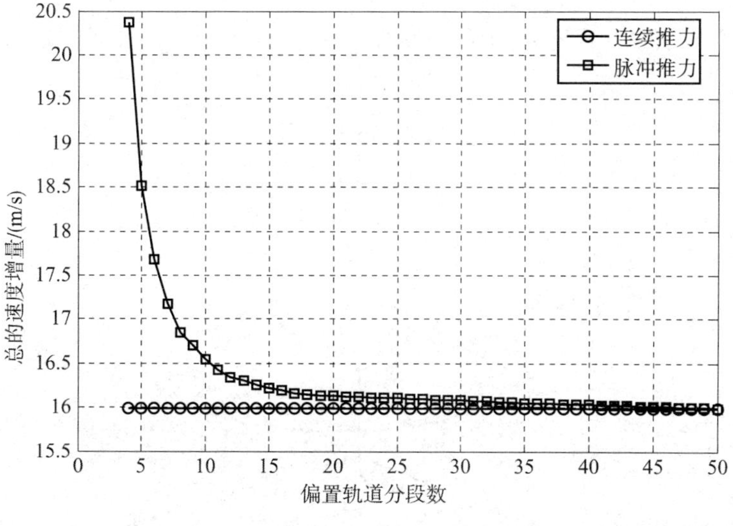

图 11－22　主动航天器悬浮一个周期总的速度增量与分段脉冲次数的关系

图 11－22 中的水平直线是采用连续推力所给出的速度增量值，其始终保持一常值 15.99 m/s；曲线是不同分段数的速度增量值。由图 11－22 可知，随着分段数 N 的增加，所需的速度逐渐降低，最后趋向连续推力所需的速度值。换言之，对于悬停/悬浮轨道问题来说，采用连续推力是最省燃料的，但是必须保证推力的方向时刻进

行调整才能保证主动航天器严格地在虚拟偏置轨道上运动，但给航天器的控制系统提出了更高要求。

对于分段脉冲推动来说，N 越小表示所需的脉冲次数越少，但所需要的速度增量越大。以 $N=4$，10，20 为例：当 $N=4$ 时，悬停/悬浮所需的速度增量为 20.37 m/s；当 $N=10$ 时，悬停/悬浮所需的速度增量为 16.55 m/s；当 $N=20$ 时，悬浮所需的速度增量为 16.13 m/s，分别比连续推力增加了 27.4%，3.5%和 0.88%。因此，当 $N=10$ 时，所需的速度增量已经非常接近连续推力所需的速度增量（也是最小速度增量）。因此，如果采用脉冲推力实现悬停/悬浮任务，虽然燃料消耗略增，但只需在每隔一段时间后对主动航天器施加一个脉冲推力即可，这在航天器的控制系统中将容易实现，可应用于悬浮/悬停位置要求不是非常严格的情形中。图 11-23 和图 11-24 分别给出了 $N=4$ 和 $N=10$ 两种情况下主动航天器的运动轨迹。

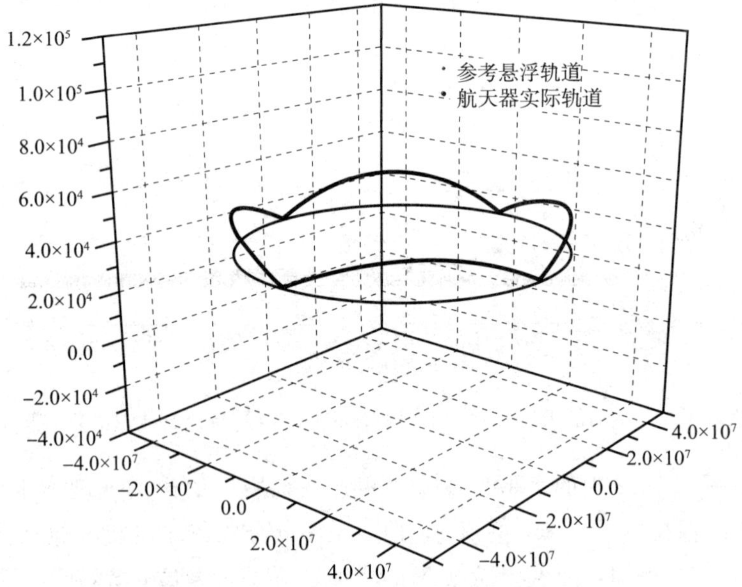

图 11-23　4 段脉冲推力时主动航天器的轨道曲线

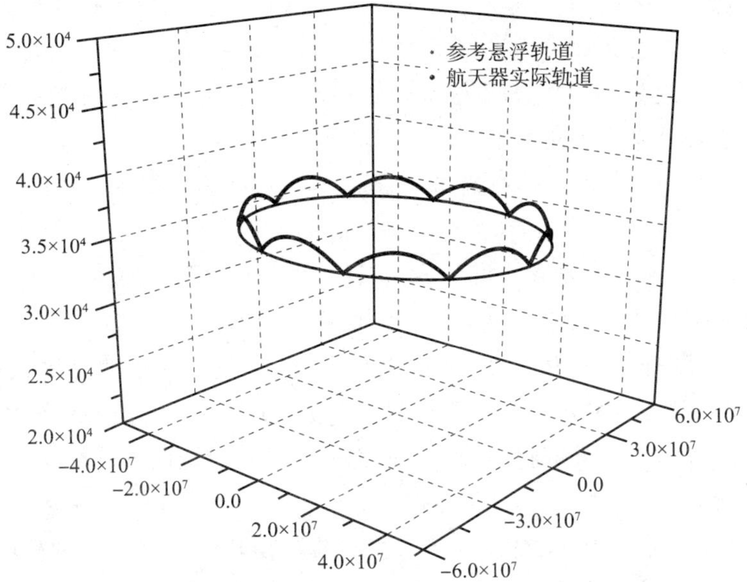

图 11 - 24　10 段脉冲推力时主动航天器的轨道曲线

从图 11 - 23 和图 11 - 24 可知，N 值越小，所需的脉冲次数越少，每段开普勒圆弧轨道离虚拟的偏置轨道的距离越大；N 值越大，所需的脉冲次数越多，每段开普勒圆弧轨道离虚拟的偏置轨道的距离越小。如果 N 趋向于无穷大，则所需脉冲次数趋于无穷大，每段开普勒圆弧轨道离虚拟的偏置轨道的距离趋于无穷小。事实上，这种轨道就是连续推力实现的悬停/悬浮轨道。这与图 11 - 22 所示的结果（N 趋于无穷大时所需的速度增量与连续推力所需的速度增量大小相等）是一致的。

11.3.2　目标航天器轨道为椭圆轨道的脉冲推力悬停/悬浮轨道

在 11.3.1 节中研究了目标航天器的轨道为圆轨道时采用分段脉冲推力实现悬停/悬浮的非开普勒轨道。由于圆轨道的对称性，每次分段脉冲跳跃距离和所需的速度增量都相等。悬停/悬浮一个周期所需速度增量就等于每次脉冲所需速度增量乘以分段次数。但是，当目标航天器的轨道为椭圆轨道时，由于其没有圆周对称性，每段脉冲推力将不再相同。因此，本节在上节的基础上进一步研究目标航天器的轨道为椭圆轨道时采用分段脉冲推力实现悬停/悬浮的非开普勒轨道，其基本思路如下。

1）由目标航天器的椭圆轨道和偏置距离计算出虚拟的偏置轨道。

2）将虚拟的偏置轨道分成 N 段，根据航天器位置之间的关系计算出偏置轨道上的 N 个位置，同时计算出两个相邻（$\boldsymbol{r}_i$，$\boldsymbol{r}_{i+1}$）位置所对应的椭圆轨道上的两点之间目标航天器运动所需的时间 t_i 。

3）在已知主动航天器两空间矢径 $\boldsymbol{r}_i$，$\boldsymbol{r}_{i+1}$ 以及两空间矢径之间经历的时间 t_i ，计算得到两点之间的开普勒轨道，此为典型的 Lambert 问题。

4）由主动航天器第 $i+1$ 次的初始速度和第 i 次的末速度就可以求出第 i 次脉冲所需的速度增量。每次脉冲推力所需的速度增量的总和就是旋转一周悬停/悬浮所需的总速度增量。

对于近圆轨道，偏近点角与真近点角是一致的，等分弧长、真近点角、偏近点角没有原则上的区别，而对于椭圆问题则大不一样了，除非划分的段数相当多，否则都存在不合理之处，相比较而言，按偏近点角等分相对合理一些。根据偏近点角等分原则可计算出对应轨道上的 N 个点位置。按求解两空间矢径之间的 Lambert 问题，即已知两点的位置矢量和两点间开普勒轨道的时间差，求解开普勒轨道的轨迹问题。下面，将用一实例来说明椭圆轨道悬停/悬浮的多脉冲推力的实现问题。椭圆轨道的半长轴 $a = 42\ 164\ \text{km}$ ，偏心率 $e = 0.5$ 。根据偏近点角等分原则，将主动航天器的偏置椭圆轨道分成 N 段。

航天器的偏近点角 E 和真近点角 θ 的关系为

$$\tan\left(\frac{E}{2}\right)=\sqrt{\frac{1-e}{1+e}}\tan\left(\frac{\theta}{2}\right) \tag{11-67}$$

分别计算 $N=4$ 和 $N=10$ 两种情况，偏置距离仅为 $z = 35\ \text{km}$，即虚

拟的偏置椭圆轨道悬浮在目标椭圆轨道上方 35 km 的位置。初始时刻主动航天器在虚拟的偏置轨道上，经过一定时间后又回到虚拟的偏置轨道上，完成一次开普勒轨道运动。然后，主动航天器获得一个脉冲推力改变速度后为下一次的开普勒轨道作准备，如此重复 N 次。图 11－25 给出的是 $N=4$ 时各段开普勒轨道的轨迹以及虚拟的偏置椭圆轨道，由于目标轨道是椭圆轨道，各跳跃点位置不再对称。因此，各段的轨迹也不再相同。图 11－26 是每次跳跃时所需的速度增量。

图 11－27 给出 $N=10$ 时各段开普勒圆弧轨道的轨迹以及虚拟的偏置椭圆轨道。从图中可知，各跳跃点位置也不再对称，因为每段轨道始末点矢径和时间差不再相同。因此，各段的轨迹也不再相同。图 11－28 是每次跳跃时所需的速度增量。

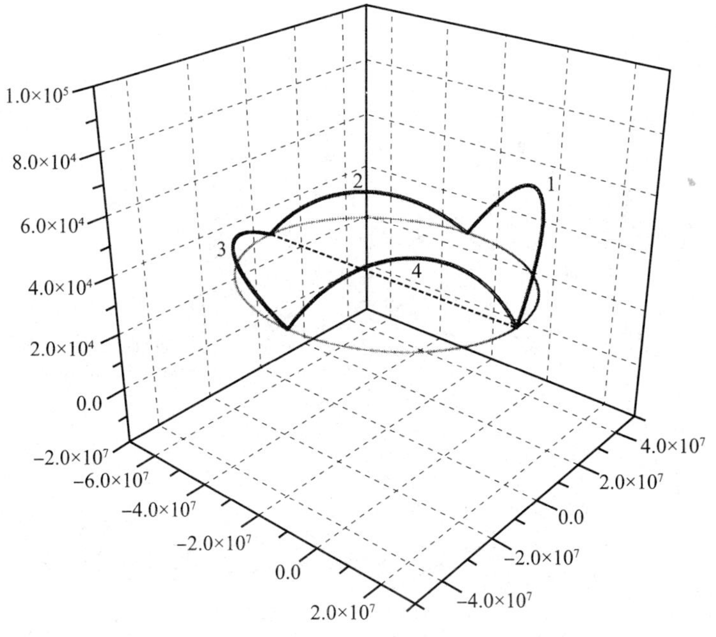

图 11－25　4 段脉冲推力主动航天器的轨道曲线

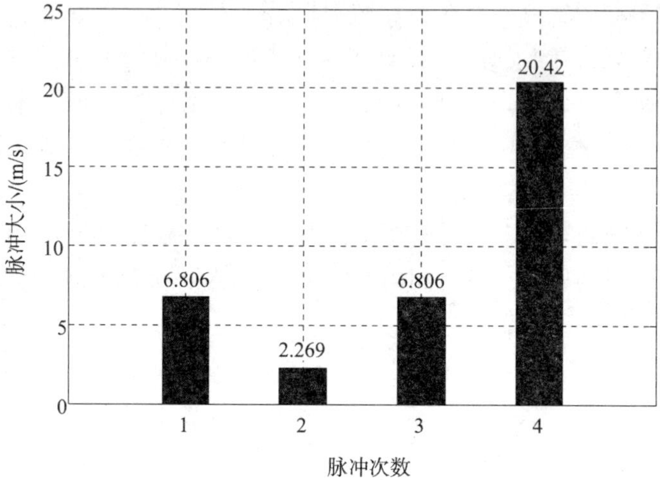

图 11－26　4 段脉冲推力主动航天器所需的速度增量曲线

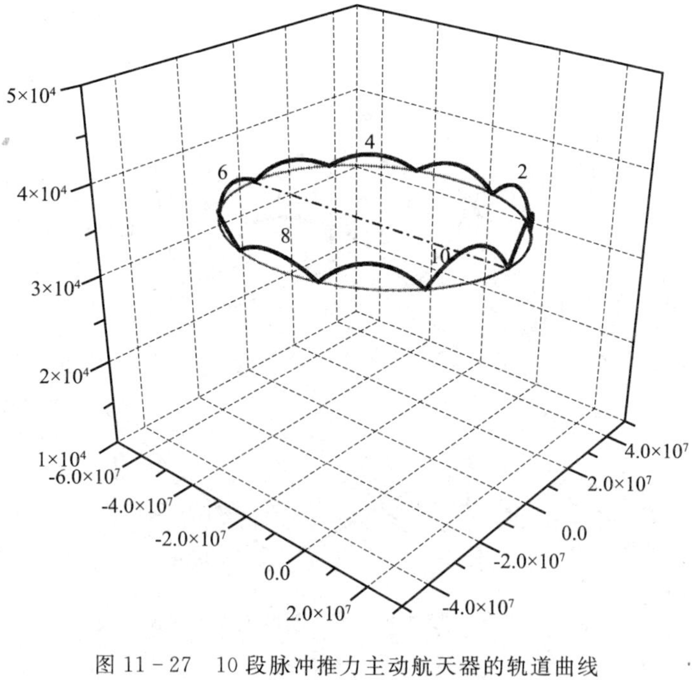

图 11－27　10 段脉冲推力主动航天器的轨道曲线

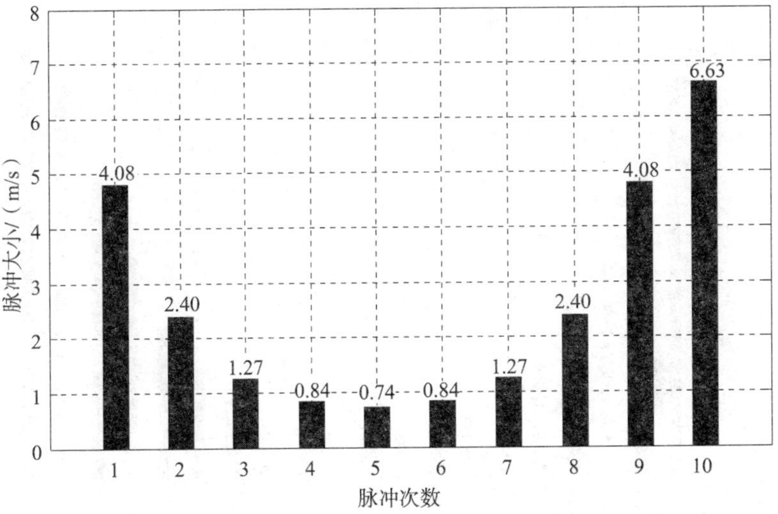

图 11-28　10 段脉冲推力时主动航天器的速度增量曲线

同时，为了能更清楚了解分段次数与脉冲速度增量大小的关系，图 11-29 和图 11-30 分别给出当分段脉冲次数为 20 和 50 时各段脉冲速度增量的大小。由图 11-29 和图 11-30 可知，随着偏置轨道的分段脉冲次数的增加，每次所需的脉冲速度大小将逐渐减小。所需的脉冲速度大小趋于连续推力悬停/悬浮时所需的速度大小，即当脉冲次数增加时，主动航天器在每次脉冲时的脉冲大小趋近于连续推力所需的脉冲大小，主动航天器悬停/悬浮一个周期所需要的总的速度大小即为每次脉冲速度大小的和。

11.4　航天器悬停/悬浮拼接轨道的规划

航天器轨道机动技术是空间操作必备的基础技术，基于空间应用的特定需求，提出一种轨道机动模式——区间悬停/悬浮模式。事实上，长期在目标航天器附近执行悬停/悬浮任务是不现实的，更实际的问题是阶段性悬停/悬浮，在无悬停/悬浮任务时，追踪航天器

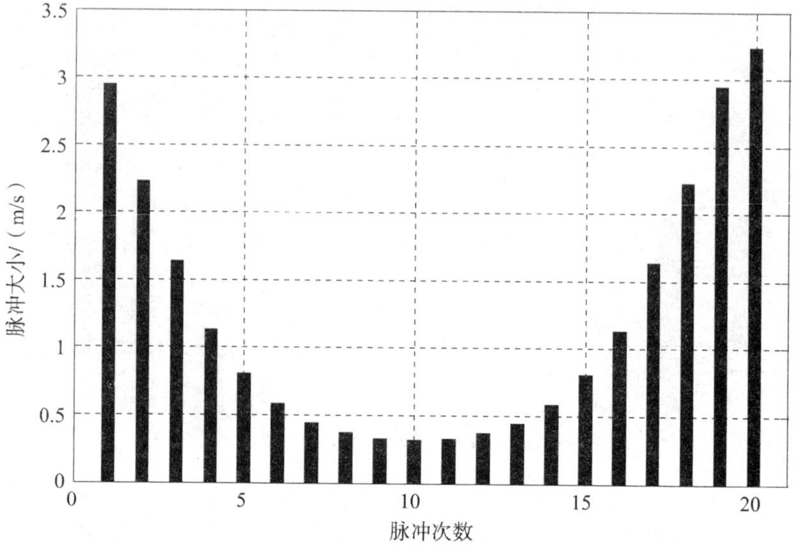

图 11－29　20 段脉冲推力时主动航天器的速度增量曲线

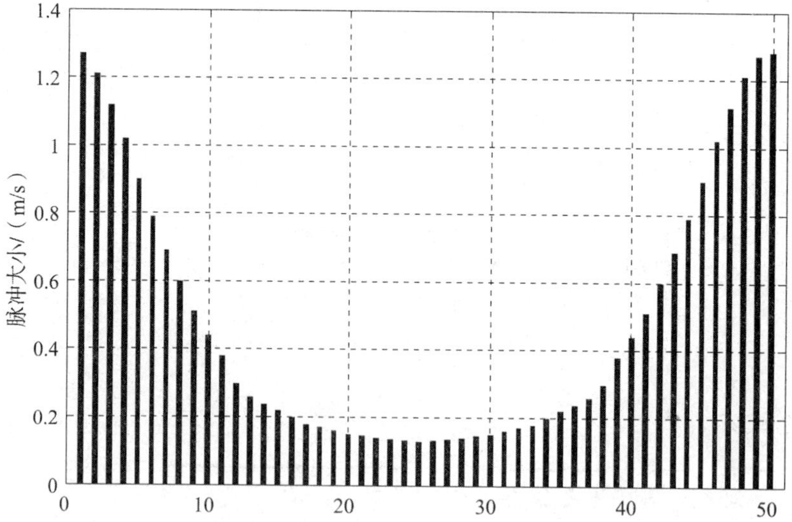

图 11－30　50 段脉冲推力时主动航天器的速度增量曲线

应蛰伏在待命轨道上，待命轨道的设计应体现如下特点：1）不消耗燃料（或满足开普勒轨道参数）或少消耗燃料；2）方便地到达下一个悬停/悬浮点以便执行下一个周期的悬停/悬浮；3）保证时间上的协调。这样，所谓拼接轨道，事实上就是悬停/悬浮的轨道与待命轨道的拼接或非开普勒轨道与开普勒轨道的拼接。上述设计更类似于周期性悬浮问题。本节我们将提出两种拼接轨道的设计，并进行仿真。

11.4.1　基于脉冲推力的悬停/悬浮拼接轨道设计

主动航天器在执行对目标航天器的悬停/悬浮任务时，由于任务的性质不同或对燃料要求不同等原因，主动航天器并不是整周期地在目标航天器周围进行悬停/悬浮，而是在目标航天器真近点角的一个有效范围内需要主动航天器对它进行悬停/悬浮飞行时，主动航天器才进行悬停/悬浮飞行，其余时间段主动航天器则是在待命轨道上进行无动力的飞行。

对于目标航天器，若轨道参数已知，主动航天器需要执行悬停/悬浮飞行任务的范围为目标航天器的真近点角对应区间 $[\theta_1, \theta_2]$。主动航天器所处的位置相对于目标航天器为 $[x_0, y_0, z_0]$，执行悬停/悬浮任务的时间间隔为 Δt。为了使主动航天器从待命轨道上转移到悬停/悬浮轨道上以及从悬停/悬浮轨道返回到待命轨道上，需要对主动航天器实施两次变轨，进行轨道拼接。

11.4.1.1　脉冲推力的拼接轨道设计

以目标航天器的真近点角范围表示主动航天器的变轨位置，对于第一次变轨，目标航天器的真近点角为 θ_1，目标航天器所对应的时刻为 t_1。真近点角 θ 与时间 t 之间的关系为

$$E = \begin{cases} \arccos\left(\dfrac{e + \cos\theta}{1 + e\cos\theta}\right), & 0 < \theta \leqslant \pi \\ 2\pi - \arccos\left(\dfrac{e + \cos\theta}{1 + e\cos\theta}\right), & \pi < \theta < 2\pi \end{cases} \tag{11-68}$$

$$M = E - e\sin E \tag{11-69}$$

$$t = M/n + t_p \tag{11-70}$$

式中 e——目标航天器的偏心率；

θ——目标航天器的真近点角；

E——目标航天器的偏近点角；

M——目标航天器的平近点角；

t_p——目标航天器经过近地点的时刻，若初始时刻目标航天器位于近地点，则有 $t_p=0$。

在主动航天器到达悬停/悬浮位置的第 1 次变轨与撤离悬停/悬浮状态的第 2 次变轨之间的悬停/悬浮段，目标航天器所经过的时间间隔为

$$\Delta t_1 = \frac{M_2 - M_1}{n} \tag{11-71}$$

第 1 次变轨时刻与第 2 次变轨时刻主动航天器的状态量即为主动航天器开始悬停/悬浮飞行的状态量，则主动航天器悬停/悬浮时刻的速度和位置与目标航天器状态量之间的关系为

$$\boldsymbol{v}_c = \boldsymbol{v}_t + \boldsymbol{\omega}_t \times \boldsymbol{\rho} \tag{11-72}$$

$$\boldsymbol{r}_c = \boldsymbol{r}_t + \boldsymbol{\rho} \tag{11-73}$$

式中 $\boldsymbol{v}_c$——主动航天器的速度；

$\boldsymbol{v}_t$——目标航天器的速度；

$\boldsymbol{r}_c$——主动航天器的位置矢量；

$\boldsymbol{r}_t$——目标航天器的位置矢量；

$\boldsymbol{\rho}$——悬停/悬浮位置矢量。

主动航天器两次变轨中间的悬停/悬浮段的控制可按照整周期悬停/悬浮控制策略来实施。

对于主动航天器在待命轨道上的飞行时间，由主动航天器待命轨道的轨道根数来确定。若悬停/悬浮任务要求主动航天器多次在目标航天器的确定位置进行悬停/悬浮，为保证主动航天器的运行时间与目标航天器的运行时间完全相同，则要求主动航天器在待命轨道上飞行的时间为

$$\Delta t_2 = T - \frac{M_2 - M_1}{n} \tag{11-74}$$

至此，基于脉冲推力的悬停/悬浮轨道在一个轨道周期内主动航天器的轨道设计方案描述完成。

通过脉冲推力的方式实现主动航天器一个周期内悬停/悬浮轨道和待命轨道之间的变轨，实现主动航天器悬停/悬浮的任务需求。由于主动航天器在不考虑任何摄动的二体模型下进行脉冲变轨，如果第 1 次变轨点和第 2 次变轨点的位置状态量和变轨段飞行的时间间隔均已知，则该问题转化为 Lambert 问题。

11.4.1.2　航天器状态量之间的数学关系

对于主动航天器的区间轨道设计，首先需要确定主动航天器在空间的位置矢量。目标航天器的位置矢量在地心赤道坐标系中表示为 $\boldsymbol{r}_t$，在坐标轴上的分量表示为（X_t，Y_t，Z_t）。主动航天器的位置矢量在地心赤道坐标系中表示为 $\boldsymbol{r}_c$，在坐标轴上的分量表示为（X_c，Y_c，Z_c），在目标航天器质心轨道坐标系中表示为 $\boldsymbol{\rho}$，在坐标轴上的分量表示为（x，y，z）。根据矢量关系，主动航天器的位置矢量与目标航天器的位置矢量之间满足公式（11－73），采用位置矢量的分量形式表示为

$$\begin{bmatrix} X_c \\ Y_c \\ Z_c \end{bmatrix} = \begin{bmatrix} X_t \\ Y_t \\ Z_t \end{bmatrix} + \boldsymbol{A}_{ES} \begin{bmatrix} x \\ y \\ z \end{bmatrix} \tag{11-75}$$

式中　$\boldsymbol{A}_{ES}$——目标航天器质心轨道坐标系向地心赤道坐标系的转化矩阵。

且有

$$\boldsymbol{A}_{ES} = \begin{bmatrix} \cos\Omega\cos u - \sin\Omega\cos i\sin u & -\cos\Omega\sin u - \sin\Omega\cos i\cos u & \sin\Omega\sin i \\ \sin\Omega\cos u + \cos\Omega\cos i\sin u & -\sin\Omega\sin u + \cos\Omega\cos i\cos u & -\cos\Omega\sin i \\ \sin i\sin u & \sin i\cos u & \cos i \end{bmatrix}$$

式中　Ω——目标航天器的升交点赤经；

i——目标航天器的轨道倾角；

$u=\omega+\theta$ 是目标航天器的轨道角，ω 是目标航天器的近地点幅角，θ 为目标航天器的真近点角。

根据悬停/悬浮的定义，主动航天器相对于目标航天器质心坐标系的位置为一常数，即有

$$\begin{bmatrix} x \\ y \\ z \end{bmatrix} = \begin{bmatrix} x_0 \\ y_0 \\ z_0 \end{bmatrix} \tag{11-76}$$

将方程（11－76）代入方程（11－75）中，则有

$$\begin{bmatrix} X_c \\ Y_c \\ Z_c \end{bmatrix} = \begin{bmatrix} X_t \\ Y_t \\ Z_t \end{bmatrix} + \boldsymbol{A}_{ES} \begin{bmatrix} x_0 \\ y_0 \\ z_0 \end{bmatrix} \tag{11-77}$$

如果目标航天器的 6 个轨道根数（a，e，i，Ω，ω，θ）已知，则任意时刻目标航天器在地心赤道坐标系中的位置和速度为

$$\begin{bmatrix} X_t \\ Y_t \\ Z_t \end{bmatrix} = \boldsymbol{A}_{Eb} \frac{a(1-e^2)}{1+e\cos\theta} \begin{bmatrix} \cos\theta \\ \sin\theta \\ 0 \end{bmatrix} \tag{11-78}$$

$$\begin{bmatrix} v_{tX} \\ v_{tY} \\ v_{tZ} \end{bmatrix} = \boldsymbol{A}_{Eb} \sqrt{\frac{\mu}{a(1-e^2)}} \begin{bmatrix} -\sin\theta \\ e+\cos\theta \\ 0 \end{bmatrix} \tag{11-79}$$

式中 $\boldsymbol{A}_{Eb}$——目标航天器地心轨道坐标系向地心赤道坐标系的转化矩阵。

且有

$$\boldsymbol{A}_{Eb} = \begin{bmatrix} \cos\Omega\cos\omega - \sin\Omega\cos i\sin\omega & -\cos\Omega\sin\omega - \sin\Omega\cos i\cos\omega & \sin\Omega\sin i \\ \sin\Omega\cos\omega + \cos\Omega\cos i\sin\omega & -\sin\Omega\sin\omega + \cos\Omega\cos i\cos\omega & -\cos\Omega\sin i \\ \sin i\sin\omega & \sin i\cos\omega & \cos i \end{bmatrix}$$

根据方程（11－77）和方程（11－78），即可确定出主动航天器在空间任意时刻的位置矢量 $\boldsymbol{r}_c$。

11.4.1.3 主动航天器轨道根数的数学模型

通过上述两个步骤的讨论和分析，已经得到主动航天器第 1 次变轨点的位置 P_1 和第 2 次变轨点的位置 P_2，以及主动航天器悬停/悬浮的时间间隔 Δt，则通过对 Lambert 问题的求解（见图 11－31），

即可确定出主动航天器待命轨道的轨道根数。

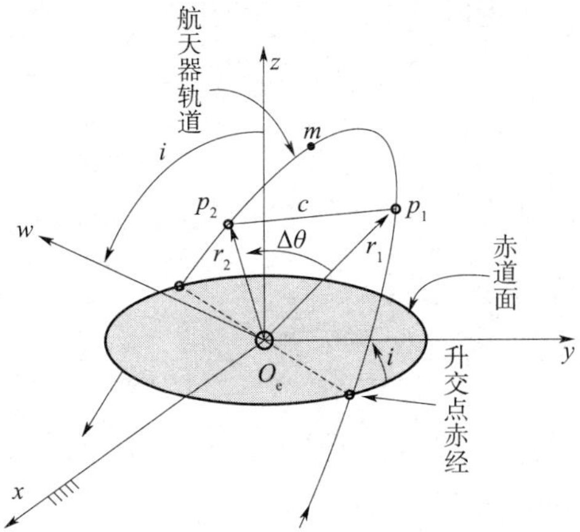

图 11-31 Lambert 问题示意图

首先，主动航天器在各个任务段的起始位置矢量为$\boldsymbol{r}_1$，终止位置矢量为$\boldsymbol{r}_2$，时间间隔为 Δt。由起始位置矢量$\boldsymbol{r}_1$ 和终止位置矢量$\boldsymbol{r}_2$，则有

$$\cos(\Delta\theta)=\frac{\boldsymbol{r}_1\cdot\boldsymbol{r}_2}{r_1 r_2} \tag{11-80}$$

式中

$$r_1=\sqrt{\boldsymbol{r}_1\cdot\boldsymbol{r}_1},\quad r_2=\sqrt{\boldsymbol{r}_2\cdot\boldsymbol{r}_2} \tag{11-81}$$

$$(\boldsymbol{r}_1\times\boldsymbol{r}_2)_Z=r_1 r_2\sin(\Delta\theta)\cos(i) \tag{11-82}$$

主动航天器在轨道上的运行方向为顺时针时，则有

$$\Delta\theta=\begin{cases}\arccos\left(\dfrac{\boldsymbol{r}_1\cdot\boldsymbol{r}_2}{r_1 r_2}\right), & (\boldsymbol{r}_1\times\boldsymbol{r}_2)_Z\geqslant 0\\ 2\pi-\arccos\left(\dfrac{\boldsymbol{r}_1\cdot\boldsymbol{r}_2}{r_1 r_2}\right), & (\boldsymbol{r}_1\times\boldsymbol{r}_2)_Z<0\end{cases} \tag{11-83}$$

主动航天器在轨道上的运行方向为逆时针时，则有

$$\Delta\theta=\begin{cases}\arccos\left(\dfrac{\boldsymbol{r}_1\cdot\boldsymbol{r}_2}{r_1 r_2}\right), & (\boldsymbol{r}_1\times\boldsymbol{r}_2)_Z<0\\ 2\pi-\arccos\left(\dfrac{\boldsymbol{r}_1\cdot\boldsymbol{r}_2}{r_1 r_2}\right), & (\boldsymbol{r}_1\times\boldsymbol{r}_2)_Z\geqslant 0\end{cases} \tag{11-84}$$

为了确定出主动航天器在待命轨道上 P_1 点的速度，引入拉格朗

日函数 L_1 和 L_2，则主动航天器在待命轨道上 P_2 点的位置矢量和速度矢量为

$$\begin{cases} \boldsymbol{r}_2 = L_1 \cdot \boldsymbol{r}_1 + L_2 \cdot \boldsymbol{v}_1 \\ \boldsymbol{v}_2 = \dot{L}_1 \cdot \boldsymbol{r}_1 + \dot{L}_2 \cdot \boldsymbol{v}_1 \end{cases} \tag{11-85}$$

由方程（11-85），可得到主动航天器在第1次变轨点 P_1 和第2次变轨点 P_2 的速度为

$$\begin{cases} \boldsymbol{v}_1 = \dfrac{1}{L_2}(\boldsymbol{r}_2 - L_1 \cdot \boldsymbol{r}_1) \\ \boldsymbol{v}_2 = \dot{L}_1 \cdot \boldsymbol{r}_1 + \dfrac{\dot{L}_2}{L_2}(\boldsymbol{r}_2 - L_1 \cdot \boldsymbol{r}_1) \\ \quad = \dfrac{\dot{L}_2}{L_2} \cdot \boldsymbol{r}_2 - \dfrac{L_1 \cdot \dot{L}_2 - \dot{L}_1 \cdot L_2}{L_2} \cdot \boldsymbol{r}_1 \end{cases} \tag{11-86}$$

由于拉格朗日函数 L_1 和 L_2 满足如下关系

$$L_1 \cdot \dot{L}_2 - \dot{L}_1 \cdot L_2 = 1 \tag{11-87}$$

则方程（11-86）中的第2式可简化为

$$\boldsymbol{v}_2 = \frac{1}{L_2}(\dot{L}_2 \cdot \boldsymbol{r}_2 - \boldsymbol{r}_1) \tag{11-88}$$

方程（11-86）中的拉格朗日函数 L_1 和 L_2 以及它们关于时间的导数可表示为真近点角的改变量 $\Delta\theta$ 的函数

$$\begin{cases} L_1 = 1 - \dfrac{\mu r_2}{h^2}[1 - \cos(\Delta\theta)] \\ L_2 = \dfrac{r_1 r_2}{h}\sin(\Delta\theta) \\ \dot{L}_1 = \dfrac{\mu}{h} \cdot \dfrac{1 - \cos(\Delta\theta)}{\sin(\Delta\theta)}\left\{\dfrac{\mu}{h^2}[1 - \cos(\Delta\theta)] - \dfrac{1}{r_1} - \dfrac{1}{r_2}\right\} \\ \dot{L}_2 = 1 - \dfrac{\mu r_1}{h^2}[1 - \cos(\Delta\theta)] \end{cases} \tag{11-89}$$

同时，还可以表示成广义真近点角 χ 的函数

$$\begin{cases} L_1 = 1 - \dfrac{\chi^2}{r_1} C(z), \ L_2 = \Delta t - \dfrac{1}{\sqrt{\mu}} \chi^3 S(z) \\ \dot{L}_1 = \dfrac{\sqrt{\mu}}{r_1 r_2} \chi [zS(z) - 1], \ \dot{L}_2 = 1 - \dfrac{\chi^2}{r_2} C(z) \end{cases} \tag{11-90}$$

式中　$z = \alpha \chi^2$ 。

由方程（11－89）的第 2 式和方程（11－90）的第 2 式可以得到真近点角的改变量 $\Delta\theta$ 和时间间隔 Δt 的关系如下

$$\frac{r_1 r_2}{h} \sin(\Delta\theta) = \Delta t - \frac{1}{\sqrt{\mu}} \chi^3 S(z) \tag{11-91}$$

由方程（11－89）的第 1 式和方程（11－90）的第 1 式，可以得到如下关系

$$1 - \frac{\mu r_2}{h^2} [1 - \cos(\Delta\theta)] = 1 - \frac{\chi^2}{r_1} C(z) \tag{11-92}$$

则主动航天器运行时的动量矩 h 为

$$h = \sqrt{\frac{\mu r_1 r_2 [1 - \cos(\Delta\theta)]}{\chi^2 C(z)}} \tag{11-93}$$

将方程（11－93）代入方程（11－91）中，则有

$$\sqrt{\mu} \Delta t = \chi^3 S(z) + \chi \sqrt{C(z)} \left[\sin(\Delta\theta) \sqrt{\frac{r_1 r_2}{1 - \cos(\Delta\theta)}} \right] \tag{11-94}$$

引入变量 A

$$A = \sin(\Delta\theta) \sqrt{\frac{r_1 r_2}{1 - \cos(\Delta\theta)}} \tag{11-95}$$

方程（11－94）可简化为

$$\sqrt{\mu} \Delta t = \chi^3 S(z) + A \chi \sqrt{C(z)} \tag{11-96}$$

为了得到变量 z 与广义真近点角 χ 之间的关系，由方程（11－89）的第 3 式和方程（11－90）的第 3 式，有

$$\frac{\mu}{h} \cdot \frac{1 - \cos(\Delta\theta)}{\sin(\Delta\theta)} \left\{ \frac{\mu}{h^2} [1 - \cos(\Delta\theta)] - \frac{1}{r_1} - \frac{1}{r_2} \right\} = \frac{\sqrt{\mu}}{r_1 r_2} \chi [zS(z) - 1] \tag{11-97}$$

方程（11－97）的两边同乘以 $r_1 r_2$，同时将方程（11－93）代入方程（11－97）中，简化后得

$$\chi^2 C(z) = r_1 + r_2 + A\frac{zS(z)-1}{\sqrt{C(z)}} \tag{11-98}$$

令方程（11－98）等号右边为 $y(z)$，即

$$y(z) = r_1 + r_2 + A\frac{zS(z)-1}{\sqrt{C(z)}} \tag{11-99}$$

则有

$$\chi = \sqrt{\frac{y(z)}{C(z)}} \tag{11-100}$$

将方程（11－100）代入方程（11－96），则有

$$\sqrt{\mu}\Delta t = \left[\frac{y(z)}{C(z)}\right]^{\frac{3}{2}} S(z) + A\sqrt{y(z)} \tag{11-101}$$

方程（11－101）可转化为求零点的函数 $F(z)$，即

$$F(z) = \left[\frac{y(z)}{C(z)}\right]^{\frac{3}{2}} S(z) + A\sqrt{y(z)} - \sqrt{\mu}\Delta t \tag{11-102}$$

式中

$$\begin{cases} S(z) = \sum\limits_{k=0}^{\infty} (-1)^k \dfrac{z^k}{(2k+3)!} \\ C(z) = \sum\limits_{k=0}^{\infty} (-1)^k \dfrac{z^k}{(2k+2)!} \end{cases} \tag{11-103}$$

通过非线性数值算法中的牛顿迭代法或弧长法可求出方程（11－102）的零点 z_0。

将方程（11－100）和方程（11－101）代入方程（11－90），则有

$$\begin{cases} f = 1 - \dfrac{y(z)}{r_1}，\dot{f} = \dfrac{\sqrt{\mu}}{r_1 r_2}\sqrt{\dfrac{y(z)}{C(z)}}[zS(z)-1] \\ g = A\sqrt{\dfrac{y(z)}{\mu}}，\dot{g} = 1 - \dfrac{y(z)}{r_2} \end{cases} \tag{11-104}$$

将方程（11－104）代入方程（11－86），则有

$$\boldsymbol{v}_1 = \frac{1}{A}\sqrt{\frac{\mu}{y(z)}}\left\{\boldsymbol{r}_2 - \left[1 - \frac{y(z)}{r_1}\right]\boldsymbol{r}_1\right\} \tag{11-105}$$

$$\boldsymbol{v}_2 = \frac{1}{A}\sqrt{\frac{\mu}{y(z)}}\left\{\left[1 - \frac{y(z)}{r_2}\right]\boldsymbol{r}_2 - \boldsymbol{r}_1\right\} \tag{11-106}$$

将所求解的零点 z_0 代入方程（11-105）和方程（11-106）中，即可得到主动航天器在第 1 次变轨点 P_1 的速度矢量 $\boldsymbol{v}_1$ 和在第 2 次变轨点 P_2 的速度矢量 $\boldsymbol{v}_2$。至此，主动航天器在待命轨道上 P_1 点的位置矢量 $\boldsymbol{r}_1$ 和速度矢量 $\boldsymbol{v}_1$，P_2 点的位置矢量 $\boldsymbol{r}_2$ 和速度矢量 $\boldsymbol{v}_2$ 均已经全部确定。采用 P_1 点或 P_2 点的位置矢量和速度矢量即可求出主动航天器在待命轨道上运行的轨道根数。

主动航天器在待命轨道上的 6 个轨道根数全部计算完成后，则任意时刻主动航天器在地心轨道坐标系中待命轨道上的位置和速度为

$$\boldsymbol{r}_{\mathrm{b}} = \frac{a(1-e^2)}{1+e\cos\theta}(\cos\theta\boldsymbol{p} + \sin\theta\boldsymbol{q}) \tag{11-107}$$

$$\boldsymbol{v}_{\mathrm{b}} = \sqrt{\frac{\mu}{a(1-e^2)}}[-\sin\theta\boldsymbol{p} + (e+\cos\theta)\boldsymbol{q}] \tag{11-108}$$

则任意时刻主动航天器在地心赤道坐标系中待命轨道上的位置矢量和速度矢量为

$$\boldsymbol{r}_{\mathrm{c}} = A_{\mathrm{Eb}}\boldsymbol{r}_{\mathrm{b}},\ \boldsymbol{v}_{\mathrm{c}} = \boldsymbol{A}_{\mathrm{Eb}}\boldsymbol{v}_{\mathrm{b}} \tag{11-109}$$

根据任意时刻主动航天器在地心赤道坐标系中的位置矢量，即可绘制出主动航天器在 P_1 和 P_2 两点之间的运行轨迹。

11.4.2　区间悬停/悬浮数值分析

采用 Lambert 问题求解法分析区间悬停/悬浮的航天器轨道机动问题。本节将对如下问题进行研究：1）主动航天器共面悬停分析；2）主动航天器非共面悬浮分析；3）目标航天器轨道参数及悬浮参数对燃料消耗的影响分析。

11.4.2.1　主动航天器共面悬停分析

对于主动航天器的共面悬停情况，主动航天器的初始质量为 $m_0 = 2\ 000$ kg，发动机为中等推力发动机。目标航天器的轨道为近

圆轨道时，轨道根数如表 11－4 所示。主动航天器第 1 次变轨点为目标航天器的真近点角 $\theta_1=30°$，悬停/悬浮的区间角度为 $\Delta\theta=60°$，即主动航天器第 2 次变轨点为目标航天器的真近点角 $\theta_2=90°$，悬停的距离为 $x=10$ km。在悬停轨道上，主动航天器的加速度控制率按 11.2 节的控制率进行控制；在待命轨道上，主动航天器进行无动力的飞行。通过 Lambert 问题求解得到主动航天器待命轨道的轨道根数与目标航天器轨道根数的对比如表 11－4 所示。

表 11－4　近圆轨道悬停时轨道根数比较

	长半轴 a/km	偏心率 e	轨道倾角 i/(°)	近地点幅角 ω/(°)	升交点赤经 Ω/(°)	真近点角 θ/(°)
目标航天器	8 000	0.02	30	60	30	0
主动航天器	8 002.2	0.019 4	30.000 1	57.204 1	30.000 1	2.794 0

通过表 11－4 可知，主动航天器待命轨道的轨道参数与目标航天器的轨道参数相差不大。目标航天器轨道为近圆轨道时，主动航天器共面悬停的拼接轨道如图 11－32 所示，主动航天器相对位置的变化规律如图 11－33 所示。

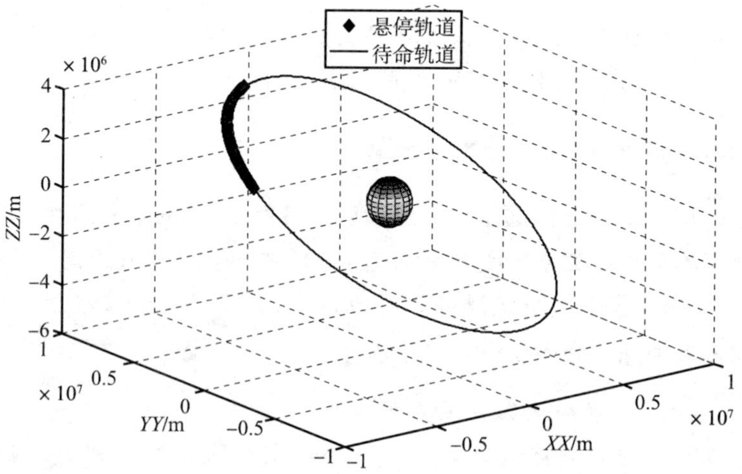

图 11－32　目标航天器轨道为近圆轨道时主动航天器悬停的拼接轨道

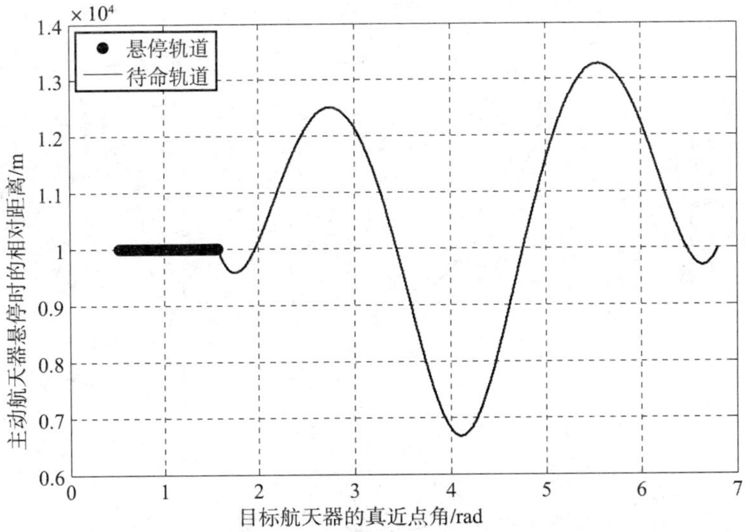

图 11-33 目标航天器轨道为近圆轨道时主动航天器相对位置的变化规律

目标航天器的轨道为椭圆轨道时，轨道根数如表 11-5 所示。主动航天器第 1 次变轨点为目标航天器的真近点角 $\theta_1=30°$，悬停/悬浮的区间角度为 $\Delta\theta=60°$，即主动航天器第 2 次变轨点为目标航天器的真近点角 $\theta_2=90°$，悬停的距离为 $x=10$ km。在悬停轨道上，按 11.2 节的控制率进行控制飞行；在待命轨道上，进行无动力飞行。通过 Lambert 问题求解得到主动航天器待命轨道的轨道根数与目标航天器轨道根数的对比如表 11-5 所示。

表 11-5　椭圆轨道悬停时轨道根数比较

	长半轴 a/km	偏心率 e	轨道倾角 i/(°)	近地点幅角 ω/(°)	升交点赤经 Ω/(°)	真近点角 θ/(°)
目标航天器	20 000	0.6	30	60	30	0
主动航天器	20 001.1	0.599 5	30.001	60.017 3	30.001	−0.017

目标航天器轨道为椭圆轨道时，主动航天器共面悬停的拼接轨道如图 11-34 所示，主动航天器相对位置的变化规律如图 11-35 所示。

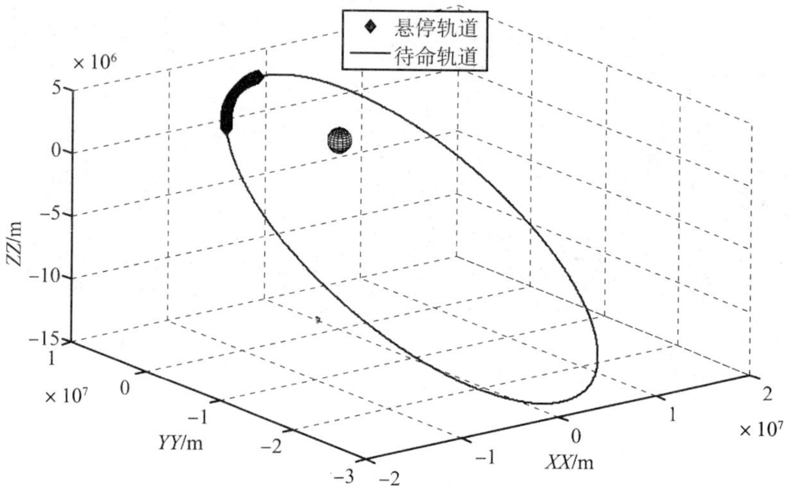

图 11 - 34　主动航天器共面悬停的拼接轨道

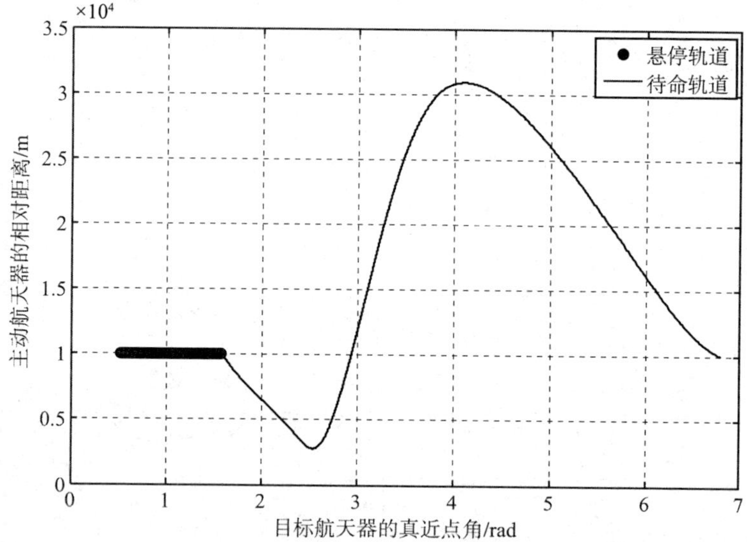

图 11 - 35　主动航天器与目标航天器相对位置的变化规律

由图 11 - 33 和图 11 - 35 可知，主动航天器执行共面悬停任务时，悬停的距离为 10 km，当目标航天器的轨道偏心率为 0.02 的近圆轨道时，相对距离的最小值为 6.6 km；当目标航天器的轨道偏心率为 0.6 的椭圆轨道时，相对距离的最小值为 3.2 km，理论上讲，主动航天器在待命轨道上无动力飞行时不会与目标航天器发生碰撞，但这个相对距离还是让人有些担心。

11.4.2.2　主动航天器非共面悬浮

对于主动航天器非共面悬浮情况，主动航天器的初始质量、最大控制推力以及发动机的比冲与主动航天器共面悬停时的完全相同。目标航天器的轨道为近圆轨道时，轨道根数与主动航天器共面悬停时完全相同，如表 11 - 6 所示。主动航天器第 1 次变轨点为目标航天器的真近点角 $\theta_1=30°$，悬停/悬浮的区间角度为 $\Delta\theta=60°$，即主动航天器第 2 次变轨点为目标航天器的真近点角 $\theta_2=90°$，悬浮距离为 $x=20$ km，$z=10$ km。在悬浮轨道上，主动航天器的加速度控制率按 11.2 节的控制率进行控制；在待命轨道上，进行无动力的飞行。通过 Lambert 问题求解得到主动航天器待命轨道的轨道根数与目标航天器轨道根数的对比如表 11 - 6 所示。

表 11 - 6　近圆轨道悬浮时轨道根数比较

	长半轴 a/km	偏心率 e	轨道倾角 i/(°)	近地点幅角 ω/(°)	升交点赤经 Ω/(°)	真近点角 θ/(°)
目标航天器	8 000	0.02	30	60	30	0
主动航天器	8 004.48	0.0189	30.072 7	54.181 0	30.080 9	5.749 0

通过表 11 - 6 可知，主动航天器待命轨道的轨道根数和目标航天器的轨道根数有一定差异。目标航天器轨道为近圆轨道时，主动航天器非共面悬浮的拼接轨道如图 11 - 36 所示，主动航天器相对位置的变化规律如图 11 - 37 所示。

目标航天器的轨道为椭圆轨道时，其轨道根数如表 11 - 7 所示。主动航天器第 1 次变轨点为目标航天器的真近点角 $\theta_1=30°$，悬停/悬浮的区间角度为 $\Delta\theta=60°$，即主动航天器第 2 次变轨点为目标航天器的真近点角 $\theta_2=90°$，悬浮距离为 $x=20$ km，$z=10$ km，在悬浮

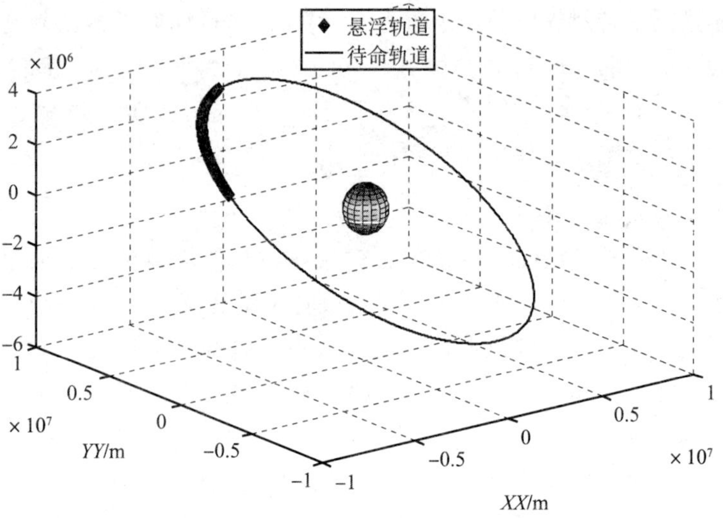

图 11-36 主动航天器非共面悬浮的拼接轨道

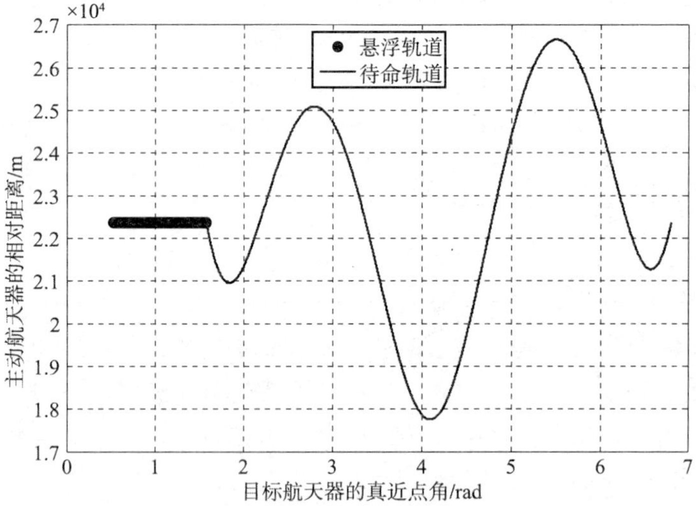

图 11-37 主动航天器与目标航天器的相对位置关系曲线

轨道上，主动航天器的加速度控制率按 11.2 节的控制率进行控制；在待命轨道上，进行无动力的飞行。通过 Lambert 问题求解得到主动航天器待命轨道的轨道根数与目标航天器轨道根数的对比如表 11－7 所示。

通过表 11－7 可知，主动航天器待命轨道的轨道根数变化也较小，即意味着主动航天器所消耗的能量也较少。目标航天器轨道为椭圆轨道时，主动航天器非共面悬浮的拼接轨道如图 11－38 所示，主动航天器相对位置的变化规律如图 11－39 所示。

表 11－7　椭圆轨道悬浮时轨道根数比较

	长半轴 a /km	偏心率 e	轨道倾角 i / (°)	近地点幅角 ω / (°)	升交点赤经 Ω / (°)	真近点角 θ / (°)
目标航天器	20 000	0.6	30	60	30	0
主动航天器	20 002.14	0.599 0	30.067 9	60.014 6	30.024 8	－0.036 1

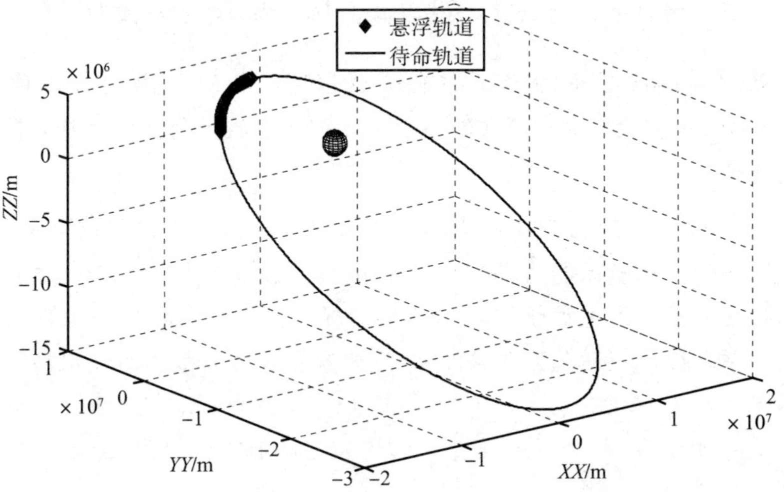

图 11－38 主动航天器非共面悬浮的拼接轨道

由图 11－37 和图 11－39 可知，主动航天器执行非共面悬浮任务时，悬浮的距离为 x＝20 km，z＝10 km，当目标航天器的轨道偏心率为 0.02 的近圆轨道时，相对距离的最小值为 17.8 km；当目标航

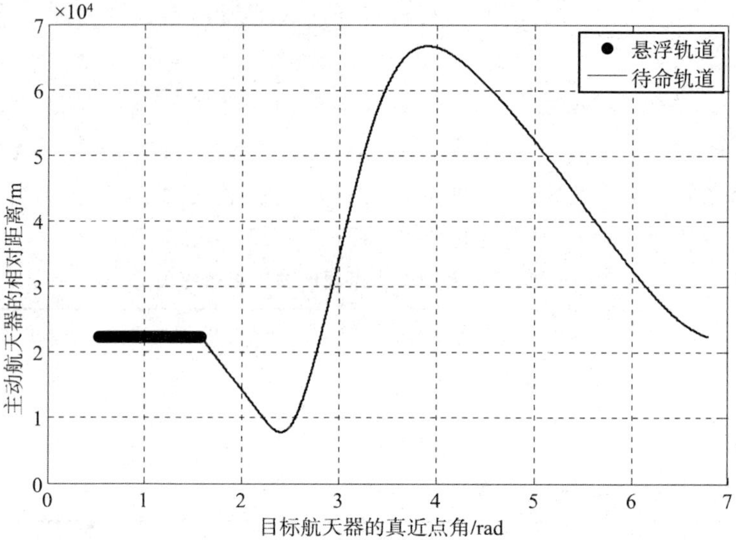

图 11-39 主动航天器非共面悬浮时相对距离的变化规律

天器的轨道偏心率为 0.6 的椭圆轨道时，相对距离的最小值为 7.8 km。主动航天器在待命轨道上无动力飞行时不会与目标航天器发生碰撞。

11.4.2.3 目标航天器轨道参数及悬浮参数对能量消耗的影响

选取目标航天器为椭圆轨道的轨道根数（如表 11-5 所示）进行分析，求解出主动航天器的燃料消耗与目标航天器轨道根数之间的关系，以及主动航天器悬停/悬浮位置及其区间范围对燃料消耗的影响。对于主动航天器，初始质量为 $m_0=2\ 000$ kg，发动机的比冲为 $I_{sp}=400$ s，在计算过程中，只计算主动航天器悬停/悬浮一个周期的燃料消耗。

（1）主动航天器的悬停/悬浮距离

对于主动航天器，悬停/悬浮区间的初始位置对应目标航天器的真近点角为 $\theta_1=30°$，悬停/悬浮区间的终止位置对应目标航天器的真近点角为 $\theta_2=90°$，悬停/悬浮的距离从 1～40 km 变化。主动航天器悬停/悬浮时，燃料消耗如图 11-40 所示。

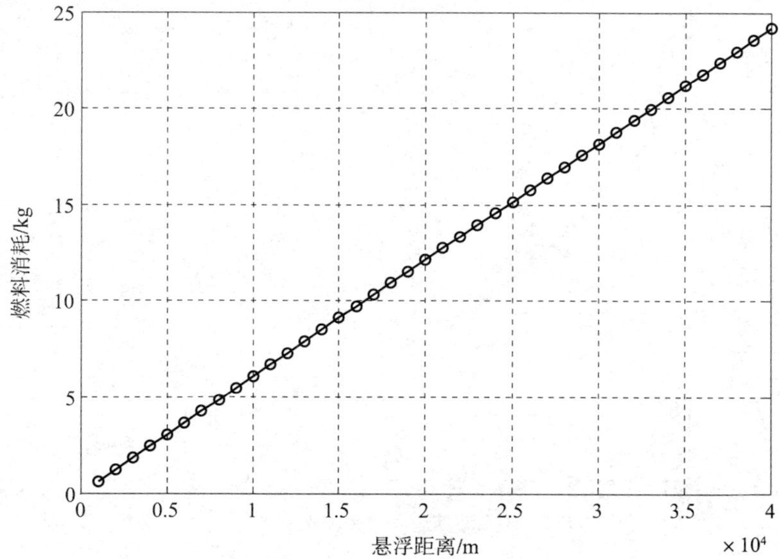

图 11-40　主动航天器悬浮时距离对燃料消耗的影响规律

从图 11-40 可以明显看出，主动航天器悬停/悬浮距离增大时，速度差绝对值也越大，燃料消耗也就越大，同时燃料消耗与悬停/悬浮距离之间近似呈线性关系。

（2）目标航天器的轨道半长轴

对于主动航天器，悬停/悬浮区间的初始位置对应目标航天器的真近点角为 $\theta_1=30°$，悬停/悬浮区间的终止位置对应目标航天器的真近点角为 $\theta_2=90°$，悬停/悬浮的距离为 2 km，目标航天器的轨道半长轴在 12 000 ～ 28 000 km（下限设置是在偏心率的影响下，目标航天器的近地点距离大于地球赤道半径）范围变化。主动航天器悬浮时，能量消耗如图 11-41 所示。

从图 11-41 可以看出，在其他条件不变的情况下，主动航天器实现区间悬停/悬浮时的燃料消耗随目标航天器轨道半长轴的增大而减小，目标航天器的半长轴越大，主动航天器的能量消耗越小。由于主动航天器悬停/悬浮的距离保持不变，目标航天器轨道半长轴越

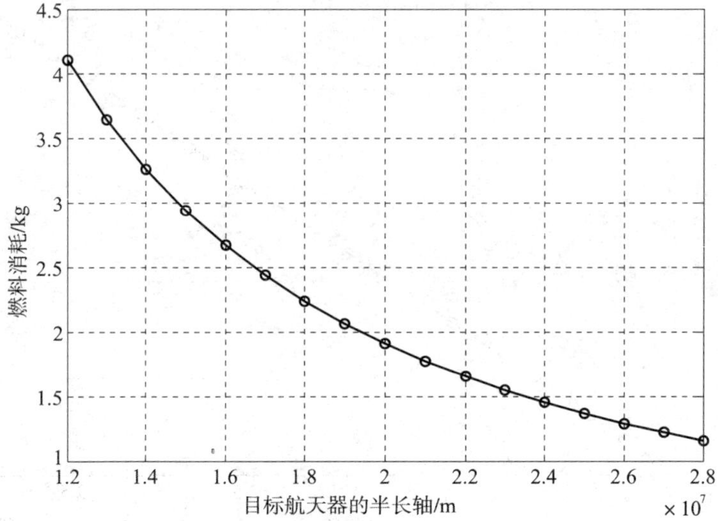

图 11-41　主动航天器悬浮时目标航天器的半长轴对燃料消耗的影响规律

大，悬停/悬浮距离对于主动航天器和目标航天器的速度影响相对越小，因此，主动航天器的燃料消耗也就相对越少。

(3) 目标航天器的偏心率

对于主动航天器，悬停/悬浮区间的初始位置对应目标航天器的真近点角为 $\theta_1=30°$，悬停/悬浮区间的终止位置对应目标航天器的真近点角为 $\theta_2=90°$，悬停/悬浮的距离为 2 km，目标航天器的偏心率从 0.05 ～ 0.7 变化（上限设置是在半长轴的影响下，目标航天器的近地点距离大于地球赤道半径）。主动航天器悬浮时，能量消耗如图 11-42 所示。

从图 11-42 可以看出，在其他条件不变的情况下，主动航天器实现区间悬停/悬浮时的燃料消耗随目标航天器轨道偏心率的增大而增大，目标航天器的偏心率越大，主动航天器的燃料消耗越大。由于主动航天器悬停/悬浮的距离保持不变，且目标航天器轨道半长轴相同，随着目标航天器的偏心率的增大，目标航天器的近地点越小，地球的引力影响越显著，因此，主动航天器的燃料消耗也就相对越大。

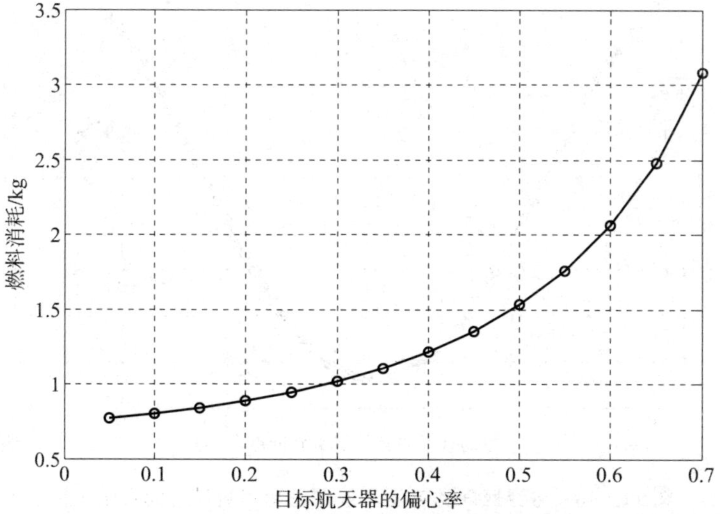

图 11 - 42　主动航天器悬浮时目标航天器的偏心率对燃料消耗的影响规律

（4）主动航天器的悬停起始位置真近点角

考虑悬停/悬浮区间目标航天器的初始真近点角和终止真近点角的差值保持为 $\Delta\theta = 60°$，而主动航天器开始执行悬停/悬浮时的初始位置 θ_1 在 0°～300°期间取不同值时，燃料消耗如何变化呢？也就是说对于相同的悬停/悬浮区间（指对应的真近点角），不同的悬浮区间会有不同的燃料消耗。悬停/悬浮的距离为 2 km。主动航天器悬浮时燃料消耗如图 11 - 43 所示。

从图 11 - 43 可以看出，在其他条件不变的情况下，主动航天器实现区间悬停/悬浮时的燃料消耗随悬停/悬浮区间的起始真近点角的增大先减小后增大，主动航天器的悬停/悬浮的起始真近点角在目标航天器远地点附近时，燃料消耗最少，而当悬停/悬浮的起始真近点角在目标航天器的近地点附近时，燃料消耗最多。总之，悬浮区间越靠近目标航天器的近地点，能量消耗就越大；悬浮区间越靠近目标航天器的远地点，能量消耗越小。

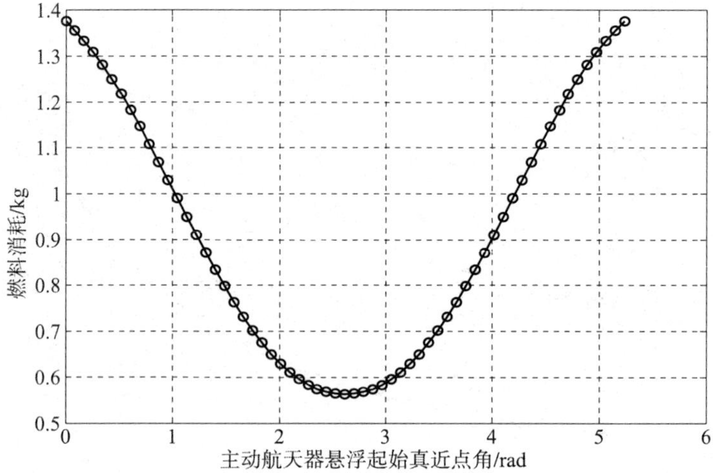

图 11-43 悬浮区间的起始真近点角对燃料消耗的影响规律

11.4.3 基于连续小推力的悬停/悬浮拼接轨道设计

随着空间推进技术的发展，电推进系统将逐步应用于航天器的在轨机动。电推进系统所提供的推力小（$1\times10^{-4}\sim20$ N），但比冲高（500 ~ 10 000 s）。主动航天器采用小推力电推进，则其推力可建模为连续常值小推力。在此假设下，主动航天器在第 1 次变轨段和第 2 次变轨段从初始状态到终端状态的机动问题，可采用最优控制原理，规划出最小时间机动轨迹和最小能量机动轨迹。

对于主动航天器，其推力加速度矢量 $\boldsymbol{f}$ 在主动航天器的质心轨道坐标系中的投影为

$$\boldsymbol{f}=f_x\cdot\boldsymbol{i}+f_y\cdot\boldsymbol{j}+f_z\cdot\boldsymbol{k} \tag{11-110}$$

为了描述方便，推力加速度矢量 $\boldsymbol{f}$ 可由俯仰角 β 和偏航角 γ 表示为

$$\boldsymbol{f}=\frac{T}{m}(\sin\beta\cdot\boldsymbol{i}+\cos\beta\cos\gamma\cdot\boldsymbol{j}+\cos\beta\sin\gamma\cdot\boldsymbol{k}) \tag{11-111}$$

推力加速度矢量 $\boldsymbol{f}$ 在主动航天器的质心轨道坐标系中的俯仰角 β 和偏航角 γ 为

$$\begin{cases}\beta = \arcsin(f_x) \\ \gamma = \arctan\left(\dfrac{f_z}{f_y}\right)\end{cases} \tag{11-112}$$

11.4.3.1　连续小推力拼接轨道的设计

主动航天器在执行对目标航天器悬停/悬浮任务的时候，由于任务的需要，通常对目标航天器不是进行连续的周期性悬停/悬浮，而是在一个轨道周期内对目标航天器的真近点角在一个有效范围内进行悬停/悬浮飞行，其余时间主动航天器在无动力飞行的待命轨道上或变轨轨道上。因此，对于航天器近距离区间悬停/悬浮任务的执行过程可以分为如下 4 个阶段：1）自由飞行段（待命轨道）；2）第 1 次快速机动段（逼近轨道）；3）悬停/悬浮段（相对状态保持轨道）；4）第 2 次快速机动段（撤离轨道）。

假设目标航天器轨道已经完全确定，初始时刻位于真近点角为 θ_0^{M} 处，主动航天器初始时刻的真近点角为 θ_0^{Z} ，为保持两航天器“同步”飞行且不发生碰撞，主动航天器待命时蛰伏在与目标航天器相同的轨道上，但保持一定安全距离，此段安全距离对应的真近点角设为 $\Delta\theta$ 。主动航天器自由飞行段的范围为目标航天器的真近点角范围为 $[\theta_1^{\mathrm{K}},\theta_2^{\mathrm{K}}]$ ，需要执行第 1 次快速机动飞行任务的范围为目标航天器的真近点范围为 $[\theta_1^{\mathrm{M1}},\theta_2^{\mathrm{M1}}]$ ，需要执行悬停/悬浮飞行任务的范围为目标航天器的真近点角范围 $[\theta_1^{\mathrm{D}},\theta_2^{\mathrm{D}}]$ ，需要执行第 2 次快速机动飞行任务的范围为目标航天器的真近点角范围为 $[\theta_1^{\mathrm{M2}},\theta_2^{\mathrm{M2}}]$ 。真近点角 θ 与时间 t 之间的关系为方程（11 - 68）至方程（11 - 70）。

主动航天器从接到悬停/悬浮命令到达悬停/悬浮位置的第 1 次变轨段的时间间隔与目标航天器在变轨段所经过的时间相等，而目标航天器所经过的时间间隔为

$$\Delta t^{\mathrm{M1}} = \frac{M_1^{\mathrm{M1}} - M_2^{\mathrm{M1}}}{n} \tag{11-113}$$

主动航天器在两次变轨中间的悬停/悬浮段的控制可按照整周期悬停/悬浮控制策略来实施，在悬停/悬浮段上，主动航天器所经历

过的时间与目标航天经过的时间完全相同，而目标航天器所经过的时间间隔为

$$\Delta t^{\mathrm{D}} = \frac{M_1^{\mathrm{D}} - M_2^{\mathrm{D}}}{n} \tag{11-114}$$

主动航天器从悬停/悬浮位置的末端到达待命轨道上的某一位置的第 2 次变轨段的时间间隔与目标航天器在变轨段所经过的时间相等，而目标航天器所经过的时间间隔为

$$\Delta t^{\mathrm{M2}} = \frac{M_1^{\mathrm{M2}} - M_2^{\mathrm{M2}}}{n} \tag{11-115}$$

对于主动航天器在待命轨道上飞行的时间，由主动航天器的轨道参数来确定。若悬停/悬浮任务要求主动航天器多次对目标航天器的确定位置悬停/悬浮飞行，为保证主动航天器的运行时间与目标航天器的运行时间完全相同，则要求主动航天器在待命轨道上飞行的时间为

$$\Delta t^{\mathrm{K}} = \frac{M_1^{\mathrm{K}} - M_2^{\mathrm{K}}}{n} \tag{11-116}$$

至此，一个轨道周期内对主动航天器的轨道设计方案描述完成。主动航天器在两次轨道快速机动段的轨道设计是指在各种约束条件下确定主动航天器的最优可行轨迹，使主动航天器从初始状态开始，在指定的时间内达到期望的轨道状态，并对某些性能指标进行优化。一般情况下，对于主动航天器来说是规划出最小能量机动轨迹。

11.4.3.2 连续小推力拼接轨道的优化

通常情况下，由于轨道动力学方程中各个变量的单位和物理意义不同，导致它们在单位物理量的量级上具有很大的差别。为了不影响问题的收敛性，有必要对各个物理量进行正则归一化处理，使各个变量的物理量经归一化处理后，在数值上大致处于相同的数量级，从而具有加快计算速度、减少舍入误差、提高轨道积分的收敛性的优势。

对于在近地轨道上工作的航天器，相应的距离单位 DU，时间单

位 TU 和质量单位 MU 选取为

$$\begin{cases} 1\ \mathrm{DU} = R_e \\ 1\ \mathrm{TU} = \sqrt{\dfrac{R_e^3}{\mu}} \\ 1\ \mathrm{MU} = m_0 \end{cases} \tag{11-117}$$

式中　R_e ——地球赤道半径；

μ ——地球引力常数；

m_0 ——航天器的初始质量。

如果无特殊说明取地球赤道半径为 6 378.14 km，相应的单位选取为

$$\begin{cases} 1\ \mathrm{DU} = 6\ 378.14 \times 10^3\,(\mathrm{m}) \\ 1\ \mathrm{TU} = \sqrt{\dfrac{6\ 378.14^3 \times 10^9}{398\ 600.47 \times 10^9}} = 806.811\ 66\,(\mathrm{s}) \\ 1\ \mathrm{MU} = m_0\,(\mathrm{kg}) \end{cases} \tag{11-118}$$

进行归一化。因此，归一化后的地球引力常数的值为 $1\mathrm{DU}^3/\mathrm{TU}^2$。

对于主动航天器的两次变轨段，主动航天器在发动机推力和地球中心引力作用下的动力学方程为

$$\dot{\boldsymbol{r}} = \boldsymbol{v},\ \dot{\boldsymbol{v}} = -\frac{\mu}{r^3}\boldsymbol{r} + \frac{T_{\max}u}{m}\boldsymbol{\alpha},\ \dot{m} = -\frac{T_{\max}u}{I_{sp}g_0} \tag{11-119}$$

式中　$\boldsymbol{r}$，$\boldsymbol{v}$——J2000 平赤道坐标系中位置和速度矢量；

m ——主动航天器的瞬时质量。

控制变量包括单位方向矢量 $\boldsymbol{\alpha}$ 和实际推力幅值与最大推力幅值的比值 $u \in [0,1]$。最优控制问题以剩余质量最大化为指标，其表达式为（以初始质量归一化后）

$$J = \frac{T_{\max}}{I_{sp}g_0}\int_{t_0}^{t_f} u\mathrm{d}t \tag{11-120}$$

式中　t_0，t_f——分别为变轨段的初始时刻和末端时刻。

根据一个轨道周期内对主动航天器的轨道设计方案的描述，第 1 次变轨的初始点和第 2 次变轨的末端点的位置是未知的，为了使两次变轨消耗的燃料最小（即速度改变量之和最小），需要对这两个未

知点的位置进行选择。优化方法采用 PSO 粒子群优化算法，具体描述如 10.4.2 节。PSO 优化的目标函数设为

$$\mathrm{obj} = \Delta v_1^0 + \Delta v_1^f + \Delta v_2^0 + \Delta v_2^f \tag{11-121}$$

其中，Δv_1^0，Δv_1^f，Δv_2^0，Δv_2^f 分别表示第 1 次变轨初始点、第 1 次变轨末端点、第 2 次变轨初始点和第 2 次变轨末端点处所需要的脉冲大小，其值等于相应变轨点处待命轨道上速度和 Lambert 方法求得的变轨段端点速度矢量之差的模。

待命轨道到悬浮/悬停轨道的过渡将采用粒子群法串联同伦算法进行优化，其理论及实现过程已在 10.3 节和 10.5 节体现，此不赘述。以悬浮段在远地点附近为例，通过 PSO 算法搜 $\theta_1^0 \in [0, \theta_1^f]$ 和 $\theta_2^f \in [\theta_2^0, 2\pi]$，以方程（11-121）表示目标函数，以 Lambert 方法求取变轨点状态量，就可以得到燃料消耗最少时主动航天器第 1 次变轨初始点和第 2 次变轨末端点时相应目标航天器的两个真近点角。连续常值小推力情况下，一个周期内主动航天器燃料的消耗总量等于两次连续变轨段和悬停/悬浮段消耗的燃料的总和。对于悬停/悬浮段燃料的消耗可以通过 11.2.3 节的计算方法来计算，只是要将积分限 $[0, 2\pi]$ 换成 $[\theta_1, \theta_2]$。第 1 次初始点和第 2 次末端点相应的时间点确定后，两次变轨均为初始质量、初始状态和末端状态都确定，且边界条件为

$$\boldsymbol{r}(t_0) = \boldsymbol{r}_0,\ \boldsymbol{v}(t_0) = \boldsymbol{v}_0,\ m(t_0) = 1 \tag{11-122}$$

$$\boldsymbol{r}(t_f) = \boldsymbol{r}_f,\ \boldsymbol{v}(t_f) = \boldsymbol{v}_f \tag{11-123}$$

通过庞特里亚金极大值原理可以将燃料最优控制问题转化为两点边值问题的求解，具体的求解方法可参照第 10.4 节的主要内容。

11.4.3.3 连续小推力拼接轨道的仿真实现

下面分别对脉冲变轨优化和小推力变轨优化对共面悬浮和空间悬浮的情况进行分析。目标航天器的轨道为近圆轨道和高轨道两种情形。

（1）目标航天器轨道为近圆轨道的情形

近圆轨道根数如表 11-8 所示，主动航天器的初始质量 m_0 分别

取 100 kg 和 2 000 kg。主动航天器发动机使用小推力发动机，最大控制推力为 $T_{max}=0.4$ N，比冲 $I_{sp}=3\ 000$ s。初始时刻两航天器真近点角之差 $\Delta\theta=0.01°$。

表 11-8　近圆轨道目标航天器的轨道根数

长半轴 a /km	偏心率 e	轨道倾角 i / (°)	近地点幅角 ω / (°)	升交点赤经 Ω / (°)	真近点角 θ / (°)
7 178	0.01	45	30	−30	0

①近圆轨道共面悬停

对于共面悬停，首先考虑目标航天器轨道为近圆轨道的情况。在悬浮段时目标航天器的真近点角范围取 [150°, 200°]。在悬浮段主动航天器在目标航天器轨道坐标系中坐标为 $x=-1$ km，$y=z=0$ km，通过 PSO 粒子群算法对用脉冲变轨方式的共面悬浮情况优化第 1 次变轨的初始点和第 2 次变轨的末端点。优化计算结果为第 1 次变轨初始点和第 2 次变轨末端点时，目标航天器的真近点角分别为 41.51°和 341.79°，轨道拼接的情形如图 11-44 所示。两次变轨

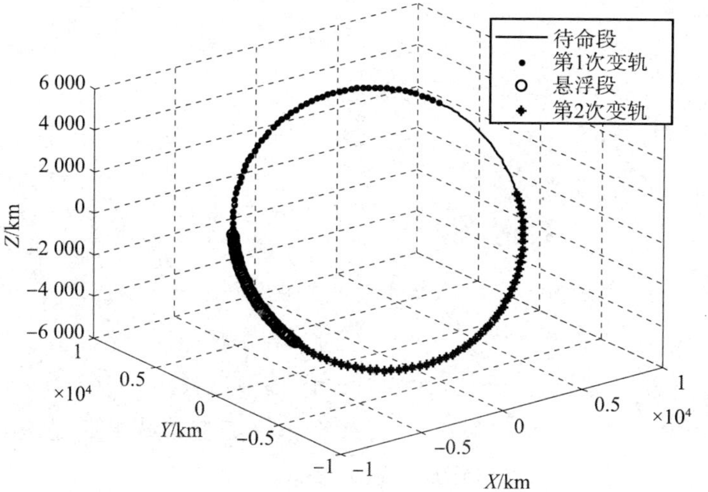

图 11-44　主动航天器拼接轨道轨迹图

所需的 4 个脉冲依次为$\Delta \boldsymbol{v}_1$ = [0.26，0.013，−0.43] m/s，$\Delta \boldsymbol{v}_2$ = [−0.13，−0.51，−0.34] m/s，$\Delta \boldsymbol{v}_3$ = [−0.42，−0.19，−1.01] m/s，$\Delta \boldsymbol{v}_4$ = [−1.27，−0.27，−0.031] m/s。

通过脉冲推力所进行的初步优化，可以获得第 1 次变轨和第 2 次变轨发动机点火时刻。由于主动航天器的发动机是小推力发动机，不可能提供脉冲，而且脉冲变轨消耗燃料多。再进行以脉冲优化的变轨点作为小推力最优控制的边界条件进行优化。通过优化可以得到，第 1 次小推力变轨主动航天器的轨迹如图 11－45 所示。变轨过程中推力幅值的 bang－bang特性如图 11－46 所示，可以看到发动机有两次开关机过程，在靠近初始点和末端点的时刻发动机满推工作，其余时间主动航天器无动力飞行。第 1 次小推力变轨推力的变化曲线如图 11－47 所示。

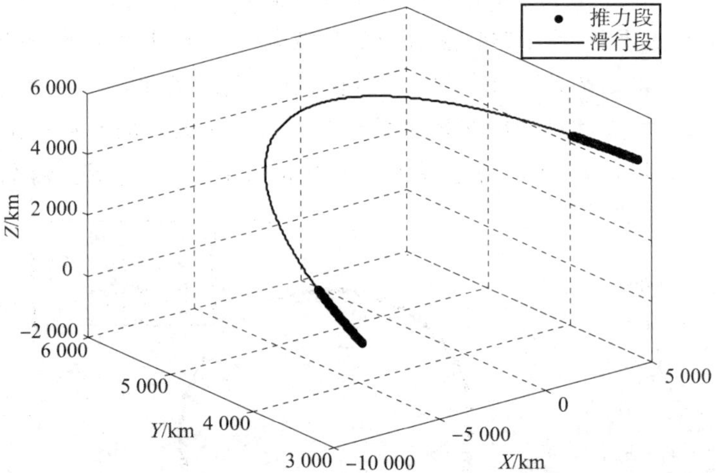

图 11－45　第 1 次小推力变轨主动航天器的轨迹

通过计算得到第 1 次小推力变轨消耗的质量为 3.9 g。悬浮段主动航天器的质量消耗同脉冲变轨的优化中悬浮段的计算策略相同，可得到消耗的质量为 18.2 g。第 2 次小推力变轨结果曲线图分别如图 11－48、图 11－49 和图 11－50 所示。计算得到第 2 次变轨结束后，主动航天器剩余的质量为 99.968 7 kg，即 1 个周期内主动航天器消耗的总燃料为 31.3 g，小于同样悬浮距离全周期悬浮飞行消耗

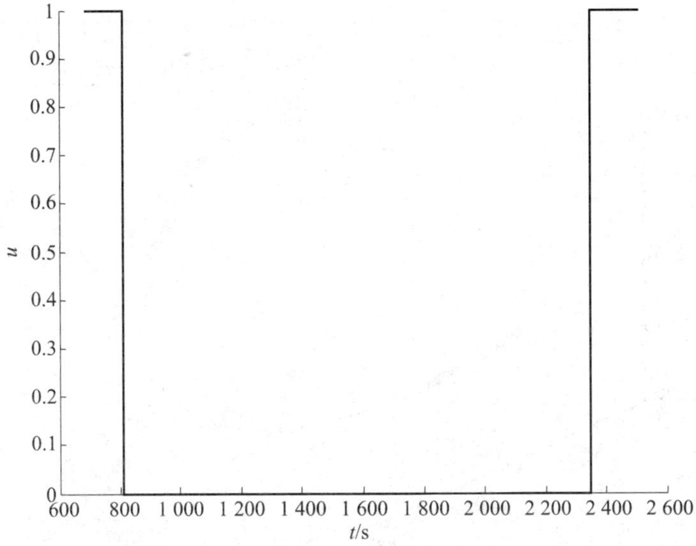

图 11-46　第 1 次小推力变轨推力幅值的 bang-bang 特性

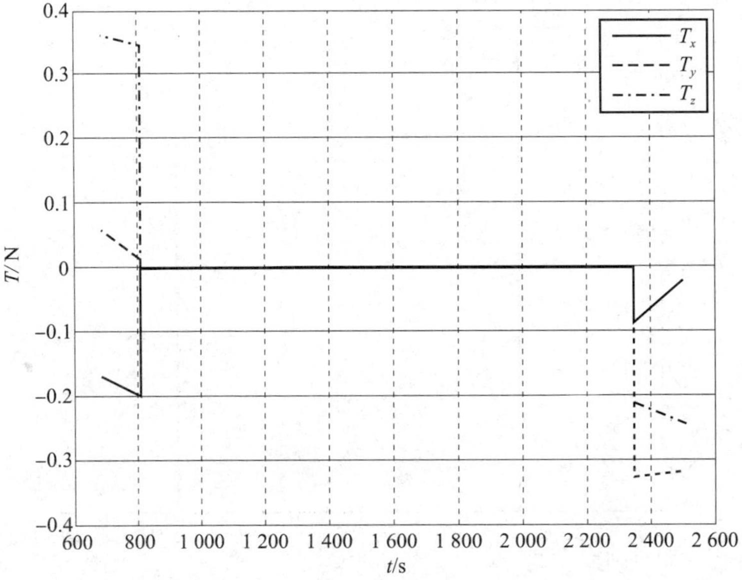

图 11-47　第 1 次小推力变轨推力的变化曲线

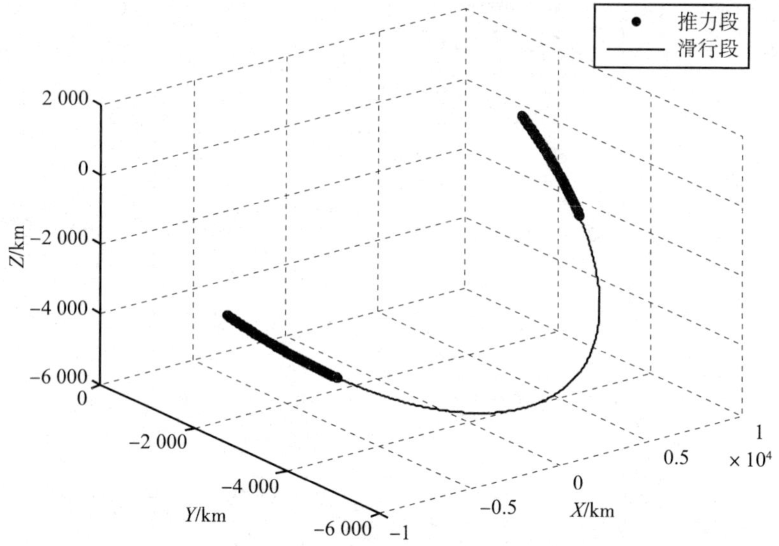

图 11-48　第 2 次小推力变轨主动航天器的轨迹

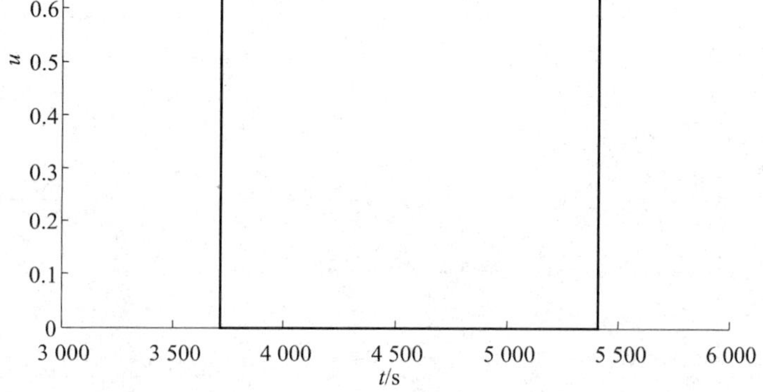

图 11-49　第 2 次小推力变轨推力幅值的 bang-bang 特性

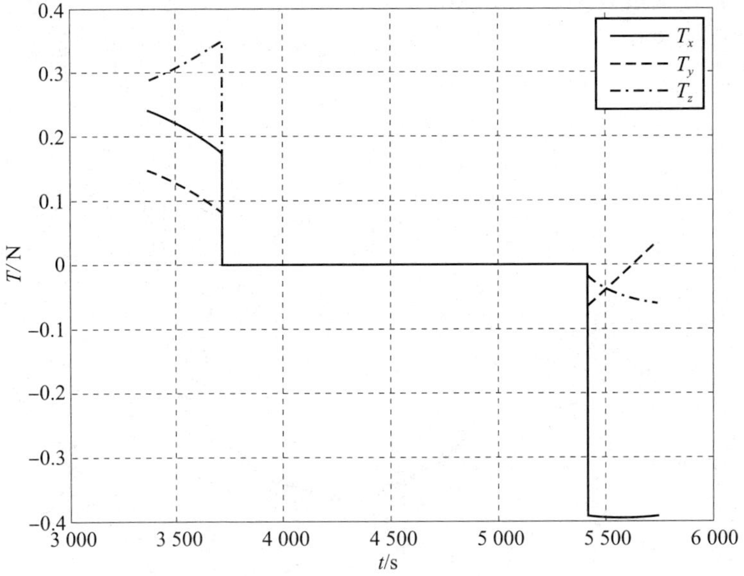

图 11－50 第 2 次小推力变轨推力的变化曲线

的总燃料 66.5 g，达到了燃料优化的目的，并可以按此方式长期运行，保证主动航天器在固定位置进行悬停/悬浮工作。由图 11－44 显示，两次小推力变轨占据较长的轨迹段，但事实上推力段并不长，还是以滑行为主，这也可从图 11－45 至图 11－50 可以看出。

②近圆轨道非共面悬浮

对于非共面悬浮情况的轨道优化设计与共面悬浮时的轨道优化情况相类似。首先计算目标航天器轨道为近地近圆轨道的情况。悬浮段目标航天器的真近点角范围取［150°，200°］。主动航天器在目标航天器中轨道坐标系中悬浮距离 $\rho=1$ km，方位角 $\alpha=60°$，俯仰角 $\beta=30°$。首先以脉冲变轨的方式，通过 PSO 粒子群方法搜索第 1 次变轨初始点和第 2 次变轨末端点位置，结果如图 11－51 所示。优化得到的两个变轨点的位置分别为目标航天器真近点角 14.5°和 333.8°。

以上述变轨点作为两次小推力变轨的边界条件进行计算。第 1 次小推力变轨结果曲线图分别如图 11－52、图 11－53 和图 11－54

所示。计算得到第 1 次变轨消耗的燃料为 4.5 g。悬浮段主动航天器的燃料消耗为 8.5 g。第 2 次小推力变轨结果曲线图分别如图 11-55、图 11-56 和图 11-57 所示。

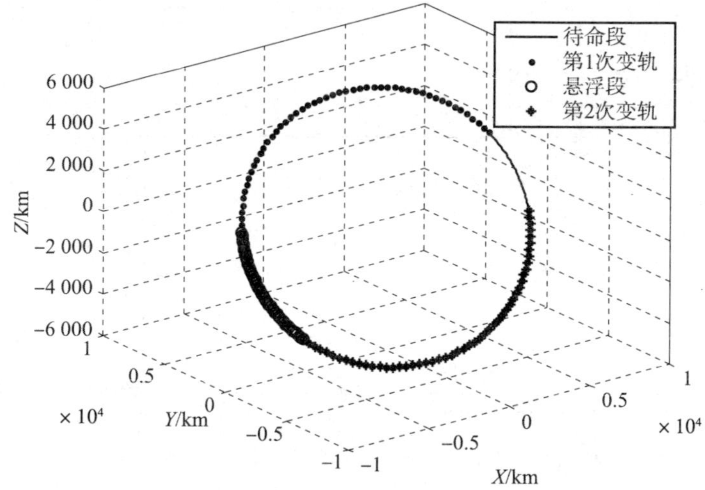

图 11-51　非共面悬浮近圆轨道拼接轨道轨迹图

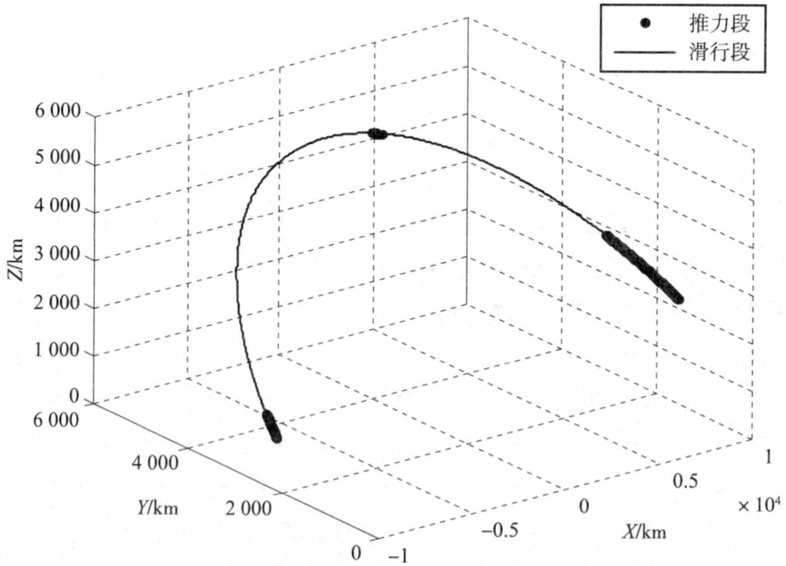

图 11-52　第 1 次小推力变轨主动航天器的轨迹

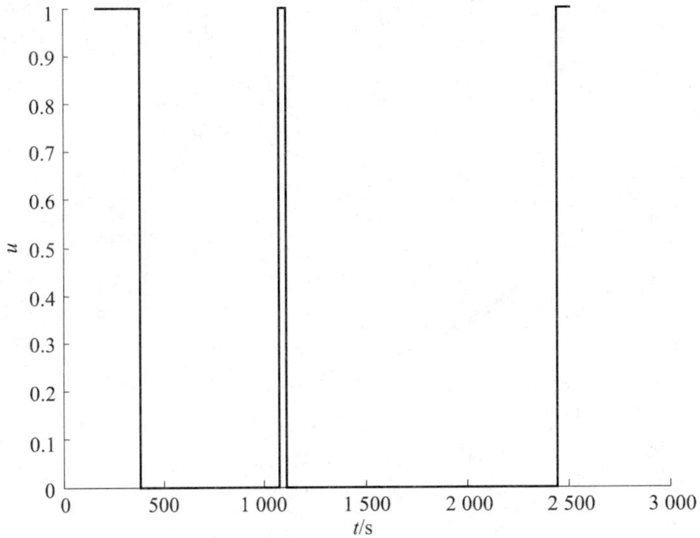

图 11 - 53　第 1 次小推力变轨推力幅值的 bang - bang 特性

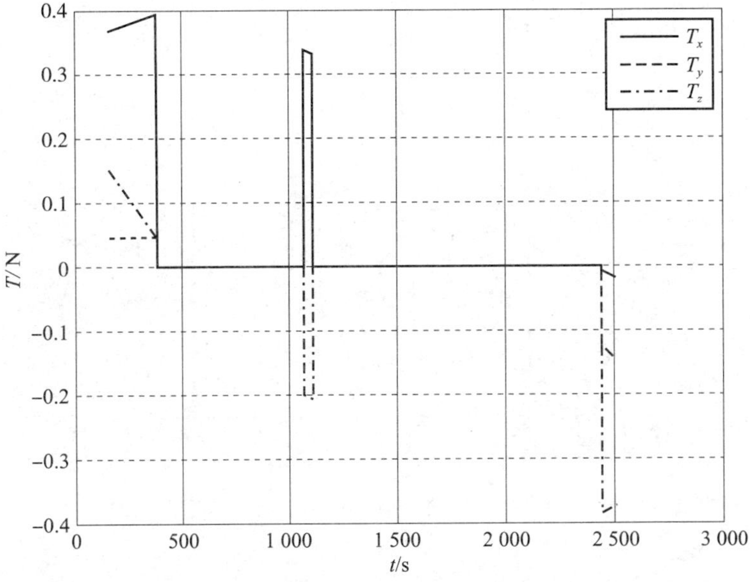

图 11 - 54　第 1 次小推力变轨推力的变化曲线

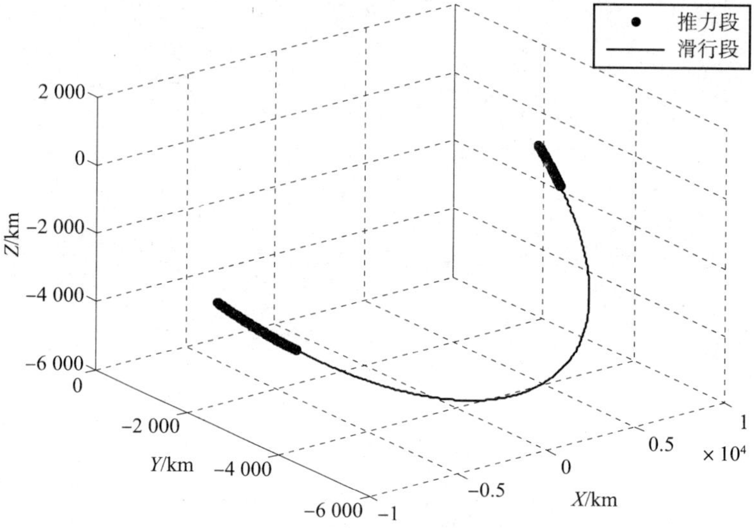

图 11-55　第 2 次小推力变轨主动航天器的轨迹

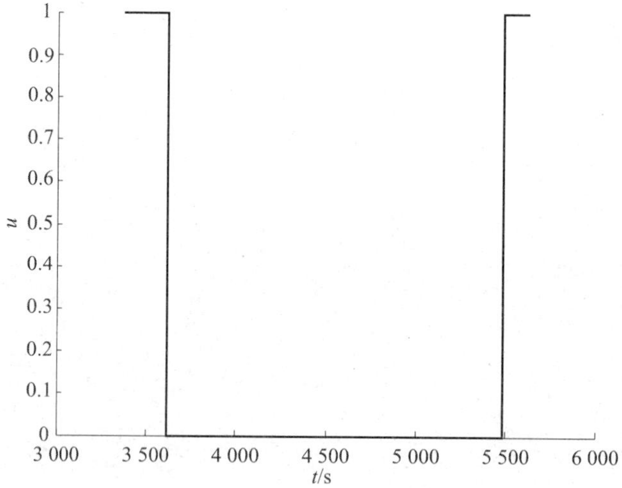

图 11-56　第 2 次小推力变轨推力幅值的 bang-bang 特性

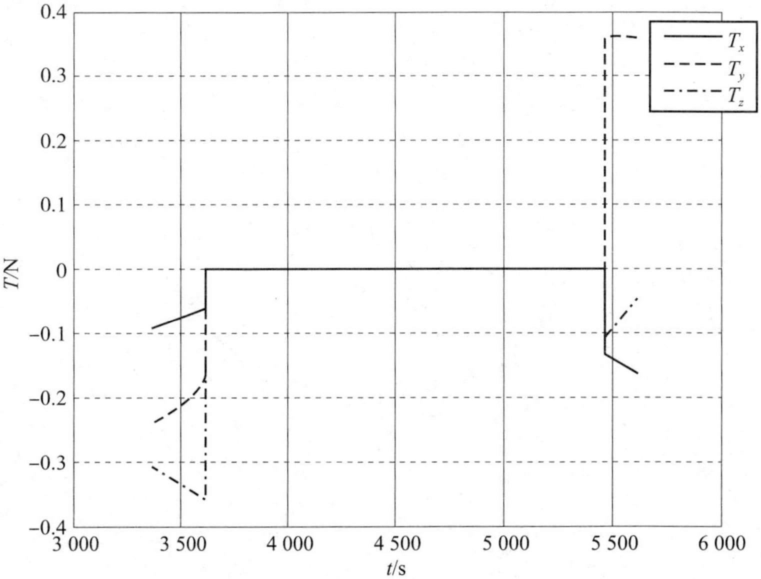

图 11-57　第 2 次小推力变轨推力的变化曲线

计算得到第 2 次变轨结束后，主动航天器剩余质量为 99.981 5 kg，即 1 个周期内主动航天器消耗的总燃料为 18.5 g，小于按相同悬浮距离、方位角和俯仰角运行 1 周期消耗的燃料 30.8 g，达到了优化的目的，并可以按此方式长期运行。

(2) 目标航天器轨道为高轨道的情形

对于目标航天器的轨道为高轨道的情况，如表 11-9 所示，主动航天器在悬浮段时对应目标航天器的真近点角范围为 [150°, 210°]。首先，通过 PSO 优化得到的两个变轨点的位置分别为目标航天器真近点角 4.1°和 336.6°，拼接轨道如图 11-58 所示。

表 11-9　椭圆轨道目标航天器的轨道根数

长半轴 a /km	偏心率 e	轨道倾角 i / (°)	近地点幅角 ω / (°)	升交点赤经 Ω / (°)	真近点角 θ / (°)
27 000	0.2	45	30	−30	0

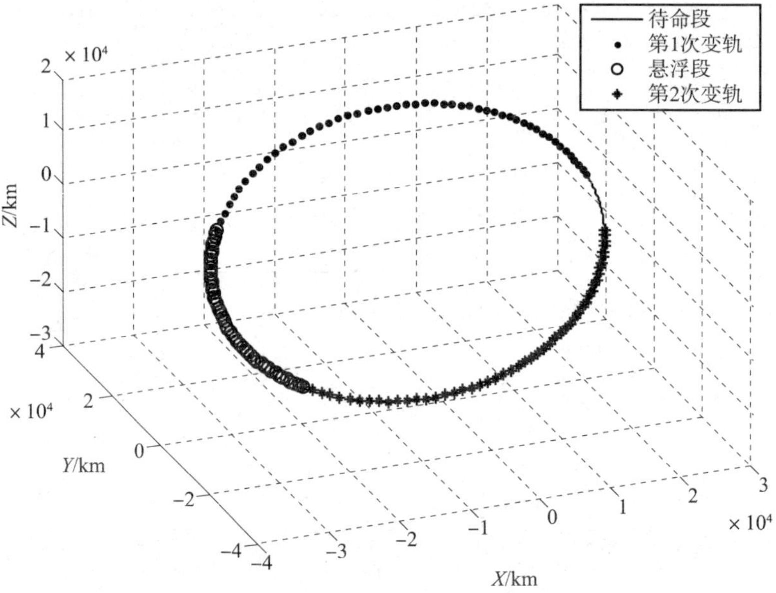

图 11-58 目标航天器为高轨道时拼接轨道轨迹图

以上述变轨点作为两次小推力变轨的边界条件进行计算。第 1 次小推力变轨结果曲线图分别如图 11-59、图 11-60 和图 11-61 所示。计算得到第 1 次变轨消耗的燃料为 30 g。悬浮段主动航天器的燃料消耗为 23.1 g。第 2 次小推力变轨结果曲线图分别如图 11-62、图 11-63和图 11-64 所示。

通过计算得到第 2 次变轨结束后，主动航天器剩余的质量为 1 999.921 0 kg，即 1 周期内消耗的总燃料为 79.0 g，小于同样条件下整周期悬停/悬浮主动航天器所消耗的燃料 181.2 g，达到了优化的目的。

对于主动航天器悬浮段为目标航天器的真近点角范围为[−30°，30°] 情形进行分析。首先，通过 PSO 优化得到的两个变轨点的位置分别为目标航天器真近点角 199.3°和 177.5°，拼接轨道如图 11-65 所示。

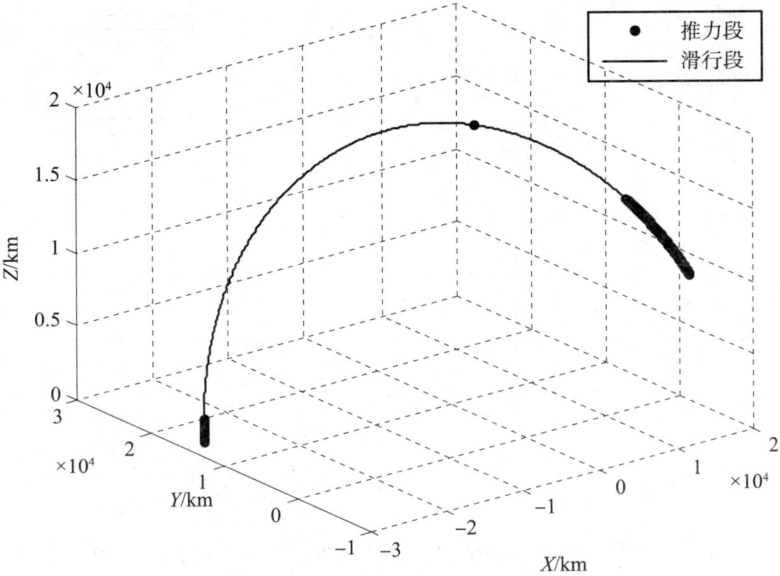

图 11－59　第 1 次小推力变轨主动航天器的轨迹

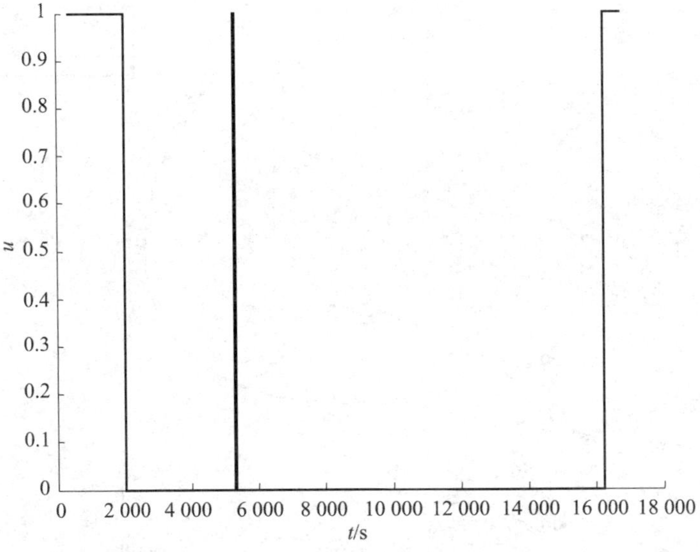

图 11－60　第 1 次小推力变轨推力幅值的 bang－bang 特性

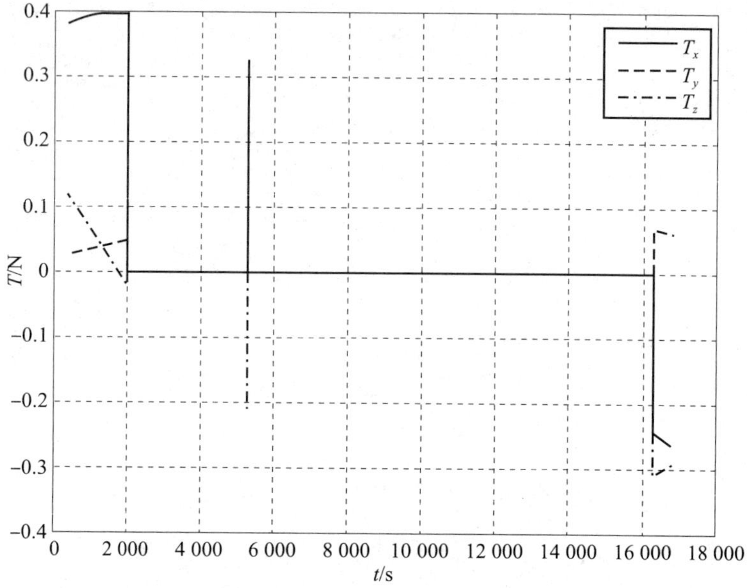

图 11-61 第 1 次小推力变轨推力的变化曲线

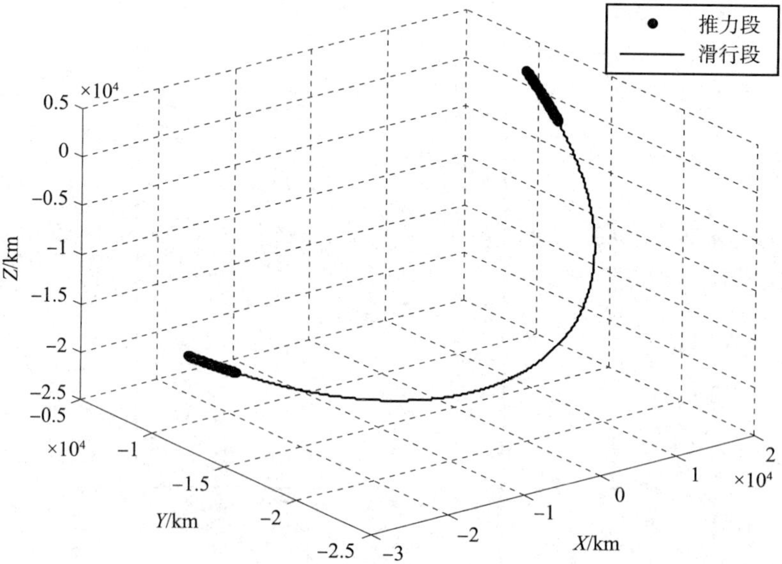

图 11-62 第 2 次小推力变轨主动航天器的轨迹

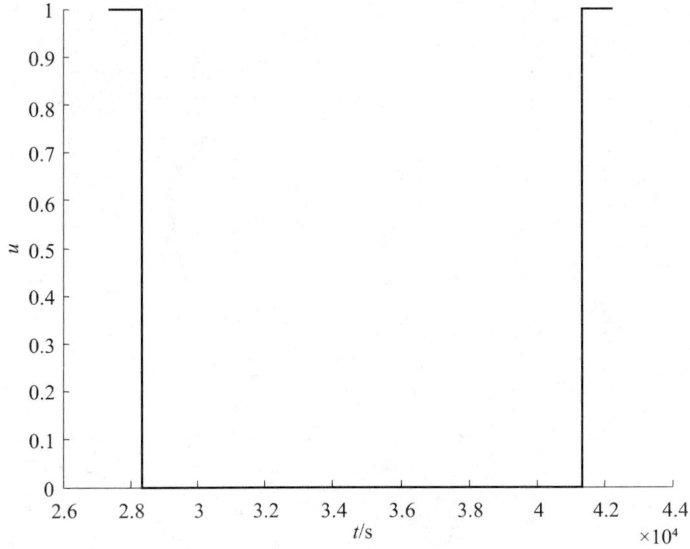

图 11-63　第 2 次小推力变轨推力幅值的 bang-bang 特性

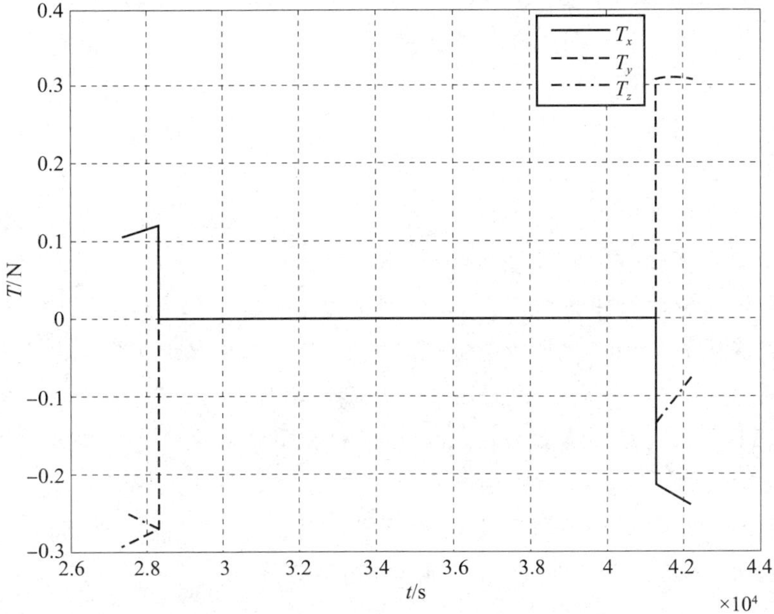

图 11-64 第 2 次小推力变轨推力的变化曲线

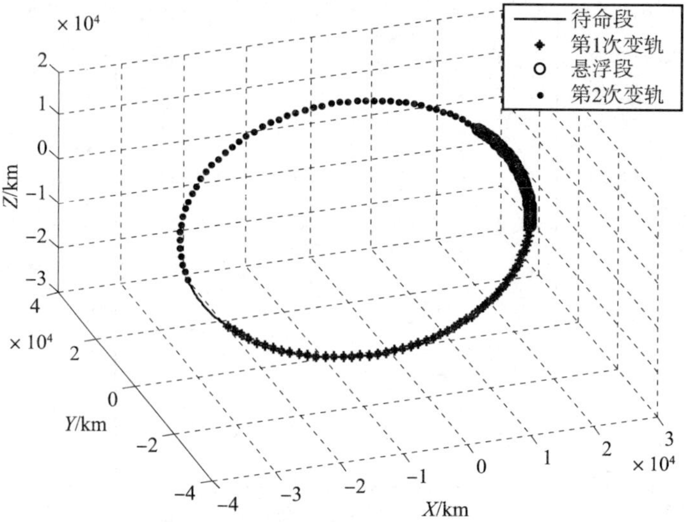

图 11－65　拼接轨道轨迹图

以上述变轨点作为两次小推力变轨的边界条件进行计算。第 1 次小推力变轨结果曲线图分别如图 11－66、图 11－67 和图 11－68 所示。通过计算得到第 1 次变轨消耗的燃料为 31.2 g。悬浮段主动航天器的燃料消耗为 35.6 g。第 2 次小推力变轨结果曲线图分别如图 11－69、图 11－70 和图 11－71 所示。

通过计算得到第 2 次变轨结束后，主动航天器剩余的质量为 1 999.870 7 kg，即 1 周期内消耗的总燃料为 121.0 g，小于同样条件下整周悬浮消耗的 181.2 g，达到了优化的目的。比较悬浮段在远地点周围和近地点周围两种情况可见，前一种情况 1 个周期总消耗的燃料为 79.0 g，后一种情况 1 个周期总消耗的燃料为 121.0 g。因此对于目标航天器轨道为较大偏心率的椭圆轨道来说，如果悬浮段在远地点附近时，通过轨道拼接节省的燃料远优于悬浮段在近地点附近的情况。后一种情况不仅悬浮段消耗的燃料比前一种情况多，并且两次变轨消耗的燃料也比前一种情况多。

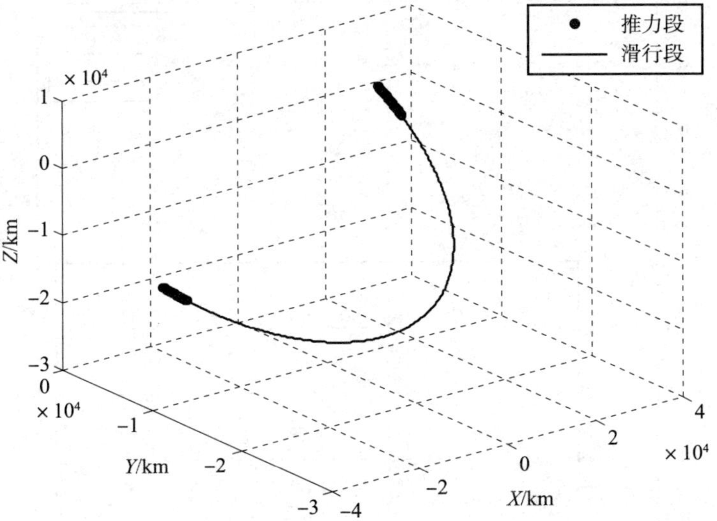

图 11－66　第 1 次小推力变轨主动航天器的轨迹

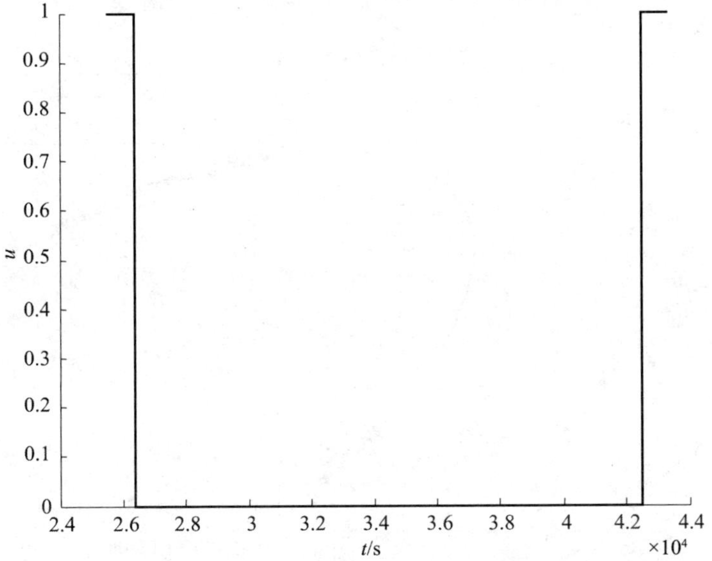

图 11－67　第 1 次小推力变轨推力幅值的 bang－bang 特性

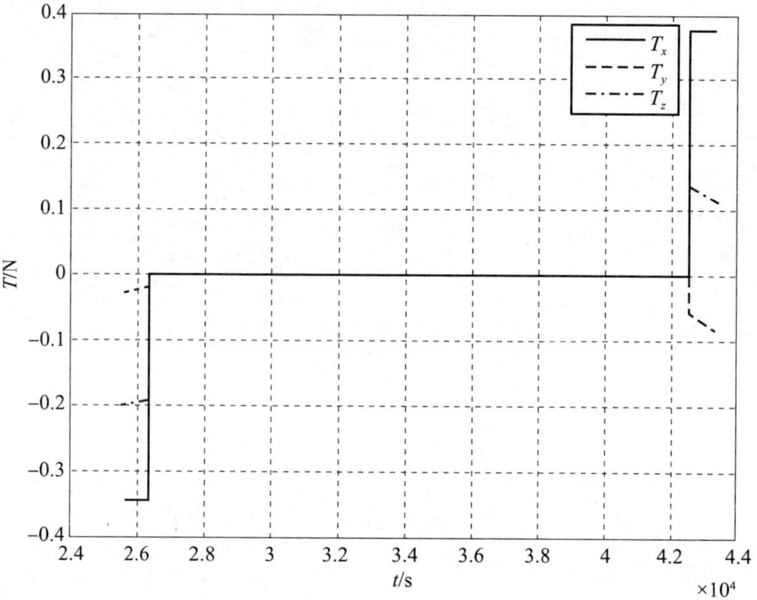

图 11－68　第 1 次小推力变轨推力的变化曲线

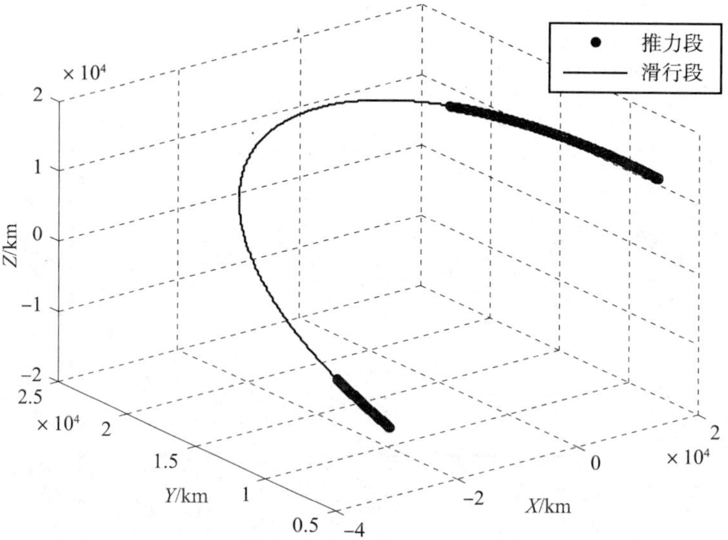

图 11－69　第 2 次小推力变轨主动航天器的轨迹

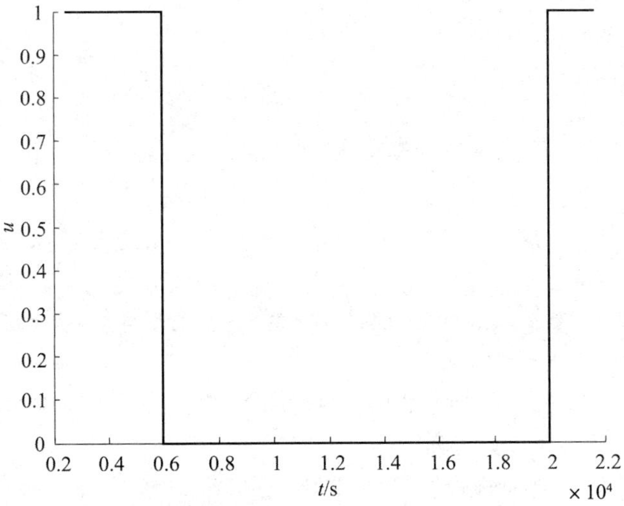

图 11 - 70　第 2 次小推力变轨推力幅值的 bang - bang 特性

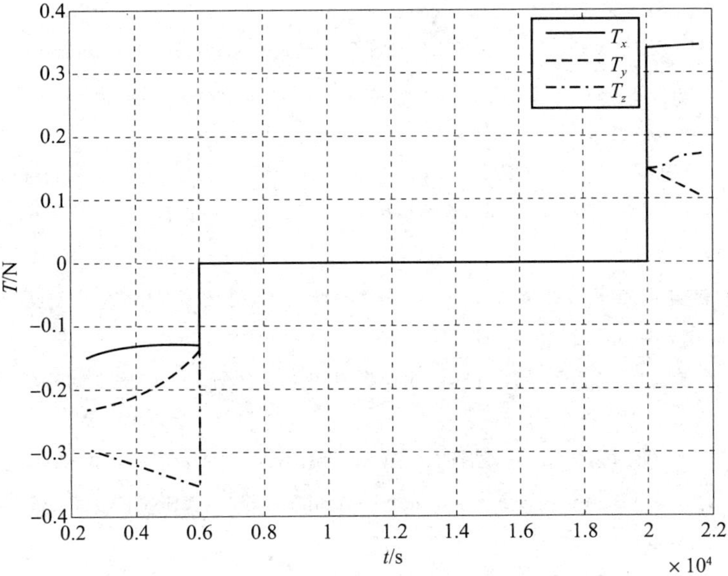

图 11 - 71　第 2 次小推力变轨推力的变化曲线

参考文献

[1] 袁建平，朱战霞．空间操作与非开普勒运动．宇航学报，2009，30（1）：42-46.

[2] 林来兴，黎康．卫星对空间目标悬停的轨道动力学与控制方法研究．中国空间科学技术，2008，28（1）：9-12.

[3] 闫野，朱亚文．非圆轨道卫星实现共面悬停的方法．中国空间科学技术，2010，30（2）：41-48.

[4] 朱亚文，闫野．椭圆轨道卫星空间任意位置悬停的方法．中国空间科学技术，2010，30（6）：17-23.

[5] 刘永刚，侯明善，吴炜华．基于极坐标方程的悬停编队和交会控制研究．航天控制，2009，27（3）：32-36.

[6] BROSCHART S B，SCHEERES D J. Control of hovering spacecraft near small bodies：Application to asteroid 25143 Itokawa. Journal of Guidance，Control and Dynamics，2005，28（2）：343-354.

[7] SAWAI S，SCHEERES D J，BROSCHART S B. Control of spacecraft using altimetry. Journal of Guidance，Control and Dynamics，2002，25（4）：786-795.

[8] 雷静，周凤岐，周军．月球探测器悬停控制技术的研究．航天控制，2007，25（1）：36-45.

[9] 闫野．卫星相对空间目标任意位置悬停的方法研究．中国空间科学技术，2009，29（1）：1-5.

[10] WANG GONGBO，ZHENG WEI，MENG YUNHE，et al. Research on hovering control scheme to non-circular orbit. SCIENCECHINA：Technological Sciences. 2011，54（11）：2974-2780.

[11] MCINNES C R. Displaced non-Keplerian orbits using impulsive thrust. Celest. Mech. Dyn. Astron. 2011，110：199-215.

[12] MCINNES C R. The existence and stability of families of displaced two-

body orbits. Celest. Mech. Dyn. Astron. 1997, 67 (2), 167 - 180.

[13] MCINNES C R. Dynamics, stability, and control of displaced non - Keplerian orbits. Journal of Guidance, Control and Dynamics. 1998, 21 (5), 799 - 805.

[14] HEILIGERS J, MCINNES C R, BIGGS J D, et al. Displaced geostationary orbits using hybrid low - thrust propulsion. Acta Astronautica. 2012, 71: 51 - 67.

[15] HEILIGERS J, CERIOTTI M, MCINNES C R, et al. Displaced geostationary orbit using hybrid sail propulsion. Journal of Guidance, Control and Dynamics. 2011, 34 (6), 1852 - 1866.

[16] BERTRAND R, EPENOY R. New smoothing techniques for solving bang - bang optimal control problems - numerical results and statistical interpretation. Optimal Control Applications and Methods, 2002, 23: 171 - 197.

[17] HABERKORN T, MARTINON P, GERGAUD J. Low - Thrust Minimum - Fuel Orbital Transfer: A Homotopic Approach. Journal of Guidance, Control, and Dynamics, 2004, 27 (6): 1046 - 1060.

[18] JIANG FANGHUA, BAOYIN HEXI, LI JUNFENG. Practical Techniques for Low - Thrust Trajectory Optimization with Homotopic Approach. Journal of Guidance, Control, and Dynamics, 2012, 35 (1): 245 - 258.

附录　博士学位论文参考目录

1. 曹静．空间飞行器轨道相对运动动力学及应用研究．指导教师：袁建平教授．西北工业大学，2013.
2. 郑莉莉．连续推力作用下的机动轨道设计与优化．指导教师：袁建平教授．西北工业大学，2011.
3. 王萍．空间平台的机动策略与效能研究．指导教师：陈士橹院士．西北工业大学，2009.
4. 宋明．太阳帆悬浮轨道的设计与仿真计算．指导教师：和兴锁教授．西北工业大学，2013.
5. 张亚锋．轨道机动动力学及相关理论研究．指导教师：和兴锁教授．西北工业大学，2010.
6. 李雪华．天器轨道机动动力学计算与仿真技术研究．指导教师：和兴锁教授．西北工业大学，2010.
7. 蒋方华．航天器编队飞行相对运动研究．指导教师：李俊峰教授．清华大学，2009.
8. 孟鑫．基于相对轨道要素的卫星编队飞行设计及摄动研究．指导教师：李俊峰教授．清华大学 ，2005.
9. 王虎妹．卫星编队飞行的参照轨道要素方法及应用．指导教师：杨卫教授、李俊峰教授．清华大学，2005.
10. 黎田．柔性关节机械臂运动学标定及残余振动抑制的研究．指导教师：刘宏教授．哈尔滨工业大学，2011.
11. 刘业超．柔性关节机械臂控制策略的研究．指导教师：刘宏教授．哈尔滨工业大学，2009.
12. 王滨．机器人臂/手抓取及操作规划的研究．指导教师：蔡鹤皋院士、刘宏教授．哈尔滨工业大学，2007.